实用养羊大全

郑爱武　魏刚才　主编

河南科学技术出版社

·郑州·

内 容 提 要

本书全面、系统地介绍了现代养羊生产的关键技术，具有较强的实用性、针对性和可操作性，为科学养羊提供了技术保证。本书共分为二十章，分别是养羊业生产概况、羊的品种、羊的选育和利用、羊的繁殖、羊场的总体设计、羊舍建设、羊场的环境管理、羊的饲料营养、牧草生产和加工、羊的饲养管理、羊场的经营管理、羊场的生物安全措施、羊病的诊疗方法、羊场常用药物及用法、羊场传染病防治、羊场寄生虫病防治、羊场营养代谢病防治、羊场中毒病防治、羊场普通病防治、羊产科疾病的防治，并在附录中列出了饲料营养成分表和养羊用药的有关要求。本书不仅适用于羊场或准备办羊场的技术人员、饲养管理人员等阅读，也可作为大专院校、农村函授及培训班的辅助教材和参考书。

图书在版编目（CIP）数据

实用养羊大全/郑爱武，魏刚才主编. —郑州：河南科学技术出版社，2014. 12（2015. 11 重印）

ISBN 978-7-5349-7321-5

Ⅰ. ①现… Ⅱ. ①郑… ②魏… Ⅲ. ①羊-饲养管理 Ⅳ. S826

中国版本图书馆 CIP 数据核字（2014）第 215207 号

出版发行：河南科学技术出版社
地址：郑州市经五路 66 号　　邮编：450002
电话：（0371）65737028　　65788001
网址：www. hnstp. cn　编辑邮箱：hnstpnys@ 126. com
策划编辑：李义坤
责任编辑：李义坤　申卫娟
责任校对：董静云
封面设计：张　伟
版式设计：栾亚平
责任印制：朱　飞
印　　刷：河南省瑞光印务股份有限公司
经　　销：全国新华书店
幅面尺寸：170 mm×240 mm　印张：38. 25　字数：750 千字
版　　次：2014 年 12 月第 1 版　2015 年 11 月第 2 次印刷
定　　价：62. 00 元

本书编写人员

主　编　郑爱武（新乡市畜牧技术推广站）

魏刚才（河南科技学院）

副主编（按姓氏笔画排列）

王玉锋（新乡市动物疫病防控中心）

孙王良（濮阳市畜牧局）

袁凯红（新乡市畜牧技术推广站）

翁怀哲（濮阳市畜牧局）

郭　威（濮阳市畜牧局）

郭玉辉（漯河市郾城区畜牧局）

雷亚非（新乡市畜牧技术推广站）

参编人员（按姓氏笔画排列）

王俊峰（新乡市畜禽产品质量检测检验中心）

王海涛（新乡市畜牧技术推广站）

安子兴（河南科技学院）

李　听（河南科技学院）

李金辉（河南科技学院）

李敬华（新乡市牧野区农林畜牧局）

李新云（获嘉县农牧局）

陈永耀（河南科技学院）

常新耀（河南科技学院）

崔艳红（河南科技学院）

谢红兵（河南科技学院）

前　言

养羊业具有产品种类多、产品价值大、市场效益稳定等特点，加之羊属草食动物，可以大量地利用秸秆、树叶、饲草等粗饲料，发展养羊业符合我国畜牧业的发展要求。近年来，养羊业发展较快，已成为许多地区调整农业产业结构和促进农民增收致富的支柱产业。但随着养羊业的规模化、集约化发展，加之观念、技术和资金等方面的滞后，我国养羊业中存在的问题也愈加凸显，如养殖环境差、生产水平低等，这些问题已严重影响到养羊业的生产效益及进一步发展。为了配套和推广养羊技术，促进养羊业稳定发展，提高养殖效益，在河南科学技术出版社编辑的策划下，我们组织了有关教授、专家编写了本书。

本书全面、系统地介绍了现代养羊生产的关键技术，具有较强的实用性、针对性和可操作性，为科学养羊提供了技术保证。本书共分为二十章，分别是养羊业生产概况、羊的品种、羊的选育和利用、羊的繁殖、羊场的总体设计、羊舍建设、羊场的环境管理、羊的饲料营养、牧草生产和加工、羊的饲养管理、羊场的经营管理、羊场的生物安全措施、羊病的诊疗方法、羊场常用药物及用法、羊场传染病防治、羊场寄生虫病防治、羊场营养代谢病防治、羊场中毒病防治、羊场普通病防治、羊产科疾病的防治，并在附录中列出了饲料营养成分表和养羊用药的有关要求。

本书紧密联系了规模化养羊业的实际，体现了系统性、全面性、实用性和可操作性的要求，通俗易懂、便于应用，不仅适用于羊场或准备办羊场的技术人员、饲养管理人员等阅读，也可作为大专院校、农村函授及培训班的辅助教材和参考书。

由于水平有限，书中可能会有错误和不当之处，敬请广大读者批评指正。

编者

2014 年 4 月

目　录

第一章　养羊业生产概况

第一节　养羊业发展情况

随着我国农业生产结构的战略调整和农村经济的全面发展，养羊业已成为我国发展农村经济和增加农民收入的支柱产业，羊的存栏量和产品产量有了较大提高。养羊业的发展，对于推进畜牧业结构调整、促进农民增收、建设社会主义新农村发挥着重要作用。

一、羊的品种资源丰富

我国有世界上最为丰富的羊品种资源。仅列入《中国羊品种志》的地方绵羊、山羊品种就有35个，加上列入各省《畜禽品种志》的地方绵羊、山羊品种达80个。同时，中国也培育了许多生产性能较高的羊品种。经我国畜牧科技人员数十年来的选育、培育，目前已培育成不同生产方向的绵羊品种22个，如细毛羊品种有新疆细毛羊、中国美利奴羊、东北细毛羊、内蒙古细毛羊、敖汉细毛羊等。我国绵羊、山羊品种具有许多优良、独特的性状，如小尾寒羊、湖羊的高繁殖性能，济宁青山羊的优秀羔皮性能，滩羊、中卫山羊的优秀裘皮性能，辽宁绒山羊、内蒙古白绒山羊的产绒毛性能。这些优良品种在世界上也是罕见的，其产品在国际市场上久负盛誉。

二、生产方式逐渐转变

近年来，我国养羊业的生产方式逐步得到改善：一是养羊业由牧区向农区发展，生产区域更加广泛。过去养羊业主要分布在新疆、内蒙古、青海、甘肃牧区和东北部分地区，目前除新疆和内蒙古的羊肉产量在国内仍位居前列以外，河南、河北、四川、江苏、安徽、山东等几大农区省份的羊肉生产均已大大超过了牧区省份。二是养殖方式逐步由放牧转变为舍饲和半舍饲。以往我国传统牧区养羊主要是以草原放牧为主，很少进行补饲和后期精饲料育肥。这种饲养方式的优点是生产成本低廉，但随着草地载畜量的逐年增加，很容易对草地资源造成破坏。同时，这种饲养方式周期长，肉质粗糙，且肌间脂肪沉积量少，口感差，烹制要求的时间长，经济效益较差。目前在部分具备条件的农区，对肉羊进行后期育肥或全程育肥的饲养方式越来越普遍，舍饲既是发展优质、高档羊肉的有效措施，也是保护草原生态环境、加快肉羊产业发展的重要途径。三是分散饲养正向相对集中饲养方式转变，生产规模化程度不断提高，养殖小区和适度规模养殖场蓬勃发展。饲养规模在百只以上的养殖大户和养殖小区的数量不断增加。2010年，全国出栏50头肉羊的规模场户达百万个。生产方式的转变极大地促进了养羊产业的发展。

三、科研力度不断加强

近年来，我国非常重视养羊业的科学研究工作，组织了多项科技攻关，为养羊业的发展提供了技术支撑和技术储备，从而极大地促进了我国规模化舍饲养羊业的发展。在新品种培育方面，“十五”期间，中国农业科学院兰州畜牧与兽药研究所开展了肉用绵羊品种育种工作，培育形成包括肥羔系和多胎系两个新品系，但还没有适应舍饲环境专门化的肉羊新品种。在饲养管理方面，对舍饲肉羊的营养需要量进行了研究，调整畜禽结构，增加母羊的比例，改变饲养管理方式，推行配合饲料的加工利用，积极实行羔羊育肥技术，北方地区积极推广暖棚养羊。在繁殖技术上采用经济杂交、同期发情和全年均衡配种、产羔等综合技术，可以成批均衡地生产育肥用的羔羊。在疾病防治方面，加强了在舍饲条件下对羊病的防治的研究。在综合生产技术上，对如何提高舍饲养羊的规模化经济效益和对肉羊研究、生产、加工体系与内容进行了系统的探讨研究。如内蒙古畜牧兽医科学研究所在20世纪90年代曾进行了“百万只肉羊生产和技术开发”的研究和应用，新疆石河子大学和新疆建设兵团畜牧局在饲草种植、饲料加工、品种改良、羔羊育肥等方面进行了舍饲养羊的生产实践，内蒙古国家科技园区中的种羊场在舍内地面的处理、运动场的设计及促进羊的运动等方面做了大量的探索和研究，并取得了一些成功经验。

第二节 养羊业存在的问题

我国养羊业虽然有了较大发展，但仍存在一些问题，值得注意。

一、饲养方式落后

在牧区饲养方式仍以逐水草而牧、靠天养畜为主，养羊生产始终处于被动局面。传统的饲养方式和生产模式，主导了西部牧区目前的养羊生产，使现代畜牧科学技术的推广举步维艰。靠天养羊，没有常年均衡的优质饲草保障与供应，其直接后果是“夏肥、秋壮、冬消瘦、春死亡”。而在广大的中原及南方地区，养羊业生产仍以分散饲养为主，虽然饲养成本低，但营养不均衡，管理粗放，饲料转化率低，产品质量难以控制。

二、经营管理粗放

禁牧舍饲后，部分农牧民仍然沿用传统粗放的饲喂方式，羊饲养方式粗放、简单，饲草料加工技术不足，营养搭配不尽合理，不能做到精养精喂，发病率较高。在舍饲经营管理中，成本相对较高，养殖经济效益低，影响了农牧民发展舍饲养羊业的积极性。

三、饲料营养不能满足需要

在舍饲肉羊生产过程中，不仅要保证饲料种类的丰富和储量的充足，而且应根据羊的营养需要和饲料的营养成分配制全价日粮。在目前的养羊生产中，饲料供应无法保障，饲料利用率低，而且饲料种类过于单一、饲草品质差、日粮配合不科学等，严重地制约了我国舍饲肉羊产业的发展。

四、良种化程度低

目前我国各地饲养的绵羊、山羊品种，多数存在个体小、生长速度慢、产肉量低、山羊产绒量少等缺点。我国也先后从国外引进了部分优良品种，但由于种羊价格、气候条件等方面的因素，再加上快速扩繁技术未跟上，可利用的种羊数有限，根本满足不了我国绵羊、山羊改良的需要。从引进的肉羊情况看，因缺乏科学的饲养管理，又不注重群体选育，造成羊的体质下降，达不到种用标准。

五、生产水平低

目前，我国养羊业总体生产水平低，优质羊肉、羊毛产量不高。如肉羊胴体重只有世界水平的79%，高档羊肉的比重不足5%，规模化、标准化饲养程度不高，肉羊的饲养标准制定滞后，疾病制约着养羊业的发展。长期以来，我国对发展肉羊生产重视不够，至今尚未培育出专门的肉羊品种，更没有形成规模化的肉羊繁育体系和产业化的肉羊生产，致使我国肉羊的产肉性能差，羊肉质量不高。在羊毛生产方面，由于我国羊毛质量差、产量不稳等各种原因，我国毛用绵羊发展缓慢，不仅影响了农牧民的收入，而且为国外羊毛进口留出了市场，结果造成大量羊毛进口，反过来又冲击了我国的养羊业。

第二章　羊的品种

第一节　羊的品种概述

一、羊的品种分类

（一）绵羊的品种类型

1. 根据绵羊所产羊毛类型分类　目前在西方国家广泛采用。

（1）细毛型品种。此类绵羊的羊毛细度在60支（25微米）以上，如澳洲美利奴羊、中国美利奴羊等。

（2）中毛型品种。此类绵羊的羊毛细度为36~58支，如南丘羊、萨福克羊等。它们大都原产于英国南部的丘陵地带，故又有“丘陵品种”之称。

（3）长毛型品种。此类绵羊早熟、产肉性能好；羊毛纤维长，为14~40厘米（因不同品种而异），细度为36~48支，亦有50支的，羊毛有光亮或半光亮色泽。产毛量、净毛率较高；产羔性能好；原产于英国，体格大，羊毛粗长，主要用于产肉，如林肯羊、罗姆尼羊、边区莱斯特羊等。

（4）杂交型品种。指以长毛型品种与细毛型品种为基础杂交所形成的品种，如考力代羊、波尔华斯羊、北高加索羊等。

（5）地毯毛型品种。如德拉斯代羊、黑面羊等。

（6）羔皮用型品种。这种羊生产的羔皮图案美观，并具有多胎性，如湖羊、卡拉库尔羊等。

2. 根据生产方向分类　中国、俄罗斯等国普遍采用。

（1）细毛羊。细毛羊又分为毛用细毛羊（如澳洲美利奴羊等）、毛肉兼用细毛羊（如新疆细毛羊、高加索羊等）和肉毛兼用细毛羊（如德国肉用美利奴羊等）。

（2）半细毛羊。半细毛羊又分为毛肉兼用细毛羊（如茨盖羊等）和肉毛兼用细毛羊（如边区莱斯特羊、考力代羊等）。

（3）粗毛羊。如西藏羊、蒙古羊、哈萨克羊等。

（4）肉脂兼用羊。如阿勒泰羊、吉萨尔羊等。

（5）裘皮羊。如滩羊、罗曼诺夫羊等。

（6）羔皮羊。如湖羊、卡拉库尔羊等。

（7）乳用羊。如东佛里生羊等。

（二）山羊品种分类

1. 绒用山羊 这是一类以生产山羊绒为主的山羊品种。绒用山羊的外貌特征是：体表绒、毛混生，毛长绒细，被毛洁白有光泽，体大头小，颈粗厚，背平直，后躯发达。产绒量多，绒质量好。如辽宁绒山羊、开士米山羊等。

2. 皮用山羊 这是一类以生产裘皮与猾子皮为主的品种。皮用山羊的外貌特征是：体表着生长短不一、色泽各异、有花纹和卷曲的毛纤维。青山羊具有“四青一黑”的特征；中卫山羊具有头型清秀、体躯深短呈方形的特征。这类山羊品种都以毛皮品质具有特色而驰名于世。

3. 肉用山羊 这是一类以生产山羊肉为主的品种。肉用山羊的典型外貌特征是：具有肉用家畜的矩形体型，体躯低垂，全身肌肉丰满，细致疏松型表现明显，早期生长发育快。山羊肉量多，肉质好。如波尔山羊、马头山羊等。

4. 毛用山羊 这是一类以生产山羊毛（马海毛）为主的品种。毛用山羊的典型外貌特征是：全身披有波浪形弯曲、长而细的羊毛纤维，体型长、呈圆形，背直，四肢短。产马海毛多，毛质好。如安哥拉山羊等。

5. 奶用山羊 这是一类以生产山羊乳为主的品种。乳用山羊的典型外貌特征是：具有乳用家畜的楔形体型，轮廓鲜明，细致紧凑型表现明显。产乳量高，奶的品质好。如萨能奶山羊、吐根堡奶山羊等。

6. 兼用型山羊 这是一类具有两种性能的品种。既产肉又产奶或既产肉又产皮。兼用型山羊的外貌特征介于两个专用品种之间。体型结构与生理机能，既符合奶用型山羊体型，又具有早熟性、生长快、易肥的特点。这种山羊生产的肉香味可口；生产的皮主要是板皮，质量好。

二、羊的品种介绍

（一）绵羊品种

1. 国内的绵羊品种

（1）乌珠穆沁羊。

【产地与育成史】乌珠穆沁羊产于内蒙古自治区锡林郭勒盟东部乌珠穆沁草原，主要分布在东、西乌珠穆沁旗及阿巴哈纳尔旗、阿巴嘎旗部分地区。它是蒙古羊在当地经长期选育形成的。1982 年农牧渔业部、国家标准总局、全国绵山羊标准化技术委员会正式确认其为优良地方品种，并制定了国家标准。

【外貌特征】头中等大小，额稍宽，鼻梁微凸，耳大下垂，乌珠穆沁羊公羊有螺旋状角，少数无角，母羊多数无角。体格高大，体躯长，主要是部分羊的肋骨和腰椎数量比较多，14 对肋骨者占 10%以上，有 7 节腰椎者约占 40%。背腰宽，肌肉丰满，后躯发育良好，肉用体型明显。脂尾肥大而厚，呈椭圆形，尾中部有一纵沟将其分为两半。毛色呈白色者不多。肉质鲜美细嫩，无膻味。

【生产性能】利用青草的能力强，早熟性较好。初生羔羊重公羔 4.58 千克，母羔 3.82 千克；断奶重公羔 33.9 千克，母羔 31.2 千克；6 月龄平均日增重公羔可达 216.7 克，母羔 206.9 克；成年公羊体重 74.43 千克，母羊 58.4 千克；周岁公羊体重 50.75 千克，母羊 46.67 千克。乌珠穆沁羊产肉性能良好，6 月龄羯羔，宰前活重 35.7 千克，胴体重 17.9 千克，净肉重 11.8 千克，尾脂重 1.7 千克，屠宰率 50.0%，净肉率 65.9%，尾脂重占胴体重的 9.5%；1.5 岁羯羊的上述指标相应为 51.5 千克、24.8 千克、17.1 千克、2.7 千克、48.0%、69.0%和 10.9%；成年羊的上述指标相应为 70.5 千克、39.3 千克、27.2 千克、4.4 千克、55.0%、69.2%和 11.2%。成年公羊剪毛量平均 1.87 千克，成年母羊 1.45 千克；剪毛率 70%~78%。繁殖力一般，产羔率平均 100.2%。乌珠穆沁羊是我国肉用性能较好的品种，具有生长发育快、产肉率高、肉质好、成熟早、肥育能力强等特点。利用该羊生产肥羔，市场前景广阔。

（2）小尾寒羊。

【产地与育成史】小尾寒羊产于河北南部、河南东部和东北部、山东南部及皖北、苏北一带，中心产区在山东的菏泽、济宁地区。其祖先是很早就从北方草原地区迁移过来的蒙古羊，在产区优越的生态经济条件和饲养者的精心选育下，形成了具有生长快、繁殖力强、适宜分散饲养、舍饲为主等特点的农区优良绵羊品种。

【外貌特征】体质结实，鼻梁隆起，耳大下垂，四肢较长，体躯高，前后躯均较发达，尾略呈椭圆形，尾长在飞节以上，尾表正中有一浅沟，尾尖向上反转紧贴于沟中（尾形是鉴别小尾寒羊是否为纯种的主要标志）。公羊有螺旋状大角，母羊半数有小角、姜角。公羊前胸较深，鬐甲高，背腰平直，体躯高大，侧视呈长方形，四肢长而粗壮，被毛多为白色，少数羊只在头部、四肢有黑褐色斑点或斑块。

【生产性能】生长发育快，周岁公羊体高 92.85 厘米，周岁母羊体高 80.32 厘米，成年公羊体高 99.85 厘米，成年母羊体高 82.43 厘米；3 月龄公羊体重 21.22 千克，6 月龄公羊体重 33.44 千克，周岁公羊体重 91.92 千克，母羊相应月龄体重为 16.95 千克、28.28 千克、60.49 千克；成年公羊为 113.33 千克，成年母羊为 65.85 千克。

性成熟早、繁殖力强。公羊 7~8 月龄可用于配种。母羊能四季发情，常年配种，发情周期 16.54 天，发情持续期 30.23 小时，产后到第一次发情需 48.90 天，产后到配种妊娠需 67.21 天，妊娠期 148.33 天。产羔率平均为 251.3%，其中初产羊产羔率 229.49%，经产羊产羔率 267.25%。该品种体格高大，出肉率高。据 1982 年的资料表明，周岁公羊宰前体重 72.8 千克，胴体重 40.48 千克，净肉重 33.41 千克，屠宰率 55.6%，胴体净肉率 82.5%。小尾寒羊是我国著名的地方优良绵羊品种之一，具有生长发育快、性成熟早、常年发情配种产羔、繁殖力强、适于农区舍饲、羔皮制裘等优点。但是，小尾寒羊至今在种内、体型外貌、生产力，以及在个体和地区分布之间差异还很大，其被毛异质，体躯不圆浑，肋骨开张不够、呈扁形，胸宽、胸深欠佳，肉用体型不明显等。但小尾寒羊仍是一个比较理想的肉羊经济杂交母本素材。

（3）阿勒泰羊。

【产地与育成史】阿勒泰羊是哈萨克羊的一个分支，生物学分类上属肥臀羊，是我国著名的地方肉脂兼用品种，主要分布在新疆维吾尔自治区北部阿勒泰地区的福海、富蕴、青河、阿勒泰、布尔津、吉木乃及哈巴河等 7 县市。

【外貌特征】头中等大小，公羊有螺旋形大角，母羊 65%左右的个体有角。鼻梁稍隆起，耳大下垂，也有部分小耳羊，颈中等长，胸宽深，背平直，后躯较前躯略高，股部肌肉丰满，四肢高大结实，脂臀发达呈方圆形。腿高结实，四肢端正，游走能力强。被毛以棕红色为主。头为黄色或黑色，体躯为白色者占 27%，纯黑和纯白的各占 16%。

【生产性能】阿勒泰肉用细毛羊生长快，成熟早，体格大，1.5 岁公羊体重 69.79 千克，母羊 55.31 千克；成年公羊 92.98 千克，成年母羊 67.56 千克。成年公羊剪毛量平均 2.04 千克，成年母羊 1.63 千克，净毛率 71.24%。产羔率 110.3%。阿勒泰羊具有良好的肉用性能。5 月龄羯羔宰前体重 37.08 千克，胴体重（包括尾脂重）19.54 千克，屠宰率 52.7%，尾脂重 2.95 千克，尾脂重占胴体重的 15.1%。1.5 岁羯羊宰前体重 54.08 千克，胴体重 27.5 千克，屠宰率 50.9%，尾脂重 4.22 千克，占胴体重的 15.3%。成年羯羊宰前体重 74.7 千克，胴体重 39.5 千克，屠宰率 53.0%，尾脂重 7.1 千克，占胴体重的 18.0%。

（4）大尾寒羊。

【产地与育成史】大尾寒羊原产于河北、河南和山东三省交界的地区。我国中原内地的大尾羊，是原产于中亚、近东和阿拉伯国家的脂尾羊，在宋、元时期带入中国，又经过元、明、清三代的持续发展，终于形成今天的大尾寒羊。

【外貌特征】头略显长，额宽，鼻梁隆起，耳大下垂，公羊、母羊均无角。颈较细长，胸窄，前躯发育较差，后躯发育较好，四肢健壮。脂尾大而肥厚，下垂至飞节以下，长者可接近或拖及地面，尾尖向上翻卷，形成明显尾沟。被毛绝大部分为白色，杂色斑点少，腹下基本无毛。

【生产性能】成年公羊体重平均 72.0 千克，成年母羊 52.0 千克，周岁公羊平均 51.5 千克，周岁母羊 43.0 千克。产区内每年剪毛 2~3 次，剪毛量成年公羊平均 3. 30 千克，成年母羊 2. 70 千克，净毛率 45%~63%。据报道，大尾寒羊的被毛可分为同质毛型、基本同质毛型和异质毛型，其构成前者占 40%，后两者各占 30%。因此，大尾寒羊的羊毛品质远比国内其他异质粗毛品种的羊毛品质好。

大尾寒羊产肉性能好。6~8 月公羔，胴体重 20. 62 千克，净肉重 11. 87 千克，尾脂重 4. 76 千克，屠宰率 52. 23%，胴体净肉率 81. 04%，尾脂重占胴体重的 23. 08%；1~1. 5 岁公羊上述指标相应为 26. 64 千克、15. 02 千克、6. 91 千克、54. 0%、82. 58%和 25. 94%；2~3. 5 岁公羊上述指标相应为 33. 59 千克、18. 28 千克、9. 89 千克、54. 76%、84. 10%和 29. 44%。大尾寒羊性成熟早，常年可以发情配种，一般年产 2 胎或两年内产 3 胎，平均单次产羔率为 185%~196%。大尾寒羊生长发育快，产肉性能好，繁殖率高，以被毛品质好而闻名，但尾大多脂，已不被群众喜欢。因此，应在保持和发展品种特点的同时，大幅度减少尾脂重。

（5）洼地绵羊。

【产地与育成史】洼地绵羊（简称洼羊）产于山东省滨州市的惠民、无棣、沾化和阳信等县，是长期适应在低湿地带放牧、肉用性能好、耐粗饲、抗病的肉毛兼用型地方优良品种。

【外貌特征】公羊、母羊均无角，鼻梁隆起，耳稍垂，胸较深，背腰平直，肋骨开张良好。四肢较短，后躯发达，低身广躯，体型呈长方形。全身被毛白色，少数羊头部有褐色或黑色斑。

【生产性能】生产发育快，肉用性能好。周岁公羊体重 43. 63 千克，周岁母羊 33. 96 千克，成年公羊体重 60. 40 千克，成年母羊 40. 08 千克。在全放牧条件下，周岁公羊宰前重 37. 00 千克，胴体重 17. 45 千克，净肉重 13. 98 千克，眼肌面积 13. 76 平方厘米，第六胸椎背脂厚 0. 34 厘米，屠宰率 47. 16%，胴体净肉率 80. 11%；在放牧加补饲条件下，上述指标相应为 42. 75 千克、20. 60 千克、17. 02 千克、14. 12 平方厘米、7. 50 厘米、48. 19%和 82. 62%。成年公羊剪毛量为 2. 9 千克，成年母羊为 1. 85 千克。另外，洼地绵羊的羔皮质薄轻柔，被毛洁白，花穗明显，是制裘的良好原料。性成熟早，公羊 4~4. 5 月龄睾丸中就有成熟精子，母羊 182 天就可配种，一般 1. 0~1. 5 岁参加配种。一年四季均可发情配种。据报道，洼地绵羊平均产羔率 202. 98%，其中单羔占 10. 45%，双羔占 52. 85%，3 羔占 25. 17%，4 羔占 5. 66%，5 羔占 0. 87%，6 羔占 0. 21%。应加强洼地绵羊肉用性能的选育，重点提高其产肉性能和繁殖率，改进肉用体型，增加体重。

（6）同羊。

【产地与育成史】同羊主要分布在陕西省渭北的东部和中部。同羊的祖先，可能与大尾寒羊同宗。因其所处的地理位置，又吸收了不同程度的蒙古羊基因，经长期选育而形成了集多种优良遗传特性于一体的独特品种。它有五大外形特点，即角小如栗，耳薄如茧，肋细如箸，尾大如扇，体如酒瓶。

【外貌特征】母羊无角，部分公羊有栗状小角，头中等大小，耳较大，颈薄而细长，但公羊略显粗壮，肩直，鬐甲较窄；胸较宽深，肋骨开张良好，公羊背部缓平，母羊短直且较宽，腹圆大，尻斜短，整个体躯略显前低后高，体格中等。尾大，分长、短脂尾两大类型，沉积大量脂肪，多有纵沟，尾尖上翘，夹于尾纵沟中，全身被毛纯白。头及四肢下部生长短刺毛，腹毛着生不良。

【生产性能】成年公羊体重 44.0 千克，成年母羊 39.16 千克；周岁公羊 33.10 千克，周岁母羊 29.14 千克。成年公羊剪毛量平均 1.40 千克，成年母羊为 1.20 千克，剪毛率为 55.4%。该品种的羔皮颜色洁白，具有珍珠样卷曲，花案美观悦目，即所谓“珍珠皮”，市场罕见。常年发情，多为 2 年 3 胎，每胎 1 羔。据报道，采用放牧加后期舍饲方式肥育的 2~3 岁羯羊，胴体重 22.90 千克，净肉重 19.70 千克，屠宰率 53.26%，胴体净肉率 86.03%；1~1.5 岁羯羊，上述指标相应为 21.50 千克、18.45 千克、51.75% 和 85.81%。其肉质肥嫩多汁，肌纤维细嫩，瘦肉绯红，烹之易烂，食之可口，是制作羊肉泡馍、水盆羊肉、腊羊肉的上等原料。

（7）多浪羊。

【产地与育成史】多浪羊是新疆的一个优良肉脂兼用型绵羊品种，主要分布在塔克拉玛干大沙漠的西南边缘，叶尔羌河流域的麦盖提、巴楚、岳普湖、莎车等县。其中心产区在麦盖提县，故又称麦盖提羊。多浪羊是用阿富汗的瓦尔吉尔肥尾羊与当地土种羊杂交，经 70 余年精心选择和培育而成的。

【外貌特征】体格硕大，头较长，鼻梁隆起，耳大下垂，眼大有神，公羊无角或有小角，母羊皆无角，颈窄而细长，胸宽深，肩宽，肋骨拱圆，背腰平直，躯干长，后躯肌肉发达，尾大而不下垂，尾沟深，四肢高而有力，蹄质结实。初生羔羊全身被毛多为褐色或棕黄色，也有少数为黑色、深褐色，个别为白色。第一次剪毛后，体躯毛色多变为灰白色或白色，但头部、耳及四肢仍保持初生时毛色，一般终生不变。

【生产性能】成年公羊体重 100 千克，成年母羊 100 千克；成年公羊剪毛量 3.0~3.5 千克，成年母羊 2.0~2.5 千克；生长发育快，肉用性能好，周岁公羊胴体重 32.71 千克，净肉重 22.69 千克，尾脂重 4.15 千克，屠宰率 56.1%，胴体净肉率 69.38%；周岁母羊的上述指标相应为 23.64 千克、16.90 千克、2.32 千克、54.82%、71.49%；成年公羊相应为 59.75 千克、40.56 千克、9.95 千克、59.75%、67.88%；成年母羊相应为 55.20 千克、25.78 千克、3.29 千克、55.20%、46.70%。性成熟早，在舍饲条件下常年发情，初配年龄一般为 8 月龄，母羊可 2 年 3 产或 1 年 2 产，双羔率可达 50%~60%，3 羔率 5%~12%，产羔率在200%以上。

多浪羊四肢过高，颈长而细，肋骨开张不理想，前胸和后腿欠丰满，有的个体还出现凹背，弓腰，尾脂过多，毛色不一致，毛被中含有干死毛等缺点，应加强本品种选育，必要时可导入外血，使其向现代肉羊方向发展。

（8）兰州大尾羊。

【产地与育成史】兰州大尾羊主产于兰州及其郊区县。据说，在清朝同治年间（1862—1874年）从同州（今陕西省大荔县一带）引入几只同羊，与兰州当地羊（蒙古羊）杂交，经长期人工选择和培育而形成兰州大尾羊。

【外貌特征】被毛纯白，体格大，头大小中等，公羊、母羊均无角，耳大略向前垂，眼圈淡红色，鼻梁隆起。颈较长而粗，胸宽深，背腰平直，肋骨开张良好，臀部略倾斜，四肢相对较长，体型呈长方形。脂尾肥大，方圆平展，自然下垂达飞节上下，尾中有沟，将尾部分为左右对称两瓣，尾尖外翻，紧贴中沟，尾面着生被毛，内面光滑无毛，呈淡红色。

【生产性能】早期生长发育快，肉用性能好。10月龄羯羔胴体重21.34千克，净肉重15.04千克，尾脂重2.46千克，屠宰率58.57%，胴体净肉率78.17%，尾脂重占胴体重的11.46%；成年羯羊上述指标相应为30.52千克、22.37千克、4.29千克、62.66%、83.72%和13.23%。成年公羊体重57.89千克，成年母羊44.35千克；周岁公羊体重53.10千克，周岁母羊42.60千克，成年公羊剪毛量平均2.45千克，成年母羊1.38千克。母羔7~8月龄开始发情，公羔9~10月龄可以配种。饲养管理条件好的母羊一年四季均可发情配种，2年产3胎，产羔率117.02%。可用作肥羔生产的母本，也是当地绵羊肉生产的主要品种。

（9）广灵大尾羊。

【产地与育成史】广灵大尾羊产于山西省北部雁北地区的广灵县及其周围地区，是草原地区的蒙古羊被带入农区以后，在当地生态条件下和群众长期选择、精心饲养管理、闭锁繁殖形成的地方用优良绵羊品种。

【外貌特征】头中等大小，耳略下垂，公羊有角，母羊无角，颈细而圆，体型呈长方形，四肢强健有力。脂尾成方圆形，宽度略大于长度，多数有小尾尖向上翘起；成年公羊21.84厘米，尾宽22.44厘米，尾厚7.93厘米；成年母羊相应指标为18.69厘米、19.35厘米和4.5厘米。毛纯白，杂色者很少。

【生产性能】生长发育快，成熟早，产肉力强，8月龄羯羊除放牧外，每天补饲精料0.25千克，共补饲120天到1岁时，活重达61.9千克，胴体重35.41千克，净肉重23.6千克，尾脂重5.7千克，屠宰率57.2%，净肉率66.6%，尾脂重占胴体重的16.1%；成年羯羊宰前活重平均44.3千克，胴体重23.17千克，净肉重15.7千克，尾脂重2.8千克，屠宰率52.3%，净肉率67.8%。体格中等，周岁公羊平均体重 33.4 千克，周岁母羊 31.5 千克；成年公羊 51.95 千克，成年母羊 43.35 千克。成年公羊剪毛量 1.39 千克，成年母羊 0.83 千克。广灵大尾羊 6~8 月龄性成熟，初配年龄在 1.5~2 岁，母羊春、夏、秋三季均可发情配种，在良好的饲养管理条件下，可 1 年 2 产或 2 年 3 产，产羔率 102%。

（10）欧拉羊。

【产地与育成史】欧拉羊产于甘肃省玛曲县欧拉乡及其毗连的青海省河南蒙古族自治县和久治县等地区，是藏系绵羊种，是由藏族牧民很早以前就培育的优良品种。

【外貌特征】体格高，头稍长，呈锐三角形，鼻梁隆起，公羊、母羊绝大多数都有角，角形呈微螺旋状向左右平伸或略向前，尖端向外。四肢高而端正，背平直，胸、臀部发育良好。尾呈扁锥形，尾长 13~20 厘米。被毛全白者占 0.67%，体白者占 11.95%，体杂者占 86.44%，全黑者占 0.94%。

【生产性能】体重大，成年公羊平均体重 66.82 千克，成年母羊 52.76 千克；成年公羊剪毛量平均 1.0 千克，成年母羊 0.86 千克，净毛率 76%；6 月龄公羊平均体重 35.14 千克，母羊 31.44 千克，1.5 岁公羊平均体重 48.09 千克，母羊 43.19 千克；肉脂性能好，1.5 岁羯羊胴体重 18.05 千克，屠宰率 47.81%；成年母羊胴体重 25.83 千克，屠宰率 48.1%；成年公羯羊上述指标相应为 30.75 千克和 54.19%。欧拉羊繁殖率不高，每年产羔 1 次，在多数情况下每次产羔 1 只。

欧拉羊对高寒草原的低气压、严寒、潮湿等自然条件和四季游牧、长年露营放牧等管理方式适应性很强，适合高寒地区放牧育肥。

2. 引进的绵羊品种

（1）无角道赛特羊。

【产地与育成史】无角道赛特羊原产于澳大利亚和新西兰。该品种是以雷兰羊和有角道赛特羊为母本，考力代羊为父本进行杂交，杂种羊再与有角道赛特公羊回交，然后选择所生的无角后代培育而成的。

【外貌特征】体质结实，全身被毛白色，公羊、母羊均无角。头短而宽，颈短粗，胸宽深，背腰平直，后躯丰满，四肢粗短，整个躯体呈圆桶状。

【生产性能】成年公羊体重 90~110 千克，成年母羊 65~75 千克，剪毛量 2~3 千克，净毛率 60%左右，毛长 7.5~10 厘米，羊毛细度 56~58 支；生长发育快，经过肥育的 4 月龄羔羊的胴体重，公羔为 22 千克，母羔为 19.7 千克；早熟，全年发情配种产羔，产羔率 137%~175%。对某些疾病的抵抗力较差，羔羊脓疱性口膜炎、羔羊痢疾、网尾线虫病、营养代谢病等的发病率较高。

若用道赛特羊和阿勒泰羊进行杂交，其杂种一代 7 月龄宰前活重 38.1 千克，胴体重 17.47 千克，净肉重 14.11 千克，屠宰率 45.85%，胴体净肉率 80.8%，与同龄的阿勒泰羔羊相比，胴体重低 0.99 千克，但净肉率却高 1.91 千克；无角道赛特公羊与小尾寒羊杂交，杂种一代公羊6月龄体重为40.44千克，周岁体重为96.7千克，2岁体重为148.0千克，母羊相应体重分别为35.22千克、47.82千克和70.17千克。6月龄公羔宰前活重44.41千克，胴体重24.20千克，屠宰率54.49%，胴体净肉率79.11%，肉骨比为1.0∶10.4，眼肌面积为17.33平方厘米。

（2）萨福克羊。

【产地与育成史】萨福克羊原产于英格兰东南部的萨福克、诺福克、剑桥和艾塞克斯等地。该品种羊以南丘羊为父本，以当地体型较大、瘦肉率高的旧型黑头有角诺福克羊为母本进行杂交，于1859年育成。

【外貌特征】体格较大，头短而宽，公羊、母羊均无角，颈短粗，胸宽，背、腰和臀部长、宽而平，肌肉丰满，后躯发育良好。头和四肢为黑色，且无羊毛覆盖。

【生产性能】成年公羊体重90~100千克，成年母羊65~70千克；成年公羊剪毛量5~6千克，成年母羊剪毛量3~4千克，毛长8~9厘米，细度56~58支，净毛率60%左右，被毛白色，偶尔可发现少量的有色纤维；生长发育快，产肉性能好，经肥育的4月龄公羔胴体重24.2千克，4月龄母羔19.7千克，并且瘦肉率高，是生产大胴体和优质羔羊肉的理想品种；性早熟，产羔率141.7%~157.7%。

若用萨福克羊与蒙古羊进行杂交，其杂种一代羔羊生长发育快，产肉多，而且适合于放牧肥育，190日龄的萨蒙杂种一代羯羔宰前活重37.25千克，胴体重为18.33千克，屠宰率为49.21%，净肉重为13.49千克，脂肪重为1.14千克，胴体净肉率为73.6%；用萨福克公羊与蒙古羊或乌珠穆沁羊母羊杂交，可以提高后代的产毛量，减少被毛中干死毛的数量，改进有髓毛的细度，但杂种羊花羔率增高。据统计，萨蒙杂种一代被毛中有81.4%的个体、二代中有41.8%的个体含有不同程度的有色纤维，对于发展以产毛为主的细毛羊地区要慎重使用，而育成的白头萨福克羊克服了上述缺点，市场前景看好。

（3）杜泊羊。

【产地与育成史】杜泊羊原产于南非，是用有角道赛特绵羊和黑头波斯绵羊杂交培育成功的世界著名肉绵羊品种。该品种在1996年就开始被世界上主要羊肉生产国家引进。

【外貌特征】分为黑头白体躯和白头白体躯两个品系。公羊、母羊均无角，头长，额宽，嘴尖、呈三角形，头部长短刺毛。眼帘覆盖2/3眼球，呈三角形小斜眼。耳朵小，向后斜立。颈粗短，前胸丰满，背腰平阔，臀部肥胖，肌肉外突，呈典型肥猪样臀型，为圆桶形体躯。体长、腿短、骨细，中等体高。

【生产性能】羔羊初生重达5.5千克，早期生长发育快。4月龄前日增重可达400克左右。在放牧条件下，6月龄体重可达60千克以上。在舍饲肥育条件下，6月龄体重可达70千克。肥羔屠宰率高达55%，净肉率高达46%左右。该品种适于肥羔生产，胴体瘦肉率高，肉质芳香、细嫩，年龄为A级（年轻、肉嫩、多汁）、脂肪为2~3级、形状为3~5级的杜泊白羊胴体，被国际市场誉为“钻石级”羊肉。该品种不仅具有随季节变化而自动脱毛，对饲草无选择性，瘤胃发达，特别耐粗饲，适应性强，食草性广泛的特点，而且在其他品种羊不能生存的较差放牧条件下也能存活；繁殖性能强，繁殖期不受季节限制，在良好管理下可达到2年3胎，产羔率200%，且母羊产乳量高，护羔性好。此外，杜泊羊板皮厚，面积大，质地柔软，是制作高档家具和豪华轿车内装饰的优等皮革原料。

用杜泊羊改良我国蒙古羊、小尾寒羊或同羊生长速度快，哺乳期日增重可达300克左右，比地方绵羊品种的生长速度快1倍以上；同时从形状、脂肪颜色及分布情况、胴体品质分析，均达到优质羊肉的标准，且肉质鲜嫩，脂肪熔点低，无膻味。

（4）特克塞尔羊。

【产地与育成史】特克塞尔羊原产于荷兰。用林肯羊、莱斯特羊公羊与当地的晚熟、毛质好的马尔盛夫母羊杂交，经过长期的选择和培育而成。

【外貌特征】头宽，耳着生有白色细发毛，眼周有浅黑色小斑点。颈中等长粗，胸圆，鬐甲平，体躯深，体格大，背腰平直、宽，也有略微凸起的个体，肌肉丰满，后躯发育良好，四肢下部无毛。

【生产性能】成年公羊体重115~130千克，成年母羊75~80千克；剪毛量，成年公羊平均5千克，成年母羊4.5千克，净毛率60%，羊毛长度10~15厘米，羊毛细度48~50支。特克塞尔羊早熟，羔羊生长发育快，70日龄前平均日增重300克，在最适宜的草场条件下120日龄的羔羊体重40千克，6~7月龄达50~60千克，屠宰率54%~60%。该品种母羊泌乳性能良好，产羔率150%~160%，对寒冷气候有良好的适应性。

中国农业科学院畜牧研究所、宁夏畜牧兽医研究所、山西农业大学的种羊基地引进该品种后，发现该品种羊适应性强，杂交效果明显。

（5）夏洛来羊。

【产地与育成史】夏洛来羊原产于法国中部的夏洛来丘陵和谷地。以英国莱斯特羊、南丘羊为父本，当地的细毛羊为母本杂交育成。1963年命名为夏洛来肉羊。1974年法国农业部正式承认该品种。

【外貌特征】公羊、母羊均无角，额宽，耳大，颈短粗，肩宽平，胸宽而深，肌部拱圆，背部肌肉发达，体躯呈圆桶状，腰身长，四肢较短，肢长势端正，肉用体型良好。被毛同质，白色，被毛匀度有时略差。

【生产性能】成年公羊体重 100~150 千克，成年母羊 75~95 千克；成年公羊剪毛量 3~4 千克，成年母羊剪毛量 1.5~2.2 千克，毛长 4.0~7.0 厘米，毛纤维细度 25.5~29.5 微米；早熟，羔羊生长发育快，一般 6 月龄公羔体重 48~53 千克，母羔 38~43 千克，7 月龄出售的标准公羔 50~55 千克，母羔 40~45 千克，胴体质量好，瘦肉多，脂肪少，屠宰率在 55%以上；耐粗饲，采食能力强，对寒冷和干热气候适应性较好；母羊为季节性发情，在法国，一般在 8 月中旬至翌年 1 月，发情旺季在 9~10 月，初产母羊产羔率为 135.32%，经产母羊产羔率为 182.37%。夏洛来羊采食力强，食草快，不挑食，易于适应变化的饲养条件。

内蒙古锡林郭勒盟西苏旗用夏洛来公羊与当地母羊进行杂交，夏杂一代 6 月龄活重 40.2 千克，胴体重 19.5 千克，屠宰率 48.5%；在山西省左云县用夏洛来公羊与年龄 3~4 岁、个体大小均匀、健康无病的当地经产母羊杂交，获得的一代杂种羊，其体型、外貌基本与父本夏洛来羊相似，即体型呈圆桶状，颈粗短，胸宽，背腰平、宽、直，尻平，臀部发育良好，肌肉丰满，四肢短粗，被毛白色，但四肢下部及头、耳等部多有黄褐色。一代杂种羊 10 月龄活重 49.2 千克，胴体重 27.16 千克，屠宰率 55.2%；黑龙江省绥化地区海伦种畜场用夏洛来公羊与细毛羊杂交，夏细杂一代当年公羔屠宰前活重 41.09~45.81 千克，比同龄细毛羊高 32.02%~45.35%；胴体重 17.86~21.12 千克，比同龄细毛羊高 30.61%~65.52%。

（6）德国肉用美利奴羊。

【产地与育成史】德国肉用美利奴羊原产于德国萨克森州，由泊列考斯和莱斯特品种公羊与德国原有的美利奴羊杂交培育而成。

【外貌特征】体格大，结实，成熟早，胸宽、深，背腰平直，肌肉丰满，后躯发育良好。公羊、母羊均无角。颈部和体躯皆无皱褶。被毛白色，密而长，弯曲明显。

【生产性能】德国美利奴羊属肉毛兼用细毛羊。成年公羊体重 90~100 千克，成年母羊 60~65 千克；成年公羊剪毛量 10~11 千克，成年母羊 4.5~5.0 千克，剪毛率 45%~52%，羊毛长度 7.5~9.0 厘米，细度 60~64 支；生长发育快，肉用性能好，日增重 300~350 克，6 月龄羔羊体重可达 40~45 千克，胴体重 19~23 千克，屠宰率 47%~51%；12 月可以配种，产羔率 140%~175%；耐粗饲，对较干旱气候有一定的适应性。

德国肉用美利奴羊参与了内蒙古细毛羊、阿勒泰肉用细毛羊等品种的育成。在新疆、甘肃、山东等地曾与蒙古羊、欧拉羊、小尾寒羊等进行过杂交生产羊肉，效果较好。

（7）边区莱斯特羊。

【产地与育成史】边区莱斯特羊原产于英国北部苏格兰边区，19 世纪中叶由莱斯特品种公羊与山地雪维特品种母羊杂交培育而成。为了与莱斯特羊相区别，1860 年称它为边区莱斯特羊，1897 年成立品种协会。

【外貌特征】体质结实，体型结构良好，公羊、母羊均无角，鼻梁隆起，两耳竖立，体躯长，背宽平，被毛白色，头部及四肢无被毛覆盖。

【生产性能】成年公羊体重为 90~140 千克，成年母羊为 60~80 千克。成年公羊剪毛量 5~9 千克，成年母羊 3~5 千克，净毛率 65%~80%，毛长 20~25 厘米，羊毛细度 44~48 支，产羔率 150%~200%。边区莱斯特羊肉用性能良好，早熟、肉质好，经育肥的 4 月龄羔羊，公羔胴体重 22.4 千克，母羔 19.7 千克，成年公羊胴体重 73.0 千克，成年母羊 39.8 千克。

我国从英国和澳大利亚引入的边区莱斯特羊与西藏母羊杂交，在海拔 3 400 米、水草丰美的碌曲县夏秋草场上放牧肥育，边藏一代羯羊 6 月龄活重 34.90 千克，眼肌面积 12 平方厘米；从牧区将边藏一代羯羊运往临夏农区易地育肥，采用放牧加补饲的育肥方法，11 月龄羔羊活重 51.84 千克，胴体重 25.44 千克，屠宰率 49.07%。

（8）罗姆尼羊。

【产地与育成史】罗姆尼羊原产于英国东南部的肯特郡（肯特羊）。后来，引用莱斯特品种公羊进行改良，经过精细的选择和长期的培育，育成了今日的罗姆尼羊。

【外貌特征】头略显狭长，体躯长而宽，四肢较高，后躯比较发达，头及四肢羊毛覆盖较差。新西兰的罗姆尼羊，四肢短，背腰宽平，体躯长，肉用体型良好，头和四肢羊毛覆盖良好，但放牧游走能力比英国罗姆尼羊差。

【生产性能】成年公羊体重 90~110 千克，成年母羊 80~90 千克；剪毛量，成年公羊 4~6 千克，成年母羊 3~5 千克，净毛率 60%~65%，毛长 11~15 厘米，细度 46~50 支；产羔率 120%；成年公羊胴体重 70 千克，成年母羊 40 千克；经育肥的 4 月龄羔羊，公羔胴体重 22.4 千克，母羔 20.6 千克。

在英国及许多国家，罗姆尼羊与其他品种进行经济杂交，生产肉用肥羔和杂交种羊毛。1980 年以后，我国很多地方选用罗姆尼羊作父系与本地土种羊或杂种细毛羊杂交，生产羔羊肉，效果良好。

（9）考力代羊。

【产地与育成史】考力代羊原产于新西兰，由美利奴羊与英国长毛型品种林肯羊或莱斯特羊为父本杂交育成。

【外貌特征】公羊、母羊均无角，颈短而宽，背腰宽平，肌肉丰满，后躯发育良好，四肢结实，长度中等。头、耳、四肢带黑斑，嘴唇及蹄为黑色，被毛白色，弯曲明显，匀度良好，强度大，油汗适中。

【生产性能】成年公羊体重 100~105 千克，成年母羊 46~65 千克。成年公羊剪毛量10~12千克，成年母羊5~6千克，毛长9~12厘米，羊毛细度50~56支，净毛率60%~65%。考力代羊生长发育快，4月龄羔羊体重可达35~40千克，杂一代成年公羊胴体重33.0千克，净肉重25.66千克，屠宰率51.77%，胴体净肉率77.76%，成年母羊上述指标相应为29.25千克、24.32千克、52.75%和83.15%；产羔率110%~130%。

考力代羊是东北半细毛羊、贵州半细毛羊及山西陵川半细毛羊新类群的主要父系品种之一，对新品种羊羊毛、羊肉品质的提高和改善起到了积极作用。如东北半细毛羊2~3岁公羊胴体重28.71千克，净肉重23.77千克，内脏脂肪重1.89千克，屠宰率57.7%，胴体净肉率82.8%。

（10）林肯羊。

【产地与育成史】林肯羊原产于英国东部的林肯郡，1750年开始用莱斯特公羊改良当地旧型林肯羊，经过长期的选种、选配和培育，于1862年育成。

【外貌特征】体质结实，体躯高大，结构匀称，头部大，颈短，前额有绺毛下垂，背腰平直，腰臀宽广，肋骨开张良好，四肢较短而端正，脸、耳及四肢为白色，但偶尔出现小黑点，公羊、母羊均无角。被毛呈辫形结构，有大波状弯曲和明显的丝样光泽。

【生产性能】成年公羊体重120~140千克，成年母羊70~90千克。成年公羊剪毛量8~10千克，成年母羊5.5~6.5千克，净毛率60%~65%，毛长20~30厘米，细度36~40支。4月龄育肥羔羊胴体重，公羔为22.0千克，母羔为20.5千克。产羔率120%。

林肯羊是阿勒泰肉用细毛羊和云南细毛羊新品种的主要父系之一。据研究表明，用林肯羊与小尾寒羊杂交，林杂一代6月龄宰前活重39.03千克，胴体重19.16千克，净肉重15.39千克，内脏脂肪重1.08千克，眼肌面积13.22平方厘米，屠宰率49.13%，胴体净肉率80.40%；林杂羔羊肉质好，肌肉中脂肪及蛋白质中的赖氨酸和蛋氨酸含量增加，肉块具有明显的大理石纹结构，肉质细嫩，香味可口。在全舍饲中等营养水平下，育肥3个月，林杂羊增重快，饲料报酬高。

（11）汉普夏羊。

【产地与育成史】汉普夏羊产于英格兰南部的汉普夏郡。当地羊群体格较大，毛粗少，肉质中等，经过南丘羊和考兹任德羊与之杂交选育而成。

【外貌特征】体格大，被毛白色，脸、耳深褐色，公羊、母羊均无角，肉用体型好。

【生产性能】成年公羊体重102~136千克，成年母羊68~90千克；生长发育快，出生后日增重可达450克，优饲条件下4月龄羔羊活重达50千克，胴体品质好，出肉率高，且泌乳性能好。

汉普夏羊作为肥羔生产中的终端父本，效果良好。如用于杂交生产优质羔羊肉，羔羊生长快，可提前上市，放牧时稍加补料增膘快，适应性广，能适应 0℃ 以下和热带气候条件。

（12）南丘羊。

【产地与育成史】南丘羊原产于英格兰东南部的南丘山脉，是英国正式育成的中毛型品种。

【外貌特征】脸部浅褐色，头短而宽，颈短粗，体格中等，体躯紧凑、宽而深，背腰宽平，肌肉丰满，后躯发育良好，四肢短，腿部丰满，体型呈圆桶形，性情温驯，全身白毛，不含粗毛和有色纤维，四肢和头有少量有色纤维。

【生产性能】成年公羊体重 79~102 千克，成年母羊 56~72 千克。公羊产毛量为 3.2~5.5 千克，母羊 2.0~3.2 千克，毛长 5~8 厘米，细度 50~60 支。羔羊特别早熟，常用于生产 2 月龄肉羔，可生产肉多的轻型胴体，屠宰率 60%，肉质好。多胎性和泌乳性能中等，能适应不良环境条件，羔羊存活力强。

（13）芬兰羊。

【产地】芬兰羊原产于芬兰，属于芬兰北方短尾羊。

【外貌特征】公羊有角，母羊大多数无角，头狭长，光脸，耳短，鼻部皮肤粉红色，体型不大，骨骼细，体长深而不宽，尾短，尾根宽大，尾尖不明显。

【生产性能】成年公羊体重 73~100 千克，成年母羊 55~86 千克；胴体瘦肉率高，在正常饲养管理条件下，5 月龄羔羊体重 25~32 千克；产毛量 1~3 千克，细度 50~58 支，毛白色，光泽好，手感柔软光滑；全年发情，繁殖力强，平均每胎产羔 2~4 只，最高 8 只，母羊泌乳量高。

芬兰羊被大量用于各种杂交组合，杂种一代产羔率高，含 1/4 芬兰羊血统的母羊，即可达到多胎目的。另外，杂种羔羊生长速度快，芬×罗（罗姆尼羊）一代羔羊生长速度快于边×罗、切×罗羔羊，仅次于东弗里生杂种一代羔羊。芬兰羊适合人工饲养管理条件下养殖，是肉羊生产中理想的母系品种。

（二）山羊品种

1. 我国的地方山羊品种

（1）辽宁绒山羊。

【产地】辽宁绒山羊属绒肉兼用型品种，是中国绒山羊品种中产绒量最高的优良品种。该品种具有产绒量高，绒纤维长，粗细度适中，体型壮大，适应性强，遗传性能稳定，改良低产山羊效果显著等特点，其产绒量居全国之首，被誉为“国宝”，是中国重点畜禽遗传保护资源。原产于辽宁省东南部山区步云山周围各市县，主要分布在盖州及其相邻的岫岩、辽阳、本溪、凤城、宽甸、庄河、瓦房店等地。辽宁绒山羊种用价值极高，尤其对内蒙绒山羊新品系的形成贡献卓著。

【外貌特征】公羊、母羊均有角，有髯，公羊角发达，向两侧平直伸展，母羊角伸向后上方。额顶有自然弯曲并带丝光的绺毛。体躯结构匀称，体质结实。

颈部宽厚，颈肩结合良好，背平直，后躯发达，呈倒三角形状。四肢较短，蹄质结实，短瘦尾，尾尖上翘。被毛为全白色，外层为粗毛，且有丝光光泽，内层为绒毛。

【生产性能】初情期为4~6月龄，8月龄即可进行第一次配种。适宜繁殖年龄，公羊为2~6周岁，母羊为1~7周岁。每年5月开始发情，9~11月为发情旺季。发情周期平均为20天，发情持续时间1~2天。妊娠期142~153天。成年母羊产羔率110%~120%，断奶羔羊成活率95%以上。辽宁绒山羊的冷冻精液的受胎率为50%以上，最高可达76%。

辽宁绒山羊1周岁时体重在25~30千克，成年公羊在80千克左右，成年母羊在45千克左右。公羊屠宰率为51.15%，净肉率为35.92%。母羊屠宰率为51.15%，净肉率为37.66%。辽宁绒山羊所产山羊绒品质优良，是纺织工业最上乘的动物纤维纺织原料。据国家动物纤维质检中心测定，辽宁绒山羊羊绒细度平均为15.35微米，净绒率75.51%，强度4.59克，伸直长度51.42%。绒毛品质优良。

（2）阿尔巴斯白绒山羊。

【产地】阿尔巴斯白绒山羊核心产地为鄂尔多斯市鄂托克旗阿尔巴斯苏木，故得名阿尔巴斯白绒山羊，其中以乌仁都西山区阿尔巴斯白绒山羊为最优，现遍布全市。

【外貌特征】被毛全白，由两层组成，绒毛在内，细短，光泽好。体格大、体质结实，结构匀称。头部清秀，额顶有长毛和绒，额下有髯。公羊、母羊均有角，公羊角扁而粗大，向后方两侧螺旋式伸展，母羊角细小，向后方伸出，呈乳白色。两耳自两侧伸展或半垂，鼻梁微凹。颈宽厚，胸宽而深，肋骨开张，背腰平直，后躯稍高，体长大于体高，近似长方形，斜尻，四肢端正，强健有力，长短适中，蹄质坚实、坚硬。骨骼比较粗壮、结实，肌肉发育丰满。

【生产性能】成年公羊、母羊平均体重为46.9千克和33.3千克；成年公羊、母羊平均剪毛量为570克和257克；抓绒量为385克和305克；绒毛长度公羊、母羊平均为7.6厘米和6.6厘米。绒毛细度公羊、母羊平均分别为14.6微米和15.6微米。成年羯羊屠宰率为47%，母羊产羔率为104%。

（3）太行山羊。

【产地】太行山羊（河北武安山羊、山西黎城大青羊、河南太行黑山羊）产于太行山东西两侧的晋、冀、豫三省接壤地区。山西境内分布在晋东南、晋中两地区东部各县，河北境内分布于保定、石家庄、邢台、邯郸地区京广线两侧各县，河南境内分布于林州、安阳、淇县、博爱、沁阳及修武等地。

【外貌特征】体质结实，体格中等。头大小适中，耳小前伸，公羊、母羊均有髯，绝大部分有角，少数无角或有角基。角型主要有两种：一种角直立扭转向上，少数在上 1/3 处交叉；另一种角向后、向两侧分开，呈倒“八”字形。公羊角较长，呈拧扭状，公羊、母羊角都为扁状。颈短粗，胸深而宽，背腰平直，后躯比前躯高。四肢强健，蹄质坚实。尾短小而上翘，紧贴于尻端。毛色主要为黑色，少数为褐色、青色、灰色、白色。还有一种“画眉脸”羊，颈、下腹、股部为白色。被毛由长粗毛和绒毛组成。

【生产性能】成年公羊体重 36.7 千克，成年母羊 32.8 千克，育成公羊体重 23 千克，育成母羊 22 千克。产毛绒量：成年公羊产毛为 0.40 千克，产绒为 0.28 千克，母羊相应为 0.35 千克和 0.16 千克。公羊粗毛为 11.2 厘米，绒长为 2.36 厘米，伸直长度为 3.01 厘米，平均抓绒量为 275 克，平均剪毛量为 400 克。母羊相应为 9.5 厘米、2.86 厘米和 3.36 厘米，绒细度为 14 微米，平均抓绒量为 160 克，平均剪毛量为 350 克。2.5 岁羯羊，宰前体重 39.9 千克，胴体重 21.1 千克，屠宰率 52.8%，净肉率 41.4%。肉质细嫩，脂肪分布均匀。公羊、母羊一般在 6~7 月龄性成熟，1.5 岁配种。产羔率 120%左右，但分布在河北省的较高，达 143%。

（4）新疆山羊。

【产地】新疆山羊是一个古老的地方品种，主要产品是绒、奶和肉。其肉多，绒细而柔软、均匀、强力好，深受国内外消费者的喜爱。分布于整个新疆，其中以阿尔泰山、天山南坡、昆仑山北麓的荒漠区较多，数量较集中的还有阿克苏、喀什、克孜勒苏、阿勒泰和哈密地区。新疆山羊抓膘力强，在内脏蓄积较多的脂肪。

【外貌特征】体质结实。头较大，耳小、半下垂，鼻梁平直或下凹，公羊、母羊多数有角，角型呈半圆形弯曲，或较直向后上方直立，角尖端微向后弯，角基间簇生毛绺下垂于额部，颌下有髯。背平直，前躯发育较好，后躯较差。母羊乳房发育情况随各地区牧民挤奶习惯不同而异。被毛以白色为主，次为黑色、灰色、褐色及花色。

【生产性能】成年公羊平均体高、体长、胸围和体重分别如下：哈密地区，67.2 厘米，71.6 厘米，88.8 厘米，59.51 千克；阿克苏地区，63.0 厘米，68.3 厘米，79.0 厘米，32.60 千克。成年母羊平均体高、体长、胸围和体重分别如下：哈密地区，61.5 厘米，62.8 厘米，76.3 厘米，34.22 千克；阿克苏地区，60.7 厘米，65.5 厘米，71.3 厘米，27.10 千克。

（5）马头山羊。

【产地】马头山羊原产于湘、鄂西部山区，主要分布在湖南省的石门、慈利、芷江、新晃、桑植等县和湖北省的恩施等地区。它是不断从土种羊中选择个体大、生长快、性情温驯的无角山羊长期定向培育形成的。

【外貌特征】体质结实，结构匀称。全身被毛白色，毛短贴身，富有光泽，冬季常有少量绒毛。头大小适中，公羊、母羊均无角，但有退化角痕。耳向前略下垂，下颌有髯，颈下多有两个肉垂。成年公羊颈较粗短，母羊颈较细长，头、颈、肩结合良好。前胸发达，背腰平直，后躯发育良好，尻略斜。四肢端正，蹄质坚实。母羊乳房发育良好。

【生产性能】成年公羊体重 43.81 千克，成年母羊 33.70 千克；肉用性能好，在全年放牧条件下，12 月龄羯羊体重 35 千克左右，18 月龄达 47.44 千克，如能适当补料，可达 70~80 千克。据测定，12 月龄羯羊胴体重 14.20 千克，屠宰率 54.10%，体长 56.59 厘米，眼肌面积 7.81 平方厘米；24 月龄羯羊上述指标分别为 14.94 千克、54.85%、58.71 厘米、9.77 平方厘米；5 月龄性成熟，但适宜配种月龄一般在 10 月龄左右，四季发情，常年配种，多为 1 年 2 胎或 2 年 3 胎，产羔率为 191.94%~200.33%。

马头山羊是我国江南诸省较优秀的山羊品种，其板皮品质良好，在国际贸易中享有较高声誉，须加强选育，进一步提高产肉性能。

（6）陕南白山羊。

【产地】陕南白山羊原产于陕西南部地区。很可能是汉朝时期随着大量的移民定居而带入，加上频繁的战争和伊斯兰教的传入，以及群众对肉食的需要等社会因素的影响，不断选育而形成的。

【外貌特征】头清秀而略宽，额微凸，鼻梁平直，颈短而宽厚，胸部发达，肋骨开张良好，背腰长而平直，腹围大而紧凑，四肢粗壮。被毛以白色为主，少数为黑褐色或杂色。陕南白山羊分短毛和长毛两个类型，两个类型又分有角羊和无角羊两类。无角短毛型被毛短而稀粗，性情温驯，早熟易肥；无角长毛型羊肩、侧、股部有 9~17 厘米的粗毛。有角长毛型羊的角多呈板角状，性烈好斗。

【生产性能】成年公羊体重 33.5 千克，成年母羊 32.5 千克，成年羯羊 41.1 千克。肉用性能良好，2 岁羯羊宰前活重 42.4 千克，胴体重 22.4 千克，净肉重 18.0 千克，屠宰率 52.8%；性成熟早，公羊在出生后 121.5 天、体重在 10.4 千克时出现性行为并产生成熟精子；母羊在出生后 111.6 天、体重在 7.8 千克时初次发情，配种后有 57.6%受胎。陕南白山羊产羔率 259.03%，2 月龄的繁殖成活率 173.8%。肉质细嫩，脂肪色白，膻味轻，板皮品质好。应加强选育，提高产肉率。

（7）成都麻羊。

【产地与育成史】成都麻羊原产于四川盆地西部的成都平原及其邻近的丘陵和低山地区。它是在特定的生态和经济条件下，由农民精心饲养和选育形成的肉乳兼用的优良地方品种。

【外貌特征】全身被毛呈棕黄色，为短毛型。单根纤维颜色可分成三段，即毛尖为黑色，中段为棕黄色，下段为黑灰色，整个被毛有棕黄而带黑麻的感觉，故称麻羊。也有人认为其整个被毛呈赤铜色，称为铜羊。在体躯上有两条异色毛带，一条是从两角基部中点沿颈脊、背线至尾根有一条纯黑色毛带。另一条是沿两侧肩胛经前肢至蹄冠有一条纯黑色毛带。两条黑色毛带在髻甲部交叉，构成明显的十字形。另外，从角基部前缘，经内眼角沿鼻梁两侧，至口角各有一条纺锤形浅黄色毛带，形似画眉鸟的画眉。头中等大，两耳侧伸，额宽而微突，鼻梁平直。公羊、母羊大多数有角。公羊前躯发达，体态雄壮，体型呈长方形；母羊后躯深广，背腰平直，尻部略斜，乳房呈球形，体型较清秀，略呈楔形。

【生产性能】成年公羊体重 43.02 千克，成年母羊 32.6 千克；生长快，周岁公羊体重 26.79 千克，周岁母羊 23.14 千克。周岁羯羊胴体重 12.15 千克，净肉重 9.21 千克，屠宰率 49.66%，净肉率 75.8%。成年羯羊上述指标相应为 20.54 千克、16.25 千克、54.34% 和 79.1%。成都麻羊常年发情配种，产羔率 205.91%，泌乳期 5~8 个月，可产奶 150~250 千克，乳脂率 6.47%。

板皮组织致密，乳头层占全皮厚度一半以上，网状层纤维粗壮，弹性好，强度大，质地柔软，耐磨损，品质优良，是一般皮制品和航空汽油滤油革的上等原料。

（8）雷州山羊。

【产地】雷州山羊原产于广东省雷州半岛和海南省，是我国热带地区以产肉为主培育的优良地方山羊品种，在产区优越的生态经济条件下，经当地群众多年选育而成。

【外貌特征】体质结实，公、母羊均有角，颈细长，颈前与头部相接处较狭，颈后与胸部相连处逐渐增大，髻甲稍隆起，背腰平直，臀部多为短狭而倾斜，十字部高，胸稍窄，腹大而下垂，耳中等大，向两侧竖立开张。按体型可分为高脚和矮脚两个类型：高脚型体高，腹部紧缩，乳房不发达，多产单羔，好走动；矮脚型体较矮，骨细，腹大，乳房发育良好，生长快，产双羔较多。雷州山羊毛色多为黑色，角、蹄为褐黑色，少数为麻色及褐色。麻色羊除被毛黄色外，背线、尾及四肢前端多为黑色或黑黄色。

【生产性能】6 月龄公羔体重为 15.4 千克，母羔为 13.1 千克；周岁公羊体重平均 31.7 千克，周岁母羊 28.6 千克；2 岁公羊体重平均 50.0 千克，2 岁母羊 43.0 千克；3 岁公羊平均 54.0 千克，3 岁母羊为 47.7 千克；屠宰率一般在 50%~60%，肥育羯羊可达 70%左右；性成熟早，一般 3~6 月龄达性成熟，母羊 5~8 月龄就已配种，1 岁时即可产羔；公羊配种年龄一般在 10~11 月龄；母羊多数 1 年产 2 胎，少数 2 年产 3 胎，每胎产 1~2 羔，多者产 5 羔，1 胎产羔率为 150%~200%。

雷州山羊肉质优良，脂肪分布均匀，肥育羯羊无膻味，且繁殖力强，适宜作肥羔生产和新品种培育的母本。

（9）贵州白山羊。

【产地】贵州白山羊产于黔东北乌江中下游的沿河、思南、务川等县，是劳动群众长期选育而成的产肉性能好的优良地方山羊品种。

【外貌特征】头宽额平，公羊、母羊均有角，颈部较圆，部分母羊颈下有一对肉垂，胸深，背宽平，体躯呈圆桶状，体长；四肢较短。被毛以白色为主，其次为麻色、黑色、花色，被毛粗短。少数羊鼻、脸、耳部皮肤上有灰褐色斑点。

【生产性能】成年公羊体重 32.8 千克，成年母羊 30.8 千克，周岁公羊体重平均为 19.6 千克，周岁母羊为 18.3 千克；一般在秋、冬两季屠宰。周岁羯羊平均体重 24.11 千克，胴体重 11.45 千克，净肉重 8.83 千克，屠宰率 53.30%，胴体净肉率 68.72%；成年羯羊的上述指标相应为 47.53 千克、23.26 千克、19.02 千克、57.92%和 69.09%；贵州白山羊性成熟早，公羔、母羔在 5 月龄时即可发情配种，但一般在 7~8 月龄配种，常年发情，1 年 2 胎，平均产羔率 273.6%，年繁殖存活率 243.19%。

贵州白山羊肉质细嫩，肌肉间有脂肪分布，膻味轻，且繁殖力强，适宜作肥羔生产和新品种培育的母本。

（10）板角山羊。

【产地】板角山羊产于四川省区的万源市，重庆市的城口县、巫溪县、武隆县，以及与陕西、湖北及贵州等省接壤的地方，当地群众选择白色体型大的山羊在特定的生态经济条件下选育而成。

【外貌特征】被毛白色，黑色及杂色个体很少。公羊、母羊均有角，有髯，角型宽长，向后上方弯曲扭转，成年母羊的角基平均宽 4.48 厘米，厚 2.45 厘米，宽、厚之比为 1.83∶1，平均角长 17 厘米，尤以公羊角宽大、扁平、分外雄壮，故得名板角山羊。该品种羊鼻梁平直，额微凸，公羊、母羊有须，背腰较平，尻部略斜，肋骨开张，体躯呈圆桶状，四肢粗壮，结合良好。

【生产性能】周岁公羊体重 24.64 千克，周岁母羊 21.0 千克；成年公羊体重 40.55 千克，成年母羊 30.34 千克。产肉性能较好，成年羯羊宰前活重 38.90 千克，胴体重 20.18 千克，净肉重 16.34 千克，屠宰率 55.62%，胴体净肉率 75.44%。板角山羊性成熟早，公羊 4~5 月龄有性欲，5~6 个月开始配种；母羊性成熟期为 177 天，一般年产羔 2 次，春、秋季为产羔季节。据统计，单羔占 28.4%，双羔占 60.1%，三羔占 11.5%，平均产羔率 184%。

板角山羊的板皮良好，具有弹性好、质地致密、面积宽大等特点，是一般皮制品的上等原料。应保持板皮性能的同时，加强其肉用性能的选育。

（11）隆林山羊。

【产地】隆林山羊产于广西壮族自治区隆林县、田林县和西林县。当地少数民族历来喜爱山羊，经长期选择和培育形成今日的隆林山羊。

【外貌特征】体格健壮，结构匀称，身长体大，体躯近似长方形。该品种羊头大小适中，公羊、母羊均有鬃、有角，背腰平直，肌骨开张，后躯稍高，肌肉发达，四肢端正。毛色较杂，其中白色占 38.2%，黑色占 14.7%，黑白花占 27.9%，褐色占 19.1%。隆林山羊的另一个特点是腹下和四肢上部被毛粗长。

【生产性能】生长发育快，周岁公羊体重 35.98 千克，周岁母羊 34.23 千克，成年公羊体重 54.81 千克，成年母羊 41.55 千克。隆林山羊肉用性能良好，山羊肌肉发达，胴体脂肪分布均匀，肉质细嫩，膻味轻。据报道，成年公羊胴体重 20.7 千克，屠宰率 52.05%，成年母羊为 17.47 千克，屠宰率 46.6%，成年羯羊 31.05 千克，屠宰率 57.83%，3 月龄公羊胴体重 11.0 千克，屠宰率 48.64%。隆林山羊性成熟早，母羊 7~8 月龄、公羊 8~9 月龄配种；一般母羊年产 2 胎或 2 年 3 胎，初产者多产单羔，2 胎以上多产双羔，产羔率 195.18%。

用隆林山羊改良都安山羊，杂种羔羊增重显著，周岁时比都安山羊母本提高 17.68%~21.48%，可明显提高后代的胴体重和净肉重。

（12）承德无角山羊。

【产地】承德无角山羊原产于河北省承德地区，产区属于燕山山脉的冀北山区。

【外貌特征】体质健壮，结构匀称，肌肉丰满，体躯深广，侧视呈圆体型。头大小适中，头宽顶平，公羊、母羊均无角，头颈高扬，公羊颈部略短而宽，肌肉充实，母羊颈部略扁而长。胸部宽深，背腰平直，后躯发育略显不足，斜尻较多。四肢强健端正。被毛以黑色为主，约占 70%，白色次之，还有少量杂色被毛。

【生产性能】周岁公羊体重 30.30 千克，周岁母羊 25.10 千克，2 岁以上公羊体重 54.50 千克，母羊 41.50 千克。据报道，承德黑色无角成年山羊胴体重平均 17.07 千克，净肉重 13.54 千克，屠宰率 43.9%，胴体净肉率 84.9%。经短期补饲精料的黑色无角羔羊 6.5 月龄时体重可达 25.2 千克，而白色无角羔羊 10 月龄平均体重 33.44 千克，可以实现当年羔羊当年出栏。该品种母羊全年均可发情配种，年平均产羔率为 163.9%；承德无角山羊黑色成年公羊产毛量平均为 518 克，成年母羊为 251 克，毛长 11~21 厘米；产绒量相应为 240 克和 114 克。

承德无角山羊长期以来由于粗放的饲养管理，故其生长发育和生产性能未能得到充分发挥。改善冬、春季节的饲养管理条件，是今后提高该品种肉用性能和经济效益的关键。

（13）昭通山羊。

【产地】昭通山羊产于云南省昭通地区的巧家、彝良、鲁甸、大关、昭阳、永善、镇雄等县区，是在产区独特生态经济条件和各族人民长期选育下，形成的肉皮兼用型地方山羊品种。

【外貌特征】公羊、母羊大多有角，头长短适中，鼻梁直，有须髯，大多数颈下有肉毛垂，鬐甲稍高，体型结构匀称，四肢健壮。被毛黑色者占26.25%，黑白花色者占30.24%，褐色者占20.33%，其他还有黄花色、青色等。其中褐色、黄色山羊多数从枕部至尾根有深色背线。部分山羊被毛有长毛，长毛分全身长毛和体躯长毛两类。

【生产性能】肉用性能良好，6月龄胴体重11.68千克，净肉重8.75千克，屠宰率48.2%，净肉率74.90%；1岁龄的上述指标相应为16.91千克、11.77千克、50.46%和69.6%；2~2.5岁羯羊上述指标相应为24.22千克、17.40千克、51.44%和71.84%。昭通山羊5~6月龄性成熟，7~9月龄初配，多数秋配春产，也有春配秋产的，产羔率170.17%。

(14) 鲁山“牛腿”山羊。

【产地】“牛腿”山羊是河南省鲁山县西部山区发现的体格较大的肉皮兼用型山羊，中心产区为鲁山县的四棵树乡，目前有3万余只。它是当地人民经过长期自然和人工选择形成的山羊品种。

【外貌特征】长毛型白山羊，体型大，体质结实，骨骼粗壮，侧视呈长方形，正视近圆筒形，具有典型的肉用羊特点，头短额宽，90%的羊有角，颈短而粗，背腰宽平，腹部紧凑，全身肌肉丰满，尤其臀部和后腿肌肉发达，故以“牛腿”著称。

【生产性能】“牛腿”山羊生长发育快，周岁公羊体重23.0千克，周岁母羊20.6千克，成年公羊体重41.2千克，成年母羊30.5千克。“牛腿”山羊肉用性能良好，周岁羯羊宰前重20.84千克，胴体重9.59千克，净肉重7.72千克，屠宰率46.02%，胴体净肉率76.36%；成年羯羊上述指标相应为50.22千克、25.09千克、21.69千克、54.64%和79.05%。“牛腿”山羊公羊体侧毛长12.00厘米，母羊为11.70厘米，剪毛量公羊0.62千克，母羊0.32千克。性成熟早，一般为3~4月龄，母羊常年发情，以春、秋两季较多。母羊初配年龄为5~7月龄，一般母羊1年产2胎或2年产3胎，产羔率为111%，其中双羔率11%，羊群年繁殖率为204%。公羊性成熟年龄为4~5月龄，体成熟年龄在1.5岁左右。

2. 我国培育的山羊品种

(1) 南江黄羊。

【产地】南江黄羊原产于四川省南江县，又称亚洲黄羊。自1954年起，用四川同羊和含努比羊基因的杂种公羊与当地母山羊及引入的金堂黑母羊进行多品种杂交，并采用性状对比观测、限值留种继代、综合指数法、结合分段选择培育及品系繁育等育种手段，于1995年育成。

【外貌特征】被毛黄色，毛短、紧贴皮肤，颜面、毛色黄黑色，鼻梁两侧有一对称黄白色纹，从枕部沿背脊有一条由宽而窄至十字部后渐浅的黑色毛带，公羊前胸、颈下毛黑黄色较长，四肢上端着生有黑色较长的粗毛。体型大，头大小适中，耳大且长，鼻梁微拱；公羊、母羊分为有角与无角两种类型，其中有角者占61.5%，无角者占38.5%，角向上、向后、向外呈“八”字形，公羊颈粗短；母羊细长，颈肩结合良好，背腰平直，前胸深广，尻部略斜，四肢粗长，蹄质坚实，呈黑黄色，整个体躯略呈圆桶形。

【生产性能】生长发育快，肉用性能好。6月龄公羊体重27.40千克，母羊21.82千克；周岁公羊37.61千克，母羊30.53千克；成年公羊66.87千克，母羊45.6千克。哺乳期日增重公羔176.17克，母羔161.33克；6月龄公羔、母羔日增重分别为139.56克、109.33克；周岁前分别为97.79克、77.78克。8月龄羯羊胴体重10.78千克，屠宰率47.63%，骨肉比1∶3.48；10月龄上述指标分别为11.38千克、47.70%、1∶3.7；12月龄羯羊的上述指标分别为14.97千克、49.41%、1∶3.85。肉质细嫩，营养丰富，蛋白质含量高，胆固醇低。性成熟早，母羊6~8月龄、公羊12~18月龄配种，群体平均产羔率205.42%，双羔率22.37%，多羔率15.22%。南江黄羊板皮质地良好，细致结实，抗张强度高，延伸率大，尤以6~12月龄的皮张为佳，厚薄均匀，富有弹性，主要成革性能指标均达到或接近轻工业部颁布的《山羊板皮正面服革标准》，适宜制作各类皮件产品。

杂交一代羊与同龄本地山羊比，在福建，6月龄体重提高42.54%~59.56%；在武陵山区提高66.5%~113.56%。在大巴山区，6、12月龄成年体重分别提高60.9%、67.95%。浙江所获一代杂种11月龄羯羊，宰前活重32.10千克，胴体重17.5千克，比本地同龄羊分别提高47.05%和60.84%。可用作改良我国土种山羊和培育肉用山羊品种（系）的父本。

（2）关中奶山羊。

【产地】关中奶山羊产于陕西省关中地区，以富平、三原、泾阳、扶风、武功、蒲城、临潼、大荔、渭南、乾县、蓝田、秦都、阎良等13个县市区为生产基地县，是我国奶山羊中的著名优良品种。

【外貌特征】体质结实，结构匀称，遗传性能稳定。头长额宽，鼻直嘴齐，眼大耳长。母羊颈长，胸宽背平，腰长，尻宽，乳房庞大，形状方圆；公羊颈部粗壮，前胸开阔，腰部紧凑，外形雄伟，四肢端正，蹄质坚硬，全身毛短色白。皮肤粉红，耳、唇、鼻及乳房皮肤上偶有大小不等的黑斑，部分羊有角和肉垂。体型近似西农莎能羊，具有头长、颈长、体长、腿长的特征，俗称“四长羊”。

【生产性能】成年公羊体高80厘米以上，体重65千克以上，母羊体高不低于70厘米，体重不少于45千克。公羊、母羊均在4~5月龄性成熟，一般5~6月龄配种，发情旺季9~11月，以10月最甚，性周期21天。母羊怀孕期150天，平均产羔率178%。初生公羔重2.8千克以上，母羔2.5千克以上。种羊利用年限5~7年。一般泌乳期为7~9个月，年产奶450~600千克。7月龄公羊，在放牧为主的条件下，活重可达 30 千克。

（3）崂山奶山羊。

【产地】崂山奶山羊原产于山东省胶东半岛，主要分布于崂山及周边区市，是中国奶山羊的优良品种之一，具有适应能力强、产奶性能高、抗病力强、养殖成本低等特点，1988 年被列入《中国国家家畜品种志》。

【外貌特征】体质结实粗壮，结构紧凑匀称，头长、额宽、鼻直、眼大、嘴齐、耳薄并向前外方伸展；全身白色，毛细短，皮肤粉红有弹性，成年羊头、耳、乳房有浅色黑斑；公羊、母羊大多无角，有肉垂。公羊颈粗、雄壮，胸部宽深，背腰平直，腹大不下垂，四肢较高，蹄质结实，蹄壁淡黄色，睾丸大小适度、对称、发育良好。母羊体躯发达，乳房基部发育好、上方下圆、皮薄毛稀，乳头大小适中、对称。

【生产性能】母羊属于季节性多次发情家畜，产后 4~6 个月开始发情，每年 9~11 月为发情旺季，发情周期 20.5 天，怀孕期 150 天，年产一胎，平均产羔率 170%，经产母羊年产羔率可达 190%；产奶期 8 个月，最高可达 10 个月，平均产奶一胎 340 千克，二胎 600 千克，三胎 700 千克，最高产奶可达1 300 千克，鲜奶中蛋氨酸、赖氨酸和组氨酸含量较高；公羔育肥性能试验，去势公羊饲养 8~9 个月，平均体重 35.25 千克，胴体重为 17.78 千克，屠宰率 50.44%，净肉率 39.39%；成年崂山奶山羊鲜皮厚 0.22~0.24 厘米，面积 0.63 平方米，符合国内板皮市场的特级皮标准。

3. 引入的山羊品种

（1）波尔山羊。

【产地】波尔山羊原产于南非，是世界著名的肉用山羊品种。在品种形成过程中，至少吸收了南非、埃及、欧洲和印度等地的 5 个山羊品种的基因。在南非，波尔山羊分布在 4 个省，大致分为 5 个类型，即普通波尔山羊、长毛波尔山羊、无角波尔山羊、土种波尔山羊和改良波尔山羊。

【外貌特征】体型大，具有强健的头，眼睛清秀，罗马鼻，头颈部及前肢比较发达，体躯长、宽、深，肋部发育良好且完全展开，胸部发达，背部结实宽厚，腿、臀部丰满，四肢结实有力。毛色为白色，头、耳、颈部颜色可以是浅红至深红色但不超过肩部，双侧眼睑必须有色。

【生产性能】生长发育快，羔羊初生重 3~4 千克，断奶体重 27~30 千克，3.5 月龄公羔体重 22~36 千克，母羊 19~29 千克，6 月龄时体重 40 千克左右；周岁内日增重为 190 克左右，断奶前日增重一般为 200 克以上，成年公羊体重 90~135 千克，成年母羊 60~90 千克；肉用性能好，8~10 月龄屠宰率为 48%，周岁、2 岁、3 岁时屠宰率分别为 50%、52%和 54%，4 岁时达到 56%~60%。波尔山羊的胴体瘦而不干，肉厚而不肥，色泽纯正。膻味小，多汁鲜嫩，备受消费者欢迎。性成熟早，繁殖性能好，发情周期一般超过 21 天，每个发情周期排卵数（1.8±0.9）个，每头母羊平均产羔 1.9 只，产羔率 160%～180%，单羔母羊为 7.6%，双羔母羊为 56.5%，3 羔母羊为 33.2%，4 羔母羊为 2.4%，5 羔母羊为 0.4%。波尔山羊体质强壮，四肢发达，善于长距离采食。主要采食灌木枝叶，适于灌木林及山区放牧，在没有灌木林的草场放牧也表现很好。波尔山羊对热带、亚热带及温带气候都有较强的适应能力，而且抗病力强，对蓝舌病、肠血毒症及氢氰酸中毒症等抵抗力很强，对内寄生虫的侵害也不像其他品种敏感。

1994 年引入我国，分别饲养在江苏、陕西、湖北、天津、山东、山西等省，对当地羊进行杂交改良，其表现为初生重大，生长快，繁殖力强，群聚性及恋仔性强，性情温和，易管理等。用波尔山羊与宜昌山羊杂交，初生重比本地羔羊提高 59.1%，5 月龄体重达 23.9 千克，比本地山羊提高 81.1%，显示出明显的杂交优势。

（2）萨能山羊。

【产地】萨能山羊原产地是瑞士的萨嫩河谷，许多有名的乳用山羊都与本品种有关。分布最广，除气候十分炎热或非常寒冷的地区外，世界各国几乎都有分布，半数以上的奶山羊品种都有它的血缘。

【外貌特征】具有典型的乳用家畜体型特征。后躯发达，被毛白色，偶有毛尖呈淡黄色，有“四长”的外形特点，即头长、颈长、躯干长、四肢长。乳房发育良好。公羊、母羊均有须，大多无角。

【生产性能】成年公羊体重 75～100 千克，最高 120 千克，母羊 50～65.0 千克，最高 90.0 千克。母羊泌乳性能良好，泌乳期 8～10 个月，可产奶 600～1 200 千克，各国条件不同其产奶量差异较大，最高个体产奶记录 3 430 千克。母羊产羔率一般为 170%～180%，高者可达 200%～220%。

（3）安哥拉山羊。

【产地】安哥拉山羊原产于土耳其草原地带，土耳其首都安卡拉（旧称安哥拉）周围，主要分布于气候干燥、土层瘠薄、牧草稀疏的安纳托利亚高原，是古老的毛用山羊品种。

【外貌特征】体格中等，公、母羊均有角，耳大下垂，鼻梁平直或微凹，胸狭窄，尻倾斜，骨骼细，体质较弱。全身被毛白色，被毛由波浪形或螺旋形的毛辫组成，毛辫长可垂地。

【生产性能】性成熟较晚，一般母羊 18 月龄开始配种，多产单羔，繁殖率及泌乳量均低。羔羊在大群粗放条件下放牧，成活率为 75%～80%。剪毛量公羊 3.5～6.0 千克，母羊 2.5～3.5 千克。毛股自然长度 18～25 厘米，最长可达 35 厘米，毛纤维直径 35～52 微米，羊毛细度随年龄增大而变粗。羊毛含脂率 6%～9%，净毛率 65%～85%。土耳其每年剪毛 1 次，美国和南非年剪 2 次。与土种羊杂交，其后代产毛量和羊毛品质一般随杂交代数的增加而提高，但体重降低。

三、羊的品种的选择

羊的种类和品种较多，不同品种有不同的特点、适应性和生产能力。因此，饲养羊时需要选择相对适宜的品种来获取最大经济效益。羊品种的选择应根据市场情况及饲养者本身的需要、生产性能和本地的环境气候、草料结构等多种因素综合考虑。

（一）市场需要

羊的品种繁多，用途亦不同，有细毛、半细毛、毛肉兼用、羔皮用、裘皮用绵羊品种，有肉皮兼用、肉毛兼用、绒用、毛用山羊品种。选择合适的羊种，要根据国际、国内市场需求和发展趋势，尤其要根据当地市场、销路、能否批量销售来选择。近年来，羊肉、板皮、裘皮形势看好，各地可大力组织发展肉皮兼用、肉裘兼用品种。

（二）生产性能

搞肉羊生产，主要考虑生长发育速度、繁殖力、产肉量三项指标；搞皮肉兼用生产，主要考虑皮的品质、皮的面积、繁殖率、肉的产量、生长发育五项指标；搞羊奶生产，主要考虑产奶量、生长发育两项指标；搞羊毛生产，主要考虑产毛重、净毛率、生长发育三项指标。

（三）适应能力

羊的品种是在其自然环境条件下，经过人工选育和自然淘汰而逐步形成的。品种独特的生物学特征与自然环境条件相一致（表现为适应能力），改变其环境条件，往往会降低生产能力或发生变异，甚至退化。所以，适应能力直接影响到生产潜力的发挥，要选择适合本地区环境条件的优良品种。品种优良的特性是饲养者所需要的，但因环境、气候、草料与引进地悬殊，优良品种羊的引进饲养将很难表现出与引进地一致的优越性。如小尾寒羊个头大，生长也较快，但不适宜南方饲养。过去，安徽淮南地区有些养殖户盲目引进，结果生产效果并不好，因为安徽淮河以南地区的气候特点和环境条件不适宜饲养绵羊。我国的畜牧工作者在多年的实践中证实，北方的绵羊一般不适合在南方规模养殖。因此，养殖户在引种时一定要先咨询当地养羊基地的专家，问明白哪些品种适合当地饲养，哪些品种不适合在当地饲养。

（四）选择杂交良种羊

目前，养羊生产的规模化养殖场多从国外引进优良品种与本地羊进行杂交，改良当地肉羊品种，使肉用性能明显提高。实践证明，杂交是提高肉羊生产性能快速、有效的方法。杂交常采用二元杂交和三元杂交。

第二节　羊的品种引进

一、引种目的

（一）改变当地羊的生产方向

当地原有羊的品种生产方向不能适应社会和市场变化要求，通过本品种选育无法实现时，必须引进外来品种，改变原有品种的生产方向。如我国大量引进的波尔山羊、无角道赛特羊等肉用品种与本地的地方品种进行级进杂交，改变其生产方向。

（二）提高当地羊的生产水平

通过引进优良高产品种，可以提高当地养羊水平，生产更多优质的产品，获得更好的效益。

二、引种原则

（一）注意引入品种产地的气候和生态条件

气候和生态条件对羊的繁殖和生产影响较大，如果原产地与引入地的气候和生态条件差异过大，就可能引种失败。主要考虑温度、湿度、海拔、降水量及饲草资源等。

（二）注意新品种的适应性

适应性是一个复合的性状，包括品种的抗寒、耐热、耐粗饲及抗病力、繁殖力、生产性能发挥等一系列性状，只有适应性好的品种才能正常地繁殖并充分发挥其生产潜力。

三、引种方式

（一）购进种羊

直接购进种羊是常用的引种方式。其优点是可以了解种羊，直接使用，但运输、管理麻烦，风险和投资较大。

（二）引进冷冻精液

引进优质公羊的冷冻精液，进行人工授精。这是一种较好的引种方式，运输方便，风险小，投资少。但冷冻精液的质量不好掌握。

四、引种注意事项

（一）选好引入的个体

引入的个体应具有典型品种特性（如体型、外貌、生产特征、适应性等）、较高的生产性能（如体尺、体重、生产发育速度、繁殖率等高于群体平均值）、较好的健康状况（无任何传染病，体质健壮，公羊睾丸大小正常、无隐睾、单睾现象；母羊乳头整齐、发育好）、有详细且清楚的系谱、适度规模及幼年健壮。

（二）妥善安排调运季节

为了使引入羊只在生活环境上的过渡不至于过于突然，使机体有一个逐步适应的过程，在调运时间上应考虑两地之间的季节差异。如由温暖地区向寒冷地区引种羊，应以夏季为宜，由寒冷地区向温暖地区引种应以冬季为宜。其次在起运时间上要根据季节而定，尽量减少途中不利的气候因素对羊造成的影响。如夏季运输应选择在夜间行驶，防止日晒。冬季运输应选择在白天行驶。一般春、秋两季运输羊比较适宜。

（三）严格执行检疫隔离制度

动物检疫是引种中必须进行的一个项目，检疫的目的：一是保证引进健康的种畜，二是防止传染病的带入和传播。进行动物检疫的部门是县级以上动物检疫站。国内的检疫项目一般有临床检查和传染病检查，包括布氏杆菌病、蓝舌病、羊痘、口蹄疫等。运输种羊必须经检疫、车辆消毒后才准持证运输。引进的种羊也要在相对封闭、远离当地羊群的地方进行隔离观察，5 周后才可和当地羊在同一牧坡或圈舍饲养。

五、引种管理

（一）做好准备

1. 途中饲草料及水的准备　一般短距离运输（不超过 6 小时），途中不喂草料也可以，但要有水喝，因而运输前要准备好饮水器具。长距离运输，特别是火车运输时，一定要准备好草（一般为青干草），饲草的用量依运输距离、途中运输天数而定。饲草要用木栏和羊隔开，以防羊踩踏污染。

2. 押运人员、途中用品、药品的准备　汽车押运一般一辆车有一个人员即可，火车押运时，一节车厢上应有两人。押运人员必须是有责任心、对羊饲养管理较为熟悉且有较好体力的人。随车应准备铁锨、扫帚、手电及常用药品（特别是外伤用药）等。

3. 车辆准备　一般在办理铁路、公路检疫证时，就应联系车辆，并和检疫部门合作对车辆进行消毒。车辆的准备包括以下几个方面：一是车辆的大小和数量，二是车辆的消毒，三是装车时间、地点的确定，四是车辆上必要设施的配置准备。如用汽车运输时，车厢要搭上高马槽，在车厢中间横拴一条或两条绳子，以便押运人员在车上行动，同时在车厢底撒上沙子，铺上干草或玉米秸秆、麦秸等，在运输中起吸湿、防滑作用。为防止运输中日晒和下雨，长距离运输还应在车厢上搭车棚，用树枝或雨布遮盖。

（二）装车

装车前羊应当空腹或半饱，不宜放牧后装车，以防腹部内容物多，车上颠簸引起不良反应。装车时，车辆应停放在高台处，让羊能自动上车，上车速度不宜过快，以防互相拥挤造成挤伤、跌伤。在车厢马槽边沿处应放上木棒挡住空隙，防止羊蹄踩人造成骨折。每辆车上装羊的数量以羊能活动开为宜，太少时羊会因车速的变化而向前或向后快速移动，站立不稳，且容易挤伤。太多时，体弱羊若被挤倒则很难站起，容易引起踩伤、踏伤或致死。若夏季运输时由于羊过多拥挤，通风散热不畅容易中暑。羊装上车后，要清点车内羊数。

（三）途中管理

运输途中要快、稳、勤。快就是要求尽量缩短途中运输时间，尽早到达目的地，途中做到人休息车不休息，特别是在夏季中午行车，车更不能停下（车在行驶中由于有风可加快散热），以防日晒、拥挤造成中暑；稳就是要求行车中车速要平稳，不能急加速或急减速、紧急制动，过坑和在路面不平的道路上行驶时车速要慢，以防羊前后拥挤、踩踏和倒伏；勤就是要眼勤、腿勤和手勤，行车中跟车人员要勤观察车厢内羊只，发现挤倒的羊要随时扶起，路途中休息时要清点羊数，给羊喂草、饮水，车厢太湿时要换垫草，检查车厢马槽是否紧固牢靠。铁路运输时，若用敞篷车运输，每节车厢内应有两人押运，途中随时查看有无挤倒的羊只并及时扶起。

在行车途中要给羊喂草、料、水。若用罐车装运，羊应分别装在车厢两端，中间开门处用木栏杆挡住，行车中打开车门和车厢内通风孔，保持良好的通风。冬季则可适当打开门缝，勿开大门，以防风吹受凉。行车中勤清除粪、尿，勤换垫草，并要保证羊的饮水。在车站停车或编组时，要尽快给车上补足水，并不要远离车厢，以防人员丢失误车。

（四）到达羊场后的管理

到达运输目的地，汽车可停放在有高台的地方，打开一侧马槽，在马槽与车厢底连接处垫上草或木条，以防羊踩人造成骨折，并让羊自己走下车，切勿拥挤，使羊安全下车，并清点羊数，清洗车辆。下车后有的羊卧地休息，有的羊则急于饮水、吃草，此时不宜喂草料和放牧，且第一次不宜喂得过饱。对病羊、受伤羊则要抓紧时间治疗。羊到达目的地 5 周内，要和其他羊群隔离，注意观察其采食和其他行为，并逐渐过渡到正常的饲养管理程序。

第三章　羊的选育和利用

羊的品种选育是获得优良品种的首要条件，是提高生产水平的基础。

第一节　生产性能指标

一、肉用性能指标

（一）宰前活重

它是指动物宰前的活体重量。由于相同活重的个体产肉量相差很大，因此，常根据某种动物一定年龄时的体重大小作为评定的指标。

（二）胴体重

它是指屠宰放血后剥去毛皮，去头、内脏及前肢腕关节和后肢关节以下部分，整个躯体（包括肾脏及其周围脂肪）静置30分钟后的重量。

（三）屠宰率

它是指胴体重加内脏脂肪（包括大网膜和肠系膜脂肪）和尾脂重，与羊屠宰前活重（宰前空腹24小时）之比。

（四）胴体净肉率

胴体净肉率是胴体净肉重与胴体重的比值。

（五）肉骨比

肉骨比是胴体净肉重与骨重的比值。

（六）眼肌面积

它是测倒数第一和第二肋骨间脊椎上的背最长肌的横切面积，因为它与产肉量呈正相关。测量方法：用硫酸纸描绘出横切面的轮廓，再用求积仪计算面积。如无求积仪，可用下面公式估测。

眼肌面积（平方厘米）= 眼肌高（厘米）× 眼肌宽（厘米）× 0.7

（七）胴体品质

胴体品质主要根据瘦肉的多少及颜色、脂肪含量、肉的鲜嫩度、多汁性与味道等特性来评定。上等品质的羔羊肉，应该是质地坚实而细嫩味美，膻味轻，颜色鲜艳，结缔组织少，肉呈大理石状，背脂分布均匀而不过厚，脂肪色白、坚实。

二、毛用性能指标

（一）剪毛量

它是指从一只羊身上剪下的全部羊毛（污毛）的重量。细毛羊比粗毛羊的剪毛量要大得多。一般是在5岁以前逐年增加，5岁以后逐年下降。公羊的剪毛量高于母羊。

（二）净毛率

除去污毛中各类杂质后的羊毛重量为净毛重，净毛重与污毛重的比值，称为净毛率。计算公式如下。

净毛率（%）= 净毛重÷污毛重×100%

（三）毛的品质

它包括细度、长度、密度和油汗等指标。

1. 细度　它是指毛纤维直径的大小。直径在25微米以下为细毛，以上为半细毛。工业上常用“支”来表示，1千克羊毛每纺出1个1 000米长度的毛纱称为1支，如能纺出60个1 000米长的毛纱，即为60支。毛纤维越细，则支数越多。

2. 长度　它是指毛丛的自然长度。一般用钢尺量取羊体侧毛丛的自然长度。细毛羊要求在7厘米以上。

3. 密度　它是指单位皮肤面积上的毛纤维根数。

4. 油汗　它是皮脂腺和汗腺分泌物的混合物，对毛纤维有保护作用。油汗以白色和浅黄色为佳，黄色次之，深黄色和颗粒状为不良。

5. 裘皮和羔皮品质　一般要求是轻便、保暖、美观。具体是从皮板的厚薄、皮张大小、粗毛与绒毛的比例、毛卷的大小与松紧、弯曲度及图案结构等方面进行评定。

三、繁殖性能指标

（一）适繁母羊比率

适繁母羊比率主要反映羊群中适繁母羊的比例。适繁母羊多指10月龄（山羊）以上和1.5岁（绵羊）以上的二母羊。

（二）配种率

配种率是指实配母羊数占预配母羊数的百分比，即

配种率=实配母羊数÷预配母羊数×100%

（三）受胎率

受胎率是指妊娠母羊数占实配母羊数的百分比（妊娠母羊数是流产、死产和正常生产的总和），即

受胎率＝妊娠母羊数÷实配母羊数×100%

（四）产羔率

产羔率是指每百只分娩母羊数所产羔羊占分娩母羊数的百分比，即

产羔率＝产出羔羊数÷分娩母羊数×100%

（五）断奶成活率

断奶成活率是指断奶时成活的羔羊数占产活羔数的百分率，即

断奶成活率＝断奶时成活羔羊数÷产活羔数×100%

（六）繁殖成活率

繁殖成活率是指本年度断奶成活羔羊数占上年度适繁母羊数的百分率，即

繁殖成活率＝本年度断奶成活羔羊数÷上年度适繁母羊数×100%

四、生长发育指标

生长发育是羊的主要生产性能，通常以初生、断奶、6～7 月龄、12 月龄、1.5 岁、2 岁、3 岁等不同阶段体重、体尺的变化来表示。称重时应在清晨空腹状况下进行。体尺指标主要有：体高（由肩胛最高点至地面的垂直距离）、体长（由肩端至坐骨结节后端的直线距离）、胸围（由肩胛骨后缘绕胸一周的周径）、腹围（取腹部最大处一周的周径）、管围（左前肢管骨最细处的水平周径，在管部的上 1/3 处）、十字部高（由十字部至地面的垂直距离）、腰角宽（两侧腰角外缘间距离）、腿臀围（由左侧后膝前缘突起，绕经两股后面，至右侧后膝前缘突起的水平半周）。

五、泌乳性能指标

泌乳性能指标主要是泌乳量，以羔羊出生后 15～21 天的总增重乘 4.3 来计算，代表该时期的泌乳量，其中 4.3 是羔羊增重 1 千克所消耗的母乳量。

第二节　羊的个体鉴定

种羊的选择除了依靠生产性能的表现外，种羊的个体鉴定也是重要的依据。基础母羊一般每年进行一次鉴定，种公羊一般在 1.5～2 岁进行一次。鉴定种羊包括年龄鉴定、体型外貌鉴定和体况鉴定。

一、年龄鉴定

年龄鉴定是其他鉴定的基础。肉羊不同年龄的生产性能、体型、体态的鉴定标准都有所不同。现在比较可靠的年龄鉴定法仍然是牙齿鉴定。牙齿的生长发育、形状、脱换、磨损、松动有一定的规律。因此，人们就可以利用这些规律，比较准确地进行年龄鉴定。

成年羊共有 32 枚牙齿，上颌有 12 枚，每边各 6 枚，上颌无门齿，下颌有 20 枚牙齿，其中 12 枚是臼齿，每边 6 枚，8 枚是门齿，也叫切齿。利用牙齿鉴定年龄主要是根据下颌门齿的发生、更换、磨损、脱落情况来判断。羔羊一出生就长有 6 枚乳齿；约在 1 月龄，8 枚乳齿长齐；1.5 岁左右，乳齿齿冠有一定程度的磨损，钳齿脱落，随之在原脱落部位长出第一对永久齿；2 岁时中间齿更换，长出第二对永久齿；约在 3 岁时，第四对乳齿更换为永久齿；4 岁时，8 枚门齿的咀嚼面磨得较为平直，俗称齐口；5 岁时，可以见到个别牙齿有明显的齿星，说明齿冠部已基本磨完，暴露了齿髓；6 岁时已磨到齿颈部，门齿间出现了明显的缝隙；7 岁时缝隙更大，出现露孔现象。为了便于记忆，总结出下面顺口溜：一岁半，中齿换；到两岁，换两对；两岁半，三对全；满三岁，牙换齐；四磨平；五齿星；六现缝；七露孔；八松动；九掉牙；十磨尽。

二、体型外貌鉴定

体型外貌鉴定的目的是确定种羊的品种特征、种用价值和生产力水平。

（一）外貌评分

种羊的外貌评定是通过对各部位打分，最后求出总评分。如肉羊的外貌评分，将肉羊外貌分成四大部分，公羊分为整体结构、育肥状态、体躯和四肢，各部位的给分标准分别为 25 分、25 分、30 分和 20 分；母羊分为整体结构、体躯、母性特征和四肢，各部位的给分标准分别为 25 分、25 分、30 分和 20 分，合计 100 分。具体评分标准见表 3-1。

表 3-1 肉用种羊外貌评分标准

项目	满分标准	给分	
		公	母
整体结构	整体结构匀称，外形浑圆，侧视呈长方形，后视呈圆桶形，体躯宽深，胸围大，腹围适中，背腰平直，后躯宽广、丰满，头小而短，四肢相对较短	25	25
肥育状态	体型呈圆桶状，无明显的棱角，颈、肩、背、尻部肌肉丰满，肥度指数在 150~200	25	0

续表

项目	满分标准	给分	
		公	母
体躯	前躯：头小颈短，肩部宽平，胸宽深中躯，背腰平直，宽阔，肋骨开张不外露，膣部下凹，腹围大小适中，不下垂，呈圆桶状。后躯：荐部平宽，腰角不外突，尻长且平宽，后膝突出，胫部肌肉丰满，腿臀围大	30	25
母性特征	头颈清秀，眼大鼻直，肋骨开张，后躯较前躯发达，中躯较长，乳房发育良好	0	30
四肢	健壮结实，肢长势良好，肢蹄质地坚实	20	20
总计		100	100

（二）体型评定

体型评定往往要通过体尺测定，并计算体尺指数加以评定。测量部位如下：①体高，指肩部最高点到地面的距离；②体长，指取两耳连线的中点到尾根的水平距离；③胸围，指肩胛骨后缘经胸一周的周径；④管围，指取管部最细处的周径，在管部的上1/3处；⑤腿臀围，由左侧后膝前缘突起，绕经两股后面，至右侧后膝前缘突起的水平半周。为了衡量肉羊的体态结构、比较各部位的相对发育程度和评价产肉性能，一般要计算体尺指数：体长指数=体长/体高；体躯指数=胸围/体长；胸围指数=胸围/体高；骨指数=管围/体高；产肉指数=腿臀围/体高；肥度指数=体重/体高。

三、体况鉴定

繁殖母羊的体况鉴定是选择种羊的重要方面，因为体况直接影响到种羊的生产性能。体况鉴定采用4分制，详细评分标准见表3-2。

表3-2　繁殖母羊体况评定标准

项目	1分（过瘦）	2分（瘦）	3分（适中）	4分（肥）
脊突	明显突出，呈尖峰状	突起分明，每个脊椎区分明显	突起不明显，呈圆形峰状	呈圆形，双脊背
尻部	狭窄，凹陷，骨骼外露	棱角分明，肉很少	稍圆，棱角不分明	丰满
尾部	瘦小，呈楔形	较小，不圆满	圆形，大小适中	大而丰满

第三节　羊的选种和选配

一、选种

选种，就是选择把那些符合育种要求的个体，按不同的标准从羊群中挑选出来，组成新的群体再繁殖下一代，或者从别的羊群中选择那些符合要求的个体，选入到现有的繁殖群体中再繁殖下一代的过程。

选种的目的是经过多世代选择提高羊群的整体生产水平或把羊群育成一个新的类群或品种（品系）。绵羊、山羊的选种主要是对公羊，选择的主要性能多为有重要经济价值的数量性状和质量性状。如细毛羊的体重、剪毛量、毛品质、毛长度；绒山羊的产绒量、绒纤维长度、细度及绒的颜色等；肉羊的体重、产肉量、屠宰率、胴体重、生长速度和繁殖率等。

（一）选种的根据

选种主要根据体型外貌、生产性能、后代品质、血统四个方面，在对羊只进行个体鉴定的基础上进行。

1. 体型外貌　体型外貌在纯种繁育中非常重要，凡是不符合本品种特征的羊不能作为选种的对象。另外，体型和生产性能方面有直接的关系，也不能忽视。如果忽视体型，生产性能全靠实际的生产性能测定来完成，就需要时间，造成浪费。比如，产肉性能、繁殖性能的某些方面，可以通过体型选择来解决。

2. 生产性能　生产性能指体重、屠宰率、繁殖力、泌乳力、早熟性、产毛量、羔裘皮的品质等方面。羊的生产性能，可以通过遗传传给后代，因此选择生产性能好的种羊是选育的关键环节。但要在各个方面都优于其他品种是不可能的，应突出主要优点。

3. 后裔　种羊本身具备的优良性能是选种的前提条件，但这仅仅是一个方面，更重要的是它的优良性能是不是传给了后代。优良性能不能传给后代的种羊，不能继续作为种用。同时在选种过程中，要不断地选留那些性能好的后代作为后备种羊。

4. 血统　血统即系谱，是选择种羊的重要依据，它不仅提供了种羊亲代的有关生产性能的资料，而且记载着羊只的血统来源，对正确地选择种羊很有帮助。

（二）选种的方法

1. 鉴定　选种要在对羊只进行鉴定的基础上进行。羊的鉴定有个体鉴定和等级鉴定两种，都按鉴定的项目和等级标准准确地进行评定等级。个体鉴定要有按项目进行的逐项记载，等级鉴定则不做具体的个体记录，只写等级编号。进行个体鉴定的羊包括特级公羊、一级公羊和其他各级种用公羊，准备出售的成年公羊和公羔，特级母羊和指定做后裔测验的母羊及其羔羊。除进行个体鉴定的以外都做等级鉴定。等级标准可根据育种目标的要求制定。羊的鉴定一般在体型外貌、生产性能达到充分表现，且有可能做出正确判断的时候进行。公羊一般在到了成年，母羊第一次产羔后对生产性能予以测定。为了培育优良羔羊，对初生、断奶、6 月龄、周岁的时候都要进行鉴定，裘皮型的羔羊，在羔皮和裘皮品质最好时进行鉴定。后代的品质也要进行鉴定，主要通过各项生产性能测定来进行。对后代品质的鉴定，是选种的重要依据。凡是不符合要求的及时淘汰，合乎标准的作为种用。除了对个体鉴定和后裔的测验之外，对种羊和后裔的适应性、抗病力等方面也要进行考察。

2. 审查血统 通过审查血统，可以得出选择的种羊与祖先的血缘关系方面的结论。血统审查要求有详细记载，凡是自繁的种羊应做详细的记载。购买种羊时要向出售单位和个人索取卡片资料，在缺少记载的情况下，只能根据羊的个体鉴定作为选种的依据，无法进行血统的审查。

3. 选留后备种羊 为了选种工作顺利进行，选留好后备种羊是非常必要的。后备种羊的选留要从以下几个方面进行：一是要选窝（看祖先），从优良的公羊、母羊交配后代中，全窝都发育良好的羔羊中选择。母羊需要第二胎以上的经产多羔羊。二是选个体，要从初生重和生长各阶段增重快、体尺好、发情早的羔羊中选择。三是选后代，要看种羊所产后代的生产性能，是不是将交母代的优良性能传给了后代，凡是没有这方面的遗传，不能选留。后备母羊的数量，一般要达到需要数的 3~5 倍，后备公羊的数量也要多于需要数，以防在育种过程中有不合格的羊不能种用而数量不足。

二、选配

所谓选配，就是在选种的基础上，根据母羊的特点，为其选择恰当的公羊与之配种，以期获得理想的后代。因此，选配是选种工作的继续。在规模化的绵羊、山羊育种工作中，选配与选种是两个相互联系、不可分割的重要环节，是改良和提高羊群品质最基础的方法。

选配的作用在于巩固选种效果。通过正确的选配，使亲代的固有优良性状稳定地传给下一代；把分散在双亲个体上的不同优良性状结合起来传给下一代；把细微的不甚明显的优良性状累积起来传给下一代；对不良性状、缺陷性状给予削弱或淘汰。

（一）选配的原则

1. 公羊优于母羊 为母羊选配公羊时，在综合品质和等级方面必须优于母羊。

2. 以公羊优点补母羊缺点 为具有某些方面缺点和不足的母羊选配公羊时，

必须选择在这方面有突出优点的公羊与之配种，决不可用具有相同缺点的公羊与之配种。

3. 不宜滥用　采用亲缘选配时应当特别谨慎，合理利用，切忌滥用；过幼、过老的公羊、母羊不配；级进杂交时，高代杂种母羊不能和低代杂种公羊交配。

4. 及时总结选配效果　如果效果良好，可按原方案再次进行选配。否则，应修正原选配方案，另换公羊进行选配。

（二）选配的类型

选配可分为表型选配和亲缘选配两种类型。表型选配是以与配公羊、母羊个体本身的表型特征作为选配的依据，亲缘选配则是根据双方的血缘关系进行选配。这两类选配都可以分为同质选配和异质选配，其中亲缘选配的同质选配和异质选配即指近交和远交。表型选配即品质选配，它可分为同质选配和异质选配。

1. 同质选配　它是指具有同样优良性状和特点的公羊、母羊之间的交配，以便使相同特点能够在后代身上得以巩固和继续提高。通常特级羊和一级羊是属于品种理想型羊只，它们之间的交配即具有同质选配的性质；或者羊群中出现优秀公羊时，为使其优良品质和突出特点能够在后代中得以保存和发展，则可选用同群中具有同样品质和优点的母羊与之交配，这也属于同质选配。例如，体大毛长的母羊选用体大毛长的公羊相配，以便使后代在体格和羊毛长度上得到继承和发展。这就是“以优配优”的选配原则。

2. 异质选配　它是指选择在主要性状上不同的公羊、母羊进行交配，目的在于使公羊、母羊所具备的不同的优良性状在后代身上得以结合，创造一个新的类型；或者是用公羊的优点纠正或克服与之相配母羊的缺点或不足。用特级、一级公羊配二级以下母羊即具有异质选配的性质。例如，选择体大、毛长、毛密的特级、一级公羊与体小、毛短、毛密的二级母羊相配，使其后代体格增大，羊毛增长，同时羊毛密度得到继续巩固提高。又如用生长发育快、肉用体型好、产肉性能高的肉用型品种公羊，与对当地适应性强、体格小、肉用性能差的蒙古土种母羊相配，其后代在体格大小、生长发育速度和肉用性能方面都显著超过母本。在异质选配中，必须使母羊最重要的有益品质借助于公羊的优势得以补充和强化，使其缺陷和不足得以纠正和克服。这就是“公优于母”的选配原则。

第四节　羊的纯种繁育和杂交利用

一、纯种繁育

（一）品系繁育

品系是品种内具有共同特点、彼此有亲缘关系的个体所组成的遗传性稳定的群体。品系繁育就是根据一定的育种制度，充分利用卓越种公羊及优秀的后代，建立优质高产和遗传稳定的畜群的一种方法。

1. 建立基础群 建立基础群，一是按血缘关系组群，二是按性状组群。按血缘组群，先将羊群进行系谱分析，查清公羊后裔特点，选留优秀公羊后裔建立基础群，但其后裔中不具备该品系特点的不应留在基础群。这种组群方法在羊群遗传力低时采用。按性状组群，是根据性状表现来建立基础群，这种方法不管血缘而按个体表现组群。按性状组群在羊群遗传力高时采用。

2. 建立品系 基础群建立之后，一般把基础群封闭起来，只在基础群内选择公羊、母羊进行繁殖，逐代把不合格的个体淘汰，每代都按品系特点进行选择。最优秀的公羊尽量扩大利用率，质量较差的不配或少配。亲缘交配在品系形成中是不可缺少的，一般只作几代近交，以后转而采用远交，直到特点突出和遗传性稳定后纯种品系已经育成。

（二）血液更新

血液更新是指把具有一致遗传性和生产性能，但来源不相接近的同品系的种羊，引入另外一个羊群。由于公、母羊属于同一品系，仍是纯正种繁育。血液更新在下列情况下进行：一是在一个羊群中或羊场中，由于羊的数量较少而存在近交产生不良后果时；二是新引进的品种改变环境后，生产性能降低时；三是羊群质量达到一定水平，生产性能及适应性等方面呈现停滞状态时。在血液更新中，被引入的种羊在体质、生产性能、适应性等方面没有缺点。

二、杂交利用

羊品种的杂交利用有两条途径：一是杂交培育新品种；二是进行经济杂交，发展商品羊生产。

（一）育成杂交

育成杂交指不同品种间个体相互进行杂交，以大幅度地改进生产性能，或纠正当地品种在某一方面的缺点，到一定程度时，导致了新品种的产生，因此叫作育成杂交。如果以提高生产性能为目的的杂交，一般采用级进杂交的方式，即用引进的国外肉羊品种的公羊与当地的母羊进行杂交，淘汰杂种公羊，选留优良杂种母羊，并继续与国外纯种肉用公羊交配，依照此法连续几个世代地杂交下去，杂种后代的生产性能将趋于父本品种，故称级进杂交。如果地方品种能基本满足生产需要，无须改变生产方向和生产特点，但要纠正某个缺点时，一般采用导入杂交方式，即引进少量的外来血液，与当地品种进行一个世代的杂交，在杂交后代中选择合乎标准的公羊、母羊留种，这些种羊再与当地品种的公羊、母羊进行回交，从中培育优秀的种公羊，推广使用。

育成杂交在肉羊新品种培育方面发挥了巨大作用。英国萨福克、陶塞特、罗姆尼、科布雷德，德国的肉用美利奴，法国的夏洛来，美国的波利帕，荷兰的特克塞尔等几十个肉羊新品种，都是通过品种间的杂交而育成的。

杂交培育新品种的过程可分为三个阶段：

1. 杂交改良阶段　这一阶段的主要任务是以培育新品种为目标，选择参与育种的品种和个体，较大规模地开展杂交，以取得大量的优良杂种个体。在培育新品种的杂交阶段，选择较好的基础母羊，能加快杂交进程。

级进杂交（图3-1）一般要进行3~4个世代的杂交；导入杂交（图3-2）一般要经过1~2个世代的杂交，然后与本地品种回交；还有一些品种是通过两个以上的品种的复杂杂交选育而成的。

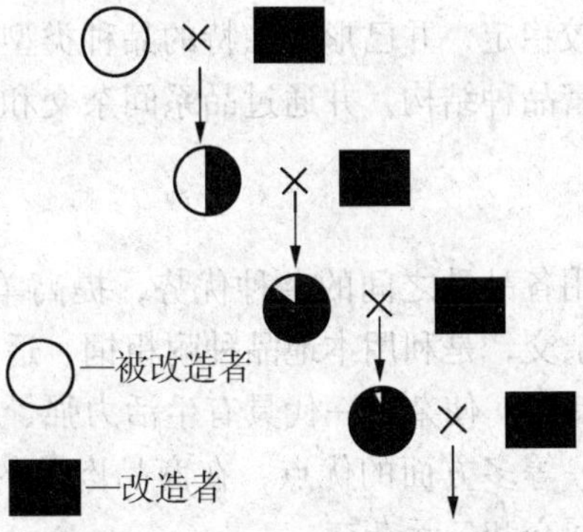

图3-1　级进杂交示意图

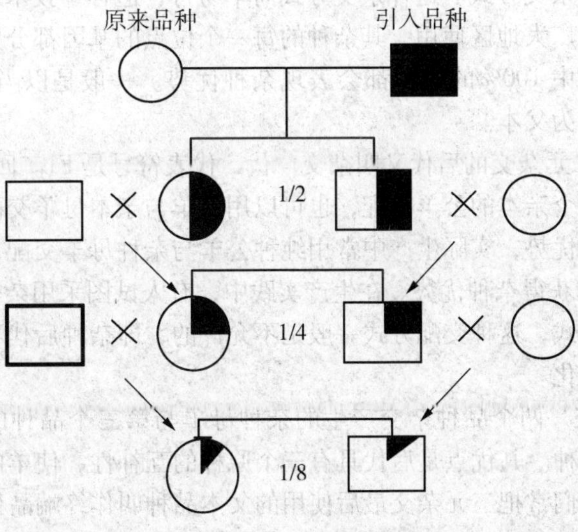

图3-2　导入杂交示意图

2. 横交固定阶段 当有一定数量的符合育种目标的杂种后代时，就可以在这些杂种后代中进行横交固定。这一阶段的主要任务是选择理想型杂种公羊、母羊互交，即通过杂种羊自群繁育，固定杂种羊的理想特性。此阶段的关键在于发现和培育优秀的杂种公羊，往往个别杰出的公羊在品种形成过程中起着十分重要的作用。横交初期，后代性状分离比较大，须严格选择。凡不符合育种要求的个体，则应归到杂交改良群里继续用纯种公羊配种。在横交固定阶段，为了尽快固定杂交优势，可以采用一定程度的亲缘选配或同质选配。横交固定时间的长短，应根据育种方向、横交后代的数量和质量而定。

3. 发展提高阶段 它是品种形成和继续提高阶段。这一阶段的主要任务是，建立品种整体结构，增加数量，提高绵羊品质和扩大品种分布区。杂种羊经横交固定阶段后，遗传性已较稳定，并已形成独特的品种类型。此阶段可根据具体情况组织品系繁育，以丰富品种结构，并通过品系间杂交和不断组建新品系来提高品种的整体水平。

（二）经济杂交

经济杂交是为了利用各品种之间的杂种优势，提高羊的生产水平和适应性。不同品种的公羊、母羊杂交，是利用本地品种耐粗饲、适应性强和外来羊品种生长发育快、肉品质好的特点，使杂种一代具有生活力强、生长发育快、饲料利用率高、产品规格整齐划一等多方面的优点，在商品肉羊的生产中已被普遍采用。杂交方式有二元杂交、回交和三元杂交。

1. 二元杂交 二元杂交是指两个品种之间进行杂交，产生的杂种后代全部用于商品生产的杂交方式。这种杂交方式简单易行，适合于技术水平落后、羊群饲养管理粗放的广大地区使用，其杂种的每一个位点的基因都分别来自于父本和母本，杂种后代中100%的个体都会表现杂种优势。一般是以当地品种为母本，引进的肉羊品种为父本。

2. 回交 二元杂交的后代又叫杂交一代，代表符号是F1。回交就是用P1母羊与原来任何一个亲本的公羊交配，也可以用公羊与亲本母羊交配。为了利用母羊繁殖力的杂种优势，实际生产中常用纯种公羊与杂种母羊交配，但回交后代中只有50%的个体获得杂种优势。在生产实践中，有人试图采用杂交公羊与异地品种母羊回交的方式，这种交配方式一般是不允许的，即杂种后代不能滥用，否则可能造成品种退化。

3. 三元杂交 两个品种杂交产生的杂种母羊与第三个品种的公羊交配，所生后代为三元杂种。其优点是后代具有三个原种的互补性，使羊的性能更好，商品性更完善。人们常把三元杂交最后使用的父本品种叫作终端品种。

第五节　生产育种资料的记录和整理

绵羊、山羊在生产和育种过程中的各种记录资料是羊群的重要档案，尤其对于育种场、种羊群，生产和育种记录资料更是必不可少。要及时、全面掌握和认识、了解羊群存在的缺点及主要问题，进行个体鉴定、选种选配和后裔测验及系谱审查，合理安排配种、产羔、剪毛、防疫驱虫、羊群的淘汰更新、补饲等日常管理，都要依据生产和育种记录，可见做好记录和整理生产育种资料工作有重要的意义。

生产育种资料记录的种类较多，如种羊卡片（凡提供种用的优秀公羊、母羊，都必须有种公羊卡片和种母羊卡片。卡片中包含有种羊本身的生产性能和鉴定成绩、系谱、历年配种产羔记录和后裔品质等）、个体鉴定记录、种公羊精液品质检查及利用记录、羊配种记录、羊产羔记录、羔羊生长发育记录、体重及剪毛量（抓绒）记录、羊群补饲饲料消耗记录、羊群月变动记录和疫病防治记录等。不同性质的羊场、企业，不同羊群、不同生产目的的记录资料不尽相同，生产育种记录要力求准确、全面，并及时整理分析。记录表格见表3-3～表3-6。

表3-3　种羊卡片

（正面）

品种＿＿＿＿＿　个体号＿＿＿＿　登记号＿＿＿＿＿

出生日期＿＿＿　性别＿＿＿＿＿　出生时母亲月龄＿＿

单（多）羔＿＿＿　初生重＿＿＿＿　1月龄重＿＿＿＿＿

2月龄重＿＿＿＿　4月龄重＿＿＿＿　6月龄重＿＿＿＿＿

12月龄外貌评分　　　　等级

指标	1岁	2岁	3岁	4岁	5岁	6岁
体高						
体长						
胸围						
尻宽						
体重						
羊毛长度						
羊毛细度						
剪毛（抓绒）量						
繁殖成绩						

亲、祖代品质及性能（背面）

	个体号	产自单（多）羔	等级	体高/厘米		体重/千克			12月龄剪毛量	繁殖成绩
				12月龄	24月龄	6月龄	12月龄	24月龄		
父亲										
母亲										
祖父										
祖母										
外祖父										
外祖母										
后裔表现										
公羔						母羔				

表3-4　个体鉴定记录表

序号	品种	羊号	性别	年龄	体型外貌	体重/千克	羊毛品质	剪毛（抓绒）量/千克	损征或失格	等级	备注

鉴定时间________________　鉴定员________　记录员______

表3-5　种公羊精液品质检查及利用记录表

序号	采精			射精量/毫升	原精液				稀释精液			稀释后品质			输精量/毫升	授精母羊数/只	备注
	日月	时间	次数		色泽	气味	密度	活力	种类	倍数	活力	保存时间/小时	保存温度/℃	活力			

检查日期____________　地点（站）__________　检查员________

表 3-6 羊配种记录表

序号	配种母羊			与配公羊			配种日期				分娩		生产羔羊			备注
	品种	羊号	等级	品种	羊号	等级	第一次	第二次	第三次	第四次	预产期	实产期	单（双）羔	羊号	性别	

登记员＿＿＿＿＿＿＿＿＿＿ 技术员＿＿＿＿＿＿＿＿＿＿

表 3-7 种羊生长发育记录表

品种（系）＿＿＿＿＿＿＿ 个体号＿＿＿＿＿＿＿ 出生日期＿＿＿＿＿＿＿

性别＿＿＿＿＿＿＿＿＿＿ 单（双）羔＿＿＿＿＿＿＿＿＿＿

指标	1 月龄	2 月龄	3 月龄	断奶	4 月龄	5 月龄	6 月龄	9 月龄	12 月龄
体重									
体高									
体长									
胸围									
管围									
尻宽									

登记员＿＿＿＿＿＿＿＿＿＿ 检查员＿＿＿＿＿＿＿＿＿＿

表 3-8 羊产羔记录表

序号	品种	耳号	等级	羔羊						公羊耳号	羔羊出生鉴定					备注
				耳号		性别	单（双）羔	出生日期	初生重/千克		体型结构	体格大小	被毛同质性	毛色	等级	
				临时	永久											

登记员＿＿＿＿＿＿＿＿＿＿ 检查员＿＿＿＿＿＿＿＿＿＿

表 3-9 羊体重及剪毛（抓绒）记录表

序号	品种	羊号	性别	年龄	体重	剪毛量	抓绒量	备注

称重日期______________ 称重员______________ 检查员______________

表 3-10 羊群饲料饲草消耗记录表

品种__________ 群别__________ 性别__________ 年龄________

供应日期	精饲料/千克					粗饲料/千克					多汁饲料/千克					矿物质饲料/千克				备注
					合计					合计					合计				合计	

登记员____________________________ 检查员________________________

表 3-11 羊群变动月统计表

饲养员	群别	年龄	性别	上月底结存数	本月内增加数				本月内减少数					本月底结存数	备注
					调入	购入	繁殖	合计	调出	死亡	出售	宰杀	合计		

报出日期_________ 负责人____________ 技术员__________

第四章　羊的繁殖

第一节　羊的繁殖规律

一、性成熟

羔羊生长到一定年龄，生殖功能达到比较成熟的阶段，此时生殖器官已经发育完全，并出现第二性征，能产生成熟的繁殖细胞（精子或卵子），而且具有繁殖后代的能力，此时称为性成熟。由于绵羊、山羊的品种、遗传、营养、气候和个体发育等因素，性成熟的年龄也有较大的差异。一般绵羊、山羊公羊在6~10月龄，母羊在6~8月龄，体重达到成年体重的70%左右，达性成熟。早熟品种4~6月龄达性成熟，晚熟品种8~10月龄达性成熟。

公羊性成熟的年龄要比母羊稍大一些。我国的地方绵羊、山羊品种4月龄时就出现性活动，如公羊爬跨、母羊发情等。但由于公羊、母羊的生殖器官尚未完全发育成熟，过早交配对本身和后代的生长发育都不利。

二、适宜初配年龄

绵羊、山羊的一般初配年龄在12月龄左右，早熟的品种、饲养条件较好的母羊可以提前配种。因此，羔羊断奶以后，公羊、母羊要分开饲养，防止早配或近亲交配。

三、母羊的发情

发情是母羊的一种性活动现象。发情时母羊的精神状态、生殖道及卵巢等发生一系列变化。

（一）正常发情

母羊发情时由于卵泡分泌雌激素，并在少量孕酮的协同作用下，刺激神经中枢，引起兴奋，使母羊表现出兴奋不安，对周围外界的刺激反应敏感，常鸣叫，举尾弓背，频频排尿，食欲减退。放牧的母羊离群独自行走，喜主动寻找和接近公羊，愿意接受公羊交配，并摆动尾部，后肢岔开，后躯朝向公羊，当公羊追逐或爬跨时站立不动。泌乳母羊发情时，泌乳量下降，不照顾羔羊。

母羊在发情周期中，在雌激素和孕激素的共同作用下，使生殖道发生周期性的生理变化，所有这些变化都是为交配和受精做准备。发情母羊由于卵泡迅速增大并发育成熟，雌激素分泌增多，强烈刺激生殖道，使血流量增加，母羊外阴部充血、肿胀、松软，阴蒂充血勃起。阴道黏膜充血、潮红、湿润并有黏液分泌。发情初期黏液分泌量少且稀薄透明，中期黏液增多，末期黏液稠如胶状且量较少。子宫颈口较松弛，开张并充血肿胀，腺体分泌增多。

母羊发情开始前，卵巢卵泡已开始生长，至发情前2~3天卵泡发育迅速，卵泡内膜增生，到发情时卵泡已发育成熟，卵泡液分泌不断增多，使卵泡容积增大，此时卵泡壁变薄并凸出卵巢表面，在激素的作用下促使卵泡壁破裂，致使卵子被挤压而排出。

（二）异常发情

母羊异常发情多见于初情期后、性成熟前及繁殖季节开始阶段，也有因营养不良、内分泌失调、疾病及环境温度突然变化等引起异常发情。常见有以下几种：

1. 安静发情 安静发情也称静默发情，由于雌激素分泌不足，发情时缺乏明显的发情表现，卵巢上卵泡发育成熟但不排卵。

2. 短促发情 由于发育的卵泡迅速成熟并破裂排卵，也可能卵泡突然停止发育或发育受阻而缩短了发情期。如不注意观察，就极容易错过配种期。

3. 断续发情 母羊发情延续时间很长，且发情时断时续，常发生于早春及营养不良的母羊。其原因是排卵功能不全，以致卵泡交替发育，先在某一侧卵巢内卵泡发育，产生雌激素使母羊发情；但当卵泡发育到一定程度后又萎缩退化，而另一侧卵巢又有卵泡发育，而产生雌激素，母羊又出现发情，形成断续发情现象。调整饲养管理并加强营养，母羊可以恢复正常发情，就有可能正常排卵，配种也可受孕。

4. 孕期发情 绵羊有3%左右怀孕中期的母羊有发情现象。其主要原因是由于激素分泌失调，怀孕黄体分泌孕酮不足，而胎盘分泌雌激素过多。母羊在怀孕早期发情，卵泡虽然发育，但不发生排卵。

（三）母羊的发情周期

发情周期指母羊性活动表现周期性。母羊出现第一次发情以后，其生殖器官及整个机体的生理状态有规律地发生一系列周期性变化，这种变化周而复始，一直到停止繁殖的年龄为止，这称为发情的周期性变化。相邻两次发情的间隔时间为一个发情周期。绵羊的发情周期平均为17天，山羊的发情周期平均为21天。

一个发情周期可分为发情前期、发情期、发情后期和休情期四个时期。在发情前期，母羊卵巢上开始有卵泡发育，但母羊并不表现发情征状，无性欲表现。

发情期，又叫发情持续期，此期卵泡发育很快并能达到成熟，母羊表现强烈的性兴奋，食欲减退，喜接近公羊或在公羊追逐与爬跨时站立不动，外阴充血肿胀，有黏液从阴门流出；母山羊发情表现尤为明显，此期持续时间绵羊为 30 小时左右，山羊为 24～48 小时。母羊排卵一般在发情开始后 12～24 小时，故发情后 12 小时左右配种最适宜。发情持续期受品种、年龄、繁殖季节等因素影响。发情后期，卵子排出并开始形成黄体，母羊性欲减退，生殖器官发情征状逐渐消失，不再接受公羊交配。休情期为下次发情到来之前的一段时期，母羊精神状态正常，生殖器官的生理状态稳定。

（四）发情鉴定

通过发情鉴定，确定适宜的配种时间，提高母羊的受胎率。鉴定母羊发情主要有以下几种方法。

1. 外观观察　母羊发情时表现不安，目光滞钝，食欲减退，咩叫，外阴部红肿，流露黏液，发情初期黏液透明，中期黏液呈牵丝状、量多，末期黏液呈胶状。发情母羊被公羊追逐或爬跨时，往往叉开后腿站立不动，接受交配。处女羊发情不明显，要认真观察，不要错过配种时机。

2. 用试情公羊鉴定发情　试情公羊即用来发现发情母羊的公羊。要选择身体健壮、性欲旺盛、没有疾病、年龄 2～5 岁、生产性能较好的公羊。为避免试情公羊偷配母羊，对试情公羊可系试情布，布长 40 厘米，宽 35 厘米，四角系上带子，每当试情时拴在试情羊腹下，使其无法直接交配，也可采用输精管结扎或阴茎移位手术。

试情公羊应单独喂养，加强饲养管理，远离母羊群，防止偷配。对试情公羊每隔 1 周应本交或排精一次，以刺激其性欲。试情应在每天清晨进行。试情公羊进入母羊群后，用鼻去嗅母羊，或用蹄子去挑逗母羊，甚至爬跨到母羊背上，母羊不动，不拒绝，或伸开后腿排尿，这样的母羊即为发情羊。发情羊应从羊群中挑出，做上记号。对于初配母羊，对公羊有畏惧心理，当试情公羊追逐时，不像成年发情母羊那样主动接近。但只要试情公羊紧跟其后者，即为发情羊。试情时公羊、母羊比例以(2～3)∶100 为宜。

3. 阴道检查法　它是通过观察阴道黏膜、分泌物和子宫颈口的变化来判断是否发情的方法。进行阴道检查时，先将母羊保定好，外阴部冲洗干净。将开膣器清洗、消毒、烘干后，涂上灭菌润滑剂或用生理盐水浸湿。检查人员将开膣器前端闭合，慢慢插入阴道，轻轻打开开膣器，通过反光镜或手电筒光线检查阴道变化。发情母羊阴道黏膜充血，表面光亮湿润，有透明黏液流出；子宫颈口充血、松弛、开张，有黏液流出。检查完毕后稍微合拢开膣器，抽出。

四、排卵与受精

（一）排卵

排卵是卵泡破裂排出卵子的过程。绵羊和山羊均属自发性排卵动物，即卵泡成熟后自行破裂排出卵子。一次发情时，两侧卵巢排卵的比率称为排卵率，其高低取决于发育为成熟卵细胞的数目，决定了母羊所怀胎儿的数量。一般而言，山羊的排卵率高于绵羊。影响排卵率的主要因素有遗传、体况、营养水平、年龄和季节。例如，同群内体重大的母羊排卵多，膘情差的母羊排卵少，甚至不排卵。3~5 岁是母羊一生中排卵的最高峰时期，为母羊的最佳繁殖年龄。大多数母羊的排卵率从配种季节开始逐渐增加，发情中期达到最高峰，而后逐渐下降。养羊生产上，利用配种前一个月给母羊补饲高水平的日粮，有助于同期发情并增加排卵数，提高产羔率。排卵时间，绵羊在发情开始后 20~39 小时，山羊为 24~36 小时。

（二）适时配种

母羊在交配或输精后 15 分钟即可在输卵管壶腹部发现精子，在配种或输精后 12~24 小时在输卵管内可找到大量的精子。精子在子宫和输卵管内保持有受精能力的时间为 24~48 小时。卵子在排出后 6~12 小时可到达受精部位，在此部位保持有受精能力的时间为 12~16 小时。在精子和卵子均具有旺盛受精能力的时间内受精，胚胎发育可能正常；若二者任何一个逾期到达受精部位，都很难完成受精，即使受精，胚胎发育也会异常。如胚胎活力不强，有的能够附植，有的不能附植，胎儿可能在发育的早期被吸收，或者在出生前死亡。

卵子到达受精部位以后，如果没有精子与其受精，则继续运行。此时除卵子已接近衰老外，由于它外面包上一层输卵管分泌物形成的一层薄膜，阻碍精子进入，因此使卵子不能再受精。所以在配种实践中，最好在排卵前某一时刻交配，使受精部位能有活力旺盛的精子等待新鲜的卵子，以提高受胎率。羊适宜配种时间一般在发情开始后 12~24 小时。在实际生产中，一般上午发现发情母羊，16：00~17：00 进行第一次交配或输精，第二天上午进行第二次交配或输精；如果是下午发现发情母羊，则在第二天 8：00~9：00 进行第一次交配或输精，下午进行第二次交配或输精。

（三）受精

受精是精子和卵子相融合，形成一个新的二倍体细胞——合子，也即胚胎。受精部位在输卵管壶腹部。卵子排出后落入输卵管，沿着输卵管伞部通过漏斗部进入壶腹部。自然交配时，公羊精液可射到阴道前部近子宫颈端；人工输精时将精液直接输入子宫颈内。精子主要依靠子宫和输卵管肌层收缩而完成由输精部位到达受精部位的运行。卵子在第一极体排出后开始受精。当精子进入卵子时，卵子进行第二成熟分裂。受精时，精子依次穿透放射冠、透明带和卵黄膜，而后构成雄原核、雌原核。两个原核同时发育，几小时内体积可达原体积的20倍，二者相向移动，彼此接触，体积缩小合并，染色体合为一组，完成受精过程。绵羊、山羊从精子入卵到完成受精的时间为16~21小时。

五、繁殖季节

一般来说，母羊为季节性多次发情动物，每年秋季随着光照从长变短，羊便进入了繁殖季节。我国牧区、山区的羊多为季节性多次发情类型，而某些农区的羊品种，经长期舍饲驯化，如湖羊、小尾寒羊等往往终年可发情，或存在春、秋两个繁殖季节。羊的繁殖受季节的影响实际上是光照时间、温度和饲料等因素的综合作用。

受环境因素的调节，母羊一般在夏、秋、冬三个季节有发情表现，从晚冬到第二年夏天的这段时间，一般不表现发情，但在大多数情况下，卵巢中都存在正常发育的中型至大型的卵泡，这些卵泡通常不持续发育，不能达到排卵。但在此时对母羊进行生殖调控处理，存在的卵泡可能继续发育，并出现发情和排卵。粗放条件下饲养的绵羊、山羊，其发情季节性明显；饲养条件好的绵羊、山羊，一年四季都可以发情。公羊性活动以秋季最高，冬季最低。精液品质除受季节影响外，与温度和昼夜长短也有关系，持续或交替的高温、低温变化，都会降低精子的总数、活动和正常精子的比例。因此，公羊的利用期最好选择秋季和春季。

第二节 羊的配种

一、制订配种计划

羊的配种计划安排一般根据地区和每个羊场每年的产羔次数和时间来决定。1年1产的情况下，有冬季产羔和春季产羔两种。产冬羔时间在1~2月间，需要在8~9月配种；产春羔时间在4~5月之间，需要在11~12月配种。一般产冬羔的母羊配种时期膘情较好，对提高产羔率有好处，同时由于母羊妊娠期体内供给营养充足，羔羊的初生重大，存活率高。此外，冬羔利用青草期较长，有利于抓膘。但产冬羔需要有足够的保温产房，要有足够的饲草、饲料储备。否则母羊容易缺奶，影响羔羊发育。春季产羔，气候较暖和，不需要保暖产房。母羊产后很快就可吃到青草，奶水充足，羔羊出生不久，也可吃到嫩草，有利于羔羊生长发育。但产春羔的缺点是母羊妊娠后期膘情最差，胎儿生长发育受到限制，羔羊初生重小。同时，羔羊断奶后利用青草期较短，不利于抓膘育肥。

随着现代繁殖技术的应用，密集型产羔体系技术越来越多地应用于各大羊场。在2年3产的情况下，第1年5月配种，10月产羔；第2年1月配种，6月产羔；9月配种，第2年年2月产羔。在1年2产的情况下，第1年10月配种，第2年3月产羔；4月配种，9月产羔。

二、配种方法

羊的配种方法有自由交配、人工辅助交配（前两种统称为本交）和人工授精。

（一）自由交配

自由交配是最简单，也是最原始的交配方式。将选好的种公羊放入母羊群中，任其自行与发情母羊交配。该法简单易行，节省劳力，适合于小型分散的羊场。其缺点：一是不能充分发挥优秀种公羊的作用，因为1只种公羊只能配20~30只母羊；二是无法掌握具体的产羔时间；三是公羊、母羊混群，公羊追逐母羊，不安心采食，消耗公羊体力，不利于母羊抓膘；四是无法掌握交配情况，羔羊系谱混乱，不能进行选配工作，又容易早配和近亲交配。

为了克服上述缺点，在非配种季节，公羊、母羊要分群管理，配种期可按1:(20~30)的比例将公羊放入母羊群内，配种结束后即将公羊隔离出来。为了防止近交，羊群间要定期调换种公羊。

（二）人工辅助交配

人工辅助交配是将公羊、母羊分群隔离饲养，在配种期用试情公羊试情，将发情母羊与指定的种公羊进行配种。采用这种交配方式，可有目的地进行选种选配，提高后代生产性能。在配种期内，每只公羊与交配母羊数可增加到60~70只，因此提高了种公羊的利用率。

（三）人工授精

人工授精是借助于器械将公羊的精液输入到母羊的子宫颈内或阴道内，达到受孕目的的一种配种方式。人工授精能够准确登记配种时间。由于精液的稀释，可使一只种公羊精液在三个配种季节给400~500只母羊受孕，从而大大提高了优秀种公羊的利用率，减少了种公羊的饲养量。同时冷冻精液制作，可达到远距离的异地配种的目的，使某些地区在不引进种公羊的前提下，就能达到杂交改良和育种的目的。人工授精也使生殖器类疾病大大减少。

三、交配时间

交配时间一般是早晨发情的母羊傍晚配种，下午或傍晚发情的母羊于第二天早晨配种。为确保受胎，最好在第一次交配后，间隔12小时左右再交配一次。

四、人工授精技术

（一）器材用具的准备

人工授精用的器材用具主要有假阴道、输精器、阴道开张器、集精瓶、玻璃棒、镊子、烧杯、磁盘等。凡采精、输精及与精液接触的一切器材都要求清洁、干燥、消毒，存放于消毒柜内，柜内不再放其他物品。

安装假阴道时，要注意假阴道内部的温度和压力，使其与母羊阴道相仿。灌水量占内胎和外壳空间的1/2~2/3，以150~180毫升为宜。水温45~50℃，采精时内胎腔内温度保持在39~42℃。为保证一定的润滑度，用清洁玻璃棒蘸少许灭菌凡士林均匀涂抹在内胎前1/3处。通过气门活塞吹入气体，以内胎壁的采精口一端呈三角形为宜。

（二）采精

采精前应选好台羊，台羊的选择应与采精公羊的体格大小相适应，且发情明显。将台羊外阴道用2%来苏儿溶液消毒，再用温水冲洗干净并擦干。将公羊腹下污物擦洗干净。采精时采精人员必须精力集中，动作敏捷、准确。采精员蹲在母羊右后方，右手握假阴道，贴靠在母羊尾部，入口朝下，与地面呈35°~45°。当种公羊爬跨时，用左手轻托阴茎包皮，将阴茎导入假阴道中，保持假阴道与阴茎呈一直线。当公羊向前一冲时即为射精。随后采精员应随同公羊从台羊身上跳下时将阴茎从假阴道中退出。把集精瓶竖起，拿到处理室内，放出气体，取下集精瓶，盖上盖子，做好标记，准备精液检查。

（三）精液品质检查

对采出的精液首先通过肉眼和嗅觉检查，公羊精液为乳白色，略带腥味，肉眼可见云雾状运动，射精量0.8~1.8毫升，平均1毫升。其次通过显微镜检查精液的活率、密度大小及精子形态等情况。检查时以灭菌玻璃棒蘸取一滴精液，滴在载玻片上，加上盖片，置于400倍显微镜下观察。检查时温度以38~40℃为宜。全部精子都做直线运动的活率评为1分，80%做直线运动的活率评为0.8分，60%做直线运动的活率评为0.6分，其余依此类推。活率在0.8分以上方可用来输精。精子密度分四个等级：密、中、稀、无。“密”为视野中精子密集、无空隙，看不清单个精子运动；“中”为视野中精子间距相当于1个精子的长度，可以看清单个精子运动；“稀”为视野中精子数目较少，精子间距较大；“无”为视野中无精子。精子形态检查是通过显微镜检查精液中是否有畸形精子，如头部巨大、瘦小、细长、圆形、双头；颈部膨大、纤细、带有原生质滴；中段膨大、纤细、带有原生质滴等；尾部弯曲、双尾、带有原生质滴等。如精液中畸形精子较多，也不宜输精。

（四）精液的稀释

精液稀释一方面是为了增加精液容量，以便为更多的母羊输精；另一方面还能使精液短期，甚至长期保存起来，继续使用，且有利于精液的长途运输，从而大大提高种公羊的配种效能。精液在采好以后应尽快稀释，稀释越早，效果越好，因而采精以前就应配好稀释液。常用的稀释液见表4-1。

表4-1　常用的稀释液

名称	配制方法
牛奶或羊奶稀释液	将新鲜牛奶或羊奶用几层纱布过滤，煮沸消毒10~15分钟，冷却至30℃，去掉奶皮即可。一般可稀释2~4倍
葡萄糖-卵黄稀释液	在100毫升蒸馏水中加入无水葡萄糖3克，枸橼酸钠1.4克，溶解后过滤3~4次，然后再蒸煮30分钟，降至30℃左右加入蛋黄20毫升混匀即可。一般可稀释2~3倍
生理盐水落石稀释液	用注射用0.9%生理盐水或自行配制的0.9%氯化钠溶液作稀释液。此种稀释液只能作即时输精用，不能作保存和运输稀释液用。稀释倍数不宜超过2倍

新采集的精液温度一般在30℃左右，如室温低于30℃时，应把集精瓶放在30℃的水浴箱里，以防精子因温度剧变而受影响。精液与稀释液混合时，二者的温度应保持一致，在20~25℃室温和无菌条件下操作。把稀释液沿集精瓶壁缓缓倒入，为使混匀，可用手轻轻摇动。稀释后的精液应立即进行镜检，观察其活力。

精液的稀释倍数应根据精子的密度大小决定。一般镜检为“密”时精液方可稀释，稀释后的精液输精量（0.1毫升）应保证有效精子数在7 500万以上。

（五）精液的保存

精液保存按保存温度可分为常温（10~14℃）保存、低温（0~5℃）保存和冷冻（-196~-79℃）保存三种。

1. 常温保存　用于常温保存的精液，其稀释液可用含有明胶的稀释液。稀释液配方RH明胶液为枸橼酸钠3克，磺胺甲基嘧啶钠0.15克，后莫氨磺酰0.1克，明胶10克，蒸馏水100毫升；明胶、牛奶液配方为牛奶100毫升，明胶10克。将稀释好的精液，盛于无菌的干燥试管中，然后加塞盖严、封蜡隔绝空气即可。该法保存48小时，活力为原精液的70%。

2. 低温保存　低温保存要注意缓慢降温。可以将盛精液的试管外边包上棉花，再装入塑料袋内，然后放入冰箱中。一般此法可保存1~2天。

3. 冷冻保存　将采得的精液用乳糖、卵黄、甘油稀释液按1∶(1~3)稀释后，放入3~5℃冰箱，经2~4小时降温平衡。然后在装满液氮的广口保温瓶上，放一光滑的金属薄板或纱网，距液氮 1～2 厘米，几分钟后待温度降到恒温时，将精液用滴管或细管逐滴滴在薄板或纱网上，滴完后经 3～5 分钟，用小勺刮取颗粒，收集后，立即放入液氮中保存。冷冻精粒在超低温条件下，可长年保存而不变质。

（六）输精

羊的输精最好使用横杠式输精架。地面埋两个木桩，木桩间距可根据母羊数量而定，一般可设 2 米，再在木桩上固定一根圆木（直径约 6 厘米）；圆木距地面 50 厘米左右。输精母羊的后肋搭在圆木上，前肢着地，后肢悬空，可将几只母羊同时搭在圆木上输精。

输精前所有的输精器材都要消毒灭菌，输精人员手指甲应剪短磨光，洗净双手，并用 75%乙醇消毒。对母羊外阴部用来苏儿溶液消毒，并用水洗净擦干，再将开腟器慢慢插入，寻找子宫颈口，之后轻轻转动 90°，打开开腟器。子宫颈口的位置不一定正对阴道，但阴道附近黏膜颜色较深，容易找到。输精时，将吸好精液的输精器慢慢插入子宫颈口内 0.5～1.5 厘米处，将精液轻轻注入子宫颈内。注射完后，抽出输精器和阴道开腟器，随即消毒备用。输精量应保持有效精子数在 7 500 万以上，即原精液 0.05～0.1 毫升。只能进行阴道输精的母羊，其输精量应加倍。

第三节　羊的妊娠和分娩

一、妊娠

（一）妊娠期

受精结束后就是妊娠的开始。从精子和卵子在母羊生殖道内形成受精卵开始，到胎儿产出时所持续的日期称为妊娠期。妊娠期包括受精卵卵裂、桑葚胚、囊胚，囊胚后期的胚泡在子宫内的附植，建立胎盘系统，发育成胚胎，继而形成胎儿，最后娩出体外的全过程。妊娠期通常以最后一次配种或输精的那一天算起，至分娩之日止。绵羊的妊娠期为 146～157 天，平均为 150 天；山羊的妊娠期为 146～161 天，平均为 152 天。妊娠期因品种、年龄、胎次和单双羔等因素而有差异。湖羊的妊娠期为 146～161 天，小尾寒羊为 146～151 大，细毛羊平均为 133～154 天。一般本地羊比杂种羊短些，青壮年羊比老、幼龄羊短些，产多羔母羊较产单羔母羊妊娠期短些。

（二）妊娠母羊形态和生殖器官的变化

母羊妊娠后，随着胚胎的出现和生长发育，母体的形态和生理发生许多变化。

1. 畜体的生长 母羊怀孕后，新陈代谢旺盛，食欲增进，消化能力提高。因此，怀孕母羊由于营养状况的改善，表现为体重增加，毛色光亮。青年母羊除因交配过早或营养水平很低外，妊娠并不影响其继续生长，在适当的营养条件下尚能促进生长，若以同龄及同样发育的母羊试验，怀孕母羊的体重显著增加；营养不足，则体重反而减少，甚至造成胚胎早期死亡，尤其是在妊娠期的后两个月，营养水平的高低直接影响胎儿的发育。妊娠末期，母羊因不能消化足够的营养物质以供给迅速发育的胎儿需要，致使消耗妊娠前期储存的营养物质，在分娩前常常消瘦。因此，母羊在妊娠期要加强营养，保证母羊本身生长和胎儿发育的营养需要。

2. 卵巢的变化 母羊受孕后，胚胎开始形成，卵巢上的黄体成为妊娠黄体继续存在，从而中断发情周期。

3. 子宫的变化 随着怀孕时间的延长，在雌激素和孕酮的协同作用下，子宫逐渐增大，使胎儿得以伸展。子宫的变化有增生、生长和扩展三个时期。子宫内膜由于孕酮的作用而增生，主要变化为血管分布增加、子宫腺增长、腺体卷曲及白细胞浸润；子宫的生长从胚胎附植后开始，主要包括子宫肌的肥大、结缔组织基质的广泛增长、纤维成分及胶原含量的增加；子宫的扩展，首先是由子宫角和子宫体开始的。母羊在整个怀孕期，右侧子宫角要比左侧大得多。怀孕时子宫颈内膜的脉管增加，并分泌一种封闭子宫颈管的黏液，称为子宫颈栓，使子宫颈口完全封闭。

4. 阴户及阴道的变化 怀孕初期，阴唇收缩，阴户裂禁闭。随着妊娠期进展，阴唇的水肿程度增加，阴道黏膜的颜色变为苍白，黏膜上覆盖由子宫颈分泌出来的浓稠黏液；妊娠末期，阴唇、阴道变得水肿而柔软。

5. 子宫动脉的变化 由于子宫的生长和扩展，子宫壁内血管也逐渐变得较直，由于供应胎儿的营养需要，血量增加，血管变粗，同时由于动脉血管内膜的皱褶增高变厚，而且因它和肌肉层的联系疏松，使血液流过时造成脉搏从原来清楚的跳动变成间隔不明显的颤动。这种间隔不明显的颤动，叫作怀孕脉搏。

（三）早期妊娠诊断

配种后的母羊应尽早进行妊娠诊断，能及时发现空怀母羊，以便采取补配措施。对已受孕的母羊加强饲养管理，避免流产。早期妊娠诊断有以下几种方法。

1. 表观征状观察 母羊受孕后，发情周期停止，不再表现有发情征状，性情变得较为温顺。同时，孕羊的采食量增加，毛色变得光亮润泽。仅靠表观征状观察不易早期确切诊断母羊是否怀孕，因此还应结合触诊法来确诊。

2. 触诊法 待检查母羊自然站立，然后用两只手以抬抱方式在母羊腹壁前后滑动，抬抱的部位是乳房的前上方，用手触摸是否有胚胎胞块。

3. 阴道检查法 妊娠母羊阴道黏膜的色泽、黏液性状及子宫颈口形状均有一些和妊娠相一致的规律变化。

(1) 阴道黏膜。母羊怀孕后，阴道黏膜由空怀时的淡粉红色变为苍白色，但用开膣器打开阴道后，很短时间内即由白色又变成粉红色。空怀母羊黏膜始终为粉红色。

(2) 阴道黏液。孕羊的阴道黏液呈透明状，而且量很少，也很浓稠，能在手指间牵成线。相反，黏液量多、稀薄、颜色灰白的母羊为未孕。

(3) 子宫颈。孕羊子宫颈紧闭，色泽苍白，并有糨糊状的黏块堵塞在子宫颈口，人们称之为子宫栓。

4. 免疫学诊断 怀孕母羊血液、组织中具有特异性抗原，用已制备的抗体血清与母羊细胞进行血球凝集反应，如母羊已怀孕，则红细胞会出现凝集现象。如果待查母羊没有怀孕，加入抗体血清后红细胞不会发生凝集。此法可判定被检母羊是否怀孕。

5. 超声波探测法 超声波探测仪是一种先进的诊断仪器，检查方法是将待查母羊保定后，在腹下乳房前毛稀少的地方涂上凡士林或石蜡，将超声波探测仪的探头对着骨盆入口方向探查。用超声波诊断羊早期妊娠的时间最好是配种 40 天以后，这时诊断准确率较高。

二、分娩

（一）分娩前的表现

对接近产期的母羊，饲养员每天早上放牧时要检查，如发现母羊肷窝下陷，阴户肿痈，乳房胀大，乳头垂直发硬，即为当日产羔症状。如果发现母羊不愿走动，喜靠在墙角用前蹄刨地，时起时卧等症状时，即为临产羔现象，要准备接羔。初产母羊，因为没有经验，往往羔羊已经入阴道仍边叫边跟群，或站立产羔，这时要设法让它躺下产羔。

（二）接羔前的准备

在接羔工作开始前，应将羊舍、饲草、饲料、药品、用具等准备好。

1. 羊舍准备 接羔用的羊舍要彻底消毒，保持卫生和温度。同时要求阳光充足，通风良好，地面干燥，没有贼风。冬季舍内要铺垫干草，注意保温。

2. 草料准备 要准备充足优质干草、多汁饲料和精料供母羊补饲，以保证母羊大量分泌乳汁。

3. 接羔用的用具、药品准备 如水桶、脸盆、毛巾、剪刀、手电筒、秤、记录表格，以及消毒药品，如来苏儿、乙醇、碘酒、高锰酸钾、消毒纱布、脱脂棉等都须事先备好。

（三）接羔

母羊产羔时，一般无须助产，最好让它自行产出。接羔人员应观察分娩过程是否正常，并对产道进行必要的保护。正常接产时首先剪净临产母羊乳房周围和后肢内侧的羊毛。然后用温水洗净乳房，并挤出几滴初乳。再将母羊的尾根、外阴部、肛门洗净，用1%来苏儿溶液消毒。

一般情况下，羊膜破裂后几分钟至半小时羔羊就生出。先看到前肢的两个蹄，随着是嘴和鼻，到头露出后，即可顺利产出。产双羔时先产出一只羔，可用手在母羊腹部推举，能触到光滑有胎儿。产双羔前后间隔 5~30 分钟，长的到几小时，要注意观察，因母羊疲倦无力时需要助产。

羔羊生下后 0.5~3 小时胎衣脱出，要拿走，防止被母羊吞食。

羔羊生出后，先把口腔、鼻腔、耳内黏液擦净，以免误吞，引起窒息或异物性肺炎。羔羊生出后，脐带一般会自然扯断。也可以在离羔羊脐窝部 5~10 厘米处用剪刀剪断，或用手拉断。为了防止脐带感染，可用 5%碘酒在断端处消毒。母羊一般在产羔后，会将羔羊身上黏液自行舔干净。如果母羊不舔，可在羔羊身上撒些麸皮，促使母羊将它舔净。

（四）难产及假死羔羊的处理

1. 难产的一般处理 一般初产母羊因骨盆狭窄、阴道过窄、胎儿过大，或因母羊体弱无力、子宫收缩无力或胎位不正等均会造成难产。

母羊分娩时，胎儿先露前蹄和嘴，然后露出头部、全身，为顺产。若羊膜破水 30 分钟后羔羊仍未产出，或仅露蹄和嘴，母羊又无力努责时，须助产。胎儿不正的母羊，也须助产。助产人员应先将手指甲剪短磨光，手用肥皂洗净，再用来苏儿消毒，涂上润滑剂。如胎儿过大，可用手随着母羊的努责，握住胎儿的两前蹄，慢慢用力拉出；或随着母羊的努责，用手向后上方推动母羊腹部，这样反复几次，就能产出。如果胎位不正，先将母羊后躯抬高，等将胎儿露出部分推回后，手入产道摸清胎位，慢慢帮助纠正成顺胎位，然后随母羊有节奏的努责，将胎儿轻轻拉出。

2. 假死羔羊的处理 羔羊产出后，全身发育正常，但只有心脏跳动而没有呼吸时，称为假死。假死的原因主要是羔羊吸入羊水，或分娩时间较长，子宫缺氧等。假死羔羊的处理方法有两种：一种是提起羔羊两后肢，使羔羊悬空并拍击其背、胸部；另一种是让羔羊平卧，用两手有节律地推压胸部两侧，短时假死的羔羊经过处理后，一般能复苏。

第四节　提高繁殖力的措施

一、诱导发情

诱导发情即人工引起发情，指母羊在发情期内，借助外源激素引起正常发情并进行配种，缩短母羊的繁殖周期，变季节性发情配种为全年配种，实行密集产羔，达到1年2产或2年3产，提高母羊的繁殖力。

促性腺激素可以在母羊发情期内引起发情排卵。如连续12~16天给母羊注射孕酮，每次10~12毫克，随后1~2天内一次注射孕马血清促性腺激素（PMSG）750~1 000国际单位，即可引起发情排卵，给母羊注射雌激素，亦可在发情期内引起发情，但不排卵。与此相反，施用孕马血清促性腺激素和绒毛膜促性腺激素（HCG）能引起排卵，但不确定有发情症状。为了使母羊既有发情表现又发生排卵，必须每隔16~17天重复注射促性腺激素，或结合使用孕激素，这样能促成正常的发情周期。此外，使用氯地酚（每只10~15毫克）亦具有促进母羊发情排卵的效果。

二、同期发情

同期发情就是利用激素或药物处理母羊，使许多母羊在预定的时期集中发情，便于组织配种。同期发情配种时间集中，节省劳力、物力，有利于羊群抓膘，提高优秀种羊利用率，使羔羊年龄整齐，便于管理及断奶育肥。具体方法如下。

（一）阴道海绵法

将浸有孕激素的海绵塞入子宫颈外口处，14~16天后取出，当天注射孕马血清促性腺激素400~750国际单位，2~3天后即开始发情，发情当天和次日各输精1次。常用孕激素的种类及剂量为：孕酮150~300毫克，甲孕酮50~70毫克，甲地孕酮80~150毫克，18-甲基炔诺酮30~40毫克，氟孕酮20~40毫克。

（二）口服法

每天将一定数量（为阴道海绵法的1/10~1/5）的孕激素均匀地拌在饲料中，连续12~14天，最后1次口服的当天，肌内注射孕马血清促性腺激素400~750国际单位。

（三）注入法

将前列腺素F2α或其类似物，在发情结束数日后向子宫内灌注或肌内注射，能在2~3天内引起母羊发情。

三、超数排卵

在母羊发情周期的适当时间，注射促性腺激素，使卵巢比一般情况下有较多的卵泡发育并排卵，这种方法即为超数排卵。它主要用于单胎的绵羊、山羊。经过超数排卵处理，一次可排出数个，甚至数十个卵子，使母羊的繁殖性能大大提高。超数排卵处理有两种情况：一种是为提高产羔数，处理后经配种，使母羊正常妊娠，一般要求是产双胎或三胎；另一种是结合胚胎移植时进行，要求排卵数以 10~20 个为宜。

超数排卵具体处理为：在成年母羊预定发情期到来前 4 天，即发情周期的第 12 或 13 天，肌内或皮下注射孕马血清促性腺激素 750~1 000 国际单位，出现发情后或配种当日肌内或静脉注射绒毛膜促性腺激素 500~700 国际单位，即可达到超数排卵的目的。

四、受精卵移植

受精卵移植简称卵移，是从一只母羊的输卵管或子宫内取出早期胚胎移植到另一母羊的相应部位，即“借腹怀胎”。胚胎移植结合超数排卵，使优秀种羊的遗传品质能更多地保存下来。这项技术主要用于纯种繁育。

五、其他措施

（一）加强选种选配

母羊的产羔数受遗传的影响。因此，选用繁殖力强的公羊、母羊进行繁殖，可显著地提高羊群的产羔率。对种公羊应从多产母羊的后代中选育，并且要求其体质健壮，雄性特征明显，精液品质良好。对母羊应特别注意从多胎母羊的后代中选择，并要求兼顾母羊的泌乳、哺乳性能。苏联夺罗曼诺言夫羊进行多胎选种试验，用出生时单羔的母羊留种，其平均产羔率为 217%，双羔的母羊为 236%，三羔的母羊为 263%，四羔的母羊为 301%。说明通过选种选配可大大增强羊群的繁殖力。

（二）改变不合理的羊群结构

我国养羊地区，尤其是牧区和部分农区，羊群结构一直处于不合理状态，繁殖母羊比例低，羯羊比例高，不利于羊群扩大再生产，羊群增殖慢，经济效益低。

羊群结构依其生产方向不同而有所差别。按年底存栏计，肉羊可繁母羊应占 70%，毛肉兼用羊应为 60%~70%，毛用羊应为 50%~60%。

（三）利用多产品种

羊的繁殖率有很高的遗传性，因而通过导入多产品种血液与繁殖性能较差的品种杂交，是提高繁殖率的有效途径。新疆紫泥泉种羊场，通过引进湖羊导入杂交新疆细毛羊，培育出了多胎细毛羊，繁殖率提高了 60%～70%。内蒙古引进小尾寒羊与蒙古羊杂交，其杂交后代繁殖率提高了将近 1 倍。由此可见，导入多胎基因，是从根本上提高繁殖率的切实可行的技术措施。

第五章　羊场的总体设计

羊场的总体设计就是根据羊场生产方向、生产任务、饲养管理方式、生产规模及集约化程度等条件，结合当地自然经济条件综合平衡后，科学、合理规划羊场和选用养殖设备及用具。

第一节　羊场场址选择

一、地势地形

羊喜干燥、通风，羊舍应建在地势高燥处，其地下水位应在 2 米以上，这样可以避免雨季洪水的威胁和减少因土壤毛细管水上升而造成的地面潮湿。以坐北朝南或坐西北朝东南方向的斜坡地为好，切忌在洼涝地、冬季风口等地建羊场。低洼、潮湿的地方容易发生羊的腐蹄病和滋生各种微生物病，诱发各种病，不利于羊的健康和生产。山区或丘陵地区可建在靠山向阳坡，但坡度不宜过大，南面应有广阔的运动场。背风向阳，特别是避开西北方向的山口和长形谷地，以保持场区小气候气温能相对恒定，减少冬春寒风的侵袭。羊场的地面要平坦且稍有坡度，以便排水，防止积水和泥泞。地面坡度以 1%～3%较为理想，坡度过大，建筑施工不便，也会因雨水长年冲刷而使场区坎坷不平。地形要开阔整齐，场地不要过于狭长或边角太多，场地狭长往往影响建筑物合理布局，拉长了生产作业线，同时也使场区的卫生防疫和生产联系不便。边角太多会增加场区防护设施的投资。

二、水源

在选择场址时，水源的水量和水质都要符合要求。在舍饲条件下，应有达标的自来水或井水，注意保证水源质量和供水。不给羊喝沼泽地和洼地的死水。

饮水的质量直接关系到羊的生长发育和健康。不洁饮水会引起羊腹泻、营养吸收障碍和其他多种疾病。在目前的生产中，人们对饲养卫生较为重视，而往往对饮水卫生状况重视不够，从而造成多种疾病发生而导致羊群生产力下降。

新建水井时，要调查当地是否因水质不良而出现过某些地方病，同时还要做水质化验。此外，羊场用水要求取用方便，处理技术简便易行。同时要保证水源水质经常处于良好状态，不受周围环境的污染。羊饮用水水质标准《无公害食品 畜禽饮用水水质标准（NY 5027—2008）》见表 5-1。

表 5-1　羊饮用水水质标准

指标	项目	标准
感官性状及一般化学指标	色	≤30°
	混浊度	≤20°
	臭和味	不得有异臭、异味
	肉眼可见物	不得含有
	总硬度($CaCO_3$ 计,毫克/升)	≤1 500
	pH 值	≤5.5~9.0
	溶解性总固体(毫克/升)	≤4 000
	氯化物(Cl^- 计,毫克/升)	≤1 000
	硫酸盐(SO_4^{2-} 计,毫克/升)	≤500
细菌学指标	总大肠菌群数[MPN(最大或然数)^2/100 毫升]≤	成畜 100;幼畜和禽 10
毒理学指标	氟化物(F^- 计,毫克/升)	≤2.0
	氰化物(毫克/升)	≤0.20
	总砷(毫克/升)	≤0.20
	总汞(毫克/升)	≤0.01
	铅(毫克/升)	≤0.10
	铬(六价,毫克/升)	≤0.10
	镉(毫克/升)	≤0.05
	硝酸盐(N 计,毫克/升)	≤10.0

表 5-2　无公害羊饲养场饮用水农药含量

项目	限量标准/(毫升/升)	项目	限量标准/(毫升/升)	项目	限量标准/(毫升/升)
马拉硫磷	0.25	对硫磷	0.003	百菌清	0.01
内吸磷	0.03	乐果	0.08	甲萘威	0.05
甲基对硫磷	0.02	林丹	0.004	2，4-D	0.1

三、土壤

场地的土壤情况对羊的健康影响很大，土壤透气性、透水性、吸湿性，毛细管特性及土壤中的化学成分等，都直接或间接地影响场区的空气、水质，也可影响土壤的净化作用。适合建立羊场的，应该是透气性好，易渗水，热容量大，毛细管作用弱，吸湿性、导热性小，质地均匀，抗压性强的沙壤土。这样雨后不会泥泞，易于保持适当的干燥环境，防止病原菌、蚊蝇、寄生虫卵等生存和繁殖。同时也利于土壤本身的自净。选择沙壤土质作为羊场场地，对羊只本身的健康、卫生防疫、绿化种植等都有好处。选址时应避免在旧羊场（包括其他旧牧场）场地上改建或新建。

但在一定的地区，由于客观条件的限制，选择理想的土壤是不容易的，这就需要在羊舍的设计、施工、使用和其他日常管理上，设法弥补当地土壤的缺陷。

四、饲草资源

附近要有丰富的饲草资源，如花生秧、红薯秧、大豆秸、玉米秸秆等优质的农副秸秆资源。

五、周边环境

羊场生产的产品需要运出，饲料等物资需要运入，对外联系十分密切。因此，羊场必须选在交通便利的地方。为了满足羊场防疫的需要，羊场应不紧邻交通要道，主要圈舍区应距公路、铁路交通干线 300~500 米，但还必须有能通行卡车的道路与公路相连，以便于组织生产。最好选择有天然屏障的地方建栏舍。羊场应选建在居民区下风向地势略低的地方，距离住宅居民区至少应在 150 米；主要圈舍区应距河流 300 米以上。

六、其他

规模化养羊除一般照明用电外，可能还需要安装一些饲料和饲草加工设备，因而应具备足够的供电力。若能选建在电力设施已经配套的地方更好。在土地有偿使用的情况下，对于土地的占用，一定要做到能少就少，以便减少租赁开支，尽可能占用非耕地资源，充分利用荒坡作为羊场场地。羊场建设还要考虑到以后的发展需要。

第二节　羊场规划布局

羊场的规划布局就是根据羊场的近期和远景规划、拟建场地的环境条件（包括场内的主要地形、水源、风向等自然条件），科学确定各区的位置，合理地确定各类屋舍建筑物、道路、供排水和供电等管线、绿化带等的相对位置及场内防疫卫生的安排。场区布局要符合兽医防疫和环境保护要求，便于进行现代化生产操作。场内各种建筑物的安排，要做到土地利用经济，建筑物间联系方便，布局整齐紧凑，尽量缩短供应距离。羊场的规划布局是否合理，直接影响到羊场的环境控制和卫生防疫。集约化、规模化程度越高，规划布局对其生产的影响越明显。场址选定以后，要进行合理的规划布局。

一、分区规划

分区规划就是从羊保健、防疫与生产的角度出发，考虑羊场地势和主风向，将羊场分成不同的功能区，合理安排各区位置。

（一）分区规划的原则

羊场的分区规划应遵循的基本原则：一是应体现建场方针、任务，在满足生产要求的前提下，做到节约用地，少占或不占耕地；二是建设规模的羊场时应当全面考虑羊粪的处理和利用；三是因地制宜，合理利用地形地物，以创造最有利的羊场环境、减少投资、提高劳动生产率；四是充分考虑今后的发展，在规划时应留有余地，尤其是对生产区规划时更应注意。

（二）分区规划的要求

羊场规划的要求应从人和羊的保健角度出发，建立最佳的生产联系和卫生防疫条件，合理安排不同区域的建筑物，特别是在地势和风向上进行合理的安排和布局。羊场一般分成管理区、生产区（包含生产辅助区）和隔离区三大功能区（图 5-1），各区之间保持一定的卫生间距。

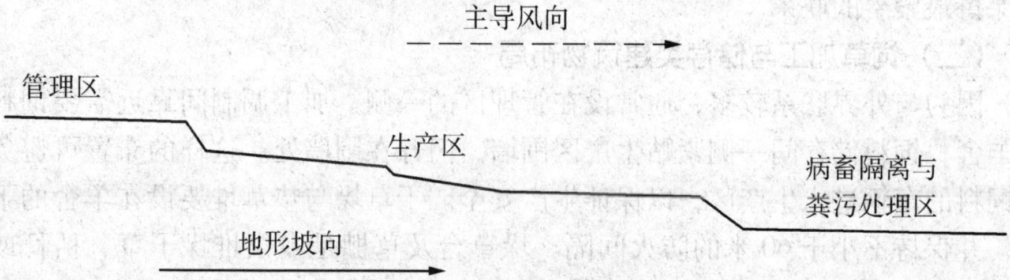

图 5-1　羊场规划布局模式

管理区是生产经营管理部门所在地；生产区是羊场的核心，羊舍、饲料储存与加工、消毒设施等生产与辅助生产性建筑物集中于此。为了防止疫病传播，保障羊群健康，需要设置病畜隔离区。羊的隔离观察、疾病诊断治疗及病死羊的处理等在此区域内进行。兽医室、病羊隔离室、动物无害化处理等应位于羊舍的下风向、地势低处，并与羊舍保持 300 米的卫生间隔，有围墙和独立的通路与外界隔绝。生产区与病羊隔离区必须用严密的界墙、界沟隔开，并彼此保持 300 米的间距。管理区从事生产经营管理，与外界保持经常性联系，宜靠近公共道路。

二、合理布局

羊场布局要兼顾隔离防疫和提高生产效率。

（一）羊舍布置

羊舍应布置在生产区的中心位置，排列平行、整齐，如不超过4栋，呈一行排列，需要饲料多的羊舍集中在中央。超过4栋的要呈两行排列，两行羊舍端墙之间应有15米的间隔。这样的布局既可保证最短的运输、供水、输电距离，也可保证一致的采光，并有利于通风。

前后羊舍距离应考虑防疫、采光与通风的要求。前后两栋羊舍之间的距离应不小于20米。我国大部分地区处于北纬20°~50°之间，太阳高度角冬季小、夏季大，羊舍朝向在全国范围内均以南向（即羊舍长轴与纬度平行）为好。这样的排列，冬季有利于太阳光照入舍内，提高舍温；夏季阳光照不到舍内，可避免舍内温度升高。由于地区、地势的差异，结合考虑当地地形、主风向及其他条件，羊舍朝向可因地制宜向东或向西作15°的偏转。南方夏季炎热，以适当向东偏转为好。羊舍的布局次序应是先种羊，后依次为母羊、羔羊、育肥羊。

为了减轻劳动强度，给提高劳动生产率创造条件，应尽量做到紧凑地配置建筑物，以保证最短的运输、供电和供水线路，便于机械化操作。集约化羊场生产过程的机械化饲养系统包括饲料加工、调制、分发三部分，这三部分应按流水作业线布置。供水系统包括提水、送水、自动饮水等；除粪、排水系统，包括由舍内清除粪尿、由粪沟中清除粪尿。要求有关建筑物适当集中配置，使相关生产环节保持最紧凑的联系。

（二）饲草加工与储存类建筑物布局

因为与外界联系较多，通常设在管理区的一侧。加工调制间靠近需要饲料多的羊舍；饲料储存间一侧紧贴生产区围墙，门开在围墙处。这样的布置可避免运送饲料的车辆进入生产区，以保证生产安全。干草垛与垫草堆要设在羊舍的下风向，并保持不小于60米的防火间隔。垛草台及草棚是专供堆垛干草、秸秆或袋装成品饲草的台子及棚舍。垛草台高应在60~70厘米，表面摆放木棍或石块，以便隔潮。有条件的羊场应修建草棚，地面为水泥结构，并设有隔水层，草棚的门应设计得宽些，门扇朝外，以便开门和运草车辆的出入。

（三）晒场

晒场应设在草棚、精料库之前，供晾晒草料之用，也可用于拌饲料。为避免压坏，在经常过车的地方应当修建专用的车道。

（四）饲料池

饲料池是进行青绿饲料、秸秆等饲料青储、储存或加工处理所需的各种池子，每种池子的大小、容量、样式应根据每次总的需要储存或处理的各种饲料的数量而定。其具体设计应以方便饲料储存、取用为原则。

（五）羊产品的储存及初加工建筑物布局

该建筑物宜设在靠近生产羊群的一侧，紧贴生产区围墙，将运出的门直接开在围墙上，以避免运输工具进入生产区内。畜产品加工厂不得设在生产区内。

（六）粪场

粪场应设在生产区的下风向、地势低洼处，与住宅保持 200 米远，与羊舍间应有 100 米的卫生间隔，并应便于粪肥运往农田。最好有围墙隔离，并远离水源，以防污染。定期将羊舍内的粪便清除，运往粪场堆放，利用微生物发酵腐熟，作为肥料出售或肥田，也可利用羊粪生产有机复合肥料。

三、运动场与道路

舍外运动场应选择在背风向阳的地方。一般是以前排羊舍的后墙和后排羊舍的前墙之间的空地作为运动场，运动场应有坡度，以便排水和保持干燥，四周设置围栏或墙，其高度为 1.2 米，运动场面积以每只羊平均为 1.2~1.5 平方米为宜。

场内设置清洁道和污染道。清洁道宽度为 5~6 米，污染道 3 米左右，道路两侧应有排水沟，并植树，保证路面坚实、排水良好。

四、公共卫生设施

为避免一切可能的污染和干扰，保证防疫安全，羊场应建立必要的卫生设施。

（一）隔离墙或防疫沟

场界要划分明确，四周应建较高的围墙或坚固的防疫沟，以防止外界人员及其他动物进入场区；羊场大门及各羊舍入口处，应设立消毒池或喷雾消毒室、更衣室、紫外线灭菌灯等。

（二）给水设施

应考虑给水方式和水源保护。分散式给水是指各排羊舍内可打一口浅水井，但地下水一般比较混浊，细菌含量较多，必须采用混凝沉淀、砂滤净化和消毒法来改善水质。集中式给水，通常称自来水，把统一从水源取来的水集中进行净化与消毒处理，然后通过配水管网将清洁水送到羊场各用水点。集中给水的水源以水塔为主，在其周围设置卫生保护设施，以防止水源受到污染。

（三）排水设施

场内排水系统多设置在道路两旁及运动场周边，一般采用大口径暗管埋在冻土层以下，以免受冻阻塞。如果距离超过 200 米，应增设沉淀井，以尽量减少污染物积存，避免人、畜损坏。

此外，规模化羊场还需要的附属建筑物有谷物秸秆青贮窖、药浴池等。谷物秸秆青贮窖是专门用来存放谷物秸秆青贮的地下或半地下窖；药浴池则是专供用药水洗浴羊只的池子。由于肉羊在封闭的舍饲条件下隔断了体外寄生虫的入侵，一般不易发生疥螨、蜱的感染，故不像放牧养羊那样必须建有药浴池。开始引进种羊时要加强外寄生虫（病）方面的检疫，并做好药物预防癣病的工作，可不建药浴池。

第六章　羊舍建设

第一节　羊舍的设计

建造羊舍的目的是创造适宜的温热环境，同时，有利于各类羊群管理。规模化羊场的羊舍建造，应考虑不同生产类型的特殊生理需求，以保证羊群有良好的生活环境。

一、羊舍的类型及特点

羊舍按墙壁的封闭程度不同可分为封闭式、半开放式、开放式和棚舍式；按屋顶的形状不同可分为钟楼式、半钟楼式、单坡式、双坡式和拱顶式；按羊床在舍内的排列不同可分为单列式、双列式和多列式；按舍饲羊的对象不同可分为成年羊舍、羔羊舍、后备羊舍、育肥羊舍和隔离观察舍等。

（一）棚舍

棚舍（凉亭式）有屋顶，但没有墙体。在棚舍的一侧或两侧设置运动场，用围栏围起来。棚舍结构简单，造价低，适用于温暖地区和冬季不太冷的地区的成年羊舍。

炎热季节为了避免羊受到强烈的太阳辐射，缓解热应激对羊的不良影响，可以修建凉棚。凉棚的轴向以东西方向为宜，避免阴凉部分移动过快。棚顶材料和结构有秸秆、树枝、石棉瓦、钢板瓦及草泥挂瓦等，根据使用情况和固定程度确定。如长久使用可以选择草泥挂瓦、夹层钢板瓦、双层石棉瓦等，如果临时使用或使用时间很短，可以选择秸秆、树枝等搭建。秸秆和树枝等搭建的棚舍只要达到一定厚度，其隔热作用也很好，棚下凉爽；棚的高度一般为 3~4 米，棚越高越凉爽。冬季可以使用彩条布、塑料布及草帘将北侧和东西侧封闭起来，避免寒风直吹羊体。

（二）半开放羊舍

1. 一般半开放羊舍　半开放羊舍有屋顶，三面有墙（墙上有窗户），向阳一面敞开或半敞开，墙体上安装有大的窗户，有部分顶棚，在敞开一侧设有围栏，水槽、料槽设在栏内，肉羊散放其中。适用于后备羊和成年羊。

2. 塑料暖棚羊舍 近年北方寒冷地区推出的一种较保温的半开放羊舍。与一般半开放羊舍相比，保温效果较好。塑料暖棚羊舍三面全是墙，向阳一面有半截墙，有1/2~2/3的顶棚。向阳的一面在温暖季节露天开放，寒季在露天一面用竹片、钢筋等材料做支架，上覆单层或双层塑料，两层膜间留有间隙，使羊舍呈封闭的状态，借助太阳能和羊体自身散发热量，使羊舍温度升高，防止热量散失。适用于各种肉羊养殖。

（三）封闭式羊舍

封闭式羊舍四面有墙和窗户，顶棚全部覆盖，分单列封闭舍和双列封闭舍。单列封闭羊舍只有一排羊床，舍宽6米，高2.6~2.8米，舍顶既可修成平顶也可修成脊形顶。这种羊舍跨度小，易建造，通风好，且散热面积相对较大。单列封闭羊舍适用于小型羊场。双列封闭羊舍舍内设有两排羊床，中央为通道。双列式封闭羊舍适用于规模较大的羊场。

（四）装配式羊舍

装配式羊舍以钢材为原料，工厂制作，现场装备，属敞开式羊舍。屋顶为镀锌板或太阳板，屋梁为角铁焊接；"U"字形食槽和水槽为不锈钢制作，可随羊只的体高随意调节；隔栏和围栏为钢管。装配式羊舍室内设置与普通羊舍基本相同，其适用性、科学性主要体现在屋架、屋顶和墙体及可调节饲喂设备上。装配式羊舍集先进技术设计、适用、耐用和美观及制作简单、省时、造价适中于一体。

二、羊舍的结构及要求

羊舍由以下各部分组成，包括基础、屋顶、顶棚、墙、地面及楼板、门窗、楼梯等（其中屋顶和外墙组成羊舍的外壳，将羊舍的空间与外部隔开，屋顶和外墙称外围护结构）。羊舍的结构不仅影响到羊舍内环境的控制，而且影响到羊舍的牢固性和利用年限。

（一）基础

基础是羊舍地面以下承受羊舍的各种荷载并将其传给地基的构件，也是墙突入土层的部分，是墙的延续和支撑。它的作用是将羊舍本身重量及舍内固定在地面和墙上的设备、屋顶积雪等全部荷载传给地基。基础决定了羊舍的坚固和稳定性，同时对羊舍的环境改善具有重要意义。对基础的要求：一是坚固、耐久、抗震；二是防潮（基础受潮是引起墙壁潮湿及舍内湿度大的原因之一）；三是具有一定的宽度和深度。如条形基础一般由垫层、大放脚（墙以下的加宽部分）和基础墙组成。砖基础每层放脚宽度一般宽出墙6厘米。基础的底面宽度和埋置的深度应根据羊舍的总荷重、地基的承载力、土层的冻胀程度及地下水位高低等情况计算确定。北方地区在膨胀土层修建羊舍时，应将基础埋置在土层最大冻结深度以下。

（二）墙体

墙是基础以上露出地面的部分，其作用是将屋顶和自身的全部荷载传给基础的承重构件，也是将羊舍与外部空间隔开的外围护结构，是羊舍的主要结构。以砖墙为例，墙的重量占羊舍建筑物总重量的40%~65%，造价占总造价的30%~40%。同时，墙体也在羊舍结构中占有特殊的地位，据测定，冬季通过墙散失的热量占整个羊舍总失热量的35%~40%，舍内的湿度、通风、采光也要通过墙上的窗户来调节。因此，墙对羊舍小气候状况的保持起着重要作用。对墙体的要求：一是坚固、耐久、抗震、防火。二是良好的保温隔热性能。墙体的保温、隔热能力取决于所采用的建筑材料的特性与厚度，尽可能选用隔热性能好的材料，保证最好的隔热设计，在经济上是最有利的措施。三是防水、防潮。受潮不仅可使墙的导热加快，造成舍内潮湿，而且会影响墙体寿命，所以必须对墙采取严格的防潮、防水措施。墙体的防潮措施有：用防水耐久材料抹面，保护墙面不受雨雪侵蚀；做好散水和排水沟；设防潮层和墙围，如墙裙高1.0~1.5米。生活办公用房踢脚高0.15米。四是结构简单，便于清扫。

（三）屋顶

屋顶是羊舍顶部的承重构件和围护构件，主要作用是承重、保温隔热、防风沙和雨雪，它是由支撑结构和屋面组成的。支撑结构承受着羊舍顶部包括自重在内的全部荷载，并将其传给墙或柱；屋面起围护作用，可以抵御降水和风沙的侵袭，以及隔绝太阳辐射等，以满足生产需要。对屋顶的要求：一是坚固防水。屋顶不仅承接本身重量，而且承接着风沙、雨雪的重量。二是保温隔热。屋顶对于羊舍的冬季保温和夏季隔热都有重要意义。屋顶的保温与隔热的作用比墙重要，因为屋顶的面积大于墙体。舍内上部空气温度高，屋顶内外实际温差总是大于外墙内外温差，热量容易散失或进入舍内。三是不透气、光滑、耐久、耐火、结构轻便、简单、造价便宜。任何一种材料不可能兼有防水、保温、承重三种功能，所以正确选择屋顶，处理好以上三方面的关系，对于保证羊舍环境的控制极为重要。四是保持适宜的屋顶高度。羊舍的高度依羊舍类型、地区气温而异。按屋檐高度计，一般为2.5~3.0米，双坡式为2.8~3.0米，单坡式为2.5~2.8米，钟楼式稍高点，棚舍式略低些。北方羊舍应低，南方羊舍应高。如果为半钟楼式屋顶，后檐比前檐高0.5米。在寒冷地区，适当降低净高有利于保温。在炎热地区，加大净高则是加强通风、缓和高温影响的有力措施。

（四）地面

地面的结构和质量不仅影响羊舍内的小气候、卫生状况，还会影响羊体的清洁，甚至影响羊的健康及生产力。北方通常采用地面作羊床，供羊卧息，排泄粪尿。一般要求地面保温性好，用导热小的材料建造。地面处理采取夯实黏土或三合土，即石灰:碎石:黏土=1:2:4。国外已有用镀锌钢丝做羊床的，但成本较高。地面处理要求致密、坚实、平整、无裂缝、不硬滑，达到卧息舒服，防止四肢受伤或蹄病发生。不渗水，地面应有1.0%~1.5%的斜度，便于排污，利于清扫、消毒，能抗消毒液侵蚀。也有采用砖铺地面，效果也佳；南方地区（现中原地区）多采用竹木漏缝地板作羊床。上述条件均可达到要求，是最佳的羊床。

（五）门窗

开设门以能保证羊只自由出入，安全生产为目的。羊舍门应向外开，不设门槛。视羊舍大小设1~2个门，一般设于羊舍两端，正对通道。大型羊舍门宽度为2.5~3.0米，高度为2.0~2.5米，寒冷北方地区可设套门。窗宽1.0~1.2米、高0.7~0.9米，窗台距地面高1.3~1.5米。

三、羊舍的内部设计

（一）羊舍面积

生产方向和生长发育阶段不同，羊只的羊舍面积也有别。设计时，羊舍过小，舍内易潮湿，空气污染严重，带来健康隐患，管理不便，影响生产效果。羊舍建造过大，浪费财物，同样管理不便，而且还加大建场成本。

一般肉用羊每只需要面积1~2平方米。不同类型羊只所需羊舍面积：产羔母羊1~2平方米，种公羊（单饲）4~6平方米，种公羊（群饲）2~2.5平方米，青年公羊0.7~1平方米，青年母羊0.7~0.8平方米，断奶羔羊0.2~0.3平方米，商品肥羔（当年羔）0.6~0.8平方米。随着南方养羊业的发展，采用大圈通栏式羊舍、活动铁架隔栏，按生产季节变换羊圈面积，更有利于羊舍的有效利用。运动场面积应为羊舍的2倍，产羔室面积按产羔母羊数的25%计。

（二）排水设施

排水设施分为传统式和漏缝地板式两种。

1. 传统式排水设施 采用干清粪方式，人工清理粪便后，污水通过排水系统进入污水池。由排尿沟（设于羊栏后端，紧靠降粪便道，至降口有1%~1.5%的坡度）、降口（指连接排尿沟和地下排水管的小井，在降口下部设沉淀井，以沉淀粪水中的固形物，防止堵塞管道。降口上盖铁网，防粪草落入）、地下排出管（与粪水池有3%~5%坡度）和粪水池（粪水池容积应储20~30天的粪水尿液，选址离饮水井100米以外）构成。

2. 漏缝地板式排水设施 用钢筋混凝土或竹木板制成。仅设于粪沟之上，用于羊床，多采用拼接式，便于清扫和消毒，与粪沟相通。羊舍内有饲喂走道、清粪走道。饲喂走道一般宽度为1.3~2米，全缝隙地板也可以不专门设置饲喂通道；地面饲养在羊床的后面设置清粪走道。

四、各类羊舍的建造

我国养羊生产区域广，南北地区的自然生态环境条件差异极大。羊舍修建既应以就地取材、低造价为原则，也要满足羊的生长发育和生理需要，做到先进、科学、实用。

（一）暖棚羊舍的建造结构

我国北方地区和高原地区，受大陆季风气候影响，冬季严寒漫长，制约了羊的生长发育和正常繁殖，采用塑料暖棚羊舍，解决了上述矛盾，是技术上的突破。采用普通塑料薄膜暖棚羊舍，冬季舍温可保持在5~20℃。

1. 单列半拱面塑料薄膜暖棚羊舍 单列半拱面塑料薄膜暖棚羊舍利用现有的简易敞圈或原羊舍外的运动场搭建，此类羊舍投资少，易建造。方向坐北朝南，棚舍中梁高2.5米，后墙高1.7米，前沿墙高1.1米。后墙与中梁间用木椽或管材等材料搭棚，中梁和前沿墙间用竹片搭成拱形支架。上面覆盖塑料薄膜，一般前后跨深6米，左右宽10米，中梁垂直地面与前沿墙距2~3米。舍门高1.8米，宽1.2米，设于棚舍山墙，供羊只出入。在前沿墙基5~10厘米处设进气孔，棚顶设百叶窗式排气孔，一般排气孔是进气孔的2倍。舍内沿墙设补饲槽、产仔栏等设施。如图6-1所示。

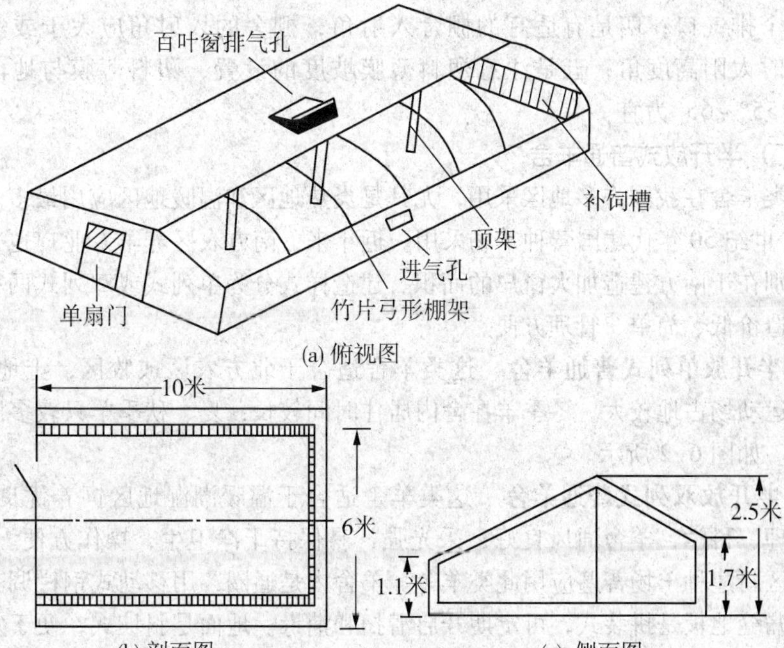

图6-1 单列半拱面塑料薄膜暖棚羊舍构造示意图

2. 单列半坡保暖板暖棚羊舍 四川省草原研究所推广的保暖板暖棚羊舍，在高寒地区效果好。采用的双层中空塑料保暖板效果较聚氯乙烯膜、聚乙烯膜、无滴膜更具优点。

保暖板的技术性能要求：抗拉断力大于160牛；断裂伸长率大于150牛；平面压缩力大于900牛；垂直压缩力小于60牛。一般可见光（400~700纳米）的透光率在82.4%~86%，即大部分太阳光波可穿过保暖板进入暖棚，太阳能得到合理利用。耐老化，寿命长，一般建成可使用3~5年。舍内采光温度比外界提高13℃，最高相差18.8℃，而且抗风、抗冰雹、抗雪压。据试验，暖棚最大面积不超过200平方米，最大饲养量300只；一般以建棚面积在100~150平方米为宜。

修筑塑料薄膜暖棚羊舍要注意：一是选择合适的朝向，塑料薄膜暖棚羊舍需坐北朝南，南偏东或西角度最多不要超过15°，舍南至少10米应无高大建筑物及树木遮蔽；二是选择合适的塑料薄膜，应选择对太阳光透过率高，而对地面长波辐射透过率低的聚氯乙烯等塑膜，其厚度以80~100微米为宜；三是合理设置通风换气口，棚舍的进气口应设在南墙，其距地面高度以略高于羊体高为宜，排气口应设在棚舍顶部的背风面，上设防风帽，排气口的面积为20厘米×20厘米为宜，进气口的面积是排气口面积的一半，每隔3米远设置一个排气口；四是有适宜的棚舍入射角，棚舍的入射角应大于或等于当地冬至时太阳高度角；五是注意塑料薄膜坡度的设置，塑料薄膜与地面的夹角应以55°~65°为宜。

（二）半开放式普通羊舍

这类羊舍在我国许多地区采用，尤其是炎热地区和温暖地区应用最多。北方地区20世纪50年代建国营种羊场采用。近年来，南方农区养羊专业户也普遍应用，区别在于南方建造加大窗户的面积。建造样式分为单列式或双列式两种。优点在于造价低、简单、管理方便。

1. 半开放单列式普通羊舍 这类羊舍适合于北方农区或牧区，土地广阔，规划中运动场占地较大。冬季羊在舍内居住时间较长，夏、秋季羊只较多卧息于运动场。如图6-2所示。

2. 半开放双列式普通羊舍 这类羊舍适合于温暖潮湿地区饲养优良种羊，结构合理、科学，羊舍通风良好，采光强，易保持干净卫生，操作方便。目前，南方地区新建种羊场普遍应用此类羊舍。羊舍内是通圈，用移动式钢栏调节圈舍面积。漏缝地板是拼装式，可定期开启清扫和消毒。地面是斜坡式，便于定期冲洗打扫，劳动强度小，劳动效率高。此类羊舍造价稍高，一般农户养羊可简化结构，降低成本，在南方农区应普遍推广。如图6-3所示。

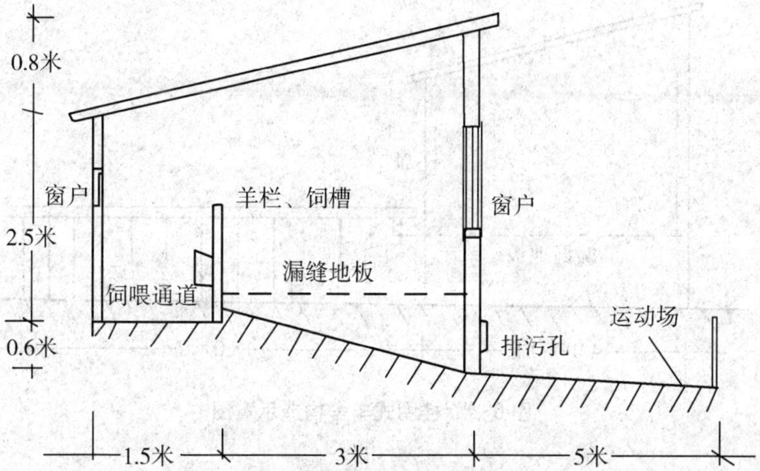

图 6-2 半开放单列式普通羊舍构造示意图

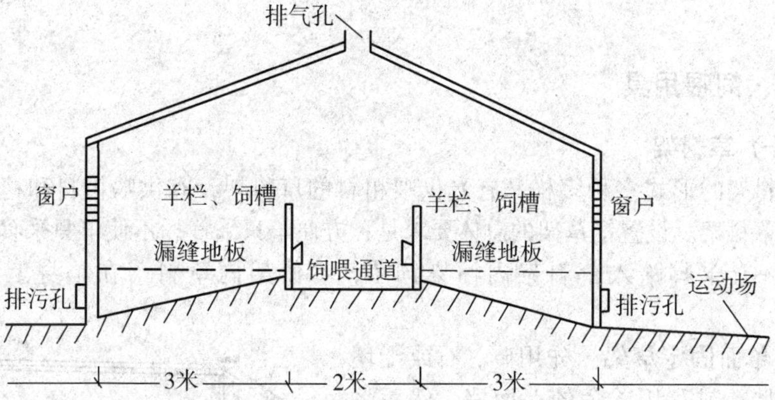

图 6-3 半开放双列式普通羊舍构造示意图

（三）楼圈式羊舍

楼圈式羊舍在多雨潮湿的地区，为保持羊舍通风、干燥，可建造这类羊舍。夏、秋季羊住楼上，粪尿通过漏缝地板落入楼下地圈。冬、春季，清除楼下粪便污物，消毒后，羊改住楼下，楼上堆放干草饲料。一般漏缝地板可用木条、竹子或水泥预制地板，板距地面一般 2 米左右，漏缝间隙是 1.5~2 厘米。楼上窗户较楼下大，视各地气温高低、楼上窗户大小控制建造成开放式或半开放式。这类羊舍能很好满足肉羊生长需求的舍温控制，但造价较高，一般商品肉羊生产农户不宜采用。如图 6-4 所示。

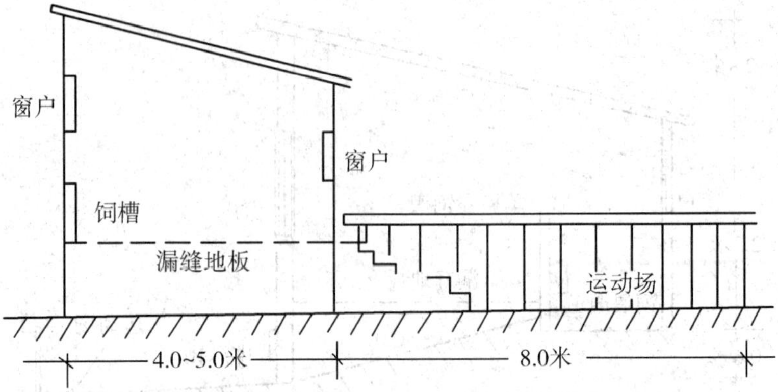

图 6-4　楼圈式羊舍构造示意图

第二节　常用设备及附属设施

一、饲喂用具

（一）草料架

草料架的形式多种多样，有专供喂粗料的草料架，有供喂粗料和精料两用的联合草料架。设置饲草架的总体要求是：方便羊只采食，不使羊只采食时相互干扰，不让羊脚踏入草料架内污染饲草，不使架内草料落在羊身上影响羊毛质量。

1. 单面固定草架　先用砖、石或土坯砌一堵墙，或利用羊舍的一面墙，然后将数根长 1.5 米以下的木棍（木条或竹片）下端平行埋入墙根土里，上端向外倾斜一定角度（45°左右），并将各个木棍的上端固定在一横杆上。横杆两端分别固定在墙上即可（图 6-5）。草架设置长度，按每只成年羊 30 ~ 50 厘米、羔羊 20 ~ 30 厘米设计，竖棍之间距离一般为 10~15 厘米。

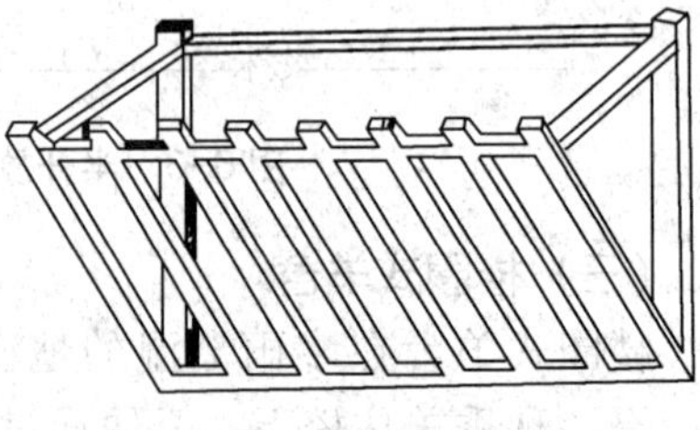

图 6-5　单面固动草架

2. 两面联合草架　先制作一个高 1.5 米、长 2~3 米的长方形立体框，再用 1.5 米长的木条制成间隔 10~15 厘米的“V”字形草架，然后将草架固定在立体框内即成（图 6-6）。这种草架的优点是制作较简便，能移动，方便实用，又称活动草架。

图 6-6　活动草架

（二）饲槽

饲槽是用来饲喂饲草、饲料及青贮饲料的设备，能保护草料不受污染和减少浪费。

1. 移动式饲槽　移动式饲槽多用木板制作，一般长 1.5~2 米，上宽 25 厘米，下宽 20 厘米，深 20 厘米左右，槽底距地面 5~10 厘米，以适应羊在地面上啃草的采食习性。为防止羊只踏翻饲槽，可在饲槽两端安装临时性且装拆方便的固定架。此类饲槽适用于各种羊只舍饲喂料。

2. 固定式饲槽　固定式饲槽用水泥或砖砌成。若为双列式对头羊台，饲槽应修在中间走道两侧，若为双列式对尾羊舍，饲槽应修在靠窗户走道一侧。饲槽要求上宽下窄。一般上宽约 50 厘米，深 20~25 厘米，槽高 40~50 厘米。槽长依羊只数量而定，一般按每只大羊 30 厘米、羔羊 20 厘米计算槽长长度。

（三）饮水槽

饮水槽一般固定在羊舍或运动场上，可用镀锌铁皮制成，也可用砖、水泥制成。在其一侧下部设置排水口，以便清洗水槽，保证饮水卫生。水槽高度以羊方便饮水为宜。

（四）盐槽

给羊群供给食盐和其他矿物质时，如果不在室内或不混在饲料内饲喂，为防止在舍外被雨淋潮化，可设一有顶盐槽，任羊只随时舔食。

二、栅栏

用木条、木板、圆竹、钢筋、铁丝网等加工成高 1.0 米、长 1.5~3.0 米的栅栏或网栏，可用于各种羊只的特殊管理，根据用途分为四种。

（一）分羊栏

分羊栏用于羊只分群、鉴定、防疫、驱虫、称重、打耳号等生产技术性活动。分羊栏由许多栅板连接而成。在羊群的入口处为喇叭形，中部有一小通道，可容羊只单行。通道长度视需要而定，可根据需要沿通道一侧或两侧设置 3~4 个可以向两边开门的小圈。利用这些小圈就可以把羊群分成所需要的若干小群，如图 6-7 所示。

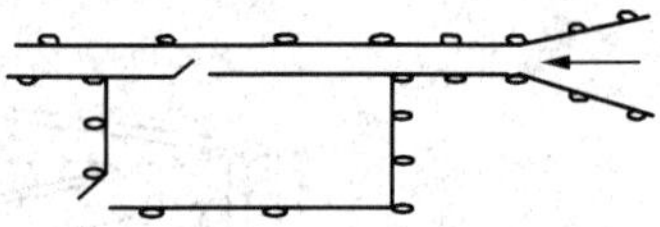

图 6-7　分羊栏

（二）母仔栏

母仔栏是为母羊产羔或隔离瘦弱羊只设计的，一般为两块栅板用铰链连接而成。使用时，将母仔栏在羊舍一隅成直角展开，再把游离的两边固定在墙壁上，即可围成 1.2 米×1.5 米的母仔间，供一只母羊及其羔羊单独停留使用。如此栅板直线展开或成任何角度旋转后固定，则既可用于羊舍隔离间，也可用于围成需要的空间。母仔栏的数量通常为繁殖母羊的 10%~15%。

（三）羔羊补饲栏

羔羊补饲栏主要用于羔羊补饲，可将多个栅栏、栅板在羊舍内或运动场内围成足够面积的围栏，在栏门插入一个大羊不能通过而羔羊能自由出入的栅门，栏内设置饲槽和草架。

（四）活动围栏

在养羊生产中，许多环节如抓膘补饲、配种产羔等，需要把羊临时隔离出来，这时就需要用活动围栏分隔羊群。活动围栏拆装方便，省时省工，适用范围广，投资小，牢固可靠。活动围栏通常有折叠围栏（图 6-8）、重叠围栏和三脚架围栏几种类型。

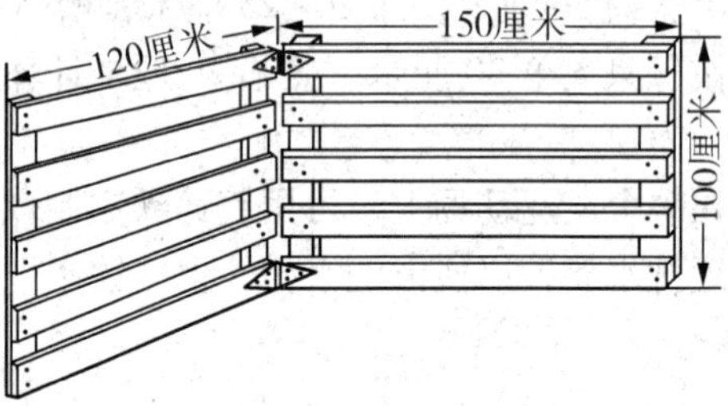

图 6-8　折叠围栏

三、药浴设备

为了防治羊只体外寄生虫病，规模化羊场每年均要定期给羊群药浴。没有淋药装置或流动式药浴设备的羊场，应在不对人畜水源、环境造成污染的地点修建药浴池或建造小型药浴设施。

（一）大型药浴池

大型药浴池可供大型羊场或羊只较集中的乡村药浴用。药浴池一般用水泥筑成，形状为长方形水沟状，结构见图 6-9。

大型药浴池可用水泥、砖、石等材料砌成长方形，似狭长的深水沟。大型药浴池池深 1~1.2 米，长 10~15 米，池底宽 30~60 厘米，池顶宽 60~80 厘米，以羊能通过不能转身为准。池的入口一端为陡坡，出口一端用石、砖砌成或用栅栏围成储羊圈，出口一端设滴流台，羊出浴后，可在滴流台上停留片刻，使身上的药液流回池内，储羊圈和滴流台的大小可根据羊只数确定，但要修成水泥地面。

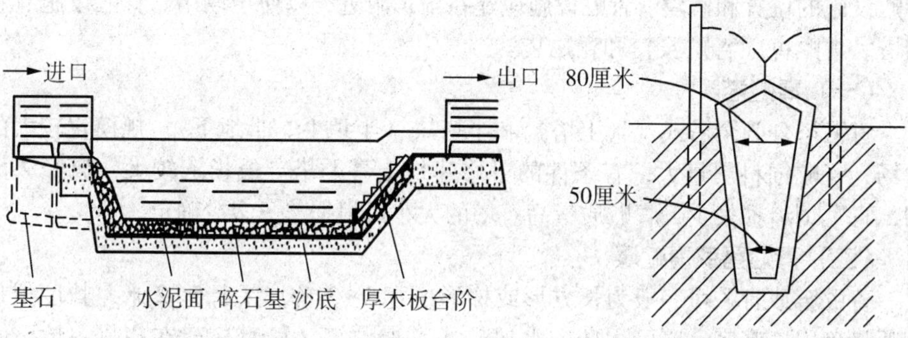

(a) 药浴池纵剖面　　(b) 药浴池横剖面

图 6-9　大型药浴池纵、横剖面

（二）小型药浴槽

小型药浴槽药浴液量 1 400 升，可同时药浴 2 只成年羊（或小羊 3~4 只），并可用门的开闭来调节入浴时间。一般小型药浴槽适合 30~40 只羊的小型羊场使用，如图 6-10 所示。

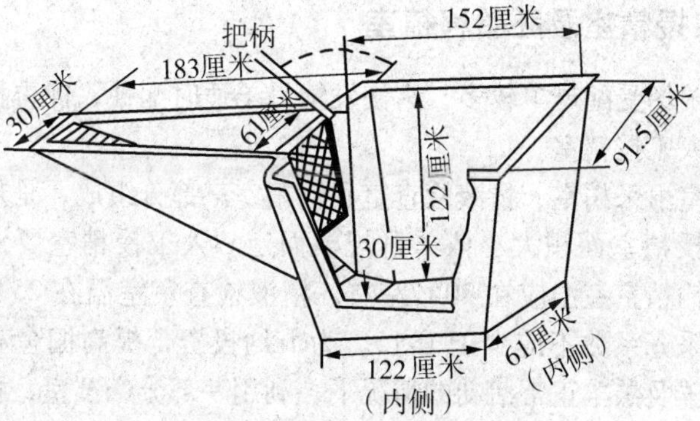

图 6-10　小型药浴槽

（三）帆布药浴池

羊只较少的农户可建一个简易临时药浴池，先挖一个长 10 米左右、深 1 米、宽 6.7 米的梯形沟，沟的两端呈斜坡状，然后铺上帆布，使沟的四周不漏水即可；药浴出口处地面也铺上帆布，使羊出浴后身上的药液能流回池中。药浴时应进行人工辅助，将羊逐只放入池中，浴后将羊拦在出口处停留一段时间，以免造成药液浪费。这种设施体积小、轻便，可以循环使用。

四、青贮设施

青贮饲料是羊只很好的青绿多汁饲料。规模化羊场在设计和建造时均应考虑青贮设施的位置和修建。青贮设施应建在羊舍附近，以便于取用。青贮设施有青储塔、青贮窖（青贮壕）和青贮袋。

（一）青贮塔

青贮塔分为全塔式（地上塔）和半塔式（半地上、半地下）。规模化较大的羊场，青贮饲料用量大，有条件的可修建地上青贮塔。虽投资较大，但经久耐用，青贮饲料损失少，青贮质量高。塔的大小可根据羊只多少确定。

（二）青贮窖或青贮壕

青贮窖或青贮壕一般为长方形或梯形，宽 2~3 米，深 1.5~2 米，长度根据饲喂量确定。其底、壁可用砖、水泥砌成。青贮窖（壕）应建在高燥、地下水位低的地点，并在青贮窖（壕）四周 0.5~1.0 米处修建排水沟，防止污水流入，影响青贮饲料质量。

（三）青贮袋

这种设施适合于小规模养羊户，投资小，制作简单，不受气候和场地等条件限制，取用方便，浪费少。用青贮袋制作青贮饲料时一定要妥善管理，防止因塑料袋破裂导致青贮饲料霉烂变质。

五、人工授精室及胚胎移植室

大、中型羊场受配母羊较多，为使发情母羊适时配种，优秀种公羊得以充分利用，应建造人工授精室。

人工授精室由采精室、精液检查室和输精室三部分组成，是规模化羊场的主要设施。人工授精室面积大小依羊群规模而定。人工授精室要清洁、保温、明亮，采精室、输精室室温应在 20℃左右，精液检查室室温在 25℃。输精室应有足够的面积，采光系数不应少于 1∶15。为节约投资，提高棚舍利用率，也可在不影响产羔母羊及羔羊正常活动的情况下，利用一部分产羔室，再增设一个人工输精室即可。

六、饲料库

规模较大及以舍饲为主的羊场，应设饲料库及饲料加工车间。饲料库应通风良好、干燥、清洁。夏季要防饲料潮湿霉变，库房地面及墙壁要作防潮处理，四周应设排水沟。建筑形式可以是封闭式、半敞开式或棚式。建筑材料的选择要因地制宜。

七、堆草圈

羊舍四周应设堆草圈，储备干草或农作物秸秆。堆草圈可用砖或土坯砌成，也可用栅栏、围栏围成，草堆上面盖以遮雨雪材料。堆草圈应设在地势较高处，或在地面垫一定高度的砖或土，周围设排水沟，以利于防潮。

八、牧草收获和饲料加工机械

（一）牧草收获机械

牧草收获机械有传统式收获机械系统、小方捆收获机械系统和大圆草捆收获机械系统。

（二）铡草机

铡草机也叫切碎机，主要用于牧草和秸秆类青饲料、干饲料的切短，有滚筒式铡草机、圆盆式（又称轮刀式）铡草机。

（三）饲料粉碎机

用于粉碎各种精、粗饲料，使之达到一定的粗细度。目前国内生产的机型主要有锤片式、劲锤式、爪式和对辊式四种。

（四）饲料混合机

饲料混合机又称饲料搅拌机。常用的有立式和卧式两种，按工作连续性又可分为间歇式和连续式两种。目前，我国各地生产的饲料搅拌机多为卧式双绞龙间歇式饲料搅拌机和卧式双轴桨叶式饲料搅拌机，适合大、中型养殖场使用。

（五）揉搓机

揉搓是介于铡切与粉碎两种加工方法之间的一种新方法。其工作原理是将秸秆送入料槽，通过锤片和空气流的作用，使秸秆进入揉搓室，通过锤片、定刀、斜齿板及抛送叶片的综合作用，把物料切短、揉搓成丝状，经送料回送出机外。

（六）颗粒饲料机

该机的作用是将搅拌均匀后的粉料压制成颗粒状的饲料。颗粒饲料分为硬颗粒、软颗粒和膨化饲料。目前，我国生产的颗粒饲料机主要有环模式和平模式两种。两者均有定型的小批量生产。

九、剪毛机械

绵羊剪毛机，按其动力可分为机械式剪毛机、电动式剪毛机和气动式剪毛机。

十、磅秤及羊笼

为了定期称量羊只体重，及时掌握饲养效果，羊场应设置小型磅秤，并在磅秤上设置木制或钢筋制的长方形羊笼。羊笼一般长 1.4 米，宽 0.6 米，高 1.0 米左右。羊笼两端安置连接羊圈的狭窄长通道或直接把羊笼的磅秤安放在分群栏的通道入口处。

第七章　羊场的环境管理

环境是指影响羊的生长、发育、繁殖和生产等的一切外界因素。这些外界因素有自然因素，也有人为因素。具体地说，羊的环境包括作用于羊身体的一切物理性、化学性、生物性和社会性因素。物理性因素主要有羊舍、笼具、温度、湿度、光照、通风、灰尘、噪声、海拔和土壤等；化学性因素有空气、有害气体和水等；生物性因素包括草料、病原体、微生物等；社会因素有饲养、管理及与其他家畜或羊的群体之间的关系等。

第一节　羊场场区的环境管理

一、合理规划羊场

选择适宜的场地，并进行合理的分区规划，注意羊舍朝向、间距、羊场道路等设计是维持场区环境良好的基础。

二、绿化

绿化不仅可以美化环境，而且能够隔离和净化环境。

（一）场区周围绿化

在场界周围种植乔木和灌木混合林带，如乔木的小叶杨、旱柳、榆树及常绿针叶树等，灌木的河柳、紫穗槐、刺榆等。为加强冬季防风效果，主风向应多排种植。行距幼林时为 1～1.5 米，成林时为 2.5～3.0 米。要注意缺空补栽和按时修剪，以保持美观。

（二）路旁绿化

路旁绿化既可以夏季遮阳，防止道路被雨水冲刷，还可以起防护林的作用。多以种植乔木为主，乔木、灌木搭配种植效果更佳。

（三）遮阳林

遮阳林主要种植在运动场周围及房前屋后，但要注意不影响通风采光，一般要求树木的发叶与落叶发生在5~9月（北方）或4~10月（南方）。

（四）美化林

场区美化林多以种植花草为主。

三、水源防护

羊生产过程中，需要大量的水。在选择羊场场址时，应将水源作为重要因素考虑。羊场建好后还要注意水源的保护，减少对水源的污染。

（一）水源位置适当

水源位置要选择远离生产区的管理区内，远离其他污染源（羊舍与井水水源间应保持30米以上的距离），地势高燥处。羊场可以自建深水井和水塔，深层地下水经过地层的过滤作用，又是封闭性水源，水质、水量稳定，受污染的机会少。

（二）加强水源保护

水源附近不得建厕所、粪池、垃圾堆、污水坑等，井水水源周围30米、江河水取水点周围20米、湖泊等水源周围30~50米范围内应划为卫生防护地带，四周不得有任何污染源。保护区内禁止一切破坏水环境生态平衡的活动及破坏水源林、护岸林、与水源保护相关植被的活动；严禁向保护区内倾倒工业废渣、城市垃圾、粪便及其他废弃物；运输有毒有害物质、油类、粪便的船舶和车辆一般不准进入保护区；保护区内禁止使用剧毒和高残留农药，不得滥用化肥；避免污水流入水源。最易造成水源污染的区域，如病羊隔离舍、化粪池或堆肥场更应远离水源，粪污应做到无害化处理，并注意排放时防止流进或渗入水源。

（三）搞好饮水卫生

定期清洗和消毒饮水用具和饮水系统，保持饮水用具的清洁卫生，保证饮水的新鲜。

（四）注意饮水的检测和处理

定期检测水源的水质，污染时要查找原因，及时解决；当水源水质较差时要进行净化和消毒处理。地面水一般水质较差，须经沉淀、过滤和消毒处理，地下水较清洁，可只进行消毒处理。

四、灭鼠

鼠是人畜多种传染病的传播媒介，还盗食饲料、咬坏物品、污染饲料和饮水，危害极大。羊场必须加强灭鼠工作。

（一）防止鼠类进入建筑物

鼠类多从墙基、天棚、瓦顶等处窜入室内，在设计、施工时注意墙基最好用水泥制成，碎石和砖砌的墙基应用灰浆抹缝。墙面应平直光滑，防鼠沿粗糙墙面攀登。砌缝不严的空心墙体，易使鼠隐匿营巢，要填补抹平。各种管道周围要用水泥填平。通气孔、地脚窗、排水沟（粪尿沟）出口均应安装孔径小于1厘米的铁丝网，以防鼠窜入。

（二）器械灭鼠

器械灭鼠方法简单易行，效果可靠，对人、畜无害。灭鼠器械种类繁多，主要有夹、关、压、卡、翻、扣、淹、粘、电等。

（三）化学灭鼠

化学灭鼠效率高、使用方便、成本低、见效快，缺点是能引起人、畜中毒，有些鼠对药物有选择性、拒食性和耐药性。所以，使用时须选好药剂，注意使用方法，以确保安全有效。灭鼠药剂种类很多，主要有灭鼠剂、熏蒸剂、烟剂、化学绝育剂等。羊场的鼠类以饲料库、羊舍最多，这是灭鼠的重点场所。饲料库可用熏蒸剂毒杀。投放的毒饵，要远离羊栏、饲槽和水槽，并防止毒饵混入饲料。鼠尸应及时清理，以防被人、畜误食而发生二次中毒。选用鼠吃惯了的食物作饵料，突然投放，饵料充足，分布广泛，以保证灭鼠的效果。常用的慢性灭鼠药物见表7-1。

表7-1　常用的慢性灭鼠药物

名称	特性	作用特点	用法	注意事项
敌鼠钠盐	为黄色粉末，无臭，无味，溶于沸水、乙醇、丙酮，性质稳定	作用较慢，能阻碍凝血酶原在鼠体内的合成，使凝血时间延长，而且其能损坏毛细血管，增加血管的通透性，引起内脏和皮下出血，最后死于内脏大量出血。一般在投药1~2天出现死鼠，第5~8天死鼠量达到高峰，死鼠可延续10多天	①敌鼠钠盐毒饵：取敌鼠钠盐5克，加沸水2升搅匀，再加10千克杂粮，浸泡至毒水全部吸收后，加入适量植物油拌匀，晾干备用。②混合毒饵：将敌鼠钠盐加入面粉或滑石粉中制成1%毒粉，再取毒粉1份，倒入19份切碎的鲜菜中拌匀即成。③毒水：用1%敌鼠钠盐1份，加水20份即可	对人、畜、禽毒性较低，但对猫、犬、兔、猪毒性较强，可引起二次中毒。在使用过程中要加强管理，以防家畜误食中毒或发生二次中毒。如发现中毒，可使用维生素K解救
氯敌鼠一氯鼠酮	黄色结晶性粉末，无臭，无味，溶于油脂等有机溶剂，不溶于水，性质稳定	是敌鼠钠盐的同类化合物，但对鼠的毒性作用比敌鼠钠盐强，为广谱灭鼠剂，而且适口性好，不易产生拒食性。主要用于毒杀家鼠和野栖鼠，尤其是可制成蜡块剂，用于毒杀下水道鼠类。灭鼠时将毒饵投在鼠洞或鼠活动的地区即可	有90%原药粉、0.25%母粉、0.5%油剂3种剂型。使用时可配制成如下毒饵：①0.005%水质毒饵：取90%原药粉3克，溶于适量热水中，待凉后，拌于50千克饵料中，晒干后使用。②0.005%油质毒饵：取90%原药粉3克，溶于1千克热食油中，冷却至常温，洒于50千克饵料中拌匀即可。③0.005%粉剂毒饵：取0.25%母粉1千克，加入50千克饵料中，加少许植物油，充分混合拌匀即成	

续表

名称	特性	作用特点	用法	注意事项
杀鼠灵（华法令）	白色粉末，无味，难溶于水，其钠盐溶于水，性质稳定	属香豆素类抗凝血灭鼠剂，一次投药的灭鼠效果较差，少量多次投放灭鼠效果好。鼠类对其毒饵接受性好，甚至出现中毒症状时仍采食	毒饵配制方法如下：①0.025%毒米。取2.5%母粉1份、植物油2份、米渣97份，混合均匀即成。②0.025%面丸。取2.5%母粉1份，与99份面粉拌匀，再加适量水和少许植物油，制成每粒1克重的面丸。以上毒饵使用时，将毒饵投放在鼠类活动的地方，每堆约39克，连投3~4天	对人、畜和家禽毒性很小，中毒时，维生素K_1为有效解毒剂
杀鼠迷	黄色结晶粉末，无臭，无味，不溶于水，溶于有机溶剂	属香豆素类抗凝血杀鼠剂，适口性好，毒杀力强，二次中毒极少，是当前较为理想的杀鼠药物之一，主要用于杀灭家鼠和野栖鼠类	市售有0.75%的母粉和3.75%的水剂。使用时，将10千克饵料煮至半熟，加适量植物油，取0.75%杀鼠迷母粉0.5千克，撒于饵料中拌匀即可。毒饵一般分2次投放，每堆10~20克。水剂可配制成0.0375%饵剂使用	
杀它仗	白灰色结晶粉末，微溶于乙醇，几乎不溶于水	对各种鼠类都有很好的毒杀作用。适口性好，急性毒力大，1个致死剂量被吸收后3~10天就发生死亡，一次投药即可。适用于杀灭室内和农田的各种鼠类	用0.005%杀它仗稻谷毒饵，杀黄毛鼠的效率可达98%，杀室内褐家鼠的效率可达93.4%，一般一次投饵即可	对其他动物毒性较低，但犬很敏感

五、杀虫

蚊、蝇、蚤、蜱等吸血昆虫会侵袭羊并传播疫病。因此，在养羊生产中，要采取有效的措施防止和消灭这些昆虫。

（一）环境卫生

搞好羊场环境卫生，保持环境清洁、干燥，是杀灭蚊、蝇的基本措施。蚊虫需在水中产卵、孵化和发育，蝇蛆也需在潮湿的环境及粪便等废弃物中生长。因此，应填平无用的污水池、土坑、水沟和洼地。保持排水系统畅通，对阴沟、沟渠等定期疏通，勿使污水储积。对储水池等容器加盖，以防蚊蝇飞入产卵。对不能清除或加盖的防火储水器，在蚊蝇滋生季节，应定期换水。永久性水体（如鱼塘、池塘等），蚊虫多滋生在水浅而有植被的边缘区域，修整边岸，加大坡度和填充浅湾，能有效地防止蚊虫滋生。羊舍内的粪便应定时清除，并及时处理。储粪池应加盖并保持四周环境的清洁。

（二）物理杀灭

利用机械方法及光、声、电等物理方法，捕杀、诱杀或驱逐蚊虫。

（三）生物杀灭

利用天敌杀灭害虫，如池塘养鱼即可达到鱼类治蚊的目的。此外，应用细菌制剂——内菌素杀灭吸血蚊的幼虫，效果良好。

（四）化学杀灭

化学杀灭是使用天然或合成的毒物，以不同的剂型（粉剂、乳剂、油剂、水悬剂、颗粒剂、缓释剂等），通过不同途径（胃毒、触杀、熏杀、内吸等）毒杀或驱逐蚊、蝇。化学杀虫法具有使用方便、见效快等优点，是当前杀灭蚊、蝇的较好方法。常用的杀虫剂及使用方法见表 7-2。

表 7-2　常用的杀虫剂及使用方法

名称	性状	使用方法
马拉硫磷	棕色、油状液体，强烈臭味；其杀虫作用强而快，具有胃毒、触杀作用，也可作熏杀，杀虫范围广。对人、畜毒害小，适于羊舍内使用。世界卫生组织推荐的室内滞留喷洒杀虫剂；杀灭蚊（幼）、蝇、蚤、蟑螂、螨	0.2%～0.5%乳油喷雾，灭蚊、蚤；3%粉剂喷洒，灭螨、蜱
倍硫磷	棕色、油状液体，蒜臭味；毒性中等，比较安全；杀灭蚊（幼）、蝇、蚤、臭虫、螨、蜱	0.1%的乳剂喷洒，2%的粉剂、颗粒剂喷洒、撒布
二溴磷	黄色、油状液体，微辛辣；毒性较强；杀灭蚊（幼）、蝇、蚤、蟑螂、螨、蜱	50%的油乳剂 0.05%～0.1%用于室内外蚊、蝇、臭虫等，野外用5%浓度
杀螟松	红棕色、油状液体，蒜臭味；低毒、无残留；杀灭蚊（幼）、蝇、蚤、臭虫、螨、蜱	40%的湿性粉剂灭蚊、蝇及臭虫；2 毫克/升灭蚊
地亚农	棕色、油状液体，酯味；中等毒性，水中易分解；杀灭蚊（幼）、蝇、蚤、臭虫、蟑螂及体表害虫	滞留喷洒 0.5%，喷浇 0.05%；撒布 2%粉剂
皮蝇磷	白色、结晶粉末，微臭；低毒，但对农作物有害；杀灭体表害虫	0.25%喷涂皮肤，1%～2%乳剂灭臭虫

续表

名称	性状	使用方法
辛硫磷	红棕色、油状液体，微臭；低毒、日光下短效；杀灭蚊（幼）、蝇、蚤、臭虫、螨、蜱	2 克/米^2 室内喷洒灭蚊、蝇；50%乳油剂灭成蚊或水体内幼蚊
杀虫畏	白色固体，有臭味；微毒；杀灭家蝇及家畜体表寄生虫（蝇、蜱、蚊、虻、蚋）	20%乳剂喷洒，涂布家畜体表，50% 粉剂喷洒体表灭虫
双硫磷	棕色、黏稠液体；低毒稳定；杀灭幼蚊、人蚤	5%乳油剂喷洒，0.5～1 毫升/升撒布，1 毫克/升颗粒剂撒布
毒死蜱	白色、结晶粉末；中等毒性；杀灭蚊（幼）、蝇、螨、蟑螂及仓储害虫	2 克/米^2 喷洒物体表面
西维因	灰褐色、粉末；低毒；杀灭蚊（幼）、蝇、臭虫、蜱	25%的可湿性粉剂和 5%粉剂撒布或喷洒
害虫敌	淡黄色、油状液体；低毒；杀灭蚊（幼）、蝇、蚤、蟑螂、螨、蜱	2.5%的稀释液喷洒，2%粉剂，1～2 克/米^2 撒布，2%气雾
双乙威	白色、结晶，芳香味；中等毒性；杀灭蚊、蝇	50%的可湿性粉剂喷雾，2 克/米^2 喷洒灭成蚊
速灭威	灰黄色、粉末；中毒；杀灭蚊、蝇	25% 的可湿性粉剂和 30%乳油喷雾灭蚊
残杀威	白色、结晶粉末，酯味；中等毒性；杀灭蚊（幼）、蝇、蟑螂	2 克/米^2 用于灭蚊、蝇，10%粉剂局部喷洒灭蟑螂
胺菊酯	白色、结晶；微毒；杀灭蚊（幼）、蝇、蟑螂、臭虫	0.3% 的油剂、气雾剂，须与其他杀虫剂配伍使用

六、羊场废弃物处理

（一）粪尿处理

羊的粪尿由于土壤、水和大气的理化及生物的作用，经过扩散、分解逐渐完成自净过程，进而通过微生物、动植物的同化和异化作用，又重新形成动、植物的糖类、蛋白质和脂肪等，也就是再度变为饲料，再行饲养畜禽。这样农牧结合、互相促进的办法，是处理羊粪便的基本措施，也起到保护环境的作用。但目前羊场多数是先收集羊粪干，进行堆集发酵，而羊尿和冲舍用的污水等排入污水处理池处理。粪尿在自然界的循环过程见图 7-1。

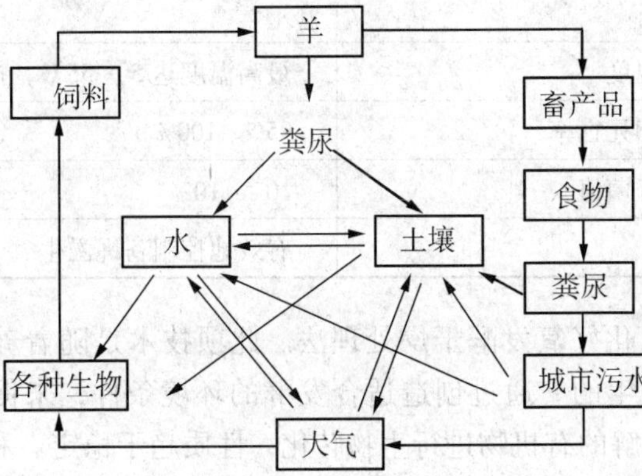

图 7-1　粪尿在自然界的循环过程

1. 用作肥料　有用新鲜粪尿直接上地，也有经过腐熟后再行施用的。

（1）土地还原法。把家畜粪尿作为肥料直接施入农田的方法，称为土地还原法。羊粪尿不仅供给作物营养，还含有许多微量元素等，能增加土壤中有机质含量，促进土壤微生物繁殖，改良土壤结构，提高肥力，从而使作物有可能获得高而稳定的产量。实行农牧结合，就不会出现因粪便而形成畜产公害的问题。

（2）腐熟堆肥法。腐熟堆肥法是利用好气性微生物分解家畜粪便与垫草等固体有机废弃物的方法。此法能杀灭细菌与寄生虫卵，并能使土壤直接得到一种腐殖质类肥料，其施用量可比新鲜粪尿多 4~5 倍。

好气性微生物在自然界到处存在，它们发酵需以下条件：要有足够的氧，如物料中氧不足，厌气性微生物将起作用，而厌气性微生物的分解产物多数有臭味，为此要安置通气的设备，经通气的腐熟堆肥比较稳定，没有怪味，不招苍蝇。除好气环境外，腐熟时的温度在 65~80℃，水分保持在 40%左右较适宜。

我国利用腐熟堆肥法处理家畜粪尿是非常普通的，并有很丰富的经验，所使用的通气方法比较简便易行。例如，将玉米秸捆或带小孔的竹竿在堆肥过程中插入粪堆，以保持好气发酵的环境。经 4~5 天即可使堆肥内温度升高至 60~70℃，2 周即可达到均匀分解、充分腐熟的目的。粪便经腐熟处理后，其无害化程度通常用两项指标来评定。

表 7-3　高温堆肥法后的指标要求

项目		指标
肥料质量	外观	呈暗褐色，松软无臭
	测定其中总氮、速效氮、磷、钾的含量	速效氮有所增加，总氮和磷、钾不应过多减少
卫生指标	堆肥温度	最高温度达 50~55℃，持续 5~7 天
	蛔虫卵死亡率	95%~100%
	大肠杆菌值	10^{-2}~10^{-1}
	苍蝇	有效地控制苍蝇滋生

（3）粪便工厂化好氧发酵干燥处理法。此项技术是随着养殖业大规模集约化生产的发展而产生的。通过创造适合发酵的环境条件，来促进粪便的好氧发酵，使粪便中易分解的有机物进行生物转化，性质趋于稳定。利用好氧发酵产生的高温（一般可达50~70℃）杀灭有害的病原微生物、虫卵、害虫，降低粪的含水率，从而将粪便转化为性质稳定、能储存、无害化、商品化的有机肥料，或制造其他商品肥的原料。此方法具有投资省、耗能低、没有二次污染等优点，是目前发达国家普遍采用的粪便处理方法，也将成为我国今后处理粪便的主要形式。

（4）氧发酵制有机-无机型复合肥的开发利用。有机-无机型复合肥，既继承了有机肥养分全面、有机质含量高的优点，又克服了有机肥养分释放慢、数量不足、性质不稳定、养分比例不平衡的缺点，同时也弥补了无机化肥养分含量单一、释放速度过快易导致地力退化和农产品质量下降的不足。工厂化高温好氧发酵处理畜禽粪便，可得到蛋白质稳定的有机肥，这种有机肥为生产有机-无机型复合肥提供了良好的有机原料。有机-无机型复合肥是一种适合现代农业，给土壤补充有机质，消除有害有机废弃物，发展有机农业、生态农业、自然农业的重要手段。实践经验表明，在蔬菜作物黄瓜、辣椒田上施用有机-无机型复合肥比施用常规肥明显增产。其中，黄瓜田施用有机-无机型复合肥比施常规肥增产13%；辣椒田增产6%。

2. 生产沼气　利用家畜粪便及其他有机废弃物与水混合，在一定条件下产生沼气，可代替柴、煤、油供照明或作燃料等用。沼气是一种无色、略带臭味的混合气体，可以与氧混合进行燃烧，并产生大量热能，每立方米沼气的发热量为20.9~27.2兆焦。

使粪便产生沼气的条件，第一是保持无氧环境，可以建造四壁不透气的沼气池，上面加盖密封；第二是需要充足的有机物，以保证沼气菌等各种微生物正常生长和大量繁殖；第三是有机物中碳氮比适中，在发酵原料中，碳氮比一般以

25∶1产气系数较高，这一点在进料时须注意，适当搭配、综合进料；第四是沼气菌的活动温度以35℃最活跃，因而此时产气快且多，发酵期约为1个月，如池温降至15℃时，则产生沼气少而慢，发酵期约为一年，沼气菌生存温度范围为8~70℃；第五是沼气池酸碱度保持在中性范围内较好，过酸、过碱都会影响产气，一般以pH 6.5~7.5时产气量最高，酸碱度可用pH试纸测试。一般情况下发酵液可能过酸，可用石灰水或草木灰中和。

在设计沼气池时须考虑粪便的每天产生量和沼气生成速度。沼气的生成速度与沼气池内的温度及酸碱度、密闭性等条件有关。一般将沼气池的容积定为储存10~30天的粪便产量为准。

（二）污水处理

随着畜牧业经营与管理方式的改变，其畜产废弃物的形式也有所变化。如羊的密集饲养，取消了垫料，或者采用漏缝地面，为保持羊舍的清洁，用水冲刷地面，使粪尿都流入下水道。因而，污水中含粪尿的比例更高，有的羊场每千克污水中含干物质达50~80克；有些污水中还含有病原微生物，直接排至场外或施肥，危害极大。如果将这些污水在场内经适当处理，并循环使用，则可减少对环境的污染，也可大大节约水费的开支。污水的处理主要包括分离、分解、过滤、沉淀等过程。

1. 将污水中固形物与液体分离　污水中的固形物一般只占1/6~1/5，将这些固形物分出后，一般能成堆，便于储存，可作堆肥处理。即使施于农田，也无难闻的气味，剩下的是稀薄的液体，水泵易于抽送，并可延长水泵的使用年限。液体中的有机物含量下降，从而减轻了生物降解的负担，也便于下一步处理。将污水中的固形物与液体分离，一般用分离机。

2. 通过生物滤塔使分离的稀液净化　生物滤塔是依靠滤过物质附着在滤料表面所建立的生物膜来分解污水中的有机物，以达到净化的目的。通过这一过程，污水中的有机物浓度大大降低，得到相当程度的净化。

用生物滤塔处理工业污水已较为普遍，处理畜牧场的生产污水，在国外也已从试验阶段进入实用阶段。

3. 沉淀　粪液或污水沉淀的主要目的是使一部分悬浮物质下沉。沉淀也是一种净化污水的有效手段。据报道，将羊粪按1∶10的比例用水稀释，在放置24小时后，其中80%~90%的固形物沉淀下来。在24小时沉淀下来的固形物中的90%是前10小时沉淀的。试验结果表明，沉淀可以在较短的时间去掉高比例的可沉淀固形物。

污水经过机械分离、生物过滤、氧化分解、沉淀等一系列处理后，可以去掉沉下的固形物，也可以去掉生化需氧量及总悬浮固形物的75%~90%。达到这一水平即可作为生产用水，但还不适宜作家畜的饮水。要想能为家畜饮用，必须进一步减少生化需氧量及总悬浮固形物，大大减少氮、磷的含量，使之符合饮用水的卫生标准。

在干燥缺水地区，将羊场污水经处理后再供给家畜饮用，有其更为现实的意义。国外已试行将经过一系列处理后的澄清液加压进行反向渗透，可以达到这一目的。渗透通过的管道为127毫米的管子，管子内壁是成束的环氧树脂，外覆以乙酸纤维素制成的薄膜，膜上的孔径仅为1~3米。澄清液在21~35千克/厘米^{3}的压力下经此管反向渗透，去掉了所有的悬浮固形物，颜色与浊度几乎全部去掉，通过薄膜的渗透液基本上无色、澄清，质量大体符合家畜饮用的要求。

（三）病死羊及其产品的无害化处理

羊患传染病、寄生虫病及中毒性疾病的肉尸、皮毛、内脏及其产品，如蹄、血液、骨、角，已被病原体污染，危害很大，极易造成传播，必须进行无害化处理。国家标准《病害动物和病害动物产品生物安全处理规程》（GB 16548—2006），规定了畜禽病害肉尸及其产品的销毁、化制、高温处理和化学处理的技术规范。

1. 病死羊的无害化处理方法

（1）销毁。经确认为炭疽、羊快疫、羊肠毒血症、肉毒梭菌中毒症、羊猝狙、蓝舌病、口蹄疫、钩端螺旋体病（黄染肉尸）、李氏杆菌病、布鲁氏菌病等传染病和恶性肿瘤或两个器官以上发现肿瘤的整个羊尸体，必须销毁。可采用湿法化制（熬制工业用油）、焚毁炭化的方法予以销毁。

（2）化制。上述传染病以外的其他传染病、中毒性疾病、囊虫病及自行死亡或不明原因死亡的山羊、绵羊尸体，化制的方法主要有干化制、分类化制或湿法化制。

（3）高温处理。经确认为羊痘、绵羊梅迪/维斯纳病、弓形虫病的羊尸体；属销毁处理的传染病羊的同群绵羊和怀疑受其污染的绵羊尸体和内脏，其处理方法是把肉尸切成2千克重、8厘米厚的肉块，放入高压锅内，在112千帕压力下蒸煮1.5~2小时；或把切成的肉块，放在普通锅内煮沸2~2.5小时。

2. 病死羊产品的无害化处理

（1）血液。属销毁传染病羊及血液寄生虫病病羊的血液，须进行无害化处理。其方法是：①漂白粉消毒法：将1份漂白粉加入到4份血液中充分搅拌，放置24小时后掩埋；②高温处理：将凝固血液切成方块，放入沸水中烧煮，烧至血块深部呈黑红色并成蜂窝状时为止。

（2）蹄、骨和角。把肉尸进行高温处理时剔出的羊骨、蹄、角，用高压锅蒸煮至骨脱或脱脂为止。

第二节　羊舍的环境管理

一、舍内温度的控制

羊的生产性能，只有在一定的外界温度条件下才能得到充分发挥。温度过高或过低，都会使生产水平下降，育肥成本提高，甚至使羊的健康和生命受到影响。例如，冬季温度太低，羊吃进去的饲料全被用于维持体温，没有生长发育的余力，有的反而掉膘，造成“一年养羊半年长”的现象，甚至发生严重冻伤；温度过高，超过一定界限时，绵羊、山羊的采食量随之下降，甚至停止采食，喘息。羊育肥的适宜温度，决定于品种、年龄、生理阶段及饲料条件等多种因素，很难划出统一的范围。根据有关研究资料，中国四种不同生产类型的绵羊育肥对气温适应的生态幅度如表 7-4 所示。舍内温度控制就是要做好夏季的防暑降温和冬季的防寒保暖工作，避免温度过高和过低对羊的不良影响。

表 7-4　不同类型的绵羊育肥对气温适应的生态幅度

类型	掉膘极端低温/℃	掉膘极端高温/℃	抓膘气温/℃	最适抓膘气温/℃
细毛羊	≤-5	≥25	8~22	14~22
半细毛羊	≤-5	≥25	8~22	14~22
中国卡拉库尔羊	≤-10	≥32	8~22	14~22
粗毛肉用羊	≤-15	≥30	8~24	14~22

（一）羊舍的防寒与保暖

通过隔热以达到防寒目的是最根本的措施，对多数羊舍只要合理设计施工，基本可以保证适宜的温度环境。只有羔羊，由于热调节功能尚不完善，对低温极其敏感，故在冬季比较寒冷的地区，需要在产羔舍、羔羊舍通过采暖以保证羔羊所要求的适宜温度。

在我国东北、西北、华北等寒冷地区，由于具有冬季气温低、持续期长（建筑设计的计算温度一般在-25~-15℃，黑龙江省甚至到-30℃左右）、四季及昼夜气温变化大、冬春风大且多为偏西、偏北风等特点，因此在这些地区发展养羊业必须有良好的羊舍越冬，必须重视羊舍的设计和建设。

1. 加强羊舍的保温隔热设计　加强羊舍的隔热设计与施工，提高羊舍的保温能力，比羊只消耗饲料能量以维持体温或通过采暖以维持舍温更加经济、更加有效。

(1) 屋顶、天棚的保温隔热。在羊舍外围护结构中，失热最多的是屋顶与天棚，其次是墙壁、地面。屋顶失热多，一方面因为它的面积一般均大于墙壁，另一方面因为热空气上升，故热能易通过屋顶散失。

在寒冷地区，天棚是一个重要的防寒保温结构。它的作用在于使屋顶与羊舍空间之间形成一个不流动的空气缓冲层，所以对保温极为重要。天棚铺足够的保温层（炉灰、锯末等），是加大屋顶热阻值的一项重要措施。

屋顶、天棚的结构必须严密、不透气。随着建材工业的发展，一些轻型的高效合成隔热材料已开始用于天棚隔热，这就为改进屋顶保温开辟了广阔的前景。用于天棚隔热的合成材料有玻璃棉、聚苯乙烯泡沫塑料、聚氨酯板等。在寒冷地区适当降低羊舍净高，有助于改善舍内温度状况。

(2) 墙壁的保温隔热。墙壁是羊舍的主要外围护结构，失热仅次于屋顶。故在寒冷地区为建立符合羊要求的适宜的羊舍环境，必须加强墙壁的保温设计。根据应有的热工指标，通过选择当地常用的导热系数最小的材料，确定最合理的隔热结构，提高羊舍墙壁的保温能力。如选用空心砖代替普通红砖，墙的热阻值可提高41%，而用加气混凝土块，则可提高6倍。采用空心墙体或在空心中填充隔热材料，也会大大提高墙的热阻值。

在外门加门斗、设双层窗或临时加塑料薄膜、窗帘等，在受冷风侵袭的北墙、西墙少设窗、门，对加强羊舍冬季保温均有重要意义。在寒冷地区，对任何羊舍，北侧门均不宜设。此外，对冬季受主风和冷风影响大的北墙和西墙加强保温，也是一项切实可行的措施。

(3) 地面的保温隔热。与屋顶、墙壁比较，地面失热在整个外围护结构中虽然位于最后，但由于羊只直接在地面上活动，因而具有特殊的意义。夯实土及三合土地面在干燥状况下，具有良好的温热特性，故在较干燥、很少产生水分又无重载物通过的羊舍里适用；水泥地面具有坚固、耐久和不透水等优良特点，但既硬又冷，在寒冷地区对羊只极为不利，直接用作羊床必须加铺木板、厩垫或垫草。

保持干燥状态的木板是理想的温暖地面——羊床。但实际上木板铺在地上往往由于吸水而变成良好的热导体，故很冷也不结实。此外，木板价格昂贵。

(4) 选择有利于保温的羊舍形式与朝向。羊舍形式和朝向与保温有密切关系。在热工学设计相同的情况下，大跨度羊舍的外围护结构的面积相对地比小型羊舍、小跨度羊舍的小，故通过外围结构的总失热值也小，所用建筑材料也节省。同时，羊舍的有效面积大、利用率高，便于实现生产过程机械化和采用新技术。

小跨度羊舍，外围护结构的面积相对较大，不利于冬季保温。如两端墙有门，极易形成穿堂风。但南向单列舍小跨度羊舍可充分利用阳光取暖。

羊舍朝向，不仅影响采光，而且与冷风侵袭有关。在寒冷的北方，由于冬、春季风多偏西、偏北，故在实践中，羊舍以南向为好，有利于保温。

2. 加强防寒管理

（1）提高饲养密度。在不影响饲养管理及舍内卫生状况的前提下，适当加大舍内羊的密度，等于增加热源，所以是一项行之有效的辅助性防寒保温措施。

（2）保持舍内干燥。采取一切措施保持舍内干燥是间接保温的有效办法。在寒冷地区设计、修建羊舍不仅要采取严格的防潮措施，而且要尽量避免羊舍内潮湿和水汽的产生。同时也要加强舍内的清扫与粪尿的及时清除，以防止空气污浊。

（3）利用垫草。利用垫草以改善羊只周围小气候，是在寒冷地区常用的一种简便易行的防寒措施。铺垫草不仅可改进冷硬地面的使用价值，而且可在畜体周围形成温暖的小气候。此外，铺垫草也是一项防潮措施。

（4）加强羊舍的维修保养。入冬前进行认真仔细的越冬御寒准备工作，包括封门、封窗、设置防风林、挡风障、粉刷、抹墙等，对改进羊舍防寒保温有不容低估的意义。

（5）合理的饲养管理。①加大饲养密度。在不影响饲养管理和卫生状况的前提下，适当加大羊的饲养密度，可降低羊的临界温度。②加铺垫草、木板等，特别是水泥地面加铺垫草、木板等，既能隔热又可防潮，从而减少羊体热量向地面的散失，降低羊的临界温度。③防止舍内潮湿。羊舍外围护结构受潮后，导热性增强，保温性能下降；潮湿的空气导热性增强，使羊感到冷；为了排除舍内潮湿的空气，又要加大换气量，增加羊舍失热，故在建造羊舍时，外围护结构的材料应保温性能好，吸湿性差，有利于防寒和防潮，保证外围护结构的保温能力，防止其内表面达到或低于露点而凝结水珠，甚至结成冰；合理安排给水与排水，及时清除舍内粪尿，减少水汽来源。④控制气流、防止贼风。气流经过羊体可加快热量的散失，降低羊的临界温度，贼风还会影响羊的健康。所以，冬季换气时应加以控制，防止气流过大，避免进气口的冷空气直接吹到羊身上。此外，入冬前应注意关闭门窗，堵塞漏洞，设置挡风障。⑤合理利用太阳辐射。太阳辐射可通过玻璃和透明塑料将热量传至舍内，提高舍温。羊舍阳面可增设塑料暖棚，尽可能利用太阳辐射热。故冬季应注意保持玻璃的清洁，增加辐射热量。

3. 羊舍的采暖　在生产中，只要能按舍温要求进行相应的热工学设计，并按设计施工，对于成年羊舍，基本上可以有效利用羊体自身产生的热能维持适当的舍温。对于羔羊由于其热调节功能发育不全，要求较高的舍温，故在寒冷地区，冬季须实行采暖。此外，当羊舍保温不好或舍内过于潮湿、空气污浊时，为保持比较高的温度和有效的换气，也必须采暖。一般情况下，采暖是极不经济的。羊舍的供暖包括集中供暖、局部供暖、太阳能供暖等。

（1）集中供暖。集中供暖是由一个集中供暖设备通过煤、油、煤气、电能等的燃烧产热来加热水或空气，再通过管道将热介质输送到舍内的散热器，放热加温羊舍的空气，保持舍内的适宜温度，一般要求分娩舍温度在15~22℃，最好在18~22℃，保育舍温度在20℃左右。集中供暖主要用于提高舍温，常用的设备有锅炉和热风炉。

（2）局部供暖。局部供暖有红外线灯、电热保温板等，主要用于哺乳羔羊的局部供暖，一般要求达到20~28℃。红外线灯，一般为250瓦，吊于羔羊躺卧区效果比较理想，缺点是红外线灯寿命较短，容易碰坏或溅上水滴击坏。电热保温板，由电热丝和工程塑料外壳等组成。使用时可放在羔羊躺卧区。电热保温板使用寿命较长，缺点是羔羊周围空气环境温度较低。

（3）太阳能供暖。我国北方有着漫长而寒冷的冬季，低温严重影响羊的正常生长和繁殖。为了节约能源，降低养羊成本，一些养羊专业户和部分规模羊场采用塑料暖棚养羊，利用太阳能供暖，取得了良好的效果，提高了养羊的经济效益。

另外，还有采用火墙、地龙、火炉等方式供暖，这些方式虽简便易行，但对热能的利用不甚合理，供暖效果不太理想。

（二）羊舍的防暑与降温

羊的生理特征是比较耐寒而怕热，因而在养羊生产中要采取措施消除或缓和高温对羊只健康和生产力的影响，以减少由此而造成的经济损失。与低温情况下防寒保温措施相比，在炎热季节防暑降温的任务更为艰巨和复杂。

1. 加强羊舍外围护结构的隔热设计 在炎热地区，造成舍内过热的原因有三个，即大气温度高、强烈的太阳辐射及羊在舍内产生的热。因此，加强羊舍外围护结构的隔热设计的出发点就在于防止或削弱高温与太阳辐射对舍内环境的影响。

（1）屋顶的隔热。在炎热地区，由于强烈的太阳辐射和气温高，屋顶温度可达到60~70℃，甚至更高。可见，屋顶不采取隔热措施，舍内温度必然升高而致过热。因此，应选用隔热材料和确定合理结构。尽量选用导热系数小的材料，以加强隔热。一般一种材料往往不可能保证最有效的隔热，所以从结构上综合几种材料的特点而形成较大的热阻来求得良好的隔热，是常用的、也是有效的办法。如在屋面的最下层铺设导热系数小的材料，其上为蓄热系数比较大的材料，再上为导热系数大的材料。采用这样的多层结构，当屋面受太阳照射变热后，热传到蓄热系数大的材料层而蓄积起来，而在上下传导时受到阻碍，从而缓和了热量向舍内传播。而当夜晚来临，被蓄积的热又通过其上导热系数大的材料层迅速散失。这样，白天可避免舍温升高而致过热（这种结构只适用于夏热冬暖地区，而在夏热冬冷地区，则应将上层导热系数大的材料换成导热系数小的材料）。

（2）充分利用空气的隔热特性。由于空气具有较小的导热系数，不仅用作保温材料，而且由于具有可吸收、容纳热量和受热后因密度发生变化而流动的特性，也常用作防热材料。

空气用于屋面隔热，通常采用空气间层屋顶来实现。为了保证通风间层隔热良好，应使间层内壁光滑，以利于通风和对流散热。进风口要对着夏季主风向，排风口应设在高处，以充分利用风压和热压。排风口面积应大于或等于进风口面积。间层通风路线应尽可能短，以克服气流阻力。间层应有适宜的高度：坡屋顶可取 120~200 毫米；平屋顶可取 200 毫米左右。但在夏热冬暖地区，如屋顶深度大或坡度较小时，为使通风顺畅，可适当提高间层高度；而在夏热冬冷地区，则间层高度宜在 100 毫米上下，并要求间层的基层能满足冬季热阻。

由此可见，在炎热地区，羊舍设置天棚对防热具有极其重要的意义。但设置天棚时，只有处理好顶楼的通风，才能起到隔热作用。

（3）增强围护结构的反射，以减少太阳辐射热。由于白色或其他浅色反射光的能力强，故墙面采用浅色以减少太阳辐射热，对缓和强烈阳光对舍内温度的影响有一定的意义。

（4）墙壁的隔热。在炎热地区多采用开放舍或半开放舍。在这种情况下，墙壁的隔热没有实际意义。但是在夏热冬冷地区，必须兼顾冬季保温，故墙壁必须具备适宜的隔热要求。既有利于冬季保温，又有利于夏季防热。

2. 组织好羊舍的通风　通风是羊舍防热措施的重要组成部分。目的在于驱散舍内产生的热能，不使其在舍内积累而致舍温升高。羊舍的通风分为自然通风和机械通风。自然通风主要是利用羊舍内外温差和自然风力进行羊舍内外空气交流。

（1）地形。地形与气流活动关系密切，与在寒冷地区相反，在炎热地区羊场场址一定要选在开阔、通风良好的地方；切忌选在背风、窝风的场所。

（2）羊舍朝向。羊舍朝向对羊舍通风、降温也有一定影响。为组织好羊舍通风、降温，在炎热地区羊舍朝向除考虑减少太阳辐射和防暴风雨外，必须同时考虑夏季主风向。

（3）羊场布局。羊舍布局和羊舍间距除与防疫、采光有关外，也可影响通风，故必须遵守总体布局原则与间距。牧场建筑以行列式布置有利于生产、采光。在这种情况下，当羊舍的朝向均朝夏季土导风向时，前后行应左右错开，即呈“品”字形排列，等于加大间距，有利于通风。

（4）合理布置通风口位置。为保证舍内有穿堂风，应使进气口位于正压区（迎风一面），排气口位于负压区，并且进气口要均匀布置，使进入舍内的气流方向不变。同时，进气口要远离尘土飞扬及污浊空气产生的地方。

一般说来，在炎热地区通风口面积越大，通风量越大，越有利于降温。但开口太大，又会引进大量辐射热，且使舍内光线过强，所以要在所要求的范围内综合考虑通风口面积。

3. 实行遮阳与绿化

遮阳是指阻挡阳光直接射进舍内的措施。绿化是指栽树、种植牧草和饲料作物，覆盖裸露地面以缓和太阳辐射。可以在羊舍和运动场南侧种植爬行植物，在屋顶和运动场上形成遮阳物。

4. 羊舍降温 通过隔热、通风与遮阳，只能削弱、防止太阳辐射与气温对舍内温度的影响及驱散舍内畜体放出的热能，并形成对羊体舒适的气流，而并不能降低大气温度，所以当气温接近羊体温度时，为缓和高温对羊只健康和生产力的影响，必须采取降温措施。

（1）喷雾冷却。在往羊舍内送风之前，用高压喷嘴将低温的水呈雾状喷出，以降低空气温度。

（2）蒸发冷却。在通风时，使进入舍内的空气经过一个盛优质垫料（如细木刨花）并不断向其上喷洒冷水的木槽，通过水分蒸发，从而降低温度。

（3）干式冷却。这种方式是使空气经过盛冷物质（水、冰、干冰等）的设备（如水管、金属箱等）而降低温度。这种方式有别于湿式冷却，空气和水不直接接触。

5. 防暑管理 保持饲料、饮水的清洁卫生和环境卫生，改善饲养管理制度，在一天中凉爽的时间饲喂，增加青绿多汁饲料的喂量等。

二、舍内湿度的控制

空气相对湿度的大小，直接影响着绵羊、山羊体热的散发。在一般温度条件下，空气湿度对绵羊、山羊体热的调节没有影响，但在高温、低湿时能加剧高、低温对羊体的危害。羊在高温、高湿的环境中，散热更困难，甚至受到抑制，往往引起体温升高，皮肤充血，呼吸困难，中枢神经因受体内高温的影响而功能失调，最后致死。在低温、高湿的条件下，绵羊、山羊易患感冒、神经痛、关节炎和肌肉炎等各种疾病。潮湿的环境还有利于微生物的发育和繁殖，使绵羊、山羊易患疥癣、湿疹及腐蹄病等。对羊来说，较干燥的空气环境对健康有利，应尽可能地避免出现高湿度环境。不同生产类型的绵羊对空气湿度的适应生态幅度如表7–5所示。生产中要注意舍内湿度的控制。建筑羊舍时基础要做防潮处理，舍内排水系统畅通，适当使用垫草和防潮剂等加强羊舍防潮。湿度低时，可在舍内地面洒水或用喷雾器在地面和墙壁上喷水；湿度高时，加大舍内换气量或提高舍内温度。

表 7-5 不同类型的绵羊育肥对湿度适应的生态幅度

绵羊类型	适宜的相对湿度/%	最适宜的相对湿度/%
细毛羊	50~75	60
茨盖型半细毛羊	50~75	60
肉毛兼用半细毛羊	50~80	60~70
卡拉库尔羊	40~60	45~50
粗毛肉用羊	55~80	60~70

三、舍内光照的控制

光照是影响羊舍环境的重要因素，对绵羊、山羊的生理机能具有重要调节作用，不仅影响羊的健康与生产力（如影响繁殖和肥育），也影响管理人员的工作条件。首先，光照的连续时间影响生长和肥育。据报道，对绒山羊分别给予 16 小时光照、8 小时黑暗（长光照制度）和 16 小时黑暗、8 小时光照（短光照制度），结果在采食相同日粮的情况下，短光照组山羊体重增长速度高于长光照组；公羊体重增长高于母羊，如表 7-6 所示。其次，光照的强度对育肥也有影响，如适当降低光照强度，可使增重提高 3%~5%，饲料转化率提高 4%。

表 7-6 不同光照周期对山羊体重影响

项目	光照周期		性别	
	短光照	长光照	公	母
始重/千克	31. 2	30. 6	35. 4	26. 3
结束体重/千克	39. 0	37. 3	45. 6	30. 6
平均日增重/克	130	112	170	72

为便于舍内得到适宜的光照，通常采用自然采光与人工照明相结合的方式来实现。

开放式或半开放式羊舍的墙壁有很大的开露部分，主要靠自然采光。封闭式有窗羊舍也主要靠自然采光。自然采光就是用太阳的直射光或散射光通过羊舍的开露部分或窗户进入舍内以达到照明的目的。自然采光的效果受羊舍方位、舍外情况、窗户大小、窗户上缘和下缘高度、玻璃清洁度、舍内墙面反光率等多种因素影响。

羊舍要获得较好的采光，最好坐北朝南，周围近距离没有高大建筑物，窗户面积大小适中（采光系数是指窗户的有效采光面积与羊舍地面面积之比。种羊舍一般为 1∶10~1∶12,肥羊舍为 1∶12~1∶15），窗户上下缘距离较大（透光角大），舍内墙面呈浅白色等。

人工照明仅应用于密闭式无窗羊舍。

四、舍内通风的控制

保证舍内适量通风，维持适宜的气流速度，便于羊舍排出污浊空气，进入新鲜空气；气温高时，加大气流，使羊体感到舒服，缓和高温的不良影响。在一般情况下，气流对绵羊、山羊的生长发育和繁殖没有直接影响，而是加速羊只体内水分的蒸发和热量的散失，间接影响绵羊、山羊的热能代谢和水分代谢。在炎热的夏季，气流有利于对流散热和蒸发散热，因而对绵羊、山羊育肥有良好作用。因此，在气候炎热时应适当提高舍内空气流动速度，加大通风量，必要时可辅以机械通风。冬季，气流会增强羊体的散热量，加剧寒冷的影响。在寒冷季节，舍内仍应保持适当的通风，这样可使舍内空气的温度、湿度、化学组成均匀一致，有利于将污浊气体排出舍外，气流速度以 0.1～0.2 米/秒为宜，最高不应超过 0.25 米/秒。

（一）通风方式

1. 自然通风 借助自然界的风压和热压通风，如依靠开启门窗达到通风换气。或安装通风管道装置，进气管通风用板木做成，断面呈正方形或矩形，断面面积 20 厘米×20 厘米或 25 厘米×25 厘米，均匀交错嵌于两面纵墙，距天棚40～50 厘米。墙外受气口向下，防止冷空气直接侵入。墙内受气口设调节板，把气流扬向上方，防止冷空气直吹羊体。炎热地区于墙下方设进气管，排气管断面面积为 50 厘米×50 厘米或 70 厘米×70 厘米。排气管设于屋脊两侧，下端伸向天棚处，上端高出屋脊 0.5～0.7 米。管顶设屋顶式或百叶窗式管帽，防降水落入。两管间距离为 8～12 米。

2. 机械通风 用机械驱动空气产生气流，一为负压通风，用风机把舍内污浊空气往外抽，舍内气压低于舍外，舍外空气由进气口入舍。风机安装于侧壁或屋顶。另外为正压通风，强制向舍内送风，使舍内气压稍高于舍外，污染空气被压出舍外。

（二）羊舍内通风换气量参数

每只绵羊冬季 0.6～0.7 $米^3$/秒，夏季 1.1～1.4 $米^3$/秒；每只肥育羔羊冬季为 0.3 $米^3$/秒，夏季 0.65 $米^3$/秒。

五、舍内有害气体、微粒和微生物的控制

由于羊的呼吸、排泄物和生产过程的有机物分解，使羊舍内有害气体含量较高；由于打扫地面、分发干草和粉干料，刷拭、翻动垫草等会产生大量的微粒；同时，微粒上会附着许多微生物。这些都可以直接或间接引起羊群发病或生产性

能下降，影响羊群安全和产品安全。

减少舍内有害气体、微粒和微生物，可采取以下措施：一是加强绿化。绿化可以净化环境。绿色植物进行光合作用可以吸收二氧化碳，生产出氧气。如每公顷阔叶林在生长季节每天可吸收 1 000 千克二氧化碳，产出 730 千克氧气。绿色植物可大量地吸附氨而生长。植物表面粗糙不平，多绒毛，有些植物还能分泌油脂或黏液，能阻留和吸附空气中的大量微粒。含微粒的大气流通过林带，风速降低、大径微粒下沉，小的被吸附。夏季可吸附 35.2%～66.5%的微粒。二是注意隔离。羊场远离工矿企业、其他养殖场、屠宰场等污染源。三是加强舍内管理，保持舍内排水系统畅通，维持适宜湿度。舍内要卫生，在进气口安装过滤器，对羊舍和环境定期消毒。四是使用饲料添加剂，提高消化吸收率等。

六、舍内的垫料管理

使用垫料改善羊舍环境条件，是舍内空气环境控制的一项重要辅助性措施。垫料（垫草或褥草）指的是在日常管理中给地面铺垫上的材料。垫料有保暖、吸潮、吸收有害气体、避免碰伤和褥疮、保持羊体清洁等作用。由于以上原因，铺垫料可收到良好的效果。凡是较冷的地区，冬季皆应尽量采用。

垫料应具备导热性低、吸水力强、柔软、无毒、对皮肤无刺激性等特性，同时还要考虑它本身有无肥料价值，来源是否充足，成本高低等。常用的垫料有秸秆类（稻草、麦秸等，价廉易得，铡短后再用）、树叶（柔软适用）、野草（往往夹杂有较硬的枝条，易刺伤皮肤和乳房，有时还可能夹杂有毒植物）、锯末（易引起蹄病）及干土等。垫料要进行熏蒸或在阳光下暴晒消毒，保持垫料相对干燥，及时更换污浊的垫料。无疫病时更换的垫料在阳光下暴晒后可以再利用；有疫病时垫料要焚烧或深埋，不能再使用。

第八章　羊的饲料营养

第一节　羊的饲料

一、饲料的概念及分类

一切能被动物采食、消化、利用，并对动物无毒、无害的物质，都可以用作动物的饲料。饲料是指在合理饲喂条件下能为动物提供营养物质、调控生理机能、改善动物产品品质，且不产生有毒、有害作用的物质。广义上讲，能强化饲养效果的某些非营养物质如添加剂，也应属于饲料。

按中国饲料分类法，羊的饲料主要包括青绿多汁饲料、树叶类饲料、青贮饲料、块根块茎类和瓜果类饲料、干菜类饲料、蒿秕类饲料、谷实类饲料、糖麸类饲料、豆类饲料、饼粕类饲料、糟渣类饲料、草籽、动物性饲料、维生素饲料、油脂类饲料、添加剂饲料。

二、羊的常用饲料原料

饲料原料又称单一饲料，是指以一种动物、植物、微生物或矿物质为来源的饲料。按饲料原料中营养物质的含量可把饲料原料分为能量饲料、蛋白质饲料、粗饲料、青绿饲料、青贮饲料、矿物质饲料、维生素饲料和饲料添加剂等八大类。

（一）能量饲料

能量饲料是指干物质中粗纤维含量在18%以下，粗蛋白质含量在20%以下的饲料原料。这类饲料主要包括禾本科的谷实饲料和它们加工后的副产品，动植物油脂和糖蜜等，是羊饲料的主要成分，占日粮的50%~80%，其功能主要是供给羊所需要的能量。

1. 谷实类　谷实类指禾本科籽实，如玉米、高粱、大麦等。谷类籽实中含有丰富的无氮浸出物，占干物质的70%~80%，其中主要为淀粉，故消化率很高，是羊补充热能的主要来源。但谷类籽实中的蛋白质含量一般较低，在干物质中占8%~13%。矿物质含量较低，特别是钙的含量很低，一般低于0.1%，磷的含量较高，一般可达0.3%~0.45%。该类饲料通常含B族维生素和维生素E较多，而维生素 A 和维生素 D 缺乏，除黄玉米外都缺胡萝卜素。对羔羊和快速育肥肉羊需要喂一部分谷实类饲料，并注意搭配蛋白质饲料，补充钙和维生素 A。

（1）玉米。

1）营养特性。玉米中所含的可利用能值均大于谷实类中任何一种饲料，被称为“饲料大王”，而且适口性好，易于消化。玉米含可溶性糖类高（达 72%），其中主要是淀粉，粗纤维含量低（仅 2%），所以玉米的消化率可达 90%。玉米脂肪含量高，为 3.5%~4.5%；粗蛋白质含量偏低，为 8.0%~9.0%，并且氨基酸组成欠佳，缺乏赖氨酸、蛋氨酸和色氨酸。近些年来，在玉米育种工作中，已培育出含有高赖氨酸玉米，并在生产中开始应用，但是由于高赖氨酸玉米产量较低，故未能大量推广应用。

2）质量要求及分级。如表 8-1 所示。无霉变、异味、发芽、虫蛀。霉菌毒素 $AFB_1<50\times10^{-9}$；异物<3%；破碎粒<7%。

表 8-1　饲料用玉米质量指标及分级标准

质量指标	一级（优等）	二级（中等）	三级
粗蛋白质/%	≥9.0	≥8.0	≥7.0
粗纤维/%	<1.5	<2.0	<2.5
粗灰分/%	<2.3	<2.6	<3.0
水分/%	<14	<14	<14
脂肪/%	>3.5	>3.5	>3.5

注：玉米各项质量指标含量均以 86%干物质为基础。低于三级者为等外品。

3）使用说明。玉米因适口性好、能量含量高，在瘤胃中的降解率低于其他谷类，可以通过瘤胃达到小肠的营养物质比较高，因此可大量用于羊只日粮中，如用于羔羊肥育及山羊、绵羊补饲等。绵羊羔羊新法育肥中，用整粒玉米加上大豆粕（饼），可取得很好的育肥效果，并且肉质细嫩、口味好。整粒玉米喂羊，消化不全，宜稍加粉碎。

（2）高粱。

1）营养特性。高粱为世界上主要粮食作物之一，其总产量仅次于小麦、水稻和玉米。高粱籽实含能量水平因品种不同而不同，带壳少的高粱籽实，能量水平并不比玉米低多少，也是较好的能量饲料。高粱蛋白质含量略高于玉米，氨基酸组成的特点和玉米相似，缺乏赖氨酸、蛋氨酸、色氨酸和异亮氨酸。高粱的脂肪含量不高，一般为 2.8%~3.3%，含亚油酸也低，约为 1.1%。高粱含有单宁。单宁是影响高粱利用的主要因素之一。单宁含量高的高粱有涩味、适口性差。单宁可以在体内和体外与蛋白质结合，从而降低蛋白质及氨基酸的利用率。根据整粒高粱的颜色可以判断其单宁含量，褐色品种的高粱籽实含单宁高，白色品种高粱籽实单宁含量低，黄色品种高粱籽实单宁含量居中。现已培育出高赖氨酸高粱，但在实际使用中，采用不多。

2）质量要求及分级。如表 8-2 所示。无霉变、酸味、结块；破碎粒<3%；异物<4%。

表 8-2　饲料用高粱质量指标及分级标准

质量指标	一级	二级	三级
粗蛋白质/%	≥9.0	≥7.0	≥6.0
粗纤维/%	<2.0	<2.0	<3.0
粗灰分/%	<2.0	<2.0	<3.0
水分/%	<13.5	<13.5	<13.5
脂肪/%	>2.5	>2.5	>2.5

注：高粱各项质量指标含量均以 86%干物质为基础，低于三级者为等外品。

3）使用说明。高粱与玉米配合使用可提高饲料效率，因为两者饲喂可使它们在瘤胃消化和过瘤胃到小肠的营养物质有一个较好的分配。高粱和玉米的饲养价值相似，含能量略低于玉米，粗灰分略高，喂羊效果相当于玉米的 90%左右，不宜用整粒高粱喂肉羊。饲喂量不宜过大，饲喂过多可以引起羔羊便秘。日粮中不宜超过 25%。

（3）小麦。

1）营养特性。小麦具有谷类饲料的通性，营养物质易于消化，适口性好。小麦的粗蛋白质含量在谷类籽实中也是比较高的，一般在 12%左右，高者可达 14%~16%。由于传统观念的影响，以前小麦很少作为饲料使用。小麦是否用于饲料取决于玉米和小麦本身的价格。

2）质量要求及分级。质量要求水分<14%；异物<2%；热损粒<1%；相对密度 0.72~0.83；无霉变、异味、发芽、虫蛀。饲料用小麦质量指标及分级标准见表 8-3。

表 8-3　饲料用小麦质量指标及分级标准

质量指标	一级	二级	三级
粗蛋白质/%	≥14	≥12	≥10
粗纤维/%	<2	<3	<3.5
粗灰分/%	<2	<2	<3

注：小麦各项质量指标含量均以 86%干物质为基础。低于三级者为等外品。

3）使用说明。小麦喂羊以粗粉碎或蒸汽高压压片效果较好，整粒喂羊易引起消化不良，如果粉碎过细，使麦粉在羊口腔中呈糊状而饲喂效果降低。小麦在羊瘤胃中消化得很快，它的营养成分很难直接达到小肠，所以不宜大量使用。细磨的小麦经炒熟后可作为羔羊代乳料的成分，因其适口性好，饲喂效果也很好。麦麸可广泛地用于肉羊，麦麸中含有的植酸磷经瘤胃微生物的作用，可很好地被吸收利用。小麦在饲料中用量以不超过40%为宜。

（4）大麦。

1）营养特性。大麦属一年生禾本科草本植物，按播种季节可分为冬大麦和春大麦。大麦籽实有两种，带壳者叫“草大麦”，不带壳者叫“裸大麦”，带壳的大麦，即通常所说的大麦，它的能量含量较低。大麦是一种坚硬的谷粒，在饲喂给羊只前必须将其压碎或碾碎，否则它将不经消化就排出体外。大麦所含的无氮浸出物与粗脂肪均低于玉米，因外面有一层种子外壳，粗纤维含量在谷实类饲料中是较高的，约5%。其粗蛋白质含量为11%~14%，且品质较好。赖氨酸含量比玉米、高粱中的含量约高1倍。大麦粗脂肪中的亚油酸含量很少，仅0.78%左右。大麦的脂溶性维生素含量偏低，不含胡萝卜素，而含有丰富的B族维生素，钙、磷含量也较高。

2）质量要求及分级。质量要求水分<12.5%；异物<2%；相对密度0.64~0.72；无霉变、异味、发芽、虫蛀。饲料用大麦质量指标及分级标准见表8-4。

表8-4　饲料用大麦质量指标及分级标准

质量指标	一级	二级	三级
粗蛋白质/%	≥11.0	≥10.0	≥9.0
粗纤维/%	<5.0	<5.5	<6.0
粗灰分/%	<3.0	<3.0	<3.0

注：大麦各项质量指标含量均以87%干物质为基础计算。低于三级者为等外品。

3）使用说明。羊因其瘤胃微生物的作用，可以很好地利用大麦。因此，大麦可大量用来喂肉羊。细粉碎的大麦易引起羊发生膨胀病，可先将大麦浸泡或压扁后饲喂，预防此症。大麦经过蒸汽或高压压扁可提高羊的育肥效果。

（5）燕麦。燕麦的品种相当复杂，一般常见的是普通燕麦，其他还有普通野生燕麦、红色栽培燕麦、大粒裸燕麦及红色野生燕麦。按颜色分有白色、红色、灰黄色、黑色及混合色数种。按栽培季节也分冬燕麦和春燕麦。

燕麦的麦壳占的比例较大，一般占到28%，整粒燕麦籽实的粗纤维含量较高（达8%左右）。主要成分为淀粉，含量为33%~43%，较其他谷实类少。含油脂较其他谷类高，约5.2%，脂肪主要分布于胚部，脂肪中40%~47%为亚麻油酸。

燕麦籽实的蛋白质含量高达11.5%以上，与大麦含量相似，但赖氨酸含量低，富含B族维生素，但烟酸含量较低，脂溶性维生素及矿物质含量均低。含粗蛋白质高于玉米和大麦，但因麸皮（壳）多，粗纤维超过11%，适当粉碎后是羊的好饲料。燕麦有很好的适口性，但必须粉碎后饲喂，肉羊饲喂后有良好的生长效果。

（6）裸麦。裸麦也叫黑麦，是一种耐寒性很强的作物，外观类似于小麦，但适口性与饲养价值比不上小麦，依据栽培季节可分为春裸麦与冬裸麦，常见的均为冬裸麦。裸麦成分与小麦相似，粗蛋白质含量约11.6%，粗脂肪为1.7%，粗纤维为1.9%，粗灰分约1.8%，钙为0.08%，磷为0.33%。裸麦是最易感染麦角霉菌的作物，感染此症后不仅产量减少、适口性下降，严重时还会引起羊中毒。肉羊对裸麦的适应能力较强，有较好的适口性，整粒或粉碎饲喂都可以。

（7）稻谷与糙米。稻谷即带外壳的水稻及旱稻的籽实，其中外壳占20%~25%，糙米占70%~80%，颜色为白色到淡灰黄色，有新鲜米味，不应有酸败或发霉味道。大米一般多用于人的主食，用于饲料的多属于久存的陈米。大米的粗蛋白质含量为7%~11%，蛋白质中赖氨酸含量为0.2%~0.5%。糙米、碎米及陈米可以广泛用于肉羊饲料中，其饲用价值和玉米相似，但应粉碎使用。此外，稻谷和糙米均可作为精饲料用于肉羊日粮中，对于羔羊有很好的饲养价值。

2. 糠麸类 糠麸类是谷物加工后的副产品，除无氮浸出物外，其他成分都比原粮多，含能量是原粮的60%左右。蛋白质含量为15%左右，比谷实类饲料（平均蛋白质含量10%）高3%~5%；B族维生素含量丰富，尤其含硫胺素、烟酸、胆碱和吡哆醇较多，维生素E含量也较多；物理结构疏松、体积大、重量轻，属于蓬松饲料，含有适量的粗纤维和硫酸盐类，有利于胃肠蠕动，易消化，有轻泻作用；可作为载体、稀释剂和吸附剂。但消化能或代谢能水平比较低，仅为谷实类饲料的一半，但价格却比谷实类饲料的一半还高很多；含钙量低；含磷量很高，磷多以植酸磷形式存在，肉羊因瘤胃微生物作用可以利用植酸磷。

（1）小麦麸。

1）营养特性。小麦麸俗称麸皮，是以小麦为原料加工面粉时的副产品之一。小麦籽实由种皮、胚乳和胚芽三部分组成，其中种皮占14.5%，胚乳占83%，胚芽占2.5%。小麦麸主要由籽实的种皮、胚芽部分组成，并混有不同比例的胚乳、糊粉层成分。加工面粉的质量要求不同，出粉率也不一样，麸皮的质量相差也很大。如生产的面粉质量要求高，麸皮中来自胚乳糊粉层成分的比例就高，麸皮的质量也相应较高，反之则麸皮的质量较低。一般来讲，优质麸皮的代谢能可达7.9兆焦/千克以上，而质量差的麸皮代谢能仅为6.27~7.9兆焦/千克。

麸皮适口性好，但能量价值较低，消化能、代谢能均较低。粗蛋白含量较高，一般为11%~15%，蛋白质的质量较好，赖氨酸含量为0.5%~0.7%，但是麸皮中蛋氨酸含量较低，只有0.11%左右。麸皮中B族维生素及维生素E的含量高，可以作为肉羊配合饲料中维生素的重要来源。因此，在配制饲料时，麸皮通常都作为一种重要原料。麸皮的最大缺点是钙、磷含量极不平衡。

2）质量要求及分级。质量要求水分<13.5%；脂肪>3.0%；无霉变、异味、虫蛀及外来异物。小麦麸的质量指标及分级标准见表8-5。

表8-5　小麦麸的质量指标及分级标准

质量指标	一级（优等）	二级（中等）	三级
粗蛋白质/%	≥15.0	≥13.0	≥11.0
粗纤维/%	<9.0	<10.0	<11.0
粗灰分/%	<6.0	<6.0	<6.0

注：小麦麸各项质量指标含量均以86%干物质为基础。低于三级者为等外品。

3）使用说明。在干物质中，钙的含量只有0.16%，而磷的含量可达1.31%，钙和磷的比例几乎是1∶8，不适合单独作为肉羊的饲料，实际中需要通过其他饲料或矿物饲料配合使用。麸皮具轻泻作用，喂量不宜过大。

（2）米糠。

1）营养特性。米糠也称为米皮糠、细米糠，它是精制糙米时由稻谷的皮糠层及部分胚芽构成的副产品。糠是由果皮、种皮、外胚乳和糊粉层等部分组成的。这四部分也是糙米的糠层，其中果皮和种皮称为外糠层；外胚乳和糊粉层称为内糠层。在碾米时，大多数情况下，糙米皮层及胚的部分被分离成为米糠。在初加工糙米时的副产品稻壳常称为砻糠，其产品主要成分为粗纤维，饲用价值不高，常作为动物养殖过程中的垫料。在实际生产中，常将稻壳与米糠混合，其混合物即大家常说的统糠，其营养价值随米糠的含量不同，其变异较大。

米糠经过脱脂后成为脱脂米糠，其中经压榨法脱脂产物称为米糠饼，而经有机溶剂脱脂产物称为米糠粕。

米糠含有较高的蛋白质、赖氨酸、粗纤维和脂肪等。特别是脂肪的含量较高，以含有不饱和脂肪酸为主，其中的亚油酸和油酸含量为79.2%左右。米糠的有效能值较高，与玉米相当。含钙量低，含磷量以有机磷为主，利用率低，钙磷不平衡。微量元素以铁、锰含量较为丰富，而铜含量较低。米糠中富含B族维生素和维生素E，但是缺少维生素B、维生素C和维生素D。在米糠中含有胰蛋白酶抑制剂、植酸、稻壳、非淀粉多糖等抗营养因子，可引起蛋白质消化障碍，影响矿物质和其他养分的利用。

2）质量要求及分级。根据中华人民共和国农业行业标准《饲料用米糠》（NY/T 122—1989）、《饲料用米糠饼》（NY/T 123—1989）及《饲料用米糠粕》（NY/T 124—1989）的规定，把常用米糠、米糠饼及米糠粕按其所含有的粗蛋白质、粗纤维、粗灰分分为三级，并分别规定了相对应的水分允许量作为计算的标准，而低于三级的为等外品，如表 8-6 所示。要求米糠呈淡黄色，无霉变、结块、异味、生虫及酸败味；水分<10.5%；脂肪>14.0%。饲料用米糠、米糖饼和米糠粕的质量指标及分级标准见表 8-6。

表 8-6　饲料用米糠、米糠饼和米糠粕的质量指标及分级标准

质量指标		一级	二级	三级
米糠	粗蛋白质/%	≥13.0	≥12.0	≥11.0
	粗纤维/%	<6.0	<7.0	<8.0
	粗灰分/%	<8.0	<9.0	<10.0
米糠饼	粗蛋白质/%	≥14.0	≥13.0	≥12.0
	粗纤维/%	<8.0	<10.0	<12.0
	粗灰分/%	<9.0	<10.0	<12.0
米糠粕	粗蛋白质/%	≥15.0	≥14.0	≥13.0
	粗纤维/%	<8.0	<10.0	<12.0
	粗灰分/%	<9.0	<10.0	<12.0

注：以 86%干物质为基础计算。

3）使用说明。米糠不但是一种含有效能值较高的饲料，而且其适口性也较好，大多数动物都比较喜欢采食。但是米糠脂肪含量较高，并且脂肪中不饱和脂肪比例高，易酸败变质，不宜久存。同时，喂量过多容易引起腹泻，还会引起脂肪变黄、变软，影响肉的品质，切勿过量饲喂。米糠钙、磷比例严重失衡，在大量使用细米糠时，应注意补充含钙饲料。

（3）玉米皮。玉米皮是玉米加工淀粉后的副产品，由玉米皮、胚芽和胚乳组成。玉米皮含粗蛋白质 10.1%，粗纤维较高（9.1%~13.8%），可消化性比玉米差，适口性比麸皮好，在肉羊日粮中可以替代麸皮使用。

（4）大豆皮。大豆皮是大豆加工过程中分离出的种皮，含粗蛋白质 18.8%，粗纤维含量高，但其中木质素少，所以消化率高，适口性也好。粗饲料中加入大豆皮能提高羊的采食量，饲喂效果与玉米相同。

3. 薯类饲料　薯类饲料在其脱去水分之前，被称为块根、块茎类饲料及瓜果类饲料，它们的特点是水分含量高，相对干物质较少。就干物质的营养价值来考虑，它们归属能量饲料的范畴，折合能量相当于玉米、高粱等。在干物质中，它们的粗纤维含量低，一般为 2.5%~3.5%，无氮浸出物很高，占干物质的 65%~85%，而且多是易消化的糖类、淀粉等。它们具有能量饲料的一般缺点，即蛋白质含量低（但生物学价值很高），而且蛋白质中的非蛋白质含氮物质占的比例较高，矿物质和B族维生素的含量也不足。各种矿物质和维生素含量差别很大，一般缺钙、磷，富含钾。胡萝卜含有丰富的胡萝卜素，甘薯和马铃薯却缺乏各种维生素。鲜样含能量低，含水分高达70%~95%，松脆可口，容易消化，有机物消化率为85%~90%。冬季在以秸秆、干草为主的肉羊日粮中配合部分多汁饲料，能改善日粮适口性，提高饲料利用率。

（1）甘薯。甘薯也叫红薯、白薯、红苕、地瓜等。甘薯是高产作物，一般每亩（1亩=667平方米）可产1 000~1 500千克，如以块根中干物质计算，甘薯比水稻、玉米产量都高，其有效能值与稻谷近似，适合作为能量饲料。甘薯中粗蛋白质含量较低，在干物质中也只有3.3%，粗纤维少，富含淀粉，钙的含量特别低。甘薯易受冻害，宜在13℃左右储存。甘薯粉渣是在甘薯制粉后留下的残渣，鲜粉渣含水分80%~85%，干燥粉渣含水分10%~15%。粉渣中的主要营养成分为可溶性无氮浸出物，容易被肉羊消化、吸收。由于甘薯中含有很少的蛋白质和矿物质，故其粉渣中也缺少蛋白质、钙、磷和其他无机盐类。甘薯易患黑斑病，患有黑斑病的甘薯及其制粉和酿酒的糟渣，不宜作为肉羊饲料，因为这种霉菌产生一种苦味，不但适口性差，还可导致羊发病。有黑斑病的甘薯有异味且含毒性酮，喂羊易导致喘气病，严重的会引起死亡。甘薯是肉羊的良好能量饲料。甘薯粉和其他蛋白质饲料结合，制成颗粒喂肉羊可取得良好的饲喂效果，但应在饲料中添加足够的矿物质饲料。

（2）木薯。木薯主要产于我国南方。它与甘薯一样都是高产作物，木薯比甘薯产量更高，一般每亩产量在2 000~5 000千克。以块根中干物质计算，木薯比玉米、水稻的产量都高。木薯属于多汁饲料，含水量70%~75%，粗纤维含量比较低，能量营养价值比较高。粗蛋白质的含量低，在干物质中也只有2%~3%，矿物质含量也很低，特别是钙的含量更低。木薯可切成片晒干，木薯干中含有丰富的糖类，其有效能值与糙米、大麦相近，但蛋白质的含量低且质量差，无机盐、微量元素等矿物质含量均低。木薯分为甜木薯和苦木薯两种，但均含有里那苦苷，易溶于水，经酶的作用或遇稀酸游离出氢氰酸，氢氰酸对羊是一种有毒物质。苦木薯里那苦苷含量大，为0.02%~0.03%，需要脱毒后方可喂肉羊。甜木薯中含量低，约0.01%，可以直接用于饲料中。木薯经过水浸可溶去里那苦苷，另经过蒸煮也可使氢氰酸消除。有人报道，每千克木薯中含氢氰酸60毫克时，经过煮沸30分钟以上，氢氰酸可全部消除。木薯可在肉羊饲料中限量使用，以不超过20%为好。

（3）糖蜜。糖蜜是制糖工业的副产品，按制糖原料不同，分为甘蔗糖蜜、甜菜糖蜜、柑橘糖蜜及淀粉糖蜜。糖蜜为黄色或褐色液体，其中柑橘糖蜜略苦，其余三种均具有甜味。糖蜜的主要成分为糖类。甘蔗糖蜜含蔗糖24%~36%，还原糖12%~24%。甜菜糖蜜所含糖类几乎都是蔗糖，达47%。糖蜜矿物质含量较高，主要为钠、钾、镁、氯等，特别是钾含量最高，甘蔗糖蜜含钾约3.6%，甜菜糖蜜钾含量为4.8%，还含少量钙、磷，但维生素的含量非常低。淀粉糖蜜除外，其他糖蜜含有3%~4%的可溶性胶体，主要成分为木糖、阿拉伯糖胶及果胶等。各种糖蜜均含有少量粗蛋白质，其中多属非蛋白氮。糖蜜具有黏性，这有助于制粒，可以作为黏结剂使用，1%~3%即具有改善颗粒饲料硬度的效果。糖蜜对粉状饲料尚有降低粉尘的作用。糖蜜由于含有盐水等原因，故有轻泻作用。糖蜜多为液态，含水虽高，但很难在配合饲料中大量使用。肉羊瘤胃微生物可很好地利用糖蜜中的非蛋白氮，从而提高其蛋白质价值。糖蜜中的糖类有利于瘤胃微生物的生长和繁殖，因此，可以改善瘤胃环境。糖蜜可作为肉羊育肥的饲料，和干草、秸秆等粗饲料搭配使用，改善它们的适口性，提高采食量。

（4）甜菜与甜菜渣。甜菜类作物有许多种类，一般视其块根中干物质含量和糖分含量的多少，可分为饲用甜菜、半糖用甜菜和糖用甜菜。饲用甜菜的鲜样中含干物质9%~14%，干物质中含粗蛋白质8%~10%，粗纤维4%~6%，糖类50%~60%；半糖用甜菜鲜样中含干物质14%~20%，干物质中含粗蛋白质6%~8%，粗纤维4%~6%，糖类60%~70%；糖用甜菜鲜样中含干物质20%~25%，干物质中含粗蛋白质4%~6%，粗纤维4%~6%，糖类65%~75%。由于糖用和半糖用甜菜中含有大量蔗糖，故一般不作饲料使用，而是用它制糖，再用其副产品——甜菜渣做饲料。甜菜渣是甜菜块根经过浸泡、压榨提取糖液后的残渣，呈粒或丝状，为淡灰色或灰色，略具甜味。甜菜渣鲜样中水分含量为88%左右。湿甜菜渣经烘干后制成干粉料，干粉料中粗蛋白质含量9%左右，粗纤维含量高，可达20%以上，无氮浸出物为50%左右，维生素和矿物质含量均低。注意干甜菜渣喂前应先用2~3倍重量的水浸泡，避免干饲后在消化道内大量吸水引起膨胀致病。甜菜渣加糖蜜和7.8%尿素可以制成甜菜渣块制品，它质硬、消化慢、尿素利用率高、安全性好，采食量可提高20%。

甜菜和甜菜渣也都是肉羊育肥的好饲料，干鲜皆宜。干甜菜渣可以取代日粮中的部分谷类饲料，但不可作为唯一的精饲料来源。干甜菜渣在羊育肥料中可取代50%左右的谷物饲料，并且用它可以预防膨胀症。在羔羊代乳料中，应尽量少用，在成年羊饲料中可以增加用量。

（5）果渣。我国有大量的果蔬产品的副产品，如苹果渣、葡萄渣、柑橘渣、番茄渣等，这些副产品富含肉羊可以消化的营养物质，然而由于水分含量高，难以保存。近年来通过微生物发酵技术，向这些高水分含量的新鲜果渣中添加益生菌，在有氧和无氧条件下进行发酵，其产品可以很好地用于羊饲料中，用量以20%以下为宜。

（二）蛋白质饲料

蛋白质饲料可用来补充其他蛋白质含量低的能量饲料以组成平衡日粮。这类饲料具有能量饲料的某些特点，即饲料干物质中粗纤维含量较少，而且易消化的有机物质较多，每单位重量所含的消化能较高，同时含有较高的蛋白质。蛋白质饲料包括植物性蛋白质饲料、动物性蛋白质饲料、非蛋白氮饲料和单细胞蛋白饲料。

1. 植物性蛋白质饲料　植物性蛋白质饲料蛋白质含量较高，赖氨酸和色氨酸的含量较低，其营养价值随原料的种类、加工工艺和副产品有很大差异。一些豆科籽实、饼粕类饲料中还含有抗营养因子。

（1）大豆粕（饼）。

1）营养特性。大豆粕（饼）是指以黄豆制成的油饼、油粕，与黑豆制成不同，是所有粕（饼）中最好的。一般大豆不直接用作饲料，豆类饲料中含有一种不良的物质，生喂时影响动物的适口性和饲料的消化率，这种不良物质需要通过110℃加热3分钟才能消除。生豆粕是指大豆在榨油时未加热或加热不足的豆粕，其在使用前也需经过上述同样的加热处理。

大豆粕（饼）的蛋白质含量较高，为40%~44%，可利用性好，必需氨基酸的组成比例相当好，尤其是赖氨酸含量，是饼、粕类饲料中含量最高者，可高达2.5%~2.8%，是棉仁饼、菜籽饼及花生饼的1倍。

2）质量要求和分级。大豆粕（饼）呈黄褐色或淡黄色不规则的碎片状（饼呈黄褐色饼状或小片状），色泽一致，无发酵、霉变、结块及异味异臭。水分含量不得超过13.0%。不得掺入大豆粕（饼）以外的物质，若加入抗氧化剂、防霉剂等添加剂时，应作相应的说明。大豆粕（饼）质量指标及分级标准见表8-7。

表8-7　大豆粕（饼）质量指标及分级标准

质量指标	一级（优等）	二级（中等）	三级
粗蛋白质/%	≥44.0（41.0）	≥42.0（39.0）	≥40.0（37.0）
粗纤维/%	<5.0（5.0）	<6.0（6.0）	<7.0（7.0）
粗灰分/%	<6.0（6.0）	<7.0（7.0）	<8.0（8.0）
粗脂肪/%	<（8.0）	<（8.0）	<（8.0）

注：大豆粕（饼）各项质量指标含量均以87%干物质为基础。低于三级者为等外品。表中括号内的数据为大豆饼的指标。

3）使用说明。大豆粕（饼）是羊的优质蛋白质饲料，绵羊能量单位0.9左右，可用于配制代乳饲料和羔羊的开口食料。大豆粕（饼）在氨基酸含量上的缺点是蛋氨酸不足，因而，在主要使用大豆粕（饼）的日粮中一般要另外添加蛋氨酸，才能满足动物的营养需要。质量好的大豆粕（饼）色黄味香，适口性好，但不要在日粮中超过20%。

（2）菜籽粕（饼）。

1）营养特性。菜籽粕（饼）的原料是油菜籽。菜籽粕（饼）的蛋白质含量中等，为36%左右，代谢能较低，约8.4兆焦/千克，矿物质和维生素比豆饼丰富，含磷较高，含硒比大豆粕（饼）高6倍，居各种粕（饼）之首。菜籽粕（饼）中的有毒、有害物质主要是从油菜籽中所含的硫葡萄糖苷酯类衍生出来的。此外，菜籽中还含有单宁、芥子碱、皂角苷等有害物质。它们有苦涩味，影响蛋白质的利用效果，阻碍生长。

2）质量要求和分级。菜籽粕（饼）呈黄色或浅褐色，碎片或粗粉状，具有菜籽粕油香味，无发酵、霉变、结块及异味异臭（饼呈褐色，小瓦片状、片状或饼状）。水分含量不得超过12.0%。不得掺入菜籽粕（饼）以外的物质。菜籽粕（饼）质量指标及分级标准见表8-8。

表8-8　菜籽粕（饼）质量指标及分级标准

质量指标	一级	二级	三级
粗蛋白质/%	≥40.0（37.0）	≥37.0（34.0）	≥33.0（30.0）
粗纤维/%	<14.0（14.0）	<14.0（14.0）	<14.0（14.0）
粗灰分/%	<8.0（12.0）	<8.0（12.0）	<8.0（12.0）
粗脂肪/%	<（10.0）	<（10.0）	<（10.0）

注：菜籽粕（饼）各项质量指标含量均以87%干物质为基础。低于三级者为等外品。括号中的数据为菜籽饼的指标。

3）使用说明。菜籽粕（饼）对羊的副作用要低于猪、鸡等单胃动物。菜籽粕（饼）含芥子毒素，羔羊、孕羊最好不喂。菜籽粕（饼）在羊瘤胃内降解速度低于豆粕（饼），过瘤胃部分较大。加拿大、瑞典等国家先后育成毒素低的油菜品种，叫作“双低”油菜。由“双低”油菜籽加工的菜籽粕（饼），所含毒素较少。对于这样的菜籽粕（饼），在饲料中可加大用量。

（3）棉籽粕（饼）。

1）营养特性。棉花籽实脱油后的饼、粕，因加工条件不同，营养价值相差很大。完全脱了壳的棉仁所制成的粕（饼），叫作棉仁粕（饼）。其蛋白质含量可达41%，甚至可达44%，代谢能水平可达10兆焦/千克左右，与大豆饼不相上下。而由不脱掉棉籽壳的棉籽制成的棉籽粕（饼），蛋白质含量不过22%左右，代谢能只有6.0兆焦/千克左右，在使用时应加以区分。

在棉籽内，含有对畜禽健康有害的物质——棉酚和环丙烯脂肪酸。棉酚是一种黄色的多酚色素，存在于种子的腺体内，它是腺体的主要色素，占总色素的95%。在棉仁粕（饼）内大部分棉酚和蛋白质及棉籽的其他成分相结合，只有小部分以游离形式存在。生棉籽中游离的棉酚含量依棉花品种、栽培环境不同，其含量为0.4%~1.4%。棉酚可引起畜禽中毒，畜禽游离棉酚中毒一般表现为采食量减少，呼吸困难，严重水肿，体重减轻，以致死亡。一般游离棉酚中毒是慢性中毒。动物尸体解剖可见胸腔和腹腔有大量积液，肝脾出血，肝细胞坏死，心肌损伤和心脏扩大等病变。在生长中，日粮中棉籽粕（饼）用量过度时通常增重慢，饲料报酬低。

2）质量要求和分级。棉籽粕呈色泽新鲜一致的黄褐色（饼呈小瓦片状或圆扁块状），色泽一致，无发酵、霉变、结块及异味异臭。水分含量不得超过12.0%。不得掺入棉籽粕（饼）以外的物质，若加入抗氧化剂、防霉剂等添加剂时，应作相应的说明。棉籽粕（饼）质量指标及分级标准见表8-9。

表8-9　棉籽粕（饼）质量指标及分级标准

质量指标	一级（优等）	二级（中等）	三级
粗蛋白质/%	≥51.0（40.0）	≥42.0（36.0）	≥37.0（32.0）
粗纤维/%	<7.0（10.0）	<9.0（12.0）	<11.0（14.0）
粗灰分/%	<6.0（6.0）	<7.0（7.0）	<8.0（8.0）

注：棉籽粕（饼）各项质量指标含量均以88%干物质为基础。低于三级者为等外品。表中括号内数据是棉籽饼的质量指标。

3）使用说明。羊因瘤胃微生物可以分解棉酚，所以棉酚的毒性相对较小。棉籽粕（饼）可作为优质的蛋白质饲料来源，是农区喂羊的好饲料。在羊的育肥饲料中，棉籽粕（饼）可用到50%。如果长期过量使用则影响其种用性能。棉籽粕（饼）长期大量饲喂（日喂1千克以上）会引起中毒。羔羊日粮中一般不超过20%。棉籽粕（饼）常用的去毒方法为：煮沸1~2小时，冷却后饲喂。

（4）向日葵粕（饼）。

1）营养特性。向日葵粕（饼）又叫葵花仁粕（饼），也就是向日葵籽榨油后的残余物。向日葵粕（饼）的饲用价值视脱壳程度而定。我国的向日葵粕（饼），一般脱壳不净，带有的壳多少不等。粗蛋白质含量为28%~32%，赖氨酸含量不足，低于棉仁饼和花生饼，更低于大豆粕（饼）。可利用能量水平很低，代谢能为6~7兆焦/千克。但也有优质的向日葵粕（饼），带壳很少，粗纤维含量在12%，代谢能可达10兆焦。向日葵粕（饼）与其他粕（饼）类饲料配合使用可以得到良好的饲养效果。

2）质量要求。水分<10.0%；粗蛋白>28%；粗脂肪>2.0%；粗纤维<24.0%；粗灰分<9.0%；色泽一致，呈黄灰色片状或块状，无发酵、霉变、异味异臭，不得掺入外物。

3）使用说明。羊对氨基酸的要求比单胃动物低，向日葵粕（饼）的适口性好，其饲养价值相对比较大，脱壳者效果与大豆粕（饼）不相上下。它也是肉羊的优质饲料，与棉籽粕（饼）有同等价值。

（5）花生仁粕（饼）。

1）营养特性。花生又名落花生、长生果等。花生的品种很多，脱油方法不同，因而花生粕（饼）的性质和成分也不相同。脱壳后榨油的花生粕（饼），营养价值高，代谢能含量可超过大豆粕（饼），可达到12.50兆焦/千克，是粕（饼）类饲料中可利用能量水平最高的粕（饼）。蛋白质含量也很高，高者可以达到44%。花生粕（饼）的另一特点是，适口性极好，有香味，所有动物都很爱吃。

花生粕（饼）蛋白质中的氨基酸含量比较平衡，利用率也很高，但不像豆饼、鱼粉那样可在配合饲料时，提供更多的赖氨酸及含硫氨基酸，因此需要补充。花生仁粕（饼）很易染上黄曲霉菌。花生的含水量在9%以上、温度30℃、相对湿度为80%时，黄曲霉菌即可繁殖，引起畜禽中毒。因此，花生粕（饼）应随加工随使用，不要储存时间过长。黄曲霉毒素可使人患肝癌。采用高温、高湿地区的饲料作原料，包括花生仁粕（饼）、玉米、米糠、大米等在内，均要检测它们的黄曲霉素含量。

2）质量要求和分级。以脱壳花生果为原料，经预压浸提或压榨浸提法取油后得到花生粕（饼）。花生粕呈色泽新鲜一致的黄褐色或浅褐色碎屑状（饼呈小瓦片状或圆扁块状），色泽一致，无发酵、霉变、结块及异味异臭。水分含量不得超过12.0%。不得掺入花生粕（饼）以外的物质。花生粕（饼）质量指标及分级标准见表8-10。

表8-10　花生粕（饼）质量指标及分级标准

质量指标	一级	二级	三级
粗蛋白质/%	≥51.0（48.0）	≥42.0（40.0）	≥37.0（36.0）
粗纤维/%	<7.0（7.0）	<9.0（9.0）	<11.0（11.0）
粗灰分/%	<6.0（6.0）	<7.0（7.0）	<8.0（8.0）

注：花生粕（饼）各项质量指标含量均以88%干物质为基础。低于三级者为等外品。表中括号内指标是花生饼的质量指标。

3）使用说明。羊的饲料可使用花生粕（饼），并且其饲喂效果不次于大豆粕（饼）。因其适口性好，可以用于羔羊的开食料。因肉羊瘤胃微生物有分解毒素的功能，它们对黄曲霉素不很敏感，感染黄曲霉素的花生粕（饼），可以用氨处理去毒。花生粕在瘤胃的降解速度很快，进食后几小时可有85%以上的干物质被降解，因此，不适合作为肉羊唯一的蛋白质饲料原料。

（6）芝麻粕（饼）。

1）营养特性。芝麻粕（饼）不含对畜禽不良作用的因素，是安全的粕（饼）饲料。芝麻粕（饼）的粗纤维含量在7%左右，代谢能含量9.5兆焦/千克，视脂肪含量多少而异。芝麻粕（饼）的粗蛋白质含量可达40%。芝麻粕

（饼）的最大特点是含蛋氨酸特别多，高达0.8%以上，是大豆粕、棉仁粕含量的1倍，比菜籽粕、向日葵粕约高1/3，是所有植物性饲料中含蛋氨酸最多的饲料。但是，芝麻粕（饼）的赖氨酸含量不足，配料时应注意。

2）质量要求和分级。要求水分<7.0%；粗蛋白≥44.0%；粗脂肪>5.0%；粗纤维<6.0%；粗灰分<11.0%；盐酸不溶物<1.5%；色泽新鲜一致，无发霉、变质、虫蛀、结块，不带异臭气味，不得掺杂。

3）使用说明。肉羊日粮中可以提高用量，可用于羔羊和育肥羊，它可使肉羊被毛光泽好，但用量过多，也可引起体脂软化。

（7）亚麻粕（饼）。

1）营养特性。在我国北方地区种植油用亚麻，俗称胡麻，脱油后的残渣叫胡麻籽饼或胡麻籽粕（亚麻籽饼或亚麻籽粕）。我国榨油用的“胡麻籽”多系亚麻籽与菜籽、芜芥籽（也叫芥菜籽）的混合物。因此严格地讲，胡麻籽粕（饼）与纯粹的亚麻籽粕（饼）是有区别的。亚麻种子中，特别是未成熟的种子中，含有亚麻苷配糖体，叫作里那苦苷，也叫生氰糖苷，它可产生氢氰酸，这是一种对任何畜禽都有毒的物质。

亚麻籽粕（饼）对动物的适口性不好，代谢能值较低，约9.0兆焦/千克。其粗脂肪含量约8%左右，有的残脂高达12%。残脂高的亚麻粕（饼）很容易变质，不利于保存，但经过高温高压榨油的亚麻籽粕（饼）很容易引起蛋白质褐变，降低其利用率。一般亚麻籽粕（饼）含粗蛋白质32%～34%。赖氨酸含量不足，故在使用亚麻籽粕（饼）时要添加赖氨酸或与含赖氨酸高的饲料混合使用。

2）质量要求和分级。质量要求水分<9.5%；粗脂肪>4.0%；氢氰酸<350×10^{-6}；色泽新鲜一致，呈褐色，有油香味，无发酵、霉变、虫蛀、结块及异味异臭。亚麻粕（饼）质量指标及分级标准见表8-11。

表8-11　亚麻粕（饼）质量指标及分级标准

质量指标	一级	二级	三级
粗蛋白质/%	≥35.0（32.0）	≥32.0（30.0）	≥29.0（28.0）
粗纤维/%	<9.0（8.0）	<10.0（9.0）	<11.0（10.0）
粗灰分/%	<8.0（6.0）	<8.0（7.0）	<8.0（8.0）

注：亚麻粕（饼）各项质量指标含量均以87%干物质为基础。低于三级者为等外品。括号中的数据为亚麻饼的指标。

3）使用说明。肉羊可以很好地利用亚麻籽粕（饼），使其成为优质的蛋白质饲料。亚麻籽粕（饼）还有促进胃肠蠕动的功能。羔羊、成年羊及种用羊均可使用，并且表现出皮毛光滑、润泽，但用量应在10%以下。每日采食量在500克以上时，则有稀便倾向。

（8）椰子粕。椰子的胚乳部分经过干燥成为干核，含油量66%，去油后的产物就是椰子粕。椰子纤维含量多，代谢能含量比较低，氨基酸组成不够好，缺乏赖氨酸和蛋氨酸。水分含量8%~9%，粗蛋白质20%~21%，粗脂肪根据加工方法的不同差异较大，压榨脱油的含量可达6%，溶剂去油的含量仅为1.5%，粗纤维12%~14%。椰子粕（饼）含有饱和脂肪酸，所以在含有椰子粕（饼）的日粮中不需要考虑必需脂肪酸的问题。

椰子粕（饼）宜用于肉羊饲料中，适口性好。羊可把椰子粕（饼）当作蛋白质饲料使用，但采食太多有便秘倾向，精料中以不超过20%为宜。

（9）啤酒糟。

1）营养特性。啤酒糟是啤酒工业的主要副产品，是以大麦为原料，经发酵提取籽实中可溶性糖类后的残渣。啤酒糟干物质中含粗蛋白25.13%、粗脂肪7.13%、粗纤维13.81%、灰分3.64%、钙0.4%、磷0.57%；在氨基酸组成上分别为：赖氨酸0.95%、蛋氨酸0.51%、胱氨酸0.30%、精氨酸1.52%、异亮氨酸1.40%、亮氨酸1.67%、苯丙氨酸1.31%、酪氨酸1.15%；还含有丰富的锰、铁、铜等微量元素。啤酒糟蛋白含量中等，亚油酸含量高。麦芽根含多种消化酶，少量使用有助于消化。

2）质量要求。要求色泽新鲜一致，无霉变、虫蛀、结块及异味异臭；水分<8.0%（10.0%）、粗蛋白>22.0%（25.0%）、粗脂肪>5.0%（5.0%）、粗纤维<15.0%（15.0%）、粗灰分<7.0%（7.0%）。

3）使用说明。啤酒糟以戊聚糖为主，对幼畜营养价值低。麦芽根虽具芳香味，但含生物碱，适口性差，可作为山羊的蛋白质饲料。

（10）DDGS（全价干酒糟蛋白饲料）。

1）营养特性。含有可溶固形物的干酒糟。在以玉米为原料发酵制取乙醇过程中，其中的淀粉被转化成乙醇和二氧化碳，其他营养成分如蛋白质、脂肪、纤维等均留在酒糟中。同时，由于微生物的作用，酒糟中蛋白质、B族维生素及氨基酸含量均比玉米有所增加，并含有发酵中生成的未知促生长因子。市场上的玉米酒糟蛋白饲料产品有两种：一种为不溶性干酒槽蛋白饲料DDG（distillers dried grains），是将玉米酒糟做简单过滤，滤渣干燥，滤清液排放掉，只对滤渣单独干燥而获得的饲料；另一种为可溶性干酒糟蛋白饲料DDGS（distillers dried grains with solubles），是将滤清液干燥浓缩后再与滤渣混合干燥而获得的饲料。后者的能量和营养物质总量均明显高于前者，蛋白质含量高（DDGS的蛋白质含量在26%以上），富含B族维生素、矿物质和未知生长因子，促使皮肤发红。

2）质量要求。要求色泽一致，呈褐色，无霉变、虫蛀、结块及异味异臭；水分<8.0%、粗蛋白>27.0%、粗脂肪>6.0%、粗纤维<10.0%、粗灰分<8.0%；赖氨酸含量偏低、品质变异较大、添加量过大会影响种畜禽繁殖率。

3）使用说明。DDGS 柔软、卫生、适口性好，可以作为肉羊的良好饲料。DDGS 水分含量高，谷物已破损，霉菌容易生长，因此霉菌毒素含量很高，可能存在多种霉菌毒素，会引起家畜的霉菌毒素中毒症，导致免疫低下，易发病，生产性能下降。所以必须用防霉剂和广谱霉菌毒素吸附剂；不饱和脂肪酸的比例高，容易发生氧化，对动物健康不利，能值下降，影响生产性能和产品质量，如胴体品质和奶质量，所以要使用抗氧化剂；DDGS 米糠中的纤维含量高，单胃动物不能利用它，所以要使用酶制剂来提高动物对纤维的利用率。另外，有些产品可能有植物凝集素、棉酚等，加工后活性大幅降低。

（11）玉米蛋白粉。玉米蛋白粉与玉米麸皮不同，它是玉米脱胚芽、粉碎及水选制取淀粉后的脱水副产品，是有效能值较高的蛋白质类饲料原料，其氨基酸利用率可达到豆饼的水平。

1）营养特性。蛋白质含量高达 50%~60%。高能量、高蛋白，蛋氨酸、胱氨酸、亮氨酸含量丰富，叶黄素含量高，家禽生产中多用，有利于禽蛋及皮肤的着色。

2）质量要求和分级。玉米蛋白粉呈淡黄色、金黄色或橘黄色，色泽均匀，多数为固体状，少数为粉状，具有发酵气味；无发霉、变质、虫蛀、结块，不带异臭气味，不得掺杂。加入抗氧化剂、防霉剂等添加剂时应作相应的说明。饲料用玉米蛋白粉的质量指标及分级标准如表 8-12 所示。

3）使用说明。赖氨酸、色氨酸含量低，氨基酸欠平衡。黄曲霉毒素含量高。蛋白含量越高，叶黄素含量也越高。

表 8-12　饲料用玉米蛋白粉的质量指标及分级标准

质量指标	一级	二级	三级
粗蛋白质/%	≥60.0	≥55.0	≥50.0
粗纤维/%	≤3.0	≤4.0	≤5.0
粗灰分/%	≤2.0	≤3.0	≤4.0
粗脂肪/%	≤5.0	≤8.0	≤10.0

注：各项质量指标含量均以 87%干物质为基础。低于三级者为等外品。

（12）玉米胚芽粕。

1）营养特性。玉米胚芽粕是以玉米胚芽为原料，经压榨或浸提取油后的副产品，又称玉米脐子粕。一般在生产玉米淀粉之前先将玉米浸泡、破碎、分离胚芽，然后取油。取油后即得玉米胚芽粕，玉米胚芽粕中含粗蛋白质 18%~20%，粗脂肪 1%~2%，粗纤维 11%~12%。其氨基酸组成与玉米蛋白饲料（或称玉米麸质饲料）相似。氨基酸较平衡，赖氨酸、色氨酸、维生素含量较高。

2）质量要求。要求呈浅色，无发酵、霉变、结块、异味及杂物；水分<10.0%、粗蛋白>20.0%、粗脂肪>1.5%、粗纤维<11.0%、粗灰分<2.5%。

3）使用说明。能值随着油量高低而变化，品质变异较大，黄曲霉毒素含量高。对于肉食性动物不宜添加。

2. 动物性蛋白饲料 动物性蛋白质饲料是指用作饲料的水产品、畜禽加工副产品及乳、丝工业的副产品等，如鱼粉、肉骨粉、血粉、羽毛粉、乳清粉、蚕蛹粉等，其营养特点是蛋白质含量高。我国农业部已经颁布法令禁止在反刍动物日粮中使用除奶制品以外的动物源性产品。肉羊和母羊中很少使用，在种羊和羔羊中个别使用。

3. 非蛋白氮饲料 它是指尿素、双缩脲及某些铵盐等化工合成的含氮物的总称。其作用是作为瘤胃微生物合成蛋白质所需的氮源，从而补充蛋白质营养，节省蛋白质饲料。在非蛋白氮饲料中，尿素含氮量为46%，每千克尿素的含氮量相当于7千克豆饼的粗蛋白质含量。用适量尿素代替羊日粮中的蛋白质可以降低成本，提高生产性能。尿素喂量过大会发生中毒，一般尿素给量占日粮干物质的1%，或占混合精料的2%，但尿素氮的含量不超过日粮总氮量的25%~30%。对瘤胃机能尚未发育完全的羔羊不宜补饲。

近代提出，用“尿素发酵潜力（*UFP*）”来估测日粮中尿素的适宜添加量。公式如下

$$UFP=(0.1044TDN-B)/2.8$$

式中，*TDN* 为饲料的总消化养分；*B* 为每千克饲料（日粮）的降解蛋白质量（克）；2.8是尿素的蛋白质当量（45%×6.25~46%×6.25）；0.1044*TDN* 为每千克饲料（日粮）干物质中可能生成微生物蛋白质的质量（克）。

例如，玉米 *TDN* 为90%，蛋白质为8.6%，其降解率为65%，则每千克玉米的降解蛋白质为86×65%=55.9（克），则尿素发酵潜力为

$$UFP=(0.1044\times900-55.9)/2.8=13.6\text{（克）}$$

即每进食1千克玉米的干物质，可添加13.6克的尿素。尿素不宜单喂，应与其他精料搭配使用，也可调制成尿素溶液喷洒或浸泡粗饲料，或调制成尿素氨化饲料，或制成尿素饲料砖。为了降低尿素在瘤胃中水解生成氨的速度，可制成玉米尿素胶化饲料、磷酸脲、羟甲基尿素等非蛋白氮饲料。严禁饲喂过量而产生氨中毒。饲喂时要逐量增加，且有5周左右的适应期。

4. 单细胞蛋白饲料

（1）酵母饲料。

1）营养特性。用作畜禽饲料的酵母菌体，包括所有用单细胞微生物生产的单细胞蛋白，呈浅黄色或褐色的粉末或颗粒，蛋白质的含量高，维生素丰富。含菌体蛋白4%~6%，B族维生素含量丰富，有酵母香味，赖氨酸含量高。酵母的组成与菌种、培养条件有关。一般含蛋白质40%~65%，脂肪1%~8%，糖类25%~40%，灰分6%~9%，其中大约有20种氨基酸。在谷物中含量较少的赖氨

酸、色氨酸，在酵母中含量比较丰富；特别是在添加蛋氨酸时，可利用氮约比大豆高30%。酵母的发热量相当于牛肉，又由于含有丰富的B族维生素，通常作为蛋白质和维生素的添加饲料，用于饲养猪、牛、鸡、鸭、水貂、鱼类，可以收到增强体质、减少疾病、增重快、产蛋和产奶多等良好经济效果。

2）质量要求。饲料酵母质量指标及分级标准见表8-13。

表8-13　饲料酵母质量指标及分级标准

质量指标		优等品	一等品	合格品
感观要求	色泽	淡黄色	淡黄色至褐色	淡黄色至褐色
	气味	具有酵母的特殊气味，无异臭味		
	粒度	应通过SSW0.400/0.250毫米的试验筛		
	杂质	无异物		
理化要求	水分/% ≤	8.0	9.0	9.0
	灰分/% ≤	8.0	9.0	10.0
	碘价（以碘液检查）	不得呈蓝色	不得呈蓝色	不得呈蓝色
	细胞数/（亿个/克） ≥	270	180	150
	粗蛋白质/% ≥	45	40	40
	粗纤维/% ≤	1.0	1.0	1.5
卫生要求	砷（以As计，毫克/千克） ≤	10	10	10
	重金属（以Pb计，毫克/千克） ≤	10	10	10
	沙门菌	不得检出	不得检出	不得检出

3）使用说明。酵母品质以反应底物不同而变异，可通过显微镜检测酵母细胞总数，判断酵母质量。由于价格较高，所以无法普遍使用。

（三）粗饲料

粗饲料常指各种农作物收获原粮后剩余的秸秆、秕壳及干草等，按国际饲料分类原则，凡是饲料中粗纤维含量在18%以上或细胞壁含量为35%以上的饲料统称为粗饲料。粗饲料的特点是粗蛋白质含量很低（3%~4%）；维生素含量极低，每千克秸秆（禾本科和豆科）含胡萝卜素2~5毫克；粗纤维含量很高（30%~50%）；无氮浸出物含量高（一般在20%~40%）；灰分中，含钙高，含磷低，在粗饲料矿物质中，硅酸盐含量高，这对其他养分的消化利用有影响；粗饲料含总能高，但是消化能低。粗饲料来源广、种类多、产量大、价格低，是羊冬、春季节的主要饲料来源。

1. 干草类饲料　干草是指植物在生长阶段收割后干燥保存的饲草。大部分调制的干草，是牧草在未结籽前收割的草。通过制备干草，达到了长期保存青草中的营养物质和在冬季对羊进行补饲的目的。

粗饲料中，干草的营养价值最高。青干草包括豆科干草（苜蓿、红豆草、毛苕子等）、禾本科干草（狗尾草、羊草等）和野干草（野生杂草晒制而成）。优质青干草含有较多的蛋白质、胡萝卜素、维生素 D、维生素 E 及矿物质。青干草粗纤维含量一般为 20%~30%，所含能量为玉米的 30%~50%。豆科干草蛋白质、钙、胡萝卜素含量很高，粗蛋白质含量一般为 12%~20%，钙含量 1.2%~1.9%。禾本科干草含糖类较高，粗蛋白质含量一般为 7%~10%，钙含量为 0.4%左右。野干草的营养价值较以上两种干草要差些。青干草的营养价值取决于制作原料的植物种类、收割的生长阶段及调制技术。禾本科牧草应在孕穗期或抽穗期收割，豆科牧草应在结蕾期或开花初期收割，晒制干草时应防止暴晒和雨淋，最好采用阴干法。

2. 秸秆类饲料 来源非常广泛，凡是农作物籽实收获后的茎秆和枯叶均属于秸秆类饲料，如玉米秸、稻草、麦秸、高粱秸和各种豆秸，这类植物中粗纤维含量较干草高，一般为 25%~50%。木质素含量高，小麦秸中木质素含量为 12.8%，燕麦秸粗纤维中木质素为 32%。硅酸盐含量高，特别是稻草，灰分含量高达 15%~17%，灰分中硅酸盐占 30%左右。秸秆饲料中有机物质的消化率很低，羊消化率一般小于 50%，每千克含消化能值要低于干草。蛋白质含量低（3%~6%），豆科秸秆饲料中蛋白质比禾本科高。除维生素 D 之外，其他维生素均缺乏。矿物质钾含量高，钙、磷含量不足。秸秆的适口性差，为提高秸秆的利用率，喂前应进行切短、氨化或碱化处理。

3. 秕壳类饲料 秕壳类饲料是种子脱粒或清理时的副产品，包括种子的外壳或颖、外皮及混入一些种子成熟程度不等的秕谷和籽实。因此，秕壳饲料的营养价值变化较大。豆科植物中蛋白质优于禾本科植物。一般来说，秕壳的营养价值略好于同类植物的秸秆，但稻壳和花生壳除外。砻糠质地坚硬，粗纤维高达 35%~50%。秕壳能值变幅大于秸秆，主要受品种、加工储藏方式和杂质多少的影响，在打场中有大量泥土混入，而且本身硅酸盐含量高。如果尘土过多，甚至会堵塞消化道而引起便秘疝痛。秕壳具有吸水性，在储藏过程中易于霉烂变质，使用时一定要特别注意。

（四）青绿饲料

青绿饲料是一类营养相对平衡的饲料，是羊只不可缺少的优良饲料，但其干物质少，能量相对较低。在羊只生长期可用优良青绿饲料作为唯一的饲料来源，但若要在育肥后期加快育肥则需要补充谷物、粕（饼）等能量饲料和蛋白质饲料。羊只常用的青绿饲料主要包括青牧草、青割饲料和叶菜类等。

1. 青绿饲料的营养特性　如表 8-14 所示。

表 8-14　青绿饲料的营养特性

营养成分	营养特性
水分	青绿饲料的含水量一般为 75%~90%，水生饲料可以高达 90%以上。因此，青绿饲料中干物质含量一般较低。青绿饲料中水分大多都存在于植物细胞内，它所含有的酶、激素、有机酸等能促进动物的消化吸收，但是营养价值较低。青绿饲料干物质的净能值比干草高，含粗纤维较少，柔嫩多汁，可以直接大量饲喂，肉羊对其中的有机物质消化率能达到 75%~85%
蛋白质	青绿饲料中蛋白质含量丰富，禾本科牧草和蔬菜类饲料的粗蛋白质含量一般在 1.5%~3%，豆科青绿饲料为 3.2%~4.4%，按干物质算，前者为 13%~15%，后者达 18%~24%。青绿饲料的氨基酸组成比较完全，赖氨酸、色氨酸和精氨酸较多，营养价值高。青绿饲料蛋白质中氨化物（游离氨基酸、酰胺、硝酸盐等）占总氮的 30%~60%，氨化物中游离氨基酸占 60%~70%，羊可利用，可由瘤胃微生物转化为菌体蛋白质。生长旺盛的植物中氨化物含量较高，随着植物生长，纤维素的含量增加，而氨化物含量逐渐减少
糖类	青绿饲料中粗纤维含量较少，木质素较低，无氮浸出物较高。青绿饲料干物质中粗纤维不超过 30%，叶、菜类中不超过 15%，无氮浸出物为 40%~50%。粗纤维的含量随着生长期延长而增加，木质素含量也显著增加，一般来说，植物开花或抽穗之前，粗纤维含量较低。木质素每增加 1%，有机物质消化率下降 4.7%。绵羊对已木质化纤维素的消化率可达 32%~58%
脂肪	脂肪含量很少，为鲜重的 0.5%~1%，占干物质重的 3%~6%
矿物质	青绿饲料是矿物质的良好来源，钙、磷比较丰富，矿物质为鲜重的 1.5%~2.5%。青绿饲料的钙、磷多集中在叶片内，钙、磷含量因植物种类、土壤与施肥情况而异，一般钙为 0.25%~0.50%，磷为 0.2%~0.35%，比例较为适宜，特别是豆科牧草钙的含量较高，因此依靠青绿饲料为主食时，不易缺钙。此外，青绿饲料中尚含有丰富的铁、锰、锌、铜等微量元素，如果土壤中不缺乏某种元素，那么各种元素均能满足羊只的营养需要
维生素	青绿饲料中维生素含量丰富，特别是胡萝卜素含量较高，每千克饲料中含 50~80 毫克。豆科牧草中胡萝卜素高于禾本科植物。此外，青绿饲料中 B 族维生素、维生素 E、维生素 C 和维生素 K 含量也较丰富，如鲜苜蓿中含硫胺素 1.5 毫克/千克，核黄素 4.6 毫克/千克，烟酸 18 毫克/千克，比玉米籽实高。但缺乏维生素 D，维生素 B_6 很少

2. 羊常用的青绿饲料

（1）青牧草。青牧草包括自然生长的野草和人工种植的牧草。青牧草种类很多，其营养价值因植物种类、土壤状况等不同而有差异。人工牧草，如苜蓿、沙打旺、草木樨、苏丹草等营养价值较一般野草高。

（2）青割牧草。青割牧草是把农作物如玉米、大麦、豌豆等进行密植，在籽实未成熟之前收割，饲喂肉羊。青割牧草蛋白质含量和消化率均比结籽后高。此外，青草茎、叶的营养含量上部优于下部，叶优于茎。所以，要充分利用生长早期的青绿饲料，收储时尽量减少叶部损失。

（3）叶菜类。叶菜类包括树叶（如榆、杨、桑、果树叶等）和蔬菜（如白菜、胡萝卜等），含有丰富的蛋白质和胡萝卜素，粗纤维含量较低，营养价值较高。胡萝卜产量高、耐储存、营养丰富，其大部分营养物质是淀粉和糖类，因含有蔗糖和果糖，多汁味甜；每千克胡萝卜含胡萝卜素36毫克以上及0.09%的磷，高于一般多汁饲料。含铁量较高。颜色越深，胡萝卜素越高。

3. 青绿饲料饲喂应注意的问题

（1）在最佳营养期收割饲喂。禾本科牧草喂羊时应在初穗期收割，豆科牧草喂羊时宜在初花期收割，叶菜类牧草应在叶簇期收割。

（2）多样搭配，营养互补。青绿饲料是一种成本低、来源广、效果较好的肉羊的基本饲料，但干物质和能量含量低，应注意与能量饲料、蛋白质饲料和其他牧草配合使用。另外，青绿饲草中粗纤维、木质素含量少，不利于反刍，用于喂羊等反刍家畜时应适当补饲优质青干草，对水分较大的牧草如鲁梅克斯、菊苣等，应晾晒，将水分降到60%以下再喂，否则易引起羊腹泻。

（3）注意驯饲。对有些适口性差、有异味的牧草，如鲁梅克斯、串叶松香草、俄罗斯饲料菜等，初次饲喂时应进行驯饲。先让羊停食1~2顿，将这些牧草切碎后与羊喜食的其他牧草和精料掺在一起饲喂，首次混合量在20%左右，以后逐渐增多，一般经3~5天驯饲，羊能够适应时再足量投喂。

（4）注意加工方法和喂量。用于喂羊可切得较长，以3~10厘米为宜。一般适宜喂量为：绵羊每日10千克，山羊每日8~9千克。

（5）注意防中毒。

1）防止亚硝酸盐中毒。饲用甜菜、萝卜叶、芥菜叶、白菜叶等叶菜类中都含有少量硝酸盐，它本身无毒或毒性很低，只在细菌的作用下，腐败菌才能把硝酸盐还原为亚硝酸盐而引起羊中毒。青绿饲料堆放时间过长，会发霉，或者在锅里加热或煮开焖在锅、缸里过夜，都会引起硝化细菌将硝酸盐还原为亚硝酸盐。

亚硝酸盐中毒发病很快，多在1天之内死亡，甚至在半小时内死亡。发病症状表现为不安、腹痛、呕吐、流涎、吐白沫、呼吸困难、心跳加快、全身震颤、行走摇晃、后肢麻痹、体温无变化或偏低、血液呈酱油色。可注射1%亚甲蓝溶液，每千克体重为0.1~0.2毫升。也可用甲苯胺蓝药物治疗，用量为每千克体重5毫克。还可用维生素C（5%~10%）注射，羊的用量为每千克体重1克以上。

2）防止氢氰酸中毒。青绿饲料中一般不含有氢氰酸，但在高粱苗、玉米苗、马铃薯的幼芽、木薯、亚麻叶、豆麻籽饼、三叶草、南瓜蔓等中含有氰苷配糖体，这些饲料经过发霉或霜冻枯萎，在植物体内特殊酶的作用下，氰苷被水解而放出氢氰酸。当含氰苷的饲料进入羊体后，在瘤胃微生物作用下，甚至不需特殊的酶作用，仍可使氰苷和氰化物分解为氢氰酸，引发羊中毒。因此，用这些饲料饲喂羊之前应晒干或制成青贮饲料再饲喂。此外，玉米、高粱收割后的再生苗，经霜冻后其危害更大。

氢氰酸中毒的症状为：腹痛或腹胀，呼吸困难，呼出的气体有苦杏仁味，行走、站立不稳。可视黏膜，先为红色，但到后期发白或带紫色，肌肉痉挛，牙关紧闭，瞳孔散大，最后卧地不起，四肢划动，呼吸麻痹而死。

3）防止草木樨中毒。草木樨本身并不含有毒物质，但含有香豆素。当草木樨发霉腐败时，在细菌作用下，香豆素转变为有毒性的双香豆素，它与维生素 K 有拮抗作用。由于中毒发生很慢，通常饲喂草木樨 2~3 周后发病。饲喂草木樨应该逐渐增加饲喂量，不能突然大量饲喂，不饲喂发霉、腐败的草木樨和苜蓿。

此外，有些青草要注意适口性，如沙打旺营养价值较高，但有苦味，最好与秸秆或青草混合青贮，或与其他草混合饲喂。

4）防止农药中毒。蔬菜、棉花田、水稻田刚喷过农药后，路旁、河边的杂草、蔬菜不能用作饲料，等下过雨或隔 1 个月后再收割，谨防引起农药中毒。

（五）青贮饲料

青绿饲料优点很多，但是水分含量高，不易保存。为了长期保存青绿饲料的营养特性，保证饲料淡季供应，通常采用两种方法进行保存。一种方法是青绿饲料脱水制成干草，另一种方法是利用微生物的发酵作用调制成青贮饲料。将青绿饲料青贮，不仅能较好地保持青绿饲料的营养特性，减少营养物质的损失，而且由于青贮过程中产生大量芳香族化合物，使饲料具有酸香味，柔软多汁，改善了适口性，是一种长期保存青饲料的良好方法。此外，青绿饲料中含有硝酸盐、氢氰酸等有毒物质，经发酵后会大大地降低有毒物质的含量。同时，青贮饲料中由于大量乳酸菌存在，菌体蛋白质含量比青贮前提高 20%~30%，很适合喂羊。

另外，青贮饲料制作简便、成本低廉、保存时间长、使用方便，解决了冬、春季节羊只供给青绿饲料的难题，是养羊的理想饲料。

1. 青贮饲料的特点

（1）青贮饲料可以保持青绿饲料的营养特性。青贮是将新鲜的青饲料切碎装入青贮窖或青贮塔内，通过密封措施造成厌氧条件，利用厌氧微生物的发酵作用，达到保存青绿饲料的目的。因此，在储藏、保存过程中氧化分解作用弱，机械损失少，较好地保持了青绿饲料原有的营养特性。

（2）青贮饲料适口性好，利用率高。青绿多汁饲料经过微生物的发酵作用，产生大量芳香族化合物，具有酸香味，柔软多汁，适口性好。有些植物制成干草时，具有特殊气味或质地粗糙，适口性差，但青贮发酵后，成为良好的饲料。

（3）青贮饲料能长期保存。良好的青贮饲料，如果管理得当，青贮窖不漏气，则可多年保存，久者可达二三十年。这样可以在青绿多汁饲料缺乏的冬、春季节，均衡地饲喂肉羊。

（4）调制青贮饲料受气候影响小、原料广泛。调制青贮饲料的原料广泛，只要方法得当，几乎各种青绿饲料，包括豆科牧草、禾本科牧草、野草野菜、青绿的农作物秸秆和茎蔓，均能青贮。青贮过程受气候影响小，在阴雨季节或天气不好时，晒制干草困难，但对青贮的影响较小，只要按青贮条件要求严格掌握，仍可制成优良青贮饲料。

（5）调制方法多种多样。除普通青贮法外，还可采用一些特殊的青贮方法，如加酸、加防腐剂、接种乳酸菌或加氮化物等外加剂青贮及低水分青贮等方法，扩大了可青贮饲料的范围，使普通方法难以青贮的植物得以很好地青贮。

2. 羊对青贮饲料的利用效果 青贮饲料是羊日粮的基本组成成分。肉羊对青贮饲料的采食量决定于有机物质的消化率，如果以青饲料采食干物质量为100%，青贮饲料的采食量约为青饲料的35%~40%，高水分青贮饲料采食量高于低水分青贮，而且比干草的采食量低。青贮饲料有机物质的消化率和干草差不多，但比青饲料略低。青贮饲料中无氮浸出物含量比青饲料中的含量低，糖类显著下降，例如，黑麦草青草中含糖类9.5%，而黑麦草青贮中仅为2%，粗纤维含量相对提高。青贮饲料中蛋白氮比例显著提高，例如，苜蓿青贮干物质中非蛋白质含量为62%，青饲料为22.6%，干草为26%，低水分青贮为44.6%。三种主要处理法的可消化氮回收率：田间晒制干草为67%，直接切制青贮为60%，低水分青贮为73%。

青贮饲料饲喂肉羊时，在日粮中应当与干草类、秸秆类和精料类合理搭配，不宜过多，尤其是对初次饲喂青贮饲料的肉羊，要经过短期的过渡期适应，开始饲喂时少喂勤添，以后逐渐增加喂量。

（六）矿物质饲料

矿物质是一类无机营养物质，存在于动物体内的各组织中，广泛参与体内各种代谢过程。除碳、氢、氧和氮4种元素外，主要以有机化合物形式存在外，其余各种元素无论含量多少，统称为矿物质或矿物质元素。

羊日粮组成主要是植物性饲料。而大多数植物性饲料中的矿物质不能满足肉羊快速生长的需要，矿物元素在机体生命活动过程中起十分重要的调节作用，尽管占体重很小，且不供给能量、蛋白质和脂肪，但缺乏时易造成肉羊生长缓慢、抗病能力减弱，以致威胁生命。因此，生产中必须给肉羊补充矿物质，以达到日粮中的矿物质平衡，满足肉羊生存、生长、生产、高产的需要。目前，羊常用的矿物质饲料主要是含钠和氯元素的食盐，含钙、磷元素的骨粉、磷酸氢钙、蛋壳粉、贝壳粉等。

1. 钙磷饲料

（1）饲料级磷酸氢钙。饲料级磷酸氢钙为工业磷酸与石灰乳或碳酸钙中和生产的饲料级产品，作为饲料工业中钙和磷的补充剂。本品为白色、微黄色、微灰色粉末或颗粒状。主要成分分子式为 $CaHPO_4 \cdot 2H_2O$。饲料级磷酸氢钙按生产工艺不同分成Ⅰ型、Ⅱ型、Ⅲ型 3 种型号。饲料级磷酸氢钙的参考质量标准如表 8-15 所示。

表 8-15　饲料级磷酸氢钙的参考质量标准（GB/T 22549—2008）

项目		Ⅰ型	Ⅱ型	Ⅲ型
总磷（P）含量/%	≥	16.5	19.0	21.0
枸溶性磷（P）含量/%	≥	14.0	16.0	18.0
水溶性磷（P）含量/%	≥	—	8.0	10.0
氟（F）含量/%	≤	0.18	0.18	0.18
钙（Ca）含量/%	≥	20.0	15.0	14.0
砷（As）含量/%		≤0.003		
铅（Pb）含量/%		≤0.003		
镉（Cd）含量/%		≤0.001		
粉状通过 0.5 毫米试验筛/%		≥95		
粒状通过 2 毫米试验筛/%		≥90		
外观		白色或略带微黄色粉末或颗粒		

注：用户对细度有特殊要求时，由供需双方协商。

明胶生产企业由动物骨制取明胶时所得到的磷酸氢钙（$CaHPO_4 \cdot 2H_2O$）的质量标准参考表 8-16。

表 8-16　饲料级磷酸氢钙的质量标准（骨制，QB/T 2355—2005）

项目	指标
细度/%	≥95
胶原蛋白/%	0.2~1.0
磷（P）含量/%	≤16.0
钙（Ca）含量/%	21.0
氟化物（以 F 计）含量/%	≤0.18
砷（As）含量/%	≤0.001
重金属（Pb）含量/%	≤0.003
外观	白色粉末

（2）饲料级磷酸二氢钙。磷酸二氢钙也叫磷酸一钙，分子式为 $Ca(H_2PO_4)_2 \cdot H_2O$，含钙量为 15.90%，含磷量为 24.58%。纯品为一种白色结晶粉末。饲料级

磷酸二氢钙质量标准参考见表 8-17。

表 8-17　饲料级磷酸二氢钙的质量标准

项目	指标
总磷（P）含量/%	≥22.0
水溶性磷（P）含量/%	≥20.0
钙（Ca）含量/%	≥13.0
氟（以 F 计）含量/%	≤0.18
砷（As）含量/%	≤0.003
铅（Pb）含量/%	≤0.003
游离水分含量/%	≤4.0
外观	白色或灰白色粉末
细度（通过 0.5 毫米网孔的试验筛）/%	≤90.0
pH 值（2.4 克/升溶液）	≥3.0

（3）石粉。石粉也称为石灰石、白垩、方解石、白云石等，都是天然碳酸钙，来源广、价廉、利用率高，其含钙量在 33%以上。国标规定了砷、铅、汞、氟、镉等最高限量，用作饲料的原料其重金属不允许超过这个标准。质量标准见表 8-18。

（4）贝壳粉。贝壳粉是丰富的钙补充饲料，其含钙量为 32%~35%，它的质地比较坚硬，在饲料工业中常用不同粒度的贝壳粉喂不同的动物，特别是对产蛋期的禽类，作为沉积蛋壳所需要的钙质。贝壳粉的特性及质量标准见表 8-18。

表 8-18　石粉、贝壳粉的特性及质量标准

项目		石粉	贝壳粉
特点		呈浅灰色至灰白色	呈灰白色至灰色，为产鹅的良好钙源
质量标准	纯度/%	>98.0	>96.5
	水分/%	<1.0	<1.0
	灰分/%	<98.0	<98.0
	钙/%	>38.0	>33.0
	镁/%	<0.5	
	铅/$\times 10^{-9}$	<10	
	砷/$\times 10^{-9}$	<10	
	汞/$\times 10^{-9}$	<2	
备注		镁超标会引起拉稀，全部通过 40 目筛	清洗不净，会造成细菌污染，蛋鸡选用贝壳粒

2. 食盐　食盐的成分是氯化钠，是肉羊饲料中钠和氯的主要来源。在植物性饲料中含钠和氯都很少，故需以食盐方式添加。精制的食盐含氯化钠99%以上，粗盐含氯化钠95%，加碘盐含碘0.007%。纯净的食盐含钠39%，含氯60%，此外尚有少量的钙、镁、硫。食用盐为白色细粒，工业用盐为粗粒结晶。

饲料中缺少钠和氯元素会影响羊的食欲，长期摄取食盐不足，可引起羊活力下降、精神不振或发育迟缓，降低饲料利用率。缺乏食盐的羊往往表现为舔食棚、圈的地面、栏杆，啃食土块或砖块等异物。但饲料中盐过多而饮水不足，就会发生中毒，主要表现为口渴，腹泻，身体虚弱，重者可引起死亡。

动物性饲料中食盐含量比较高，一些食品加工副产品，甜菜渣、酱渣等中的食盐含量也较多，故用这些饲料配合日粮时，要考虑它们的食盐含量。食盐容易吸潮结块，要注意捣碎或经粉碎过筛。饲用食盐的粒度应全部通过30目筛，含水量不得超过0.5%，氯化钠纯度应在95%以上。

羊需要的钠和氯多，对食盐的耐受性也大，很少发生羊食盐中毒的报道。羊育肥饲料中食盐添加量为0.4%~0.8%。最好通过盐砖补饲食盐，即把盐块放在固定的地方，羊自行舔食，如果在盐砖中添加微量元素则效果更佳。

3. 天然矿物质饲料　天然矿物质饲料是大自然经过成千上万年筛选、积累下来的宝贵财富。它们含有多种矿物元素和营养成分，可以直接添加到饲料中去，也可以作为添加剂的载体使用。

（七）维生素饲料

维生素饲料包括工业合成或由原料提纯的精制的各种单一维生素和复合维生素，但富含维生素的天然饲料则不属于维生素饲料，例如，鱼肝富含维生素A、维生素D，种子的胚富含维生素E，酵母富含各种维生素B，水果与蔬菜富含维生素C，它们都不是维生素饲料，可以根据其特性给予充分利用。

在生产实际中，为了适应不同生长阶段的羊对维生素的营养需要，添加剂预混料生产厂有针对性地生产系列复合维生素产品，用户可以根据自己养羊生产的需要直接选用。在此不对有关维生素的作用机制和配制进行赘述。

（八）饲料添加剂

添加剂在配合饲料中占的比例很小，但其作用则是多方面的。对动物方面所起作用有抑制消化道有害微生物繁殖，促进饲料营养消化、吸收，抗病、保健、驱虫，改变代谢类型、定向调控营养，促进动物生长和营养物质沉积，减少动物兴奋、减低饲料消耗及改进产品色泽，提高商品等级等。在饲料环境方面起的作用有疏水、防霉、防腐、抗氧化、黏结、赋型、防静电、增加香味、改变色泽、除臭、防尘等。

常用的饲料添加剂主要有：营养性饲料添加剂，驱虫保健剂，防霉、防腐添加剂，抗氧化剂，调味、增香、诱食剂。

1. 营养性添加剂 营养性添加剂包括微量元素添加剂、维生素添加剂、工业合成的各种氨基酸添加剂等。

（1）微量元素添加剂。微量元素添加剂一般可分为无机微量元素添加剂、有机微量元素添加剂和生物微量元素添加剂三大类。无机微量元素添加剂一般有硫酸盐类、碳酸盐类、氧化物和氯化物等；有机微量元素添加剂一般为金属氨基酸络合物、金属氨基酸螯合物、金属多糖络合物和金属蛋白盐；生物微量元素添加剂有酵母铁、酵母锌、酵母铜、酵母硒、酵母铬和酵母锰等。目前，我国经常使用的微量元素添加剂主要是无机微量元素添加剂，最好使用硫酸盐作微量元素添加剂原料，因为硫酸盐可使蛋氨酸增效10%左右，而蛋氨酸价格贵。微量元素添加剂的载体应选择不能和矿物质元素起化学作用，并且性质较稳定、不易变质的物质，如石粉（或碳酸钙）、白陶土等。

微量元素添加剂品质的优劣和成本的高低，不仅取决于添加剂的配方和加工工艺，还取决于能否安全使用、有害杂质多少和生物利用率的高低。作为饲用微量元素添加剂的原料，必须满足以下几项基本要求：一要具有较高的生物效价，即能被动物消化、吸收和利用；二要含杂质少，所含有毒、有害物质在允许范围内，饲喂安全；三要物理和化学稳定良好，方便加工、储藏和使用；四要货源稳定可靠，价格低，以保证生产、供应和降低成本。

在羊日粮中，适量的微量元素是其营养所必需的，但超量则有毒害。在设计配方时，要严格控制用量，不可随意加大某种微量元素供给量，严防中毒事故的发生。锰、铁、锌等元素的安全系数在50倍左右，钴、碘等元素的安全系数也较高，由于计量不准或混合不均匀而发生中毒的可能性不大。唯有硒、铜的安全系数较小，在计量不准或混合不均匀时极容易发生中毒，应引起高度注意。

在预混合饲料加工过程中，计量、混合、分装等工序必须严格控制，加强管理，严防因计量失误、混合不均匀等，造成某种元素的过量而发生中毒。

（2）氨基酸添加剂。众所周知，蛋白质营养的核心是氨基酸，而氨基酸营养的核心是氨基酸的平衡。植物性蛋白质的氨基酸，几乎都不太平衡，即使是由不同配比天然饲料构成的全价日粮，是依据氨基酸平衡的原则设计配合，但它们的各种氨基酸含量、合格氨基酸之间的比例仍然是变化多端、各式各样的。因而，需要氨基酸添加剂来平衡或补充饲料中某些氨基酸的不足，使其他氨基酸得到充分吸收利用。

目前，人工合成的氨基酸有蛋氨酸、赖氨酸、色氨酸、苏氨酸和甘氨酸等，生产中最常用的是蛋氨酸和赖氨酸两种。

由于氨基酸添加剂在饲料中添加量较大，一般在日粮中以百分含量计。同时，氨基酸的添加量是以整个日粮内氨基酸平衡为基础的，而饲料原料中的氨基酸含量和利用率相差甚大，所以氨基酸一般不加入添加剂预混料中，而是直接加入配合饲料或浓缩蛋白饲料中。

（3）维生素添加剂。维生素是维持动物生命活动，促进新陈代谢、生长发育和生产性能所必不可少的营养要素之一。在集约化饲养条件下若不注意，极易造成动物维生素的不足或缺乏。生产中，因严重缺乏某种维生素而引起特征性缺乏症是很少见的，经常遇到的则是因维生素不足引起的非特异性征候群。例如，皮肤粗糙、生长缓慢、生产水平下降、抗病力减弱等。因此，在现代化畜牧业中，使用维生素不再是用来治疗某种维生素缺乏症，而是作为饲料添加剂成分，补充饲料中含量不足，来满足动物生长发育和生产性能的需要，增强抗病和抗各种应激的能力，提高产品质量，增加产品数量。

2. 非营养性添加剂　非营养性添加剂虽不是饲料中的固有营养成分，本身也没有营养价值，但具有抑菌、抗病、维持机体健康、提高适口性、促进生长、避免饲料变质和提高饲料报酬的作用。

（1）抗生素饲料添加剂。凡能抑制微生物生长或杀灭微生物，包括微生物代谢产物、动植物体内的代谢产物或用化学合成、半合成法制造的相同的或类似的物质，以及这些来源的驱虫物质都可称为抗生素。饲用抗生素是在药用抗生素的基础上发展起来的。使用抗生素添加剂可以预防羊的某些细菌性疾病，或可以消除逆境、环境卫生条件差等不良影响，促进生长和生产，提高饲料利用率。

抗生素饲料添加剂会干扰成年羊瘤胃的微生物，一般不在成年羊中使用，只用于羔羊。饲用抗生素的应用也存在一些争议：首先是抗药问题。由于长期使用抗生素会使一些细菌产生抗药性，而这些细菌又可能会把抗药性传给病原微生物，进而可能会影响人畜疾病的防治。其次是抗生素在畜产品中的残留问题，残留有抗生素的肉类等畜产品，在食品烹调过程中不能完全使其“钝化”，可能影响人类健康。另外，有些抗生素有致突变、致畸胎和致癌作用。所以，许多国家禁止饲用抗生素。目前，人们正在筛选研制无残留、无毒副作用、无抗药性的专用饲用抗生素或其替代品。

在使用抗生素饲料添加剂时，要注意下列事项：第一，最好选用动物专用的、能较好吸收和残留少的不产生抗药性的品种。第二，严格控制使用剂量，保证使用效果，防止不良副作用。第三，抗生素的作用期限要作具体规定。第四，严格执行休药期。大多数抗生素代谢时间需3~5天，故一般规定在屠宰前7天停止添加。

（2）饲料酶添加剂。酶制剂主要包括纤维素降解酶和尿素分解抑制酶等。如美国波士顿公司研制生产的草食动物制剂——保增乐，是一种以酵母活性为中心的多营养物质，可以增强机体抵抗力，提高生产性能。育肥羊在饲料中添加量为0.02%~0.05%；利多命可以提高饲料利用率和增重作用，防止前胃迟缓、食滞、下痢等，每日每只羊用量10~30克。

（3）酸制（化）剂。用以增加胃酸，激活消化酶，促进营养物质吸收，降低肠道pH值，抑制有害菌感染。目前，国内外应用的酸化剂包括有机酸化剂（如柠檬酸、延胡索酸、乳酸、丙酸、苹果酸、戊酮酸、山梨酸、甲酸、乙酸等）、无机酸化剂（如盐酸、硫酸、磷酸等）和复合酸化剂（利用几种特定的有机酸和无机酸复合而成）三大类。

（4）瘤胃发酵调控剂。瘤胃发酵调控剂包括脲酶抑制剂、瘤胃代谢控制剂、缓冲剂等。

1）脲酶抑制剂。脲酶抑制剂是一类能够调控瘤胃微生物脲酶活性，从而控制瘤胃中氨的释放速度，以提高尿素等利用率的一类添加剂。脲酶抑制剂主要有磷酸钠和氧肟酸盐。

2）瘤胃代谢控制剂。瘤胃代谢控制剂可以增加瘤胃内丙酸的产量，减少因甲烷的生成引起的能量损失，减少蛋白质在瘤胃中降解损失，增加瘤胃内蛋白数量，提高干物质和能量表观消化率。减少瘤胃中乳酸的生成和积累，维持瘤胃正常pH值，防止乳酸中毒；作为离子载体，促进细胞内外离子交换，增加磷、镁及某些微量元素在体内沉积。目前应用的瘤胃代谢控制剂主要有莫能菌素（瘤胃素）、拉沙里菌素、盐霉素、甲基盐霉素等。

3）缓冲剂。瘤胃酸度过高会影响羊的食欲，瘤胃pH值下降，并使瘤胃微生物区系受到抑制，饲料消化能力减弱，在高精料日粮中适当添加缓冲剂，可增加瘤胃内碱性蓄积，改变瘤胃发酵，增强食欲，提高养分消化率，防止酸中毒。最常用的缓冲剂为碳酸氢钠和氧化镁。一般在精料补充料中碳酸氢钠用量为1%，氧化镁用量为0.5%，二者同时配合使用效果更好。添加碳酸氢钠，应相应减少食盐的喂量，以免钠食入过多，但应同时注意补氯。

（5）饲料保存剂。饲料保存剂包括抗氧化剂和防霉剂两类。

1）抗氧化剂。饲料中的某些成分，如鱼粉和肉粉中的脂肪及添加的脂溶性维生素A、维生素D、维生素E等，可因与空气中的氧、饲料中的过氧化物及不饱和脂肪酸等的接触而发生氧化变质或酸败。为了防止这种氧化作用，可加入一定量的抗氧化剂。常用的抗氧化剂见表8-19。

表 8-19 常用的抗氧化剂

名称	特性	用量用法	注意事项
乙氧基喹啉（又称乙氧喹，商品名为山道喹）	是一种黏滞的黄褐色或褐色稍有异味的液体。极易溶于丙酮、氯仿等有机溶剂，不溶于水。一旦接触空气或受光线照射便慢慢氧化而着色，是目前饲料中应用最广泛、效果好而又经济的抗氧化剂	饲用油脂，夏天 500~700 克/吨，冬天 250~500 克/吨；动物副产品，夏天 750 克/吨，冬天 500 克/吨；鱼粉 750~1 000 克/吨；苜蓿及其他干草 150~200 克/吨；各种动物配合饲料 62~125 克/吨；维生素预混料 0.25%~5.5%。乙氧基喹啉在最终配合日粮中的总量不得超过 150 克/吨	由于液体乙氧基喹啉黏滞性高，低浓度添加于粉料中很难混匀，一般将其以蛭石、氢化黑云母粉等作为吸附剂制成含量为 10%~70% 的乙氧基喹啉干粉剂，可均匀地混入干粉料中，且使用方便
二丁基羟基甲苯（简称 BHT）	为白色结晶或结晶性粉末，无味或稍有特殊气味。不溶于水和甘油，易溶于乙醇、丙酮和动植物油。对热稳定，与金属离子作用不会着色，是常用的油脂抗氧化剂。可用于长期保存的油脂和含油脂较高的食品、饲料，以及维生素添加剂中	油脂为 100~200 克/吨，不得超过 200 克/吨；各种动物配合饲料为 150 克/吨	与丁基羟基茴香醚并用有相乘作用，二者总量不得超过油脂的 200 克/吨
丁基羟基茴香醚（简称 BHA）	为白色或微黄褐色结晶或结晶性粉末，有特异的酚类刺激性气味。不溶于水，易溶于丙二醇、丙酮、乙醇和猪油、植物油等，对热稳定，是目前广泛使用的油脂抗氧化剂。除抗氧化外，还有较强抗菌力。250 毫克/千克 BHA 可以完全抑制黄曲霉毒素的产生，200 毫克/千克 BHA 可完全抑制饲料中青霉、黑曲霉等孢子的生长	BHA 可用作食用油脂、饲用油脂、黄油、人造黄油和维生素等的抗氧化剂。与 BHT、柠檬酸、维生素 C 等合用有相乘作用。其添加量，油脂为 100~200 克/吨，不得超过 200 克/吨；饲料添加剂为 250~500 克/吨	

注：由于各种抗氧化剂之间存在增效作用，当前的趋势是常将多种抗氧化剂混合使用，同时还要辅助地加入一些表面活性物质，以提高其效果。

2）防霉剂。饲料中常含有大量微生物。在高温、高湿条件下，微生物易于繁殖而使饲料发生霉变，不但影响适口性，而且还可产生毒素（如黄曲霉素等）引起动物中毒。因此，在多雨季节，应向日粮中添加防霉剂。常用的防霉剂有丙酸钠、丙酸钙、山梨酸钾和苯甲酸等，见表 8-20。

表 8-20　常用的防霉剂

名称	特性	用量用法
丙酸及其盐类	丙酸为具有强刺激性气味的无色透明液体，对皮肤有刺激性，对容器加工设备有腐蚀性。丙酸主要作为青贮饲料的防腐剂，因其有强烈的臭味，影响饲料的适口性，所以，一般不用作配合饲料的防腐剂。丙酸钙、丙酸钠均为白色结晶或颗粒或粉末，无臭或稍有特异气味，溶于水，流动性好，使用方便，对普通钢材没有腐蚀作用，对皮肤也无刺激性，因此逐渐代替丙酸而用于饲料	在饲料中的添加量以丙酸计，一般为 0.3%左右。实际添加量往往视具体情况而定。①直接喷洒或混入饲料中；②液体的丙酸可以蛭石等为载体制成吸附型粉剂，再混入到饲料中去，这种制剂因丙酸的蒸发作用可由吸附剂缓慢释放，作用时间长，效果较前者好；③与其他防霉剂混合使用可扩大抗菌谱，增强作用效果
富马酸和富马酸二甲酯	富马酸又称延胡索酸，为五色结晶或粉末，水果酸香味。在饲料工业中，主要用作酸化剂，对仔猪有很好的促生长作用，饲料也有防霉、防腐作用。富马酸二甲酯（DMF）为白色结晶或粉末，对微生物有广泛、高效的抑菌和杀菌作用，其特点是抗菌作用不受 pH 值的影响，并兼有杀虫活性。DMF 的 pH 值适用范围为 3~8	在饲料中的添加量一般为 0.025%~0.08%。可先溶于有机溶剂，如异丙醇、乙醇，再加入少量水及乳化剂使其完全溶解，然后用水稀释，加热除去溶剂，恢复到应稀释的体积，混于饲料中或喷洒于饲料表面。也可用载体制成预混剂
“万保香”（霉敌粉剂）	为一种含有天然香味的饲料及谷物防霉剂。其主要成分有：丙酸、丙酸铵及其他丙酸盐（丙酸总量不少于 25.2%），其他还含有乙酸、苯甲酸、山梨酸、富马酸。因有香味，除防霉外，还可增加饲料香味，增进食欲	其添加量为 100~500 克/吨，特殊情况下可添加 1 000~2 000 克/吨

三、羊饲料原料的加工调制

（一）有毒饲料原料的脱毒处理

1. 菜籽饼的脱毒处理　菜籽饼是一种优良的天然植物蛋白源，它的蛋白质含量与氨基酸组成可以与大豆饼相媲美。然而因菜籽饼含有较多的硫代葡萄糖苷和植酸，适口性较差，且能引起中毒，影响了菜籽饼的营养价值和应用范围。菜籽饼经过脱毒，减少毒性后，作为蛋白质原料加入饲料中，可以大大地节约粮食，变废为宝，提高饲养业的经济效益。现介绍几种脱毒方法供参考。

（1）水洗法。水洗法在国外已被采用，所用设备简单，技术简单，易操作、脱毒效果较好。但水洗法费水，损失了部分水溶性蛋白质。其原理是：菜籽饼中的有毒成分溶于水，尤其是在热水中溶解性更好。脱毒方法是：在水泥池或缸底开一小口，装上假底，将菜籽饼置于假底上，加热水或冷水浸泡菜籽饼，反复浸提，然后沥去水，废水可以回收利用。常用连续流动水和沥滴法两种处理方法。

1）连续流动水处理。用凉水连续不断地流入菜籽饼中，不断沥去水，保持2小时，过滤，弃滤液，再用两倍水浸泡3小时，弃滤液，脱毒率可达94%以上。

2）沥滴法处理。在菜籽饼中加等量水，浸泡4小时，然后不断加入水，又不断沥去水。沥滴法既省水，又提高了脱毒率。

（2）铁盐法。将菜籽饼粉碎，按饼重的0.5%~1%称取硫酸亚铁，溶于饼重1/2的水中，待硫酸亚铁充分溶解后，将饼拌湿，存放1小时。在106℃下蒸30分钟，取出风干。其原理是：菜籽饼中的硫代葡萄糖苷分解产物在处理时与亚铁离子形成螯合物，不被禽畜吸收，从而达到去毒的目的。这样处理菜籽饼作为饲料，不但脱毒完全，也能给饲料补偿一部分铁盐，对猪、鸡生长有利。这种处理方法简便易行，不受环境、设备条件的影响，且氨基酸与蛋白质损失少，适宜农村饲养专业户和饲养生产厂家采用。

（3）碱处理法。用1%的Na_2CO_3水拌和菜籽饼或10%干饼重的石灰制成石灰乳拌和菜籽饼，湿度控制在50%左右，堆放1小时，然后用100~105℃蒸汽蒸40分钟。

（4）坑埋法。坑埋法简单、成本低，硫苷脱毒率可达到90%~97%，噁唑烷硫酮残毒仅60×10^{-6}，脱毒率可达99%以上，蛋白质损失率只有1%左右。具体方法是：在干燥耕地挖宽1.0米、深1.5米、长度依饼的数量而定的土坑。一般每立方米可埋菜籽饼500千克。装坑前，将菜籽饼加等量的水，坑底铺上席子，装满坑后再盖上席子或草帘，盖0.3米厚的土，埋2个月即可使用。其原理是：利用土壤、饼上自带、空气和水中的多种微生物在缺氧条件下的分解作用，将硫苷分解。饼中有关的酶也复活进行分解，分解产物被土壤缓慢吸附。这种脱毒方法的脱毒率与土壤含水量关系很大，土壤的含水量为5%，脱毒率可达97%以上；土壤含水量为20%时，脱毒率仅70%。

（5）微生物脱毒法。用微生物制剂作为发酵脱毒剂，它的主要组成是酵母菌、乳酸菌、醋酸菌、白地霉、黑曲霉等混合微生物浅盘固体培养物。脱毒方法是：将菜籽饼粉碎，加入菜籽饼重的0.5%的复合微生物制剂，拌匀，加水调至含量为40%，在水泥地板上堆积保湿发酵。8小时后品温38℃左右，翻堆1次，再堆积，保温，控制品温35~38℃。每天翻堆1次，发酵第3天，辛辣味大增，4~5天辛辣味逐渐消失，发酵完毕。太阳下晒至含水量为8%，即为脱毒菜籽。

（6）焙炒法。置粉碎的菜籽饼料于锅中，文火焙炒半小时左右，同时不断翻动，至散发出扑鼻香味，然后掺入0.5%的食盐，搅拌力求均匀，即可饲用。

2. 棉籽粕（饼）的脱毒处理 由于棉籽粕（饼）中含有对家畜产生毒副作用的棉酚，若对棉籽粕（饼）进行脱毒与发酵处理，则可使其成为优良的高蛋白饲料。棉籽粕（饼）的脱毒方法主要如下。

（1）化学处理法。

1）硫酸亚铁法。将配制好的硫酸亚铁饱和溶液直接均匀地喷洒在经粉碎的棉籽饼上，含水量不超过10%，以便粕（饼）安全储存。此外，还可将已加铁剂的粕（饼）用1%石灰水（比例为1∶1）充分拌匀，置于场地上晒干或烘干后即可。加入石灰水可使脱毒更趋完全。

2）尿素处理法。尿素加入量为粕（饼）的0.25%~2.5%、加水量10%~50%，加温至85~110℃，经过20~40分钟可使棉籽毒性降至微毒。

3）氨处理法。将棉籽饼和稀氨液（2%~3%）按1∶1比例搅拌均匀后，浸泡25分钟，再将含水原料烘干至含水分10%即可。

4）碱液处理法。配制2.5%的NaOH溶液与棉籽粕（饼）充分混合，其用量与粕（饼）重量比为0.92∶1，pH值控制在10.5。料温达到72~75℃，持续搅拌10~30分钟，均匀喷洒过氧化氢溶液，其用量与湿粕（饼）重量比为(0.18~0.51)∶1，此时粕（饼）的pH值为7~8.5，保持温度在75~90℃，持续搅拌10~30分钟，最后将料烘干脱水，使粕（饼）含水量降至7%以下，所得料中几乎不含棉酚。将棉籽粕（饼）用石灰水或草木灰水浸泡并淘洗后喂猪，方法简单，效果亦佳。

（2）凹凸棒石处理法。凹凸棒石是一种镁铝硅酸盐，含有很多微量和常量元素，除了可以作为一种矿物质添加剂外，还可作棉籽粕（饼）脱毒剂；它与棉籽粕（饼）一同均匀地添加到饲料中，其用量与棉籽饼用量比例为1∶5。

3. 蓖麻饼的脱毒处理 蓖麻饼中含丰富的蛋白质，粗蛋白质含量为33%~35%。蓖麻蛋白组成中，球蛋白占60%，谷蛋白占20%，清蛋白占16%，不含或含少量动物难以吸收的醇溶蛋白，所以动物可消化吸收绝大多数的蓖麻蛋白。蓖麻饼的赖氨酸含量比豆饼（1.98%）低56.06%，蛋氨酸含量比豆饼（0.45%）高21.05%，如果二者配合使用，可达到氨基酸互补的作用。虽然蓖麻饼营养价值较高，但由于其含有蓖麻毒蛋白、蓖麻碱、CB-1A变应原和血球凝集素4种有毒物质，未经处理不能直接饲喂动物，所以长期以来蓖麻饼被当作肥料施用于农田。蓖麻饼中毒素的含量随制油方法不同而各异，冷榨粕（饼）中毒素含量最高。机榨饼中蓖麻毒蛋白和血球凝集素已失去活性，但蓖麻碱和变应原受到的破坏很少。

（1）化学法。化学法有酸水解法、碱处理法、酸碱联合水解法、酸醛法、碱醛法、石灰法、氨处理法等。化学法脱毒工艺是：将水、蓖麻饼、化学试剂按比例加入耐腐蚀并带有搅拌装置的脱毒罐中，开启搅拌，按照所需温度、压力，通（或不通）蒸汽，维持一定时间即可出料进行分离。已分离（或压榨分离），使粕（饼）中水分低于9%。处理方法和效果见表8-21。

表8-21　蓖麻饼的化学脱毒法

方法	处理	脱毒效果
盐水浸泡	盐水浓度为10%，蓖麻饼与水的比例为1:6，在室温下浸泡8小时后，过滤后用水冲洗1次	蓖麻碱、变应原的去除率分别为89.15%、78.80%
盐酸溶液浸泡	盐酸浓度为3%，粕（饼）与水的比例为1:3，在室温下浸泡3小时后，过滤后用水冲洗2次	蓖麻碱、变应原的去除率分别为80.66%、98.22%
酸醛法	用3%盐酸溶液加8%甲醛溶液浸泡粕（饼），粕（饼）与水的比例为1:3，室温下浸泡3小时，过滤后用水冲洗3次	蓖麻碱、变应原的去除率分别为85.78%、98.89%；用0.9%盐酸和3%甲醛共同处理蓖麻饼，变应原被全部去除
碳酸钠溶液浸泡	碳酸钠溶液浓度为10%，粕（饼）与水的比例为1:3，在室温下浸泡3小时后，过滤后用水冲洗2次	蓖麻碱、变应原的去除率分别为83.56%、75.06%
石灰法	饼中加3倍水，加4%石灰，100℃蒸15分钟，烘干	蓖麻碱、变应原的去除率分别为71.38%、100%
氢氧化钠法	粕（饼）中水分含量为20%，加20%氢氧化钠，在0.14兆帕压力下湿煮，过滤	蓖麻碱、变应原的去除率分别为100%、100%
氨处理法	粕（饼）300克加6摩尔/升氨水73毫升搅拌，80℃反应45分钟，在80℃下烘1小时	蓖麻碱、变应原的去除率分别为65.52%、50.97%

（2）物理法。物理法脱毒工艺是通过加热、加压（或不加压）、水洗等过程，将蓖麻饼中的毒素从粕（饼）中转移到水溶液中去，然后通过分离、洗涤等过程将粕（饼）洗净，如表8-22所示。

表8-22　蓖麻饼的物理脱毒法

方法	处理	脱毒效果
沸水洗涤法	将蓖麻饼用100℃沸水洗涤2次	蓖麻碱、变应原的去除率分别为79.31%、68.71%
蒸汽处理法	通入120～125℃蒸汽处理粕（饼）45分钟	蓖麻碱、变应原的去除率分别为65.52%、96.87%
常压蒸煮法	粕（饼）加水拌湿，常压蒸1小时，沸水洗2次	蓖麻碱、变应原去除率分别为86.90%、93.87%
加压蒸煮法	粕（饼）加水拌湿，通入120～125℃蒸汽处理粕（饼）45分钟，80℃水洗2次	蓖麻碱、变应原的去除率分别为82.76%、98.45%
热喷法	粕（饼）加水拌湿，在压力罐中经0.2兆帕蒸汽，120～125℃下分别进行处理0.5小时、1小时、5小时，然后喷放	蓖麻碱的去除率分别为32.69%、88.78%、90.03%，变应原去除率分别为48.31%、70.91%、73.06%

（3）微生物发酵法。见菜籽饼部分。

4. 霉变饲料脱毒处理　霉变饲料含有有毒的霉菌毒素，如黄曲霉毒素、麦角毒素、玉米赤霉烯酮等。

黄曲霉毒素是对畜禽生产危害最严重的毒素。黄曲霉毒素致突变性最强，是一种毒性极强的肝毒素，畜禽食入被黄曲霉毒素污染的饲料，会使肝功能下降，造成胆汁分泌减少，同时胰脏分泌的蛋白酶和脂肪酶活性降低，影响饲料中蛋白质和脂肪的吸收利用；也是较强的凝血因子抑制剂，可造成组织器官瘀血、出血；还可造成免疫系统正常功能的发挥受到干扰，使机体抵抗力下降，疫苗不能正常发挥作用，易发生或继发多种疫病，且严重损伤畜禽肝脏，造成中毒，甚至死亡，给畜牧业带来严重的经济损失。同时，黄曲霉毒素还可以转移到动物产品中，在动物内脏、肉、蛋、奶中都有残留，通过食物链，对人体健康也同样造成极大的危害和严重威胁。霉变饲料必须经过脱毒处理后才能使用。处理方法如下。

（1）挑选法。对局部或少量霉烂变质的饲料进行人工挑选，挑选出来的变质饲料要作抛弃处理。

（2）水洗去毒法。将轻度发霉的饲料粉（如果是饼状饲料，应先粉碎）放在缸里，加入清水（最好是开水），水要能淹没发霉饲料，泡开饲料后用木棒搅拌，每搅拌一次须换水一次，如此反复清洗5~6次，便可用来喂养动物。或将发霉饲料放在锅里，加水煮30分钟或蒸1天后，去掉水分，再作饲料用。

（3）碳酸钠溶液浸泡。用5%的碳酸钠溶液浸泡2~4小时后再进行干燥。

（4）化学去毒法。采用次氯酸、次氯酸钠、过氧化氢、氨、氢氧化钠等化学制剂，对已发生霉变的饲料进行处理，可将大部分黄曲霉毒素去除。

（5）药物去毒法。将发霉饲料粉用0.1%的高锰酸钾溶液浸泡10分钟，然后用清水冲洗两次，或在发霉饲料粉中加入1%的硫酸亚铁粉末，充分拌匀，在95~100℃条件下蒸煮30分钟即可。

（6）维生素C去毒法。维生素C可阻断黄曲霉毒素的氧化作用，从而阻止其氧化为活性形式的毒性物质。在饲料中添加一定量的维生素C，再加上适量的氨基酸，是克服动物黄曲霉毒素中毒的有效方法。

（7）吸附去毒法。使用霉菌毒素吸附剂可有效去除霉变饲料中的毒素。它是通过霉菌毒素吸附剂在畜禽和水生动物体内发挥吸附毒素的功效，以达到脱毒的目的，是常用、简便、安全、有效的脱毒方法。应用中要选用既具有广谱吸附能力又不吸附营养成分，且对动物无负面影响的吸附剂，较好的吸附剂有百安明、霉可脱、霉消安-1、抗敌霉、霉可吸等。

凡经去毒处理的饲料，不宜再久储，应尽快在短时期内投喂。

（二）精饲料的加工调制

籽实类饲料有较硬的种皮、颖壳、非淀粉多糖及豆类粕（饼）中含有抗营养因子，阻碍了饲料中养分的消化利用。因此，需采取适当的加工调制措施，以提高对现有饲料资源的利用。

1. 物理加工

（1）粉碎。粉碎是籽实饲料使用最多的一种加工调制方法。籽实及大颗粒的饼类等在饲用前都应经过粉碎。粉碎后的饲料表面积增大，进入瘤胃后能够与消化液充分接触，使饲料充分浸润，尤其对小而硬的籽实，可提高动物对饲料的利用率。

饲料磨碎的程度根据饲料的性质、动物种类、年龄、饲喂方式、加工费用等因素来确定。养羊生产中饲料粉碎粒度不能太细，粉碎过细的饲料，羊来不及咀嚼即行吞咽，容易引起消化障碍，特别是小麦粉类含非淀粉较多的饲料，极易糊口，并在消化道中形成不利消化的很黏的面团状物，羊饲料粉碎粒度应在2毫米左右。此外，饲料粉碎后，含脂量高的玉米、燕麦等不易长期保存，一次粉碎不宜过多。

（2）压扁。将玉米、大麦、高粱等去皮并加水，经120℃左右的蒸汽软化，压为片状后干燥、冷却而成。此加工过程可改变精料中的营养物质结构，如淀粉糊化、纤维素松软化，可有效提高饲料消化率。

（3）制粒。将饲料粉碎后，经蒸汽加压处理，颗粒机压制成大小、粒度和硬度不同的颗粒。育肥羔羊尤为喜食。制粒后可增加动物采食量，减少浪费，增加了饲料密度，降低了灰尘，并且破坏了部分有毒、有害物质。

（4）浸泡与湿润。浸泡多用于坚硬的籽实或油饼的软化，或用来溶去饲料原料中的有毒、有害物质。豆类、油饼类、谷类籽实等经水浸泡后，因吸收水分而膨胀，所含有毒物质和异味均可减少，适口性提高，也容易咀嚼，有利于动物的消化。浸泡时的用水量随浸泡饲料的目的不同而异，如以泡软为目的，通常料水比为1∶(1~1.5)，即以手握饲料指缝浸出水滴为准；若溶去有毒物质，料水比为1∶2左右，饲喂前应滤去未被饲料吸收的水分。浸泡时间长短也应随环境温度及饲料种类不同而异。湿润一般多用于粉尘较多的饲料，用湿拌料喂羔羊效果较好。

（5）蒸煮与焙炒。蒸煮或高压蒸煮可进一步提高饲料的适口性。对某些有毒、有害成分及豆类籽实，采用蒸煮处理可破坏其有毒成分。如大豆有豆腥味，适口性不好，经适当热处理，可破坏其中抗胰蛋白酶，提高蛋白质的消化率、适口性和营养价值。对蛋白质含量高的饲料，加热时间不宜过长，一般 130℃不超过 20 分钟，否则因温度过高、时间过长会引起蛋白质变性、消化性降低、维生素被破坏等不良反应。禾本科籽实蒸煮后反而会降低消化率。

焙炒加工原理与蒸煮基本相似。对谷类籽实等饲料，经 130~150℃短时间的高温焙炒，可使部分淀粉转化为糊精而产生香味，适口性提高。焙炒时通过高温破坏了某些有毒物质和部分细菌的活性，但也破坏了某些蛋白质和维生素。

（6）膨化。目前饲料膨化技术或热喷技术在饲料加工调制中应用比较广泛。将搅拌、剪切和调制等加工环节结合成完整的工序，恰当地选择并控制膨化条件，可获得较高营养价值的产品。

当前主要用干化法膨化谷物和全脂大豆，用湿化法膨化颗粒饲料。

膨化饲料的优点主要有：使淀粉颗粒膨胀并糊精化，提高了饲料的消化率；热处理使蛋白酶抑制因子和其他抗营养因子失活；膨化过程中摩擦作用使细胞壁破碎并释放出油，增加食糜的表面积，提高了消化率；破坏了饲料中的粗纤维。

（7）辐射处理。利用辐射技术可消除饲料中的有害微生物，改善饲料品质，扩大饲料资源。辐射技术适用于消灭动物性饲料中的病原菌和霉菌。在辐射饲料时，采用能杀灭沙门菌和大肠杆菌等病原菌的剂量即可，且饲料为粉状时效果最好。

（8）微波热处理。微波热处理是近年来发展起来的一项饲料加工调制技术。将谷物经过长 4~6 微米的红外线辐射（干热处理），使禾谷类籽实中的淀粉颗粒膨胀，易被酶分解，提高了消化率。经此法处理，玉米、大麦的可消化能值分别提高4.5%和6.5%；大豆经90秒处理，可使蛋氨酸、胱氨酸的分解酶失活，从而提高蛋白质的利用率。微波处理后的饲料，可提高动物消化率、生长速度和饲料转化率。

2. 生物调制

（1）发芽。发芽是指通过酶的作用，将淀粉转化为麦芽糖，并产生胡萝卜素及其他维生素的过程。对于种羊、泌乳羊来说，在冬、春季节缺乏青饲料的情况下，为了使日粮具有青饲料的特性，可适当使用发芽饲料。常用的是大麦发芽饲料，发芽后部分蛋白质分解为氨化物，而糖类、维生素A原、B族维生素与各种酶增加，纤维素也增加，无氮浸出物减少。

大麦发芽饲料的制作：先将大麦用清水浸泡1~2天，然后撒在能滤水的容器内（最好是平底），厚度不超过5厘米，置于20~25℃的较暗环境中，每天用水冲洗1~2次，经过3~5天开始发芽，当长到3厘米左右时即可饲喂，此为短芽。当继续长到6厘米左右时，麦芽变成绿色，此为长芽，主要以提供维生素为目的。

（2）糖化。将富含淀粉的谷物饲料粉碎后，经饲料本身或麦芽中淀粉酶的作用将饲料中一部分淀粉转变为麦芽糖。蛋白质含量高的豆类籽实和饼类等则不易糖化。谷类籽实糖化后糖的含量可提高8%~12%，同时产生少量的乳酸，具有酸、香、甜的味道，显著改善适口性，提高了消化率。饲料糖化可促进动物的食欲，提高采食量，使动物体内脂肪增加。

糖化饲料的制作方法：经粉碎的谷类籽实与80~85℃的水以1∶(2~2.5)的比例分次装入容器，充分搅拌成糊状，再在表面撒一层厚5厘米左右的干料，盖上容器盖，保持温度在60~65℃，经2~4小时即可完成。可向内加入料重2%的麦芽曲（大麦经3~4天发芽脱水干制粉碎而成），以增加糖化酶，加速糖化过程。糖化饲料存放时间不宜超过14小时，否则易发生酸败、变质。

（3）发酵。发酵是目前使用较多的一种饲料加工方法，利用酵母菌等菌种的作用，增加饲料中B族维生素、各种酶及酸、醇等芳香性物质，从而提高饲料的适口性和营养价值。发酵的关键是满足酵母菌等菌种的活动需要的环境条件，同时供给充足的富含糖类的原料，以满足其活动需要，促进动物的生产性能和繁殖性能。

籽实类饲料发酵方法：每100千克粉碎的籽实加酵母0.5~1.0千克，用150~200千克的温水（30~40℃）将酵母稀释，一面搅拌，一面倒入饲料，并搅拌均匀，以后每隔30分钟搅拌一次，经6~9小时发酵即可完成。发酵容器内饲料厚度应在30厘米左右，温度保持在20~27℃，并且通气良好。

利用发酵法可提高一些植物性蛋白质饲料的利用率，如将豆饼（粕）、棉籽饼、菜籽饼、血粉、麸皮等按一定比例混合，加上酵母菌、纤维分解菌、白地霉等微生物菌种，在一定温度、湿度、时间条件下完成发酵。

（三）粗饲料的加工调制

1. 物理处理 物理处理方法比较简单，能提高饲料的适口性，增加羊的采食量，但不能提高粗饲料的营养价值和消化率。常见的物理处理方法有以下几种。

（1）切碎。切碎是调制秸秆等粗饲料最简便、最重要的方法。秸秆切短可增加饲料与瘤胃微生物的接触面积，便于降解发酵。切短可以减少咀嚼饲料时能量的消耗，减少饲料的浪费，便于与其他饲料配合利用，增加采食量。秸秆切短的程度视动物种类与年龄而异，饲喂成年羊可切成1.5~2.5厘米，饲喂老弱幼畜时可切得稍短些。

（2）粉碎。在羊日粮中使用适当比例粉碎的秸秆，可以提高饲料采食量，以补充粗料中能量的不足。但粉碎过细，动物咀嚼不全，唾液不能充分混合，羊易引起反刍停滞，饲料通过瘤胃的速度加快，粗料在瘤胃停留时间缩短，发酵不全，导致秸秆的消化利用率降低。秸秆经切短和粉碎后，家畜采食量增加20%~30%，吃净率提高，消化吸收的总养分增加，日增重可增加20%左右，秸秆的浪费大大减少。

（3）揉搓。秸秆揉搓主要是使用秸秆揉搓机将秸秆揉搓成短条状，其工作原理是将物料送进喂入槽，在锤片和空气流的作用下，秸秆进入揉搓室，受到锤片、定刀、斜齿板及抛送叶片的综合作用，把物料切短、揉搓成丝状，经出料口送出机外。这种丝状秸秆柔软，适口性好，家畜的吃净率高，减少了秸秆的浪费。该方法代替了切短法，为农区秸秆饲料化提供了有利条件。

（4）制成颗粒或压块。将粗饲料粉碎后直接制成颗粒饲料，或与其他较好的草粉、精饲料混合成平衡饲粮制成颗粒饲料，有利于机械化饲养或自动食槽的使用，并可减少浪费，利于咀嚼，改善适口性。秸秆压粒或压块后密度增加10倍以上，储存和运输更方便，也使储存和运输过程中的损失减少20%~30%，家畜采食量增加30%~50%。王家启（1989年）报道压粒的玉米秸秆体外消化率可高达64%，压粒的大麦秸秆的体外消化率达70%，压粒的过程中可通过碱处理、高温、高压使半纤维素溶解，从而提高消化率。

（5）浸泡。把切碎的秸秆，加水浸湿拌上精料饲喂，是常用的秸秆调制法。以盐水浸泡秸秆喂羊，用0.3%左右的食盐水浸泡秸秆24小时，用糠麸或精料调味，再加入10%~20%优质豆科或禾本科干草粉、酒糟、甜菜渣等效果会更好。

（6）秸秆碾青。将麦秸等秸秆铺在打谷场上，厚度约30厘米，然后再铺上30厘米左右的青苜蓿，苜蓿上再铺上一层同样厚的麦秸，然后用石磙碾压，苜蓿压扁流出的汁液被麦秸吸收，经压扁的苜蓿在晴天中只需半天到一天的暴晒就可干透。这种方法的好处是可较快制成干草，茎叶干燥速度均匀，叶片脱离损失少，同时还提高了麦秸的适口性和营养价值。

（7）蒸煮和膨化。蒸煮和膨化处理的效果因处理条件不同而异。在压力为 2.06×10^5 帕的条件下处理稻草 1.5 分钟可获得最佳的体外消化率，更高强度的处理会引起饲料干物质损失过多和消化率的下降。在（4.9~8.82）$\times10^5$ 帕的压力下处理 30~60 分钟，秸秆中的细胞壁成分含量下降，而消化率得到显著提高。

秸秆在热喷处理过程中，由于热蒸汽的作用，使植物细胞壁的木质素融化，纤维素的结晶度降低，同时发生高分子物质的分解反应，再经高压突放的机械效应，饲料颗粒骤然变小，密度变大，总表面积增加，从而为提高采食量、消化率、利用率创造有利条件。

（8）蒸汽处理。通过高温水蒸气对秸秆化学键的水解作用，可达到提高消化率的目的。用蒸汽处理玉米秸，可提高能量利用率和有机物消化率，绵羊的干物质进食量也得到改善。麦秸经蒸汽处理后，体外降解率达到中等牧草水平。但蒸汽处理耗能太多，在生产中难以推广应用。

（9）辐射处理。小麦秸、稻草、燕麦秸和大麦秸等植物秸秆在一定的射线照射下能提高秸秆的体外或体内消化率，使细胞壁的纤维素成分发生改变。用于辐射处理的射线有 γ 射线、X 射线。辐射处理对家畜健康有无影响尚需验证。

2. 化学处理　化学处理是指将化学制剂作用于作物秸秆，使秸秆内部结构发生改变，如切断了秸秆细胞壁中的半纤维素与木质素之间的连接键，增加了木质素部分溶解，使纤维素变得易消化，使秸秆细胞壁膨胀，增加了纤维之间的孔隙度，表面积和吸水能力增加，有利于消化酶的接触和消化，还可以减少秸秆细胞壁中酚、醛、酸类物质，有利于瘤胃微生物的分解，从而达到提高秸秆消化率、营养价值的目的。

用于秸秆处理的化学制剂很多，碱性制剂有氢氧化钠、氢氧化钙、氢氧化钾、氨、尿素等；酸性制剂有甲酸、乙酸、丙酸、丁酸、硫酸等；盐类制剂有碳酸氢铵、碳酸氢钠等；氧化还原剂有氯气及次氯酸盐、双氧水、二氧化硫等。在生产中被广泛应用的是氢氧化钠处理和氨化处理。

按照使用化学试剂的不同，可将粗饲料的化学处理分为碱化处理、氨化处理、碱化氨化复合处理、酸化处理、酸碱处理和氧化剂处理 6 大类。

（1）碱化处理。碱类物质能使饲料纤维物质内部的氢键变弱，使纤维素分子膨胀，还能皂化糖醛酸和乙酸的酯键，中和游离的糖醛酸，使细胞壁成分中的纤维素与木质素间的联系变弱，可溶解半纤维素，有利于反刍动物前胃中的微生物作用。碱处理的主要目的是提高干物质的消化率。用碱性试剂处理秸秆，不仅使木质素溶解或使其与纤维素分离，还可中和秸秆潜在的酸性，通过这些途径来为纤维素分解菌的生命活动创造良好的条件。碱化处理主要包括碱的湿法处理、碱的干法处理及其他处理法。

（2）氨化处理。秸秆中加入一定比例的氨水、液氨、尿素等，促使木质素与纤维素、半纤维素分离，使纤维素及半纤维素部分分解，细胞膨胀，结构疏松，破坏木质素与纤维素之间的联系，从而提高秸秆的消化率、营养价值和适口性。秸秆消化率可提高20%~30%，粗蛋白质含量提高1.5倍，能够直接饲喂羊，是经济、简便、实用的秸秆处理方法之一。氨化处理方法应本着因地制宜、就地取材、经济实用的原则来选用。常见的氨化处理方法有：堆垛氨化法、窖储氨化法、塑料袋氨化法、缸储氨化法和抹泥氨化法等。

1）氨化处理的原理。氨化作用和中和作用。氨遇到秸秆时，与秸秆中的有机物质发生化学反应，形成氨盐（醋酸铵），可提供反刍家畜蛋白质需要量的25%~50%，是反刍家畜瘤胃微生物的氮素营养源；氨与秸秆中有机酸结合，消除了醋酸根，中和了秸秆中潜在的酸度。中和作用使瘤胃微生物更活跃，可有效提高消化率，同时氨盐改善了秸秆的适口性，从而提高了家畜的采食量和消化率。

2）处理方法。

A. 堆垛氨化法：选择新鲜、干净、干燥、色鲜的秸秆。储藏过的秸秆也可氨化，但应保证干净、干燥。要将切碎的秸秆含水量调整为20%，再混匀打垛。氨化剂最好使用氨水或无水氨。塑料薄膜选用无毒、抗老化和气密性好的聚乙烯塑料薄膜，厚度不低于0.2毫米，严禁使用聚氯乙烯薄膜。氨水或无水氨需用注氨管注入秸秆垛中。用尿素溶液进行氨化作业时，还应配备水桶、喷壶及秤等设备。

处理步骤：检查塑料薄膜是否有破损，漏气者应及时修补好。对堆垛场地应进行清理、整平，中部微凹陷，以储存氨水。将塑料薄膜就地铺好，在长度方向折叠3/5，置于上风头，余下的2/5铺在场地地面上。将秸秆堆垛在用塑料铺底的场地上，薄膜四周各留出45~75厘米的边，用于上下折叠压封，用氨水处理时可一次垛到顶，顶部呈凸形或脊形，以防积水。用无水氨处理时，在堆垛过程中将塑料注氨管置放于垛中，以备注氨。如插注氨钢管，可先放置一根木棒，待抽出后插入钢管，用尿素溶液处理。

采用注氨管氨化时，垛好秸秆，上盖薄膜，除上风头一面，另外三面用土压严，把里面的空气压挤出去，氨罐车可停在秸秆垛的上风头，将注氨管从未封的一面插入麦秸垛内。可同时用三根注氨管插注。盖上塑料薄膜，打开开关注氨。注氨可在半小时内进行完毕。注氨量由氨罐车上的流量计显示。也有压力注氨，氨的流速可以调节。注氨完毕即抽出注氨管，将注氨面上塑料薄膜对好折叠后用湿土压严或用泥抹封严。

氨水的化学反应比较缓慢，环境温度越低，氨储时间越长。温度30℃以上需要5~7天，20~30℃需要7~14天，10~20℃需要14~28天，0~10℃需要28~56天；使用尿素处理，一般需比用氨水处理延长5~7天，而且夏季应在荫蔽条件下进行，防止阳光暴晒直射，避免由于高温限制脲酶活性，不利于尿素的分解。

在整个氨化过程中，应加强全程管理，防范人畜和冰雹雨雪的破坏。要注意密封，防止漏入雨水。氨化好的秸秆开垛时有强烈的氨味，放净余氨，氨化秸秆有糊香或酸香味。放氨方法是自然的日晒风吹。开垛放氨要选择晴天，气温越高越好。注意勿使氨化秸秆受到雨水浇淋。

B. 窖储氨化法：窖储氨化法是我国目前推广应用较普遍的一种秸秆氨化方法。窖的大小可根据需要确定，通常每立方米储存切碎的风干秸秆 150 千克左右。窖的形式多种多样，可建在地上、地下或半地上，长方形为好。可在窖的中间砌一隔墙，建成双联窖，双联窖可轮换处理秸秆。用水泥制成的窖进行秸秆氨化，可以节省塑料薄膜的用量，降低氨化成本，容易测定秸秆的重量，便于确定氨源（如尿素）的用量。

处理步骤：先将秸秆切成 2 厘米左右，粗硬的秸秆如玉米切得短些，较柔软的可稍长些。每 100 千克秸秆配用 5 千克尿素（或碳铵）、40~60 升水。把尿素（或碳铵）溶于水中，搅拌至完全溶化后，分数次喷洒在秸秆上拌匀，入窖前后喷洒均可。如果在入窖前将秸秆摊开喷洒则更为均匀。边装窖边踩实，装满后用塑料薄膜覆盖密封，再用细土压好。氨化所需时间可参考堆垛氨化法。

3）氨化饲料喂羊要预防氨中毒。

A. 中毒原因：氨化饲料开封后未经散氨而直接饲喂引起羊中毒；未断奶的羊羔因瘤胃中微生物区系尚未形成，进食氨化饲料过多引起中毒；以碳铵、尿素作氨源时，氨化时间过短，碳铵、尿素分解不完全而发生中毒；阴雨天气，饲料中余氨散发不彻底就喂羊而引起中毒。

B. 中毒症状：羊轻微的氨中毒表现为精神呆滞和沉郁，反刍减少或停止，食欲减退或废绝，唾液分泌过多，步态不稳。严重者表现不安、呻吟、呼吸急促、肌肉震颤、动作失调、腹胀、口吐白沫、出汗不止、倒地直至窒息而死。慢性中毒，羊还表现有肺水肿、肾炎或尿道炎及代谢紊乱，其特征是尿频而疼痛，从尿道排出脓性黏液。

C. 治疗方法：发现有中毒现象时，要立即停喂氨化饲料，检查、分析中毒原因，及时加以治疗。消化道受害时，可灌服食醋 1.5 千克，同时灌服 1 升清水或白糖水，并服 1.5 千克生鸡蛋清或 2.5 千克牛奶；对尿素中毒者，可用硫代硫酸钠静脉注射，同时应用高渗葡萄糖、葡萄糖酸钙、水合氯醛等对症治疗，以提高疗效；对慢性中毒者，除选用上述药物外，有炎症的可选用青霉素、链霉素，恢复期可服健胃剂，以利于瘤胃微生物生态区系的恢复。

D. 预防措施：根据当地气候条件，掌握好氨化成熟的时间；采用尿素作氨源时，要使其完全溶解。掌握好散氨的时间，一般晴天在 10 小时以上，阴雨天在24小时以上。以饲料稍有氨味但不刺鼻和眼为度。晾晒的时间过长，会影响氨化效果。氨化窖要建在饲养舍外干燥处，或与饲养舍邻近的房间内。未断奶的羊羔，严禁饲喂氨化饲料。

（3）碱化、氨化复合处理。氨化处理的秸秆消化率提高不如氢氧化钠处理的秸秆消化率明显，而且在氨化处理结束后，在开包干燥过程中，所用氮源约有2/3会挥发损失掉，且氨氮的损失比例随用量的增加而上升。将碱化处理和氨化处理联合起来能够取得较好的效果。

（4）酸化处理。用甲酸、乙酸、丙酸、丁酸、稀盐酸、稀硫酸及稀磷酸等处理秸秆。利用1%的稀硫酸和1%的稀盐酸喷洒秸秆，消化率可提高到65%；用氯化氢蒸汽处理稻草和麦秸，保持浸润5小时，然后风干，室温30℃保持70天，消化率可以提高1倍；用稀磷酸处理秸秆，可有效提高秸秆的含磷量，满足家畜对磷的需要。酸处理秸秆的原理与碱化处理基本相同，但处理效果不如碱化处理。

（5）酸碱处理。把切碎的秸秆放在木桶或水泥池子内，用3%氢氧化钠溶液浸透，转入水泥窖或壕内压实，过12~24小时取出，仍放回木桶或水泥池子；再用3%的盐酸溶液浸泡，随后堆放在滤架上，滤去溶液即可饲喂。经此法处理的秸秆干物质消化率可由40%提高到60%~70%，秸秆利用率可由30%提高到90%以上。

（6）氧化剂处理。氧化剂处理主要是指用二氧化硫（SO_2）、臭氧（O_3）及碱性过氧化氢（AHP）处理秸秆的方法。氧化剂能破坏木质素分子间的共价键，溶解部分半纤维素和木质素，使纤维基质中产生较大间隙，从而增加纤维素酶和细胞壁成分的接触面积，提高饲料的消化率。

3. 微生物处理　农作物秸秆经机械加工和微生物制剂发酵处理，并将其储存在一定设施内的技术称为农作物秸秆微生物发酵储存技术（微储技术）。

（1）微生物处理原理。高效活性微生物复合菌剂，经溶解复活后，加入食盐水，喷洒到作物秸秆上压实，在厌氧条件下繁殖发酵而成优质微储饲料。秸秆在微储过程中，由于秸秆内发酵活干菌的厌氧发酵作用，大量的木质纤维素类物质被降解为易发酵糖类，糖类又经有机酸发酵菌转化为乳酸和挥发性脂肪酸，使储料pH值降到4.5~5.0，抑制丁酸菌、腐败菌等有害微生物的繁殖。

（2）特点。

1）消化率高。微储过程中由于高效复合活干菌的作用，木质纤维素类物质大幅度降解，并转化为乳酸和挥发性脂肪酸，加之酶和其他生物活性物质的作用，提高了羊瘤胃微生物区系的纤维素酶和解脂酶活性，干物质体内消化率提高了24.1%，粗纤维体内消化率提高了43.8%，有机物体内消化率提高了29.4%。

2）适口性好，采食量高。秸秆经微储处理，可使粗硬秸秆变软，并具有酸香味，刺激了家畜的食欲，从而提高了采食量。

3）秸秆利用率高。稻麦秸秆、青黄玉米秸秆、高粱秆、土豆秧、甘薯秧、甜菜叶、豆秸、无毒野草及青绿水生植物等，都可用秸秆发酵活干菌制成优质微储饲料。

4）制作季节长。秸秆发酵活干菌处理秸秆的温度为10~40℃，在我国北方地区除冬季外，春、夏、秋三季都可制作，南方大部分地区全年都可制作。

5）保存期长。秸秆发酵活干菌在秸秆中生长迅速，成酸作用强。由于挥发性脂肪酸中丙酸与醋酸未离解分子的强力抑菌、杀菌作用，微储饲料不易发霉腐败，因而能长期保存。另外，秸秆微储饲料取用方便，随需随取随喂，不须晾晒。

6）无毒无害，制作简便。秸秆微储饲料无毒无害，安全可靠，其制作技术简便，与传统青贮相似，易学易懂，容易普及推广。

（3）处理方法。

1）水泥窖微储法。窖壁、窖底采用水泥砌筑，农作物秸秆铡切后入窖，按比例喷洒菌液，分层压实，窖口用塑料薄膜盖好，然后覆土密封。这种方法的优点是，一次性投入，经久耐用，窖内不易透气进水，密封性好，适合大中型窖和每年都连续制作微储的窖。

2）土窖微储法。在窖的底部和四周铺上塑料薄膜，将秸秆铡切入窖，分层喷洒菌液压实，窖口再盖上塑料薄膜覆土密封。这种方法的优点是成本较低，简便易行。

3）塑料袋窖内微储法。根据塑料袋的大小先挖一个圆形的窖，然后把塑料袋放入窖内，再放入秸秆，分层喷洒菌液压实，将塑料袋口扎紧，覆土密封。这种方法适合处理100~200千克的秸秆。

4）压捆窖内微储法。秸秆经压捆机打成方捆，喷洒菌液后入窖，填充缝隙，封窖发酵，出窖时揉碎饲喂，这种方法的好处是开窖取料方便。

（4）工艺流程。微储的工艺流程如下。

1）菌种的复活。在处理前，先将菌剂倒入200毫升水中充分溶解，然后在常温下放置1~2小时，使菌种复活，复活好的菌剂一定要当天用完，不可隔夜使用。

2）菌液的配制。将复活好的菌剂倒入充分溶解的0.8%~1.0%食盐水中拌匀。菌种、食盐和水的用量为：处理1吨稻、麦秸秆，使用秸秆发酵活干菌3克、食盐9~12克、自来水1 200~1 400克；1吨黄玉米秸，则分别用秸秆发酵活干菌3克、食盐6~8克和自来水800~1 000克。

3）玉米秸秆的切短。用于微储的秸秆一定要切短，一般羊用3~5厘米。

4）秸秆入窖。在窖底铺放20~30厘米厚的秸秆，均匀喷洒菌液水，压实后再铺放20~30厘米厚的秸秆，再喷洒菌液压实，直到高于窖口40厘米再封口。如果窖内当天未装满，可盖上塑料薄膜，第二天装窖时揭开薄膜继续装填。

5）封窖。将秸秆分层压实直到高出窖口30~40厘米，再充分压实后，在最上面一层均匀撒上食盐粉，再压实后盖上塑料薄膜。食盐的用量为每平方米250克，其目的是确保微储饲料上部不发生糜烂变质。盖上塑料薄膜后，在上面撒20~30厘米厚的稻、麦秸秆，覆土15~20厘米，密封。

(5) 使用注意事项。秸秆微储饲料，一般须在窖内储存12~30天，才能取用。取料时要从一角开始，从上到下逐段取用，每次取出量应以当天能喂完为宜，并且每次取用后必须立即将口封严。微储饲料由于在制作时加入了食盐，这部分食盐应在饲喂牲畜时从日粮中扣除。

(四) 青绿饲料的青储

将青绿饲料放在密闭的青贮容器内经乳酸发酵、采用化学制剂调制或降低水分后储存的过程就是青贮。青绿多汁饲料经青贮后，可保存大部分养分，特别是蛋白质和维生素，营养物质损失率仅为3%~10%；青贮饲料具有青绿饲料营养全面、丰富、易消化和适口性强等特点，可在一年四季保证供给，解决了羊冬季安全越冬的问题，消除季节性营养供给的不平衡；青贮是保存青绿饲料经济、安全的方法，青贮饲料储存时间长，成本低，不怕雨淋，不会发生火灾；青贮可消灭害虫和杂草，将害虫的幼虫杀死，使杂草的种子失去发芽能力；青贮保鲜性好，特别对块茎类作物，青贮后不易霉烂变质。饲料经青贮可提高其适口性。

1. 青贮的原理 利用微生物的乳酸发酵作用，达到长期保存青绿多汁饲料营养特性的目的。其实质是将新鲜植物紧实地堆积在不透气的容器中，通过乳酸菌等微生物的厌氧发酵，使原料中所含的糖分转化成有机酸——主要是乳酸，当酸度降到pH值为3.8~4.0时，会抑制其他微生物的活动，制止原料中养分被微生物分解破坏，从而将原料中养分很好地保存下来。乳酸发酵过程中产生了大量热能，当青贮原料温度达到50℃时，乳酸菌停止活动，发酵结束。青贮饲料是在密闭和微生物活动停止的条件下储存的，因此可以长期保存不变质。

2. 青贮条件

(1) 原料。除有毒、有害的草类外，可利用全部的多汁饲料，也可利用谷物、蔬菜、瓜类及多汁副产品等。因此，原料来源广、成本低。原料的含水量要求在60%~67%最好，若含水量超过70%，可添加干料来调节。

(2) 青贮设备。主要有青贮窖、青贮壕、青贮塔，另外还有塑料青贮（包括塑料袋青贮、草捆青贮、地面青贮等形式）。挖建青贮窖要选择土质坚硬、干燥向阳、地下水位较低、距羊舍较近的平坦地段；不透气、不漏水，密封性好；建造简便、造价低。塑料青贮要求选用0.8~1.0毫米的无毒塑料薄膜，颜色可用白色、外白内黑塑料，棕色或蓝色塑料等。青贮窖内适宜温度为30℃。

3. 常规青贮的制作方法

（1）青贮设备的准备。旧窖（壕、塔）在使用前要清理出杂物，修补并消毒。也可在使用前选择地下水位低、干燥、土质坚硬的地方挖建青贮窖。窖壁要光滑略倾斜，窖口要略大于底部。

（2）原料收割。要求尽量保持原料新鲜和青绿，水分含量在70%~75%的情况收割最好。一般专用青贮玉米或兼用玉米多在乳熟期至蜡熟期收割；禾本科牧草在孕穗期至抽穗期；豆科牧草可在现蕾期至开花初期收割；薯秧类要在收薯或霜前1~2天收割。收割后应尽快加工、青贮。

（3）铡短。铡短有利于踩实、压紧，沉降均匀，养分损失少；汁液渗出原料表面，有利于草料发酵时乳酸菌的繁殖。养羊用铡短的长度：一般禾本科和豆科类牧草及叶菜类为2~3厘米；玉米和向日葵等粗茎植物以0.5~2厘米为宜。

（4）装填和压实。装窖前在窖底铺一层15~20厘米厚的麦子或其他秸秆，窖壁四周可铺一层塑料薄膜，加强密封，防止透水、漏气。菜叶类、水生饲料等含水量大的青贮原料，在装填时要加入适量的糠麸以调节含水量。装填青贮原料时，应逐层装填，每层装15~20厘米，边装边压实。添加糠麸、谷实等进行混合青贮时，要在压紧前分层混合。小型窖可用人力踩踏，大型长壕可用链轨拖拉机等，同时要压紧窖的边缘和四角。这样层层装填、压实，直至高出窖口50~60厘米为止。

（5）密封和管理。原料装填完毕，要立即密封和覆盖塑料薄膜，以隔绝空气与原料的接触，并防止雨水进入。窖口中间可高一些，并在原料的上面盖一层10~20厘米切短的秸秆或牧草，覆上塑料薄膜后再覆上30~50厘米的土，踏踩成馒头形。封埋后要随时注意因青贮饲料下沉引起的盖土裂缝或下降，发现后应立即重新压实、埋好。

4. 特殊青贮的制作方法

（1）低水分青贮。低水分青贮又叫半干青贮，利用控制水分的方法，造成对微生物的生理干燥，使其处于抑制状态，从而使养分保存下来。

半干青贮原理是青饲料刈割后，经风干原料含水量达到45%~55%时，植物细胞的渗透压达5.57~6.08兆帕。对腐败细菌、丁酸菌及乳酸菌等造成生理干燥状态，生长繁殖受到限制，在高度厌氧的环境下将原料保存下来。青贮过程中，微生物发酵微弱，蛋白质不被分解，有机酸形成数量少，霉菌等在风干植物体上仍可大量繁殖，在切短、压实的厌氧条件下，其活动很快停止，这种半干青贮的方式仍需在高度厌氧条件下进行。半干青贮饲料的特点是具有干草和一般青贮饲料的优点，含水分较少；干物质含量比一般青贮饲料多1倍；有果香味，不含丁酸，味微酸或不酸，适口性好；半干青贮饲料营养损失较少。

（2）添加剂青贮。在青贮饲料中加入各种饲料添加剂可提高青贮成功率及其营养价值，降低饲喂成本，增加效益。根据青贮饲料添加剂的作用性质，可分为发酵促进剂、发酵抑制剂、二次发酵抑制剂和营养性添加剂，其中发酵促进剂可促进乳酸产生从而调节青贮过程。如表 8-23 所示。

表 8-23　青贮饲料中常用添加剂

种类	特性
乳酸发酵促进剂	发酵促进剂是通过添加有机酸、无机酸等降低青贮饲料的 pH 值，达到适宜乳酸菌生长的环境，从而抑制其他有害微生物繁殖，促进乳酸发酵，达到保鲜储存。常用的发酵促进剂有富含糖类的原料，如糖蜜、葡萄糖、蔗糖、甜菜渣、柠檬渣等，另外还有乳酸菌制剂、酶制剂等
抑制不良发酵添加剂	目的是减少腐败菌等不利因素的影响，可分为酸类添加剂（有机酸类主要有甲酸、乙酸、乳酸、柠檬酸、山梨酸等，无机酸类主要有硫酸、盐酸、磷酸等）和其他抑制剂两类
营养性添加剂	目的是改善青贮饲料的营养价值。常用的是非蛋白氮类添加剂，如尿素、磷酸脲、缩二脲、氨水、硫酸铵、硫酸钠和矿物质等
防腐添加剂	主要有甲醛、焦亚硫酸钠、二乙酸钠和苯甲酸

（3）草捆青贮。将用捆草机打捆的青刈牧草，码垛堆放、压实，用塑料薄膜密封，或将草捆直接放入塑料袋中密封制作青贮饲料的方法。草捆青贮不需要青贮窖，制作时选择地势较高、平坦的地方，铺一层破旧的塑料薄膜，再将一块完整的、稍大于青贮堆积面积的塑料薄膜铺好，然后将草捆紧实地堆码于塑料薄膜上，将垛顶和四周用一块完整的塑料膜盖严，四周与堆底铺的塑料薄膜重叠，用泥土压住重合的部分，防止空气进入。塑料薄膜的外面再用草帘等对塑料薄膜无损伤的物品覆盖，用以保护、防冻等。

（4）混合青贮饲料。有些青绿饲料由于含糖量低或水分含量过高或过低，在一般条件下不适合单独青贮，这时可用多种原料混合青贮，以保证青贮成功并提高青贮饲料的品质。豆科牧草、马铃薯茎叶等含糖量少的原料可搭配青贮玉米、禾本科牧草等含糖量多的原料；块根、块茎、瓜类、蔬菜副产品等含水量多的原料可搭配谷糠、草粉等含水量少的原料；质地坚硬的原料可与质地较软的原料混储。

5. 品质鉴定

（1）感官鉴定。根据青贮饲料的着色、气味、口味、质地和结构等指标，用感官（捏、看、闻）评定品质好坏。青贮饲料的感官鉴定如表 8-24 所示。

表 8-24　青贮饲料的感官鉴定

品质等级	颜色	气味	酸味	质地、结构
优等	青绿或黄绿，有光泽，近似原来颜色	近似香水味、酒酸味，给人以舒适感觉	浓	湿润、紧密，叶脉明显，结构完整
中等	黄褐色或暗褐色	有刺鼻醋酸味、香味淡	中等	茎、叶、花保持原状，柔软，水分稍多
低等	黑色、褐色或暗墨绿色	有特殊刺鼻腐臭味或霉味	淡	腐烂、污泥状，黏滑或粘成块，无结构

（2）pH 值测定。从被测定的青贮饲料中，取出具有代表性的样品，切断，在烧杯中装入半杯，加入蒸馏水或凉开水，浸没青贮饲料，然后用玻璃棒不断搅拌，使水和青贮饲料混合均匀，放置 15~20 分钟后，将水浸物经滤纸过滤。吸取滤得的浸出液滴加到比色试纸卡上，判断近似的 pH 值，用以评定青贮饲料的品质。优良的颜色，红、乌红或紫红（pH 值 1. 8~4. 1）；中等的颜色，紫、紫蓝或深蓝（pH 值 4. 6~5. 2）；低劣的颜色，蓝绿、绿或黑（pH 值 5. 4~6. 0）。

（3）氨含量的测定。在粗试管中加 2 毫升盐酸乙醇乙醚混合液（密度 1. 19 克/厘米^3 的盐酸、96%的乙醇、乙醚按 1∶3∶1的比例混合），取中部有一铁丝的软木塞，铁丝的尖端弯成钩状，钩一块青贮饲料放入试管中，青贮饲料块距离试液 2 厘米，如有氨存在，则生成氯化铵，在青贮饲料周围出现白雾。青贮饲料中有游离氨存在，说明青贮饲料已有腐败发生。

6. 青贮饲料的取喂　饲料青贮 1 个月后，便可开窖取用，但应避开高温和高寒季节，以免二次发酵或冰冻。取用时窖口最好搭棚遮阳，以防日晒雨淋，引起发霉变质。每次取出的数量要依饲喂量而定，随用随取，避免取出过多而变质。圆形青贮窖从上部开始取料，沟型青贮壕从一端开口取料，要一层层地向下取而不要掏洞取料，取料后应随即用草帘或塑料薄膜盖严料面。

第二节　羊的营养需要与饲养标准

一、羊需要的营养物质

羊的生存、生长和繁衍后代等生命活动，离不开营养物质。要获得营养物质必须从外界摄取饲料。饲料中凡能被羊用来维持生命、生产产品、繁衍后代的物质，均称为营养物质，简称为营养素。饲料中含有各种各样的营养素，不同的营养素具有不同的营养作用。不同类型、不同阶段、不同生产水平的羊对营养素的需求也是不同的。

（一）蛋白质

1. 蛋白质的组成 蛋白质主要由碳、氢、氧、氮四种元素组成。此外，有的蛋白质尚含有硫、磷、铁、铜和碘等。动物体内所含的氮元素，绝大部分存在于蛋白质中，不同蛋白质的含氮量虽有所差异，但皆接近于16%。

2. 蛋白质的营养作用 蛋白质在体内具有重要的营养作用。蛋白质是构成羊的体组织、细胞的基本原料，也是构成各种畜产品（如肉、毛、乳等）的重要物质。同时在机体营养不足时，蛋白质可分解供能，维持机体的代谢活动。当日粮中缺乏蛋白质时，羔羊生长缓慢或停止，体重减轻；成年羊体重下降。长期缺乏蛋白质，羊还会发生血红蛋白减少的贫血症；当血液中免疫球蛋白数量不足时，羊抗病力减弱，发病率增加；蛋白质不足还会影响羊的繁殖功能，如母羊发情不明显，不排卵，受胎率降低，胎儿发育不良，公羊精液品质下降。蛋白质过多时，其代谢产物的排泄加重了肝、肾的负担，可导致中毒。蛋白质水平过高对繁殖也有不利影响，公羊表现为精子发育不正常，精子的活力及受精能力降低，母羊则表现为不易形成受精卵或胚胎的活力下降。

3. 非蛋白质含氮物的营养作用 除蛋白质外，动植物中还存在许多其他的含氮化合物，这类化合物不是蛋白质，即不是由氨基酸组成的，但它们都含有氮元素，其结构不同，功能各异，统称为非蛋白氮。非蛋白氮对羊有很重要的营养作用，饲料中非蛋白氮除嘌呤、嘧啶外，起主要营养作用的是酰胺和氨基酸。饲料中的非蛋白氮可充分地被瘤胃功能发育完善的羊所利用，合成微生物蛋白，满足羊体蛋白质的部分需要，降低饲养成本。

4. 蛋白质、氨基酸的营养问题 蛋白质营养问题实质上是氨基酸的营养问题，蛋白质品质的好坏取决于其中各种氨基酸的含量和比例。构成动物体的蛋白质含有20多种氨基酸，羊至少需要9种必需氨基酸，这些氨基酸可由瘤胃微生物合成。羔羊由于瘤胃内没有微生物或微生物合成功能不完善，须提供必需氨基酸。

在必需氨基酸中，与需要量相比，含量低且因其含量限制了其他氨基酸的利用者称为限制性氨基酸。在羊日粮中，蛋氨酸为第一限制性氨基酸，其次为赖氨酸和苯丙氨酸。羊由小肠吸收的氨基酸来源于四个方面——瘤胃微生物蛋白质、过瘤胃蛋白质、过瘤胃氨基酸和内源氮。

（二）能量

能量对羊具有重要的营养作用，羊的生存、生长和生产等一切生命活动都离不开能量。能量不足或过多，都会影响羊的生产性能和健康状况。饲料中的有机物——蛋白质、脂肪和糖类都含有能量，但主要来源于饲料中的糖类、脂肪。饲料中各种营养物质的热能总值称为饲料总能。饲料总能减去粪能为消化能，消化能减去尿能和产生气体的能量后便是代谢能。能量在羊体内的转化过程见图8-1。

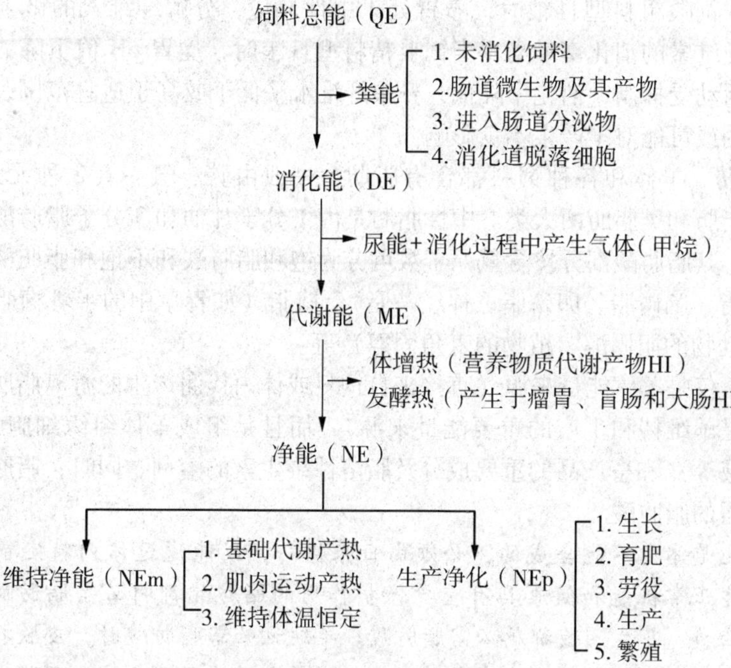

图 8-1　能量在羊体内的转化过程

1. 糖类　糖类是植物性饲料中最主要的组成部分，约占其干物质重量的3/4。糖类可分为粗纤维和无氮浸出物两大类。粗纤维由纤维素、半纤维素、多缩戊糖及镶嵌物质所组成，是植物细胞壁的主要成分。无氮浸出物是指从饲料干物质重量中减去水分、粗蛋白质、粗脂肪、粗纤维、粗灰分后剩余部分的含量，包括单糖、双糖、淀粉和糖原。糖类易溶于水，有利于动物消化吸收，具有改善消化生理功能的重要作用。

无氮浸出物中的糖类是羊体生命活动能量的主要来源，也是形成体组织的成分之一（如五碳糖是细胞核酸的组成成分、半乳糖与类脂肪是神经组织的必需物质、许多糖类与蛋白质化合而成糖蛋白、低级核酸与氨基化合形成氨基酸、黏多糖是保证多种生理功能实现的重要物质），并参与畜产品的形成和机体能量的储备。

对于羊，粗纤维是必需的营养物质，它除为羊提供能量及作为合成葡萄糖和乳脂的原料外，也是维持羊消化功能正常所必需的。粗纤维性质稳定，不易消化，吸水性强，能充填消化道给动物以饱感。它还能刺激消化道黏膜，促进消化道蠕动，促进未消化物质的排出，保证消化道的正常机能。

高质量的牧草或未成熟的粗饲料中，纤维素的消化率可达90%，粗饲料经化学或物理方法处理，可使纤维素消化率大幅度提高；要保持瘤胃内环境接近中性或微碱性，饲喂粗料型日粮时，瘤胃处于中性环境，分解纤维素的微生物最活跃，对粗纤维素的消化率最高，当饲喂精料型日粮时，瘤胃 pH 值下降，纤维素分解菌的活动受抑制，消化率降低；日粮纤维水平低于或高于适宜范围，都不利于能量利用或可能对羊产生不良影响。

2. 脂肪 羊体和各种饲料都含有脂肪，一般由碳、氢、氧 3 种元素组成，包括中性脂肪和类脂肪两大类。中性脂肪是由 1 分子甘油和 3 分子脂肪酸构成的甘油三酯，其脂肪酸部分按含氢原子数可分为饱和脂肪酸和不饱和脂肪酸。类脂肪包括磷脂（脑磷脂、卵磷脂、神经磷脂）、糖脂（如青草中的半乳糖脂等）和固醇（如动物的胆固醇、植物的麦角固醇）等。

脂肪不仅是羊体能量来源（直接来自饲料或体内代谢产生的游离脂肪酸、甘油酯，都是羊维持和生产的重要能量来源），而且是组成羊体组织细胞（神经、肌肉、血液等）和畜产品的重要成分及脂溶性维生素的溶剂。同时，脂肪可以为羊提供必需的脂肪酸。

注：凡是体内不能合成的，必须由日粮供给，或能通过体内特定前体物形成，对机体正常机能和健康具有重要保护作用的脂肪酸都叫必需脂肪酸，亚油酸、亚麻油酸、花生油酸都属必需脂肪酸。羊缺乏必需脂肪酸时，皮肤损害，出现角质鳞片。体内水分经皮肤损失增加，毛细管变得脆弱。免疫力下降，生长受阻，繁殖力下降，甚至死亡。在正常饲养条件下，成年羊由于瘤胃微生物能合成必需脂肪酸，能满足需要而不会产生必需脂肪酸缺乏。但羔羊必须从饲料中获得所需要的必需脂肪酸。

3. 蛋白质 当体内糖类和脂肪不足时，多余的蛋白质可在体内分解、氧化供能，以补充热量的不足。过度饥饿时体蛋白也可能供能。体内多余的蛋白质可经脱氨基作用，将不含氮部分转化为脂肪或糖原，储备起来，以备营养不足时供能。但蛋白质供能不仅不经济，而且容易加重机体的代谢负担。

羊对能量的需要包括本身的代谢维持需要和生产需要。影响能量需要的因素很多，如环境温度、羊的类型、品种、不同生长阶段及生理状况和生产水平等。日粮的能量值在一定范围，羊的采食量多少可由日粮的能量值而定，所以饲料中不仅要有一个适宜的能量值，而且与其他营养物质比例要合理，使羊摄入的能量与各营养素之间保持平衡，提高饲料的利用率和饲养效果。

（三）维生素

维生素就是维持生命的要素，属于低分子有机化合物，其功能在于启动和调节有机体的物质代谢。在饲料中虽然含量甚微，但所起作用极大。维生素种类很多，目前已知 20 多种，分为脂溶性（维生素 A、维生素 D、维生素 E、维生素 K）和水溶性（B 族维生素和维生素 C）两大类。B 族维生素包括硫胺素（维生

素 B_1）、核黄素（维生素 B_2）、烟酸（维生素 B_3）、吡哆醇（维生素 B_6）、泛酸（维生素 B_5）、叶酸、生物素（维生素 B_7）、胆碱和维生素 B_{12}。羊对维生素的需要量虽然极少，但缺乏时就会引起许多疾病。维生素不足会引起机体代谢紊乱。羔羊表现生长停滞，抗病力弱，成年羊则出现生产性能下降和繁殖功能紊乱。羊体所需的维生素，除由饲料中获取外，还可由消化道微生物合成。养羊业中一般对维生素 A、维生素 D、维生素 E 和维生素 K 比较重视。

1. 维生素 A　维生素 A 是一种环状不饱和一元醇，具有多种生理作用，不足会出现多种症状。如缺乏维生素 A 时，会出现生长停滞、夜盲、流眼泪、咳嗽、流鼻液、肺炎、步伐不协调、上皮细胞角质化、食欲下降、消瘦、被毛粗乱、骨骼畸形、繁殖器官退化、流产死胎等。青草、胡萝卜、黄玉米、鲜树叶、青干草内含有丰富的胡萝卜素，羊的小肠能把胡萝卜素转化为维生素 A。长期过量摄入可以引起动物中毒，特异性症状为骨折、胚胎畸形、痉挛、麻痹，甚至死亡等。

2. 维生素 D　维生素 D 为类固醇的衍生物，功能为促进钙、磷的吸收、代谢和成骨作用。缺乏维生素 D 会影响对钙、磷的吸收和代谢障碍，羔羊出现佝偻病，成年羊出现骨骼组织疏松症。羊还可以借助太阳光的照射作用，把皮肤中含有的 7-脱氢胆固醇转化为维生素 D_3。长时间的过量摄入还会干扰软骨的生长，产生厌食、失重、血钙升高和血磷酸盐降低等症状。

3. 维生素 E　维生素 E 又称抗不育维生素，化学结构类似酚类的化合物，极易被氧化，具有生物学活性。其主要功能是作为机体的生物催化剂。缺乏维生素 E 会发生肌肉营养不良的退化性疾病。如白肌病和公羊睾丸萎缩症，这些疾病均影响生育。青草中维生素 E 的含量足够满足羊的需要，所以只要注意羊的优质青干草的供给，就不会导致维生素 E 的缺乏。羊能够耐受 100 倍于维生素 E 需要量的剂量。

4. 维生素 K　维生素 K 分为维生素 K_1、维生素 K_2 和维生素 K_3 三种。维生素 K_1 称为叶绿醌，在植物中形成。维生素 K_2 由胃肠道微生物合成。维生素 K_3 为人工合成。维生素 K 的主要作用是催化肝脏中对凝血酶原和凝血活素的合成，经凝血活素的作用使凝血酶原转变为凝血酶，凝血酶能使可溶性的血纤维蛋白原变为不溶性的血纤维蛋白而使血液凝固。当维生素 K 缺乏时，血液凝固的正常速度将显著降低，从而引起出血。羊的瘤胃能合成维生素 K，因此一般很少缺乏。但在生产中，由于饲料间的拮抗作用，如草木樨和一些杂类草中含有与维生素 K 化学结构相似的双香豆素，能妨碍维生素 K 的利用；霉变饲料中的真菌霉素有制约维生素 K 不足的作用，需要适当增加维生素 K 的喂量。天然的维生素 K_1 和维生素 K_3 是无毒的。大剂量维生素 K 使红细胞不稳定而溶血、引发亚铁血红蛋白尿和卟啉尿症。

(四) 矿物质

饲料经过充分燃烧，剩余的部分就称为矿物质或灰分。矿物质是羊体组织、细胞、骨骼和体液的重要成分。体内缺乏矿物质，会引起神经系统、肌肉运动、食物消化、营养输送、血液凝固和体内酸碱平衡等功能紊乱，影响羊体健康、生长发育、繁殖和畜产品产量，乃至死亡。矿物质的种类很多，一般根据其占畜体体重的比例大小可分为常量元素（0.01%以上）和微量元素（0.01%以下）。常量元素有钙、磷、钠、氯、硫、镁、钾等。微量元素有铁、铜、锰、锌、硅、硒、钴、碘、铬、氟、钼等，其在羊体内含量虽少，但具有重要作用。

1. 常量元素

（1）钙和磷。钙、磷参与机体的代谢活动，是骨骼的重要组成成分。钙、磷关系密切，幼龄羊其比例为2:1。血液中的钙有抑制神经和肌肉兴奋，促进血凝和保持细胞膜完整性等作用；磷参与糖代谢和保持血液 pH 值正常。缺乏钙或磷，骨骼发育不正常。长期缺钙、磷或由于钙、磷的比例不当和维生素 D 的供应不足，幼羊出现佝偻病，成年羊会发生骨软症和骨质疏松。奶中的钙、磷含量占其矿物质含量的5%。若饲料中钙、磷不足，会影响羊的机体健康。豆科牧草含钙较多，禾本科牧草含钙量低，因此饲喂禾本科牧草应注意补充钙质。绵羊食用钙化物一般不会出现钙中毒。但日粮中钙过量，会加速其他元素如磷、镁、铁、碘、锌和锰的缺乏。

（2）钾、钠、氯。它们主要分布在羊的体液及软组织中，在维持体液的酸碱平衡和渗透压方面起着重要的作用，并能调节体内水的平衡。钠是制造胆汁的重要原料，氯构成胃液中盐酸并参与蛋白质消化。钠、氯在羊体内主要以食盐形式存在，食盐还有调味作用，能刺激唾液分泌，促进淀粉酶的活性。钠、氯缺乏时可导致消化不良、食欲减退、采食量减少、异嗜、利用饲料营养物质的能力下降、发育障碍、生长迟缓、体重减轻、生殖功能减弱、生产力下降等现象。所以，在饲料中必须补充食盐，常以0.5%的食盐配给为宜，喂量过多则引起食盐中毒。钾主要存在于细胞内液中，影响机体的渗透压和酸碱平衡，对一些酶的活性有促进作用。缺乏钾时导致采食量下降，精神不振和痉挛。钾在普通日粮中不必另行补充，绵羊对钾的最大耐受量占日粮干物质的3%。

（3）镁。镁作为骨骼和牙齿的成分，为骨骼正常发育所必需；作为磷酸酶、氧化酶、激酶、肽酶、精氨酸酶等多种酶的活化因子，在糖类、蛋白质和脂肪代谢中起重要作用，参与遗传物质 DNA、RNA 和蛋白质合成，或直接参与酶组成，调节神经肌肉兴奋性，保证神经肌肉的正常功能。

羊体含镁约占体重的0.05%，其中60%~70%存在于骨骼中，其余存在于软组织中。羊需镁量高，一般是非反刍动物的4倍左右。饲料中镁含量变化大、吸收率低会使羊出现镁缺乏症，又称“草痉挛”。其主要表现为神经过敏，肌肉发抖，呼吸弱，心跳过速，抽搐，死亡。镁过量可使羊中毒，主要表现为昏睡，运动失调，腹泻，采食量下降，生产力降低，甚至死亡。实际生产中使用含镁添加剂混合不均时可能导致中毒。

（4）硫。硫是保证瘤胃微生物最佳生长的重要养分。在瘤胃微生物消化过程中，硫对含硫氨基酸（蛋氨酸和胱氨酸）、维生素 B_{12} 的合成有作用。硫是构成蛋白质、某些维生素、酶、激素和谷胱甘肽辅酶 A 的必需成分，也是机体中间代谢和去毒过程中不可缺少的物质。硫作为黏多糖的成分参与胶原和结缔组织的代谢等。羊还能利用无机硫合成黏多糖。

缺硫时，可发生流涎过多、虚弱、食欲不振、异食癖、消瘦等现象。与蛋白质缺乏症状相似，出现食欲减退，增重减少，毛的生长速度降低等现象。此外，还表现出唾液分泌过多、流泪和脱毛。产毛绵羊的饲粮中需较高的硫。硫过量时，可产生厌食、失重、便秘、腹泻、抑郁等毒性反应，甚至死亡。用硫酸钠补充硫，最大耐受量为日粮的 0.4%。严重中毒症状是呼出气体有硫化氢气味。

2. 微量元素

（1）碘。碘是形成甲状腺素不可缺少的元素，参与物质的代谢过程。缺碘时，新生的羔羊甲状腺肿大，无毛，死亡或生存亦很衰弱，发育缓慢。母羊缺碘受胎率低，母羊每天需要碘 0.5 毫克左右，实践证明食盐中加入 0.01% 碘化钾时，可满足羊对碘的需要。因为碘化钾容易氧化、蒸发或滤过，所以建议用碘化钙。碘中毒症状是发育缓慢、厌食和体温下降。

（2）铁。铁参与形成血红素和肌红蛋白，保证机体组织氧的运输。铁还是细胞色素酶类和多种氧化酶的成分，与细胞内生物氧化过程密切相关。缺乏铁的症状是生长缓慢、嗜睡、贫血、呼吸频率增加。铁过量，其慢性中毒症状是采食量下降、生长速度慢、饲料转化率低；其急性中毒表现为厌食、尿少、腹泻、体温低、代谢性酸中毒、休克，甚至死亡。目前尚无证明羔羊或大羊在正常情况下会缺铁，但有时羔羊舍饲在木条或木板地上因缺铁会引起贫血。通常情况下，植物性饲料含有足够的铁，可以满足羊对铁的需要。

（3）钴。钴是羊瘤胃微生物合成维生素 B_{12} 的原料，血液中肝脏中钴的含量可作为钴在羊体中含量充足与否的标志。缺钴时影响血红素和红细胞的形成。绵羊缺钴时出现食欲减退、流泪、被毛粗硬、精神不振、逐渐消瘦、贫血、发情次数减少、受胎率显著下降、易流产、泌乳量和产毛量降低。饲料中钴含量过多对羊也有害，正常情况下每天可供钴 0.1~1 毫克。日粮中补充钴，则母羊中发情羊增加，公羊精子数增加。严重缺乏钴还会使泌乳量和剪毛量降低，幼龄羊比成年羊受影响大。

（4）硒。硒是谷胱苷肽过氧化物酶的主要成分，具有抗氧化作用。也是日粮中必需的元素，每千克饲料中必须含有 0.1 毫克硒才能满足羊的需要。缺硒时，对羔羊的发育有严重影响，主要表现为羔羊生长慢、易发病，特别是易发白肌病，此病多发生在羔羊2~8周龄，死亡率很高。母羊繁殖功能紊乱，多空怀和死胎。缺乏硒时，绵羊补饲亚硒酸钠。但硒过量则发生慢性蓄积性中毒，表现为脱毛、蹄发炎或溃烂、繁殖力下降。当喂含硒量低的日粮时，体内的硒便迅速排出体外。

（5）铜。铜有催化红细胞和血红素形成的作用。铜与羊毛生长关系密切。在酶的作用下，铜参与有色毛纤维色素的形成。铜可以单独缺乏，也可以和钴、铁同时缺乏。贫血常和铜有关，若羊得不到适量的铜，就会影响铁的正常吸收，其结果使血红蛋白的合成受阻，一只羊每天需铜15毫克左右，羔羊缺铜时常见的症状是肌肉不协调、后肢瘫痪、神经纤维的骨髓退化，毛纤维直、强度、弹性、染色亲和力下降，有色毛色素沉着力差，羔羊初生后软弱或死亡。在缺铜地区把硫酸铜按0.5%比例加到食盐中可以补铜。铜中毒症状为溶血、黄疸、血红蛋白尿，肝和肾呈现黑色。

（6）锰。锰对于骨骼发育和繁殖都有作用，羊的骨骼发育中需要锰。缺锰时，母羊受胎率低、流产，羔羊的初生体重减轻，产的公羔比母羔多，而且母羔还比公羔死的多。

（7）锌。锌是多种酶的成分，如红细胞中的碳酸酐酶、胰液中的羧肽酶和胰岛素。锌的主要作用：一是维持公羊睾丸的正常发育和精子的正常生成，二是维持羊毛的正常生长，使之不脱毛。公羔日粮中应含36~40毫克的锌，才能保持睾丸的正常发育。缺乏时出现角化不全症、掉毛、睾丸发育缓慢（或睾丸萎缩）、多畸形精子、母羊繁殖力下降。锌过量出现中毒症状，采食量下降、羔羊增重降低。日粮每千克含锌量达到0.75克，妊娠母羊表现出严重缺锌，流产和死胎增多。

（五）水

水对维持羊的生命活动极其重要。构成羊机体的成分中水分最多。初生羔羊身体含水80%左右，成年羊含水50%。动物失去全部脂肪、半数蛋白质或失去40%的体重时仍能存活，但若脱水5%则食欲减退，脱水10%则生理失常、代谢紊乱，脱水20%就会死亡。

羊体内水来源于饮水、饲料水和代谢水。

二、羊的饲养标准

羊的饲养标准又称为羊的营养需要。根据羊的不同用途、不同生理时期、不同体重，通过试验和实际经验总结，科学地规定一只羊每天应该给予的主要营养物质数量。

采用饲养标准养羊，是一种科学的饲养方法，它不但可以保证羊的健康，提高羊的各种生产性能，而且能节省草、料，降低畜产品成本。制定和应用饲养标准（营养需要量）是养羊业商品化的标志之一，而且随着生产与科技水平的进展在不断地补充和提高。

饲养标准中衡量能量的单位为可消化能，即饲料总能扣除粪便所含能量，以兆焦表示。蛋白质需要量以可消化蛋白表示，即饲料中粗蛋白质扣除粪中粗蛋白质的数量，以克表示。各种羊的饲养标准见表 8-25～表 8-43。

表 8-25　绵羊羔羊每天营养需要

体重/千克	摄乳重/（千克/天）	风干饲料/千克	消化能/兆焦	代谢能/兆焦	消化粗蛋白/克	钙/克	磷/克	食盐/克
4	0.1	0.12	1.92	1.88	35	0.9	0.5	0.6
4	0.2	0.12	2.8	2.72	62	0.9	0.5	0.6
4	0.3	0.12	3.68	3.56	90	0.9	0.5	0.6
6	0.1	0.13	2.55	2.47	36	1	0.5	0.6
6	0.2	0.13	3.43	3.36	62	1.0	0.5	0.6
6	0.3	0.13	4.18	3.77	88	1.0	0.5	0.6
8	0.1	0.16	3.10	3.01	36	1.3	0.7	0.7
8	0.2	0.16	4.06	3.93	62	1.3	0.7	0.7
8	0.3	0.16	5.02	4.60	88	1.3	0.7	0.7
10	0.1	0.24	3.97	3.60	54	1.4	0.75	1.1
10	0.2	0.24	5.02	4.60	87	1.4	0.75	1.1
10	0.3	0.24	8.28	5.86	121	1.4	0.75	1.1
12	0.1	0.32	4.6	4.14	56	1.5	0.8	1.3
12	0.2	0.32	5.44	5.02	90	1.5	0.8	1.3
12	0.3	0.32	7.11	8.28	122	1.5	0.8	1.3
14	0.1	0.40	5.02	4.60	59	1.8	1.2	1.7
14	0.2	0.40	6.28	5.86	91	1.8	1.2	1.7
14	0.3	0.40	7.53	6.69	123	1.8	1.2	1.7
16	0.1	0.48	5.44	5.02	60	2.2	1.5	2.0
16	0.2	0.48	7.11	6.28	92	2.2	1.5	2.0
16	0.3	0.48	8.37	7.53	124	2.2	1.5	2.0
18	0.1	0.56	6.28	5.86	63	2.5	1.7	2.3
18	0.2	0.56	7.95	7.11	95	2.5	1.7	2.3
18	0.3	0.56	8.79	7.95	127	2.5	1.7	2.3
20	0.1	0.64	7.11	6.28	65	2.8	1.9	2.6
20	0.2	0.64	8.37	7.53	96	2.8	1.9	2.6
20	0.3	0.64	9.62	8.79	128	2.8	1.9	2.6

注：表中推荐值参考内蒙古自治区地方标准《细毛羊饲养标准》。

表 8-26　山羊羔羊每天营养需要

体重/千克	摄乳重/（千克/天）	风干饲料/千克	消化能/兆焦	代谢能/兆焦	消化粗蛋白/克	钙/克	磷/克	食盐/克
1	0	0.12	0.55	0.46	3	0.1	0	0.6
1	0.02	0.12	0.71	0.60	9	0.8	0.5	0.6
1	0.04	0.12	0.89	0.75	14	1.5	1.0	0.6
2	0	0.13	0.90	0.76	5	0.1	0.1	0.7
2	0.02	0.13	1.08	0.91	11	0.8	0.6	0.7
2	0.04	0.13	1.26	1.06	16	1.6	1.0	0.7
2	0.06	0.13	1.43	1.20	22	2.3	1.5	0.7
4	0	0.18	1.64	1.38	9	0.3	0.2	0.9
4	0.02	0.18	1.93	1.62	16	1.0	0.7	0.9
4	0.04	0.18	2.20	1.85	22	1.7	1.1	0.9
4	0.06	0.18	2.48	2.08	29	2.4	1.6	0.9
4	0.08	0.18	2.76	2.32	35	3.1	2.1	0.9
6	0	0.27	2.29	1.88	11	0.4	0.3	1.3
6	0.02	0.27	2.32	1.90	22	1.1	0.7	1.3
6	0.04	0.27	3.06	2.51	33	1.8	1.2	1.3
6	0.06	0.27	3.79	3.11	44	2.5	1.7	1.3
6	0.08	0.27	4.54	3.72	55	3.3	2.2	1.3
6	0.1	0.27	5.27	4.32	67	4.0	2.6	1.3

表 8-27　肥育绵羊的饲养标准

体重/千克	日增重/（千克/天）	风干饲料/千克	消化能/兆焦	代谢能/兆焦	消化粗蛋白/克	钙/克	磷/克	食盐/克
20	0.1	0.8	9.00	8.40	111	1.9	1.8	7.6
20	0.2	0.9	11.30	9.30	158	2.8	2.4	7.6
20	0.3	1.0	13.60	11.20	183	3.8	3.1	7.6
20	0.45	1.0	15.01	11.82	210	4.6	3.7	7.6
25	0.1	0.9	10.50	8.60	121	2.2	2.0	7.6
25	0.2	1.0	13.20	10.80	168	3.2	2.7	7.6
25	0.3	1.1	15.8	13.00	191	4.3	3.4	7.6
25	0.45	1.1	17.45	14.35	218	5.4	4.2	7.6
30	0.1	1.0	12.0	9.80	132	2.5	2.2	8.6
30	0.2	1.1	15.0	12.30	178	3.6	3.0	8.6
30	0.3	1.2	18.10	14.80	200	4.8	3.8	8.6
30	0.45	1.2	19.95	16.34	351	6.0	4.6	8.6

续表

体重/千克	日增重/(千克/天)	风干饲料/千克	消化能/兆焦	代谢能/兆焦	消化粗蛋白/克	钙/克	磷/克	食盐/克
35	0.1	1.2	13.40	11.10	141	2.8	2.5	8.6
35	0.2	1.3	16.90	13.80	187	4.0	3.3	8.6
35	0.3	1.3	18.20	16.60	207	5.2	4.1	8.6
35	0.45	1.3	20.19	18.26	233	6.4	5.0	8.6
40	0.1	1.3	14.90	12.20	143	3.1	2.7	9.6
40	0.2	1.3	18.80	15.30	183	4.4	3.6	9.6
40	0.3	1.4	22.60	18.40	204	5.7	4.5	9.6
40	0.45	1.4	24.99	20.30	227	7.0	5.4	9.6
45	0.1	1.4	16.40	13.40	152	3.4	2.9	9.6
45	0.2	1.4	20.60	16.80	192	4.8	3.9	9.6
45	0.3	1.5	24.80	20.30	210	6.2	4.9	9.6
45	0.45	1.5	27.38	22.39	233	7.4	6.0	9.6
50	0.1	1.5	17.90	14.60	159	3.7	3.2	11.0
50	0.2	1.6	22.50	18.30	198	5.2	4.2	11.0
50	0.3	1.6	27.20	22.10	215	6.7	5.2	11.0
50	0.45	1.6	30.03	24.38	237	8.5	6.5	11.0

表 8-28　肥育山羊的饲养标准

体重/千克	日增重/(千克/天)	风干饲料/千克	消化能/兆焦	代谢能/兆焦	消化粗蛋白/克	钙/克	磷/克	食盐/克
15	0	0.51	5.63	4.40	43	1.0	0.7	2.6
15	0.05	0.56	5.83	4.78	54	2.8	1.9	2.8
15	0.1	0.61	6.29	5.15	64	4.6	3.0	3.1
15	0.15	0.66	6.75	5.54	74	6.4	4.2	3.3
15	0.2	0.71	7.21	5.91	84	8.1	5.4	3.6
20	0	0.56	6.44	5.28	47	1.3	0.9	2.8
20	0.05	0.61	6.91	5.66	57	3.1	2.1	3.1
20	0.1	0.66	7.37	6.04	67	4.9	3.3	3.3
20	0.15	0.71	7.83	6.42	77	6.7	4.5	3.6
20	0.2	0.76	8.29	6.80	87	8.5	5.6	3.8
25	0	0.61	7.46	6.12	50	1.7	1.1	3.0
25	0.05	0.66	7.92	6.49	60	3.5	2.3	3.3
25	0.1	0.71	8.38	6.87	70	5.2	3.5	3.5
25	0.15	0.76	8.84	7.25	81	7.0	4.7	3.8

续表

体重/千克	日增重/(千克/天)	风干饲料/千克	消化能/兆焦	代谢能/兆焦	消化粗蛋白/克	钙/克	磷/克	食盐/克
25	0.2	0.81	9.31	7.63	91	8.8	5.9	4.0
30	0	0.65	8.42	6.90	53	2.0	1.3	3.3
30	0.05	0.70	8.88	7.27	63	3.8	2.5	3.5
30	0.1	0.75	9.35	7.66	74	5.6	3.7	3.8
30	0.15	0.80	9.81	8.04	84	7.4	4.9	4.0
30	0.2	0.85	10.27	8.42	94	9.1	6.1	4.2

表 8-29 肥育成年羊的饲养标准

体重/千克	风干饲料/千克	消化能/兆焦	消化粗蛋白/克	钙/克	磷/克	食盐/克	胡萝卜素/毫克	维生素 E/国际单位
毛用和毛肉兼用品种								
40	150	1.6	14.8	117	7.8	5.2	15	10
50	160	2.0	15.9	125	8.4	5.6	16	11
60	170	2.4	17.1	135	9.0	6.0	17	12
70	180	2.8	18.2	145	9.6	6.4	18	13
80	180	3.1	19.4	150	10.0	6.8	20	14
肉毛兼用品种								
50	170	1.9	16.5	132	9.0	4.5	16	12
60	180	2.2	17.6	135	9.6	4.8	17	12
70	190	2.4	18.7	145	10.0	5.1	18	13
80	190	2.6	19.5	150	10.5	5.3	20	14

注：本数据以每日每只羊为准；资料来源于苏联 1985 年制定的标准。

表 8-30 育成母绵羊每日营养需要量

体重/千克	日增量/千克	风干饲料/千克	消化能/兆焦	代谢能/兆焦	消化粗蛋白/克	钙/克	磷/克	食盐/克
25	0	0.8	5.86	4.6	47	3.6	1.8	3.3
25	0.03	0.8	6.7	5.44	69	3.6	1.8	3.3
25	0.06	0.8	7.11	5.86	90	3.6	1.8	3.3
25	0.09	0.8	8.37	6.69	112	3.6	1.8	3.3
30	0	1	6.7	5.44	54	4	2	4.1
30	0.03	1	7.95	6.29	75	4	2	4.1
30	0.06	1	8.79	7.10	96	4	2	4.1
30	0.09	1	9.2	7.53	117	4	2	4.1

续表

体重/千克	日增量/千克	风干饲料/千克	消化能/兆焦	代谢能/兆焦	消化粗蛋白/克	钙/克	磷/克	食盐/克
35	0	1.2	7.95	6.29	60	4.5	2.3	5
35	0.03	1.2	8.79	7.11	82	4.5	2.3	5
35	0.06	1.2	9.62	7.95	103	4.5	2.3	5
35	0.09	1.2	10.88	8.79	123	4.5	2.3	5
40	0	1.4	8.37	6.69	67	4.5	2.3	5.8
40	0.03	1.4	9.62	7.95	88	4.5	2.3	5.8
40	0.06	1.4	10.88	8.79	108	4.5	2.3	5.8
40	0.09	1.4	12.55	10.04	129	4.5	2.3	5.8
45	0	1.5	9.2	8.79	94	5	2.5	6.2
45	0.03	1.5	10.88	9.62	114	5	2.5	6.2
45	0.06	1.5	11.71	10.98	135	5	2.5	6.2
45	0.09	1.5	13.39	12.1	138	5	2.5	6.2
50	0	1.6	9.62	7.95	80	5	2.5	6.6
50	0.03	1.6	11.3	9.2	100	5	2.5	6.6
50	0.06	1.6	13.39	10.98	120	5	2.5	6.6
50	0.09	1.6	15.03	12.13	140	5	2.5	6.6

表 8-31　育成公绵羊每日营养需要量

体重/千克	日增量/千克	风干饲料/千克	消化能/兆焦	代谢能/兆焦	消化粗蛋白/克	钙/克	磷/克	食盐/克
20	0.05	0.9	8.17	6.7	95	2.4	1.1	7.6
20	0.1	0.9	9.76	8	114	3.3	1.5	7.6
20	0.15	1	12.2	10	132	4.3	2	7.6
25	0.05	1	8.78	7.2	105	2.8	1.3	7.6
25	0.1	1	10.98	9	123	3.7	1.7	7.6
25	0.15	1.1	13.54	11.1	142	4.6	2.1	7.6
30	0.05	1.1	10.37	8.5	114	3.2	1.4	8.6
30	0.1	1.1	12.2	10	132	4.1	1.9	8.6
30	0.15	1.2	14.76	12.1	150	5	2.3	8.6
35	0.05	1.2	11.34	9.3	122	3.5	1.6	8.6
35	0.1	1.2	13.29	10.9	140	4.5	2	8.6
35	0.15	1.3	16.1	13.2	159	5.4	2.5	8.6
40	0.05	1.3	12.44	10.2	130	3.9	1.8	9.6
40	0.1	1.3	14.39	11.8	149	4.8	2.2	9.6

续表

体重/千克	日增量/千克	风干饲料/千克	消化能/兆焦	代谢能/兆焦	消化粗蛋白/克	钙/克	磷/克	食盐/克
40	0.15	1.3	17.32	14.2	167	5.8	2.6	9.6
45	0.05	1.3	13.54	11.1	138	4.3	1.9	9.6
45	0.1	1.3	15.49	12.7	156	5.2	2.9	9.6
45	0.15	1.4	18.66	15.3	175	6.1	2.8	9.6
50	0.05	1.4	14.39	11.8	146	4.7	2.1	11
50	0.1	1.4	16.59	13.6	165	5.6	2.5	11
50	0.15	1.5	19.76	16.2	182	6.5	3	11
55	0.05	1.5	15.37	12.6	153	5	2.3	11
55	0.1	1.5	17.68	14.5	172	6	2.7	11
55	0.15	1.6	20.98	17.2	190	6.9	3.1	11
60	0.05	1.6	16.34	13.4	161	5.4	2.4	12
60	0.1	1.6	18.78	15.4	179	6.3	2.9	12
60	0.15	1.7	22.2	18.2	198	7.3	3.3	12
65	0.05	1.7	17.32	14.2	168	5.7	2.6	12
65	0.1	1.7	19.88	16.3	187	6.7	3.0	12
65	0.15	1.8	23.54	19.3	205	7.6	3.4	12
70	0.05	1.8	18.29	15	175	6.2	2.8	12
70	0.1	1.8	20.85	17.1	194	7.1	3.2	12
70	0.15	1.8	24.79	20.3	212	8	3.6	12

表 8-32 后备山羊每日营养需要量

体重/千克	日增量/千克	风干饲料/千克	消化能/兆焦	代谢能/兆焦	消化粗蛋白/克	钙/克	磷/克	食盐/克
12	0	0.48	3.78	3.1	24	0.9	0.5	2.4
12	0.02	0.5	4.1	3.36	32	1.5	1.0	2.5
12	0.04	0.52	4.43	3.68	40	1.5	1.5	2.6
12	0.06	0.54	4.74	3.89	49	2.2	2.0	2.7
12	0.08	0.56	5.06	4.15	57	2.9	2.4	2.8
12	0.1	0.58	5.38	4.41	66	3.7	2.9	2.9
15	0	0.51	4.48	3.67	28	4.4	0.7	2.6
15	0.02	0.53	5.29	4.23	36	1.0	1.1	2.7
15	0.04	0.55	6.10	5.00	45	1.7	1.6	2.8
15	0.06	0.57	6.70	5.67	53	2.4	2.1	2.9
15	0.08	0.59	7.72	6.33	61	3.1	2.6	3.0

续表

体重/千克	日增量/千克	风干饲料/千克	消化能/兆焦	代谢能/兆焦	消化粗蛋白/克	钙/克	磷/克	食盐/克
15	0.1	0.61	8.58	7.00	70	3.9	3.0	3.1
18	0	0.54	5.12	4.20	32	4.6	0.8	2.7
18	0.02	0.56	6.44	5.28	40	1.2	1.3	2.8
18	0.04	0.58	7.74	6.35	49	1.9	1.8	2.9
18	0.06	0.60	9.05	7.42	57	2.6	2.2	3.0
18	0.08	0.62	10.35	8.40	66	3.3	2.7	3.1
18	0.1	0.64	11.66	9.56	74	4.1	3.2	3.2
21	0	0.57	5.67	4.72	36	4.8	0.9	2.9
21	0.02	0.59	7.56	6.20	44	1.4	1.4	3.0
21	0.04	0.61	9.35	7.67	53	2.1	1.9	3.1
21	0.06	0.63	11.16	9.15	61	2.8	2.4	3.2
21	0.08	0.65	12.96	10.63	70	3.5	2.8	3.3
21	0.1	0.67	14.76	12.1	78	4.3	3.3	3.4
24	0	0.60	6.37	5.22	40	5.0	1.1	3.0
24	0.02	0.62	8.66	7.10	48	1.6	1.5	3.1
24	0.04	0.64	10.95	8.98	56	2.3	2.0	3.2
24	0.06	0.66	13.27	10.88	65	3.0	2.5	3.3
24	0.08	0.68	15.54	12.74	73	4.5	3.0	3.4
24	0.1	0.70	17.88	14.52	82	5.2	3.4	3.5

表 8-33　妊娠母绵羊的饲养标准

孕期	体重/千克	风干饲料/千克	消化能/兆焦	消化粗蛋白/克	钙/克	磷/克	食盐/克	胡萝卜素/毫克
怀孕前期	40	1.6	12.6~15.9	70~80	3.0~4.0	2.0~2.5	8~10	8~10
	50	1.8	14.2~17.6	75~90	3.2~4.5	2.5~3.0	8~10	8~10
	60	2.0	15.9~18.4	80~95	4.0~5.0	3.0~4.0	8~10	8~10
	70	2.2	16.8~19.2	85~100	4.5~5.5	3.8~4.5	8~10	8~10
怀孕后期	40	1.8	15.1~18.8	80~110	6.0~7.0	3.5~4.0	8~10	10~12
	50	2.0	18.4~21.3	90~120	7.0~8.0	4.0~4.5	8~10	10~12
	60	2.2	20.1~21.8	95~130	8.0~9.0	4.0~5.0	9~12	10~12
	70	2.4	21.8~23.4	100~140	8.5~9.5	4.5~5.5	9~12	10~12

表 8-34　妊娠母山羊的饲养标准

孕期	体重/千克	风干饲料/千克	消化能/兆焦	消化粗蛋白/克	钙/克	磷/克	食盐/克	胡萝卜素/毫克
1~90天	10	0.39	4.80	3.94	55	4.5	3.0	2.0
	15	0.53	6.82	5.59	65	4.8	3.2	2.7
	20	0.56	8.72	7.15	73	5.2	3.4	3.3
	25	0.78	10.56	8.66	81	5.5	3.7	3.9
	30	0.90	12.34	10.12	89	5.8	3.9	4.5
91~120天	15	0.53	7.55	6.19	97	4.8	3.2	2.7
	20	0.56	9.51	7.80	105	5.2	3.4	3.3
	25	0.78	11.39	9.34	113	5.5	3.7	3.9
	30	0.90	13.20	10.82	121	5.8	3.9	4.5
120天以上	15	0.53	8.54	7.0	124	4.8	3.2	2.7
	20	0.56	10.54	8.64	132	5.2	3.4	3.3
	25	0.78	12.47	10.19	140	5.5	3.7	3.9
	30	0.90	14.27	11.70	148	5.8	3.9	4.5

表 8-35　绵羊哺乳期的饲养标准

体重/千克	泌乳量/（千克/天）	风干饲料/千克	消化能/兆焦	代谢能/兆焦	消化粗蛋白/克	钙/克	磷/克	食盐/克
40	0.2	2.0	12.97	10.46	119	7.0	4.3	8.3
40	0.4	2.0	15.48	12.55	139	7.0	4.3	8.3
40	0.6	2.0	17.99	14.54	157	7.0	4.3	8.3
40	0.8	2.0	20.50	16.74	176	7.0	4.3	8.3
40	1.0	2.0	23.01	18.83	196	7.0	4.3	8.3
40	1.2	2.0	25.94	20.92	216	7.0	4.3	8.3
40	1.4	2.0	28.45	23.01	236	7.0	4.3	8.3
40	1.6	2.0	30.96	25.10	254	7.0	4.3	8.3
40	1.8	2.0	33.47	27.20	274	7.0	4.3	8.3
50	0.2	2.2	15.06	12.13	122	7.5	4.7	9.1
50	0.4	2.2	17.57	14.23	142	7.5	4.7	9.1

续表

体重/千克	泌乳量/（千克/天）	风干饲料/千克	消化能/兆焦	代谢能/兆焦	消化粗蛋白/克	钙/克	磷/克	食盐/克
50	0.6	2.2	20.08	16.32	162	7.5	4.7	9.1
50	0.8	2.2	22.59	18.41	180	7.5	4.7	9.1
50	1.0	2.2	25.10	20.50	200	7.5	4.7	9.1
50	1.2	2.2	28.03	22.59	219	7.5	4.7	9.1
50	1.4	2.2	30.54	24.69	239	7.5	4.7	9.1
50	1.6	2.2	33.05	26.78	257	7.5	4.7	9.1
50	1.8	2.2	35.56	28.87	277	7.5	4.7	9.1
60	0.2	2.4	16.32	13.39	125	8.0	5.1	9.9
60	0.4	2.4	19.25	15.48	145	8.0	5.1	9.9
60	0.6	2.4	21.75	17.57	165	8.0	5.1	9.9
60	0.8	2.4	24.27	19.66	183	8.0	5.1	9.9
60	1.0	2.4	26.78	21.75	203	8.0	5.1	9.9
60	1.2	2.4	29.29	23.29	223	8.0	5.1	9.9
60	1.4	2.4	31.80	25.94	241	8.0	5.1	9.9
60	1.6	2.4	34.73	28.03	261	8.0	5.1	9.9
60	1.8	2.4	37.24	30.12	275	8.0	5.1	9.9
70	0.2	2.6	17.99	14.64	129	8.5	5.6	11.0
70	0.4	2.6	20.50	16.70	148	8.5	5.6	11.0
70	0.6	2.6	23.00	18.83	165	8.5	5.6	11.0
70	0.8	2.6	25.34	20.92	186	8.5	5.6	11.0
70	1.0	2.6	28.45	23.00	206	8.5	5.6	11.0
70	1.2	2.6	30.96	25.10	226	8.5	5.6	11.0
70	1.4	2.6	33.89	27.61	244	8.5	5.6	11.0
70	1.6	2.6	36.40	29.71	264	8.5	5.6	11.0
70	1.8	2.6	39.38	31.90	284	8.5	5.6	11.0

表 8-36　山羊哺乳期（前期）的饲养标准

体重/千克	泌乳量/（千克/天）	风干饲料/千克	消化能/兆焦	代谢能/兆焦	消化粗蛋白/克	钙/克	磷/克	食盐/克
10	0.00	0.39	3.12	2.56	24	0.7	0.4	2.0
10	0.50	0.39	5.73	4.70	73	2.8	1.8	2.0
10	0.75	0.39	7.04	5.77	97	3.8	2.5	2.0
10	1.00	0.39	8.34	6.84	122	4.8	3.2	2.0
10	1.25	0.39	9.65	7.92	146	5.9	3.9	2.0
10	1.50	0.39	10.95	8.98	170	6.9	4.6	2.0
15	0.00	0.53	4.24	3.49	33	1.0	0.7	2.7
15	0.50	0.53	6.84	5.61	81	3.1	2.4	2.7
15	0.75	0.53	8.15	6.68	106	4.1	2.8	2.7
15	1.00	0.53	9.45	7.76	130	5.2	3.4	2.7
15	1.25	0.53	10.75	8.82	154	6.2	4.1	2.7
15	1.50	0.53	12.06	9.80	179	7.3	4.8	2.7
20	0.00	0.66	5.25	4.31	49	1.3	0.9	3.3
20	0.50	0.66	7.87	6.45	89	3.4	2.3	3.3
20	0.75	0.66	9.17	7.52	114	4.5	3.0	3.3
20	1.00	0.66	10.49	8.59	138	5.5	3.7	3.3
20	1.25	0.66	11.78	9.65	162	6.5	4.4	3.3
20	1.50	0.66	13.09	10.73	187	7.6	5.1	3.3
25	0.00	0.66	6.22	5.10	48	1.7	1.1	3.9
25	0.50	0.78	8.83	7.24	97	3.8	2.5	3.9
25	0.75	0.78	10.13	8.31	121	4.8	3.2	3.9
25	1.00	0.78	11.44	9.38	145	5.8	3.9	3.9
25	1.25	0.78	12.73	10.44	170	6.9	4.6	3.9
25	1.50	0.78	14.04	11.51	194	7.9	5.3	3.9
30	0.00	0.90	6.71	5.49	55	2.0	1.3	4.5
30	0.50	0.90	9.73	7.98	104	4.1	2.7	4.5
30	0.75	0.90	11.04	9.05	128	5.1	3.4	4.5
30	1.00	0.90	12.34	10.12	152	6.2	4.1	4.5
30	1.25	0.90	13.65	11.19	177	7.2	4.8	4.5
30	1.50	0.90	14.95	12.25	201	8.3	5.5	4.5

表 8-37　山羊哺乳期（后期）的饲养标准

体重/千克	泌乳量/（千克/天）	风干饲料/千克	消化能/兆焦	代谢能/兆焦	消化粗蛋白/克	钙/克	磷/克	食盐/克
10	0.00	0.39	3.71	3.04	22	0.7	0.4	2.0
10	0.15	0.39	4.67	3.83	48	1.3	0.9	2.0
10	0.25	0.39	5.30	4.35	65	1.7	1.1	2.0
10	0.50	0.39	6.90	5.66	108	2.8	1.8	2.0
10	0.75	0.39	8.50	6.97	151	3.8	2.5	2.0
10	1.00	0.39	10.1	8.28	194	4.8	3.2	2.0
15	0.00	0.53	5.02	4.12	30	1.0	0.7	2.7
15	0.15	0.53	5.90	4.91	55	1.6	1.1	2.7
15	0.25	0.53	6.62	5.40	73	2.0	1.4	2.7
15	0.50	0.53	8.22	6.74	116	3.1	2.1	2.7
15	0.75	0.53	9.82	8.05	154	4.1	2.8	2.7
15	1.00	0.53	11.41	9.36	201	5.2	3.4	2.7
20	0.00	0.66	5.25	4.31	49	1.3	0.9	3.3
20	0.50	0.66	7.87	6.45	89	3.4	2.3	3.3
20	0.75	0.66	9.17	7.52	114	4.5	3.0	3.3
20	1.00	0.66	10.49	8.59	138	5.5	2.7	3.3
20	1.25	0.66	11.78	9.65	162	6.5	4.4	3.3
20	1.50	0.66	13.09	10.73	187	7.6	5.1	3.3
25	0.00	0.66	7.38	6.05	44	1.7	1.1	3.9
25	0.15	0.78	8.34	6.84	69	2.3	1.5	3.9
25	0.25	0.78	8.98	7.36	87	2.7	1.8	3.9
25	0.50	0.78	10.37	8.87	129	3.8	2.5	3.9
25	0.75	0.78	12.17	9.98	172	4.8	3.2	3.9
25	1.00	0.78	13.77	11.29	215	5.8	3.9	3.9
30	0.00	0.90	8.46	6.94	80	2.0	1.3	4.5
30	0.15	0.90	9.41	7.72	76	2.6	1.8	4.5
30	0.25	0.90	10.06	8.25	93	3.0	2.0	4.5
30	0.50	0.90	11.66	9.56	136	4.1	2.7	4.5
30	0.75	0.90	13.24	10.86	179	5.1	3.4	4.5
30	1.00	0.90	14.85	12.18	222	6.2	4.1	4.5

表 8-38　种公羊的饲养标准

体重/千克	风干饲料/千克	消化能/兆焦	消化粗蛋白/克	钙/克	磷/克	食盐/克	胡萝卜素/毫克
非配种期							
70	1. 8~2. 1	16. 8~20. 05	110~140	5. 0~6. 0	2. 5~3. 0	10~15	15~20
80	1. 9~2. 2	18. 0~21. 8	120~150	6. 0~7. 0	3. 0~4. 0	10~15	15~20
90	2. 0~2. 4	19. 2~23. 0	130~160	7. 0~8. 0	4. 0~5. 0	10~15	15~20
100	2. 1~2. 5	20. 5~25. 1	140~170	8. 0~9. 0	5. 0~6. 0	10~15	15~20
配种期（配种 2 次或 3 次）							
70	2. 2~2. 6	23. 0~27. 2	190~240	9. 0~10. 0	7. 0~7. 5	15~20	20~30
80	2. 3~2. 7	24. 3~29. 3	200~250	9. 0~11. 0	7. 5~8. 0	15~20	20~30
90	2. 4~2. 8	25. 9~31. 0	210~260	10. 0~12. 0	8. 0~9. 0	15~20	20~30
100	2. 5~3. 0	26. 8~31. 8	220~270	11. 0~13. 0	8. 5~9. 5	15~20	20~30
配种期（配种 4 次或 5 次）							
70	2. 4~2. 8	25. 9~31. 0	260~370	13~14	9~10	10~20	30~40
80	2. 6~3. 0	28. 5~33. 5	280~380	14~15	10~11	10~20	30~40
90	2. 8~3. 1	29. 8~34. 7	290~390	15~16	11~12	10~20	30~40
100	2. 8~3. 2	31. 0~36. 0	310~400	16~17	12~13	10~20	30~40

注：本数据以每天每只羊为准；资料来源于内蒙古农牧学院、新疆八一农学院。

表 8-39　中国美利奴羊（妊娠母羊）的营养标准

孕期	体重/千克	干物质/千克	消化能/兆焦	消化粗蛋白/克	钙/克	磷/克	食盐/克	胡萝卜素/毫克	维生素E/毫克
妊娠前期（1~15 周）	40	1. 2	8. 8	122	5. 3	2. 8	222	276	18. 0
	45	1. 3	9. 6	124	5. 7	3. 0	250	311	19. 5
	50	1. 4	110. 5	145	6. 2	3. 2	278	345	21. 0
	55	1. 5	11. 3	156	6. 6	3. 6	305	380	22. 5
	60	1. 6	11. 7	166	7. 4	3. 7	333	414	24. 0
妊娠后期（最后 6 周）	40	1. 4	12. 1	151	4. 9	4. 9	222	5 000	21. 0
	45	1. 5	13. 4	165	5. 3	5. 3	250	5 625	22. 5
	50	1. 7	14. 2	179	6. 0	6. 0	278	6 205	25. 5
	55	1. 8	15. 5	201	6. 3	6. 3	305	6 875	27. 3
	60	1. 9	16. 3	205	6. 7	6. 7	333	7 500	28. 5
	65	2. 08	17. 6	217	7. 9	7. 0	361	8 125	30. 0

表 8-40 中国美利奴羊（泌乳前期）的营养标准

体重/千克	泌乳量/（千克/天）	干物质/千克	代谢能/兆焦		粗蛋白/克		钙/克	磷/克	维生素D/毫克	胡萝卜素/毫克	维生素E/毫克
			不增重	每天增重50克	不增重	每天增重50克					
40	0.8	1.7	13.8	15.8	214	222	11.9	222	5 000	25	
40	1.0	1.7	15.1	16.3	232	240	11.9	6.5	222	5 000	25
40	1.2	1.7	16.3	17.6	251	258	11.9	6.5	222	5 000	25
45	0.8	1.8	14.5	16.7	234	243	12.6	6.8	250	5 625	27
45	1.0	1.8	15.9	18.0	251	259	12.6	6.8	250	5 625	27
45	1.2	1.8	17.2	19.3	269	278	12.6	6.8	250	5 625	27
50	0.8	1.9	15.5	17.2	242	251	13.2	7.2	278	6 520	29
50	1.0	1.9	16.7	18.4	261	270	13.2	7.2	278	6 520	29
50	1.2	1.9	18.8	20.1	280	289	13.2	7.2	278	6 520	29
55	0.8	2.0	15.9	17.2	242	251	14.0	7.6	305	6 875	30
55	1.0	2.0	17.2	18.4	261	270	14.0	7.6	305	6 875	30
55	1.2	2.0	18.8	20.1	280	289	14.0	7.6	305	6 875	30
60	0.8	2.10	16.7	18.0	250	259	14.7	8.0	333	7 500	32
60	1.0	2.10	18.0	19.3	269	278	14.7	8.0	333	7 500	32
60	1.2	2.1	19.3	20.5	288	296	14.7	8.0	333	7 500	32
60	1.4	2.1	20.9	22.2	306	315	14.7	8.0	333	7 500	32
60	1.6	2.1	22.2	23.4	325	325	14.7	8.0	333	7 500	32
65	0.8	2.20	17.6	18.8	259	268	15.4	8.4	361	8 125	33
65	1.0	2.2	18.8	20.1	278	287	15.4	8.4	361	8 125	33
65	1.2	2.2	20.1	21.3	297	305	15.4	8.4	361	8 125	33
65	1.4	2.2	21.3	22.6	315	324	15.4	8.4	361	8 125	33
65	1.6	2.2	22.6	24.8	334	340	15.4	8.4	361	8 125	33

表 8-41 中国美利奴羊（育成母羊）的营养标准

体重/千克	日增重/克/天	干物质/千克	代谢能/兆焦	粗蛋白/克	钙/克	磷/克	维生素 D/毫克	胡萝卜素/毫克	维生素 E/毫克
20	50	0.8	6.4	65	2.4	1.1	111	1 380	12
20	100	0.7	7.7	80	3.3	1.5	111	1 380	11
20	150	0.9	9.7	94	4.3	2.0	111	1 380	14
25	50	0.9	7.2	72	2.8	1.3	139	1 725	14
25	100	0.8	8.7	86	3.7	1.7	139	1 725	12
25	150	1.0	10.8	100	4.6	2.1	139	1 725	15
30	50	1.0	8.1	77	3.2	1.4	167	2 070	15
30	100	0.9	9.6	92	4.1	1.9	167	2 070	14
30	150	1.1	11.8	106	5.0	2.3	167	2 070	17
35	50	1.1	8.9	83	3.5	1.6	194	2 415	17
35	100	1.0	10.5	98	4.5	2.0	194	2 415	15
35	150	1.2	12.7	112	5.4	2.5	194	2 415	18
40	50	1.2	9.7	88	3.9	1.8	222	2 760	18
40	100	1.1	11.3	103	4.8	2.2	222	2 760	16
40	150	1.3	13.7	117	5.7	2.6	222	2 760	20
45	50	1.3	10.5	94	4.3	1.9	250	3 105	20
45	100	1.2	12.2	108	5.2	2.4	250	3 105	17
45	150	1.4	14.7	129	6.1	2.9	250	3 105	21
50	50	1.4	11.3	99	4.7	2.1	278	3 450	21
50	100	1.3	13.1	113	5.6	2.5	278	3 450	19
50	150	1.5	15.7	128	6.5	3.0	278	3 450	22

表 8-42 绵羊微量元素和维生素的需要标准

	生长羔羊（4~20 千克）	育成母羊（25~50 千克）	育成公羊（20~70 千克）	育肥羊（20~50 千克）	妊娠母羊（40~70 千克）	泌乳母羊（40~70 千克）	最大耐受程度
硫/（克/天）	0.24~1.2	1.4~2.9	2.8~3.5	2.8~3.5	2.0~3.0	2.5~3.7	
维生素 A/（国际单位/天）	188~940	1 175~2 350	940~3 290	940~2 350	1 880~3 948	1 880~3 434	
维生素 D/（国际单位/天）	25~132	138~275	111~389	111~279	222~440	222~380	

续表

	生长羔羊（4~20千克）	育成母羊（25~50千克）	育成公羊（20~70千克）	育肥羊（20~50千克）	妊娠母羊（40~70千克）	泌乳母羊（40~70千克）	最大耐受程度
维生素 E/(国际单位/天)	2.4~12.0	12~24	12~29	13~23	18~35	26~34	
钴/(毫克/千克)	0.018~0.096	0.12~0.24	0.23~0.33	0.2~0.35	0.28~0.36	0.3~0.39	10
铜/(毫克/千克)	0.98~5.2	0.5~13	11~18	11~19	16~22	13~18	25
碘/(毫克/千克)	0.08~0.46	0.58~1.2	1.0~1.6	0.94~1.7	1.3~1.7	1.4~1.9	50
铁/(毫克/千克)	4.3~23	29~58	50~79	48~83	65~86	72~94	500
锰/(毫克/千克)	2.2~12	14~29	25~40	23~41	32~44	36~47	1 000
硒/(毫克/千克)	0.016~0.086	0.11~0.22	0.19~0.30	0.24~0.31	0.24~0.31	0.28~0.35	2
锌/(毫克/千克)	2.8~14	18~36	50~79	29~52	53~71	59~77	750

表 8-43　山羊矿物质元素需要推荐量

常量元素	维持	妊娠	泌乳	生长
钙/(克/千克)	0.02	11.5	1.25	10.7
总磷/(克/千克)	0.03	6.6	1	6
镁/(克/千克)	0.003 5	0.3	0.14	0.4
钾/(克/千克)	0.05	2.1	2.1	2.4
钠/(克/千克)	0.015	1.7	0.4	1.6
硫	0.16%~0.32%,以进食日粮干物质为基础			
微量元素				
铁/(毫克/千克)	30~40			
铜/(毫克/千克)	10~20			
钴/(毫克/千克)	0.11~0.2			
碘/(毫克/千克)	0.13~2.0			
锰/(毫克/千克)	60~120			
锌/(毫克/千克)	50~80			
硒/(毫克/千克)	0.05			

注：表中值参考 Kessler（1991 年）、Hernlein（1987 年）和 AFHC（1998 年）资料值；维持需要量是每千克体重需要量，妊娠需要量是每千克胎儿体重需要量，泌乳需要量是每千克产乳需要量，生长需要量是每千克增重需要量；微量元素以进食日粮干物质为基础。

第三节 羊的饲料配制方法

一、配合饲料概述

（一）概念

配合饲料指根据动物的不同生长阶段、不同生理要求、不同生产用途的营养需要及以饲料营养价值评定的实验和研究为基础，按科学配方把不同来源的饲料，依一定比例均匀混合，并按规定的工艺流程生产，以满足各种实际需求的混合物。根据其全价性可以分为全价配合饲料和非全价配合饲料。前者单独饲喂羊时，完全可以满足羊的营养需要。后者必须与其他饲料共同使用才能满足羊的全部营养需要。

（二）组成

全价配合饲料由多种饲料组成，主要是能量饲料、蛋白质饲料、常量矿物质饲料、微量矿物质饲料、维生素饲料和各种非营养性添加剂。

由于工业生产程序和方法的制约，配合饲料一般需要经过多种工序才能完成，这样就出现了许多配合饲料生产过程中的中间产品，如添加剂预混合饲料和浓缩饲料。

添加剂预混合饲料是指由一种或多种饲料添加剂与载体或稀释剂按科学配方生产的均匀混合物。载体是一种接受和承载活性微量组分的可食物质，由于这些物质表面有皱褶或小的孔洞，通过均匀地混合后，活性组成的颗粒就被吸附在这些载体上，从而改变这些活性组分的物理性质，砻糠粉、小麦细麸、大豆皮粉就是典型的载体。稀释剂仅仅是混合到微量组分中用以稀释其浓度的物料。均匀混合微量组分的物理特性并不发生明显的变化，玉米粉、石粉等就是常用的稀释剂。由于预混合饲料使用渠道的不同，一般可分为高浓度单项预混剂（如某一种维生素或微量元素与载体或稀释剂混合制成）、微量矿物质预混合饲料（多种矿物元素与载体和稀释剂混合制成）、维生素预混合饲料（多种维生素与载体或稀释剂混合制成）、综合性预混合饲料（含有维生素和微量元素的预混料，但维生素预混合饲料和微量矿物质预混合饲料要分别包装）四种。

目前，在全价配合饲料中常要添加几十种添加剂，而每种添加剂的用量较小，大多以百万分之几来计算，如果在饲料厂中分别以纯品添加，则在精确称量配料、混合均匀及保证性能与效价方面均存在复杂的问题，为此，必须事先制成各种不同浓度、不同要求的预混合饲料。使用预混合饲料具有下列优点：一是配料速度快，精度高，混合均匀度好；二是配好的添加剂预混合料能克服某些添加剂稳定性不好、静电感应及吸湿结块等毛病；三是有利于标准化，如各种添加剂活性的表示，各类药物、微量元素的使用浓度等均可标准化，便于配合饲料的生产与应用。

在许多情况下大多数公司都生产一些将维生素与微量元素加在一起的预混合饲料，生产这种产品常要超量添加一些易损失的维生素，以保证使用时的效价。还有一些公司为了方便使用，生产一些组分较齐全，浓度较稀的综合性预混合饲料。这类预混合饲料中既包括维生素和微量矿物质，也包括某些常量矿物质与氨基酸等营养性添加剂，再加上较多的载体或稀释剂。用户购进这种预混合饲料后，与本场生产的玉米、豆饼等主料混合，并根据畜禽的不同，还要再加一定数量的碳酸钙、食盐等常量成分相混合，即可制成全价饲料。

浓缩饲料是配合饲料生产过程的另一种中间产品，它是由添加剂预混合饲料，蛋白质饲料，钙、磷及食盐等矿物质饲料按照一定科学配方生产的均匀混合物，它与能量饲料共同组成全价配合饲料。目前市场销售的所谓“三七料”“二八料”等即属此种。由于牛、羊等反刍动物的日粮除了精料以外，还包括青饲料、青贮饲料和干草等，所以，牛、羊等反刍动物的精料补充料实际上是一种非全价配合饲料。

全价配合饲料的生产过程见图 8-2。

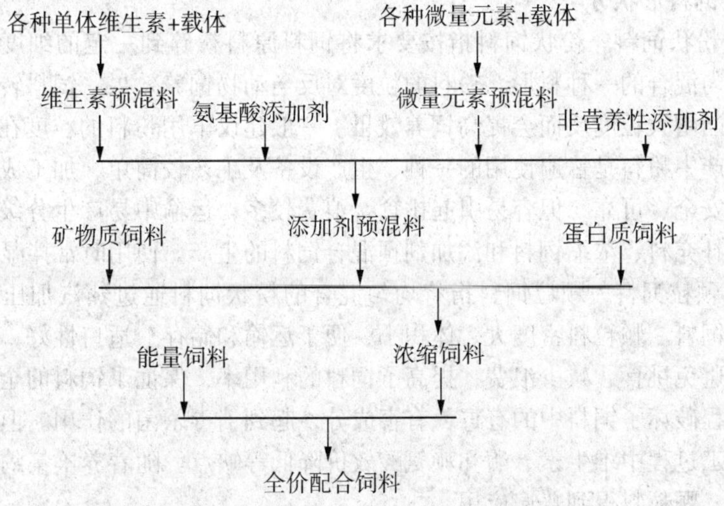

图 8-2　全价配合饲料的生产过程

（三）分类

1. 按营养成分分类

（1）全价配合饲料。全价配合饲料是指能满足羊所需要的全部营养（粗纤维、能量、蛋白质、矿物质和维生素等）的配合饲料，又叫全日粮混合饲料。

这种饲料包括粗饲料（秸秆、干草、青贮等）、能量饲料（谷物、糠麸等）、蛋白质饲料［粕（饼）、鱼粉等］、矿物质饲料（石粉、食盐等）及各种饲料添加剂（微量元素、维生素、氨基酸、促生长剂、抗氧化剂等），按羊饲料标准中规定的营养需要量配制，不需加任何成分即可直接饲喂。全价配合饲料饲喂效果较好，可保证羊营养均衡、全价，直接降低成本，获得较高的经济效益。

全混合日粮（TMR）技术是一种将粗料、精料、矿物质、维生素和其他添加剂充分混合，能够提供足够的营养以满足动物需要的饲养技术。

（2）精料补充料。精料补充料是目前养羊生产中最常用的配合饲料形式，是指为补充羊以青饲料、粗饲料、青贮饲料为基础日粮时的营养不足，用多种饲料原料按一定比例配制的产品。它主要由能量饲料、蛋白质饲料和矿物质饲料组成。对羊来说，精料补充料不是全价配合饲料，只是日粮的一部分，也称为半日粮型配合饲料。养羊生产中，精料补充料必须与青饲料、青绿多汁饲料、粗饲料等合理搭配使用，才构成全日粮型配合饲料。

对羊来说，粗料与精料应有一定的比例，应根据不同的生产阶段确定饲粮的精粗比例，肉羊快速育肥期精料比例应多。另外，各地羊的粗饲料品种、质量、数量不尽相同，不同季节所使用的青饲料、粗饲料不同，精料补充料应根据这些情况的变化来设计，合理应用。

2. 按饲料形状分类

（1）粉状饲料。粉状饲料指按要求将饲料原料粉碎到一定的细度，再按一定比例均匀混合的一种料形。粉料的粒度对反刍动物饲养效果、饲料转化率影响不大，适当增大粒度反而会提高饲养效果。一般建议羊用粉料的粒度在 2.5 毫米以上。生产中粉料是普遍使用的一种，生产设备及工艺较简单，加工成本低，饲喂方便、安全、可靠，但容易引起挑食，浪费较多，运输中易产生分级现象，常用于精料补充料、浓缩饲料和添加剂预混合饲料的生产。使用时常拌湿后饲喂。

（2）颗粒饲料。颗粒饲料指将均匀混合的粉状饲料通过蒸汽加压处理制成的颗粒状饲料。颗粒料密度大、体积小、便于运输和储存、适口性好，动物采食量高，可避免挑食，减少浪费，提高了饲料的利用率，保证了饲料的全价性，并且制粒过程破坏了饲料中的有毒、有害成分，起到消毒杀菌的作用。但也存在成本高及加工过程中维生素、酶和赖氨酸效价降低等缺点。随着养羊集约化和规模化的发展，颗粒料得到普遍应用。

另外，还有牧草、秸秆颗粒饲料，此为饲料原料，用于养羊生产。以优质牧草为主要原料的颗粒饲料：牧草适时刈割、晾晒（使含水量降至 40%~50%），添加 2%~3%的矿物质及其他微量成分制粒，如苜蓿颗粒。

以农副产品为主要原料的颗粒料：以秸秆、皮壳等农副产品为主要原料，配合一部分秸秆及添加剂加工颗粒饲料。为提高秸秆的营养价值与适口性，通常将秸秆进行处理，如碱化，然后加工成型。通常，羊的秸秆颗粒饲料根据羊的营养需要，配合适当精料、糖蜜、维生素和矿物质添加剂，混合均匀，加工制成颗粒饲料，具有全价性，提高了粗饲料利用率。因其体积小，吸湿性减小，便于储存、运输，减少损失。如甜菜渣颗粒料，通称甜菜颗粒粕，是甜菜榨糖后的渣料，含水量高达90%左右，经干燥制粒后，含水量降低到14%左右，以便储藏和运输。

颗粒饲料喂羊能增加采食量，促进生长发育，增重快，产毛量高。一般绵羊对颗粒饲料的采食率为90%~100%；用颗粒料喂肥育去势羊、种羊、妊娠母羊，效果均较好。

（3）块状饲料。块状饲料包括饲料原料和配合饲料产品两大类。一般指质量在1千克以上的正方形、长方形或圆形饲料，常用于牛羊等反刍动物的舔砖。

羊饲料舔砖是指根据羊的生理特点与营养需要设计，把用于羊补饲的蛋白质饲料、尿素、矿物质、精饲料等，混入适量的草粉或秸秆粉，经高压压制成砖块状舔食用添加剂，富含可溶性氮、糖类、维生素和矿物质。它是一种高能、高蛋白的强化饲料，可补充羊放牧后的营养不足部分。

羊饲料舔砖一般常用的有矿物质盐砖、精料补充料砖和驱虫药砖。矿物质微量元素舔砖，通常以羊日粮中容易缺乏的矿物质微量元素为原料，如磷酸氢钙、硫酸镁、硫酸锰、碘化钾、硫酸铜、硫酸锌、亚硒酸钠和食盐等。精料补充料舔砖，主要原料为油脂、糖蜜、鱼粉、尿素、豆粕、维生素和矿物质元素等，配方可根据羊不同时期的营养需要进行调整。

在我国通常以尿素、矿物质添加剂、精料、食盐、黏合剂（如糖蜜）及维生素等为主要成分，压制成尿素舔砖。为避免羊舔食过量而中毒，可加入适量的草粉和秸秆粉。

（4）膨化饲料。膨化饲料是将粒状、粉状混合饲料加入适量水分，在120~170℃下使饲料木质素溶化，纤维分子断裂而发生水解，同时在一定压力下突然解压，破坏纤维素结构，使细胞壁结构疏松。

膨化饲料多用于鱼类饲养，对羊来讲，是一种新型饲料。在羊饲料中，常补充尿素作为非蛋白氮，通常将尿素与谷物（如玉米、燕麦等）和对铵离子有选择性吸附作用的保护剂及其他添加剂混匀，经膨化制成粒状补充饲料，其饲养价值、安全性和应用效果比尿素直接饲喂或制成氨化饲料优越性明显，可以作为一种新型的高蛋白质补充饲料。

二、精料补充料和浓缩饲料配方的设计方法

不同生长阶段和生产性能的羊，对饲料要求明显不同。但任何情况下，粗饲料应是日粮主体，精饲料只作为必要的补充。由于反刍动物饲料变异大且食性习

惯特殊，因此设计羊的配合饲料配方比较困难。

（一）不同羊精料补充料配方设计特点

1. 生长羊精料补充料 生长羊饲料配方设计的主要目的是通过控制营养水平，使羊在适宜时间达到适宜体重，为以后的配种、繁殖、产奶打下良好基础。

配方设计时首先要清楚生长羊的种类、年龄、体重，在规定时间内达到规定体重所要求的日增重；其次认真研究饲料间的组合效应，确定精粗饲料的比例，一般粗饲料应占日粮干物质的40%~60%；再次是调查粗饲料的来源、种类、质量和一般用量，估算出平均每天需提供生长羊的主要营养成分的数量；最后根据生长羊的日采食量及饲养标准，确定达到规定日增重必须由精料补充料提供的营养成分的数量，拟定出生长羊精料补充料的配方。

2. 产奶羊精料补充料 产奶是饲养奶羊的主要目的。设计配方应根据产奶量和奶的品质要求，确定合理的精粗饲料的比例；在产奶高峰期，适当增加饲粮营养浓度，以提高产奶量；产奶高峰期后，在饲料法规允许下，可适当使用特殊生长促进剂，尽量延缓产奶量的下降；若给产奶羊饲喂大量粗饲料，且粗蛋白质含量低时，精料补充料中粗蛋白质应达到或超过20%，不用或尽可能少用非蛋白氮；选择原料时尽量少用可能影响奶品质的饲料，如菜籽粕、糟渣类饲料原料、鱼粉、蚕蛹粉等；缺乏优质粗饲料或精料喂量过高时，应添加小苏打、氧化镁等缓冲剂，或添加乙酸钠、双乙酸钠，以提高乳脂率。

3. 育肥肉羊精料补充料 一般采用高能、高精料饲喂育肥肉羊。育肥肉羊精料补充料配方设计特点是：合理拟定精粗饲料比例，一般育肥肉羊粗饲料占日粮的45%~55%，精料补充料设计以粗纤维含量不低于10%为宜；育肥肉羊精料补充料用量大，应尽可能选用可以维护瘤胃功能的饲料原料，如适当增加大麦、糠麸类饲料、糟渣类饲料和高纤维饼粕类饲料原料的用量；在育肥后期应适当降低日粮的能量，适当限制日粮中的不饱和脂肪酸的含量，严格控制含叶黄素多的饲料的比例；可添加瘤胃缓冲剂、瘤胃素、尿素等添加剂。

（二）羊精料补充料配方设计方法

羊除采食大量粗饲料外，还需饲喂一定量的精料补充料。设计配方的基本步骤是：

第一步：首先计算出羊每天采食的粗饲料，可为其提供各种营养物质的数量。

第二步：根据饲养标准计算出达到规定的生产性能尚需的营养物质的数量，即必须由精料补充料提供的营养物质的量。

第三步：由羊每天采食的精料补充料的量，计算精料补充料中应含各种营养物质的含量。

第四步：根据配合精料补充料的营养物质的含量，拟定羊精料补充料配方。

设计举例：

【例 1】为体重 35 千克，预期日增重 200 克的生长肥育绵羊配制精料补充料配方。精料补充料可以选择玉米、麸皮、棉籽粕、豆粕、磷酸氢钙、食盐、添加剂为原料，粗饲料可选用玉米秸秆青贮、野干草。

（1）查肉羊饲养标准与饲料成分表，列出其养分需要量，如表 8-44、表 8-45 所示。

表 8-44 肉羊饲养标准

干物质/[千克/(只·日)]	消化能/[兆焦/(只·日)]	粗蛋白质/[克/(只·日)]	钙/[克/(只·日)]	磷/[克/(只·日)]	食盐/[克/(只·日)]
1.05~1.75	16.89	187	4.0	3.3	9

表 8-45 饲料营养价值表

饲料名称	干物质/%	消化能/（兆焦/千克）	粗蛋白质/%	钙/%	磷/%
玉米秸青贮	26.0	2.47	2.1	0.18	0.03
野干草	90.6	7.09	8.9	0.54	0.09
玉米	88.4	15.4	8.6	0.04	0.20
麸皮	88.6	11.09	14.4	0.18	0.78
棉籽粕	92.2	13.72	33.8	0.31	0.64
豆粕	90.6	15.94	43.0	0.32	0.50
磷酸氢钙				23	16

（2）确定粗饲料的采食量。一般羊粗饲料采食量为体重的 2%~3%，选择 2.5%，35 千克体重的肉羊需要粗饲料干物质为 0.875 千克，其中 1/2 为玉米秸青贮（0.875×1/2=0.44 千克），其余为干草 0.44 千克，计算出粗饲料提供的养分，如表 8-46 所示。

表 8-46 粗饲料的采食量

饲料名称	干物质/千克	消化能/兆焦	粗蛋白质/克	钙/克	磷/克
玉米秸青贮	0.44	4.17	35.5	3.06	0.50
野十草	0.44	3.88	43.25	2.62	0.44
合计	0.88	8.05	78.75	5.66	0.95
与标准差	0.18~0.87	8.84	108.25	1.66	-2.35

（3）拟定各种精料用量，并计算出养分含量，如表 8-47 所示。

表 8-47　各种精料的用量及养分含量

饲料名称	用量/千克	干物质/千克	消化能/兆焦	粗蛋白质/克	钙/克	磷/克
玉米	0.36	0.32	5.544	20.96	0.14	0.75
麸皮	0.14	0.124	1.553	20.14	0.25	1.09
棉籽粕	0.08	0.07	1.098	27.04	0.25	0.50
豆粕	0.04	0.036	0.538	17.2	0.13	0.21
尿素	0.005	0.005		14.40		
食盐	0.009	0.009				
合计	0.634	0.56	8.832	109.76	0.77	2.56

由表 8-47 可见，日粮中的消化能和粗蛋白质已基本符合要求，如果消化能高（或低），应相应减少（或增加）能量饲料，粗蛋白质也是如此。能量和蛋白质符合要求后再看钙和磷的水平，两者都已超出标准，且钙、磷比为 1.78∶1，属正常范围(1.5~2)∶1，不必补充相应的饲料。

（4）定出饲料配方。此育肥羊日粮配方为：青贮玉米秸 1.69（0.44/0.26）千克，野干草 0.49（0.44/0.906）千克，玉米 0.36 千克，麸皮 0.14 千克，棉籽饼 0.08 千克，豆饼 0.04 千克，尿素 5 克，食盐 9 克，添加剂、预混料另加。

精料混合料配方：玉米 56.8%，麸皮 22%，棉籽饼 12.6%，豆饼 6.4%，尿素 0.8%，食盐 1.4%，添加剂、预混料另加。

（三）羊浓缩饲料的配制方法

羊的浓缩饲料根据选择蛋白质饲料的种类不同，可分为常规蛋白质浓缩饲料和尿素浓缩饲料。

1. 常规蛋白质浓缩饲料的配制方法　一般首先设计精料补充料配方，然后推算出浓缩饲料配方。

【例 1】给奶山羊设计浓缩饲料配方。

第一步：根据奶山羊饲养标准及饲料原料营养特点，设计出奶山羊的精料补充料配方，如表 8-48 所示。

表 8-48　奶山羊的精料补充料配方

原料名称	玉米	大豆粕	麸皮	糖蜜	脂肪	食盐	碳酸钙	碳酸氢钙	预混料
比例/%	57.0	23.0	10.0	5.0	2.0	0.5	1.0	1.0	0.5

第二步：确定浓缩饲料的配方，由精料补充料配方中去掉 57 份玉米和 10 份

麸皮，剩余部分除以33%（100%-57%-10%），即得33%用量的奶山羊浓缩饲料配方，如表8-49所示。

表8-49　奶山羊的浓缩料配方

原料名称	大豆粕	糖蜜	脂肪	食盐	碳酸钙	碳酸氢钙	预混料
比例/%	69.7	15.15	6.05	1.52	3.03	3.03	1.52

2. 以尿素补充蛋白的配制方法　浓缩饲料尿素可以代替成年反刍动物饲料中一部分蛋白质，并能提高低蛋白饲料中粗纤维的消化率，增加动物的体重和氮素沉积量，降低饲料成本，提高养殖业的经济效益。所以，配制反刍动物浓缩饲料时，可用一定量的尿素或其他高效非蛋白氮饲料替代浓缩饲料中的常规蛋白质饲料，但使用时要严格按照反刍动物对非蛋白氮的利用方法与原则进行。

（四）使用精料补充料和浓缩饲料应注意的事项

使用浓缩饲料时，必须严格按照产品说明中补充能量饲料的种类和比例，使用前各种原料必须混合均匀。储藏浓缩饲料时，要注意通风、阴凉、避光，严防潮湿、雨淋和暴晒。超过保质期的浓缩饲料要慎用。

三、全价配合饲料配方设计方法

（一）全价配合饲料配制的原则

羊的日粮指一只羊一昼夜所采食的各种饲料的总量。按照饲养标准和饲料的营养价值配制出的完全满足羊在基础代谢和增重、繁殖、产乳、肥育等阶段需要的全价日粮。配制营养全、成本低的日粮是实现高效养羊的基础条件。日粮配合时应掌握如下原则。

1. 营养性原则

（1）合理地设计饲料配方的营养水平。设计饲料配方的营养水平必须以饲养标准为基础，同时要根据动物生产性能、饲养技术水平与饲养设备、饲养环境条件、市场行情等及时调整饲粮的营养水平，还要考虑外界环境与加工条件等对饲料原料中活性成分的影响。设计配方时要特别注意各养分之间的平衡，也就是全价性，重点考虑能量与蛋白质、氨基酸、矿物元素、抗生素及维生素之间的相互平衡。各养分之间的相对比例比单种养分的绝对含量更重要。

（2）合理选择饲料原料，正确评估和决定饲料原料营养成分含量。饲料配方平衡与否，很大程度上取决于设计时所采用的原料营养成分值。条件允许的情况下，应尽可能多地选择原料种类。原料营养成分值尽量有代表性，要注意原料的规格、等级和品质特性。选择饲料原料时除要考虑其营养成分含量和营养价值外，还要考虑原料的适口性、原料对畜产品风味及外观的影响、饲料的消化性及容重等。

（3）正确处理配合饲料配方设计值与配合饲料保证值的关系。配合饲料中的某一养分往往由多种原料共同提供，且各种原料中养分的含量与其真实值之间存在一定的差异，同时饲料加工过程中还存在偏差，生产的配合饲料产品往往有一个合理的储藏期，储藏过程中某些营养成分还要受外界各种因素的影响而损失。配合饲料的营养成分设计值通常应略大于配合饲料保证值，保证商品配合饲料营养成分在有效期内不低于产品标签中的标示值。

2. 经济性原则 经济性即经济效益和社会效益。在养羊生产中，饲料费用占很大比例，一般要占养羊成本的70%~80%。因此，配合日粮时，要充分利用饲料的替代性，就地取材，选用营养丰富、价格低廉的饲料原料来配合日粮，以降低生产成本，提高经济效益。一般来说，饲料原料种类越多，越能起到饲料原料营养成分的互补作用，有利于配合饲料的营养平衡，但原料种类过多，会增加加工成本。设计配方时，应掌握使用适度的原料种类和数量的方法。

3. 安全性原则 饲料安全关系到食品安全和人民健康，关系到羊群健康。配合饲料对动物自身必须是安全的，发霉、酸败、污染和未经处理含毒素等的饲料原料不能使用。动物采食配合饲料而生产的动物产品对人类必须既富营养而又健康安全。设计配方时，某些饲料添加剂（如抗生素等）的使用量和使用期限应符合安全性原则。

（二）全价饲料配方设计的方法

全价配合日粮配制首先要设计日粮配方，有了配方，然后“照方抓药”。如果配方设计不合理，即使多么精心的制作，也生产不出合格的饲料。配方设计的方法很多，主要有试差法、四角形法、线性规划法、计算机法等。

试差法就是根据经验和饲料营养含量，先大致确定一下各类饲料在日粮中所占的比例，然后通过计算看看与饲养标准还差多少再进行调整。这种方法简单易学，但计算量大，烦琐，不易筛选出最佳配方。

试差法的具体步骤如下：

第一步：确定每只羊每天的营养需要量，根据羊群的平均体重、生理状况及外界环境等，计算出各种营养需要量。

第二步：确定各类粗饲料的喂量。根据当地粗饲料的来源、品质及价格。最大限度地选用粗饲料。一般粗饲料的干物质占体重的2%~3%，其中青绿饲料和青贮饲料可按3千克折合1千克青干草和干秸秆计算。

第三步：计算由精饲料提供的养分。每日总营养需要与粗饲料的差就是精饲料提供的养分。

第四步：初步确定各种精饲料的用量，并计算其养分含量，然后将各种饲料中的养分含量相加，并与饲养标准对照比较。

第五步：确定日粮配方。在完成粗、精饲料所提供的养分及数量计算后，将所有饲料提供的养分进行汇总，如果实际提供量与其需要量相差在5%以内，说明配合合理，如果超出此范围，应适当调整个别精料的用量，以便充分满足各种养分需要而又不致造成浪费。

【例1】一体重25千克的育成母绵羊，日增重60克，采用中等品质玉米青贮、苜蓿干草、羊草和玉米、大豆饼、棉粕、磷酸氢钙、食盐、预混剂等原料配制日粮。

第一步：查阅羊的饲养标准表，找出育成母绵羊的营养需要量，见表8-50。

表8-50　育成母绵羊每天每只的营养需要量

体重/千克	日增重/（千克/天）	日进食量/（千克/天）	代谢能/（兆焦/天）	粗蛋白质/（克/天）	钙/（克/天）	磷/（克/天）	食盐/（克/天）
25	0.06	0.8	5.86	90	3.6	1.8	3.3

第二步：查饲料营养价值表，列出所用几种饲料原料的营养成分，见表8-51。

表8-51　饲料营养价值表

原料	干物质/%	代谢能/（兆焦/千克）	粗蛋白质/%	钙/%	磷/%
苜蓿干草	92.4	8.03	6.8	1.95	0.28
羊草	92.0	7.84	7.3	0.22	0.14
玉米青贮	23.0	1.81	2.8	0.18	0.05
玉米	86.0	11.67	9.4	0.09	0.22
麦麸	87.0	9.99	15.7	0.11	0.92
大豆饼	89.0	11.55	41.8	0.31	0.50
棉粕	90.0	10.23	43.5	0.28	1.04
磷酸氢钙	98.0			23.3	18.0

第三步：确定粗饲料的用量。设定该阶段育成母绵羊日粮精粗比为40∶60，即粗饲料占日粮的60%，精饲料占日粮的40%。则羔羊粗饲料干物质进食量为0.8×60%=0.48（千克），精饲料干物质进食量为0.8×40%=0.32（千克）。

假设粗饲料中玉米青贮日给干物质0.24千克，羊草0.12千克，苜蓿干草0.12千克。计算出粗饲料提供的总养分，与标准相比，确定需由精料补充的差额部分，如表8-52所示。

表 8-52　日粮粗饲料所提供的养分

日粮组成	干物质/（千克/天）	代谢能/（兆焦/天）	粗蛋白质/%	钙/%	磷/%
苜蓿干草	0.12	0.96	20.16	2.34	0.34
羊草	0.12	0.94	8.76	0.26	0.16
玉米青贮	0.24	0.44	6.72	0.44	0.12
合计	0.48	2.34	35.64	3.08	0.62
差额（精料标准）	0.32	3.52	54.36	0.56	1.18

第四步：用试差法制定精饲料日粮配方。由以上饲料原料组成日粮的精料部分，按经验和饲料营养特性，将精料应补充的营养配成精料配方，再与饲养标准相对照，对过剩和不足的营养成分进行调整，最后达到符合饲养标准的要求，如表 8-53 所示。

表 8-53　精料配方及营养含量

原料	比例/%	干物质/%	代谢能/（兆焦/天）	粗蛋白质/%	钙/%	磷/%
玉米	62	198.4	2.32	18.63	0.18	0.44
麦麸	15	48.0	0.48	7.54	0.05	0.44
大豆饼	15	48.0	0.55	20.06	0.15	0.24
棉粕	6	19.2	0.20	8.35	0.05	0.20
食盐	1	3.2				
预混料	1	3.2				
合计	100	320	3.55	54.60	0.43	1.32
精料标准		320	3.52	54.36	0.56	1.18
差额		0	+0.09	+0.24	-0.13	+0.14

第五步：调整矿物质和食盐含量。能量和蛋白均满足需要，钙稍有不足，可补充石粉 0.13/0.35=0.37（克/天）。食盐添加 3.2 克/天，预混料添加 3.2 克/天。

第六步：列出日粮配方。全面调整后的日粮组成及营养水平见表 8-54。

表 8-54　育成母羊的日粮配方

原料	干物质/%	比例/%
玉米	198.4	24.79
麦麸	48.0	6.00
大豆饼	48.0	6.00
棉粕	19.2	2.40
苜蓿干草	120	14.99
羊草	120	14.99
玉米青贮	240	29.99
石粉	0.37	0.05
食盐	3.2	0.40
预混料	3.2	0.40
合计	800.37	100

四、羊的饲料配方举例

（一）精料配方举例

1. 种公羊的精料配方　种公羊精料配方见表 8-55、表 8-56、表 8-57。

表 8-55　种公羊精料配方 1～配方 8

组成	配方 1	配方 2	配方 3	配方 4	配方 5	配方 6	配方 7	配方 8
玉米/%	50	50	52	50	55	50	50	25
大豆粕/%	30	20	20	20	16	18	20.0	13.5
菜籽粕/%		6	5		7			10
小麦麸/%	16	15	15	16	5	10	12	25
棉籽粕/%		5						
向日葵粕/%					7			
亚麻粕/%					6			
花生仁粕/%			4	10（或饼）		6		
啤酒糟/%						12	14	23(或米糠)
磷酸氢钙/%	1	1	1	1	1	1	1	
石粉/%	1	1	1	1	1	1	1	1.5

续表

组成	配方 1	配方 2	配方 3	配方 4	配方 5	配方 6	配方 7	配方 8
食盐/%	1	1	1	1	1	1	1	1
预混料/%	1	1	1	1	1	1	1	1
合计/%	100	100	100	100	100	100	100	100
营养水平								
干物质/%	86.84	86.95	86.91	87.44	86.99	87.02	86.90	87.17
粗蛋白/%	19.76	19.75	19.32	20.13	19.80	19.44	18.48	18.58
粗脂肪/%	2.99	2.88	2.96	3.85	2.76	3.25	3.37	6.07
粗纤维/%	3.75	4.37	4.03	3.52	4.19	4.59	4.70	5.80
钙/%	0.71	0.73	0.72	0.68	0.75	0.72	0.72	0.68
磷/%	0.64	0.67	0.64	0.62	0.67	0.59	0.61	0.81
食盐/%	0.98	0.98	0.98	1.04	0.98	0.98	0.49	0.98
消化能/（兆焦/千克）	13.13	13.00	13.09	13.39	12.95	13.38	12.30	11.35

表 8-56　种公羊的精料配方 9～配方 16

组成	配方 9	配方 10	配方 11	配方 12	配方 13	配方 14	配方 15	配方 16
玉米/%	45	46	40	40	40	45	50	50
大麦(裸)/%	15							
高粱/%		10(燕麦)	10(燕麦)		15			
碎米/%				12				
大豆粕/%	30	30	25	25	25	20	20	25
菜籽粕/%			5	6				
小麦麸/%	6		6(玉米皮)				10	
麦芽根/%							10	
花生仁粕/%							6	
棉籽粕/%								6
向日葵粕/%					5			
亚麻粕/%					5			
米糠/%		10		8	6	14		16(米糠粕)

续表

组成	配方 9	配方 10	配方 11	配方 12	配方 13	配方 14	配方 15	配方 16
啤酒糟/%						12		
干啤酒酵母/%						5		
玉米胚芽饼/%				5				
磷酸氢钙/%	1	1	1	1	1	1	1	1
石粉/%	1	1	1	1	1	1	1	1
食盐/%	1	1	1	1	1	1	1	1
预混料/%	1	1	1	1	1	1	1	1
合计/%	100	100	100	100	100	100	100	100
营养水平								
干物质/%	86.89	87.53	87.71	87.27	87.14	87.25	87.17	86.90
粗蛋白/%	20.01	19.35	19.19	19.86	19.72	19.84	20.22	19.39
粗脂肪/%	2.74	4.57	4.62	3.68	3.11	4.99	2.79	3.57
粗纤维/%	3.08	3.85	4.63	3.54	3.30	4.30	4.38	3.73
钙/%	0.71	0.72	0.75	0.73	0.74	0.72	0.79	0.71
磷/%	0.59	0.66	0.69	0.71	0.64	0.73	0.63	0.76
食盐/%	0.98	0.98	0.98	0.98	0.98	0.98	0.98	0.98
消化能/(兆焦/千克)	12.25	11.99	11.72	12.23	11.74	13.22	12.46	12.90

表 8-57 种公羊的精料配方 17~配方 19

单位:%

组成	玉米	大豆粕	米糠	苜蓿草粉	棉籽粕	菜籽粕	麦麸	花生仁粕	磷酸氢钙	石粉	食盐	预混料	合计
配方 17	50	23	8	5	5	5			1	1	1	1	100
配方 18	51.5	25		11.5			10			1	1	1	100
配方 19	45	25		12			8	6	1	1	1	1	100

2. 母羊的混合精料配方

（1）泌乳母羊的混合精料配方：见表 8-58、表 8-59、表 8-60。

表 8-58　泌乳母羊前期的混合精料配方

组成	配方 1	配方 2	配方 3	配方 4	配方 5	配方 6	配方 7	配方 8
玉米/%	60	55	55	55	55	50	55	55.5
大豆粕/%	12	11			15	9		12
菜籽粕/%			15	10		10	9	
小麦麸/%	8	15	12	11	12	12	8	
棉籽粕/%	15	15	14	14			12	9
玉米胚芽饼/%								10
花生仁粕/%				6	6			
DDGS/%					9	15	12	10
磷酸氢钙/%	2	1	1	1	1	1	1	
石粉/%	1	1.5	1.5	1.5	1.5	1.5	1.5	1.5
食盐/%	1	0.5	1	1	1	1	1	1
预混料/%	1	1	0.5	0.5	0.5	0.5	0.5	1
合计/%	100	100	100	100	100	100	100	100
营养水平								
干物质/%	87.64	86.97	87.09	87.09	87.09	97.39	87.36	87.49
粗蛋白/%	18.21	17.98	17.67	18.39	18.03	17.68	17.20	17.94
粗脂肪/%	3.87	2.88	2.76	3.08	4.26	4.63	4.15	4.60
粗纤维/%	2.78	4.29	5.13	4.81	3.64	4.57	4.72	3.72
钙/%	0.87	0.86	0.92	0.90	0.87	0.91	0.90	0.86
磷/%	0.79	0.67	0.72	0.69	0.61	0.68	0.69	0.70
食盐/%	1.02	0.49	0.49	0.49	0.49	0.49	0.49	0.49
消化能/（兆焦/千克）	13.34	13.02	12.88	12.64	13.01	13.21	13.15	13.50

注：舍饲母羊混合精料量为 0.4~1.0 千克，哺乳高峰期应加大精饲料喂量，粗饲料喂量为 0.8~2.0 千克。

表 8-59 泌乳母羊后期的混合精料配方

组成	配方 1	配方 2	配方 3	配方 4	配方 5	配方 6	配方 7	配方 8
玉米/%	60	60	57	55	55	55	55	55
大豆粕/%	8	8			9	8	5	9
菜籽粕/%		12	14	9			9	
小麦麸/%	16	16	15	12	10	10	12	7
棉籽粕/%	12		10	5	7			7
玉米胚芽饼/%					6	8		6
米糠饼/%					9			
DDGS/%				15		15	15	12（啤酒糟）
磷酸氢钙/%	1	1	1	1	1	1	1	1
石粉/%	1.5	1.5	1.5	1.5	1.5	1.5	1.5	1.5
食盐/%	1	1	1	1	1	1	1	1
预混料/%	0.5	0.5	0.5	0.5	0.5	0.5	0.5	0.5
合计/%	100	100	100	100	100	100	100	100
营养水平								
干物质/%	86.86	86.86	87.01	87.38	87.13	87.48	87.38	87.16
粗蛋白/%	16.05	15.57	16.35	15.82	15.44	15.11	16.01	16.56
粗脂肪/%	3.02	3.10	2.90	4.66	3.90	5.35	4.72	3.69
粗纤维/%	4.00	4.21	4.90	4.58	3.99	3.75	4.33	4.66
钙/%	0.85	0.90	0.90	0.89	0.85	0.85	0.89	0.87
磷/%	0.64	0.65	0.70	0.68	0.77	0.69	0.66	0.64
食盐/%	0.49	0.49	0.40	0.49	0.49	0.40	0.49	0.49
消化能/（兆焦/千克）	13.08	13.08	12.89	13.21	12.59	13.51	13.26	12.36

注：舍饲母羊混合精料量逐渐减少为前期的 70%，同时增加青草和普通干草的数量。

表 8-60 泌乳母羊的混合精料配方

组成	配方 1	配方 2	配方 3	配方 4	配方 5	配方 6
玉米/%	23	46	65	61	30	59
高粱/%	36					
大豆粕/%	18		3	7	5	12
菜籽粕/%						
小麦麸/%		50	29	29		8
棉籽粕/%						16
苜蓿干草/%					57.5	
米糠/%	18					
糖蜜/%					3	
磷酸氢钙/%	1.5	0.5	0.5	0.5	0.5	3
石粉/%	1.5	1.5	1.5	1.5		
食盐/%	1	1	1	1	1	1
预混料/%	1	1	1	1	1	1
合计/%	100	100	100	100	100	100

注：配方 1 适用于体重 60 千克单羔母羊使用，日喂精料 300 克，可增加多汁饲料喂量；配方 2、配方 3、配方 4 适用于体重 60 千克的哺乳最后 8 周的舍饲母羊；配方 5 按照美国 NRC 标准配制；配方 6 适用于舍饲种母羊，每天喂料 0.3~0.7 千克，妊娠前期和哺乳期应相应加大精料喂量，粗饲料为 1.8~2.0 千克。

（2）妊娠母羊的混合精料配方：见表 8-61、表 8-62、表 8-63。

表 8-61 妊娠母羊的混合精料配方 1~配方 4

组成	空怀或妊娠前期				妊娠后期			
	配方 1	配方 2	配方 3	配方 4	配方 1	配方 2	配方 3	配方 4
玉米/%	57.5	60	57.5	55.3	55	60	60	50
高粱/%								
大豆粕/%	20	16	15	16	20	19	14	
菜籽粕/%							5	20

续表

组成	空怀或妊娠前期				妊娠后期			
	配方 1	配方 2	配方 3	配方 4	配方 1	配方 2	配方 3	配方 4
小麦麸/%	18	20	10	16	21	12	12	11.5
棉籽粕/%						5		
花生仁饼/%							5	
玉米胚芽饼/%								15
啤酒糟/%			12	8				
磷酸氢钙/%	1	1	1.5	1.2	1	0.5	0.5	
石粉/%	1.5	1.5	1	1.5	1.5	1.5	1.5	2
食盐/%	1	1	1	1	0.5	1	1	0.5
预混料/%	1	1	1	1	1	1	1	1
合计/%	100	100	100	100	100	100	100	100

表 8-62　妊娠母羊的混合精料配方 5~配方 8

组成	空怀或妊娠前期				妊娠后期			
	配方 5	配方 6	配方 7	配方 8	配方 5	配方 6	配方 7	配方 8
玉米/%	58	56	65	60.8	60	55	60	58
大豆粕/%	5				19			8
菜籽粕/%		8.5	8	5.5		12		
小麦麸/%	10		13	15	12			6.5
棉籽粕/%	13	12	10	10	5	14	12	16
花生仁饼/%				6			12	
米糠/%	10	20				15.5	12.5	8
磷酸氢钙/%	0.5		0.5		0.5		0.5	0.5
石粉/%	2	2	1.5	1.5	1.5	2	1.5	1.5
食盐/%	0.5	0.5	0.5	0.5	1	0.5	0.5	0.5
预混料/%	1	1	1	1.0	1	1	1	1
合计/%	100	100	100	100	100	100	100	100

表 8-63 妊娠母羊的混合精料配方 9～配方 12

组成	空怀或妊娠前期				妊娠后期			
	配方 9	配方 10	配方 11	配方 12	配方 9	配方 10	配方 11	配方 12
玉米/%	50	10	21.5	35	21.5		55	55
燕麦/%	20	30	20	40	30	30		
稻谷/%	10	20	10	10		20		
亚麻饼/%	5	10	10		15	16	15	25
向日葵饼/%			10	5	10		16.1	
小麦麸/%			15		10			
菜籽粕/%	11.5	11.3		6.5		11.5		5
米糠/%						10	10	11.5
磷酸氢钙/%	0.5		0.5	1	0.5			
石粉/%	1.5	2	1.5	1	1.5	2	2	2
食盐/%	0.5	0.5	0.5	0.5	0.5	0.5	0.5	0.5
预混料/%	1	1	1	1	1	1	1	1
合计/%	100	100	100	100	100	100	100	100

3. 羔羊的精料配方 羔羊的精料配方见表 8-64、表 8-65、表 8-66。

表 8-64 早期断奶羔羊的精料配方

组成	配方 1	配方 2	配方 3	配方 4	配方 5	配方 6	配方 7	配方 8
玉米/%	75	55	61	14	34	54	52	58
大豆粕/%	15	37	32	80（饼）	60	22	20	18
花生仁粕/%						6		6
小麦麸/%	7	5	4			14	16	9
棉籽粕/%							4	
菜籽粕/%							4	
干啤酒酵母/%								4.5
磷酸氢钙/%	0.5	0.5	0.5	1	1	1	1	1

续表

组成	配方 1	配方 2	配方 3	配方 4	配方 5	配方 6	配方 7	配方 8
石粉/%	1	1	1	2. 5	2. 5	1	1	1. 5
食盐/%	0. 5	0. 5	0. 5	1. 5	1. 5	1	1	1
预混料/%	1	1	1	1	1	1	1	1
合计/%	100	100	100	100	100	100	100	100
营养水平								
干物质/%	86. 86	87. 52	87. 37	89. 13	88. 52	86. 96	86. 90	87. 09
粗蛋白/%	13. 39	21. 04	19. 38	14. 66	28. 04	19. 22	18. 70	19. 43
粗脂肪/%	2. 64	4. 32	4. 21	5. 14	4. 7	2. 99	2. 96	2. 90
粗纤维/%	2. 52	3. 1	2. 94	4. 06	3. 42	3. 60	4. 15	3. 15
钙/%	0. 52	0. 59	0. 57	1. 34	1. 29	0. 70	0. 72	0. 97
磷/%	0. 42	0. 46	0. 45	0. 6	0. 56	0. 60	0. 66	0. 61
食盐/%	0. 52	0. 53	0. 52	1. 51	1. 5	0. 98	0. 98	0. 98
消化能/（兆焦/千克）	13. 68	13. 68	13. 70	13. 28	13. 32	13. 19	13. 14	13. 25

注：配方 1 适用于早期断奶羔羊，粗饲料为优质牧草；配方 2 适用于体重 35~40 千克断奶羔羊育肥，精料 550 克/天，野干草 1 200 克/天；配方 3 适用于体重 40~45 千克断奶羔羊，精料 670 克/天，野干草 1 200 克/天；配方 4 适用于体重 35~40 千克断奶羔羊育肥，精料 360 克/天；配方 5 适用于体重 40~45 千克断奶羔羊，精料 180 克/天。

表 8-65　断奶羔羊的精料配方

组成	配方 1	配方 2	配方 3	配方 4	配方 5	配方 6	配方 7	配方 8
玉米/%	40	40		65	81	45	81	55
小麦/%								
燕麦/%	26	36	66			40		
大豆粕/%	10	10	10	2. 5	15	10	15	15
花生仁粕/%								
小麦麸/%	20	10	20	15				11
棉籽粕/%				7				
酵母/%								15

续表

组成	配方 1	配方 2	配方 3	配方 4	配方 5	配方 6	配方 7	配方 8
鱼粉/%								1
菜籽粕/%				2				
向日葵粕/%				5				
磷酸氢钙/%	1	1			1	1	1	
石粉/%	1	1	1	1.5	1	1	1	
食盐/%	1	1	1	1	1	1	1	1
预混料/%	1	1	1	1	1	1	1	1
合计/%	100	100	100	100	100	100	100	100
营养水平								
干物质/%	88.63	89.28	91.63	86.81	86.31	89.56		88
粗蛋白/%	14.06	13.66	15.25	14.17	13.45	13.11		20.6
粗脂肪/%	4.23	4.51	5.54	3.10	3.20	4.65		
粗纤维/%	5.58	5.68	8.95	4.19	2.06	5.37		
钙/%	0.69	0.7	0.74	0.60	0.65	0.69		0.3
磷/%	0.86	0.59	0.70	0.47	0.49	0.56		0.4
食盐/%	0.98	0.70	0.98	0.98	0.99	0.90		
消化能/（兆焦/千克）	11.15	10.71	11.11	12.97	13.59	12.26		11.12（代谢能）

注：使用配方 8，20 日龄到 1 月龄每只羔羊日喂量为 50~70 克，1~2 月龄为 100~150 克，2~3 月龄为 200 克，3~4 月龄为 250 克，4~5 月龄为 350 克，5~6 月龄为 400~500 克，粗饲料为自由采食。

表 8-66　羔羊肥育的精料配方

组成	配方 1	配方 2	配方 3	配方 4	配方 5	配方 6	配方 7	配方 8
玉米/%	65.5	64	66.5	60	55	60	54	21.5
大豆粕/%	15	8	8	6	5			
花生仁粕/%			3	6		6		10.3
小麦麸/%	15	17.5	15	24	24	14	18	16.5

续表

组成	配方 1	配方 2	配方 3	配方 4	配方 5	配方 6	配方 7	配方 8
棉籽粕/%		4				8	14	21.3（或菜粕）
菜籽粕/%		2	3		4			
向日葵粕/%					4			
亚麻粕/%					4			
干甜菜渣/%						8	10	
饲料酵母/%								6.9
磷酸氢钙/%	1	1	1	1	1	1	1	
石粉/%	1.5	1.5	1.5	1.5	1.5	1.5	1.5	
食盐/%	1	1	1	1	1	0.5	0.5	0.7
预混料/%	1	1	1	1	1	1	1	1
合计/%	100	100	100	100	100	100	100	100
营养水平								
干物质/%	86.74	86.82	86.79	86.90	86.95	86.75	86.78	
粗蛋白/%	14.19	14.05	14.17	14.44	14.98	14.11	13.82	
粗脂肪/%	3.80	3.19	3.32	3.29	3.08	2.99	2.80	
粗纤维/%	3.09	3.62	3.35	3.77	4.66	5.51	6.54	
钙/%	0.84	0.85	0.85	0.94	0.87	0.90	0.91	
磷/%	0.56	0.61	0.58	0.62	0.69	0.58	0.62	
食盐/%	0.98	0.98	0.98	0.49	0.49	0.49	0.49	
消化能/（兆焦/千克）	13.29	13.08	13.16	13.10	12.74	13.00	12.80	

注：配方 8 中额外添加 0.3%尿素，混合均匀饲喂。前 20 天每只喂 350 克料，中间 20 天每只喂 400 克，后 20 天每只喂 450 克，粗饲料不限量。

4. 育成羊的精料配方 育成羊的精料配方见表 8-67、表 8-68。

表 8-67 育成绵羊的精料配方

组成	配方 1	配方 2	配方 3	配方 4	配方 5	配方 6	配方 7
玉米/%	60	55.5	56	70.5	68.5	50	60
小麦/%						9	
大豆粕/%	5	30		25		10	
花生仁粕/%	5						
小麦麸/%	18	10	20			15	16
棉籽粕/%	7.5						
菜籽粕/%						7	
向日葵粕/%			20		27		20
酵母/%						5	
尿素/%				1.5	1.5		
磷酸氢钙/%	1	1	0.5	0.5	0.5	0.5	1
石粉/%	1.5	1.5	1.5	1	1	1.5	1.5
食盐/%	1	1	1	0.5	0.5	1	0.5
预混料/%	1	1	1	1	1	1	1
合计/%	100	100	100	100	100	100	100
营养水平							
干物质/%	87.27	86.94	87.00	86.66	86.95	87.16	86.91
粗蛋白/%	15.6	18.67	15.31	20.66	19.34	17.36	14.4
粗脂肪/%	3.55	4.10	3.0	3.96	2.74	2.85	2.96
粗纤维/%	3.88	3.19	4.70	2.30	5.09	3.67	5.34
钙/%	0.82	0.88	0.73	0.56	0.55	0.70	0.85
磷/%	0.62	0.56	0.65	0.40	0.55	0.61	0.69
食盐/%	1.03	0.98	0.98	0.49	0.49	0.98	0.49
消化能/（兆焦/千克）	13.13	11.33	12.54	13.58	12.07	12.48	12.21

注：配方 1、配方 2 适用于舍饲绵羊，每天混合精料 0.4 千克，苜蓿干草 0.7 千克；配方 3 适用于肉用育成绵羊；配方 4、配方 5 适用于中国美利奴羊；配方 6 适用于杂交育成肉羊；配方 7 适用于育成肉用细毛羊。

表 8-68　育成山羊的精料配方

组成	配方 1	配方 2	配方 3	配方 4	配方 5	配方 6	配方 7	配方 8
玉米/%	60.5	50	45	50	50	30		50
燕麦/%						30	30	
高粱/%							20	
米糠/%			18	10	10	5		
大豆粕/%	20							
向日葵粕/%					20	20		
小麦麸/%	15	13					30	15
棉籽粕/%		15			16	11		
菜籽粕/%		18	18				15	
亚麻仁粕/%			15	36				
玉米 DDGS/%								30
尿素/%							1	1
磷酸氢钙/%	1	0.5						
石粉/%	1.5	1.5	2	2	2	2	2	2
食盐/%	1	1	1	1	1	1	1	1
预混料/%	1	1	1	1	1	1	1	1
合计/%	100	100	100	100	100	100	100	100

5. 生长肥育羊的精料配方　生长肥育羊的精料配方见表 8-69~表 8-77。

表 8-69　育肥前期的精料配方 1~配方 8

组成	配方 1	配方 2	配方 3	配方 4	配方 5	配方 6	配方 7	配方 8
玉米/%	46	51	50	45	60	60	60	55
大豆粕/%	30	20						
向日葵粕/%						30		
小麦麸/%	20	25	16	20	5	5	15	10
棉籽粕/%			30					
菜籽粕/%				31	31			

续表

组成	配方 1	配方 2	配方 3	配方 4	配方 5	配方 6	配方 7	配方 8
亚麻仁粕/%								30
花生饼/%							20	
尿素/%						1	1	1
磷酸氢钙/%	0.5	0.5	0.5	1	1	0.5	0.5	
石粉/%	1.5	1.5	1.5	1	2	1.5	1.5	2
食盐/%	1	1	1	1	1	1	1	1
预混料/%	1	1	1	1	1	1	1	1
合计/%	100	100	100	100	100	100	100	100
营养水平								
干物质/%	86.90	86.85	87.16	87.23	87.06	87.14	87.14	87.20
粗蛋白/%	20.04	18.33	18.26	19.82	17.38	18.96	20.00	19.67
粗脂肪/%	3.00	3.09	2.63	2.83	4.02	2.66	3.08	2.90
粗纤维/%	4.65	3.87	5.25	6.16	3.33	5.95	3.54	4.23
钙/%	0.77	0.76	0.74	0.93	0.75	0.74	0.73	0.85
磷/%	0.58	0.56	0.66	0.62	0.49	0.64	0.50	0.56
食盐/%	0.98	0.98	0.99	0.98	0.98	0.98	0.98	0.98
消化能/（兆焦/千克）	13.05	13.08	12.82	12.56	13.36	11.72	13.09	12.81

表 8-70　育肥前期的精料配方 9~配方 16

组成	配方 9	配方 10	配方 11	配方 12	配方 13	配方 14	配方 15	配方 16
玉米/%	25	40	37	46	40	50	40	32.5
稻谷/%	25							
苜蓿草粉/%		30	30	30	26	20	20	30
玉米秸/%	20							
向日葵粕/%			30	15				
小麦麸/%				5		5		
棉籽粕/%	15						8(或菜籽粕)	

续表

组成	配方 9	配方 10	配方 11	配方 12	配方 13	配方 14	配方 15	配方 16
亚麻仁粕/%	9.5	27						
玉米 DDGS/%					30	20	28	34
尿素/%	1			1	1	1.5		
磷酸氢钙/%	1	1	1	1	1	0.5	1	1
石粉/%	1.5	0.5	0.5	0.5	0.5	1	1	0.5
食盐/%	1	0.5	1	0.5	0.5	1	1	1
预混料/%	1	1	0.5	1	1	1	1	1
合计/%	100	100	100	100	100	100	100	100

表 8-71 育肥前期的精料配方 17～配方 24

组成	配方 17	配方 18	配方 19	配方 20	配方 21	配方 22	配方 23	配方 24
玉米/%	50	46	45	45	56	51	50	46
稻谷/%		18						
芝麻粕/%	28							
向日葵粕/%		10				25		15
小麦麸/%	18	7.0	24.5	25				14
棉籽粕/%				12			10	
菜籽粕/%		16	12		20		8	
胡麻粕/%			15	15				
玉米 DDGS/%					20	20	28	20
尿素/%								1
磷酸氢钙/%	0.5	0.5	0.5	0.7	0.5	0.5	0.5	0.5
石粉/%	1.5	1.5	1	1	1.5	1.5	1.5	1.5
食盐/%	1	1	1	0.3	1	1	1	1
预混料/%	1	1	1	1	1	1	1	1
合计/%	100	100	100	100	100	100	100	100

表 8-72 绵羊中期的精料配方

组成	配方 1	配方 2	配方 3	配方 4	配方 5	配方 6	配方 7	配方 8
玉米/%	30	55	60	57	58.8	60.8	55	60.8
稻谷/%	20							
碎米/%	20							
大豆粕/%		5				10		12
向日葵粕/%	12							
小麦麸/%		11	10	15	18	8	16	9
棉籽粕/%			13	19	10	10	25	10
菜籽粕/%	15			5				
胡麻仁粕/%		25	13			7		4
花生饼/%					9			
尿素/%								
磷酸氢钙/%		1	1	0.5	1.2	1.2	0.5	1.2
石粉/%	1.5	1	1	1.5	1	1	1.5	1
食盐/%	0.5	1	1	1	1	1	1	1
预混料/%	1	1	1	1	1	1	1	1
合计/%	100	100	100	100	100	100	100	100
营养水平								
干物质/%	87.23	88.04	87.00	87.03	96.96	87.20	87.06	87.05
粗蛋白/%	16.07	16.84	16.25	16.64	16.04	16.96	16.80	16.9
粗脂肪/%	2.17	3.98	3.64	2.84	3.01	3.12	2.78	3.04
粗纤维/%	5.89	4.56	4.84	4.76	4.10	3.89	4.83	3.79
钙/%	0.68	0.77	0.68	0.75	0.72	0.76	0.73	0.75
磷/%	0.50	0.64	0.68	0.61	0.68	0.65	0.62	0.65
食盐/%	0.49	0.98	0.98	0.98	0.98	0.98	0.98	0.98
消化能/（兆焦/千克）	12.50	13.57	13.57	12.92	13.04	13.27	12.91	13.22

表 8-73　山羊中期的精料配方

组成	配方 1	配方 2	配方 3	配方 4	配方 5	配方 6	配方 7	配方 8
玉米/%	43.3	45	39.5	25		25	31.5	54.3
稻谷/%				25	20	22		
燕麦/%		4			30			
苜蓿草粉/%	15	15	13				32	
玉米秸/%	15	15		20	20	20		
米糠/%			10					
小麦麸/%			20				10	19
棉籽粕/%	8	9	5	15	15	15		24（或菜粕）
亚麻饼/%				10	10	9.5		
菜籽粕/%	5.7	4.5	3					
玉米蛋白粉/%	6.2	5.5	5			4		
玉米 DDGS/%							23	
甜菜渣/%	4							
尿素/%				0.5	0.5			
磷酸氢钙/%	1	1	0.5	1	1	1	1	
石粉/%	0.5		1.5	1.5	1.5	1.5	0.5	1
食盐/%	1		0.5	1	1	1	1	0.7
预混料/%	1	1	1	1	1	1	1	1
合计/%	100	100	100	100	100	100	100	100

注：配方 8 适用于育肥中间 20 天，每日每只供料 0.8~1.0 千克。

表 8-74　育肥后期的精料配方 1~配方 8

组成	配方 1	配方 2	配方 3	配方 4	配方 5	配方 6	配方 7	配方 8
玉米/%	39	57.5	65	71	62.5	77.5	60.8	64.7
稻谷/%	36.5							
大豆粕/%			5			17		
向日葵粕/%		18			18		18	
小麦麸/%	10	20	16		16		15	13

续表

组成	配方 1	配方 2	配方 3	配方 4	配方 5	配方 6	配方 7	配方 8
棉籽粕/%							7	20（或菜粕）
胡麻仁粕/%			10	24.5				
花生饼/%	9							
尿素/%	1			1		1		
磷酸氢钙/%	1	1	1	1	1	1.5	1	
石粉/%	1.5	1.5	1	1	1.5	1	1.2	1.0
食盐/%	1	1	1	1.5	1	1	1	0.3
预混料/%	1	1	1	1	1	1	1	1.0
合计/%	100	100	100	100	100	100	100	100
营养水平								
干物质/%	86.81	87.0	87.10	88.01	86.95	86.69	86.95	
粗蛋白/%	14.71	14.19	13.63	14.2	13.01	13.76	15.06	
粗脂肪/%	3.03	3.03	3.57	3.78	3.36	3.79	2.96	
粗纤维/%	5.04	5.36	3.70	3.53	6.01	2.04	4.38	
钙/%	0.82	0.86	0.69	0.75	0.84	0.78	0.78	
磷/%	0.55	0.69	0.60	0.55	0.63	0.55	0.69	
食盐/%	0.98	0.98	0.98	1.47	0.99	0.98	0.98	
消化能/（兆焦/千克）	13.15	12.17	13.37	13.59	13.32	13.45	12.75	

注：配方 8 适用于育肥期的后 20 天，每日每只供给精料 0.9~1.0 千克。

表 8-75　育肥后期精料配方 9~配方 16

组成	配方 9	配方 10	配方 11	配方 12	配方 13	配方 14	配方 15	配方 16
玉米/%	46.5	31.5	19	24	47.8	41	23	31
羊草/%					17	30		30
苜蓿草粉/%	32	32		9				
玉米秸/%			15.5	9	2.4	8.8	33	9
槐叶/%							20	

续表

组成	配方 9	配方 10	配方 11	配方 12	配方 13	配方 14	配方 15	配方 16
小麦麸/%	10	10			14.0	9	10	12
大豆粕/%	8		3		14.5	7		14
棉籽粕/%			5	2				
亚麻饼/%							10	
玉米蛋白粉/%		23	3	1				
玉米 DDGS/%			50	50				
尿素/%				1				
磷酸氢钙/%	1	1	1	1.5	1	1	1	1
石粉/%	0.5	0.5	2	1	1	1	1	1
食盐/%	1	1	0.5	1	1	1	1	1
预混料/%	1	1	1	1	1	1	1	1
合计/%	100	100	100	100	100	100	100	100

表 8-76 育肥后期的精料配方 17～配方 21

组成	配方 17	配方 18	配方 19	配方 20	配方 21
高粱/%	54.8	66.5	19.3	30.5	44
苜蓿草粉/%	18	15	14	16	15
棉籽壳/%	10		40	30	20
棉籽粕/%	9	10	17	14	11.5
糖蜜/%	5	5	6	6	6
磷酸氢钙/%	1.2	1.2	1.2	1.2	1.2
石粉/%	0.3	0.3	0.3	0.3	0.5
食盐/%	1	1	1	1	1
预混料/%	1	1	1	1	1
合计/%	100	100	100	100	100

表 8-77　育肥羊的精料配方

	精料配方	使用方法
羔羊育肥	玉米 62%，麸皮 12%，豆粕 8%，棉粕 12%，石粉 1.8%，磷酸氢钙 1.2%，尿素 1%，食盐 1%，预混料 1%	
舍饲强度育肥	前期 20 天：玉米 46%，麸皮 20%，棉籽粕或菜籽粕 30%，石粉 1%，磷酸氢钙 1%，食盐 1%，预混料 1%	禾本科干草或秸秆 0.5 千克，青贮玉米 4 千克，精料 0.5 千克；禾本科干草或秸秆 1 千克，青贮玉米 0.5 千克，精料 0.7 千克
	中期 20 天：玉米 55%，麸皮 16%，棉籽粕或菜籽粕 25%，石粉 1%，磷酸氢钙 1%，食盐 1%，预混料 1%	
	后期 20 天：玉米 66%，麸皮 10%，棉籽粕或菜籽粕 20%，石粉 1%，磷酸氢钙 1%，食盐 1%，预混料 1%	

6. 不同类型羊的精料配方

（1）毛用羊的精料配方：见表 8-78、表 8-79。

表 8-78　毛用羊的精料配方（羔羊、育成羊）

组成	羔羊					育成羊				
	配方 1	配方 2	配方 3	配方 4	配方 5	配方 1	配方 2	配方 3	配方 4	配方 5
玉米/%	60	56	86	40	60	61	55	67	76	47.5
大麦/%				36	26					
大豆粕/%	20	30	10	10	10	5	20		20	8.0
小麦麸/%	6.3	10		10		10	15			20
菜籽粕/%	5					10				
棉籽粕/%							5.5	29		
向日葵仁粕/%	5					10				20
石粉/%	1.2	1	1	1	1	1.2	1	1	0.2	1.5
磷酸氢钙/%	1	1	1	1	1	1	1.5	1	1	0.5
食盐/%	1	1	1	1	1	1	1	1	1	1
预混料/%	0.5	1	1	1	1	0.8	1	1	0.8	1
尿素/%										0.5
合计/%	100	100	100	100	100	100	100	100	100	100

表 8-79 毛用羊的精料配方（妊娠母羊、哺乳、种公羊）

组成	妊娠母羊				哺乳				种公羊	
	配方 1	配方 2	配方 3	配方 4	配方 1	配方 2	配方 3	配方 4	配方 1	配方 2
玉米/%	56	64		60.5	60	57	60	60	36	
小麦（或燕麦、大麦）/%										60.5
炒黑豆(或黄豆）/%									40	
大麦/%			80							
大豆粕/%	10		6		10	29	14	26		15
小麦麸/%	14	10			10	9		10	20	
苜蓿草粉/%		17	5							
花生仁粕/%					10					
大豆油/%						1				
菜籽粕/%	6	6	5							21
亚麻仁饼/%					6		16			
向日葵仁粕/%	10			10						
粉渣/%				10						
酱油渣/%				10						
糖蜜/%				5						
玉米胚芽饼/%							6			
石粉/%	1.2		1	1.5	1.2	1	1.2	1	1.5	0.5
磷酸氢钙/%	1	1	1	1	1	1	1	1	0.5	1
食盐/%	0.8	1	1	1	1	1	1	1	1	1
预混料/%	1	1	1	1	0.8	1	0.8	1	1	1
合计/%	100	100	100	100	100	100	100	100	100	100

（2）绒山羊的精料配方：见表 8-80。

表 8-80　绒山羊的精料配方

组成	羔羊		育成羊		空怀期	怀孕前期		泌乳期	非生绒期	种公羊
	配方 1	配方 2	配方 1	配方 2	配方 1	配方 1	配方 2	配方 1	配方 1	配方 1
玉米/%	60	55	65	50	56.5	67	63	65	61	50.5
大豆粕/%	20	22	15	18		14	18	16	9.5	23
小麦麸/%	7	10	7	28	30	15.5	15.5	15.5	25	18
干啤酒糟/%	9	9	9							4
豌豆/%					5					
亚麻仁粕/%					5					
石粉/%	1	1	1	1	1.5	1.5	1.5	1.5	1.5	1.5
磷酸氢钙/%	1	1	1	1	0.5	0.5	0.5	0.5	1	1
食盐/%	1	1	1	1	0.5	0.5	0.5	0.5	1	1
预混料/%	1	1	1	1	1	1	1	1	1	1
合计/%	100	100	100	100	100	100	100	100	100	100

（3）奶山羊的精料配方：见表 8-81。

表 8-81　奶山羊的精料配方

组成	配方 1	配方 2	配方 3	配方 4	配方 5	配方 6	配方 7	配方 8	配方 9	配方 10
玉米/%	58	45.5	60.5	49.5	30	64	54	41	40	17
大麦(裸)/%	10				27					
大豆粕/%	10	6	10	18	10	13	9		5	11
小麦麸/%	15	30	15	19	7	20	25	30	3	11.5
高粱/%	3									
豌豆/%		4			6		8(黑豆)	15(黑豆)		
棉籽粕/%		10		3	10					
麦芽根/%					6					
向日葵粕/%			10							
甘薯干/%				7						
糖蜜/%								10		
花生蔓/%									49	58
石粉/%	1	1.5	1.5	1	1	1	1.5	1.5		
磷酸氢钙/%	1	1	1	0.7	1	0.5	1	1	1	1
食盐/%	1	1	1	0.8	1	0.5	0.5	0.5	1	0.5
预混料/%	1	1	1	1	1	1	1	1	1	1
合计/%	100	100	100	100	100	100	100	100	100	100

（二）全价饲料配方

1. 种公羊全混合日粮配方　种公羊全混合日粮配方见表 8-82、表 8-83。

表 8-82　种公羊非配种期全混日粮配方

组成	配方 1	配方 2	配方 3	配方 4	配方 5	配方 6	配方 7	配方 8
野干草或秸秆类/千克	2	1.2			1.5	1	1.5	1
苜蓿干草/千克		0.5				0.5		
胡萝卜或其他多汁饲料/千克	0.3	0.3	0.3					
玉米青贮/千克				2	2	2	1	
草木樨青贮/千克								2
羊草/千克			2	1.4				
精料/千克	0.5	0.5	0.5	0.4	0.5	0.4	0.5	0.5
合计/千克	2.8	2.5	2.8	3.8	4.0	3.9	3.0	3.5
营养水平								
干物质/%	2.17	1.96	2.29	2.08	2.23	2.12	2.01	1.91
粗蛋白/%	238.9	268.5	250.9	215.40	220.50	227.47	203.13	269.76
粗脂肪/%	37.3	35.0	87.30	74.0	40.0	40.96	37.54	45.72
粗纤维/%	571.9	499.4	609.9	564.6	530.25	487.93	496.96	497.89
钙/%	12.35	18.82	11.55	10.19	5.75	4.75	5.0	18.47
磷/%	9.64	8.58	7.04	6.28	4.40	3.80	4.10	7.89
食盐/%	4.90	4.90	4.90	3.92	4.90	4.90	4.90	4.90
消化能/（兆焦/千克）	25.54	22.06	20.27	19.00	23.57	22.03	19.87	21.85

表 8-83　种公羊配种期的全混日粮配方

组成	配方 1	配方 2	配方 3	配方 4	配方 5	配方 6
野干草或秸秆类/千克	1.2	1.2	1.2			1
花生蔓/千克					2	1
苜蓿干草/千克				1		
胡萝卜或其他多汁饲料/千克	2	1		1	1	
青贮/千克		3（玉米）	2	3		2

续表

组成	配方 1	配方 2	配方 3	配方 4	配方 5	配方 6
羊草/千克			0. 5			
精料/千克	1. 2	1. 2	1. 4	1. 4	1. 2	1. 4
合计/千克	4. 4	6. 4	5. 1	6. 4	4. 2	5. 4
营养水平						
干物质/%	2. 27	2. 9	3. 20	2. 93	2. 96	3. 42
粗蛋白/%	341. 04	368. 52	419. 80	518. 97	469. 72	490. 00
粗脂肪/%	53. 30	66. 25	81. 40	78. 56	67. 43	78. 60
粗纤维/%	396. 20	561. 40	636. 30	581. 18	647. 60	761. 50
钙/%	16. 58	13. 33	14. 35	33. 0	59. 53	41. 20
磷/%	13. 00	10. 28	11. 04	13. 56	9. 28	13. 66
食盐/%	11. 76	11. 76	13. 72	13. 72	11. 76	13. 72
消化能/（兆焦/千克）	29. 55	33. 67	35. 69	33. 45	35. 62	40. 95

2. 母羊的全混合饲料配方

（1）哺乳母羊的全混合饲料配方：见表 8-84、表 8-85、表 8-86、表 8-87。

表 8-84　哺乳母羊的全混合饲料配方 1～配方 8

组成	配方 1	配方 2	配方 3	配方 4	配方 5	配方 6	配方 7	配方 8
玉米/%	50	40	44	36	24	40	26	40
玉米秸秆/%	29			34		12		16
青干草/%					33		33	25
青贮玉米秸秆/%		36	28					
高粱/%	10	10	10	10	11	8	10	10
大豆粕/%		3	4			6	2	
菜籽粕/%							6	
小麦麸/%	26		6	10	28		10	6
棉籽粕/%	1		4. 5	7	1	6		
米糠/%		7					10	
磷酸氢钙/%	1. 5	1. 5	1	0. 5	0. 5	0. 5	0. 5	1

续表

组成	配方 1	配方 2	配方 3	配方 4	配方 5	配方 6	配方 7	配方 8
石粉/%	1.0	1	1	1	1	1	1	
食盐/%	0.5	0.5	0.5	0.5	0.5	0.5	0.5	0.5
预混料/%	1.0	1.0	1	1	1	1	1	1
合计/%	100	100	100	100	100	100	100	100
营养水平								
干物质/%	90.28	90.96	90.14	90.82	90.64	90.68	90.7	88.74
粗蛋白/%	9.73	8.72	11.02	10.62	9.95	11.32	10.98	10.58
钙/%	0.72	0.7	0.61	0.50	0.50	0.50	0.50	0.75
磷/%	0.61	0.5	0.44	0.38	0.46	0.4	0.40	0.47
食盐/%	0.55	0.52	0.52	0.53	0.55	0.52	0.54	0.98
消化能/（兆焦/千克）	11.35	11.48	12.85	11.44	10.21	11.77	11.50	10.54
粗脂肪/%	10.26	10.1	9.03	10.81	11.35	3.26	10.02	12.52
粗纤维/%	2.7	2.37	2.51	2.17	2.46	6.26	4.1	2.83

注：每天需补喂青绿饲料 2~4 千克。

表 8-85 哺乳母羊的全混合饲料配方 9~配方 16

组成	配方 9	配方 10	配方 11	配方 12	配方 13	配方 14	配方 15	配方 16
玉米/%	30	40	44	36	24	40	26	40
玉米秸秆/%	29			34		32		16
青干草/%					33		33	25
青贮玉米秸秆/%		36	28					
高粱/%	10	10	10	10	11	8	10	10
大豆粕/%		3	4			6	2	
菜籽粕/%							6	
小麦麸/%	26		6	10	28		10	6
棉籽粕/%	1		4.5	7	1	6		
米糠/%		7					10	
磷酸氢钙/%	1.5	1.5	1	0.5	0.5	0.5	0.5	1

续表

组成	配方 9	配方 10	配方 11	配方 12	配方 13	配方 14	配方 15	配方 16
石粉/%	1.0	1	1	1	1	1	1	
食盐/%	0.5	0.5	0.5	0.5	0.5	0.5	0.5	0.5
预混料/%	1.0	1.0	1	1	1	1	1	1
合计/%	100	100	100	100	100	100	100	100
营养水平								
干物质/%	90.28	90.96	90.14	90.82	90.64	90.68	90.7	88.74
粗蛋白/%	9.73	8.72	11.02	10.62	9.95	11.32	10.98	10.58
钙/%	0.72	0.7	0.61	0.50	0.50	0.50	0.50	0.75
磷/%	0.61	0.5	0.44	0.38	0.46	0.4	0.40	0.47
食盐/%	0.55	0.52	0.52	0.53	0.55	0.52	0.54	0.98
消化能/（兆焦/千克）	11.35	11.48	12.85	11.44	10.21	11.77	11.50	10.54
粗脂肪/%	2.7	2.37	2.51	2.17	2.46	6.26	4.1	2.83
粗纤维/%	10.26	10.1	9.03	10.81	11.35	3.26	10.02	12.52

注：每天须补喂青绿饲料 2~4 千克。

表 8-86　哺乳母羊全混合饲料配方 17~配方 21

组成	配方 17	配方 18	配方 19	配方 20	配方 21
玉米/%	40.14	24.33	42.34	40.74	31.09
高粱/%	10.03	10.03	10.03	10.03	10.03
米糠/%					
小麦麸/%	6.71	26.22		15.85	
高粱糠/%					14.59
秸秆/%	33.64		22.64	8.39	33.64
青干草/%		33.64	20（苜蓿）	15.36	
大豆饼/%	3.4	3.41	3.4	3.54	1.17
棉籽粕/%	4.48	0.78			4.48
葵花饼/%				4.40	2.40
磷酸氢钙/%	1.1	1.1	1.1	1.1	1.1
食盐/%	0.5	0.5	0.5	0.5	0.5
合计/%	100	100	100	100	100

注：配方 18~配方 21 适用于哺乳单羔的母羊。每只母羊每天需要补充富含胡萝卜素的青饲料 2~4 千克。

表 8-87 哺乳母羊的全混合饲料配方 22~配方 27

组成	配方 22	配方 23	配方 24	配方 25	配方 26	配方 27
玉米/%	37. 68	21. 51	31. 78	35. 80	39. 45	25. 6
高粱/%	9. 17	11. 45	9. 17	9. 10	9. 17	9. 17
米糠/%					45. 54	9. 93
小麦麸/%	11. 13	28. 84	7. 93	9. 56		10. 12
大麦/%			10			
秸秆/%	32. 27		32. 27		32. 27	
青干草/%		32. 27		32. 27		32. 27
大豆饼/%			0. 5	5. 2	6. 22	4. 56
棉籽粕/%	6. 75	4. 43	6. 75		6. 75	
菜籽粕/%	1. 40			6. 74		6. 75
磷酸氢钙/%	1. 1	1. 1	1. 1	1. 1	1. 1	1. 1
食盐/%	0. 5	0. 5	0. 5	0. 5	0. 5	0. 5
合计/%	100	100	100	100	100	100

注：配方 22~配方 27 适用于哺乳双羔的母羊，每只母羊每天需要补充富含胡萝卜素的青饲料 2~4 千克。

（2）妊娠母羊的全混合饲料配方：见表 8-88。

表 8-88 妊娠母羊的全混合饲料配方

组成	配方 1	配方 2	配方 3	配方 4	配方 5	配方 6	配方 7	配方 8
玉米秸秆/%		0. 5	1	1. 2	0. 8		0. 3	
羊草/%	1	0. 8	0. 8					
苜蓿草粉/%				0. 5	0. 5	0. 3		0. 5
玉米青贮/%	2	1. 5			2	0. 5	0. 5	
野干草/%								
胡萝卜/%					0. 5			0. 5
精饲料/%	0. 4	0. 3	0. 3	0. 2	0. 6	0. 4	0. 4	0. 5
合计/%	3. 4	3. 1	2. 1	1. 9	4. 4	1. 2	1. 2	1. 3

续表

营养水平								
组成	配方 1	配方 2	配方 3	配方 4	配方 5	配方 6	配方 7	配方 8
干物质/%	1.73	1.70	1.89	1.69	2.21	0.72	0.73	0.77
粗蛋白/%	170.00	160.70	166.20	188.89	264.06	129.30	89.70	136.86
钙/%	8.9	6.86	5.36	9.27	17.32	7.90	3.70	
磷/%	5.4	4.14	3.24	2.30	6.60	4.23	2.70	
食盐/%	2.00	1.54	1.50	1.00	3.00	2.00	2.00	1.50
消化能/（兆焦/千克）	16.4	17.16	18.04	17.75	24.39	9.57	9.16	8.96
粗脂肪/%	41.38	52.26	47.76	30.44	46.95	23.18	18.89	17.79
粗纤维/%	447.94	474.48	445.48	434.32	512.56	117.64	124.24	164.08

注：配方 6、配方 7、配方 8 适用于山羊。

3. 羔羊的全混合饲料配方

（1）羔羊的代乳品配方：见表 8-89。

表 8-89　羔羊的代乳品配方

组成	配方 1	配方 2	配方 3	配方 4	配方 5	配方 6	配方 7	配方 8
玉米/%	20			10	10	5		
黄面粉/%					15	5	6.85	13.5
脱脂奶粉/%	30	7	8					70
全脂奶粉/%		30	25	47	27	40	39.4	
乳清粉/%		20	20	5	5	5	11.9	
大豆/%	30	30	40				33.1（脱皮）	
大豆粕/%				24.5	27	26	7.5	
小麦麸/%	10.5				3	3		
油脂/%	5	6	5	10	9	12		15
酵母/%	2	5						
磷酸氢钙/%		0.5	0.5	0.5	1	1		
石粉/%	1				1	1		
食盐/%	0.5	0.5	0.5	1	11	1	0.25	0.5

续表

组成	配方 1	配方 2	配方 3	配方 4	配方 5	配方 6	配方 7	配方 8
预混料/%	1	1	1	1	1	1	1	1
合计/%	100	100	100	100	100	100	100	100
营养水平								
干物质/%	61. 39	57. 06	60. 22	37. 96	56. 30	42. 40	63. 88	57. 39
粗蛋白/%	25. 08	23. 40	23. 49	23. 99	21. 86	23. 36	27. 28	25. 10
钙/%	0. 83	0. 96	0. 91	1. 39	1. 20	1. 40	0. 59	0. 93
磷/%	0. 63	0. 72	0. 68	0. 61	0. 67	0. 70	0. 69	0. 77
食盐/%	0. 40	0. 49	0. 49	0. 98	0. 96	0. 98	0. 35	0. 40
消化能/（兆焦/千克）	15. 14	18. 08	17. 70	16. 26	12. 17	12. 37	18. 9	15. 09
粗脂肪/%	2. 69	1. 46	1. 79	1. 40	2. 09	1. 70	1. 09	0. 40
粗纤维/%	11. 67	11. 21	11. 95	10. 86	10. 22	12. 89	19. 97	16. 0

（2）羔羊补饲饲料配方：见表 8-90、表 8-91、表 8-92。

表 8-90　羔羊补饲饲料配方

组成	配方 1	配方 2	配方 3	配方 4
玉米/%	48	48	40	38
混合牧草/%	15	15		35
玉米秸/%			18	
菜籽粕/%	12			11
棉籽粕/%	8		11	
干甜菜渣/%	8	8		8
小麦麸/%	5	4	11	4
玉米 DDGS/%		20		
石粉/%	1. 5	1. 5	1	0. 5
磷酸氢钙/%	0. 5	1	1. 5	1. 5
食盐/%	1	1	0. 5	1
预混料/%	1	1	1	1

续表

组成	配方 1	配方 2	配方 3	配方 4
尿素/%		0.5	1	
合计/%	100	100	100	100
营养水平				
干物质/%	87.73	88.21	87.89	87.71
粗蛋白/%	14.86	14.12	12.34	13.84
钙/%	0.82	0.89	0.76	0.99
磷/%	0.47	0.49	0.56	0.56
食盐/%	0.98	0.98	0.49	0.98
消化能/（兆焦/千克）	12.38	12.78	11.24	11.61
粗纤维/%	9.64	8.75	10.44	13.54
粗脂肪/%	2.90	5.38	2.41	2.96

表 8-91　羔羊育肥的全混合饲料配方 1～配方 8

组成	配方 1	配方 2	配方 3	配方 4	配方 5	配方 6	配方 7	配方 8
玉米/%	44	44	44	44	32.3	48	25.5	31.5
小麦/%	4	4						
苜蓿草粉/%	15	15	15	15			18	15
玉米秸/%	15	15	15	15			35	30
米糠/%					27.7			
麸皮/%						10	5	8
菜籽粕/%		5.8		5.7	6.7	5	5	12
棉籽粕/%	8	8	8	8	6.7	5	8	
豆粕/%	7		7.5		21.6	27.3		
玉米蛋白粉/%	4	6	4.2	6				
甜菜渣/%			4	4				
石粉/%	1	0.7	0.6	0.6	1.0	1.0	0.5	0.5
磷酸氢钙/%	0.5		0.2	0.2	2.3	2	1.5	1.5
食盐/%	0.5	0.5	0.5	0.5	0.7	0.7	0.5	0.5
预混料/%	1	1	1	1	1	1	1	1

续表

组成	配方 1	配方 2	配方 3	配方 4	配方 5	配方 6	配方 7	配方 8
合计/%	100	100	100	100	100	100	100	100
营养水平								
干物质/%	89.14	88.94	85.98	85.95			88.19	87.97
粗蛋白/%	17.19	17.45	17.02	16.90	16.6	16.5	13.33	12.98
钙/%	0.73	0.53	0.52	0.58	0.7	0.7	0.87	0.86
磷/%	0.44	0.38	0.38	0.30	0.35	0.35	0.54	0.57
食盐/%	0.52	0.52	0.51	0.51	0.5	0.5	0.49	0.49
消化能/（兆焦/千克）	12.14	12.57	11.98	11.99	12.4	12.4	10.56	10.90
粗脂肪/%	9.14	9.48	8.12	9.39	15.4	15.7	15.27	13.94
粗纤维/%	2.52	2.93	2.48	2.85			2.02	2.27

注：配方 1~配方 4 适用于陶塞特羊和藏羊杂交的羔羊；配方 5、配方 6 分别适用于冬季和春季的湘东黑山羊肥育羔羊。

表 8-92　羔羊育肥的全混合饲料配方 9~配方 16

组成	配方 9	配方 10	配方 11	配方 12	配方 13	配方 14	配方 15	配方 16
玉米/%	31.5	31	70	56	46	46	51	50
苜蓿草粉/%	15			20	30		25	
玉米秸/%	30	35				28		28
胡麻饼/%			25.5					
花生仁粕/%								18
棉籽粕/%							20	
豆粕/%				20	20	22		
玉米 DDGS/%	20	30						
石粉/%	0.5	1	1.5	1	1	1	1	1
磷酸氢钙/%	1.5	1.5	1	1	1	1	1	1
食盐/%	0.5	0.5	1	1	1	1	1	1
预混料/%	1	1	1	1	1	1	1	1
合计/%	100	100	100	100	100	100	100	100

4. 育成羊的全混合饲料配方 见表8-93、表8-94。

表8-93 育成羊的全混合饲料配方1~配方4

组成	山羊				绵羊			
	配方1	配方2	配方3	配方4	配方1	配方2	配方3	配方4
玉米/%	45.5	41.5	48	45	36	50	25	37
小麦麸/%					8	16	10	
大豆粕/%							8	4
玉米秸/%							40	20
混合夏牧草/%		15						
苜蓿草粉/%	30	15	30	20				30
米糠/%				12				
干啤酒糟/%						30		
胡麻饼/%			18	18				
向日葵粕/%	21	25					6.5	
棉籽壳/%					40		0	
菜籽粕/%					12		7	5
尿素/%			1	1				
石粉/%	0.5	0.5		1	1	1.5	1	
磷酸氢钙/%	1	1	1	1	1	1	1	0.5
食盐/%	1	1	1	1	1	0.5	0.5	0.5
预混料/%	1	1	1	1	1	1	1	1
合计/%	100	100	100	100	100	100	100	100

表8-94 育成羊的全混合饲料配方5~配方8

组成	山羊				绵羊			
	配方5	配方6	配方7	配方8	配方5	配方6	配方7	配方8
精料/%	60	55	60	58	28.6	20.3	47	40
羊草/%	40	15		15				
棉籽壳/%					52.3	58.4		
玉米秸/%			20	12				36
野干草/%		10	20				53	18
苜蓿草粉/%		30		15	19.1	21.3		6
合计/%	100	100	100	100	100	100	100	100

注：绵羊栏内配方1~配方3适用于中国美利奴羊，配方4适用于杂交育成羊。

5. 不同类型的羊全混合饲料配方

（1）毛用羊的全混合饲料配方：见表 8-95。

表 8-95　毛用羊的全混合饲料配方

组成	断奶羔羊		育成羊		空怀		哺乳
	配方 1	配方 2	配方 3	配方 4	配方 5	配方 6	配方 7
玉米/%	22	38. 5	40	20	38	20	33
玉米青贮/%							40
大豆粕/%		8	17	4	8	8	
苜蓿草粉/%	15						25
玉米秸/%	55			60		66. 5	
羊草/%		50	40		50		
麸皮/%	1. 5			7			
亚麻仁粕/%				6		2	
棉籽粕/%	2. 5						
尿素/%	1	1			1	1	
石粉/%	0. 5	0. 5	0. 5	0. 5	0. 5	0. 5	
磷酸氢钙/%	1	0. 5	1	1	1	0. 5	0. 5
食盐/%	0. 5	0. 5	0. 5	0. 5	0. 5	0. 5	0. 5
预混料/%	1	1	1	1	1	1	1
合计/%	100	100	100	100	100	100	100

（2）绒山羊的全混合饲料配方：见表 8-96。

表 8-96　绒山羊的全混合饲料配方

组成	配方 1	配方 2	配方 3	配方 4	配方 5
玉米/%	22	20	19	8. 7	10
大豆粕/%	6	4	3	2	3
小麦麸/%	6	2	3	12	6. 4

续表

组成	配方 1	配方 2	配方 3	配方 4	配方 5
向日葵粕/%	4				
羊草/%		70	70	75	71
玉米蛋白粉/%					7
玉米秸/%	58				
胡麻饼/%			1		
干啤酒糟/%		2			
尿素/%			1		0.15
石粉/%	1		0.5	0.2	0.1
磷酸氢钙/%	1.5	0.5	1	0.1	0.35
食盐/%	0.5	0.5	0.5	1	1
预混料/%	1	1	1	1	1
合计/%	100	100	100	100	100

第四节　配合饲料的质量管理

一、配合饲料质量标准及卫生要求

（一）羊配合饲料的质量要求

1. 技术指标要求

（1）感官指标。色泽一致，无发霉变质、结块及异味、异臭。

（2）水分。水分≤12.5%。符合下列情况之一者可以增加 0.5%的水分：①平均气温在 10℃以下的季节。②从出场到饲喂不超过 10 天。③配合饲料中添加有规定的防霉剂（标签中注明）。

（3）加工质量。①成品粉碎粒度。精饲料 99%通过 2.8 毫米编制筛；不得有整粒谷物，1.4 毫米编制筛上物不大于 20%。②混合均匀度。混合均匀，变异系数不得大于 10%。

（4）卫生标准。符合《饲料卫生标准》（GB 13078—2001）的规定。

（5）营养成分。营养成分见表 8-97、表 8-98。

表 8-97 绵羊用精饲料的营养成分指标

类别	粗蛋白质 /%≤	粗纤维 /%≤	粗脂肪 /%≥	粗灰分 /%≤	钙/%	磷/% ≥	食盐/%
生长羔羊	16	8	2.5	9	0.3	0.3	0.6
育成公羊	13	8	2.5	9	0.4	0.2	1.5~1.9
育成母羊	13	8	2.5	9	0.4	0.3	1.1~1.7
种公羊	14	10	3	8	0.4	0.3	0.6~0.7
妊娠羊	12	8	3	9	0.6	0.5	1.0
泌乳期母羊	16	8	3	9	0.7	0.6	1.0

注：①精饲料中若包含有非蛋白氮，以氮计，应不超过精料蛋白氮的 20%（使用氨化秸秆的羊慎用），并在标签中注明；②表中各指标均以干物质计；③绵羊日粮中粗饲料和精饲料推荐比参见表 8-99。

表 8-98 山羊用精饲料的营养成分指标

类别	粗蛋白质 /%≤	粗纤维 /%≤	粗脂肪 /%≥	粗灰分 /%≤	钙/%	磷/% ≥	食盐/%
羔羊、种公羊	18	8	2.5	9	0.5~1.2	0.4	0.4~1.0
母羊	15	8	2.5	7	0.5~1.2	0.4	1.5~1.9
育肥羊	14	10	2.5	8	0.5~1.2	0.4	1.1~1.7

2. 原料要求

（1）非蛋白氮的使用。①非蛋白氮类饲料的用量，非蛋白氮提供的总氮含量应低于饲料总氮量的 10%，且须注明添加物名称、含量、用法和注意事项。②羔羊精饲料中不得使用尿素等非蛋白氮饲料。

（2）饲料添加剂的使用。①饲料中使用的营养性添加剂和一般饲料添加剂应是《饲料添加剂品种目录》所规定的品种和取得产品批准文号的饲料添加剂品种。②饲料中使用的添加剂应是取得饲料添加剂生产许可证的企业生产的、具有产品批准文号的产品或取得产品登记证的境外饲料添加剂。

（3）药物饲料添加剂的使用。①药物饲料添加剂的使用应按照《药物饲料添加剂使用规范》执行。②使用药物饲料添加剂应严格执行休药期的规定。

（4）其他要求。①不应使用乳制品外的其他动物源性饲料。②有害物质及微生物含量应符合《饲料卫生标准》（GB 13078—2001）的要求。③饲料添加剂的使用要遵照产品标签上所规定的用法、用量。

表 8-99　绵羊日粮中粗饲料和精饲料比例推荐表

类别	粗饲料/%　≤	精饲料/%　≤
生长羔羊	0~40	100~60
育成公羊	70	30
育成母羊	65	35
种公羊	85	15
妊娠羊	85~60	15~40
泌乳期母羊	70~50	30~50

注：日粮精粗比可以根据绵羊不同时期营养需要进行适当调整。

（二）饲料卫生标准（GB 13078—2001）

本标准规定了饲料、饲料添加剂产品中有害物质及微生物的允许量及其试验方法。

表 8-100　饲料及饲料添加剂的卫生指标

序号	卫生指标项目	产品名称	指标	试验方法	备注
1	砷（以总砷计）的允许量（每千克产品中）/毫克	石粉	≤2.0	GB/T 13079	不包括国家主管部门批准使用有机砷制剂中的砷含量
		硫酸亚铁、硫酸镁	≤2.0		
		磷酸盐	≤20.0		
		沸石粉、膨润土、麦饭石	≤10.0		
		硫酸铜、硫酸锰、硫酸锌、碘化钾、碘酸钙、氯化钴	≤5.0		
		氧化锌	≤10.0		
		精料补充料	≤10.0		
2	铅（以 Pb 计）的允许量（每千克产品中）/毫克	磷酸盐	≤30	GB/T 13080	
		石粉	≤10		
3	氟（以 F 计）的允许量（每千克产品中）/毫克	石粉	≤2 000	GB/T 13083	
		磷酸盐	≤1 800	HG 2636	

续表

序号	卫生指标项目	产品名称	指标	试验方法	备注
4	汞（以 Hg 计）的允许量（每千克产品中）/毫克	石粉	≤0.1	GB/T 13081	
5	镉（以 Cd 计）的允许量（每千克产品中）/毫克	米糠	≤1.0	GB/T 13082	
		石粉	≤0.75		
6	氰化物（以 HCN 计）的允许量（每千克产品中）/毫克	木薯干	≤100	GB/T 13084	
		胡麻饼、粕	≤350		
7	“六六六”的允许量（每千克产品中）/毫克	米糠、小麦麸、大豆饼（粕）	≤0.05	GB/T 13090	
8	滴滴涕的允许量（每千克产品中）/毫克	米糠、小麦麸、大豆饼（粕）	≤0.02	GB/T 13090	
9	沙门杆菌	饲料	不得检出	GB/T 13091	
10	霉菌的允许量（每克产品中）/（霉菌总数×10^3个）	玉米	<40	GB/T 13092	含量 40～100 的限量使用，大于 100 的禁用
		米糠、小麦麸			含量 40～80 的限量使用，大于 80 的禁用
		豆饼（粕）、棉籽饼（粕）、菜籽饼（粕）	<50		含量 50～100 的限量使用，大于 100 的禁用
11	黄曲霉毒素 B_1 允许量（每千克产品中）/微克	玉米、花生饼(粕)、棉籽饼(粕)、菜籽饼(粕)	≤50	GB/T 17480 或 GB/T 8381	
		豆粕	≤30		

注：所列允许量均为以干物质含量为 88%的饲料为基础计算的。

二、配合饲料的质量控制

（一）饲料配方的质量控制

配方是饲料配合技术的关键所在，直接决定饲料质量。要有高质量的配合饲料，必须有科学的饲料配方。配方设计者要做充分的调查和研究，掌握羊的不同类型、品种、生理阶段的不同生理特点和各种饲料原料的主要特性及配伍特性，根据市场需求，充分合理地利用本地的饲料资源，灵活使用饲养标准，结合当地实际情况和本场情况，设计具有特色的不同档次、不同品种、最低成本、适用性好的配方。

设计的配方最好经过饲养试验，筛选出最佳配方，使配方在饲喂效果及价格上具有竞争性，同时注意配方的安全与卫生性，所设计的配方所有的卫生指标应符合国家有关卫生标准，不得使用违禁药品；其次应加强配方的保密性，所有的原始配方和更改后的配方都应按序号留存归档，以便日后查用。

配方一旦应用，不得随意改动，只有当原料变化时，才应及时调整配方。所设计的配方除能满足动物的营养需要外，还要照顾生产工艺流程，以保证加工质量。如遇有不能执行的情况，应立即报告质量控制机构以便采取相应的技术措施。

（二）原料的质量控制

有了先进的配方，若没有高质量的原料，也不会生产出高质量的配合饲料。原料的质量控制是基础和关键。

1. 采购的原料符合标准要求　原料的采购是配合饲料质量管理的第一个关键环节，采购的原料不符合标准要求，配合的饲料质量也就不能保证。

（1）按照标准选择和购买原料。饲料原料都有质量标准，有的是国家标准，有的是行业标准，饲料生产企业也可以根据企业情况和客户要求制定企业标准，在选择和采购原料时一定严格执行质量标准，不符合质量标准和卫生要求的饲料原料，无论价格多么低都不能购买。

（2）严格抽检。原料在购入前，应对其进行抽样检验，经检验合格的原料方可购入，以防不合格的原料发至饲料厂，造成退货或积压等麻烦。主要检验指标有感观检查（如色泽、气味、霉变结块、手感、杂质等现象）、水分含量测定等。对不合格的产品拒绝接收，对合格的产品，要根据该原料的主要营养特性和卫生标准要求做进一步的检测。

2. 原料合理储藏　在正常情况下，购入的原料一般在使用前会在仓库里存放一定的时间，边取边用。在原料存放期间，尽可能减少原料在储藏过程中的损失，维持其原有的状态和营养特性。

（1）先入先用。入库的原料实行挂牌存储，标明原料的品种、产地、入库时间、质量、件数和主要营养成分及其含量、垛号等，先入库的先用。要做好每日原料和添加剂的领出量和存留量的记录。

（2）定期检查。要定期观察储存原料的温度、水分、有无霉变等，发现异常时应及时进行挑拣、翻垛、提前使用处理等。大宗和使用时间长的饲料原料要定期进行抽样检查。发生霉变或有异议的原料不能随便投入生产，要经有关人员检验后视情况作出处理意见后方可使用。

（3）环境适宜。原料储藏厂库要高燥，通风良好。对存放添加剂或易吸潮的原料，注意通风，使用防潮板。

（三）生产加工的质量管理

生产加工的质量管理是生产合格饲料的又一个重要环节。质量管理应注意如下方面：一是领取符合标准要求的原料，对霉变、结块的原料有责任拒绝领取。二是原料的种类、数量必须与饲料配方的原料组成相符，不能随意增减饲料原料的数量或更换饲料原料。三是保持加工设备干净。配料前要清理干净饲料机械中残留的饲料，避免混料。四是按照要求粉碎饲料，特别要注意饲料的粉碎粒度。五是混合均匀。饲料混合不均匀，则配方在无形中发生了更改，饲料产品的质量就会受到影响，甚至引起动物的中毒或死亡等。饲料混合的时间和方法要得当，一些微量成分先进行预混合再与大宗饲料原料一起混合。

（四）配合饲料的安全储存

1. 配合饲料储存水分和湿度的控制　配合饲料储存中的水分一般要求在12%以下，如果将水分控制在10%以下，则任何微生物都不能生长。配合饲料的水分大于12%，或空气中湿度大，配合饲料在储存期间必须保持干燥，包装要用双层袋，内用不透气的塑料袋，外用编织袋包装。注意储存环境，特别是仓库要经常保持通风、干燥。

2. 配合饲料储存温度的控制　温度低于10℃时，霉菌生长缓慢，高于30℃则生长迅速，使饲料迅速变坏，饲料中不饱和脂肪酸在温度高、湿度大的情况下，也容易氧化变质。因此，配合饲料应储存于低温通风处。库房应具有防热性能，防止日光辐射热量透入，仓顶要加刷隔热层；墙壁涂成白色，以减少吸热。仓库周围可种树遮阳，以改善外部环境，调节室内小气候，确保储藏安全。

3. 配合饲料储存中虫害、鼠害的预防　储存中影响害虫繁殖的主要因素是温度、相对湿度和饲料含水量。一般储粮害虫的适宜生长温度为26~27℃，相对湿度为10%~50%。一般蛾类吃食饲料表层，甲虫类则全层危害。为避免虫害和鼠害，在储藏饲料前，应彻底清除仓库内壁、夹缝及死角，堵塞墙角漏洞，并进行密封熏蒸处理，以有效地防控虫害和鼠害，最大限度减少其造成的损失。

4. 全价颗粒饲料的储存　全价颗粒饲料因用蒸汽调制或加水挤压而成，大量的有害微生物和害虫被杀死，且间隙大，含水量低，糊化淀粉包住维生素，故储藏性能较好，只要防潮、通风、避光储藏，短期内不会霉变，维生素破坏较少。但全价粉状饲料的缺点是表面积大，孔隙度小，导热性差，容易返潮，脂肪和维生素接触空气多，易被氧化和受到光的破坏。因此，要注意储存期不能太长。

5. 精料补充饲料的储存 精料补充饲料含蛋白质丰富，含有微量元素和维生素，其导热性差，易吸湿，微生物和害虫容易滋生繁殖，维生素也易被光、热、氧等因素破坏失效。精料补充饲料中应加入防霉剂和抗氧化剂，以增加耐储存性。一般储存 3~4 周，就要及时销售或在安全期内使用完毕。

第九章　牧草生产和加工

牧草是羊优质、经济的饲料。牧草的品种较多，有豆科类、禾本科类及其他科类等。建立优质高产的人工草地或改良草地，选择适宜的品种，进行牧草生产和加工利用，可以促进养羊业发展。

第一节　牧草生产

一、豆科牧草的生产

（一）紫花苜蓿

紫花苜蓿为豆科苜蓿属植物，寿命6~8年。直根系，根系发达，圆锥形，根瘤着生在主根和侧根上。根茎部位粗大，位于地表3~8厘米，由根茎处生长新芽和分枝，生长年限越长，根茎越大，分枝越多。茎斜生或直立，光滑或略带绒毛，具棱，略呈方形，茎多呈绿色，株高70~80厘米，最高可达1米左右，茎上多分枝，分枝自叶腋生出。叶为总状花序，花冠唇形，紫色。荚果螺旋形，每荚含种子2~8粒。种子千粒重1.5~2.0克。因其栽培历史较长、适应性强、产草量高、经济价值高，是目前世界上分布最广、种植面积最大的一种优质牧草。我国主要分布在黄河流域，如陕西、甘肃、宁夏、山西、新疆等地。华北、东北地区目前也有分布。

1. 生物学特性　紫花苜蓿为虫媒异花授粉植物，适宜温暖、半干旱半湿润气候，因而多分布在长江以北地区。抗寒抗旱能力都很强。生长发育最适宜温度为25℃左右，温带和寒带均能生长，在我国北方冬季-30~-20℃低温条件下能安全越冬。紫花苜蓿由于根系强大，入土深，可利用土壤深层水分，因此其抗旱能力也强。紫花苜蓿需水量高，尤其是孕蕾至始花期，需水量比禾木科牧草多2倍，适合于年降水量500~800毫米的地区和半干旱有灌溉条件下生长。不耐水淹，如果地下水位过高，土壤过于潮湿或雨水后积水，再遇高温则会引起烂根死亡。对土壤的要求不严，除太黏重的土壤或极瘠薄的沙土及强酸或强碱性土壤外，都能生长，最适宜在富含钙质的土壤或沙土中生长。具有一定的抗碱能力，可在含盐量0.3%的土壤中生长。

2. 栽培管理技术 紫花苜蓿是我国农作物栽培制度中的一种非常重要的作物，我国西北、华北及其他一些地区，农民习惯把紫花苜蓿与粮食作物套种或轮作，既增产了粮食，又为家畜提供了大量优质饲草，还能改良土壤，提高土壤肥力，增加土壤团粒结构，显著增加粮食产量。紫花苜蓿对耕作要求不严。种植紫花苜蓿后，土壤肥力提高，富含氮素，宜种经济价值高的作物如棉花、麦类、亚麻、蔬菜等。紫花苜蓿在以作物为主的轮作中的种植年限以2~3年为宜，在以饲料为主的轮作区可种植4~5年。

（1）品种选择。紫花苜蓿品种繁多，对环境条件的要求亦异，应根据各地的自然条件选择适宜的品种。在选择品种时，首先考虑的是苜蓿的秋眠性。在北方寒冷地区以种植秋眠性较强、抗旱的品种为宜，而在长江流域等温暖地区应采用秋眠性较弱或非秋眠、耐湿的品种。在盐碱土壤上种植除考虑秋眠性外，还需考虑其耐盐性。

（2）选地和倒茬。应选择平坦地和缓坡地。以排水良好，水分充足，土质肥沃的油沙土地或土层深厚的黑土地最为适宜。内涝的低湿地、贫瘠的黄土地、多石的沙砾地、土层根薄的白浆土地等都不适宜。

紫花苜蓿合理倒茬很重要，选茬不当不仅抓不住苗，产量不高，品质也不好。良好的前作是伏翻的麦类、亚麻、瓜类等早熟作物和管理水平较高的大豆、玉米、高粱等作物。各种叶菜和根菜类，也是苜蓿的好茬口。向日葵、甜菜、苏丹草、籽粒苋等消耗地力较强的饲料作物，适时耕翻和施足基肥，也是紫花苜蓿的良好前作。

紫花苜蓿为肥田作物，其后作要选择产量高、经济效益大的作物。用紫花苜蓿茬地种植玉米、大豆、小麦、甜菜、油料、棉花和麻类等作物，都能获得高产和品质良好的产品。种植在贫瘠的黄土地、白浆土地、沙壤土地和岗坡地上，可起到明显的改土肥田作用。

（3）整地。紫花苜蓿种子细小，没有良好的整地质量。因此，要求秋翻、秋耙、秋施肥，以便接受较多的秋冬降水，这是保证全苗、促进生长的关键性措施。风沙干旱区，尤其应在立秋翻地和秋耙。翻地深度在25厘米以上，但耕层较薄的白浆土地和盐碱土地不要太深，以防进一步白浆化和盐渍化。

夏播紫花苜蓿，在雨季到来之前翻地和耙地。早熟作物之后复种的，在前作作物收获后，随即翻地和耙地。做到翻耙和播种同时进行，以免耽误播种期。有灌溉条件的地方，翻地前最好灌一次透水，当土壤充分潮湿，地表见干时抓紧翻地，趁湿播种，保证出苗整齐。

（4）播种。紫花苜蓿以春播和秋播为主，也可夏播或冬播。一般在气候比较寒冷、生长季较短，但春季墒情较好、风沙少的地区以春播为主，如东北、西北地区；在比较温暖的华北地区、江淮流域，越冬前株高可达10~15厘米的地区以秋播为宜，时间大致在8月下旬至9月中旬，秋季墒情好，杂草危害较轻；在春季干旱、晚霜较迟、风沙较大、无灌溉条件的地区可在雨季夏播。播量一般每亩1~1.5千克，收草者宜高，收种者宜低。播深2~3厘米，但须视土壤水分状况而定，土湿宜浅，土干则深。播种方法有条播、撒播、点播，通常以条播为主，条播行距20~30厘米，播种后适当镇压，便于田间管理。

(5) 施肥。紫花苜蓿以施基肥为主，适当搭配化学肥料。各种厩肥、堆肥、灰土粪肥等都可施用。每亩施有机肥量为2 000~3 000千克。为促进紫花苜蓿初期生育旺盛，获得高产，可每亩增施过磷酸钙150~230千克，硫酸钙5~15千克，与有机肥料混拌后，翻地前施入。

(6) 田间管理。苗期和刈割后，应注意及时除草。防除杂草的方法有播前深耕、休闲、延迟播种、苗期中耕除草等。注意灌溉。紫花苜蓿耗水量大，每生产1千克干物质，需水800千克，在干旱季节灌溉可大幅度提高产草量。冬前灌冻水有利于植株越冬。早春灌溉和每次刈割后灌溉，对提高紫花苜蓿的产量非常显著。紫花苜蓿生长速度快、再生能力强，为了获得高产必须施足肥料，浇足水。施肥能够加快紫花苜蓿再生，从而增加刈割次数。高产紫花苜蓿从土壤中摄取的营养物质要比玉米或小麦多，特别是它对磷、钾、钙的吸收量大。因此，为了使紫花苜蓿高产、稳产、优质，就必须注意施肥问题，尤其是磷肥、钾肥。紫花苜蓿的含磷量虽然只有0.2%~0.4%，但磷在苜蓿的生命活动中的作用却是非常重要的。磷肥一般在播种前或播种时施入，也可在苜蓿返青时或刈割后施入。钾是苜蓿中含量比较高的一种元素，为了获得优质高产的苜蓿干草，必须特别注意施用钾肥，如果不注意施钾肥，苜蓿生长过程中钾供应不足，就会导致苜蓿株丛很快变得稀疏，逐渐被禾本科牧草和杂草取代。另外，苜蓿如果缺钾，还会影响蛋白质的合成；但钾肥施量过高，往往会发生某些暂时危害。因此，钾肥一定要分期施入。钾肥可以作种肥，也可在苜蓿生长过程中施入。在早春返青前耙地或刈割后中耕松土有利于改善土壤通气性和保蓄土壤水分，促进苜蓿生长。危害苜蓿的主要害虫有蚜虫、蓟马、叶跳蝉、盲椿象等，可用杀螟松、乐果、氰戊菊酯等喷雾防治。生长期间有时发生锈病、菌核病、霜霉病、褐斑病等，可用多菌灵、甲基硫菌灵等药剂防治。

3. 饲用价值　紫花苜蓿以“牧草之王”著称，质地柔软、味道清香、适口性好，适合各种畜禽。紫花苜蓿的草质优良，富含蛋白质、氨基酸、维生素和矿物质，初花期干物质中粗蛋白质含量为21%，青饲、放牧或调制成干草、青贮、加工成草粉，适口性好，易于消化，消化率可达70%~80%。苜蓿中赖氨酸含量为1.06%~1.38%，比玉米高4~5倍，色氨酸和蛋氨酸也显著高于玉米。苜蓿富含多种维生素和微量元素，同时还含有一些未知促生长因子，对羊的生长发育具有良好作用。

紫花苜蓿是各类家畜的上等饲料，无论青饲、放牧或调制成干草或干草粉，适口性好，营养丰富。反刍家畜，如牛、羊等饲喂鲜草时容易发生臌胀病，应控制饲喂量，与禾本科牧草或其他牧草搭配混合饲喂，绵羊每天饲喂量不超过 4 千克（体重为 60 千克）。

苜蓿再生能力较强，每年可刈割 2～5 次，多数地区以每年刈割 3 次为佳。北方地区春播当年，若有灌溉条件，可刈割 1～2 次，此后每年可刈割 3～5 次，长江流域每年可刈割 5～7 次。鲜草产量一般为 1～4 吨/亩，水肥条件好时可达 5 吨/亩以上。各次刈割的产量以第一茬最高，约占总产量的 50%，第二茬为总产量的 20%～25%，第三茬和第四茬为 10%～15%。一般认为苜蓿最经济的刈割时期为初花期，过早影响产量，过迟则降低饲用价值。早春当苜蓿还幼嫩时刈割是有害的，会明显降低产草量和寿命。北方地区秋季最后一次刈割时期也是非常重要的，一般应在早霜来临前 30 天左右刈割，如果迟于这一时期，会降低根和根茎中糖类的储藏量，不利于越冬和翌年春季生长。此外，还必须注意留茬高度，正常的刈割留茬高度以 5 厘米为宜，以利于再生，但越冬最后一次刈割留茬高度应稍高一些，以 7～8 厘米为宜，这样能保持根部营养和固定积雪，有利于苜蓿越冬。

（二）红豆草

红豆草（驴食豆、圣车轴草等）是豆科红豆草属多年生牧草。根系强大，主根粗壮，直径 2 厘米以上，入土深 1～3 米或更深，侧根随土壤加厚而增多，着生大量根瘤。茎直立，中空，绿色或紫红色，高 50～90 厘米，分枝 5～15 个。第一片真叶单生，其余为奇数羽状复叶，小叶 6～14 对或更多，呈卵圆形、长圆形或椭圆形，叶背边缘有短茸毛，托叶三角形。总状花序，长 15～30 厘米，有小花 40～75 朵，蝶形，粉红色、红色或深红色，十分美丽。荚果扁平，黄褐色，果皮粗糙有凸形网状脉纹，边缘有锯齿，成熟后不易开裂，内含肾形绿褐色种子 1 粒。目前栽培的红豆草主要分布在华北、西北温带地区，它是干旱地区一种很有前途的栽培牧草，分布区域大致和紫花苜蓿相同。

1. 生物学特性 红豆草性喜温凉、干燥气候，适应环境的可塑性大，耐干旱、寒冷、早霜、深秋降水、缺肥贫瘠土壤等不利因素。与苜蓿相比抗旱性强，抗寒性稍弱。适宜栽培在年均气温 3～8℃，无霜期 140 天左右，年降水量 400 毫米上下的地区。能在年降水量 200 毫米的半荒漠地区生长，只需在种子发芽、植株孕蕾至初花期，土壤上层有较足水分就能正常生长。对温度的要求近似苜蓿，种子在 1～2℃的温度条件下即开始发芽。存活两年以上，春季气温回升到 3～4℃时即开始返青再生。它有发达的根系，主根粗壮，侧根很多，播种当年主根生长很快，生长两年在50~70厘米深土层以内，侧根重量占总根量的80%以上，在富含石灰质的土壤、疏松的碳酸盐土壤和肥沃的田间生长极好。在酸性土、沼泽地和地下水位高的地方都不适宜栽培。在干旱地区适宜栽培利用。

2. 栽培管理技术

（1）整地。在前作收获后，应及时浅耕灭茬，以除草保墒。秋季要进行土壤深耕，深度为20~30厘米。这是因为深耕既有利于吸水保墒，清除病虫草害，也为以后根系充分生长创造条件。对干旱、半干旱地区和盐渍地、沙砾沙壤地，一般不宜春耕，以防水分损失。播前耙耱及干旱地区的早春镇压，对平整土地、粉碎土块、减少土壤空隙，以及对播种、出苗及以后生长都十分必要。

（2）播种。在干旱半干旱地区春季解冻后或雨季来临时播种，在湿润及灌溉区春、夏、秋三季均可播种，但一般不迟于8月中旬。播种方法多为单播、条播，行距种子田30厘米，收草地20厘米。播量，种子田22.5~30.0千克/千米^2，收草田为37.5~45千克/千米^2。红豆草与无芒雀麦或苜蓿混播，更有利于提高牧草产量，还有利于减少病虫的危害。

（3）施肥。红豆草种子大，发芽出土快，播种后3~4天发芽，6~7天出土，一般带荚播种，播种前要施足基肥。基肥可以选用有机肥、磷肥、钾肥，此外需要少许氮肥。

（4）田间管理。红豆草为子叶出土型，因此播种后到出苗前不能灌溉，出苗前因降雨或灌水出现土壤板结时，要用环形镇压器或铁耙打碎，以保证种子出苗，如有杂草要及时除草，尤其不能使杂草种子成熟。生产种子的红豆草，在开花期应进行人工辅助授粉（方法与苜蓿同），或放养蜂群，提高授粉率。有资料报道，利用蜂群使红豆草传粉，可使其种子产量提高35%~40%；红豆草每次刈割后应结合田间松土，追施磷二铵112.5~150千克/千米^2，灌溉地可结合灌水进行施肥，施用磷肥能明显提高种子产量。干旱而有灌溉条件的地方，冬前灌水对红豆草安全越冬和提高翌年产量有重要作用，但不能过量而形成冰层，造成地下根和分蘖芽窒息而死。春季萌生前耙集残茬作燃料或堆肥。

（5）收种。因种子成熟期不一，落粒性强，一般在50%~60%的荚果变为黄褐色时收获较好。

3. 饲用价值 红豆草粗蛋白质含量为13.58%~24.75%，单位面积干物质含量高，含有丰富的维生素和矿物质，无论青草还是干草，都是畜禽的优等饲草。红豆草作饲用，可青饲，青贮，放牧，晒制青干草，加工草粉，配合饲料和多种草产品。青草和干草的适口性均好，各类畜禽都喜食。与其他豆科不同的是，它在各个生育阶段均含很高的浓缩单宁，可沉淀，能在瘤胃中形成大量持久性泡沫的可溶性蛋白质，使反刍家畜在青饲、放牧利用时不发生膨胀病。刈割青饲或调制干草，以孕蕾至初花期最好，可使高产与优质兼得。第一茬收后也可每隔30~

40天再割1次，在停止生长前1个月停止刈割或放牧。红豆草因耐刈和耐牧性不如苜蓿，刈牧次数应从严掌握。留茬高度以5~6厘米为好。

（三）白三叶

白三叶（荷兰翘摇、白车轴草）为多年生草本植物，茎匍匐，无毛，茎长30~60厘米。掌状复叶有3小叶，小叶倒卵形或倒心形，长1.2~2.5厘米，宽1~2厘米，栽培的叶长可达5厘米，宽达3.8厘米，顶端圆或微凹，基部宽楔形，边缘有细齿，表面无毛，背面微有毛；托叶椭圆形，顶端尖，抱茎。花序头状，有长总花梗，高出于叶；萼筒状，萼齿三角形，较萼筒短；花冠白色或淡红色，旗瓣椭圆形。荚果倒卵状椭圆形，有3~4粒种子；种子细小，近圆形，黄褐色。花期5月，果期8~9月。原产于欧洲，为世界分布最广的一种豆科牧草，我国长江以南各省均有大面积种植。

1. 生物学特性 喜温暖、向阳的环境和排水良好的粉沙壤土或黏壤土。适应性广，在pH值5.5~7的土壤中都能生长。耐寒，耐热，耐霜，耐旱，耐践踏。不耐阴，在盐碱土中不适应。它是一种匍匐生长型的多年生牧草，喜欢温凉、湿润的气候，最适生长温度为16~25℃，适应性比其他三叶草广，耐热耐寒性比红三叶及绛三叶强，适应亚热带的夏季高温，在东北、新疆有雪覆盖时，均能安全越冬。较耐阴，在部分遮阳条件下生长良好。对土壤要求不高，耐贫瘠，耐酸，最适排水良好、富含钙质及腐殖质的黏质土壤，不耐盐碱，不耐旱。

2. 栽培管理技术

（1）整地。由于白三叶种子细小，幼苗顶土力差，因而播种前务必将地整平耙细，清除杂草，施足底肥，以有利于出苗。在土壤黏重、降水量多的地域种植，应开沟作畦以利排水。山地种植利用鲜草的，宜选择较为背阴或土壤较为湿润的地段种植。

（2）播种。白三叶3~10月均可种植，以秋播（9~10月）为最佳。在长江中下游地区，一般在9月中旬前后播种。南方山地高海拔地区，秋播要适当提早。单播，每亩播种量0.5~1千克。播种方法有撒播或条播。条播行距为30厘米。由于白三叶种子细小，可用等量的沃土拌匀后增量播种。与牛尾草、黑麦草等混播，混播量适当减少。

（3）施肥。白三叶根系有根瘤，具有固氮能力，对氮肥要求较低，但少量的氮肥有利于壮苗。因白三叶根瘤和根系形成需要较多的磷、钾营养，施磷肥、钾肥有很好的增产作用，白二叶的施肥以磷、钾肥为主，少施氮肥。播种前，每亩施过磷酸钙20~25千克和一定数量的厩肥作基肥。出苗后，植株矮小、叶色黄的要施少量氮肥，每亩10千克尿素或相应的硫酸铵，以促进壮苗和提高产草量。

（4）田间管理。白三叶苗期生长缓慢，易受杂草侵害，在苗期应勤除草，春播的更应该如此。在高温季节，白三叶停止生长，在形成草层覆盖后的2~3年间要及时去除杂草；由于夏季高温、炎热、干旱，极易形成缺苗，可在秋季适当补播，恢复产草力；每次刈割或放牧后应及时追肥、灌溉。

3. 饲用价值 白三叶适口性好，茎叶柔嫩，营养丰富，尤其富含蛋白质（干草，显蕾期为32.49%，盛花期为21.46%），适口性好。营养成分和消化率高于紫花苜蓿和红三叶。以青饲鲜喂为主，要搭配其他禾本科牧草。秋季播种的，次年4月现蕾开花，5月中旬盛开。青饲以开花前刈割为宜，20~25厘米是刈割的适宜期，留茬高度5厘米。刈割后再生能力强，迅速形成二茬草层覆盖草地。秋季生长茎叶应予保留，以利于越冬。一般每25~30天利用一次，每年可刈割鲜草4~5次。一般产鲜草4 000~5 000千克/亩，丰产可达5 000~7 000千克/亩。白三叶一般生存7~8年，田间管理精细的可延长利用年限，实现高产稳产。

（四）沙打旺

沙打旺是豆科黄芪属多年生草本植物，高50~70厘米。主根长而弯曲，侧根发达，细根较少。入土深度一般可达1~2米。茎圆形，中空，一年生植株主茎明显，有数个到十几个分枝，间有二级分枝出现；二年生以上植株主茎不明显，一级分枝由基部分出，丛生，每丛数个到数十个二级或三级分枝。总状花序，花序长圆柱形或穗形，长2~15厘米，每序有小花数十朵。花蓝色、紫色或蓝紫色，萼筒状5裂；花翼瓣和龙骨瓣短于旗瓣。荚果长圆筒形或长椭圆形，具三棱。荚皮近膜质，被黑、褐、白或彼此混生的毛，有数粒到数十粒褐色肾形种子，种子千粒重1.4~1.8克。我国的东北、西北、华北地区等有种植，可与粮食作物轮作或在林果行间及坡地上种植，是一种绿肥、饲草和水土保持兼用型草种。主要的优良品种有辽宁早熟沙打旺、大名沙打旺和山西沙打旺等。

1. 生物学特性 沙打旺抗逆性强，适应性广，具有抗旱、抗寒、抗风沙、耐瘠薄等特性，且较耐盐碱，但不耐涝。沙打旺的越冬芽至少可以忍耐-30℃的地表低温，连续7天日平均气温达4.9℃时越冬芽即开始萌动。种子发芽的下限温度为10℃。茎叶可抵御的最低温度为-10~-6℃。沙打旺的根系深，叶片小，全株被毛，具有明显的旱生结构，在年降雨量350毫米以上的地区均能正常生长。在土层很薄的山地粗骨土上，或在肥力最低的沙丘、滩地上，沙打旺往往能很好地生长，而此时其他绿肥如草木樨、苜蓿等则常常生长不良。沙打旺对土壤要求不严，并具有很强的耐盐碱能力。在pH值9.5~10.0、全盐量0.3%~0.4%的盐碱地上，沙打旺可正常生长。沙打旺也能在疏林、幼林下生长。沙打旺的硬籽率不高，播种前一般不需进行种子处理。

2. 栽培管理技术

（1）整地。沙打旺对土壤要求不严，选择土层较厚的丘陵、沟壑、沙丘等不受水淹的土地均可种植，最好选中性、微碱性的土壤或沙质土壤，在酸性土壤中生长不佳。沙打旺种子很小，在播前需深耕耙，地面平整。生荒地最好进行秋翻，春季镇压保墒；熟荒地也要进行破茬合垄、镇压。

（2）施肥。一般不需要施肥，但豆科牧草需磷较多，在缺磷的土壤上施磷肥，可以显著提高产草量，有条件地区可以结合整地每亩施过磷酸钙 10~30 千克作基肥。生育期间叶面进行喷施硼、铝微量元素肥料 2 次；每亩喷洒铝铵 80 克，1 500 倍液（一次 40 克）或者硼砂 200 克，1 000 倍液（一次 100 克），这样可提高沙打旺的产草量。

（3）播种。沙打旺没有固定的播种期，从早春到初秋均可，主要根据当地的条件和利用的方式来决定，但不能迟于初秋，否则难以越冬。在春旱严重地区可以在早春刚解冻时顶凌播种，这时土壤墒情好，容易抓全苗。在春季风大、土壤墒情不好的地区，可以在夏季和雨后播种，最迟播种期不要晚于 8 月上旬。也可以在冬前播种不使出苗，寄籽越冬，第二年春天利用早春解冻水早出苗。播种方式有条播、撒播和穴播三种。牧草宜条播，行距 30 厘米，播种宜浅，覆土厚以1~1.5 厘米为宜。播种量如果种子纯度高、发芽率在 80%以上，条播每亩用种 0.5~0.75 千克，撒播 0.75~1 千克，穴播 0.25~0.27 千克。

（4）田间管理。沙打旺种子小，播种前一定要精耕细作；苗期生长缓慢，易受杂草危害，苗齐以后就耕地除草，以促进幼苗生长，到封垄时除净。生长二年以上的沙打旺地块，要在早春返青前和收割后根据杂草生长情况及时中耕除草；沙打旺不耐土壤水分过多，易造成幼苗死亡，因此雨季注意排水。在生长旺季需水较多，干旱期要及时灌水提高产草量、产籽量和品质。危害沙打旺的病虫害有根腐病、白粉病和蚜虫病等，要及时防治。此外，菟丝子的寄生对沙打旺的危害严重，个别地区常遭到毁灭性灾害。

3. 饲用价值 沙打旺营养价值高，蛋白质含量 17%，粗脂肪 3%，还有丰富的必需氨基酸，是家畜的优质饲草，粉碎后也可作饲料用。适口性良好，无论是鲜草还是干草，家畜都喜食。青草放牧，羔羊平均日增重达 0.11 千克。沙打旺的最适刈割时间是 7 月下旬至 8 月上旬（现蕾末期至开花初期），这段时间刈割产草量稍低于晚收，但营养成分好于晚收。同时对越冬和第二年产草量均有利，切忌 8 月下旬和 9 月收割，这段时间收割不利于沙打旺越冬。多次刈割时留茬高度要在 10 厘米以上，以利再生。

（五）毛苕子

毛苕子（冬箭舌豌豆、冬巢菜、长柔毛野豌豆、蓝花草）为一年生或越年生草本植物，全株密被长柔毛。主根长 0.5~1.2 米，侧根多。茎四棱，细软，长达 2~3 米，攀缘，草丛高约 40 厘米，每株分枝 20~30 个。偶数羽状复叶，小叶 7~9 对，顶端有分枝的卷须；托叶戟形；小叶长圆形或披针形，长 10~30 毫米，宽 3~6 毫米，先端钝，具小尖头，基部圆形。总状花序腋生，花紫色或蓝紫色。荚果矩圆状菱形，含种子 2~8 粒。种子千粒重 25~30 克。原产于欧洲北部，我国安徽、河南、四川、陕西、甘肃等省栽培较多，东北、华北地区也有种植。

1. 生物学特性 毛苕子属春性和冬性的过渡类型，偏冬性。与春箭舌豌豆相比，它的生育期较长，开花期及成熟期约推迟半月，种子成熟期也晚些。喜温暖湿润的气候，生长的最适温度为20℃。不耐高温，当日平均气温超过 30℃时，植株生长缓慢。能耐-20℃的低温。耐旱能力也较强，在年降水量不少于 450 毫米地区均可栽培。但其种子发芽时需较多水分，表层土含水量达 17%时，大部分种子能出苗。不耐水淹，水淹 2 天，20%~30%的植株死亡。毛苕子喜沙土或沙质壤土。如排水良好，即使在黏土上也能生长。在潮湿或低湿积水的土壤上生长不良。耐盐性和耐酸性均强。毛苕子耐阴性较强，在果树林下或高秆作物行间均能正常生长。在山西右玉 4 月上旬播种，5 月上旬分枝，6 月下旬现蕾，7 月上旬开花，下旬结实，8 月上旬荚果成熟。从播种至荚果成熟约需 140 天。

2. 栽培管理技术 毛苕子可与高粱、谷子、玉米、大豆等轮作，其后茬可种水稻、棉花、小麦等作物。在甘肃、青海、陕西关中等地可春播，或与冬作物、中耕作物及春种谷类作物进行间、套、复种，于冬前刈作青饲料，根茬肥田种冬麦或春麦。也可于翌年春季翻压作棉花、玉米等基肥。种过毛苕子的地种小麦，可增产 15%左右。

（1）整地播种。毛苕子根系入土较深，为使根系发育良好，必须深翻土地，创造疏松的根层。播种前，在翻耕、整地的同时施足有机肥，每亩 1 500~2 500 千克，并每亩施入过磷酸钙 25~50 千克或磷二铵 10~15 千克为底肥，对牧草和种子生产均有良好效果，磷肥还能促进根瘤固氮作用。

西北、华北及内蒙古等地多为春播，以 4 月初至 5 月初较适宜；南方宜秋播，在江淮流域以 9 月中下旬播种为宜。播种过迟，生长期短，植株低矮，产量低。冬麦收获后复种亦可。毛苕子的硬实率为 15%~30%，播前进行种子硬实处理（用机械方法擦破种皮，或用温水浸泡 24 小时后再种）能提高发芽率。单播时撒播、条播、点播均可，以条播或点播较好。条播行距 20~30 厘米，点播穴距 25 厘米左右，收种行距 45 厘米。播种深度为 3~4 厘米。一般收草用播量 3~4 千克/亩，收种用 2~2. 5 千克/亩。

毛苕子茎长而细弱，单播时茎匍匐蔓延，互相缠绕易产生郁闭现象。以收草为目的可与禾本科牧草如黑麦草、苏丹草或与燕麦、大麦等麦类作物混播。与意大利黑麦草混播比例以(2~3)∶1为佳，每公顷用毛苕子种子 30 千克，意大利黑麦草种子 15 千克；与麦类混播比例为 1∶(1~2)，每公顷用毛苕子种子 30 千克，燕麦种子 30~60 千克。混播方式以间行密条播为好。甘肃在玉米行内或小麦灌

2~3 次水后套种毛苕子；陕西关中在玉米最后一次中耕除草时套种毛苕子，翌年4月下旬至5月初收制干草，或翻压后作棉田绿肥；四川、湖南在油菜地间作毛苕子，先撒播毛苕子，然后点播油菜；江苏与胡萝卜套种，7~8 月间先种胡萝卜，9 月再条播毛苕子；毛苕子与苏丹草混播时，鲜草中蛋白质含量要比单播苏丹草提高 64%；毛苕子与冬黑麦混播，产草量比毛苕子单播时增产 39%，比冬黑麦单播时增产 24%。

（2）田间管理。在播前施磷肥和厩肥的基础上，生长期可追施草木灰或磷肥 1~2 次。在土壤干燥时，应于分枝期和盛花期灌水 1~2 次。春季多雨地区应进行挖沟排水，以免茎叶萎黄腐烂，落花落荚。受蚜虫危害时可用 40%乐果乳剂 1 000 倍稀释液喷杀。

（3）收获。毛苕子青饲时，从分枝盛期至结荚前均可分期刈割，或草层高度达 40~50 厘米时即可刈割利用。调制干草，宜在盛花期刈割。毛苕子的再生性差，刈割越迟再生能力越弱，若利用再生草，必须及时刈割并留茬 10 厘米左右，齐地刈割严重影响其再生能力。刈后待侧芽萌发后再行灌溉，以防根茬水淹死亡。与麦类混播者应在麦类作物抽穗前刈割，以免麦芒长出降低适口性并对家畜造成危害。

毛苕子为无限花序，种子成熟参差不齐，当茎秆由绿色变黄色，中下部叶片枯萎，50%以上荚果变成褐色时即可收种，每亩可收种子 30~60 千克。

3. 饲用价值 毛苕子茎叶柔软，蛋白质含量丰富（开花期粗蛋白质 23. 38%，粗脂肪 5. 81%），无论鲜草或干草，适口性均好，各种家畜都喜食。可青饲、放牧或刈割干草。毛苕子于早春分期播种，5~7 月间分批收割，以补充该阶段青饲料的不足。毛苕子也可在营养期用于短期放牧，再生草用来调制干草或收种子。

（六）鲁梅克斯 K-1

鲁梅克斯 K-1 为蓼科酸模属多年生草本植物。直根系，根体粗，根深可达 1. 5~2 米；生长第一年为若干叶片和芽组成的叶簇，第二年开花结实；叶片长 45~100 厘米，宽 10~20 厘米；茎生叶 6~10 片，几乎无叶柄；茎直立，粗 1. 9~2. 4 厘米，中空，开花期株高可达 1. 7~2. 9 米；花两性，雌雄同株，瘦果，具三棱，褐色，种子千粒重 3~3. 33 克。我国种植较普遍。

1. 生物学特性 抗寒、返青早，耐旱、耐涝、耐一定盐碱，适应性广，可在全国大多数地区种植。

2. 栽培技术

（1）整地施肥。播种前地块墒情不够的要补墒，湿度要达到 80%，要对土地耕翻耙耱，耕翻深度 15 厘米以上，将地整平整细，结合整地施入农家肥和氮、磷、钾肥作底肥，每亩地施农家肥 1 500 千克、氮肥 8 千克、磷肥 4 千克、钾肥 10 千克。

（2）播种。播种行距 70 厘米，株距 20 厘米，或行距、株距均为 50 厘米，播种深度 2 厘米。穴播每穴 3～5 粒。播种时地温应在 10℃以上，播后要镇压（雨后种可不镇压）。每亩地播种量 0.2 千克，播种期 4～6 月、9～10 月，高寒地区易选择在 4～6 月播种为宜（高温季节播种出苗较弱），播后 5～6 天种子便可萌芽出土。育苗移栽效果更好，比种红薯苗还容易，成活率基本上达到 100%。

（3）田间管理。播种出全苗后要进行中耕除草、间苗定株，每棵只留一株壮苗。每年中耕 2～3 次，春季追肥一次，每亩追施氮、磷、钾无机肥料 4 千克，三者比例为 1∶1∶1。土壤湿度低于 80%时要灌溉，每收割一次后可灌溉一次，一般每年夏季以灌溉 3～4 次为宜，无灌溉条件者产量较低。

鲁梅克斯 K-1 牧草播种当年一般不收割，若降雨多、土壤水肥充足、牧草长势茂盛可收割 1～2 次，但最后长出的牧草在霜冻之前不要收割，以利于牧草根部安全越冬，需产种子的牧草也不要收割。该牧草在中原地区一般翌年 5 月开花结籽，6 月籽粒成熟后可立即收获种子（与小麦基本同步），每亩地产种子 70～100 千克，收种子后，每亩可收获干草 2 300 千克。气候干旱时，种子收获后再长出的牧草一般不要再刈割利用；若土地水肥充足，还可再刈割 1～2 次，每次收割后要留茬 5～7 厘米。

3. 饲用价值 鲁梅克斯 K-1 寿命可达 25 年，在良好的管理和栽培条件下，高产期可达 10～15 年。在水肥条件良好的条件下，每 30～45 天可收割一次，鲜草产量可达 10～15 吨/亩，干草产量可达 1～1.5 吨/亩。叶簇期干物质粗蛋白含量高达 30%～34%，现蕾期干物质粗蛋白也高达 28%～29%；亩产粗蛋白质可达 280～420 千克，大大高于种植玉米、大麦等的粗蛋白质收获量。鲁梅克斯K-1 鲜草含水分 90%左右，可直接鲜喂，适口性很强；也可打浆与精料混合饲喂。

二、禾本科牧草的生产

（一）多年生黑麦草

多年生黑麦草（宿根黑麦草、英格兰黑麦草）为禾本科黑麦草属短寿命多年生牧草。一般寿命 3～4 年，须根稠密，主要分布于 15 厘米表土层中，具细短根茎。分蘖众多，疏丛型，丛生，单株栽培情况下分蘖数可达 250～300 个或更多。茎秆细，直立，高 80～100 厘米。叶狭长，长 5～12 厘米，宽 2～4 毫米，深绿色，展开前折叠在叶鞘中；叶耳小；叶舌小而钝。穗状花序。颖果扁平。种子千粒重 1.5～2 克。原产于欧洲，我国主要分布在华东、华中及西南地区，在湖北、江苏、四川、云南等地生长良好，在北方地区越冬不良。

1. 生物学特性 多年生黑麦草喜温凉湿润气候，生长温度为 20～25℃。其特点是生长发育速度快，产草量高，适宜在夏季凉爽、冬季不太寒冷的地区生长。光照强、日照短、温度较低对分蘖有利，温度过高则停止分蘖或生长不良，甚至死亡。不耐高温，不耐严寒。遇 35℃以上的高温生长受阻，甚至枯死，遇-15℃以下低温越冬不稳，或不能越冬。要求夏季凉爽、冬无严寒。在年降水量 500~1 500 毫米的地方都可种植，最宜 900~1 000 毫米的降水条件。其生长发育的最适温度为 20~25℃，在 10℃时亦能较好生长。性喜肥，适宜在肥沃、湿润、排水良好的壤土或黏土上种植，亦可在微酸性土壤中生长，适宜的 pH 值为 6~7。

2. 栽培管理技术 多年生黑麦草在冬季寒冷地区只能春播，春季干旱地区也可夏播，在长江流域及以南各地春、秋季均可播种。多年生黑麦草早期生长较其他多年生牧草快，秋播后如天气温暖湿润，在初冬和早春即可生产相当量鲜草。播种翌年达最盛时期，杂草亦难侵入。播种方法，条播、撒播均可，行距 15~30 厘米，播深 2~3 厘米，播种量每亩 1~1.5 千克，晚播或青刈利用时适当增加播种量，也可撒播。南方雨水较多地区应开好排水沟。根据利用目的不同，可单播，也可混播，常与短期生长的豆科牧草如红三叶、紫云英等混播。多年生黑麦草与寿命长的牧草混播时，其植株不应超过总株数的 25%，因其侵占性强，会使其他多年生牧草受排挤而减少。多年生黑麦草生长发育快，需肥较多，播前结合整地，每亩应施 1 500 千克有机肥，30 千克过磷酸钙作基肥，刈割后及时施速效氮肥，每次刈割后每亩追施氮肥 10~20 千克。在北方旱作区，生长期间应注意浇水。

3. 饲用价值 多年生黑麦草是一种经济价值很高的牧草，营养丰富。茎叶干物质中含粗蛋白质 17%、粗脂肪 3.2%、粗纤维 24.8%、无氮浸出物 42.6%、粗灰分 12.4%，其中钙 0.79%、磷 0.25%。多年生黑麦草茎叶繁茂，幼嫩多汁，各种家畜均喜食。多年生黑麦草生长速度较其他多年生牧草为快。长江中下游地区 9 月底播种者，越冬前株高已可达 15~20 厘米，有 8~10 个分蘖。翌年春季 3 月底株高 30 厘米以上，4 月下旬抽穗，6 月上旬结实成熟。产量高，再生能力强，每年可刈割 3~4 次，每亩产青草 3 000~4 000 千克。适于青饲、调制干草，青饲宜在抽穗前或抽穗期刈割，调制干草可延迟至盛花期。一般在暖温带 2 次刈割应间隔 3~4 周。刈割留茬高度 5~10 厘米。多年生黑麦草因产草量高、草质优良，是我国北方温暖湿润地区及南方诸省的主要优良禾草。

（二）多花黑麦草

多花黑麦草（意大利黑麦草、一年生黑麦草）为禾本科黑麦草属一年生或越年生草本植物。根系发达致密，分蘖较少，直立，茎秆粗壮，圆形，丛生型，茎高 50~120 厘米。叶片宽大，叶片长 10~30 厘米，宽 0.7~1 厘米。色较淡，幼叶展开前卷曲；叶耳大，叶舌膜状，长约 1 毫米；叶鞘开裂，与节间等长或较节间为短，位于基部叶鞘红褐色。穗长 17~30 厘米，每穗小穗数可多至 38 个，每小穗有小花 10~20 朵，多花黑麦草之名即由此而来。种子为颖果，外稃披针形，背圆，顶端有6~8毫米微有锯齿的芒，内稃与外稃等长。平均千粒重2.2克。原产于欧洲南部、非洲北部和小亚细亚，世界温带及亚热带地区广泛栽培，我国长江流域以南农区有大面积栽培。

1. 生物学特性 多花黑麦草是一种喜温牧草，抗寒力不强，不耐晚霜，抗旱能力较差，不耐热，耐湿和耐盐碱能力较强的牧草。适合在我国长江流域诸省及北方较温暖多雨地区种植，亦能在亚热带地区生长。喜肥沃深厚的壤土或沙壤土，在肥沃、湿润而土层深厚的地方生长极为茂盛，鲜草产量很高。多花黑麦草寿命较短，通常为一、二年生。播后翌年抽穗结实后则大多数植株自行死亡，但在水土条件适宜的情况下亦可成为短期多年生牧草。在温带牧草中，多花黑麦草为生长最为迅速的禾本科牧草，冬季如气候温和亦能生长，在初冬或早春即可供应鲜草。在海拔较高、夏季凉爽的地区，如果管理得当可生长2~3年。

2. 栽培管理技术

（1）整地播种。播前结合整地，每亩施有机肥1 500千克，过磷酸钙30千克。多花黑麦草生长快，产量高，较适于单播。播种时间春、秋季皆可，但以秋播为主。长江以南各地适于秋播，以便冬季和翌年春季提供鲜草。可撒播，亦可条播，条播行距15~30厘米，播深2~3厘米，每亩播种量1~1.5千克。也可与水稻轮作，秋季水稻收获前15~20天撒播多花黑麦草，或在水稻收获后立即整地播种。多花黑麦草生长迅速，产量高，较宜单播，亦可与红三叶、白三叶、毛苕子、紫云英等混种。棉区每亩可用多花黑麦草0.55千克与毛苕子2~2.5千克或箭筈豌豆3~4千克混合，在秋季结合棉田中耕松土时套入。水稻区则可用多花黑麦草1千克与紫云英3千克套播于水稻田。在3年以上的牧草地上宜少用多花黑麦草，以免前期阻碍生长较缓慢的多年生牧草，后期死亡后留下隙地，给杂草以侵入的机会。

（2）管理。多花黑麦草喜氮肥，较多年生黑麦草施氮效果更显著，但应注意不可过量施氮肥。每次刈割后每亩追施速效氮肥10~20千克。多花黑麦草生长迅速，产量高，秋播翌年可收割3~5次，每亩产量4 000~5 000千克，在良好水肥条件下，鲜草产量可达10 000千克/亩。但多花黑麦草产草主要集中在春季，在南京秋播时翌年春季的鲜草产量可占总产草量的85%。

3. 营养价值 多花黑麦草营养价值高，茎叶干物质中含粗蛋白质13.7%、粗脂肪3.8%、粗纤维21.3%、无氮浸出物46.4%、粗灰分14.8%。多花黑麦草草质好，柔嫩多汁，适口性良好，各种家畜均喜食，适宜青饲、调制干草或青贮。适宜刈割时期：青饲为孕穗期或抽穗期，调制干草或青贮为盛花期。

（三）老芒麦

老芒麦（西伯利亚披碱草、垂穗大麦草）为多年生疏丛型禾草。须根密集发达，入土深。茎秆直立或基部稍倾斜，株高70~150厘米，具3~6节。分蘖能力强，分蘖节位于表土层3~4厘米处，春播当年可达5~11个。叶片狭长条形，长10~20厘米，宽5~10毫米，粗糙扁平，无叶耳，叶舌短而膜质，上部叶鞘短于节间，下部叶鞘长于节间。穗状花序疏松而弯曲下垂，长12~30厘米，每节2小穗，每穗4~5朵小花。颖果长椭圆形，易脱落。千粒重3.5~4.9克。我国老芒麦野生种主要分布于东北、华北、西北地区及四川等地，是草甸草原和草甸群落中的主要成员之一。我国最早于20世纪50年代由吉林省开始驯化，目前已成为北方地区一种重要的栽培牧草。

1. 生物学特性 老芒麦耐寒性很强，能耐-40℃低温，可在青海、内蒙古、黑龙江等地安全越冬。从返青至种子成熟，需≥10℃有效积温700~800℃。在年降水量400~600毫米的地区可旱作栽培，但干旱地区种植需有灌溉条件。老芒麦对土壤要求不严，在瘠薄、弱酸、微碱或富含腐殖质的土壤上均生长良好，也能在轻微盐渍化土壤中生长。老芒麦春播当年可抽穗、开花，甚至结实，从返青至种子成熟需120~140天。播种当年以营养枝占优势，几乎占总枝条数的3/4；第二年后以生殖枝占绝对优势，达2/3。

2. 栽培管理技术

（1）整地。播前深翻土地（如春播，应在前一年夏秋季翻地），施足基肥，每亩施1.5吨厩肥和15千克碳酸氢铵。播前耙耱，使地面平整。

（2）播种。老芒麦种子具长芒，播前应去芒。春、夏、秋季播种均可。有灌溉条件或春墒较好的地方，可春播；无灌溉条件的干旱地方，以夏、秋季播种为宜；在生长季短的地方，可采用秋末冬初寄籽播种。播种时应加大播种机的排种齿轮间隙或去掉输种管，时刻注意种子流动，防止堵塞，以保证播种质量。春播应防止春旱和一年生杂草的危害；秋播则应在初霜前30~40天播种，过晚则苗期时间短，养分储备不足，易造成越冬死亡。宜条播，行距20~30厘米，收草者播量1.5~2千克/亩，收种用1.0~1.5千克/亩，覆土2~3厘米。

老芒麦为短期多年生牧草，适于在粮草轮作和短期饲料轮作中应用，利用年限2~3年。后作宜种植豆科牧草或一年生豆类作物，也可与山野豌豆、沙打旺、紫花苜蓿等豆科牧草混播。

（3）收获。老芒麦属上繁草，适于刈割利用，宜抽穗至始花期进行。北方大部分地区，每年刈割1次；水肥良好地区，每年可刈割2次，年产干草200~400千克/亩。老芒麦种子极易脱落，采种宜在穗状花序下部种子成熟时及时进行，可产种子50~150千克/亩。

3. 饲用价值 老芒麦草质柔软，适口性好，各类家畜均喜食，是披碱草属中饲用价值最高的一种牧草。老芒麦叶量丰富，一般占鲜草总产量的40%~50%，再生草中达60%~80%。营养成分含量丰富（如粗蛋白质，孕穗期11.19%，抽穗期13.90%，开花期10.63%，成熟期9.06%），消化率较高，夏、秋季节对幼畜发育、母畜产仔和牲畜增膘都有良好的效果。叶片分布均匀，调制的干草各类家畜都喜食，特别是冬、春季节，幼畜、母畜最喜食。牧草返青早，枯黄迟，绿草期较一般牧草长 30 天左右，从而提早和延迟了青草期，对各类牲畜的饲养都有一定的经济效益，其营养成分含量丰富。

（四）羊草

羊草（碱草）为禾本科赖草属多年生草本植物。须根系，有发达的地下横走长根茎，长达 1~1.5 米，其节长 8~10 厘米，形成纵横交错的根网，主要分布在 20 厘米以上的土层中。茎秆直立，单生或疏丛状，株高 60~90 厘米。叶鞘紧包茎，通常长于节间，光滑，有叶耳，叶舌截平，纸质；基部叶鞘残留呈纤维状。叶片长 7~14 厘米，宽 3~5 毫米；宽叶型种叶宽可达 1 厘米，质地较厚而硬，上面及边缘粗糙，下面光滑或有毛。穗状花序；颖果长椭圆形，褐色，长 5~7 毫米。种子细小，千粒重 2 克左右。广泛分布于欧亚大陆。我国黑龙江、吉林、辽宁、河北、陕西、山西、新疆、甘肃等地都有栽培。

1. 生物学特性　羊草抗寒、抗旱、耐盐碱、耐土壤瘠薄，适应范围很广。多生于开阔平原、起伏的低山丘陵、河滩及盐碱低地。在冬季−40.5℃的低温下可安全越冬、年降水量 250 毫米的地区生长良好。羊草喜湿润的沙壤质栗钙土和黑钙土，在 pH 值 5.5~9.4 时皆可生长，最适 pH 值为 6~8。在排水不良的草甸土或盐化土、碱化土中亦生长良好。由于根部发达，能从土壤深处吸收水分和养料，所以特别抗旱和耐沙，是风沙干旱区很有发展前途的牧草。但不耐水淹，长期积水会导致其大量死亡。羊草在湿润年份，茎叶茂盛常不抽穗；干旱年份，草高叶茂，能抽穗结实。羊草根茎发达，根茎上具有潜伏芽，有很强的无性更新能力。早春返青早，生长速度快，秋季休眠晚，青草利用时间长。生育期可达 150 天左右。生长年限长达 10~20 年。

羊草播种后 10~15 天出苗，苗期生长缓慢，竞争力弱，易受草害。东北的中部和北部，羊草在 3 月下旬或 4 月上旬返青，4 月中旬展叶，4 月下旬分蘖拔节，6 月上旬抽穗，6 月中下旬开花，开花期长达 50~60 天。7 月上中旬达乳熟期，7 月中下旬达成熟期。

2. 栽培管理技术

（1）整地播种。羊草对土地要求不严，除低洼内涝地外均可种植，但以排水良好、土层深厚、多有机质的肥沃耕地种植最佳。过牧退化草原和退耕还牧地也适合种羊草。羊草还适合在盐碱地种植，但必须注意暗碱和地面碱化的程度。碱性过大的碱斑地，非经改良不能播种。

可分为春播或夏播。杂草较少，整地质量良好的地可进行春播。春旱区在 3 月下旬或 4 月上旬抢墒播种；非春旱区在 4 月中下旬播种。在杂草较多的地块播种前要除草，在 5 月下旬或 7 月上旬播种。北方夏播以在出苗后，能保证有 80~

90 天的生育期播种为宜。在黑龙江省肇东市，推迟到 7 月 20 日以后播种的羊草，虽然出苗率较高，但越冬前仅有 2~3 片真叶，根 40~50 条，基本未产生根茎，越冬后死苗率达 80%以上。在华北、西北、内蒙古等地，夏播羊草一般不要迟于 7 月中旬。

羊草可用种子繁殖，也可用根茎进行无性繁殖。羊草种子出苗率低，小苗细弱，易受草害，用种子繁殖，播前必须精细整地，做到土壤细碎，地面平整，播期以夏季为主。每亩播种量 3~4 千克，条播行距 15~30 厘米，播深 2~4 厘米，播后镇压。羊草种子空秕粒多，播前应清选，以提高发芽率。羊草种子发芽率较低又易伤苗，所以要正确掌握播种量。根据羊草种子成熟情况和实际发芽率，播种量以 2.5~3 千克/亩为宜。整地质量较差，毒草较多，种子品质不良时，可增至 3.5~4 千克/亩。无性繁殖，可牧羊草的根茎切成小段，一般长 5~10 厘米，有2~3 个节，按一定行距埋入整好的地中，栽后灌水或在雨季栽植，成活率高。种子出苗期长，幼苗生长慢，易受干旱及杂草危害，应注意加强管理，适时灌水、除草、追肥。羊草宜与紫花苜蓿、沙打旺、野豌豆等豆科牧草混播。混播时因羊草根茎发达，竞争力强，非根蘖性豆科牧草往往处于劣势，经 3~4 年即自行消失。为此，应适当增加豆科牧草的播种量，以每亩羊草 2~2.5 千克，紫花苜蓿或沙打旺 2.5~3 千克为宜。

羊草利用年限长，产量高，需肥多，必须施足基肥和及时追肥，羊草需氮肥多，无论是基肥还是追肥，都要以氮肥为主，适当搭配磷肥和钾肥。每亩施半腐熟的堆肥、厩肥 2.5~2.7 吨，翻地前均匀撒入。土壤贫瘠的沙质地和碱性较大的盐碱地，多施一些有机肥料，不仅能提高土壤肥力，改善土壤结构，还能缓冲土壤的酸碱性，对羊草生长尤为有利。

羊草无论单种还是混种，多条播，行距 30 厘米。羊草种子轻而长，流种不畅，所以播种前要把播种机的播种舌和开沟器的种管拿掉，作业中经常疏通排种管，以防堵塞。与豆科牧草混播又以隔行混播为好。覆土 2~3 厘米。播种后镇压 1~2 次。渠埔坡面或冲刷沟壁播种时，要横向开沟条播，或刨穴点种。也可将种子均匀撒落地面，用齿耙盖籽覆土。

（2）田间管理。羊草苗期生长十分缓慢，易被杂草抑制。因此，必须及时消灭杂草。等羊草长出 2~3 片真叶时中耕可消灭杂草 90%以上。生育后期还要割除高大杂草，以免受草害，可获得草层厚密、产草量高的效果。单播的羊草草地，也可用 2，4-D 类除草剂灭草。在杂草苗高 8~12 厘米时，喷洒 0.5% 的 2，4-D 钠盐，可全部杀死菊科、黎科、蓼科等各种阔叶杂草。

（3）收获。羊草为刈牧兼用型牧草，栽培的羊草主要用于调制干草，以孕穗期至始花期刈割为宜。其特点是营养枝比例大，抽穗期调制干草颜色深绿，气味芳香，是各种牲畜的上等青干草。旱作人工羊草草地，每亩产干草 150~300

千克，灌溉地达400千克以上。再生性良好，水肥条件好时每年刈割2次。

3. 饲喂价值　羊草茎秆细嫩，叶量丰富，适口性好，各种家畜均喜食，营养价值高（分蘖期、拔节期、抽穗期和结实期的蛋白质含量分别达到18.53%、16.17%、13.35%和14.53%；粗脂肪含量分别为3.68%、2.76%、2.58%和2.53%；矿物质、胡萝卜素含量丰富，每千克干物质中含胡萝卜素49.5~85.87毫克）。羊草草地可放牧、青饲和青贮，但主要供调制干草用。用羊草调制的干草，颜色浓绿，气味芳香，是上等优质饲草，现为我国唯一作为商品出口的禾本科牧草。绿色的羊草草粉拌湿加入米糠或制成颗粒料，饲喂可获得较高的经济效益。

（五）苏丹草

苏丹草（野高粱）为禾本科高粱属一年生牧草。须根系，根系发达，入土深达2米以上，60%~70%的根分布在耕作层，水平分布75厘米，近地面茎节常产生具有吸收能力的不定根。株高2~3米，茎粗0.8~2厘米，分蘖能力强，分蘖多达20~100个。叶片宽大，条形，长45~60厘米，宽4~4.5厘米，每茎长有7~8枚叶片，表面光滑，边缘稍粗糙，主脉较明显，上面白色，背面绿色。无叶耳，叶舌膜质。圆锥花序松散，长15~80厘米，花序类型因品种不同分为周散型、紧密型和侧垂型3种。颖果扁平，倒卵形，紧密着生于颖内。种子千粒重10~15克。原产于北非苏丹高原地区，我国现已将其作为一种主要的一年生禾草在全国各地广泛栽培。

1. 生物学特性　苏丹草喜温暖，不耐寒，种子发芽最低温度8℃，最适温度为20~25℃；幼苗遇低于3℃的温度即受冻害或完全冻死；成株在低于12℃时生长变慢。根系强大，入土很深，能利用土壤深层的水分和营养。抗旱能力极强，在降雨量仅250毫米地区种植仍可获得较高产量。对土壤要求不严，一般土壤均可种植，但不宜种植在沼泽土和流沙地上。对水肥反应良好。要获高产，必须施肥灌水。对其后作，也要多施肥料保证丰产。苏丹草宜在晚霜后播种。生育期100~120天。进入分蘖期后的整个生育过程中能不断分蘖，而且从分蘖开始，生长速度加快，一昼夜生长5~10厘米。这期间施肥灌水可获高产。

苏丹草对土壤要求不严，耐酸碱能力较强，只要排水良好，在沙壤土、重黏土、弱酸性和轻度盐渍土中均可种植，而以肥沃的黑钙土、暗栗钙土中生长最好。因其吸肥能力强，在过于瘠薄的土壤中生长不良。

适宜条件下，播后7~8天齐苗。苗期根生长快而茎叶生长慢，当根系入土50厘米时，地上株高才20厘米左右。约1个月出现5片叶片时，开始分蘖，而且整个生育期间能不断形成分蘖，最多时高达100个以上。此后茎叶旺盛生长。80~90天后开始开花，开花顺序是由圆锥花序顶端向下延伸，每个花序的开花期平均7~8天。其小花开放多在清晨和温暖的夜间进行，要求最适气温20℃，空气相对湿度80%~90%。由于分蘖多，整个植株开花延续很长时间，有时直至霜降为止。

苏丹草为异花授粉植物，种子成熟极不一致，往往同一圆锥花序的下面小花还在开放，而最上部的小穗已处于乳熟期。苏丹草为短日照作物，生育期100~120天，要求积温2 200~3 000℃。在内蒙古呼和浩特地区，4月底播种，5月初齐苗，6月上旬分蘖，6月末拔节，7月中下旬开始抽穗和开花，9月大部分种子才成熟。

2. 栽培管理技术

（1）整地播种。选取粒大、饱满的种子，并在播前进行晒种，打破休眠，提高发芽率。在北方寒冷地区，为确保种子成熟，可采用催芽播种技术，即在播前1周，用温水处理种子6~12小时，后在20~30℃的地方积成堆，盖上塑料布，保持湿润，直到半数以上种子微露嫩芽时播种。

苏丹草对土壤养分和水分的消耗量很大，是多种作物的不良前作，尤忌连作，故收获后要休闲或种植一年生豆科牧草。玉米、麦类和豆类作物都是其良好的前作，但以多年生豆科牧草或混播牧草为最好。生产中，苏丹草可与秣食豆、豌豆和毛苕子等一年生豆科植物混种。苏丹草喜肥喜水，播种前应进行秋深翻，播前结合耕翻整地每亩施有机肥1 500千克。在干旱地区或盐碱地带，为减少土壤水分蒸发和防止盐渍化，也可进行深松或不翻动土层的重耙灭茬，翌年早春及时耙耱或直接开沟于春末播种。以春播为主，当表土温度稳定在10℃（2~12℃）时即可播种，北方多在4月下旬至5月上旬。多采用条播，干旱地区宜宽行条播，行距45~50厘米，每亩播量1.5千克；水分条件好的地区可行窄行条播，行距30厘米左右，每亩播量1.5~2千克。播种深度4~6厘米。播后及时镇压以利出苗。另外，混播可提高草的品质和产量，每亩播种量为1.5千克苏丹草及1.5~3千克豆类种子。

也可分期播种，每隔20~25天播1次，以延长青饲料的利用时间。

（2）田间管理。苗期注意中耕除草，干旱时适当灌溉。刈割后每亩追施氮肥10千克左右，以提高再生草产量。苏丹草苗期生长慢，不耐杂草，需在苗高20厘米时开始中耕除草，封垄后则不怕杂草抑制，可视土壤板结情况再中耕1次。苏丹草根系强大，需肥量大，尤其是氮、磷肥，必须进行追肥。在分蘖、拔节及每次刈割后施肥灌溉，一般每次施7.5~10千克/亩硝酸铵或硫酸铵，附加10~15千克/亩过磷酸钙。

（3）收获。青饲苏丹草最好的利用时期是孕穗初期，这时，其营养价值、利用率和适口性都高。若与豆科作物混播，则应在豆科草现蕾时刈割，刈割过晚，豆科草失去再生能力，往往第二茬只留下苏丹草。调制干草以抽穗期为最佳，过迟会降低适口性。青贮用则可推迟至乳熟期。在北方生长季较短的地区，首次刈割不宜过晚，否则第二茬草的产量低。苏丹草株高茎细，再生性强，产量高，适于调制干草。苏丹草再生能力较强，每年可刈割 2～3 次，每亩产鲜草 3 000～5 000 千克。华中地区每亩产良鲜草可达 1 万千克，每亩产粗蛋白质约 300 千克。

3. 饲用价值　苏丹草茎叶产量高，含糖丰富，尤其是与高粱的杂交种，最适于调制青贮饲料。在旱作区栽培，其价值超过玉米青贮饲料。苏丹草营养丰富，且消化率高。营养期粗脂肪和无氮浸出物较高，抽穗期粗蛋白质含量较高（3.3%），粗蛋白质中各类氨基酸含量也很丰富。另外，苏丹草还含有丰富的胡萝卜素。苏丹草作为夏季利用的青饲料最有价值。此时，一般牧草生长停滞，青饲料供应不足，而苏丹草正值快速生长期，鲜草产量高。苏丹草适宜青饲、调制干草，也可青贮或放牧。苏丹草苗期含有氢氰酸，放牧或饲喂易引起家畜中毒，应在株高 50～60 厘米时放牧，或刈割后稍加晾晒再饲喂。

（六）燕麦

燕麦（铃铛麦）为禾本科燕麦属一年生草本植物，也是重要的谷类作物。我国种植的燕麦有 2 种，一种为裸燕麦，又名莜麦，以食粮为主，其秸秆作饲料；另一种为燕麦，主要用作饲草饲料。疏丛型，须根系，入土 1 米左右，主要根系集中在 10～30 厘米耕层。丛生，茎秆直立，圆形中空，高 100 厘米左右。分蘖较多，节部一侧着生有腋芽。叶片宽而平展，长 15～40 厘米，宽 0.6～1.2 厘米。无叶耳，叶舌膜质，先端微齿裂。圆锥花序开散，穗轴直立或下垂，由 4～6 节组成，下部各节分枝较多。小穗着生于分枝顶端，每小穗有小花 2～3 朵，稃片宽大，斜长卵形，膜质。颖果纺锤形，外稃具短芒或无芒，千粒重 25～45 克。我国主要分布在华北、东北和西北的高寒地区，是内蒙古、青海、甘肃、新疆等各大牧区的主要饲料作物。

1. 生物学特性　燕麦喜冷凉湿润气候，种子发芽最低温度 3～4℃，最适温度 15～25℃。不耐高温，遇 36℃以上持续高温开花结实受阻。其幼苗能耐 2～4℃的低温，成株期遇−4～−3℃霜冻尚能缓慢生长，低于−6～−5℃则受冻害。燕麦耐碱能力较差，抗旱性弱，是需水量较多的饲料作物。燕麦需水较多，适宜在年降水量 400～600 毫米的地区种植。干旱缺水，天气酷热，是限制其生产和分布的重要因素。一般苗期需水较少，分蘖至孕穗逐渐增多，乳熟以后逐渐减少，结实后期应当干燥。

燕麦为长日照作物，延长光照则生育期缩短。一般春燕麦生长期较短，为 75～125 天；冬燕麦较长，在 250 天以上。但较大麦耐阴，可与豆科牧草混播。燕麦对土壤要求不严，在黏重潮湿的低洼地上表现良好，但以富含腐殖质的黏壤土最为适宜，不宜种在干燥的沙土上。适宜的土壤 pH 值为 5.5～8。

2. 栽培管理技术　燕麦根系发达，生长快，要求土层深厚，土壤肥沃，整地精细。深耕前施足基肥是重要的技术措施，一般深耕 20 厘米左右，每亩施厩肥 2 000~2 500 千克。冬燕麦要求在前作收获后耕翻，翻后及时耙耱镇压。

燕麦品种很多，品种间生育期差异大，一般为 90~140 天。燕麦以春播为主，播期较长，通常从 4 月上旬一直可延续到 5 月下旬至 6 月上旬，冬燕麦通常在 10 月上中旬秋播。收获种子或籽实者宜 4 月播种，收获饲草者宜在 5 月播种。温暖地区可以在夏作收获后复种。燕麦可以单播，也可与豌豆、毛笤子等豆科作物混播，一般燕麦占 2/3~3/4。播种量根据水肥条件和利用目的而定，每亩播种量一般为 10~12 千克。播种方式以条播为主，也可撒播，收籽燕麦条播行距15~30 厘米，青刈燕麦 15 厘米，覆土深度 4~5 厘米。燕麦多用作轮作倒茬，但忌连作。苗期及时防除杂草，在有灌溉条件的地方，生长过程中视降雨多少和土壤湿度大小及时灌水并追施氮肥，增产效果十分明显。燕麦出苗后，应在分蘖前后中耕除草 1 次。由于生长发育快，应在分蘖期、拔节期、孕穗期及时追肥和灌水。追肥前期以氮肥为主，后期主要是磷、钾肥。

青刈燕麦可根据饲养需要于拔节期至开花期陆续刈割，燕麦再生力较强，分 2 次刈割能为畜禽均衡供应青饲料，第一茬于株高 40~50 厘米时刈割，留茬 5~6 厘米；隔 30 天左右齐地刈割第二茬，一般每亩产鲜草 1 500~2 000 千克。调制干草和青贮用的燕麦一般在抽穗期至完熟期收获，宜与豆科牧草混播。

3. 饲用价值 燕麦是一种营养价值极高的饲用作物，其籽实、秸秆营养丰富。燕麦籽实是很好的精饲料，富含蛋白质，一般含量为 12%~18%，高者达 21%以上。脂肪含量较高，一般含量为 3. 9%~4. 5%，比大麦和小麦高 2 倍以上。秸秆质地比较柔软，饲用价值高于稻、麦、谷等秸秆，适口性较好，燕麦青饲、晒制干草、青贮均可。以收获籽实为目的时应在穗上部的籽粒达到完熟、下部的籽粒蜡熟时收获。一般每亩产籽实 150~200 千克，秸秆 200~250 千克。青刈燕麦茎秆柔软，叶片肥厚，细嫩多汁，适口性好，蛋白质可消化率高，营养丰富，可鲜喂，亦可调制青贮料或干草。青刈燕麦可在拔节期至开花期刈割，可以刈割 2 次，第一次刈割留茬高度 5 厘米左右，一般每亩产鲜草 1 500~2 000 千克。晒制干草或青贮时宜在乳熟期至蜡熟期刈割。

（七）墨西哥玉米

墨西哥玉米（大刍草、墨西哥饲用玉米）为禾本科类蜀黍属一年生草本植物。须根发达。茎秆粗壮，直径 1. 5~2 厘米，直立，丛生，高约 3 米。叶片披针形，叶面光滑，中脉明显。花单性，雌雄同株，雄花顶生，圆锥花序，多分枝；雌花为穗状花序，雌穗多而小，从距地面 5~8 节的叶腋中生出，每节有雌穗 1 个，每株有 7 个左右，每穗有 4~8 节，每小穗有 1 小花，授粉后发育成为颖果，4~8 个颖果成串珠状排列。种子椭圆形，成熟时褐色，颖果坚硬，千粒重 75~80 克。原产于墨西哥和加勒比群岛及阿根廷，我国于 1979 年从日本引入，广东、广西、福建、浙江、江西、湖南、四川等地都适宜栽培。

1. 生物学特性　墨西哥玉米喜温、喜湿、耐肥。种子发芽的最低温度为15℃，最适温度为24~26℃。生长最适温度为25~35℃。耐热，能耐受40℃的持续高温。不耐低湿霜冻，气温降至10℃以下生长停滞，0℃时死亡。年降水量800毫米以上、无霜期180天以上的地区可种植。对土壤要求不严，适应于pH值5.5~8的微酸性或微碱性土壤。不耐涝，被淹数日即可引起死亡。

2. 栽培技术　选择排灌方便、土壤肥沃的地块，结合耕翻，每亩施厩肥2 000千克作基肥。春季时期早播。条播行距50厘米，播种量每亩0.5千克。穴播，穴距50厘米×50厘米，每穴播种子2~3粒，播深2厘米，苗期生长缓慢，注意中耕除草，分蘖期至拔节期生长加快，每亩追施氮肥5~10千克，株高达1.5米时即可刈割，留茬高10厘米，刈割后施速效氮肥，以促进再生草生长。每亩产鲜草1万千克。从墨西哥引进的最新牧草品种，在我国的河南、河北、山西、广东等地多点试种表明，每亩最高产量可达3.5万千克。

3. 饲用价值　墨西哥玉米开花期饲草干物质中含粗蛋白质9.5%、粗脂肪2.6%、粗纤维27.3%、无氮浸出物51.6%、粗灰分9%。茎叶脆嫩多汁、味甜，适口性好，家畜较为喜食。适宜青饲、青贮，也可调制干草。

三、其他科牧草与饲料作物的生产

（一）串叶松香草

串叶松香草（菊花草、松香草）为菊科松香草属多年生草本植物。根系粗壮发达，多集中在5~40厘米的土层中；具地下根茎，播种当年仅形成莲座状叶丛，翌年形成丛生直立的茎，能不断向四周蔓延，形成庞大的株丛。根茎节上着生由紫红色鳞片包被的根茎芽。茎直立，株高2~3米，具条棱。叶分基生叶与茎生叶两种，长椭圆形，叶面有皱褶，粗糙，具刚毛，叶缘有细齿，长38厘米，宽30厘米。播种当年为基生叶，12~33片，丛生呈莲座状，有短柄，或近无柄；茎生叶无柄，对生，相对两叶基部相连，茎从中间穿过，故此得名。头状花序，顶生，花黄色。种子为瘦果，心脏形，扁平，褐色，每个头状花有种子5~21粒，千粒重20~25克。原产于北美中部的高原地带。我国辽宁、山西、陕西、山东、甘肃、湖北、江苏、云南、上海、北京等地都有种植。

1. 生物学特性　串叶松香草为喜温、耐寒、抗热植物，是适宜温带地区种植的一种高产饲用植物。耐寒性较强，生长中的植株遇-4~-3℃的霜寒仍能生长，-39.5℃不受冻害，在东北南部、华北及西北地区能够安全越冬。最适生长温度20~28℃，也能耐30℃以上的高温，在长江流域，夏季高温季节仍然生长良好，在华北及西北地区能够越冬。耕层土壤温度在5℃以上时开始返青，5厘米地温稳定在10℃，种子需10天左右发芽出苗，22~25℃时经5~6天就可发芽出苗。当温度在25~28℃时，日增长高度可达2.5厘米。较耐旱、耐湿，需水、需肥较多，特别是现蕾开花期需水最多。

凡年降水量450~1 000毫米的地方都能种植（适宜的年降水量为600~800毫米）。由于根系发达，具有一定的抗旱能力。耐涝性较强，地表积水长达4个月，仍能缓慢生长。喜中性至微酸性的肥沃土壤，壤土及沙壤土都适宜种植，适宜的土壤pH值为6.5~7.5。黏土妨碍根的发育，不宜种植。抗盐性及耐瘠薄能力差，故而盐碱地和贫瘠的土壤不适宜种植。再生性强，耐刈割。

播种当年地下除根系生长外，还产生根茎和根茎芽，这些根茎芽可独立发育成新植株，上部只生长莲座状叶丛。以后各年地下根的数量增加，老的根和根茎不断死亡，新的根和根茎不断产生，一株串叶松香草，几年就可扩展成一片。地上部返青时先出现莲座状叶丛，此后抽茎、现蕾、开花、结实。种子成熟期分乳熟、蜡熟、完熟3个时期，蜡熟末期至完熟期的种子，发芽率高，生活力强。在北京地区4月上旬返青，6月中旬开花，7月中下旬种子成熟，生育期110天左右，11月下旬干枯，全生长期230天左右，在南方生长期可达300天以上。串叶松香草属长寿牧草，可生长10~15年。

2. 栽培管理技术 串叶松香草植株高大，产量高，利用时间长，消耗地力较重，容易造成土壤板结，肥力下降。因此，不宜连作，最好种植3~4年后，再种豆类作物以恢复地力。串叶松香草要求土壤及水肥条件较高，应选择水肥条件较好的地块种植。播前深耕细耙，创造疏松的耕作层，最好秋翻地，耕深20厘米以上，来不及秋翻的要早春翻耕。清除杂草，施足基肥，每亩施有机肥3 000~4 000千克、磷肥17千克、氮肥15千克。

播种时要尽可能选用前一年采收的种子，需晒种2~3小时，然后在25~30℃温水中浸种12小时，晾干后用潮湿的细沙均匀拌和，置于20~25℃的室内催芽3~4天，待种子多数露白后播种。播种时间可春播，也可秋播，在北方春、夏、冬三季均可播种。春播在3月下旬至4月上旬，夏播在6月中下旬，不要晚于7月中旬，也可冬前寄籽播种。南方春播、秋播均可，春播在2月中旬至3月中旬为宜，秋播宜早不宜晚，以幼苗停止生长时能长出5~7片真叶为宜。每亩播种量0.15~0.25千克，条播或穴播，以穴播为主，收草用行距40~50厘米、株距20~30厘米，每穴播种子3~4粒，覆土深度2~3厘米。除用种子直播外，也可育苗移栽，还可用根茎进行分株繁殖。

出苗后及时间苗、定苗，3~4片叶时定苗，每亩留苗3 000~6 000株，苗期生长缓慢，及时中耕除草。在封垄之前除草2~3次。中耕时根部附近的土层不宜翻动过深，以不超过5厘米为宜，以防损伤根系和不定芽。如果头两年管理得好，串叶松香草本身灭草能力较强，可以减少除草次数，甚至不必除草。

生长期间氮肥的需求量极大，因而要及时追施氮肥，一般在返青期或每次刈割后进行，每次每亩追施硫酸铵 10～15 千克或尿素 5～7 千克，施后及时浇水。每年冬、春季节要追施 1 次有机肥或复合肥，每次刈割之后应施 1 次速效氮肥，追肥与灌水同时进行。但需注意刈后追肥应待 2～3 天伤口愈合后进行。寒冷地区为安全越冬要进行培土或人工盖土防寒，也可灌冬水，促进早返青、早利用。

播种当年不刈割，或只在越冬地上部枯死前刈割 1 次，以后各年在现蕾至开花初期开始刈割，每隔 40～50 天刈割 1 次。以北方年刈割 3～4 次，南方 4～5 次为宜。每亩鲜草产量 10 000～20 000 千克。刈割 3 次时，第一茬产草量约占总产草量的 50%，第二茬占 30%～40%，第三茬占 10%～20%。刈割时留茬 10～15 厘米。采种田一般不刈割，并多施磷肥、钾肥。为防止倒伏，生育后期要减少追肥和灌水。

3. 饲用价值　串叶松香草是一种高产青饲料，一般切碎后生喂，也可调制青贮饲料和干草。串叶松香草播种当年不能抽薹开花，以营养生长为主，产草量不很高，每亩产鲜草 2 000～3 000 千克。翌年可抽薹开花结实，植株高度在 2 米左右，产量较高。最适收割期为开花初期，以后每隔 40～50 天收割 1 次，每年可收割 3 次，每亩产鲜草 1 万千克左右。

串叶松香草不仅产量高，而且品质好，粗蛋白质（干物质中粗蛋白质含量为 22%）和氨基酸含量丰富，特别是富含糖类，钙、磷和胡萝卜素的含量也极为丰富，茎叶柔嫩，适口性较好，消化率高，是畜禽的优质饲料。但是串叶松香草含有一些松香草素、二萜和三萜类化合物，有异味，经驯化后可喜食，羊日喂量 3 千克左右。

（二）菊苣

菊苣为菊科菊苣属多年生草本植物。主根长而粗壮，肉质，侧根粗壮发达，水平或斜向下分布。主茎直立，分枝偏斜且顶端粗厚，茎具条棱，中空，疏被粗毛，抽茎开花期株高 170～200 厘米。播种当年生长基生叶，倒向羽状分裂或不分裂，丛生呈莲座状，叶片柔软，疏具绒毛，叶片长 10～40 厘米，宽 5～8 厘米。叶丛高 80 厘米左右；茎生叶较小，披针形，全缘。头状花序，单生于茎和分枝的顶端，或 2～3 个簇生于上部叶腋。总苞圆柱状，花冠蓝色，瘦果，楔形。种子千粒重 1. 2～1. 5 克。我国西北、华北、东北等温带地区也有分布，常见于山区、田边及荒地。新西兰国家草地研究所培育成的饲用菊苣新品种普那菊苣在 1997 年 11 月被我国牧草饲料品种审定委员会评审登记为引进牧草新品种，现已在我国多个省份推广。

1. 生物学特性　菊苣喜温暖湿润气候，15～25℃生长迅速，夏季高温，只要雨水充足仍具有较强的再生能力。耐寒性较强，在 −10～−8℃ 时仍保持青绿，−20～−15℃能安全越冬。耐热，在长江中下游地区能过夏。根系发达，抗旱性能较好，在辽宁朝阳地区种植，2 个月未降透雨、玉米枯黄的情况下仍能生长。较耐盐碱，在 pH 值 8. 2 的土地上生长良好。喜肥喜水，但低洼易涝地区易发生烂根，对氮肥敏感，对土壤要求不严，旱地、水浇地均可种植。耐盐碱，喜水喜肥，在水肥条件较好的沙壤土上，生产性能很高。

菊苣茎叶含有白色乳汁，稍具苦味，病虫害较少。寿命中等，可利用 4～5 年。生育期 140 天，生长期 240～260 天。菊苣在春播当年基本不抽茎，翌年开始抽茎，并开花结实。生长 2 年以上的植株，根茎上不断产生新的萌芽，并逐渐取代老株。

在太原种植，3 月中旬返青，5 月上旬抽茎，5 月下旬现蕾，6 月中旬开花，8 月初种子成熟，10 月底停止生长，全生长期 230 天左右；在宁夏 4 月中旬返青，6 月下旬始花，8 月下旬第一批种子成熟，11 月上旬枯黄，全生长期 200 天左右。绿期较长。

2. 栽培管理技术 菊苣以种子直播为主。因其种子细小，播前应精细耕地，深耕细耙。播前每亩施有机肥 2 500～3 000 千克。春播、秋播皆可，每亩播种量 0. 5 千克左右，条播、撒播均可，以条播为主，行距 35～40 厘米，播种时最好用细沙与种子混合，以便播种均匀。覆土深度 1. 5～2 厘米，播种后及时镇压，苗期及每年返青后应及时中耕除草、间苗、定苗。株高 15 厘米时间苗，留苗株距 12～15 厘米。菊苣生长速度快，需水需肥较多。从第二年开始，每年每亩应追施氮肥 25～30 千克，可在返青及每次刈割后结合中耕及灌水分批施入速效复合肥 15～20 千克。

积水后要及时排除，以防烂根死亡。菊苣在株高 40 厘米时可刈割利用。在太原播种当年，灌水 1 次的情况下，刈割 2 次的草产量约 7 000 千克/亩，折合干物质 1 000 千克/亩；第二年以后产蘖增加，每年可刈割 3～4 次，每亩产鲜草 1 万千克左右，其中第一年产量最高。刈割留茬高度为 15～20 厘米。

3. 饲用价值 菊苣产草量高，抗旱、耐寒、耐盐碱，再生能力强。菊苣在太原地区每年可以刈割 3 次，每亩产鲜草 1. 1 万千克，折合干草 1 700 千克；在长江中下游地区每年可刈割 4 次以上，每亩产鲜草（2～3）万千克，折合干草 2 200 千克。菊苣含有畜禽所需的多种营养成分（干物质中粗蛋白可以达到 22. 87%），适口性好，是牛、羊、猪、禽等的优质青饲料。其产草量、适口性、抗逆性和营养价值是当前牧草饲料中的佼佼者。茎叶柔嫩多汁，特别是处于羽座期的植株，叶量丰富、鲜嫩，富含蛋白质及动物必需氨基酸和其他各种营养成分，最适宜喂兔等小型草食家畜，可切碎或打浆后与精饲料混合饲喂。初花期粗纤维含量虽有所增加，但适口性仍较好，畜禽极喜食，适口性明显优于串叶松香草和聚合草。菊苣以青饲为主，也可与无芒雀麦、紫花苜蓿等混合青贮，或调制干草。

（三）苦荬菜

苦荬菜（苦苣菜、山莴苣）为菊科莴苣属一年生或越年生草本植物。直根系，主根粗大，纺锤形，入土深达 2 米以上，根群集中分布在 0~30 厘米的土层中。茎直立，中空，株高 1.5~2 米，上部多分枝。叶变化较大，初为基生叶，丛生，15~25 片，无明显叶柄，叶形不一，披针形或卵形，长 30~50 厘米，宽 2~8 厘米，全缘或齿裂至羽裂；茎生叶较小，长 10~25 厘米，互生，无柄，基部抱茎。全株含白色乳汁，味苦。头状花序，舌状花，淡黄色，瘦果，长卵形，成熟时为紫黑色，顶端有白色冠毛，千粒重 1~1.5 克。原为野生植物，经多年驯化选育，现已成为广泛栽培、深受欢迎的高产优质饲料作物，在南方和华北、东北地区大面积种植，是各种畜禽的优良多汁饲料。

1. 生物学特性 苦荬菜为短日照植物，无霜期 150 天以上，≥10℃积温 2 800℃以上的地区均可开花结实。喜温，耐寒，又抗热，土壤温度 5~6℃时种子即能发芽，15℃以上生长加快，25~30℃时生长最快，幼苗遇-3~-2℃低温、成株遇-5~-4℃低温不被冻死，遇-10℃低温受冻死亡。抗热能力较强，在 35~40℃的高温条件下也能良好生长。

各种土壤均能种植，但以排水良好、肥沃的壤土最为适宜。有一定的耐酸和耐盐碱能力，适合的土壤 pH 值为 5~8，在酸度较大的红壤、白浆土和碱性较大的盐渍土上仍能良好生长。较耐阴，可在果林行间种植。需水量较多，年降水量 600~800 毫米的地区比较适宜种植，低于 500 毫米生长不良。不耐涝，积水数天可使根部腐烂死亡。苦荬菜根系发达，能吸收土壤深层水分，因而又具有一定的抗旱能力。在株高 30~40 厘米，40 天无雨，其他植物出现萎蔫现象时，苦荬菜仍能维持一定的生长量。

苦荬菜苗期生长缓慢，到 8~10 片莲座叶时开始抽茎，此时若环境条件适宜，生长速度加快，日生长高度可达 2.5 厘米以上。在华北地区，4 月播种，7 月抽薹，8 月开花，花期很长，可延续至 10 月，9~10 月种子陆续成熟，生育期 180 天左右。经培育而成的早熟苦荬菜品种，生育期 120~130 天。

2. 栽培管理技术

（1）整地施肥。苦荬菜种子小而轻，幼苗出土力弱，播前土地需要整平耙碎，最好秋翻地，耕深在 20 厘米以上，整平耙细，保墒，以利全苗壮苗。苦荬菜需肥较多，为充分发挥增产潜力，播前要施足基肥。每亩施腐熟的有机肥料 3 330~5 000 千克，尿素 10~15 千克，过磷酸钙 15~20 千克。

（2）选种播种。苦荬菜种子成熟不一致，播前需要对种子进行清选。风选或水选清除未成熟种子和杂质，选择粒大饱满的紫黑色种子作种用。播前晒种 1 天，可提高发芽率。此外，种子在翌年发芽率最高，此后迅速下降，因而要选用翌年的种子，以保证全苗。

播种期在生育期允许的范围内越早越好。北方3~6月均可播种，南方春、夏、秋三季皆可播种。北方在地刚刚化冻时即可播种，南方以2~3月播种最为适宜，也可秋播。撒播、条播、穴播均可。撒播时每亩播种量1~1.5千克；条播0.5~1千克，收草用行距20~30厘米，收种用行距60~70厘米；穴播播种量0.5千克，株行距20~25厘米；播深2~3厘米，播后要及时镇压。苦荬菜也可育苗移栽，在北方地区2~3月进行苗床播种，播种量0.1~0.15千克/亩，在4~5片真叶时进行移栽，行距25~30厘米，株距10~15厘米。土壤水分不足时，应浇水后再播种。

苦荬菜宜于密植，通常不间苗，2~3株为一丛生长良好，且叶量多，茎秆细嫩。但过密应适当间苗，可按株距4~5厘米定苗；过稀茎秆易老化，产量和品质均会下降，宜补苗。苦荬菜苗期不耐杂草，出苗后要及时中耕除草，在封垄前要进行3次。苦荬菜抗病虫能力较强，常见害虫为蚜虫，可用吡虫啉、毒死蜱等高效低毒农药喷杀。

苦荬菜生长迅速，需及时刈割，以保持其处于生育的幼龄阶段。抽薹前刈割，伤口愈合快，再生力强，刈后能很快抽出新叶，既增加刈割次数，又提高产量和品质。刈割过晚，则抽薹老化，再生力减弱，产量和品质下降。种植面积较小时，可剥叶利用，即只剥取外部大叶，留下内部小叶继续生长。大面积栽培时，在株高40~50厘米时进行刈割，此后每隔20~40天刈割1次。刈割时留茬4~5厘米，最后一次刈割不要留茬，可齐地面刈割。苦荬菜不宜连作，其前作应为麦类或豆科牧草和饲料作物，后作应安排豆类、小麦、玉米、薯类等作物。

3. 饲用价值 苦荬菜为优质高产饲用植物，其再生性强，叶量大，南方每年可刈5~8次，北方3~4次，每亩产草量5 000~7 000千克，高的可达1万千克。茎叶柔嫩多汁，营养丰富（茎叶干物质粗蛋白达到19.7%），味稍苦，性甘凉，适口性特别好，适宜作为夏季青饲料利用。特别是粗蛋白质含量较高，与苜蓿相似。蛋白质中氨基酸种类齐全，其中含赖氨酸0.49%，色氨酸0.25%，蛋氨酸0.16%，是一种优质的蛋白质饲料。另外，它的粗脂肪、无氮浸出物、维生素含量也很丰富。苦荬菜以随割随喂为好，可整喂，也可切碎与精饲料、粗料拌匀饲喂。苦荬菜可青饲利用，也可调制成青贮饲料和干草。

（四）饲用甜菜

饲用甜菜是主要的多汁饲料，为藜科甜菜属二年生植物。生长第一年只形成肥大的块根和繁茂的叶丛，第二年抽薹、开花结实，高可达1米左右。根为直根系，主根肥大，形成肉质块根，呈不规则圆柱状，多为长圆锥形、长纺锤形或长楔形，多为1/2露出地面，少数为2/3在地下。单根重2~4.5千克。原产于欧洲南部，我国东北、华北和西北地区栽培较多，河南、山东、安徽、江苏、湖北、上海等省、直辖市也有栽培。我国北方寒冷地区，饲用甜菜产量高、品质好、耐储藏，是畜禽越冬的好饲料。

1. 生物学特性　饲用甜菜对温度的要求，在种子萌发时为6~8℃，幼苗在子叶期不耐冻，一直到真叶出现后抗寒力逐渐增强，可忍耐-6~-4℃的短暂低温。生长最适宜的温度为15~25℃。饲用甜菜对水、肥要求比较高，在黑土、沙土上种植，具有充足的水、肥时，可获得高产，单株块根重可达6~7.5千克。在轻度盐渍化土地上也可种植，但产量不高。

2. 栽培管理技术

（1）整地施肥。甜菜是高产作物，且主产品为肉质根，根大叶茂，所以要选择土层深厚、富含有机质、排水良好、有灌溉条件的地块种植。甜菜地下部十分发达，入土深度可达2米左右，四周延伸达1.4米。因此需深耕细作，提高整地质量。种植甜菜以秋深耕最好，深20~30厘米，可以增产10%~20%。

甜菜一生需肥量大，平均每生产1 000千克甜菜需氮45千克、磷15千克和钾55千克。一般每亩施用腐熟的有机肥30~40吨、尿素250千克、磷酸二铵130千克、硫酸钾280千克。

甜菜连作降低块根的产量和糖分，且增加病虫害。前茬多选用麦茬、蚕豆茬、马铃薯茬，忌种植油菜茬，通常3~4年或4~5年轮作为好。播种前用72%都尔（用量150~180克/亩）或72%甜菜灵（用量为150克/亩）兑水30~40千克喷雾，混土层3~4厘米，到头到边，将土地整理成待播状态。

（2）播种。应选用种球直径2.5毫米以上、发芽率不低于75%、净度不低于97%、千粒重超过20克的新鲜种球作种子。甜菜种球具木质化花萼，不光滑，为便于下种，可用碾子或石滚碾压磨光，并进行闷种，然后用70%甲基托布津可湿性粉剂0.5千克或50%福美双0.5千克拌种。

甜菜是喜温耐寒、长日照作物，要求每日光照时数14小时以上。每日光照不足14小时，就不能正常抽薹开花。以5厘米地温达到5℃为甜菜的适宜播种期。在西北和华北地区，一般3月底至4月上旬播种；东北地区4月上旬播种。青海地区种植甜菜主要是春播，一般在4月上中旬至5月上旬播种。

甜菜播种量的多少应根据种子发芽率、种球大小、播种方式、土壤墒情而定。播种分条播和穴播2种，条播行距45~60厘米，播种量1~1.5千克/亩，播种深度2~4厘米，播后镇压；穴播行距50~60厘米，穴距20~25厘米，播种量0.5~1千克/亩。覆土2~3厘米。

饲用甜菜苗期生长缓慢，从播种到封垄需70~90天。为了提高土地利用率，在垄间可套种一茬速生青饲料，如蔬菜花缨萝卜等，每亩可增收4 000千克左右的青饲料。为了增加饲料，减少或避免与粮油作物争地，可利用春油菜、小麦等收后的短期休闲地移栽复种。

（3）田间管理。甜菜苗齐以后就要进行第1次中耕除草，同时疏苗。2~3片真叶时进行第 2 次中耕除草，同时间苗，一般每隔 7~8 厘米留苗 1 株。7~8 片叶时第 3 次中耕除草，同时定苗。饲料用甜菜株距 35~40 厘米，保苗（5~6.3）万株/亩。中耕之后要培土，土埋根茎，以减少“青顶子”。

甜菜喜肥喜水，除上足底肥外，在繁茂期和肉质根肥大生长期，要及时追肥和灌水。每次每亩追施硫酸铵 100~150 千克、尿素 70~85 千克、过磷酸钙200~300 千克。根旁深施，施后灌水。

饲料甜菜的主要病害为褐斑病、根腐病、立枯病等，主要虫害为象甲虫、地老虎、三叶草夜蛾。褐斑病可用 50%甲基托布津可湿性粉剂 800~1 000 倍液或禾本卡等药剂防治；根腐病、立枯病可用 50%福美双、70%土菌消等药剂，并结合轮作倒茬进行防治。地老虎可用 90%敌百虫 800~1 000 倍液灌根，三叶草夜蛾用 2.5%溴氰菊酯 2 000 倍液或久效磷 800~1 000 倍液喷洒。

（4）收获与储藏。饲用甜菜的叶和肉质根都是良好的青绿多汁饲料，要集中收回饲用。由于甜菜是以肉质块根为主产品，一般在根重和根中糖分达到最高水平时为收获适期。在当地气温下降到 5℃以下时，此时饲用甜菜的外部表现为外围变黄，生长趋于停止，株丛疏散，块根发脆。收获时要做到随起、随捡、随切割、随埋藏保管连续作业（饲用甜菜的收获一般在 10 月中下旬）。

甜菜在利用叶和块根的方法上各有不同。甜菜叶柔嫩多汁，香甜适口，要现收现喂或青贮，一般不提倡晒干饲喂。甜菜叶青贮比较普遍，是畜禽的上好饲料。甜菜块根可鲜喂，也可青贮。甜菜茎叶和肉质块根含糖量都高，青贮可获得带有浓厚酸甜水果香味的优良青贮饲料。通常切削好的块根和茎叶要及时作堆进行临时储藏。一般在收获时，挖深 30 厘米、直径 15~20 厘米的圆坑，或宽 1 米、长 5 米的坑。每坑储藏甜菜 1 米多高，3 吨左右，堆上覆土 20 厘米。青贮前晾晒 1~2 天，并将土清理干净，以利于提高青贮品质。甜菜青贮料适宜喂猪、牛、羊及其他动物。饲喂时可与糠麸等拌混喂给，饲喂过量会引起腹泻，如有冻块要化开后再喂。

留种母根的收藏，应选择 1~1.5 千克的小母根，没有破损，根冠完好的块根，进行窖藏。放置时一层块根撒一层湿土或沙土，温度应保持在 3~5℃。

3. 饲用价值 饲用甜菜是秋、冬、春三季很有价值的多汁饲料，它含有较高的糖分、矿物盐类及维生素等营养物质，其粗纤维含量低，易消化，是猪、鸡、奶牛的优良多汁饲料。饲用甜菜的产量很高，因栽培条件不同，产量差异很大。在一般栽培条件下，亩产根叶 5 000~7 500 千克，其中根量 3 000~5 000 千克。在水肥充足的情况下，每亩根叶产量可达 12 000~20 000 千克，其中根量 6 500~8 000 千克。饲用甜菜不论正茬或移栽复种，均比糖用甜菜产量高，从单位面积干物质计算，饲用甜菜比糖用甜菜产量低，但从饲用价值看，应以种植饲用甜菜为宜。因为饲用甜菜的含糖量仅为 6.4%~12.0%，可以避免由于饲料中含糖量高对家畜消化带来不良的影响。饲用甜菜的利用可以切碎生喂或熟喂，也可以打浆生喂，叶可青饲和青贮。

（七）胡萝卜

胡萝卜（甘荀）是伞形科胡萝卜属二年生草本植物。根呈球状或锥状，橘黄色、白色、黄色或紫色，以肉质根作蔬菜食用。新鲜胡萝卜甜脆，皮平滑而无污斑。亮橘黄色表示胡萝卜素含量高。原产阿富汗及邻近国家，我国普遍种植。

1. 生物学特性　胡萝卜喜温和冷凉气候，幼苗较耐寒，种子发芽的最低温度4~6℃，28~30 天发芽，18~25℃时 5 天即可发芽。幼苗能耐短期-5~-3℃低温。茎叶生长的适宜温度为 23~25℃，肉质根生长适温为 13~18℃，在此温度范围内，生长快，品质好。如果超过 25℃，肉质根的颜色较淡，末端尖，品质差，低于适温也生长发育不良。胡萝卜种子发芽及苗期需要适当的水分，才能保证出苗及幼苗生长发育，当根系充分发育后比较耐旱，在肉质根膨大时又需要较多水分，怕积水，不耐涝。胡萝卜适宜在土层深厚、富含有机质、排水良好的沙壤土种植，对土壤酸碱度适应性较强。胡萝卜为长日照作物，越冬后在 14 小时长光照下才能抽薹开花结实。

2. 栽培管理技术

（1）整地施肥。胡萝卜的根系入土深，适于肥沃疏松的沙壤土，并且在前茬作物收后，深耕 33 厘米左右，施足基肥。每亩施腐熟的底肥和稀薄的粪肥 2 500 千克，过磷酸钙 15~25 千克，草木灰 100 千克。如果仅用化肥，可每亩用硫酸铵 20 千克，过磷酸钙 30~35 千克，钾盐 25~30 千克，施肥后耕翻、耙细、整平。

（2）播种。胡萝卜种子的发芽率一般只有 70%左右，隔年的陈种发芽率降低到 65%以下，在露地播种常因缺苗而影响产量。因此，选用质量高的新种子，搓去刺毛，创造良好的发芽条件，是保证全苗、获得丰产的重要措施。如果先行浸种、催芽与低温处理再播种，可提早出苗 5~6 天而获得较高产量。方法是：在播种前 4 天，把搓去刺毛的种子用 40℃水泡 2 小时，沥去水后置于 20~25℃条件下催芽，当大部分种子发芽即可播种。

平畦撒播时可在作好的畦面上直接播种，播后覆土不可过深，一般 3~4 厘米。覆土要做到轻、浅、匀、遮，覆上后进行镇压（脚踩），浇水，并在上面覆盖遮阳物，保持土壤湿度及降低土温，也可以防止暴雨使土壤板结影响出苗。

（3）田间管理。播种后幼苗出土，此时气温较高，降雨也多，杂草生长较快，要结合间苗进行除草，使用除草剂较为理想，如用 25%除草醚，每亩用量 0.75~1 千克，先用少量水将药溶入，加水稀释到 120~200 倍，播后立即喷地表，先出土的杂草被杀死，也可用除草剂一号或扑草净等。间苗一般要进行 3 次，在苗高 3 厘米左右，1~2 片真叶时进行第一次间苗，苗距 3 厘米左右；苗高

10 厘米，3~4 片真叶时进行第二次间苗，苗距 6 厘米左右；具有 5~6 片真叶进行第三次间苗（定苗），苗距 12~15 厘米。要保证每亩有苗（3~3.5）万株左右。留苗形状以正方形为好，使胡萝卜的四面侧根都能平衡发展。结合间莆除草，条播的还要中耕松土；由于胡萝卜种子发芽出土比较困难，播后如果天气干旱或土壤干燥，必须适当浇水，并保持土壤经常湿润，土壤湿度维持在 60%~80%。叶生长盛期的后期，要适当控水蹲苗，以防止地上部徒长，肉质根生长盛期要注意浇水；胡萝卜以基肥为主，在生长过程中，还需适当追肥两到三次。第一次在出苗后 20~25 天，生有 3~4 片真叶后进行，每亩施硫酸铵 2.5~3 千克，过磷酸钙 3~3.5 千克，钾肥 1.5~2 千克；第二次在第一次后 20~25 天，于定苗后进行，每亩可施硫酸铵 7.2 千克，过磷酸钙 3~3.5 千克，钾肥 3~3.5 千克。

（4）收获。北方寒冷地区应在霜冻来临之前收获，以防受冻，不耐储藏。一般在胡萝卜心叶黄绿色，外叶稍有枯黄时，根已长成即可收获。南方能在露地越冬的，可随用随收。食用胡萝卜每亩产量为 3 000~4 000 千克，饲料胡萝卜亩产可达 5 000~7 500 千克，叶产量 1 000 千克。

3. 饲用价值 胡萝卜是营养价值较高的多汁饲料，各种畜禽均爱吃，还含有丰富的维生素和糖分，特别是含胡萝卜素较高，每千克根中含 112~180 毫克，胡萝卜素进入家畜体内后即可转化为维生素 A，供畜体利用。胡萝卜叶含蛋白质较高，也是优良的青饲料。胡萝卜柔嫩多汁适口性好，容易被畜禽吸收和消化，能促进幼畜正常生长，提高种畜的生产能力，有利于产仔、产蛋、产乳等，是冬、春季节重要的维生素来源，适合饲喂羊、兔、牛、猪等各种畜禽。一般都是切碎生喂，也可将根及叶青贮后利用，效果都很好。

（八）聚合草

聚合草（友谊草、爱国草、紫草）为丛生型多年生草本植物，高 30~90 厘米，全株被向下稍弧曲的硬毛和短伏毛。根发达、主根粗壮，淡紫褐色。茎数条，直立或斜升，有分枝。基生叶通常 50~80 片，最多可达 200 片，具长柄，叶片带状披针形、卵状披针形至卵形，长 30~60 厘米，宽 10~20 厘米，稍肉质，先端渐尖；茎中部和上部叶较小，无柄，基部下延。茎高 80~150 厘米。原产于苏联，我国四川、湖南、湖北、安徽、河北、山西、辽宁都有种植。

1. 生物学特性 聚合草耐寒、喜温暖湿润气候。根在土壤中可忍受一定程度的冬季低温，经过抗寒锻炼可忍受-30℃的低温，但越冬率还与土壤含水量有直接关系，如果遇到低温干旱年份，聚合草在我国北方的越冬率会大幅度降低。22~28℃条件下生长最快，低于 7℃时生长缓慢，低于 5℃时停止生长。聚合草需水量较多，当温度为 20℃以上，土壤持水量为 70%~80%时，生长最快，当土壤水分降到 30%左右时，生长缓慢。不耐水淹，在南方种植，如果雨季不能及时排水，会造成大片死亡。聚合草对土壤要求不严，除低洼和重盐碱地以外，一般土壤都能生长，土壤含盐量不能超过0.3%，pH值不超过8.0即可种植，最适于排水量好、土壤深厚、肥沃的壤土或沙质壤土。

2. 栽培管理技术

（1）选地与整地。聚合草是抗逆性和生长能力强的饲料植物，对土壤要求不严。栽培聚合草土地应尽量选择地势平坦、土层深厚的肥沃土壤，也可利用河堤、各类滩地、荒山荒坡、果园林下、四旁地等各类废弃地种植。聚合草生长快，产量高，刈割次数多，喜水喜肥，施肥后增产效果显著。各种农家肥、厩肥或圈肥均可施用，施用猪粪尿效果尤为显著。

（2）栽植。聚合草以无性繁殖为主，主要以切根繁殖。栽植的密度由种根品质、土壤肥力和管理水平决定。土壤肥力差，管理水平低的实行密植栽培，株行距为50厘米×40厘米，每亩保苗3 000~3 500株；土壤肥沃的地块，株行距为70厘米×50厘米或60厘米×50厘米，每亩保苗1 800~2 000株，其中以60厘米×50厘米产量为最高。

（3）切根繁殖方法。聚合草根营养丰富，再生能力强，切断根部能从顶端切口处形成层中产生新芽。凡直径在0.3厘米以上的主侧根、支根均可作根苗用。种根切段大小可根据种根数量确定，一般切段长度应在2厘米以上，如种根充足，根段可长些，即2~5厘米。根粗不小于0.8厘米，长5厘米以上的根，可垂直（即纵向）切成两瓣，直径1.5厘米以上的根可垂直切成四瓣或六瓣。

（4）采收。聚合草的饲用部分是叶和茎枝，每年可割4~5次，栽植当年可割取1~2次。利用目的不同，刈割时期也有差异。用作青饲料，聚合草现蕾期至开花期产量高，营养丰富，为收获适期。用作青贮或调制干草，应在干物质含量较高的盛花期刈割。收获过晚，茎叶变黄，茎秆变老，产量和品质均下降，也影响聚合草的生长和下一次刈割的产量，并减少刈割次数。收割过早，产量低，养分含量少，总干物质产量低，而且根部积累的营养物质少，影响其再生能力。割青还应按饲喂对象而定。聚合草的收割留茬高度对生长发育和产量影响较大，贴地割虽然产量高，但返青慢，后几茬产量低。留茬过高，损失浪费严重，一般留茬高5~6厘米。最后一次收割应在停止生长前30天完成，以便有足够的再生期，积累充足的养分，利于越冬芽形成，安全越冬。

3. 饲用价值　聚合草是优质高产的畜禽饲料植物，一次种植可连续利用20多年。产草量高，再生能力强。春、夏、秋三季可随割随长，一个生长季北方可刈割3~4次，南方可刈割4~6次。一般每茬鲜草产量4 000~5 000千克/亩，是我国各类牧草中高产的优质牧草品种；适口性好，消化率高。聚合草枝叶青嫩多汁，气味芳香，质地细软。青草经切碎或打浆后散发出清淡的黄瓜香味，兔、猪、牛、羊、家禽、草食性鱼均喜食，并可显著促进畜禽的生长发育；营养价值高。聚合草富含蛋白质和维生素，各种营养成分的含量都高于一般牧草。经检验，聚合草开花期鲜草干物质中含粗蛋白质 24.3%，粗脂肪 5.9%，粗纤维 10.1%。另外，它还含有大量的尿囊素和维生素 B_{12}，可预防和治疗畜禽肠炎，牲畜食后不拉稀。

聚合草可以青贮（富含糖类，是优良的青贮原料，切碎或打浆可调制成青贮料。聚合草既可以与玉米、甜高粱、高丹草、大麦、燕麦、苏丹草等青贮，也可以与甜菜叶、胡萝卜叶、甘蓝叶等农副产品混储，混储后能提高青贮料的适口性和营养价值。制成的青贮料具备酸、甜、香的味道，是难得的冬、春储备料。另外，聚合草青贮后，刚毛软化，毒性降低，可增强适口性）、打浆（摘选花期的叶片，经粉碎打浆后再加上半量的水，放置 8 小时后即成胶冻状，散发出黄瓜香味，与精料搭配后畜禽喜食）、调制干草（在花期刈割的鲜草，将茎叶分离，分别干燥，可人工干燥，也可自然干燥。如茎叶一起干燥，应在晴天先摊晒 3~4 小时，然后拢成条状或堆状，使其疏松，通风干燥 1~2 天，待水分降至符合要求时立即堆垛保存）、制草粉及颗粒饲料（叶期或花期刈割的鲜草，人工干燥后粉碎，制成浓绿而芳香的草粉，适合饲喂各种畜禽。也可与其他精料一起用黏结剂制成颗粒饲料）。

聚合草不宜单一长期饲喂，宜与其他饲料搭配饲喂，对刚断奶的幼畜一般用量以日粮的 10%~25%，肥育家畜以 30%~40%为宜。

第二节　牧草的加工

牧草除鲜喂外还可以加工处理后饲喂，加工处理的方法有青贮（见第八章第一节羊饲料原料的加工调制）和生产干草或干草粉。

一、干草的调制

天然或人工种植的牧草或饲料作物进行适时收割，经过自然或人工干燥，使之失水达到稳定保存的状态，所得的产品称为干草。优质的干草保持青绿的颜色，含水在 18%以下，含有丰富的畜禽生长所必需的各种营养素。优质干草含有家畜所必需的营养物质，是磷、钙、维生素的重要来源。干草中含粗蛋白质 10%~17%，可消化糖类 40%~60%。优质干草所含的蛋白质高于禾谷类籽实饲料。此外，还含有畜禽生产和繁殖所必需的各种氨基酸，在玉米等籽实饲料中加入富含各种氨基酸的干草或干草粉，可以提高籽实饲料中蛋白质的利用率。

在牧草生长旺季，饲草常常过剩，但在冬、春季饲草较为缺乏，特别是气温较低的年份，调制的干草就显得更为重要，一方面可以缓解牧草生长季节不平衡而造成的供应不稳定，另一方面可以提高牧草的饲用价值，便于运输和保存。

调制干草是鲜牧草加工的一个重要手段，采用不同的工艺手段得到的牧草其营养价值含量差别较大。有报道称，地面晒制的干草其可消化蛋白质损失在20%~50%，架上晒制的损失在15%~20%，机械烘干的损失只有5%。因此，在生产中根据现有的条件要尽量采用科学的工艺过程，以减少营养物质的损失。

1. 收割时期的确定　牧草收割是收获干草的一项重要生产环节，其作业质量不仅直接关系到当年收获干草的数量和品质，而且也间接影响到以后草地生产力水平的维持与提高。适时收割的牧草，由于干物质产量和可消化蛋白质含量高，饲喂家畜的后续产品产量也较高。目前，我国多数地区牧草，尤其是第二茬、第三茬牧草，由于受气候条件（如夏季多雨）影响、劳动力安排不当往往不能适时刈割，导致牧草营养物质损失严重，干草品质差，经济价值低。

（1）刈割期确定的原则。牧草在生长过程中，各个时期营养物质含量是不同的。牧草的幼嫩时期，生长旺盛，体内水分含量较多，而叶量丰富，粗蛋白质、胡萝卜素等含量多。相反，随着牧草的生长和生物量的增加，上述营养物质的含量明显减少，而粗纤维的含量则逐渐增加，牧草品质显著下降。确定牧草适宜刈割期应注意如下原则。

1）以单位面积内营养物质产量的最高时期或以单位面积内可消化总养分（TDN）的最高时期为标准。

2）有利于牧草的再生，有利于多年生或越年生（二年生）牧草的安全越冬和返青，并对翌年的产量和寿命无影响。

3）根据不同的利用目的来确定刈割期。如生产蛋白质、维生素含量高的苜蓿干草粉，应在孕蕾期进行刈割。虽然产量稍低一些，但可以从优质草粉的经济效益和商品价值方面予以补偿。若在开花期刈割，虽草粉产量较高，但草粉质量明显下降。

（2）不同类型牧草的收割期。

1）禾本科牧草适宜的刈割期。禾本科牧草在拔节至抽穗以前，叶多茎少，纤维素含量较低，质地柔软，蛋白质含量较高，但到后期茎叶比显著增大，蛋白质含量减少，纤维素含量增加，消化率降低。对多年生禾本科牧草而言，总的趋势是粗蛋白质、粗灰分的含量在抽穗前期较高，开花期开始下降，成熟期最低；而粗纤维的含量，从抽穗期至成熟期逐渐增加。从产草量上看，一般产量高峰出现在抽穗期至开花期，也就是说禾本科牧草在开花期内产量最高，而在孕穗抽穗期饲料价值最高。根据多年生禾本科牧草的营养动态，同时兼顾产量、再生性及翌年的生产力等因素，大多数多年生禾本科牧草在用于调制干草或青贮时，应在抽穗期至开花期刈割。秋季在停止生产前30天刈割。一年生禾本科牧草则依当年的营养和产量来决定，一般多在抽穗期刈割。

2）豆科牧草适宜的刈割期。豆科牧草富含蛋白质及维生素和矿物质，与禾本科牧草一样，豆科牧草也随着生物期的延长，粗蛋白质、胡萝卜素和必需氨基酸含量逐渐减少，粗纤维素显著增加。豆科牧草不同生育期的营养成分变化比禾本科更为明显。例如，开花期与孕蕾期刈割相比，粗蛋白质减少1/3～1/2，胡萝卜素减少1/2～5/6。豆科牧草生长发育过程中，所含必需氨基酸从孕蕾始期至盛花期几乎无变化，而后逐渐降低，衰老后，赖氨酸、蛋氨酸、精氨酸和色氨酸等减少1/3～1/2。豆科牧草叶片中的蛋白质含量较茎多，占整个植株蛋白质含量的60%～80%。因此，叶片的含量直接影响到豆科牧草的营养价值。豆科牧草的茎叶比随生育期而变化，在现蕾期叶片重量要比茎秆重量大，而至终花期则相反。因此，收获越晚，叶片损失越多，品质就越差，因而避免叶量损失也就成了晒制干草过程中需注意的头等问题。豆科牧草进入成熟期后，茎变得坚硬，木质化程度高，而且胶质含量高，不易干燥，但叶片薄而干得快，造成严重落叶现象。豆科牧草叶片的营养物质，尤其是蛋白质含量比其茎秆高1～2.5倍。因此，豆科牧草不应过晚刈割。

早春收割幼嫩的豆科牧草对其生长是有害的，会大幅度降低当年的产草量，并降低翌年的返青率。这是由于根中糖类含量低，同时根冠和根部在越冬过程中受损伤且不能得到很好的恢复所造成的。另外，北方地区豆科牧草最后一次的收割需在早霜来临前1个月进行，以保证越冬前其根部能积累足够的养分，保证安全越冬和翌年返青。综上所述，从豆科牧草产量、营养价值和有利于再生等情况综合考虑，豆科牧草的最适收割期应为现蕾盛期至始花期。

多年生豆科牧草，如苜蓿、沙打旺、草木樨等以现蕾期至初花期为最适刈割期，此时的总产量达到最高，对下茬生长无大影响。但个别牧草刈割期由于品种、气候及生产目的不同略有差异。如以收获维生素为主的牧草可适当早收。

3）其他科牧草也应根据该种牧草的营养状况、产量因素及对下一茬的影响来决定刈割时期，如菊科的串叶松香草、菊芋等以初花期为宜，而藜科的优地肤、驼绒藜以花期至结实期为宜。

2. 牧草干燥的原则　在干草调制过程中，根据牧草的养分和消化率的变化规律，在牧草干燥这一生产环节必须掌握以下几项基本原则。

（1）在干草调制过程中尽可能缩短牧草干燥时间，加快牧草干燥速度，以减少由于生理生化作用和氧化作用造成的损失，减少由雨淋、露水浸湿造成的干草腐烂。

（2）无论采用哪种干草调制方法，在干燥末期植物各部位的含水量应当力求均匀。

（3）牧草在干燥过程中应尽可能避免雨露打湿，并且不要在日光下长时间暴晒。新割的牧草受雨淋或露水浸湿时，干草的品质下降较少，如果晒干的草受雨淋、露水浸湿时，干草品质下降较大。受潮的干草应尽快重新干燥，受潮时间越长，营养物质的损失就越多。

（4）搂草、集草等生产环节应当在植物细嫩部位还未折断或折断不多时进行。

（5）牧草干燥不能只在草趟上或草垄上进行，而应先在草趟上使牧草凋萎，然后在草垄上，有时在草堆上完全干燥。但在干旱地区可不经过在草趟上干燥这一过程，刈割后可直接将牧草搂成草垄干燥。

3. 牧草干燥的方法　牧草干燥方法有自然干燥法和人工干燥法。

（1）自然干燥法。

1）地面干燥法。地面干燥法是目前生产中采用最广泛、最简单的方法。干草的营养物质变化及其损失在这种方法中最易发生。干草调制过程中的主要任务就是在最短的时间内达到干燥状态，采用地面干燥法干燥牧草的具体过程和时间随地区气候条件的不同也不完全一致。

牧草在刈割以后，先在草趟就地干燥 6~7 小时，应尽量摊晒均匀，并及时进行翻晒通风 1~2 次或多次，使牧草充分暴露在干燥的空气中，一般早晨割倒的牧草在 11 时左右翻晒最佳，如果再次翻晒以 13~14 时效果好，其后的翻晒效果不佳。含水 40%~50%（茎开始凋萎，叶子还柔软，不易脱落）时用搂草机搂成松散的草垄，使牧草在草垄上继续干燥 4~5 小时（叶子开始脱落以前），然后用集草器集成草堆，再经过 1~2 天干燥就可调制成干草。这种方法干燥速度快，可减少因植物细胞呼吸造成的养分损失。同时，后期接触阳光暴晒面积小，能更好地保存青草中的胡萝卜素，在堆内干燥，可适当发酵，形成一些酯类物质，使干草具有特殊的香味。

2）草架干燥法。在多雨地区用地面干燥法调制干草不易成功，可以在专门制造的干草架上进行干草调制。这种方法有利于通风，所以干燥速度相应加快，调制出的干草营养价值损失较小。草架可以随时搭建在田间，简单易行，适于农村单户或小规模牧草调制。据报道，田间地面晒制干草可消化粗蛋白的损失在 20%~50%，而架上晒制的损失只有 15%~20%。草架主要有独木架、三脚架、铁丝长架和棚架等。

用干草架进行牧草干燥时，首先把割下的牧草在地面干燥半天或 1 天，使其含水量降至 45%~50%，然后再用草叉将草上架。但遇雨时不用干燥可立即上架，堆放牧草时应自下而上逐层堆放，草的顶端朝里，同时应注意最低的一层应高出地面，不与地表接触，这样有利于通风，也避免与地表接触吸潮。在堆放完毕后应将草架两侧牧草整理平顺，这样遇雨时雨水可沿其侧面流至地表，减少雨水浸入草内。

3）发酵干燥法。在山区和林区，由于割草季节天气多雨，不能按照地面干燥法调制优良干草，则可采用发酵干燥法调制成棕色干草。其调制方法是，在晴天刈割牧草，按照用1~1.5天的时间使牧草在原地草趟上暴晒和经过翻转在草垄上干燥，使新鲜的牧草凋萎，当水分减少到50%时，再堆成3~6米高的草堆，堆堆时应好好踩踏，力求紧实，使凋萎牧草在草堆上发酵6~8周，同时产生高热，以不超过60℃为宜。堆放牧草水分由于受热而蒸发，逐渐干燥成棕色干草。

（2）人工干燥法。人工干燥法有常温鼓风干燥法和高温快速干燥法。

1）常温鼓风干燥法。为了保存牧草的叶片、嫩枝并减少干燥后期阳光暴晒对胡萝卜素的破坏，搂草、集草和打捆作业时，禾本科牧草含水量宜为35%~40%，豆科牧草在40%~50%时进行。

牧草的干燥可以在室外露天堆储场，也可以在干草棚中，棚内设有电风扇、吹风机、送风器和各种通风道，也可以在草垛上的一角安装吹风机、送风器，在垛内设通风道并借助送风的办法，对刈割后在地面预干到含水50%的牧草进行不加温干燥。这种方法在干草收获时期，白天、早晨和晚间的空气相对湿度低于75%，温度高于15℃时进行。

在干草棚中干燥是分层进行的，第一层草先堆1.5~2米高，经过3~4天干燥后，再堆上高1.5~2米的第二层草，如果条件允许，可继续堆第三层草，但总高度不超过4.5~5米。如果牧草的水分为40%左右，空气相对湿度为85%~90%，空气温度只有15℃，第一天当牧草水分超过40%时，就应该昼夜鼓风干燥。

当无雨时，人工干燥工作即应停止，但在持续不良的天气条件下，牧草可能发热，此时鼓风降温应继续进行。无论天气如何，每6~8小时鼓风降温1小时，草堆的温度不可超过40~42℃。

2）高温快速干燥法。将切碎的牧草置于烘干机中，通过高温空气使牧草迅速干燥。干燥时间的长短，取决于烘干机的种类、型号及工作状态，从几小时至几十分钟，甚至几秒钟，使牧草的含水量就由80%左右迅速下降到15%以下。这种方法干燥的牧草营养损失很小，一般营养损失不超过10%。但需要一定的设备投资和配套工艺技术。

4. 加快牧草干燥的方法　干草的调制过程，也是牧草营养物质损失的过程。加速干草调制过程，减少牧草干燥所用的时间，是降低营养物质损失、生产优质干草的重要方法之一。为了使牧草加快干燥和干燥均匀，在干草调制过程中需创造一些条件，使温度、空气湿度及空气的流动能更好地作用于牧草的干燥过程。

（1）适度翻晒。在刈割高产草地上的牧草时，割下的草常常摊晒极不均匀，造成牧草干燥速度快慢不一，干湿不均。所以在高产草地，在割草的同时翻动牧草，使摊晒均匀，或者也可在割草以后进行翻草。在调制干草过程中，翻动是最简单且应用最广泛的技术。翻动的目的是把草条反过来，把干草转移到比较干燥的地面使之增加空气流通。当牧草开始有些干燥后进行第二次翻草，此时牧草的干燥速度大大加快。翻草次数越多，牧草的干燥速度就越快，但是翻晒次数越多其叶的损失就越大，对豆科牧草应控制次数。最好只翻2~3次。最后一次翻草的含水量不少于40%，在叶还不易脱落和折断时进行。

（2）压裂茎秆。牧草干燥时间的长短，实际上取决于茎秆干燥所需时间。与叶相比，茎的干燥速度比叶要慢得多。当豆科牧草的叶和有些杂类草的叶干燥至含水5%~20%时，茎的水分为35%~40%，因此加快茎的干燥速度即可加快牧草的整个干燥过程。使用牧草压扁机压裂茎秆，破坏茎的角质层膜和维管束，使水分蒸发速度大为加快，茎的干燥速度大致能跟上叶的干燥速度。这样不仅能缩短牧草的干燥时间，而且能使植物各部分干燥均匀。

目前生产实践中开始推广使用割草和压裂同时进行的割草压扁机，此机的使用大大加快了牧草的干燥过程，有利于提高干草的质量和产量。

二、干草粉的加工和利用

以调制的干草粉碎做成草粉，是我国当前生产干草粉的主要途径。干草加工成草粉，有利于储存和运输，更重要的是草粉可以作为一种饲料原料直接用于畜禽全价配合饲料的生产。由于草粉制作的原料和工艺不同，其营养价值差别也较大，在畜禽的配合饲料中应用的比例也不尽相同。一般以优质的豆科和禾本科牧草为原料以人工干燥的方法制得的草粉质量较好，其中如果在生产中只选取豆科牧草的上部细嫩部分加工得到的草粉，其蛋白质、维生素含量高且粗纤维含量低，这种草粉在畜禽饲料中都可以大量使用。当前国际商品草粉中95%都是苜蓿草粉，这种草粉具有营养丰富、消化利用率高等优点。依据草粉的加工原料和生产工艺将草粉简单的分成两类。

1. 特种草粉　以优质豆科牧草，如苜蓿的幼嫩枝叶，调制而成的草粉，其蛋白质含量在25%以上，粗纤维在18%以下，维生素和矿物元素能高出一般草粉50%左右，可以作为畜禽的蛋白质、维生素补充料。以人工干燥方法制得的草粉，其营养价值更高一些。这种草粉克服了一般草粉纤维过高的缺陷，应用价值非常大，特别在病弱畜禽、幼畜、种用畜禽中应用能改善身体状况，增强免疫力，维持良好的繁殖性能，增加利用年限。

从目前我国的饲料资源，特别是蛋白质饲料资源的短缺状况来看，开发利用优质草粉具有广阔前景。尤其是苜蓿特种草粉可作为优质的蛋白质、维生素补充饲料，广泛用于各种畜禽的饲料配合，不仅能提供必需的营养素，而且在提高动物的免疫力、抗病力、种畜繁殖性能方面具有良好效果。苜蓿草粉又被称为功能性饲料。在配合饲料中应用苜蓿草粉，还可减少药物类添加剂的使用，对于提高畜产品的质量，改善品质具有不可替代的作用。因此，优质草粉的应用将成为我国畜牧业持续、健康发展的有力保障。

2. 一般草粉 优质牧草的全株采用自然或人工方法干燥后粉碎制得的草粉，称为一般草粉。这种草粉与特种草粉相比，可利用营养物质含量稍低一些，但这是现在生产中应用的主要类型。一般草粉可大量用于草食类畜禽饲料。

三、干草的储存

干草储存是牧草生产中的重要环节，可保证一年四季或丰年歉年干草的均衡供应，保持干草较高的营养价值，减少微生物对干草的分解作用。干草的合理储存是减少在储存过程中的营养物质损失，保证干草品质和安全的重要环节。

散干草的储存有露天储存和草棚储存。露天储存是当调制的干草水分含量达15%~18%时即可进行堆存，堆成长方形垛（一般宽4.5~5米，高6~6.5米，长不少于8米）和圆形垛（一般直径应4~5米，高6~6.5米）。为了防止干草与地面接触而变质，必须选择高燥的地方堆垛，草垛的下层用树干、秸秆或砖块等作底，厚度不少于25厘米。垛底周围挖排水沟，沟深20~30厘米，沟底宽20厘米，沟上宽40厘米。草棚储存是建造简单的干草棚，这样既能防雨雪、防潮，也能减少风吹、日晒、霜打和雨淋所造成的损失。在堆草时棚顶与干草应保持一定的距离，以便通风散热。干草捆的储存一般为露天堆垛，顶部加防护层或储存于干草棚中。

干草储存时注意：一是防止垛顶塌陷漏雨。干草堆垛后2~3周内，易发生塌顶现象，必须及时铺严封严，如长期储存，可用草泥封顶。二是草垛堆起后要用木栅栏围起，在四周挖防火道，注意做好防畜、防火、防水。三是防止干草发酵生热而自燃。

第十章 羊的饲养管理

第一节 种公羊的饲养管理

种公羊种用价值高，对后代影响大。俗话说："公羊好，好一坡；母羊好，好一窝。"对种公羊必须精心饲养管理，要求常年保持中上等膘情，健壮的体质、充沛的精力、旺盛的精液品质，可保证和提高种公羊的利用率。

一、种公羊的营养特点

种公羊的营养应维持在较高的水平，以使其常年精力充沛，维持中等以上的膘情。配种季节前后，应加强种公羊的营养，保持上等体况，使其性欲旺盛，配种能力强，精液品质好，充分发挥作用。种公羊精液中含高质量的蛋白质，绝大部分必须直接来自于饲料。因此，种公羊日粮中应有足量的优质蛋白质。另外，还要注意脂肪、维生素 A、维生素 E 及钙、磷等矿物质的补充，因为它们与精子活力和精液品质有关。秋、冬季节种公羊性欲比较旺盛，精液品质好；春、夏季节种公羊性欲减弱，食欲逐渐增强，这个阶段应有意识地加强种公羊的饲养，使其体况恢复，精力充沛。8 月下旬日照变短，种公羊性欲旺盛，若营养不良，则很难完成秋季配种任务。配种期种公羊性欲强烈，食欲下降，很难补充身体消耗，只有尽早加强饲养，才能保证配种季节种公羊的性欲旺盛，精液品质好，圆满地完成配种任务。

要求喂给种公羊的草料营养价值高，品质好，容易消化，适口性好。种公羊的草料应因地制宜，就地取材，力求多样化。

二、种公羊的饲养

1. 非配种期的饲养 种公羊非配种期的饲养以恢复和保持其良好的种用体况为目的。配种结束后，种公羊的体况都有不同程度的下降。为使种公羊体况很快恢复，在配种刚结束的 1~2 个月，种公羊的日粮应与配种期基本一致，但对日粮的组成可作适当调整，加大优质青干草或青绿多汁饲料的比例，并根据体况的恢复情况，逐渐转为饲喂非配种期的日粮。在我国，绵羊、山羊品种的繁殖季节大多集中在9~12月（秋季），非配种期较长。在冬季，种公羊的饲养保持较高的营养水平，既有利于其体况恢复，又能保证其安全越冬度春。要做到精粗料合理搭配，补喂适量青绿多汁饲料（或青贮料）。在精料中应补充一定的矿物质微量元素，每天混合精料的用量不低于0.5千克，优质干草2~3千克，种公羊在春、夏季有条件的地区应以放牧为主，每天补喂少量的混合精料和干草。

2. 配种期的饲养 种公羊在配种期内要消耗大量的养分和体力，因配种任务或采精次数不同，不同种公羊个体对营养的需要量相差很大。一般对于体重80~90千克的种公羊每天饲料定额如下：混合精料1.2~1.4千克，苜蓿干草或野干草2千克，胡萝卜0.5~1.5千克，食盐15~20克，骨粉5~10克，鱼粉或血粉5克。每天分2~3次给草料，饮水3~4次。每天放牧或运动约6小时。对于配种任务繁重的优秀种公羊，每天应补饲1.5~2.0千克的混合精料，并在日粮中增加部分动物性蛋白质饲料（如蚕蛹粉、鱼粉、血粉、肉骨粉、鸡蛋等），以保持其良好的精液品质。配种期种公羊的饲养管理要做到认真、细致，要经常观察羊的采食、饮水、运动及粪、尿排泄等情况。

在配种前1.5~2个月，逐渐调整种公羊的日粮，增加混合精料的比例，同时进行采精训练和精液品质检查。开始时每周采精检查1次，以后增至每周2次，并根据种公羊的体况和精液品质来调节日粮或增加运动。对精液稀薄的种公羊，应增加日粮中蛋白质饲料的比例；当精子活力差时，应加强种公羊的放牧和运动。采精次数要根据种公羊的年龄、体况和种用价值来确定。

在我国农区的大部分地区，羊的繁殖季节有的可表现为春、秋两季，有的可全年发情配种。因此，对种公羊全年均衡饲养较为重要。除搞好放牧、运动外，每天应补饲0.5~1.0千克混合精料和一定的优质干草。对舍饲饲养的种公羊每天应喂给混合精料1.2~1.5千克，青干草2千克左右，并注意矿物质和维生素的补充。

三、种公羊的管理

在管理上，种公羊要与母羊分群饲养，以避免系谱不清、乱交滥配、近亲繁殖等现象的发生，使种公羊保持良好的体质、旺盛的性欲及正常的采精配种能力。如长期拴系或配种季节长期不配种，种公羊会出现性情暴躁、顶人等恶癖，管理时应予以预防。

种公羊每天要保证充足的运动量，常年放牧条件下，应选择优良的天然牧场或人工草场放牧种公羊；舍饲羊场，在提供优质全价日粮的基础上，每天安排4~6小时的放牧运动，每天游走不少于2千米或运动6小时，并注意供给充足饮水。此外，种公羊配种采精要适度，一般1只种公羊即可承担30~50只母羊的配种任务。种公羊配种前 1~1.5 个月开始采精，同时检查精液品质。开始一周采精 1 次，以后增加到一周 2 次，到配种时每天可采 1~2 次，不要连续采精。对 1.5 岁的种公羊，一天内采精不宜超过 1~2 次，2.5 岁种公羊每天可采精 3~4 次。采精次数多的，其间要有休息，种公羊在采精前不宜吃得过饱。

第二节　母羊的饲养管理

母羊是羊群生产的基础，其生产性能的高低直接决定着羊群的生产水平，因而要给予良好的饲养管理，以保证顺利地完成配种、妊娠和哺乳过程，实现母羊多胎、多产，羔羊全活、全壮。

一、母羊的营养特点

根据生理状态不同，母羊一般分为空怀期、妊娠期或泌乳期。空怀期母羊所需的营养最少，不增重只需要维持营养。妊娠期的前 3 个月，胎儿的生长发育较慢，需要的营养物质稍多于空怀期。妊娠期的后 2 个月，由于身体内分泌机能发生变化，胎儿的生长发育加快，羔羊初生重的 80%~90%都是在母羊妊娠后期增加的，因此营养需要也随之增加。泌乳期要为羔羊提供乳汁，以满足哺乳期羔羊生长发育的营养需要，应在维持营养需要的基础上根据产奶量高低和产羔数多少给母羊增加一定量的营养物质，以保证羔羊正常地生长发育。

二、母羊的饲养管理

母羊数量多，个体差异大，必须根据母羊群体营养状况合理调整日粮，对少数体况较差的母羊，应单独组群饲养。对妊娠母羊和带仔母羊，要着重搞好妊娠后期和哺乳前期的饲养和管理。舍饲母羊饲粮中饲草和精料比以 7∶3 为宜，以防止过肥。体况好的母羊，在空怀期，只给一般质量的青干草，保持体况，钙的摄食量应适当限制，不宜喂给钙含量过高的饲料，以免诱发产褥热。如以青贮玉米作为基础日粮，则每天应喂给 60 千克体重的母羊 3~4 千克，过多会造成母羊过肥。妊娠前期可在空怀期的基础上增加少量的精料，每只每天的精料喂量约为 0.4 千克；妊娠后期至泌乳期每只每天的精料喂量约为 0.6 千克，精料中的蛋白质水平一般为 15%~18%。

（一）空怀期

空怀期饲养的重点是，迅速恢复母羊的体况，抓膘复壮，为下一个配种期做准备。饲养以青粗饲料为主，延长饲喂时间，每天喂 3 次，并适当补饲精料。空怀母羊这个时期已停止泌乳，但为了维持正常的消化、呼吸、循环及维持体况等生命活动，必须从饲料中吸收满足最低营养需要量的营养物质。空怀母羊每天需要的风干饲料为体重的2.4%~2.6%。同时，应抓紧放牧，使母羊尽快复壮，力争满膘迎接配种。为保证母羊在配种季节发情整齐，缩短配种期、增加排卵数和提高受胎率，在配种前2~3周，除保证青饲料的供给，适当喂盐，满足饮水外，还要对空怀母羊进行短期补饲，每只每天喂混合精料0.2~0.4千克，这样做有明显的催情效果。

（二）怀孕期

1. 怀孕前期 在怀孕期的前3个月内胎儿发育较慢，母羊所需养分不太多。对放牧羊群，除放牧外，视牧场情况做少量补饲。要求母羊保持良好的膘情。管理上要避免吃霜草或霉烂饲料，不使羊受惊猛跑，不饮冰水。

2. 怀孕后期 在怀孕后期的2个月中，胎儿生长很快，羔羊90%的初生重在此期间完成生长。因此，如在此期间营养供应不足，就会产生一系列不良后果，仅靠放牧一般难以满足母羊的营养需要。在母羊怀孕后期必须加强补饲，供给优质干草和精料，要注意蛋白质、钙、磷的补充。能量水平不宜过高，不要把母羊养得过肥，以免对胎儿造成不良影响。要注意保胎，出牧、归牧、饮水、补饲都要慢而稳，防止拥挤、滑跌，严防跳崖、跨沟，最好在较平坦的牧场上放牧和运动，羊舍要保持温暖、干燥、通风良好。

3. 产前、产后 产前、产后是母羊生产的关键时期，应给予优质干草舍饲，多喂些优质、易消化的多汁饲料，保持充足饮水。产前3~5天，对接羔棚舍、运动场、饲草架、饲槽、分娩栏要及时修理和清扫，并进行消毒。母羊进入产房后，圈舍要保持干燥，光线充足，能挡风御寒。母羊在产后1~7天应加强管理，一般应舍饲或在较近的优质草场上放牧。产后1周内，母仔合群饲养，保证羔羊吃到充足初乳。产后母羊应注意保暖防潮，预防感冒。产后1小时左右应给母羊饮温水，第一次饮水不宜过多，切勿让产后母羊喝冷水。

（三）泌乳期

产后母羊的泌乳量逐渐增加，产后4~6周达到高峰，14~16周开始下降。在泌乳前期，母羊通过迅速利用体储来维持产乳，对能量和蛋白质的需要量很高。泌乳前期是羔羊生长最快的时期，羔羊出生后的2周是次级毛囊继续发育的重要时期，在饲养管理上要设法提高母羊产奶量。在产后4~6周应增加母羊的精料补饲量，多喂多汁饲料。放牧时间由短到长，距离由近到远，保持圈舍清洁、干燥。在泌乳后期的2个月中，母羊的泌乳能力逐渐下降。即使增加补饲量，母羊也难以达到泌乳前期的产奶量。羔羊在此时已开始采食青草和饲料，对母乳的依赖程度减小。从3月龄起，母乳只能满足羔羊营养需要的5%~10%。此时，对母羊可取消补饲，转为完全放牧。在羔羊断奶的前1周，要减少母羊的多汁料、青贮饲料和精料喂量，以防发生乳腺炎。

第三节 羔羊的饲养管理

从初生到断奶（一般到2~4月龄断奶）的小羊称为羔羊。羔羊生长发育快、可塑性大，但羔羊体质较弱，缺乏免疫抗体，体温调节功能差，易发病。因此，合理地对羔羊进行科学饲养管理，既可促使羔羊发挥其遗传性能，又能加强羔羊对外界条件的同化和适应能力，有利于个体发育，提高生产力和羔羊成活率。长期生产实践中，人们总结出“一专”到底（固定专人管理羔羊），保证“四足”（奶、草、水、料充足），做到“两早”（早补料、早运动），加强“三关”（哺乳期、离乳期及第一个越冬期）的行之有效的饲养管理措施。

一、羔羊胚胎期的管理

羔羊的饲养管理从妊娠后期母羊的饲养管理开始。母羊妊娠后期为2个月，胎儿的增重明显加快，90%的出生重在此期间完成。只有母羊的营养状况良好，才能保证胚胎充分发育，羔羊的初生重大、体格健壮，母羊乳汁多、恋羔性强，最终保证羔羊以后发育良好。对怀孕的母羊，要根据膘情好坏、年龄大小、产期远近，对羊群作个别调整。母羊日粮在普通日粮的基础上能量饲料比例提高20%~30%，蛋白质饲料比例提高40%~60%，钙、磷比例增加1~2倍。

产前8周精料比例提高20%，产前6周精料比例提高25%~30%；妊娠后期，不要饲喂体积过大和含水量过高的饲料，产前1周要减少精料用量，避免胎儿过大引起难产。对那些体况差的母羊，要将其安排在草好、水足，有防暑、防寒设备的地方，放牧时间尽量延长，保证每天吃草时间不少于8小时，以利于增膘保膘，冬季饮水的温度不要过低，尽量减少热量的消耗，增强抗寒能力。对个别瘦弱的母羊，早、晚要加草添料，或者留圈饲养，使群内母羊的膘情大体趋于一致。这种母羊群的产羔管理比较容易，而且羔羊健壮、整齐。对舍饲的母羊，要备足草料，夏季羊舍应有防暑、降温及通风设施，冬季羊舍应利于保暖。另外，还应有适当运动场所供母羊及羔羊活动。产后哺乳母羊不能和妊娠羊同群管理和进行放牧运动，否则会影响产后哺乳母羊恋羔性，不利于羔羊的生长。这时应该单独组群放牧或分群舍饲，以免相互影响。

二、羔羊的饲养

（一）尽早吃好、吃饱初乳

母羊产后3~5天分泌的乳，奶质黏稠，营养丰富，称为初乳。初乳容易被羔羊消化吸收，是任何食物或人工乳都不能代替的食料。初乳含镁盐较多，镁离子有轻泻作用，能促进胎粪排出，防止便秘；初乳含较多的抗体、溶菌酶，还含有一种叫 K 抗原凝集素的物质，几乎能抵抗各品系大肠杆菌的侵袭。初生羔羊在出生后 30 分钟内应该保证吃到初乳，吃不到自己母亲初乳的羔羊，最好能吃上其他母羊的初乳，否则较难成活。初生羔羊，健壮者能自己吸吮乳，不用人工辅助；弱者或初产母羊、保姆性的母羊，需要人工辅助，即把母羊保定住，把羔羊推到乳房跟前，羔羊就会吸乳。辅助几次，它就会自己找母羊吃奶了。对于缺奶羔羊，最好为其找保姆羊，就是把羔羊寄养给死了羔或奶特别好的单羔母羊喂养。开始饲养员要帮助羔羊吃奶，先把保姆羊的奶汁或尿液抹在羔羊的头部和后躯，以混淆保姆羊的嗅觉，直到保姆羊奶羔为止。

（二）安排好吃奶时间

分娩后 3~7 天的母羊可以外出放牧或运动，羔羊留家。如果母羊早晨出牧，傍晚时归牧，会使羔羊严重饥饿。母羊归牧时，羔羊往往狂奔迎风吃热奶，羔羊饥饱不均，易发病。哺乳期安排：母、仔舍饲 15~20 天，然后白天羔羊在羊舍饲养，母羊出牧，中午回来奶一次羔。加上出牧前和归牧后一天喂奶 3 次。

（三）加强对缺奶羔羊的补饲和放牧

1. 补饲 对多羔母羊或泌乳量少的母羊的羔羊，由于母乳不能满足其营养的需要，应适当补饲。一般宜用牛奶或人工乳，在补饲时应严格掌握温度、喂量、次数、时间及卫生消毒。

一般从生后 15~20 天起训练羔羊吃草、吃料。这时，羔羊瘤胃微生物区系尚未形成，不能大量利用粗饲料，所以强调补饲高质量的蛋白质和纤维少、干净脆嫩的干草。把草捆成把子，挂在羊圈的栏杆上，让羔羊玩食。精料要磨碎，必要时炒香并混合适量的食盐和骨粉，以提高羔羊食欲。为了避免母羊抢吃，应为羔羊设补料栏。一般 15 日龄的羔羊每天补混合料 50~75 克，1~2 月龄 100 克，2~3 月龄 200 克，3~4 月龄 250 克，一个哺乳期（4 个月）每只羔羊需要补精料 10~15 千克。混合料以黑豆、黄豆、豆饼、玉米等为宜，干草以苜蓿干草、青野干草、花生蔓、甘薯蔓、豆秸、树叶等为宜。多汁饲料切成丝状，再和精料混合饲喂。羔羊补饲应该先喂精料，后喂粗料，而且应定时、定量饲喂，否则不易上膘。

2. 放牧 羔羊生后 15~30 天即可单独外出放牧和运动。放牧应结合牧地青草生长状况、牧地远近程度及羔羊体质的强弱考虑。一般首先在优良草地和近处放牧，随着羔羊日龄的增长，逐渐延长放牧时间和距离。目前我国有两种羔羊放牧形式。

第一种是母、仔合群放牧。母羊出牧时把羔羊带上，昼夜不离。这种方法适合于规模较小的羊群，且牧地较近，羔羊健壮，单羔者居多。优点是羔羊可以随时哺乳，放牧员可随时观察母、仔的活动状况。缺点是羔羊一般跟不上母羊，疲于奔跑；母羊恋羔，往往放牧时吃不饱。

第二种是母、仔分群放牧。羔羊单独组群放牧，可以任意调节放牧中的行进速度，羔羊不易疲劳，能安心吃草。但放牧地要远离母羊，以免母羊和羔羊相互咩叫，影响吃草，甚至出现混群。母、仔分群放牧往往造成羔羊哺乳间隔时间过长，一顿饱，一顿饥，同时也不利于建立母、仔感情。母羊归牧时往往急于奔跑、寻羔，要加以控制，然后母、仔合群。这时放牧员应检查母性不强的羊，这样的母羊乱奶羔、不奶羔，甚至不找羔，也要注意羔羊偷奶吃、不吃奶等现象。发现以上情况，应及时纠正，特别是帮助孤羔（或母羊）找到自己的母亲（或羔羊）。当大部分羔羊吃完奶后，可从羔羊分布和活动状况看出羔羊是否吃饱。吃饱的羔羊活蹦乱跳，精神百倍，或者静静地入睡。未吃饱的羔羊或是到处乱转，企图偷奶，或是不断围绕母羊做出想吃奶的动作。一般母、仔单独放牧，对羔羊以哺乳为主。

（三）无奶羔的人工喂养及人工乳的配制

人工喂养就是用牛奶、羊奶、奶粉或其他流动液体食物喂养缺奶的羔羊。用牛奶、羊奶喂羊，要尽量用新鲜奶。鲜奶味道及营养成分均好，病菌及杂质较少。用奶粉喂羔羊应该先用少量冷开水或温开水，把奶粉溶开，然后再加热水，使总加水量达到奶粉量的5~7倍。羔羊越小，胃越小，奶粉兑水的量应该越少。有条件的羊场应再加点植物油、鱼肝油、胡萝卜汁及多种维生素、多种微量元素、蛋白质等。其他流动液体食物是指豆浆、小米汤、代乳粉或市售婴幼儿米粉等，这些食物在饲喂以前应加少量的食盐及骨粉，有条件的可添加鱼肝油、胡萝卜汁和蛋黄等。

1. 人工喂养　人工喂养的训练方法是把配制好的人工奶放在小奶盆内（盆高8~10厘米），用清洁手指代替接触奶盆水面训练羔羊吸吮，一般经2~3天的训练，羔羊即会自行在奶盆内采食。人工喂养的关键技术是要搞好“定人、定温、定量、定时和讲究卫生”几个环节，才能把羔羊喂活、喂强壮。不论哪个环节出差错，都可能导致羔羊生病，特别是胃肠道疾病。即使不发病，羔羊的生长发育也会受到不同程度的影响。因此，从一定意义上讲，人工喂养是下策。

（1）定人。人工喂养中的“定人”，就是从始至终固定一专人喂养。这样可以使喂养人员熟悉羔羊的生活习性，掌握喂奶温度、喂量及羔羊食欲的变化、健康与否等。

（2）定温。“定温”是指要掌握好羔羊所食人工乳的温度。一般冬季喂1月龄内的羔羊，人工乳的温度应控制在35~41℃，夏季温度可略低些。随着羔羊日龄的增长，人工乳的温度可以降低些。没有温度计时，可以把奶瓶贴在脸上或眼皮上，感到不烫也不凉时就可以喂羔了。人工乳温度过高，不仅伤害羔羊，而且羔羊容易发生便秘；人工乳温度过低，羔羊往往容易发生消化不良、拉稀或胀气等。

（3）定量。“定量”是指每次喂量，掌握在七成饱的程度，切忌喂得过量。具体量是按羔羊体重或体格大小来定，一般全天给奶量相当于初生重的1/5为宜。喂粥或汤时，应根据浓稠度进行定量。全天喂量应略低于喂奶量标准，特别是最初喂粥的2~3天，先少给，待慢慢适应后再加量。羔羊健康、食欲良好时，每隔7~8天喂量比前期增加1/4~1/3；如果消化不良，应减少喂量，增大饮水量，并采取治疗措施。

（4）定时。“定时”是指固定喂料时间，尽可能不变动。初生羔羊每天应喂6次，每隔3~5小时喂1次，夜间可延长间隔时间或减少饲喂次数。10天以后每天喂4~5次，到羔羊吃草或吃料时，可减少到3~4次。

2. 人工乳配制 条件好的羊场或养羊户，可自行配制人工乳，喂给7~45日龄的羔羊。人工乳配方见表10-1。

表10-1 人工乳配方

序号	配方组成
1	羔羊出生后20日龄前，小麦粉50%、炒黄豆粉17%、脱脂奶粉10%、酵母4%、白糖4.5%、钙粉1.5%、食盐0.5%、微量元素添加剂0.5%（其配方可参照如下：硫酸铜0.8克、硫酸锌2克、碘化钾0.8克、硫酸锰0.4克、硫酸亚铁2克、氯化钴1.2克），鱼肝油1~2滴，加清水5~8倍搅匀，煮沸后冷至37℃左右代替奶水饲喂羔羊。羔羊20日龄后，玉米粉35%、小麦粉25%、豆饼粉15%、鱼粉12%、麸皮7%、酵母3%、钙粉2%、食盐0.5%、微量元素添加剂0.5%，混合后加水搅拌饲喂羔羊
2	代乳粉（代乳粉配方为大豆、花生、豆饼类、玉米面、可溶性粮食蒸馏物、磷酸氢钙、碳酸钙、碳酸钠、食盐和氧化镁。每千克代乳粉所含营养成分为水分12.0%，粗蛋白质25.0%，粗脂肪1.5%，无氮浸出物43.0%，粗灰分8.2%，粗纤维10.3%；维生素A 5万国际单位，维生素E 85毫克，烟酸50毫克，胆碱250毫克；钴1.6毫克，铁100毫克，碘2.5毫克，镁200毫克，铜33毫克，锌200毫克）30%，玉米面20%，麸皮10%，燕麦10%，大麦30%，按上述比例配成溶液喂给羔羊
3	面粉50%，乳糖24%，油脂20%，磷酸氢钙2%，食盐1%，特制料3%。将上述物品（不包括特制料）按比例标准（乳糖可用砂糖代替，油脂可用羊油、植物油各半），在热锅内炒制，使用时以1∶5的比例加入40℃开水调成糊状，然后加入3%的特制料（主要成分为氨基酸、多种维生素）。（新疆畜牧科学院研制的代乳品配制简单、经济，且饲喂效果与羊奶、牛奶相近）

三、羔羊寄养和分批哺乳

1. 羔羊寄养　母羊一胎多产羔羊（或母羊产后意外死亡），可将羔羊分一部分给产羔数少的母羊代养。为确保寄养成功，一般要求两只母羊的分娩日期相差在 5 天之内，两窝羔羊的个体体重相差不大。羔羊寄养宜在夜间进行，寄养前将两窝羔羊身上同时喷洒药水或乙醇等，或涂抹受寄养母羊的奶汁、尿液。

2. 分批哺乳　哺乳羔羊超过母羊的奶头数的，可将羔羊分成两组，轮流哺乳，将羔羊按大小、强弱分组。分批哺乳时，必须加强哺乳母羊的饲养管理，保证母羊中等偏上的营养水平，使母羊有充足的奶水。并做好对哺乳羔羊的早期补草引料工作，尽可能减轻母羊的哺乳负担，保证全窝羔羊均衡生长。

四、羔羊的管理

（一）保持适宜的环境条件

初生羔羊，特别是瘦弱母羊所生羔羊体质较弱，生活力差，调节体温的能力尚低，对疾病的抵抗力弱，保持良好的环境有利于羔羊的生长发育。羔羊周围的环境应该保持清洁、干燥，空气应新鲜又无贼风。羊舍内最好铺一些干净的垫草，室温保持在 5~10℃，不要有较大的变化。刚出生的羔羊，如果体质较弱，应安排在较温暖的羊舍或热炕上，但温度不能超过体温，等到羔羊能够吃奶、精神好转时，可逐渐降低室温直到羊舍的常温。喂羔羊奶人员喂奶之前应洗净双手。平时不要接触病羊，要尽量减少或避免致病因素，出现病羔应及时隔离，由单人分管。病羔、健康羔都由同一人管理时，应先哺喂健康羔，换上衣服再哺喂病羔。喂完病羔应马上清洗、消毒手臂，脱下的衣服单独放置，并用开水冲洗进行消毒。羔羊的胃肠功能还不健全，消化功能尚待完善，最容易“病从口入”，因此羔羊所食的奶类、豆浆、粥类及水源、草料等都应注意卫生。例如，奶类在喂前应加热到 62~64℃保持 30 分钟，或 80~85℃瞬间，可以杀死大部分病菌。粥类、米汤等在喂前必须煮沸，羔羊的奶瓶应保持清洁卫生，健康羔与病羔的奶瓶应分开用，喂完奶后随即清洗。

（二）加强运动

运动能增加食欲，增强体质，促进生长和减少疾病，从而为提高羔羊肉用性能奠定基础。随着羔羊日龄的增长，应将其赶到运动场附近的牧地上放牧，加强运动。

（三）搞好圈舍消毒

应严格执行消毒隔离制度。羔羊出生 7~10 天后，羔羊痢疾增多，主要原因是圈舍肮脏，潮湿拥挤，污染严重。这一时期要深入检查，包括食欲、精神状态及粪便，做到有病及时治疗。对羊舍及周围环境要严格消毒，隔离病羔，及时处理死羔及其污染物，控制传染源。

（四）断奶

发育正常的羔羊 2~3 月龄即可断奶。羔羊断奶多采用一次性断奶法，即将母、仔分开，不再合群。断奶后母羊移走，羔羊继续留在原羊舍饲养，尽量让羔羊保持原来的环境。断奶后，根据羔羊的性别、强弱、体格大小等因素，加强饲养，力求不因断奶影响羔羊的生长发育。羔羊断奶后的适应期为 5~7 天，应饲喂优质新鲜的牧草和豆科干草，并逐渐增加精料，适应期结束精料增加到 40%以上。断奶后开始每天饲喂 5~6 次，经过 3~7 天后每天饲喂 3~4 次，以后可改为自由采食。

第四节　育成羊的饲养管理

育成羊是指羔羊从断奶后到第一次配种的公、母羊，多在 3~18 月龄，其特点是生长发育较快，营养物质需要量大。如果此期营养不良，就会显著地影响到生长发育，从而形成个头小、体重轻、四肢高、胸窄、躯干浅的体型，同时还会使体型变弱、被毛稀疏且品质不良、性成熟和体成熟推迟、不能按时配种，而且会影响一生的生产性能，甚至失去种用价值。可以说育成羊是羊群的未来，其培育质量是羊群面貌能否尽快转变的关键。

一、育成羊的生长发育特点

（一）生长发育速度快

育成羊全身各系统均处于旺盛生长发育阶段，与骨骼生长发育关系密切的部位仍然继续增长，如体高、体长、胸宽、胸深增长迅速，头、腿、骨骼、肌肉发育也很快，体型发生明显的变化。

（二）瘤胃的发育更为迅速

6 月龄的育成羊，瘤胃容积增大，占胃总容积的 75%以上，接近成年羊的容积比。

（三）生殖器官的变化

一般育成母羊 6 月龄以后即可表现正常的发情，卵巢上出现成熟卵泡，达到性成熟。育成公羊具有产生正常精子的能力。育成羊 8 月龄左右接近体成熟，可以配种。育成羊开始配种的体重应达到成年羊体重的 65%~70%。

二、育成羊的选种

选择合适的育成羊留种是羊群质量提高的基础和重要手段，生产中经常在育成期对羊只进行挑选，把品种优良的、高产的、种用价值高的公羊和母羊选出来留作繁殖用，不符合要求的或使用不完的公羊则转为商品生产使用。生产中常用的选种方法是根据羊本身的体形外貌、生产成绩进行选择，辅以系谱审查和后裔测定。

三、育成羊的饲养管理

（一）合理分群

断乳以后，羔羊按性别、大小、强弱分群，加强补饲，按饲养标准采取不同的饲养方案，按月抽测体重，根据增重情况调整饲养方案。羔羊在断奶、组群放牧后，仍需继续补喂精料，补饲量要根据牧草情况决定。

（二）适当的精料水平

育成羊阶段仍需注意精料量，有优良豆科干草时，日粮中精料的粗蛋白质含量提高到15%或16%，混合精料中的能量水平应占总日粮能量的70%左右。混合精料日喂量以0.4千克为好，同时还要注意矿物质，如钙、磷和食盐的补给。育成公羊生长发育比育成母羊快，所以精料需要量多于育成母羊。

（三）合理的饲喂方法与饲养方式

饲料对育成羊的体型和生长发育影响很大，优良的干草、充足的运动是培育育成羊的关键。给育成羊饲喂大量优质的干草，不仅有利于消化器官的充分发育，而且可使育成羊体格高大，乳房发育明显，产奶多。充足的阳光照射和充分的运动可使其体壮胸宽，心肺发达，食欲旺盛。

（四）适时配种

一般育成母羊在8~10月龄，体重达到40千克或达到成年体重的65%以上时配种。育成母羊的发情不如经产母羊明显和规律，因此要加强发情鉴定，以免漏配。育成公羊须在12月龄以后，体重达60千克以上时再参加配种。

第五节　羔羊育肥期的饲养管理

从羔羊断奶至上市出栏的阶段是育肥期。近几十年来，国外对肉类的要求都由成畜肉转向幼畜肉。肥羔由于瘦肉多、脂肪少、肉质鲜嫩、易消化吸收、膻味少等优点而很受欢迎，所以育肥羊常采用羔羊育肥方法。

一、影响肉羊育肥效果的因素

（一）品种与类型

不同品种的肉羊增重的遗传潜力不一样。在相同的饲养管理条件下，优良品种可以获得较好的育肥效果。最适宜育肥的肉羊品种应具备早熟性好、体重大、生长速度快、繁殖率高、肉用性能好、抗病性强等特征。肉用绵、山羊品种如杜泊羊、萨福克羊、夏洛莱羊、波尔山羊及其改良羊，育肥效果通常好于本地绵羊、山羊品种。杂种羊的生长速度、饲料利用率往往超过双亲品种。因此，杂种羊的育肥效果较好。小型早熟羊比大型晚熟羊、肉用羊比乳用羊及其他类型的羊，能较早地结束生长期，及早进入育肥阶段。饲养这类羊不仅能提高出栏率，节约饲养成本，而且还能获得较高的屠宰率、净肉率和良好的肉品品质。

（二）年龄与性别

肉羊在 8 月龄前生长速度较快，尤其是断奶前和 5~6 月龄时生长速度最快。10 月龄以后生长逐渐减缓。因此，当年羔羊当年屠宰比较经济。如果继续饲养，生长速度明显减缓，而且胴体脂肪比例上升，肉质下降，养殖效益越来越差。

羊的性别也影响其育肥效果。一般来说，羔羊育肥速度最快的是公羊，其次是羯羊，最后为母羊。阉割影响羊的生长速度，但可使脂肪沉积率增强。母羊（尤其是成年母羊）易长脂肪。

（三）饲养管理

饲养管理是影响育肥效果的重要因素。良好的饲养管理条件不仅可以增加产肉量，还可以改善肉质。

1. 营养水平 同一品种羊在不同营养水平条件下饲养，其日增重会有一定差异。高营养水平的肉羊育肥，日增重可达 300 克以上；而低营养水平条件下的羊，日增重可能还不到 100 克。

2. 饲料类型 以饲喂青粗饲料为主的肉羊与以谷物等精料为主的肉羊相比，不仅肉羊日增重不一样，而且胴体品质也有较大差异。前者胴体肌肉所占比例高于后者，而脂肪比例则远低于后者。

（四）季节

羊最适生长的温度为 25~26℃，最适季节为春、秋季。天气太热或太冷都不利于羔羊育肥。气温高于 30℃时，绵羊、山羊自身代谢快，饲料报酬低。但对短毛型绵羊来说，如果夏季所处的环境温度不太高，其生长速度可达到最佳状态。

（五）疾病

疾病影响肉羊的育肥效果。

二、肉羊育肥的方式

（一）放牧肥育

放牧肥育是最经济、应用最为普遍的一种肥育方法。放牧育肥是利用天然草场、人工草场或秋茬地放牧，羊采食青绿饲料种类多，易获得全价营养。能满足羊生长发育的需要和达到放牧抓膘的目的。由于放牧增加了羊的运动量，并能接受阳光中紫外线照射和各种气候的锻炼，有利于羊的生长发育和健康。其优点是成本低和经济效益相对较高，缺点是常常要受到气候和草场等多种不稳定因素变化的干扰和影响，造成育肥效果不稳定和不理想。

把待育肥的羊，按年龄、体格、性别、体况分群，进行放牧肥育的准备。肥育前，先将不作种用的公羔及淘汰公羊去势，同时要驱虫、药浴和修蹄。肥育期一般在8~10月进行，此时牧草生长茂盛，营养丰富，气候适宜，羊只抓膘，肥育效果好。一般放牧抓膘60~120天。有条件的给予精料的适当补饲，成年肉羊可增重20%~40%，羔羊体重可成倍增长。

放牧育肥期的长短因羊类型不同而异。羯羊在夏场结束，淘汰母羊在秋场结束，中下膘情羊群和当年羔羊在放牧期之后适当补饲达到上市标准后结束。总之，放牧育肥不宜在春场和夏场初期结束。

（二）舍饲肥育

舍饲肥育是根据羊育肥前的状态，按照饲养标准和饲料营养价值配制羊的饲喂日粮，并完全在舍内喂养的一种育肥方式。与放牧育肥相比，在相同月龄屠宰的羔羊，活重可高10%，胴体重高20%，故舍饲育肥效果好，能提前上市。在市场需求的情况下，舍饲育肥可确保育肥羊在30~60天的育肥期内迅速达到上市标准，育肥期短。此方式适于饲草饲料丰富的农区。现代舍饲肥育主要用于羔羊生产，人工控制羊舍小气候，采用全价配合饲料，让羊自由采食、饮水，是我国农区充分、合理、科学有效地利用退耕种草优势及农作物秸秆和农副产品加工下脚料的一条好途径，可以优化农业产业结构，增加农民收入。

舍饲育肥羊的来源应以羔羊为主，其次来源于放牧育肥的羊群。如在雨季来临或旱年牧草生长不良时放牧育肥羊可转入舍饲育肥；当年羔羊放牧育肥一段时期，估计入冬前达不到上市标准的部分羊，也可转入舍饲育肥。

舍饲育肥羊日粮中精料可以占到日粮的45%~60%，随着精料比例的增高，育肥强度增大。加大精料喂量时，必须预防过食精料引起的肠毒血症和钙磷比例失调引起的尿结石症等；防止肠毒血症，主要靠注射疫苗；防止尿结石，在以各类饲料和棉籽饼为主的日粮中可将钙含量提高到0.5%的水平或加0.25%氯化铵，避免日粮中钙磷比例失调。

育肥圈舍要保持干燥、通风、安静和卫生，育肥期不宜过长，达到上市要求即可。舍饲育肥通常为75~100天，时间过短，育肥增重效果不显著；时间过长，饲料转化率低，育肥经济效益不理想。在良好的饲料条件下，育肥期一般可增重10~15千克。

（三）混合肥育

混合肥育有两种情况：一是在秋末冬初，牧草枯萎后，对放牧肥育后膘情仍不理想的羊，采用补饲精料、延长肥育时间，进行短期强化肥育30~40天，使其达到屠宰标准，提高胴体重和羊肉质量；二是由于草场质量或放牧条件差，仅靠放牧不能满足快速增长的营养需要，在放牧的同时，给肥育羊补饲一定数量的混合精料和优质青干草。

混合育肥较放牧育肥可缩短羊肉生产周期，增加肉羊出栏量和出肉量。混合育肥适用于生长强度较小及增重强度较慢的羔羊和周岁羊，育肥耗用时间较长，不符合现代肉羊短期快速育肥的要求；放牧育肥适用于生长强度较大和增重速度较快的羔羊，同样可以按要求实现强度直线育肥。

如果仅补草，应安排在放牧后；如果草、料都补，则可在放牧前补料，放牧后补草。精料每天每只喂量250~500克，粗料不限，自由采食，每天饮水2~3次。使日粮满足肥育羊的饲养标准要求，每千克日粮中含干物质0.87千克，消化能13.5兆焦，粗蛋白质12%~14%，可消化蛋白质106克。混合育肥可使育肥羊在整个育肥期内的增重比单纯依靠放牧育肥提高50%左右，而且所生产羊肉的味道也较好。因此，只要有一定的补饲条件，还是采用混合育肥方式效果更好。

上述三种育肥方式相比较，舍饲育肥增重效果一般高于混合育肥和放牧育肥。从单只羊经济效益分析，混合育肥、放牧育肥经济效益高于舍饲育肥，但从大规模集约化羔羊育肥角度讲，舍饲育肥的生产效率及经济效益比混合育肥和放牧育肥高。

三、育肥准备

（一）育肥进度和强度的确定

根据羊的品种类型、年龄、体格、体况等，制定育肥的进度和强度。绵羊羔羊育肥，一般细毛羔羊在8~8.5月龄结束，半细毛羔羊在7~7.5月龄结束，肉用羔羊6~7月龄结束。采用强度育肥6月龄羔羊，一般要求体重不小于35千克。采用强度育肥，可获得较好的增重效果，育肥期短；若采用放牧育肥，则需延长育肥期。

（二）饲养标准选择和育肥日粮的准备

由于育肥羊的品种类型、年龄、活重、膘情、健康状况不同，所以首先要根据育肥羊状况及计划日增重指标，确定合适的育肥日粮标准。例如，同为体重30千克的羔羊，由于其父本品种不同，则需要提供不同的能量和蛋白质水平。小型品种的羊育肥需要稍低量的蛋白质和较高的增重净能，大型品种的羔羊则与此相反。早断奶和断奶的羔羊也需要提供不同的营养水平。刚断奶的4月龄羔羊应比7月龄羔羊的饲养水平高些。如两类羔羊的育肥始重同为30千克，刚断奶的4月龄羔羊需要较多的精料和蛋白质，才能取得最大的日增重。

育肥日粮的组成应就地取材，同时搭配要多样化。精料用量可以占到日粮的

45%~60%。一般来讲，能量饲料是决定日粮成本的主要饲料，应以就地生产、就地取材为原则，配制日粮时应先计算粗饲料的能量水平满足日粮能量的程度，不足部分再由精料补充调整，日粮中蛋白质不足时，要首先考虑饼、粕类植物性高蛋白饲料，正常断乳羔羊和成年羊育肥日粮中也可添加适量的非蛋白氮饲料。

（三）育肥羊舍的准备

育肥羊舍应该通风良好、地面干燥、卫生清洁、夏挡强光、冬避风雪。圈舍地面上可铺少许垫草。羊舍面积按每只羔羊 0.75~0.95 平方米、大羊 1.1~1.5 平方米，保证育肥羊的运动、歇卧。饲槽长度应与羊数量相称，每只羊平均饲槽长度大羊为 40~50 厘米，羔羊 23~30 厘米；若为自动饲槽，长度可缩小为大羊 10~15 厘米；羔羊 2.5~5 厘米，避免由于饲槽长度不足，造成羊吃食拥挤，进食量不均，从而影响育肥效果。

（四）育肥羊进舍时的管理

育肥羊育肥前，自繁的羔羊要早补饲，可以加快羔羊生长速度，缩小单、双羔及出生稍晚羔羊体重差异，为以后提高育肥效果，尤其是缩短育肥期打好基础。育肥羊到达育肥舍当天，给予充足饮水和喂给少量干草，减少惊扰，让其安静休息。休息过后，应进行健康检查、驱虫、药浴、防疫注射和修蹄等，并将其按年龄、性别、体格大小、体质强弱状况等组群。对于育肥公羊，可根据其品种、年龄决定是否去势。早熟品种 8 月龄、晚熟品种 10 月龄以上的公羊和成年公羊应去势，这有利于育肥，并且所产羊肉不产生膻味。但是 6~8 月龄以下的公羊不必去势。不去势的公羔在断乳前的平均日增重比阉羔可高 18.6 克；断乳至 160 日龄左右出栏的平均日增重比阉羔高 77.18 克；从达到上市标准的日龄看，不去势公羔比阉羔少 15 天，但平均出栏重反而比阉羔高 2.27 千克，羊肉的味道却没有差别。育肥开始后，要注意对各组羊的体况、健康状况及增重进行观察，及时调整日粮和饲养方法。最初 2~3 周要勤观察羊只表现，及时挑出伤、病、弱羊，给予治疗和改善环境。

四、育肥期的饲喂及饮水

一般每天饲喂两次，每次投料量以羊 30~45 分钟内能吃完为准。量不够要添，量过多要清扫。饲料一旦出现发霉或变质则不宜饲喂。饲料变换时要有个过渡时期，不能在 1~2 天内改喂新换饲料。精饲料间的变换，应以新旧搭配，逐渐加大新饲料比例，3~5 天内全部换完。粗饲料换成精饲料，应以精料增加先少后多，逐渐增加的方法，10 天左右换完。用作育肥羊日粮的饲料可以草、料分开喂，也可精、粗饲料混合喂。由精、粗饲料混合而成的日粮，品质一致，不易挑拣，故饲喂效果较好，这种日粮可以做成粉粒状或颗粒状。粉粒饲料中的粗饲料要适当粉碎，粒径 1~1.5 厘米，饲喂时应适当拌湿。颗粒饲料制作粒径大小为：羔羊 1.0~1.3 厘米，大羊 1.8~2.0 厘米。羊采食颗粒饲料，可增大采食量，日增重提高 25%，减少饲料浪费，但易出现反刍次数减少而吃垫草或啃木桩等现象，胃壁增厚，不影响育肥效果。

育肥羊必须保证有足够的清洁饮水。多饮水有助于减少消化道疾病、肠毒血症和尿结石的发生率，同时可获得较高的增重。每只羊每天的饮水量随气温而变化，通常在气温 12℃时为 1.0 千克，15~20℃时为 1.2 千克，20℃以上时为 1.5 千克。饮水夏季要防晒，冬季防冻，雪水或冰水应禁止饮用。定期清洗消毒饮水设备。

育肥期间不能在饲料中添加镇静剂、激素类等违禁药物。肉羊育肥后期使用药物治疗时，应根据所用药物执行休药期。

五、育肥技术

羔羊早期育肥包括 45 日龄羔羊断奶全精料育肥和断乳羔羊育肥两种方法。羔羊早期育肥时，为了预防羔羊疾病，常用一些抗生素添加剂，但要添加允许使用的肉羊饲料添加剂，并在出栏前按停药期规定停药，不使用国家禁用的饲料添加剂和饲料药物添加剂。

（一）45 日龄羔羊断奶全精料育肥

羔羊早期（3 月龄以前）的主要特点是生长发育快，胴体组成部分的重量增加大于非胴体部分（如头、蹄、毛、内脏等），脂肪沉积少。消化系统的特点是瘤胃发育不完全，消化方式与单胃家畜相似。羔羊所吸吮乳汁不经瘤胃作用而由食道沟直接流入真胃被消化利用；补饲固体饲料，特别是整粒玉米通过瘤胃被破碎后进入真胃，然后转化成葡萄糖被吸收，饲料利用率高。而发育完全的瘤胃，微生物活动增强，对摄入的玉米经发酵后转化成挥发性脂肪酸，这些脂肪酸只有部分被吸收，转化率明显低于瘤胃发育不全时。因此，采用 45 日龄早期断奶全精料育肥能获得较高屠宰率、饲料报酬和日增重。45 日龄羔羊体重在 10.5 千克时断奶，育肥 50 天，平均日增重 280 克，育肥终重达 25~30 千克，料重比为 3:1。

日粮配制可选用任何一种谷物饲料，但效果最好的是玉米等高能量饲料。谷物饲料不需破碎，其效果优于破碎谷粒，主要表现在饲料转化率高和胃肠病少。使用配合饲料则优于单喂某一种谷物饲料。较佳饲料配合比例为：整粒玉米 83%，黄豆饼 15%，石灰石粉 1.4%，食盐 0.5%，维生素和微量元素 0.1%。其中，维生素和微量元素的添加量按千克饲料计算为维生素 A、维生素 D、维生素 E 分别是 500 国际单位、1 000 国际单位和 20 国际单位；硫酸锌 150 毫克，硫酸锰 80 毫克，氧化镁 200 毫克，硫酸钴 5 毫克，碘酸钾 1 毫克。改用其他油饼类饲料代替黄豆饼时，日粮中钙磷比例可能失调，应注意防止尿结石。

饲喂方式采用自由采食，自由饮水。饲料投给最好采用自动饲槽，以防止羔羊四肢踩入槽内，造成饲料污染而降低饲料摄入量和扩大球虫病与其他病菌的传播；饲槽离地面高度应随羔羊日龄增长而提高，以饲槽内饲料不堆积或不溢出为宜。如发现某些羔羊啃食圈墙时，应在运动场内添设盐槽，槽内放入食盐或食盐加等量的石灰石粉，让羔羊自由采食。饮水器或水槽内始终保持清洁的饮水。

管理技术上应注意以下几个方面：第一，羔羊断奶前半月龄实行补饲。第二，断奶前补饲的饲料应与断奶育肥饲料相同。玉米粒在刚补饲时稍加破碎，待习惯后则喂以整粒，羔羊在采食整粒玉米的初期，有吐出玉米粒现象，反刍次数也较少，随着羔羊日龄增加，吐玉米粒现象逐渐消失，反刍次数增加，此属正常现象，不影响育肥效果。第三，羔羊育肥期间常见的传染病是肠毒血症和出血性败血症。肠毒血症疫苗可在产羔前给母羊注射或断奶前给羔羊注射，一般情况下，也可以在育肥开始前注射羊快疫、羊猝疽和羊肠毒血症三联疫苗。第四，育肥期一般为50～60天，其长短主要取决于育肥终体重，而终体重又与品种类型和育肥初重有关，如大型品种羔羊3月龄育肥终重可达到35千克以上；一般细毛羔羊和非肉用品种育肥50天可达到25～30千克（断奶重小于12千克时，育肥终重25千克左右；断奶重在13～15千克时，育肥终重达30千克以上）。

哺乳羔羊育肥，也同样着眼于羔羊3月龄出栏上市，但不提前断奶，只是隔栏补饲水平提高，到时从大群中挑出达到屠宰体重的羔羊（25～27千克）出栏上市，达不到者断奶后仍可转入一般羊群继续饲养。其目的是利用母羊的全年繁殖，安排秋季和冬季产羔，以便节日（元旦、春节等）时供应特需的羔羊肉。

哺乳羔羊育肥基本上以舍饲为主，从羔羊中挑选体格大、早熟性好的公羔作为育肥对象。为了提高育肥效果，母子同时加强饲喂，要求母羊母性好、泌乳多，哺乳期间每天喂给足量的优质豆科干草，另加0.5千克精料。羔羊要求及早开食，每天喂2次，饲料以谷粒饲料为主，搭配适当黄豆饼，配方同1.5月龄早期断奶育肥羯羊，每次喂量以20分钟内吃完为宜。另加上等苜蓿干草由羔羊自由采食，干草品质差时，每只羔羊日粮中应添加50～100克蛋白质饲料。到了3月龄，活重达到标准者出栏上市。

（二）断乳羔羊育肥

断乳羔羊育肥是羊肉生产的主要形式，因为断乳羔羊除部分被选留到后备群外，大部分需出售处理。一般情况下，体重小或体况差的进行适度育肥，体重大或体况好的进行强度育肥，均可进一步提高经济效益。各地可根据当地草场状况和羔羊类型选择适宜的育肥方式。采用舍饲育肥或混合育肥后期的圈舍育肥，通常在入圈舍育肥之前先利用一个时期的较好牧草地或农田茬地，使羔羊逐渐适应饲料转换过程，同时也可降低育肥饲料成本。

1. 饲养哺乳羔羊　健壮羔羊是育肥的基础。因此，羔羊出生后要及时吃足初乳，对多胎羔羊和母羊死亡的羔羊要实行人工哺乳，配方为：面粉50%、糖24%、油脂20%、磷酸氢钙2%、食盐1%、黄豆粉3%。可用瓶喂或盆喂，饲喂要定时、定温、定质和定量。7 日龄开始用嫩青草诱食。15 日龄加强补饲，配方为：干草粉 30%、麦秸 44%、精料 25%、食盐 1%。30 日龄后以放牧为主，补足精料。加强运动，强化管理。羔羊 3~4 月龄断乳即可育肥。羊对精料质量反应很敏感，不能喂发霉或发酵的饲料。

2. 断奶时间 断乳时间可根据开食情况掌握，应在其可食 70~80 克精料时断乳，为了减少羔羊转群时的应激反应，在羔羊转出之前应先集中暂停给水给草，空腹一夜，第二天装车运出，运出时速度要快，尽量少延误时间，到肥育地后的当天不要喂饲，只饮水和给少量干草让羊安静休息，避免惊扰，然后再进行称重、注射四联疫苗和灌驱虫药等。

3. 育肥前准备 羔羊出生后 1~3 周内均可断尾，但以 2~7 天最理想。选择晴天的早晨进行，可采用胶筋、烧烙或快刀等断尾方法，创面用 5% 碘酒消毒。去势可与断尾同时进行，采用手术或胶筋等方法。驱虫健胃，按羊每 5 千克体重用虫星粉剂 5 克或虫克星胶囊 0.2 粒，口服或拌料喂服，或用左旋咪唑、苯丙咪唑驱虫。驱虫后 3 天每次用健胃散 25 克，酵母片 5~10 片，拌料饲喂，连用2 次。

4. 预饲过渡期管理 育肥开始后，不论采用何种肥育方式都要有预饲过渡期。预饲过渡期在适度育肥时为两个阶段：第一阶段 1~3 天，只喂干草，让其适应新环境；第二阶段 7~10 天，给予 70% 干草、25% 玉米粒、4% 豆饼、1% 食盐。强度育肥羔羊预饲过渡期大致分为三个阶段：第一阶段 1~3 天，只喂干草，让羔羊适应新环境；第二阶段 7~10 天，参考日粮为玉米粒 25%、干草 64%、糖蜜 5%、豆饼 5%、食盐 1%；第三阶段为 10~14 天，参考日粮为玉米粒 39%、干草 50%、糖蜜 5%、豆饼 5%、食盐 1%、抗生素 35 毫克。以上日粮每天喂 2 次，投料以能在 40 分钟内食完为好。另外，还可根据各地不同资源自行调整。

5. 育肥期管理

（1）舍饲育肥。舍饲育肥不但可以提高育肥速度和出栏率，而且可保证市场羊肉的均衡供应。适用于无放牧场所、农作物副产品较多、饲料条件较好的地区。春、夏、秋季在有遮阳棚的院内或围栏内，秋末至春初寒冷季节在暖舍或塑料棚内喂养。舍饲育肥为密集式，包括饲喂场地、通道，每只羊应占 1.2 平方米的面积。冬暖夏凉、空气新鲜、地面干爽。有充足的精、粗饲料储备，最好有专用的饲料地。

每天饲喂 3 次，夜间加喂 1 次。夏、秋季饮井水，冬、春季饮温水。饲喂顺序是：先草后料，先料后水。早饱，晚适中，饲草搭配多样化，禁喂发霉变质饲料。干草要切短。羊减食时每只喂干酵母 4~6 片。

配方 1：玉米粉、草粉、豆饼各 21.5%，玉米 17%，花生饼 10.3%，麦麸 6.9%，食盐 0.7%，尿素 0.3%，添加剂 0.3%。前 20 天每只羊日喂精料 350 克，以后20天每只400克，再20天每只450克，粗料不限量，适量青料。

配方2：玉米66%，豆饼22%，麦麸8%，骨粉1%，细贝壳粉0.5%，食盐1.5%，尿素1%，添加含硒微量元素和维生素 AD_3 粉。混合精料与草料配合饲喂，其比例为60∶40。一般羊4~5月龄时每天喂精料0.8~0.9千克，5~6月龄时喂1.2~1.4千克，6~7月龄时喂1.6千克。

（2）放牧加补饲育肥。在草场条件不够理想的地区，多采用这种育肥方式。首先要延长放牧时间，尽量使羊只吃饱、饮足。归牧后再补给混合精料。采取放牧为主，补饲为辅，降低饲养成本，充分利用草场。

参考配方1：玉米粉26%，麦麸7%，棉籽饼7%，酒糟48%，草粉10%，食盐1%，尿素0.6%，添加剂0.4%。混合均匀后，羊每天傍晚补饲300克左右。

参考配方2：玉米70%，豆饼28%，食盐2%。日补饲0.3~0.5千克，上午补给总量的30%，晚间补给70%。饲喂方法是加粗饲料（草粉、地瓜秧、花生秧粉）15%，混匀拌湿，槽饲。

遇到雨雪天气不能出牧时，粗饲料以秸秆微储为主。在枯草期除补饲秸秆微储外，还要在混合精料中另加5%~10%的麦麸及适量的微量元素和维生素 AD_3 粉。有条件的还要喂些胡萝卜、南瓜等多汁饲料。入冬气温低于4℃时，夜间应进入保温圈、棚内。

6. 增重剂的使用　①育肥复合饲料添加剂。每只羊每天2.5~3.3克混合饲喂，适于生长期和育肥期。②莫能菌素。每千克日粮中添加25~30毫克，均匀混入饲料中饲喂。③杆菌肽锌。每千克混合饲料中添加10~20毫克，混均喂羔羊。④喹乙醇。每千克日粮添加50~80毫克混料饲喂。⑤牛羊乐（又名磷酸脲）。每只羊每天添加10克饲喂。⑥尿素。在日粮中添加1.5%~2%的饲喂量，忌溶于水中或单独饲喂，防止中毒。中毒者可用20%~30%的糖水或0.5%的食醋解救。

7. 精心管理　要求羊舍地势干燥，向阳避风，建成塑料大棚暖圈，高度1.5米左右，每只羊占地面积0.8~1.2平方米。保持圈舍冬暖夏凉，通风流畅。勤扫羊舍，地面洁净。育肥前要对圈舍、墙壁、地面及舍外环境等严格消毒。大小羊要分圈饲养，易于管理育肥。定期给羊注射羊炭疽、羊快疫、羊痘、羊肠毒血症等四联疫苗免疫。经常刷拭羊体，保持皮肤洁净。随时观察羊体健康状况，发现异常及时隔离诊断治疗。

第六节　成年羊育肥期的饲养管理

一、选羊

成年羊育肥一般采用淘汰老、弱、乏、瘦及失去繁殖功能的羊进行育肥，还有少量的去势公羊进行育肥。选羊要选购个体高大、精神、无病、灵活、毛色光亮的羊，价格适中，无传染病即可。

二、驱虫

寄生虫不但能消耗羊的大量营养，而且还分泌毒素，破坏羊只消化、呼吸和循环系统的生理功能，对羊只的危害是严重的，在羊育肥之前应首先进行驱虫，用高效驱虫药左旋咪唑每千克体重8毫克兑水溶化，配制成5%的水溶液作肌内注射，能驱除羊体内多种圆虫和线虫，同时用硫双二氯酚按每千克体重80毫克，加少许面粉兑水250毫升喂料前空腹灌服，能驱除羊肝片吸虫和绦虫，这就避免了羊只额外的损失，对快速育肥和减少饲草料损耗十分重要。羊只健胃一般采用人工盐和大黄苏打进行，驱虫、健胃在反刍动物中意义很大，要注意用药剂量，否则造成无效或中毒死亡。

三、饲喂

精料配方：玉米粉50%，胡麻饼30%，糠9%，麸皮10%，盐1%；或玉米55%，油饼35%，麸皮8%，盐、尿素各1%溶于水。冬季可用胡萝卜、甜菜渣来饲喂。将购进羊按大小分圈进行驱虫、健胃后，减少其活动量，一般每天喂精料0.7千克左右，育肥50天即可出栏。平均日增重达到250克左右。

四、管理

（一）分群

挑选出来的羊应按体重大小和体质状况分群，一般把相近情况的羊放在同一群育肥，避免因强弱争食造成较大的个体差异。

（二）入圈前的准备

对待育肥羊只注射肠毒血症三联疫苗和驱虫。同时在圈内设置足够的水槽和料槽，并进行环境（羊舍及运动场）清洁与消毒。

（三）选择最优配方配制日粮

选好日粮配方后严格按比例称量配制日粮。为提高育肥效益，应充分利用天然牧草、秸秆、树叶、农副产品及各种下脚料，扩大饲料来源。合理利用尿素及各种添加剂（如育肥素、喹乙醇、玉米赤霉醇等）。据资料报道，成年羊日粮中，尿素可占到2%，矿物质和维生素可占到3%。

（四）安排合理的饲喂制度

成年羊只日粮的日喂量依配方不同而有差异，一般为2.5~2.7千克。每天投料两次，日喂量的分配与调整以饲槽内基本不剩为标准。喂颗粒饲料时，最好采用自动饲槽投料，雨天不宜在敞圈饲喂，午后应适当喂些青干草（每只0.25

千克），以利于反刍。

第七节　羊的放牧技术

羊合群性好，自由采食能力、游走能力好，是以放牧为主的草食家畜。羊放牧饲养的优点：一是能充分利用天然的植物资源，降低生产成本；二是能增加运动量，保持羊体健康；三是合理放牧能促进草场植被的生长和更新，提高草场生产能力，维护生态平衡。因此，在我国的广大牧区和农牧交错地区，放牧饲养一直是这些地区主要的饲养方式。放牧饲养要遵循以草定畜的原则，在羊草相对平衡的前提下，合理地保护和利用草场资源，科学地使用放牧的方法和技术，有计划地组织放牧，就可获得良好的效果。

一、放牧羊群的分群及规模

合理组织羊群是科学放牧饲养绵羊、山羊的重要环节。在实际生产中，要合理地选留和淘汰羊只，这对科学利用和保护草场，经济利用劳动力和设备，有效提高羊群生产力等方面有重要意义。羊群的规模应根据羊只的具体数量、羊别（绵羊与山羊）、品种、性别、年龄、体质强弱和放牧场的地形地貌而定。羊数量较多时，同一品种可分为种公羊群、试情公羊群、成年母羊群、育成公羊群、育成母羊群、羯羊群和核心母羊群等；在数量较多的成年母羊群和育成母羊群中，还可按级组成等级羊群。羊数量较少时，应将种公羊单独组群，母羊可分成繁殖母羊群和淘汰母羊群。为确保种公羊群、育种核心群、繁殖母羊群能安全越冬度春，每年秋末冬初时，应根据冬季放牧场的载畜能力、饲草饲料储备情况和羊的营养需要，对老龄和瘦弱及品质较差的羊只进行淘汰，并进行整群，以缩小饲养规模，减轻草场压力。

我国放牧羊群的规模因牧场的不同而不同。牧区的繁殖母羊群以250~500只为宜，半农半牧区以100~150只为宜，山区以50~100只为宜，农区以30~50只为宜；育成公羊和育成母羊可适当增加，核心群母羊可适当减少；成年种公羊以20~30只、后备种公羊以40~60只为宜。

二、羊的放牧方式

放牧方式是指对牧场的利用方式。目前，我国的放牧方式则分为固定放牧、围栏放牧、季节轮牧和划区轮牧四种方式。

1. 固定放牧　固定放牧是羊群一年四季在一个特定区域内放牧采食。这是一种原始的放牧方式，对草场利用与保护不利，载畜量低，单位草场面积提供的畜产品数量少，这是一种被逐渐淘汰的放牧方式。

2. 围栏放牧 围栏放牧是根据地形把放牧场围起来，在一个栏内，根据牧草生长情况和羊的营养需要，科学安排一定数量羊只进行放牧。此方式能固定草场使用权，对合理利用和保护草场有重要作用。据报道，实施围栏放牧，可提高围栏内产草量17%~65%，草的质量也有明显提高。

3. 季节轮牧 季节轮牧是根据四季划分，按季节轮流放牧。这是我国牧区目前采用较多的放牧方式。它能较合理地利用草场，提高放牧效果。为了防止草场退化，可安排休闲牧地，以利于牧草恢复生机。

4. 划区轮牧 划区轮牧是在划定季节牧场基础上，根据牧草的生长、草地生产力、羊群对营养的需要和寄生虫的侵袭动态等，将牧地划分为若干个小区，羊群按一定的顺序在小区内进行轮回放牧。划区轮牧是一种先进的放牧方式。其优点：第一，能合理利用和保护草场，提高草场载畜量，据新疆泥泉种羊场试验，划区轮牧与传统放牧方式相比，牧草的利用率可提高20%~30%；第二，划区轮牧将羊群控制在小区范围内，减少了游走所消耗的热能，增重加快，与传统放牧方式相比，平均日增重春、夏、秋、冬分别高13. 42%、16. 25%、52. 53%、100%；第三，能控制内寄生虫感染，羊体内寄生虫卵随粪便排出，约经6天发育成幼虫，便可感染羊群，根据资料记载，羊群只要在某一小区放牧时间限制在6天以内，就可减少内寄生虫的感染。

三、放牧的基本要求

（一）三勤、四稳

“三勤”就是腿勤、手勤、嘴勤；“四稳”就是出入圈稳、放牧稳、走路稳、饮水稳，其中以放牧稳为最重要。放得稳、少走路、多采食、能量消耗少，羊膘情就好。所以放牧稳是增膘的关键。

（二）学会领羊、挡羊、喊羊、折羊

领羊是人在羊群前慢走，羊群跟着人走，主要用于放牧饮水和归牧；挡羊是人在领头羊的前面来回走动，使羊群徐徐向前推进，主要用于牧地放牧，控制羊群不乱跑；喊羊是放牧时呼以口令，使落后的羊跟上队，抢先的羊缓慢前进，主要用于牧地放牧或羊群距离过远时，防止因羊强弱不同，造成采食不均，体力消耗差异过大；折羊是改变羊群前进方向，把羊群拨向既定的草地、有水源的道路上去。如放牧时不善于引导，则羊群的走动极不稳定，时而围绕成圈，时而前前后后，时而分成几段，常使羊群处于被追逐的状态。因此，放牧员必须善于勤挡稳放，控制好羊群。

（三）有计划地训练、调教羊

羊属活泼型牲畜，条件反射的建立比较快，反应灵敏，便于调教。调教和训

练羊有利于发挥羊的合群性、游牧性，便于实现上述的放牧和饲养管理要求。有经验的放牧员，都对羊群进行严格的训练，特别是培养与调教领头羊，调教的方法主要是通过长期的条件反射来进行。

（四）建立指挥群羊的口令

通过长时期的条件反射训练，要让羊群理解放牧员的固定口令。选口令时应注意语言配合固定的手势，不可随意改变，否则指挥口令发生混乱，影响条件反射的建立。

四、放牧技术

（一）放牧羊群的队形

为了控制羊群游走、休息和采食时间，使其多采食、少走路而有利于抓膘，在放牧实践中，应通过一定的队形来控制羊群。羊群的放牧队形名称甚多，但基本队形主要有“一条鞭”和“满天星”两种。放牧队形应根据地形、草场品质、季节和天气灵活应用。

1. 一条鞭　一条鞭是指羊群放牧时排列成“一”字形的横队。横队一般有1~3层。放牧员在羊群前面控制羊群前进的速度，使羊群缓缓前进，并随时命令离队的羊只归队，如有助手可在羊群后面防止少数羊只掉队。放牧初期是羊采食高峰期，应控制住领头羊，放慢前进速度；当放牧一段时间，羊快吃饱时，前进的速度可适当快一点；待到大部分羊只吃饱后，羊群出现站立不采食或躺卧休息时，放牧员在羊群左右走动，不让羊群前进；羊群休息反刍结束，再继续前进放牧。此种放牧队形，适用于牧地比较平坦、植被比较均匀的中等牧场。春季采用这种队形，可防止羊群“跑青”。

2. 满天星　满天星是指放牧员将羊群控制在牧地的一定范围内让羊只自由散开采食，当羊群采食一定时间后，再移动更换牧地。散开面积的大小，主要决定于牧草的密度。牧草密度大、产量高的牧地，羊群散开面积小，反之则大。此种队形，适用于任何地形和草原类型的放牧地。对牧草优良、产草量高的优良牧场或牧草稀疏、覆盖不均匀的牧场均可采用。

总之，不管采用何种放牧队形，放牧员都应做到“三勤”（腿勤、眼勤、嘴勤）、“四稳”（出入圈稳、放牧稳、走路稳、饮水稳）、“四看”（看地形、看草场、看水源、看天气），宁为羊群多磨嘴，不让羊群多跑腿，保证羊一天三饱。否则，羊走路多，采食少，不利于抓膘。

（二）不同季节饲养技术要点

1. 春夏之交禁牧舍饲饲养　建议在1~6月青草发芽期进行舍饲圈养。根据我国北方草场日益退化的现状，在青草发芽期禁牧，是对草场最大的保护，是最合理、最经济的利用方式。另外，此阶段也是母羊产羔和哺乳季节，也需要细心舍饲。但禁牧舍饲需要有一定的投入，如圈舍、饲槽等饲养工具所投入的资金比较多。舍饲圈舍应具备通风良好、清洁卫生、环境安静、不惊吓羊群等条件。在潮湿季节，舍饲圈舍最好铺垫一些秸秆、木屑或其他吸水材料。若条件允许，圈舍地面最好用砖铺成，有利于粪便清扫和尿液渗漏。舍饲开始时，进圈舍饲羊改变饮食习惯要有个适应期。实行半天放牧，半天舍饲。以后，放牧时间逐渐缩短，舍饲时间逐渐加强。经过7天时间实行完全舍饲。舍饲要以饲喂青贮、干草为主的日粮，逐渐加入舍饲日粮。舍饲饲养，每天喂草料2~3次，饮水2~3次。一般情况下，成年羊饮水量：冬季1~1.5千克，春、秋季2~2.5千克；夏季2.5~3千克，羔羊饮水量相应为0.5~1千克，1~1.5千克，1.5~2千克。青草期每天喂给3~5千克青草，枯草期每天喂给干草、秸秆、青贮等1~2千克。饲喂方法：先喂给粗饲料，后喂给精饲料；先喂给适口性差的，后喂给适口性好的。这样有助于增加采食量。如果为了提高羊肉产品产量和质量，要人工控制羊舍小气候，采用全价料，让羊只自由采食、饮水。舍饲饲养在饲喂的同时，更要给羊只留出一定的运动时间，保证羊只健康。

2. 夏季放牧 经过禁牧后，要逐渐过渡到放牧采食的青草日粮。羊群在夏季草场上放牧后，其体力逐渐得到恢复，这时期牧草丰茂，正值开花期，营养价值较高，是抓膘的好时期。但夏季气温高，多雨、湿度较大、蚊蝇较多，对羊群抓膘不利。因此，在放牧技术上要求早出牧，晚收牧，中午天气炎热时休息，延长有效放牧时间。气候炎热时，可实行一天两次放牧方法，即早、晚两次放牧，中午休息，效果较好。夏季绵、山羊需水量增多，每天应保证充足的饮水，同时，应注意补充食盐和其他矿物质。夏季选择高燥、凉爽、饮水方便的牧地放牧，可避免因气候炎热、潮湿、蚊蝇骚扰影响羊群抓膘。

3. 秋季放牧 秋季牧草结籽，营养丰富，秋高气爽，气候适宜，是羊群抓膘的黄金季节。谚语说："夏季抓肉膘，秋季抓油膘。"秋季抓膘，尽量延长放牧时间，中午可以不休息，做到羊群多采食、少走路。对刈割草场或农作物收获后的茬地，可进行抢茬放牧。羊群能利用茬地遗留的茎叶和籽实及田间杂草。同时羊粪又能增加土壤的肥力。但对于划区轮牧的草场或以秋季牧草籽实为下一年度牧草种子的草场，要进行禁牧以保护和改善生态环境。秋季还是绵、山羊配种季节，要做到抓膘、配种两不误。在霜冻天气来临时，不宜早牧，以免妊娠母羊采食霜冻牧草而引起流产。

4. 冬季放牧 冬季放牧注重于保膘、保胎，保证胎儿正常发育，羊只安全越冬。冬季气候寒冷，牧草枯黄，放牧时间长，放牧地有限，草畜矛盾突出。应延长在秋季草场放牧的时间，推迟羊群进入冬季草场的时间。对冬季草场的利用原则是先远后近，先阴坡后阳坡，先高后低，先沟堑地后平地。严冬时，顶风出牧，顺风收牧，出牧不宜太早，收牧不宜太晚。冬季放牧应关注天气预报，以避免风雪袭击。对妊娠母羊放牧速度宜慢，不跳沟、不惊吓，出入圈舍不拥挤，以利于羊群保胎。在羊舍附近划出草场，以备大风雪天或产羔期利用。

第八节　羊的其他管理技术

一、编号

对羊育种工作来说，编号是一项必不可少的工作。编号便于选种选配，常用的方法有耳标法和剪耳法等。

（一）耳标法

耳标有金属耳标和塑料耳标两种，形状有圆形和长条形。耳标用以记载羊的个体号、品种符号及出生年月等。以金属耳标为例，用钢字钉把羊的出生年月和个体号打在耳标上，上边第一个数字代表年份的最末一个字，第二个和第三个数字代表月，后面的数字代表个体号，中间的“0”的多少应根据羊群的大小来决定。在种羊场，一般公羊的编号为单号，母羊的编号为双号。例如：51200031，前面的512代表2005年12月生的，后面的00031即为个体号，为公羊编号。个体号每年由1或2编起。耳标一般戴在左耳上。用打孔钳打孔时，应在靠近耳根软骨部，避开血管，先用碘酊消毒，然后打孔。塑料耳标使用也很方便，先把羊的出生年月及个体号同时写上，然后再打孔戴上即可。塑料耳标有红、黄、蓝3种颜色，颜色代表羊的等级。

（二）剪耳法

剪耳法是指利用耳号钳在羊耳朵上打号，每剪一个耳缺，代表一定的数字，把几个数字相加，即得所要的编号。以羊耳的左右而言，一般应采取左大右小，下1上3，公单母双（或连续排列）。右耳下部一个缺口代表1，上部一个缺口代表3，耳尖缺口代表100，耳中圆孔代表400。左耳下部一个缺口代表10，上部一个缺口代表30，耳尖缺口代表200，耳中圆孔代表800。

二、去势

去势亦称阉割。去势的羊通常称为羯羊。去势后的公羔性情温顺，管理方便，节省饲料，肉的膻味小，且较细嫩。因此，凡不做种用的公羔和公羊，都要去势饲养。

公羔以出生后18天左右去势为宜，如遇阴天或体弱者可适当推迟。去势和断尾可同时进行或单独进行，最好在早晨10点前进行，以便全天观察和护理去势羊。去势可采用刀切法或结扎法。

（一）刀切法

使用阉割刀或手术刀切开阴囊，摘除睾丸。手术时需两个人配合，助手保定羊，可采用侧卧保定或提起两后肢，两腿夹住羔羊前身。阴囊外部用75%乙醇或碘酒消毒，消毒后术者一只手握住阴囊上方，以防睾丸缩回腹腔内，另一只手用消过毒的刀在阴囊侧下方切开一小口，约为阴囊长度的1/3，以能挤出睾丸为度。切开后把睾丸连同精索拉出，最好钝性刮断，刮断后在断端消毒，撕断的上端精索自动缩回，一般不用剪刀剪或刀割。一侧的睾丸取出后，同法取出另一侧睾丸。也可由同一侧的切口取出另一侧的睾丸，即用刀把阴囊的纵隔切个口就行。睾丸摘除后，阴囊内撒20万~30万单位的青霉素，然后对切口消毒即可。术后应勤观察，如发现阴囊肿胀，可挤出阴囊中的血水，再涂抹碘酒和消炎粉。如果是大公羊，应结扎精索，以防出血过多，切口也应在上方缝合，但应留一小孔。去势后应隔2~3小时驱赶羊只慢慢活动一下。

（二）结扎法

此法适用于羔羊。公羔出生后8~10小时，将睾丸挤进阴囊里，用橡皮筋或细绳紧紧地结扎在阴囊的上部，目的是断绝睾丸的血液供应。经15天左右，阴囊及睾丸萎缩后会自动脱落。

三、去角

去角的目的是为了便于饲养管理。有的羊好斗，角斗往往造成颤伤或导致母羊流产，特别是公羊有角后特别凶狠。因此，对有角的羊，特别是公山羊及乳用山羊，应在出生后5~10天内进行去角手术。去角方法有烧烙法和腐蚀法两种。

（一）烧烙法

把14~16号钢筋棒（长30厘米左右）一头截平，把周边的棱磨秃一些，然后放火炉上烧热。去角前应确定羔羊是否有角，有角的羊，角基处的毛有旋，用手摸可感到有硬的突起。术者坐在小凳上，把羔羊横放在两腿之上，一手固定羊头，另一手把烧成紫红色的钢筋棒对准角基部旋转，一直烧烙到头的骨面为止，范围应稍大于角基。手术时不要用力下压，以防把头骨烧破。在手术过程中，最好配备一个保定人员，保定人员可蹲在术者的对面固定羔羊四肢。此法简单、易操作，同时也起到了消毒的作用。也可用300瓦的电烙铁烧烙去角，但速度稍慢。

（二）腐蚀法

腐蚀法保定方法同上。具体方法是：先将角基处的毛剪掉，周围涂上凡士林，目的是防止氢氧化钠溶液侵蚀其他部分和流入眼内。取氢氧化钠（烧碱）棒一支，一端包好，以防腐蚀手，另一端蘸水后在角的突起部反复研磨，直到微出血为止，但不要摩擦过度，以防出血过多。摩擦面要照准角基部并略大于角基部，如果摩擦面过小或位置偏在一方，日后会出短角。摩擦后，在角基上撒一层消炎粉，然后将羔羊单独放在隔离栏内，与母羊隔开，以防止哺乳时火碱溶液沾在母羊的乳房上而损伤乳房。1 小时后就可把羔羊放回母羊舍。

四、捕羊及导羊

羊的性情怯懦，胆子小，不易捕捉。为了避免捉羊时把羊毛拉掉或将羊腿扭伤，捕羊人应悄悄地走到羊背后，用两手迅速抓住羊的左、右两肷窝的皮或抓住羊腿的飞节上部。除了这些部位，抓其他部位对羊都有伤害。

导羊前进时，导羊人应站立在羊的左侧，用左手托住羊的颈下部，用右手轻轻挠羊的尾根，羊即前进，人也可以站在羊的右侧导羊前进。

五、断尾

断尾主要针对肉用绵羊品种公羊同本地母绵羊的杂交羔羊、半细毛羊羔羊。这些羊均有一条细长的尾巴，为避免粪、尿污染羊毛，防止夏季苍蝇在母羊阴部产卵而导致疾病，便于母羊配种，必须断尾。断尾应在羔羊生后 10 天内进行，此时尾巴较细，出血少。断尾有热断法和结扎法两种。

（一）热断法

需要一个特制的断尾铲（厚 0.5 厘米，宽 7 厘米，高 10 厘米）和两块 20 厘米×20 厘米的木板。在一块木板的下方，挖一个半圆形的缺口，断尾时把尾巴正好压在这个半圆形的缺口里。木板的两面钉上铁皮，以防止烧热的断尾铲把木板烧着或烫伤羔羊的肛门和睾丸。另一块木板两面也钉上铁皮，断尾时把它衬在板凳上面，以防把板凳烫坏。操作时需两个人配合。助手保定羔羊，即两手分别握住羔羊的前后肢，把羔羊的背贴胸前。助手骑在板凳上，让羔羊正好蹲坐在板上。术者在离尾根 4 厘米处（即第三、第四尾椎之间），用带有半圆形缺口的木板把尾巴紧紧地压住，把烧成暗红色的断尾铲放在尾巴上稍微用力往下压，即可将尾巴断下。切的速度不宜过快，否则止不住血。断下尾巴后若仍出血，可用热的断尾铲再烫一烫。此法的优点是速度快、操作简便、失血少。

（二）结扎法

结扎法即用橡皮筋在尾巴适中的位置（第三、第四尾椎之间）紧紧扎住，断绝血液流通，下端的尾巴 10 天左右即自行脱落。

六、剪毛

（一）剪毛的时间和次数

由于各地气候差异较大，给羊剪毛的适宜时间也不相同。一般北方地区在五六月，北京以南地区多在 4 月中旬。剪毛次数应根据羊的品种而定。细毛羊一般一年剪一次毛，粗毛羊一年可在春、秋季各剪一次毛，山羊仅在每年的春天剪一次粗毛，奶山羊可不剪毛。

（二）剪毛的顺序

一般是先剪粗毛羊，然后剪半细毛羊、杂种羊，最后剪细毛纯种羊。同一品种羊，先剪羯羊、幼龄羊，后剪种公羊、种母羊。患病的羊，特别是患外寄生虫病的羊，应留在最后剪毛。

（三）剪毛方法

剪毛要选择无风的晴天，以使羊不致因剪去被毛而着凉感冒。剪毛时，要先用绳子把羊的一侧前后肢捆住，使羊左侧卧地，剪毛人员先蹲在羊的背后，由羊后肋向前肋直线开剪，然后按与此平行方向剪腹部及胸部的毛，再剪前后腿毛，最后剪头部毛，一直把羊的半身毛剪至背中线，再用同样的方法剪另一侧的毛。在翻转羊体前，最好在地上铺一些干草，把剪过毛的一侧放在草上，这样会使羊安静些，并可起到保护羊皮肤的作用。剪毛时，剪刀要放平，紧贴羊的皮肤，使毛茬留得短而齐。如皮肤被剪破，应及时涂碘酊消毒。剪完毛后把毛按等级收集起来。

七、修蹄

长期舍饲的羊，蹄磨损少，蹄不断生长，造成行走不便、采食困难，严重者引起蹄病或蹄变形。

修蹄一般在雨后进行，这时蹄质软，易修剪。修蹄时让羊坐在地上，人站在羊背后，使羊半躺在人的两腿中间。修蹄时从左前肢开始，术者用左腿架住羊的左肩，使羊的左前膝靠在术者的膝盖上，左手握蹄，右手持刀、剪，先除去蹄下污泥，将生长过长的蹄尖剪掉，然后用利刀把蹄底的边缘修整到和蹄底一样平齐。修到蹄底可见淡红色的血管为止，不要修剪过度。整形后的羊蹄，蹄底平整，前蹄呈椭圆形。变形蹄需多次修剪，逐步校正。

八、药浴

一般情况下剪过毛的羊都应药浴，以防疥癣病的发生。药浴使用的药剂有0.05%辛硫磷水溶液、石硫合剂。石硫合剂的配制方法是：生石灰15千克，硫黄粉25千克，用水搅成糊状，加水300千克，用铁锅煮沸，边煮边用棒搅拌，到呈浓茶色时止。然后倒入木桶或水缸里，沉淀后取上清液兑入1 000千克温水，即可用于药浴。

药浴的注意事项有以下几点：一是在药浴前8小时停止喂料，在入浴前2～3小时给羊饮足水，以防止羊喝药液；二是先浴健康羊，有疥癣的羊最后浴；三是药液的深度以没及羊体为原则，羊出浴后应在滴流台上停10～20分钟；四是在出口处，工作人员应把每只羊的头部压入药液中1～2次；五是药浴后5～6小时可转入正常饲养；六是怀孕2个月以上的母羊一般不可进行药浴；七是药浴时间以剪毛后6~8天为好，第一次药浴后8~10天再重复药浴一次。

九、刷拭

刷拭羊体可增加羊的血液循环，为保持羊体的清洁卫生，可每天进行一次或两天进行一次。工具可用棕刷、旧的扫把、旧的钢刷、旧木工锯条等。刷拭顺序一般是从前到后，从上到下。刷拭可以饲喂后进行，山羊更应当刷拭。

第九节　羊的饲养管理日程及不同季节具体安排

一、羊饲养管理日程

羊饲养管理日程如表10-2所示。

表10-2　羊饲养管理日程

类型	季节	饲养方式	时间	日程安排
大羊（成羊、育成羊）	夏、秋季	舍饲	5：30~6：30	检查羊群
			6：30~9：30	第一次饲喂、饮水。先粗料，后精料，最后饮水或自由饮水
			9：30~15：30	运动、反刍、卧息，清扫羊舍、饲槽，检查羊群
			15：30~18：30	第二次饲喂、饮水，次序同第一次饲喂
			18：30~5：30	运动、添草，饮水、反刍、卧息，检查羊群
		半舍饲半放牧	5：30~6：30	检查羊群
			6：30~9：30	第一次放牧，清扫羊舍、饲槽
			9：30~11：30	第一次饲喂、饮水。先粗料，后精料，最后饮水或自由饮水
			17：30~18：30	归牧、卧息、反刍
			18：30~21：30	第二次饲喂、饮水或自由饮水，次序同第一次饲喂
			21：30~6：30	卧息、反刍

续表

类型	季节	饲养方式	时间	日程安排
大羊（成羊、育成羊）	冬、春季	舍饲	6：30~7：30	检查羊群
			7：30~9：30	第一次饲喂、饮水。先喂粗饲料，后精料，最后饮水或自由饮水
			9：30~15：30	运动、反刍、卧息，清扫羊舍（不扫粪）和饲槽，检查羊群
			15：30~17：30	第二次饲喂、饮水，次序同第一次饲喂
			17：30~19：30	运动、反刍、卧息，清扫羊舍（不掏粪）和饲槽，检查羊群
			19：30~21：30	添草、饮水，检查羊群
		半舍饲半放牧	6：30~7：30	检查羊群
			7：30~9：30	第一次饲喂、饮水。先喂粗饲料，后精料，最后饮水或自由饮水
			9：30~17：30	放牧（若草场距羊舍较近，也可放牧到14：30归牧，人吃午饭后再第二次出牧），清扫羊舍（不扫粪）和饲槽
			17：30~18：30	归牧、卧息、反刍
			18：30~21：30	第二次饲喂、饮水或自由饮水，次序同第一次饲喂
			21：30~6：30	卧息、反刍
羔羊	冬、春季	舍饲	时间安排与大羊相同	仅在大羊两次运动场活动时，母仔同场所活动、吃奶，其他时间与大羊分开饲喂
		半舍饲半放牧	6：30~7：00	检查羊群
			7：30~9：30	第一次饲喂、饮水，先喂粗饲料，后精料，最后饮水或自由饮水
			9：00~9：30	羔羊归大羊群吃奶
			9：30~17：30	运动，运动场添草，反刍、卧息，清扫羊舍和饲槽，检查羊群
			17：30~18：30	运动、吃奶、反刍、卧息，清扫羊舍、饲槽，检查羊群
			18：30~21：30	添草，饮水，检查羊群
			21：30~6：30	卧息，反刍

续表

类型	季节	饲养方式	时间	日程安排
羔羊	秋季	舍饲	时间安排与大羊相同	仅在两次饲喂时与大羊分开，其他时间与大羊同圈活动、吃奶
		半舍饲半放牧	5：30~6：30	检查羊群
			6：30~9：30	第一次放牧，清扫羊舍和饲槽
			9：00~9：30	羊羔归大羊群吃奶
			9：30~11：30	第一次饲喂、饮水。先粗料，后精料，最后饮水或自由饮水
			11：30~15：30	卧息、反刍、运动，羊羔归大羊群吃奶
			15：30~18：30	第二次放牧
			18：30~21：30	第二次饲喂精料，添草，自由饮水
			21：30~5：30	卧息、反刍

二、不同季节工作具体安排

不同季节工作具体安排如表 10-3 所示。

表 10-3　不同季节工作具体安排

季节	任务	时间	安排
春季(3~5月)	保膘保羔，全产全活，适时配热胎，挡羊放牧，适时种草，选种建档，剪毛药浴，防疫驱虫，推广种羊	3月1日至4月20日	接产育羔，全产全活；母羊保膘，挡羊放牧
		3月1日至5月15日	适时配热胎，这是实现两年三产的保证；防疫驱虫，为健康度春和抓好夏膘奠定基础
		3月20日至4月20日	对基础母羊、断奶羔羊和种公羊进行鉴定，建立基本档案，选优汰劣，示范点羊群编号、建档等
		4月10日至5月1日	适时种草（预先做好牧草引种及种植计划），推广种羊，剪毛药浴，制定秋配和种公羊调换计划
		5月1日至5月31日	做好羊只由干饲到青饲的过渡，逐渐减少干饲料和精料，增加青饲量。加强羔羊培育，有计划地推广种羊

续表

季节	任务	时间	安排
夏季(6~7月)	抓膘育羔，避热防暑，准备秋配，储备干草	6月1日至7月31日	始终抓好全舍饲或半放牧羊的膘情，夏膘达到中上水平；做好防暑工作，不必洗羊；按夏季管理日程饲喂。同时，抓好断奶后青年羊的培育
		6月20日至7月31日	调换好种公羊，抓好种公羊秋配前抓膘、精液品质检查等准备工作
		7月10日至7月31日	抓住晴好天气，将多余牧草制成干草，备冬、春季用
秋季(8~10月)	抓膘配种，接产育羔；备料草，适时种草；防疫驱虫，剪毛药浴；选种建档，推广种羊	8月1日至10月31日	抓好秋膘，达到满膘配种，使多数母羊在两个情期内受胎，公羊始终保持中上等膘情。部分春季受胎母羊产秋羔，要做好接产育羔工作
		8月1日至9月20日	抓紧时机种草，为来年青草期提供优质高产饲草；对所有种公羊和种母羊及断奶春羔进行鉴定，选优汰劣
		9月1日至9月20日	做好秋季防疫驱虫工作，进行秋季剪毛、药浴
		9月21日至10月15日	抓好青贮、微储、氨化和收购青干草工作，这是保证羊只过好冬、春季的关键措施，做好羊只由青草期转入枯草期的准备工作
		10月1日至10月31日	为羊只准备好一定数量的过冬精饲料；下半月做好由青草期向枯草期的过渡，做好防风保暖、消毒灭病工作。同时，做好种羊提留和推广工作
冬季（11月至翌年2月）		11月1日至翌年2月28日	做好防寒保暖工作，精心安排日粮，搞好饲养管理，达到保膘保胎、全产全活、全活全壮的目的，做好必要的检查、交流活动

续表

季节	任务	时间	安排
冬季（11月至翌年2月）		11 月 1 日至 12 月 31 日	抓好育肥羊（指品质差的公羊和杂种羊）的后期催肥，适时出栏。此期羊只不掉膘是翌年春天保膘的重要基础，必须给予足够重视
		12 月 1 日至 12 月 31 日	做好年终总结，发扬成绩，总结经验教训，以利来年再上新台阶，同时做好下年度生产计划

第十一章　羊场的经营管理

第一节　经营管理的概念、意义和内容

一、经营管理的概念

经营是经营者在国家各项法律法规、政策方针的规范指导下，利用自身资金、设备、技术等条件，在追求用最少的人、财、物消耗取得最多的物质产出和最大的经济效益的前提下，合理确定生产方向与经营目标，有效地组织生产、销售等活动；管理是经营者为实现经营目标，如何合理组织各项经济活动，这里不仅包括生产力和生产关系两个方面的问题，还包括经营生产方向、生产计划、生产目标如何落实，以及人、财、物的组织协调等方面的具体问题。经营和管理之间有着密切的联系，有了经营才需要管理。经营目标需要借助于管理才能实现，离开了管理，经营活动就会混乱，甚至中断。经营的使命在于宏观决策，管理的使命在于如何实现经营目标，是为实现经营目标服务的，两者相辅相成，不能分开。

二、经营管理的意义

（一）有利于实现决策的科学化

通过对市场的调研和信息的综合分析和预测，可以正确地把握经营方向、规模、羊群结构、生产数量，使产品既符合市场需要，又获得最高的价格，取得最大的利润。否则，把握不好市场，遇上市场价格低谷，即使生产水平再高，生产手段再先进，也可能出现亏损。

（二）有利于有效组织产品生产

根据市场和羊场情况，合理制订生产计划，并组织生产计划的落实。根据生产计划科学安排人力、物力、财力和羊群结构、周转、出栏等，不断提高产品产量和质量。

（三）有利于充分调动劳动者的积极性

人是第一的生产要素。任何优良品种、先进的设备和生产技术都要靠人来饲

养、操作和实施。在经营管理上通过明确责任制，制定合理的产品标准和劳动定额，建立合理的奖惩制度和竞争机制并进行严格考核，可以充分调动羊场员工的积极性，使羊场员工的聪明才智得以最大限度的发挥。

（四）有利于提高生产效益

通过正确的预测、决策和计划，有效的组织产品生产，可以在一定的资源投入基础上生产出最多的适销对路的产品；加强记录管理，不断总结分析，探索、掌握生产和市场规律，提高生产技术水平；根据记录资料，注重进行成本核算和盈利核算，找出影响成本的主要因素，采取措施降低生产成本。产品产量的增加，产品成本的降低，必然会显著提高肉羊养殖效益和生产水平。

三、经营管理的内容

羊场经营管理的内容比较广泛，包括羊场生产经营活动的全过程。其主要内容有：市场调查、分析和营销、经营预测和决策、生产计划的制订和落实、生产技术管理、产品成本和经营成果的分析。

第二节　经营预测和决策

一、经营预测

预测是决策的前提，要做好产前预测，必须首先开展市场调查。即运用适当的方法，有目的、有计划、有系统地搜集、整理和分析市场情况，取得经济信息。调查的内容包括市场需求量、消费群体、产品结构、销售渠道、竞争形式等。调查的方法常用的有访问法、观察法和实践法三种。搞好市场调查是进行市场预测、决策和制订计划的基础，也是搞好生产经营和产品销售的前提条件。

经营预测就是对未来事件做出的符合客观实际的判断。如市场预测（销售预测）就是在市场调查的基础上，在未来一定时期和一定范围内，对产品的市场供求变化趋势做出估计和判断。市场预测的主要内容包括：市场需求预测、销售量预测、产品寿命周期预测、市场占有率预测等。预测期分为短期和长期两种。预测方法有判断性预测法和数学模型分析预测法。

二、经营决策

经营决策就是羊场为了确定远期和近期的经营目标和实现这些目标有关的一些重大问题做出最优的选择的决断过程。羊场经营决策的内容很多，大至羊场的生产经营方向、经营目标、远景规划，小到规章制度的制定、生产活动的具体安排等，羊场饲养管理人员每时每刻都在决策。决策的正确与否，直接影响到经营效果。有时一次重大的决策失误就可能导致羊场的亏损，甚至倒闭。正确的决策是建立在科学预测的基础上的，通过收集大量的有关的经济信息，进行科学预测后，才能进行决策。正确的决策必须遵循一定的决策程序，采用科学的方法。

（一）决策的程序

1. 提出问题 即确定决策的对象或事件。也就是要决策什么或对什么进行决策。如确定经营方向、饲料配方、饲养方式、治疗什么疾病等。

2. 确定决策目标 决策目标是指对事件做出决策并付诸行动之后所要达到的预期结果。如经营项目和经营规模的决策目标是一定时期内使销售收入和利润达到多少，饲料配方的决策目标是使单位产品的饲料成本降低到多少、产品和产品品质达到何种水平。

3. 拟定多种可行方案 多谋才能善断，只有设计出多种方案，才可能选出最优的方案。拟定方案时，要紧紧围绕决策目标，充分发扬民主，大胆设想，尽可能把所有的方案包括无遗，以免漏掉好的方案。如对羊场经营方向决策的方案有办种羊场、商品羊场等；对饲料配方决策的方案有甲、乙、丙、丁等多个配方；对饲养方式决策的方案有放牧、散养、舍内饲养等；对疾病防治决策的方案有用药防治、疫苗防治等。

对于复杂问题的决策，方案的拟定通常分两步进行：

（1）轮廓设想。可向有关专家和职工群众分别征集意见。也可采用头脑风暴法（畅谈会法），即组织有关人士座谈，让大家发表各自的见解，但不允许对别人的意见加以评论，以便使大家相互启发，畅所欲言。

（2）可行性论证和精心设计。在轮廓设想的基础上，可召开讨论会或采用特尔斐法，对各种方案进行可行性论证，弃掉不可行的方案。如果确认所有的方案都不可行或只有一种方案可行，就要重新进行设想，或审查调整决策目标。然后对剩下的各种可行方案进行详细设计，确定细节，估算实施结果。

4. 选择方案 根据决策目标的要求，运用科学的方法，对各种可行方案进行比较分析，从中选出最优方案。如治疗大肠杆菌病，通过药物试验，阿米卡星高敏，就可以选用阿米卡星。

5. 贯彻实施与信息反馈 最优方案选出之后，贯彻落实，组织实施，并在实施过程中进行跟踪检查，发现问题，查明原因，采取措施，加以解决。如果发现客观条件发生了变化，或原方案不完善，甚至不正确，就要启用备用方案，或对原方案进行修改。

（二）常用的决策方法

经营决策的方法较多，生产中常用的决策方法有下面几种。

1. 比较分析法 是将不同的方案所反映的经营目标实现程度的指标数值进

行对比，从中选出最优方案的一种方法。如对不同品种的饲养结果分析，可以选出一个能获得较好的经济效益的品种。如不同规模的效益比较对于规模的确定有一定的借鉴作用。

2. 综合评分法　是通过选择对不同的决策方案影响都比较大的经济技术指标，根据它们在整个方案中所处的地位和重要性，确定各个指标的权重，把各个方案的指标进行评分，并依据权重进行加权得出总分，以总分的高低选择决策方案的方法。例如，在羊场建设决策中，往往既要投资效果好，又要设计合理，便于饲养管理，还要有利于防疫等。这类决策，称为多目标决策。但这些目标（即指标）对不同方案的反映有的是一致的，有的是不一致的，采用对比法往往难以提出一个综合的数量概念。为求得一个综合的结果，需要采用综合评分法。

3. 盈亏平衡分析法　这种方法又叫量、本、利分析法，是通过揭示产品的产量、成本和盈利之间的数量关系进行决策的一种方法。产品的成本划分为固定成本和变动成本。固定成本如羊场的管理费、固定职工的基本工资、折旧费等，不随产品产量的变化而变化；变动成本是随着产销量的变动而变动的，如饲料费、燃料费和其他费。利用成本、价格、产量之间的关系列出总成本的计算公式：

$$PQ=F+QV+PQX$$

$$Q=F/[P(1-X)-V]$$

式中：F 为某种产品的固定成本；

X 为单位销售额的税金；

V 为单位产品的变动成本；

P 为单位产品的价格；

Q 为盈亏平衡时的产销量。

如企业计划获利 R 时的产销量 Q_R 为：

$$Q_R=(F+R)/[P(1-X)-V]$$

盈亏平衡公式可以解决如下问题：

（1）规模决策：当产量达不到保本产量，产品销售收入小于产品总成本，就会发生亏损，只有在产量大于保本点的条件下，才能盈利，因此保本点是企业生产的临界规模。

（2）价格决策：产品的单位生产成本与产品产量之间存在以下关系：

$$CA\text{（单位产品生产成本）}=F/(Q+V)$$

即随着产量增加，单位产品的生产成本会下降，可依据销售量做出价格决策。

①在保证利润总额（R）不减少的情况下，可依据产量来确定价格。

由 $PQ=F+VQ+R$ 可知：

$$P=(F+R)/Q+V$$

②在保证单位产品利润（r）不变时，可依据产销量来确定价格水平。

由 $PQ=F+VQ+R$　　（$R=rQ$），则

$$P=F/Q+V+r$$

4. 决策树法　是利用树形决策图进行决策。首先绘制树形决策图，然后计算期望值，最后剪枝，确定决策方案。如某养殖场可以养肉羊和肉兔，只知道其年赢利额（表 11-1），请做出决策选择。

表 11-1　不同方案在不同状态下的年赢利额

状态＼项目	概率	肉羊		肉兔	
		畅销 0.9	滞销 0.1	畅销 0.8	滞销 0.2
饲料涨价 A	0.3	15	−20	20	−5
饲料持平 B	0.5	30	−10	25	10
饲料降价 C	0.2	45	5	40	20

（1）绘制决策树形示意图（图 11-1）。□表示决策点，由它引出的分枝叫决策方案枝；○表示状态点，由它引出的分枝叫状态分枝，上面标明了这种状态发生的概率；△表示结果点，它后面的数字是某种方案在某状态下的收益值。

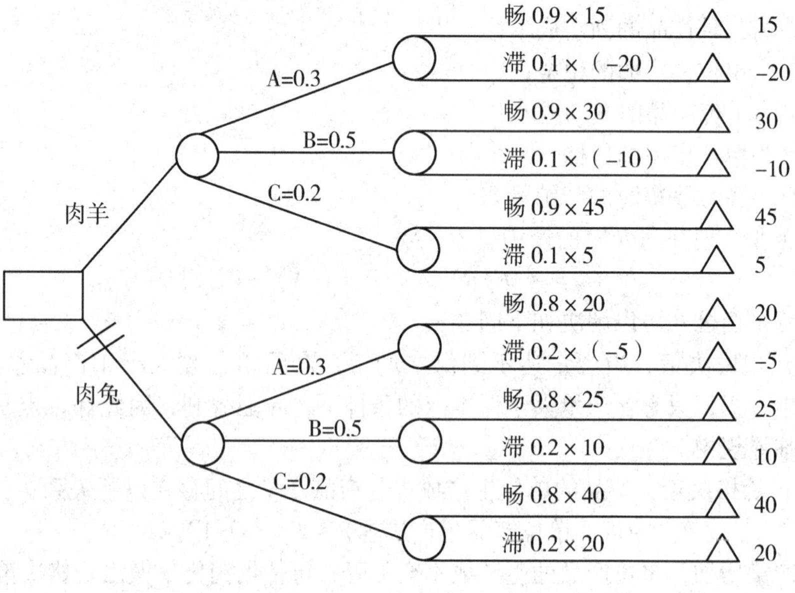

图 11-1　决策树形示意图

（2）计算期望值：

肉羊 = ［0.9×15+0.1×（−20）］×0.3+［0.9×30+0.1×（−10）］×0.5+

$[0.9\times45+0.1\times5]\times0.2=24.65$

肉兔 $=[0.8\times20+0.2\times(-5)]\times0.3+[0.8\times25+0.2\times10]\times0.5+[0.8\times40+0.2\times20]\times0.2=22.7$

（3）剪枝：由于肉羊的期望值是24.65，大于肉兔的期望值，剪掉肉兔项目，留下的肉羊项目就是较好的项目。

第三节　养羊生产计划管理

计划管理就是根据羊场情况和市场预测合理制订生产计划。制订计划就是对养羊场的投入、产出及其经济效益做出科学的预见和安排。计划是决策目标的具体化，经营计划分为长期计划、年度计划、阶段计划等。

一、编制计划的方法

养羊业计划编制的常用方法是平衡法，是通过对指导计划任务和完成计划任务所必须具备的条件进行分析、比较，以求得两者的相互平衡。畜牧业企业在编制计划的过程中，重点要做好草原（土地）、劳力、机具、饲草饲料、资金、产销等平衡工作。利用平衡法编制计划主要是通过一系列的平衡表来实现的。平衡表的基本内容包括需要量、供应量、余缺三项。具体运算时一般采用下列平衡公式：

期初结存数+本期计划增加数-本期需要数=结余数

上式三部分，即供应量（期初结存数+本期计划增加数）、需要量（本期需要数）和结余数构成平衡关系，进行分析比较，揭露矛盾，采取措施，调整计划指标，以实现平衡。

二、羊场主要生产计划

（一）羔羊生产计划

羔羊生产计划主要是指配种分娩计划和羊群周转计划。分娩时间的安排既要考虑气候条件，又要考虑牧草生长情况，最常见的是产冬羔（即在11~12月分娩）和产春羔（即在3~4月分娩）。产冬羔的优点是母羊体质好，受胎率和产羔率高，流产和疾病减少；羔羊可以避免春季气候多变的影响，断奶后能够充分食用青草，到枯草期时已达到肥育标准，可当年屠宰。产春羔的优点是，由于气温转暖，母羊可以在羊圈中分娩，在剪毛时已分娩完毕，随后进入夏季草场，对喂养羔羊有利。但春季气候变化剧烈，特别是北方时常有风雨和降雪，易使体弱羔羊死亡。当年羔羊如屠宰利用时需要进行强度肥育，方可达到育肥标准。母羊的分娩一般应在40~50天内结束，故配种也应集中在40~50天内完成。分娩集中有利于安排育肥计划。在编制羊群配种分娩计划和羊群周转计划时需要掌握以下材料：计划年初羊群各组羊的实有只数；去年交配今年分娩的母羊数；计划年生产任务的各项主要措施；本场确定的母羊受胎率、产羔率和繁殖成活率等。

（二）产品产量计划

计划经济条件下的传统产量计划，是依据羊群周转计划而制订的。而市场经济条件下必须反过来计算，即以销定产，以产量计划倒推羊群周转计划。根据羊场不同产品产量计划可以细分为种羊供种计划、肉羊出栏计划、羊毛（绒）产量计划等。

（三）羊群周转计划

羊群周转计划是制订饲料计划、劳动用工计划、资金使用计划、生产资料及设备利用计划的依据。羊群周转计划必须根据产量计划的需要来制订。羊群周转计划的制订应依据不同的饲养方式、生产工艺流程、羊舍的设施设备条件、生产技术水平，最大限度地提高设施设备利用率和生产技术水平，以获得最佳经济效益为目标进行编制。首先要确定羊场年初、年终的羊群结构及各月各类羊的饲养只数，并计算出“全年平均饲养只数”和“全年饲养只数”。同时还要确定羊（种）群淘汰、补充的数量，并根据生产指标确定各月淘汰率和数量。具体推算程序为：根据全年羊产品产量分月计划，倒推出相应的羊饲养计划，并以此推算出羔羊生产与饲养计划、繁殖公母羊饲养计划，从而完成周转计划的编制（表11-2）。

表11-2　羊群周转计划表（单位：只）

羊群类型		上年末结存数	月												计划年度末结存数量
			1	2	3	4	5	6	7	8	9	10	11	12	
哺乳羔羊															
育成羊															
后备母羊	月初只数														
	转入														
	转出														
	淘 汰														
后备公羊	月初只数														
	转入														
	转出														
	淘汰														

续表

羊群类型		上年末结存数	月												计划年度末结存数量
			1	2	3	4	5	6	7	8	9	10	11	12	
基础母羊	月初只数														
	转入														
	淘 汰														
基础公羊	月初只数														
	转入														
	淘 汰														
育肥羊	4 月龄以下														
	5~6 月龄														
	7 月龄以上														
月末结存															
出售种羊															
出售肥羔															
出售育肥羊															

（四）配种分娩计划

配种分娩计划是肉羊生产计划的重要环节。该计划的制订主要是依据羊群周转计划、种母羊的繁殖规律、饲养管理条件、配种方式、饲养的品种、技术水平等进行倒推。第一，确定年内各月生产羔羊数量计划；第二，确定年内各月经产及初产母羊分娩数量计划；第三，确定年内各月经产和初配母羊的配种数量计划，从而完成配种分娩计划的制订（表 11-3）。

表 11-3　年度羊群配种分娩计划表

交配					计划年月份	分娩						育成羊
年度	月份	交配母羊数				分娩胎次			产活羔数			
		基础母羊	检定母羊	合计		基础母羊	检定母羊	合计	基础母羊	检定母羊	合计	
上年度	9											
	10											
	11											
	12											
计划年度	1				1							
	2				2							
	3				3							
	4				4							
	5				5							
	6				6							
	7				7							
	8				8							
	9				9							
	10				10							
	11				11							
	12				12							
	全年				全年							

（五）草料供应计划

草料是养羊生产的物质保证。生产中既要保证及时充足的供应，又要避免积压。因此，必须做好计划。草料供应计划是依据羊场生产周转计划及饲养消耗定额来制订的。饲草饲料费用占生产总成本的60%~70%，所以在制订饲料计划时既要注意饲料价格，同时又要保证饲料质量。不同饲养方式、品种和日龄的羊所需的草料量是不同的。各场可根据当地草料资源的不同条件和不同羊群的营养需要，制订出各羊群科学合理的草料日粮配方，并根据不同羊群的饲养数量和每只每天平均消耗草料量，推算出整个羊场每天、每周、每月及全年各种草料的需要量，并依市场价格情况和羊场资金实际，做好所需原料的订购、储备和生产供应。对于放牧和半放牧方式饲养的羊群，还要根据放牧草地的载畜量，科学合理地安排饲草、饲料生产（表 11-4）。

表 11-4　年度饲料计划

项目类别	平均饲养只数	年饲养总数	精饲料		粗饲料		青绿料		青贮料		食盐		骨粉		石粉	
			定额	小计	定额	小计	定额	小计	定额	小计	定额	小计	定额	小计	定额	小计

（六）疫病防治计划

羊场疫病防治计划是指一个年度内对羊群疫病防治所做的预先安排。羊场的疫病防治是保证其生产效益的重要条件，也是实现生产计划的基本保证。羊场实行“预防为主，防治结合”的方针，建立一套综合性的防疫措施和制度。其内容包括羊群的定期检查、羊舍消毒、各种疫苗的定期注射、病羊的资料与隔离等。对各项防疫制度要严格执行，定期检查。

（七）资金使用计划

有了生产销售计划、草料供应计划等计划后，资金使用计划也就必不可少了。资金使用计划是经营管理计划中非常关键的一项工作。做好计划并顺利实施，是保证企业健康发展的关键。资金使用计划的制订应依据有关生产等计划，本着节省开支，并最大限度提高资金使用效率的原则，精打细算，合理安排，科学使用。既不能让资金长时间闲置，造成资金资源浪费，还要保证生产所需资金及时足额到位。在制订资金使用计划中，对羊场自有资金要统筹考虑，尽量盘活资金，不要造成自有资金沉淀。对企业发展所需贷款，经可行性研究，认为有效益、项目可行，就要大胆贷款，破除企业不管发展快慢，只要没有贷款就是好企业的传统思想，要敢于并善于科学合理地运用银行贷款，加快规模羊场的发展。一个企业只要其资产负债率保持在合理的范围内，贷款都是可行的。

第四节　生产运行过程的经营管理

一、羊场管理制度

羊场管理的规章制度是规模羊场生产部门加强和巩固劳动纪律的基本方法。

规模羊场主要的劳动管理制度有岗位制、考勤制、基本劳动日制、作息制、质量检查制、安全生产制、技术操作规程等。羊场由于劳动对象的特殊性，特别应注意根据羊的生物学特性及不同生长发育阶段的消化吸收规律，建立合理的饲喂制度，做到定时、定量、定次数、定顺序，并根据季节、年龄进行适当调整，以保证羊的正常消化吸收，避免造成饲料浪费。饲养人员必须严格遵守饲喂制度，不能随意经常变动。

制度管理是羊场做好劳动管理不可缺少的手段，主要包括考勤制度、劳动纪律、生产责任制、劳动保护、劳动定额、奖惩制度等。制度的建立，一是要符合羊场的劳动特点和生产实际；二是内容具体化，用词准确，简明扼要，质和量的概念必须明确；三是要经全场职工认真讨论通过，并经场领导批准后公布执行；四是必须具有严肃性，一经公布，全场干部职工必须认真执行，不搞特殊化；五是必须具备连续性，应长期坚持，并在生产中不断完整。

二、定额管理

定额是编制生产计划的基础。在编制计划的过程中，对人力、物力、财力的配备和消耗，产供销的平衡，经营效果的考核等计划指标，都是根据定额标准进行计算和研究确定的。只有合理的定额，才能制订出先进可靠的计划。如果没有定额，就不能合理地进行劳动力的配备和调度、物资的合理储备和利用，资金的利用和核算就没有根据，生产就不合理。定额是检验的标准，在一些计划指标的检查中，要借助定额来完成。在计划检查中，检查定额的完成情况，通过分析来发现计划中的薄弱环节。同时定额也是劳动报酬分配的依据，可以在很大程度上提高劳动生产率。

（一）定额的种类

定额的种类见表 11-5。

表 11-5　定额的种类

种类	内容
人员配备定额	完成一定任务应配备的生产人员、技术人员和服务人员标准
机械设备定额	完成一定生产任务所必需的机械、设备标准或固定资产利用程度的标准
物资储备定额	按正常生产需要的零配件、燃料、原材料和工具等物资的必需库存量
饲料储备定额	按生产需要来确定饲料的生产量，包括各种精饲料、粗饲料、矿物质及预混合饲料储备和供应量

续表

种类	内容
产品定额	皮、毛、奶、肉产品的数量和质量标准
劳动定额	生产者在单位时间内完成符合质量标准的工作量，或完成单位产品或工作量所需要的工时消耗，又可称为工时定额
财务定额	生产单位的各项资金限额和生产经营活动中的各项费用标准，包括资金占用定额、成本定额和费用定额等

（二）羊场的生产定额

1. 人员配备定额　规模为 10 000 只的羊场，全舍饲，其人员配备可为：管理人员 3 人（其中场长 1 人，生产主管 2 人），财务人员 2 人（会计 1 人，出纳 1 人），技术人员 7 人（畜牧技术人员 2 人，兽医 2 人，人工授精员 2 人，统计员、资料员 1 人），生产人员 51 人（饲养员 21 人、清洁工 7 人、接产员 2 人、轮休 2 人、饲料加工及运送 5 人、夜班 2 人、机修 2 人、仓库管理 1 人，锅炉工 2 人、洗涤员 5 人，保安 2 人）。

2. 劳动定额　劳动定额是在一定生产技术和组织条件下，为生产一定的合格产品或完成一定的工作量，所规定的必要劳动消耗量，是计算产量成本、劳动生产率等各项经济指标和编制生产、成本和劳动等计划的基础依据。养羊生产可以以队、班组或羊舍为单位进行饲养管理。但是羊群种类不同所确定的劳动定额也不同，所制订的劳动定额也有所不同。在制订劳动定额时应根据生产条件、职工技术状况和工作要求，并参照历年统计资料，综合分析确定。

（1）饲养员：饲养员负责羊群的饲养管理工作，按羊群生产阶段进行专门管理。主要工作为：根据羊场生产情况饲喂精料、全价饲料或粗饲料；按照规定的工作日程，进行羊群护理工作；经常观察羊群的食欲、健康、粪便、发情和生长发育等情况。羊场的饲养定额一般是每人负责成年母羊 100~200 只，羔羊 50~100 只，育成羊 400~500 只。

（2）饲料员：每人每天送草 5 000 千克或者粉碎精料 1 000 千克，或者全价颗粒饲料 3 000 千克，送料送草过程中应清除饲料中的杂质。

（3）技术员：包括畜牧技术人员和兽医技术人员，每 300~500 只羊配备畜牧、兽医技术人员各 1 人，主要任务是落实饲养管理规程和疾病防治工作。

（4）配种员：每 1 000 只羊配备 1 名人工授精员和 1 名兽医，负责羊保健、配种和孕检等工作，要求总繁殖率在 90%以上，发情期受胎率大于 50%。

（5）产房工：负责围产期母羊的饲养管理，做好兽医技术人员的助手，每人饲养羊 50~100 只。要求管理仔细，不发生人为的事故。

（6）清洁员：负责羊体、羊床、羊舍及周围环境的卫生，每人可管理各类羊 500 只。

（7）场长：组织协调各部门工作，监督落实羊场各项规章制度，搞好羊场的发展工作，制订年度计划。

（8）销售员：负责产品销售，及时向主管领导汇报市场信息，协助监督产品质量。销售员根据销售路线的远近决定销售量，负责将羊群按时送给用户。

3. 饲料消耗定额 羊群维持和生产产品需要从饲料中摄取营养物质。羊群种类的不同，同种羊的年龄、性别上的不同，生长发育阶段的不同及生产用途不同，其饲料的种类和需要量也不同。因此制订不同羊群的饲料消耗定额所遵循的方法，首先应该查找其饲养标准中对各种营养成分的需要量，参照不同饲料的营养价值确定日粮的配给量；再以给定日粮配给作为基础，计算不同饲料在日粮中的占有量；最后再根据占有量和家畜的年饲养日即可计算出年饲料的消耗定额。计算定额时应加上饲喂过程中的损耗量。饲料消耗定额是生产单位产量的产品所规定的饲料消费标准，是确定饲料需要量、合理利用饲料、节约饲料和实行经济核算的重要依据。以成年母羊为例，成年母羊每天每只平均需要 0. 5 千克优质干草，青贮玉米 5 千克；育成羊每天每只平均需干草 1 千克，青贮玉米 3 千克。成年母羊按每天 0. 25 千克精料配给。

4. 成本定额 成本定额是羊场财务定额的组成部分，羊场成本分为两大块，即产品总成本和产品单位成本。成本定额通常指的是成本控制指标，主要是生产某种产品或某种作业所消耗的生产资料和所付劳动报酬的总和。成本项目包括工资和福利费、饲料费、燃料费和动力费、医药费、固定资产折旧费、固定资产修理费、低值易耗品费、其他直接费用和企业管理费等。

（三）定额的修订

修订定额是搞好计划的一项重要内容。定额是在一定条件下制订的，反映了一定时期的技术水平和管理水平。生产的客观条件不断发生变化，因此定额也应及时修订。在编制计划前，必须对定额进行一次全面的调查、整理、分析，对不符合新情况、新条件的定额进行修订，并补充齐全的定额和制订新的定额标准，使计划的编制有理有据。

三、记录管理

记录管理就是将肉羊场生产经营活动中的人、财、物等消耗情况及有关事项记录在案，并进行规范、计算和分析。羊场记录可以反映羊场生产经营活动的状况，是经济核算的基础和提高管理水平及效益的保证，羊场必须重视记录管理。羊场记录要及时准确（在第一时间填写，数据真实可靠）、简洁完整（通俗易懂、全面系统）和便于分析。

（一）羊场记录的内容

1. 生产记录

（1）羊群生产情况记录：羊的品种、饲养数量、饲养日期、死亡淘汰、产品产量等。

（2）饲料记录：将每日不同肉羊群（或以每栋或栏或群为单位）所消耗的饲料按其种类、数量及单价等记载下来。

（3）劳动记录：记载每天出勤情况、工作时数、工作类别，以及完成的工作量、劳动报酬等。

2. 财务记录

（1）收支记录：包括出售产品的时间、数量、价格、去向及各项支出情况。

（2）资产记录：固定资产类，包括土地、建筑物、机器设备等的占用和消耗；库存物资类，包括饲料、兽药、在产品、产成品、易耗品、办公用品等的消耗数、库存数量及价值；现金及信用类，包括现金、存款、债券、股票、应付款、应收款等。

3. 饲养管理记录

（1）饲养管理程序及操作记录：饲喂程序、光照程序、羊群的周转、环境控制等记录。

（2）疾病防治记录：包括隔离消毒情况、免疫情况、发病情况、诊断及治疗情况、用药情况、驱虫情况等。

4. 羊的档案

（1）成年母羊档案：记载其系谱、配种产羔情况。

（2）羔羊档案：记载其系谱、出生时间、体尺和体重情况。

（3）育成羊档案：记载其系谱、各月龄体尺和体重情况、发情配种情况。

（4）育肥羊档案：记录品种、体重、饲料用量等。

（二）羊场记录表格

羊场所需记录表格如表 11-6~表 11-14 所示。

表 11-6　疫苗购、领记录表　　　填表人：

购入日期	疫苗名称	规格	生产厂家	批准文号	生产批号	来源（经销点）	购入数量	发出数量	结存数量

表 11-7　饲料添加剂、预混料、饲料购、领记录表　　填表人：

购入日期	名称	规格	生产厂家	批准文号或登记证号	生产批号或生产日期	来源（生产厂家或经销点）	购入数量	发出数量	结存数量

表 11-8　疫苗免疫记录表　　填表人：

免疫日期	疫苗名称	生产厂家	免疫动物批次日龄	栋、栏号	免疫数/只	免疫次数	存栏数/只	免疫方法	免疫剂量（毫升/只）	耳标佩戴数（个）	责任兽医

表 11-9　消毒记录表　　填表人：

消毒日期	消毒药名称	生产厂家	消毒场所	配制浓度	消毒方式	操作者

表 11-10　诊疗记录表　　填表人：

发病日期	发病动物栋、栏号	发病群体只数	发病数	发病动物日龄	病名或病因	处理方法	用药名称	用药方法	诊疗结果	兽医签字

表 11-11　病、残、死亡动物处理记录表　　填表人：

处理日期	栋、栏号	动物日龄	淘汰数/只	死亡数/只	病、残、死亡主要原因	处理方法	处理人	兽医签字

表 11-12　生产记录表（按日或变动记录）　　填表人：

日期	栋、栏号	变动情况/只					备注
		存栏数	出生数	调入数	调出数	死、淘数	

表 11-13　出场销售和检疫情况记录表　　填表人：

出场日期	品种	栋、栏号	数量/只	出售动物日龄	销往地点及货主	检疫情况			曾使用的有停药期要求的药物		经办人
						合格头数	检疫证号	检疫员	药物名称	停药时动物日龄	

表 11-14　收支记录表格

收入		支出		备注
项目	金额/元	项目	金额/元	
合计				

（三）羊场记录的分析

通过对羊场的记录进行整理、归类，可以进行分析。分析是通过一系列分析指标的计算来实现的。利用成活率、增重率、饲料转化率等技术效果指标来分析生产资源的投入和产出产品数量的关系及分析各种技术的有效性和先进性。利用经济效果指标，分析生产单位的经营效果和赢利情况，为羊场的生产提供依据。

四、产品销售管理

羊场的产品销售管理包括销售市场调查、销售预测和决策、营销策略及计划的制订、促销措施的落实、市场的开拓、产品售后服务等。市场营销需要研究消费者的需求状况及其变化趋势。在保证产品产量和质量的前提下，利用各种机会、各种渠道刺激消费、推销产品：一是加强宣传、树立品牌；二是加强营销队伍建设；三是积极做好售后服务。

第五节 经济核算

一、资产核算

（一）流动资产

流动资产是指可以在一年内或者超过一年的一个营业周期内变现或者运用的资产。流动资产是企业生产经营活动的主要资产，主要包括养羊场的现金、存款、应收款及预付款、存货（原材料、在产品、产成品、低值易耗品）等。流动资产周转状况影响到产品的成本，加快流动资产周转的措施有：

1. 有计划的采购 加强采购物资的计划性，防止盲目采购，合理地储备物资，避免积压资金，加强物资的保管，定期对库存物资进行清查，防止鼠害和霉烂变质。

2. 缩短生产周期 科学地组织生产过程，采用先进技术，尽可能缩短生产周期，节约使用各种材料和物资，减少产品资金占用量。

3. 及时销售产品 产品及时销售可以缩短产成品的滞留时间，减少流动资金占用量。

4. 加快资金回收 及时清理债权债务，加速应收款项的回收，减少成品资金和结算资金的占用量。

（二）固定资产

固定资产是指使用年限在1年以上，单位价值在规定的标准以上，并且在使用中长期保持其实物形态的各项资产。羊场的固定资产主要包括建筑物、道路、基础羊及其他与生产经营有关的设备、器具、工具等。

1. 固定资产的折旧 固定资产的长期使用中，在物质上要受到磨损，在价值上要发生损耗。固定资产的损耗，分为有形损耗和无形损耗两种。有形损耗是指固定资产由于使用或者由于自然力的作用，使固定资产物质上发生磨损。无形损耗是由于劳动生产率提高和科学技术进步而引起的固定资产价值的损失。固定资产在使用过程中，由于损耗而发生的价值转移，称为折旧，由于固定资产损耗而转移到产品中去的那部分价值叫折旧费或折旧额，用于固定资产的更新改造。

羊场提取固定资产折旧，一般采用平均年限法和工作量法。

（1）平均年限法：是根据固定资产的使用年限，平均计算各个时期的折旧额，因此也称直线法。其计算公式为

固定资产年折旧额 = ［原值 -（预计残值 - 清理费用）］÷ 固定资产预计使用年限

固定资产年折旧率=固定资产年折旧额÷固定资产原值 ×100%

=（1-净残值率）÷折旧年限 × 100%

（2）工作量法：是按照使用某项固定资产所提供的工作量，计算出单位工作量平均应计提折旧额后，再按各期使用固定资产所实际完成的工作量，计算应计提的折旧额。这种折旧计算方法，适用于一些机械等专用设备。其计算公式为

单位工作量（单位里程或每工作小时）折旧额=（固定资产原值-预计净残值）÷总工作量（总行驶里程或总工作小时）

2. 提高固定资产利用效果的途径

（1）适时、适量购置和建设固定资产。根据轻重缓急，合理购置和建设固定资产，把资金使用在经济效益最大而且在生产上迫切需要的项目上；购置和建造固定资产要量力而行，做到与单位的生产规模和财力相适应。

（2）注重固定资产的配套。注意加强设备的通用性和适用性，并注意各类固定资产务求配套完备，使固定资产能充分发挥效用。

（3）加强固定资产的管理。建立严格的使用、保养和管理制度，对不需用的固定资产应及时采取措施，避免浪费，注意提高机器设备的时间利用强度和生产能力的利用程度。

二、成本核算

产品的生产过程，同时也是生产的耗费过程。企业要生产产品，就会发生各种生产耗费。生产过程的耗费包括劳动对象（如饲料）的耗费、劳动手段（如生产工具）的耗费及劳动力的耗费等。企业为生产一定数量和种类的产品而发生的直接材料费（包括直接用于产品生产的原材料、燃料动力费等）、直接人工费用（直接参加产品生产的工人工资及福利费）和间接制造费用的总和构成产品成本。

产品成本是一项综合性很强的经济指标，它反映了企业的技术实力和整个经营状况。羊场的品种是否优良，饲料质量好坏，饲养技术水平高低，固定资产利用的好坏，人工耗费的多少等，都可以通过产品成本反映出来。所以，羊场通过成本和费用核算，可发现成本升降的原因，降低成本费用，提高产品的竞争能力和赢利能力。

（一）做好成本核算的基础工作

1. 建立健全各项原始记录　原始记录是计算产品成本的依据，直接影响着产品成本计算的准确性。如原始记录不实，就不能正确反映生产耗费和生产成果，就会使成本计算变为“假账真算”，成本核算就失去了意义。所以，饲料、燃料动力的消耗，原材料、低值易耗品的领退，生产工时的耗用，畜禽变动，畜群周转，畜禽死亡淘汰，产出产品等原始记录都必须认真如实地登记。

2. 建立健全各项定额管理制度 羊场要制订各项生产要素的耗费标准（定额）。不管是饲料、燃料动力，还是费用工时、资金占用等，都应制订比较先进、切实可行的定额。定额的制订应建立在先进的基础上，对经过努力仍然达不到的定额标准或不需努力就很容易达到定额标准的定额，要及时进行修订。

3. 加强财产物资的计量、验收、保管、收发和盘点制度 财产物资的实物核算是其价值核算的基础，做好各种物资的计量、收集和保管工作，是加强成本管理、正确计算产品成本的前提条件。

（二）羊场成本的构成项目

1. 饲料费 指饲养过程中耗用的自产和外购的混合饲料和各种饲料原料。凡是购入的需按买价加运费计算，自产饲料一般按生产成本（含种植成本和加工成本）进行计算。

2. 劳务费 从事养羊的生产管理劳动，包括饲养、清粪、繁殖、防疫、转群、消毒、购物运输等所支付的工资、资金、补贴和福利等。

3. 医疗费 指用于羊群的生物制剂、消毒剂及检疫费、化验费、专家咨询服务费等。但已包含在配合饲料中的药物及添加剂费用，不必重复计算。

4. 公、母羊折旧费 种公羊从开始配种算起，种母羊从产羔开始算起。

5. 固定资产折旧维修费 指羊舍、设备等固定资产的基本折旧费及修理费。根据羊舍结构和设备质量、使用年限来计损。如租用土地，应加上租金。土地、羊舍等都是租用的，只计租金，不计折旧。

6. 燃料动力费 指饲料加工、羊舍保暖、排风、供水、供气等耗用的燃料和电力费用，这些费用按实际支出的数额计算。

7. 利息 是指对固定投资及流动资金一年中支付利息的总额。

8. 杂费 包括低值易耗品费用、保险费、通信费、交通费、搬运费等。

9. 税金 指用于肉羊生产的土地、建筑设备及生产销售等一年内应交的税金。

10. 共同的生产费用 指分摊到羊群的间接生产费用。

以上十项构成了羊场生产成本，从构成成本比重来看，饲料费、公母羊折旧费、人工费、固定资产折旧费等数额较大，是成本项目构成的主要部分，应当重点控制。

（三）成本的计算方法

羊的活重是羊场的生产成果，羊群的主、副产品或活重是反映产品率和饲养费用的综合经济指标，如在肉羊生产中可计算饲养日成本、增重成本、活重成本和产羊成本等。

1. 饲养日成本 指一只肉羊饲养一天的费用，反映饲养水平的高低。其计算公式为

饲养日成本=本期饲养费用÷本期饲养日数

2. 增重单位成本　指羔羊或育肥羊增加体重的平均单位成本。其计算公式为

增重单位成本=（本期饲养费用-副产品价值）÷本期增重量

3. 活重单位成本　指羊群全部活重单位成本。其计算公式为

活重单位成本=(期初全群成本+本期饲养费用-副产品价值）÷（期终全群活重+本期售出转群活重）

4. 生长量成本　其计算公式为

生长量成本=生长量饲养日成本×本期饲养日。

5. 羊肉单位成本　其计算公式为

羊肉单位成本=（出栏羊饲养费用-副产品价值）÷出栏羊肉总量

三、赢利核算

赢利是指企业的产品销售收入减去已销售产品的总成本后的纯收入，分为税金和利润，是反映企业在一定时期内生产经营成果的重要指标。衡量赢利效果的经济指标有成本利润率、销售利润率、产值利润率及资金利润率。

1. 成本利润率　指 100 元销售成本的赢利额。其计算公式为

成本利润率（%）= 销售利润÷销售成本×100%

2. 销售利润率　指 100 元销售收入可以获得的利润额。其计算公式为

销售利润率（%）= 销售利润÷销售收入×100%

3. 产值利润率　指 100 元产值能创造的利润额。其计算公式为

产值利润率（%）= 销售利润÷产值×100%

4. 资金利润率　指 100 元资金所创造的利润。其计算公式为

资金利润率（%）= 销售利润÷流动资金占用额（流动资金占用额+固定资金占用额）×100%

第十二章　羊场的生物安全措施

羊病防治应坚持“预防为主，防治结合”的原则，采用综合防治方法。

第一节　科学的饲养管理

以放牧为主的羊群，应根据当地自然资源、饲养条件，确定合理的规模，掌握四季放牧要点，做到科学放牧，并做好分群、轮牧，以及对怀孕母羊、哺乳母羊和羔羊的补饲工作，保证营养全面充足，提高机体抗病力。

以圈养为主的羊群，应科学选择场址和建筑羊舍，保持适宜的饲养密度，降低传染病暴发的风险；科学储存和调制草料，防止霉变，如当地花生秧较多，可将其晒干后打捆或制成牧草颗粒存放，应满足全年饲喂需要；科学分群饲养，选用配合饲料饲喂；做好防暑和保暖工作；搞好舍内外环境卫生，保持羊舍、饲槽、羊体、用具等的清洁卫生，做好灭蚊灭鼠工作，不在羊舍内养其他动物，避免由规模化圈养易发生的营养代谢病和传染病等带来的严重威胁。

第二节　加强检疫、隔离

一、严格检疫

坚持自繁自养和全进全出制度。引种时应从非疫区，取得“动物防疫合格证”的种羊场或繁育场引进经检疫合格的种羊。采取血清学或病原学的方法，定期有计划地对种羊群进行疫病动态监测，坚决淘汰阳性和带毒（菌）羊；发生疑似疫病时要及时对患病羊和疑似感染羊进行隔离治疗或淘汰处理，对假定健康的羊进行紧急预防接种。

二、加强隔离

（一）科学选择场址和规划布局

注意羊场场址选择和规划布局；羊舍应建在地势干燥、通风向阳、光线充足、水源丰富的地方。饲养场应设立围墙或防护沟，门口设置消毒池，严禁非生产人员、车辆入内。

（二）实行全进全出或分单元全进全出饲养管理制度

商品羊出栏后，圈舍应空置2周以上，并彻底清洗、消毒，杀灭病原，防止连续感染和交叉感染。饲养人员不得相互窜舍，不得使用其他圈舍的用具及设备。

（三）人员管理

谢绝无关人员进入生产区。本场工作人员，确因工作需要必须进入的人员、车辆，应进行严格的消毒。对饲养员定期进行特定的人畜共患病检查，以保证饲养人员身体健康，防止疾病扩散。

（四）灭鼠除害

定期捕杀鼠类、蝇类，防止疾病传播。

（五）引种隔离

种羊引进后应在隔离观察舍隔离观察2周以上，确认健康后方可进入大群羊舍饲养。

第三节 严格消毒制度

消毒是指用物理的、化学的和生物学的方法清除或杀灭外环境（各种物体、场所、饲料、饮水及畜禽体表皮肤、黏膜及浅表体）中病原微生物及其他有害微生物。

一、消毒的方法

（一）物理消毒法

物理消毒法是指应用物理因素杀灭或清除病原微生物及有害微生物的方法。物理消毒法包括清除、辐射、煮沸、干热、湿热、火焰焚烧及滤过除菌、超声波、激光、X射线消毒等，是简便经济而较常用的一种消毒方法，常用于养殖场的场地、舍饲设备、卫生防疫器具和用具的消毒。

（二）化学消毒法

化学消毒法就是利用化学药物（或消毒剂）杀灭或清除微生物的方法，是生产中最常用的消毒方法，主要应用于养殖场内外环境中，畜禽笼、舍、饲槽，各种物品表面及饮水消毒等。常用的化学消毒方法如下。

1. 浸洗法 如接种或打针时，对注射局部用酒精棉球、碘酒擦拭；对一些器械、用具、衣物等进行浸泡。一般应洗涤干净后再行浸泡，药液要浸过物体，浸泡时间应长些，水温应高些。养殖场入口和羊舍入口处消毒槽内，可用浸泡药物的草垫或草袋对人员的靴鞋消毒。

2. 喷洒法 喷洒地面、墙壁、舍内固定设备等，可用细眼喷壶；对舍内空间消毒，则用喷雾器。喷洒要全面，药液要喷到物体的各个部位。一般喷洒地面，药液量为2升/米^2，喷墙壁、顶棚，药量为1升/米^2。

3. 熏蒸法 适用于可以密闭的羊舍和其他建筑物。这种方法简便、省事，对房屋结构无损，消毒全面，如羔羊舍、饲料厂库等常用。常用的药物有福尔马林（40%的甲醛水溶液）、过氧乙酸水溶液。为加速蒸发，常利用高锰酸钾的氧化作用。

4. 气雾法 气雾粒子是悬浮在空气中的气体与液体的微粒，直径小于200纳米，相对分子质量极小，能悬浮在空气中较长时间，可到处漂移穿透到羊舍内及空隙中。气雾是消毒液倒进气雾发生器后喷射出的雾状微粒，是消灭气携病原微生物的理想办法。羊舍的空气消毒和带羊消毒等常用。

（三）生物消毒法

生物消毒法是利用自然界中广泛存在的微生物在氧化分解污物（如垫草、粪便等）中的有机物时所产生的大量热能来杀死病原体。在养殖场中最常用的是粪便和垃圾的堆积发酵，它是利用嗜热细菌繁殖产生的热量杀灭病原微生物。但此法只能杀灭粪便中的非芽孢性病原微生物和寄生虫卵，不适用于芽孢菌及患危险疫病羊的粪便消毒。粪便和土壤中有大量的嗜热菌、噬菌体及其他抗菌物质，嗜热菌可以在高温下发育，其最低温度界限为35℃，适温为50~60℃，高温界限为70~80℃。在堆肥内，开始阶段由于一般嗜热菌的发育使堆肥内的温度高到30~35℃，此后嗜热菌便发育而将堆肥的温度逐渐提高到60~75℃，在此温度下大多数病毒及除芽孢以外的病原菌、寄生虫幼虫和虫卵在几天到3~6周内死亡。粪便、垫料采用此法比较经济，消毒后不失其作为肥料的价值。生物消毒方法多种多样，在养羊生产中常用的有地面泥封堆肥发酵法、地上台式堆肥发酵法，以及坑式堆肥发酵法等。

二、消毒的程序

（一）入口消毒

场大门、生产区入口及各栋羊舍的入口都要设消毒池，消毒池内要有消毒液。大门口的车辆消毒池长度为汽车轮周长的2倍，深度为15~20厘米，宽度与大门口同宽；生产区入口要有消毒室或淋浴室供出入人员淋浴消毒；各栋羊舍的入口也要有脚踏消毒槽。消毒液可选用2%~5%火碱（氢氧化钠）溶液、1%菌毒敌、1:200百毒杀、1:（300~500）喷雾灵中的任一种。药液每周更换1~2次，雨过天晴后立即更换，确保消毒效果。

进入场门的车辆除要经过消毒池外，还必须对车身、车底盘进行高压喷雾消毒，消毒液可用2%过氧乙酸或1%灭毒威。严禁车辆（包括员工的摩托车、自行车）进入生产区。生产区的料车每周需彻底消毒一次。

所有工作人员进入场区大门必须进行鞋底消毒，并经自动喷雾器进行喷雾消毒。进入生产区的人员必须淋浴、更衣、换鞋、洗手，并经紫外线照射15分钟（注：不能用眼看灯管，否则可能发生光照性眼炎）。工作服、鞋、帽等定期消毒（可放在1%~2%碱水内煮沸消毒，也可用每立方米空间42毫升福尔马林熏蒸20分钟消毒）。严禁外来人员进入生产区。进入羊舍人员脚先踏消毒池（消毒池的消毒液每3天更换一次），再洗手后方可进入。工作人员在接触羊群、饲料等之前必须洗手，并用消毒液浸泡消毒3~5分钟。病羊隔离人员和剖检人员操作前后都要进行严格消毒。

（二）环境消毒

1. 生活区、办公区消毒　生活区、办公区院落或门前屋后4~10月每7~10天消毒一次，11月至翌年3月每半月消毒一次。可用2%~3%的氢氧化钠或甲醛溶液喷洒消毒。

2. 生产区的消毒　生产区道路、每栋羊舍前后每2~3周消毒一次；每月对场内污水池、堆粪坑、下水道出口消毒一次；使用2%~3%的氢氧化钠或甲醛溶液喷洒消毒。

3. 垃圾处理消毒　生产区的垃圾实行分类堆放，并定期收集。每逢周六进行环境清理、消毒和焚烧垃圾。可用3%的氢氧化钠喷湿，阴暗潮湿处撒生石灰。

4. 地面土壤消毒　土壤表面可用10%漂白粉溶液、4%福尔马林或10%氢氧化钠溶液消毒。停放过芽孢杆菌所致传染病（如炭疽）病羊尸体的场所，应严格消毒，首先用上述漂白粉澄清液喷洒池面，然后将表层土壤挖掉30厘米左右，撒上干漂白粉，并与土混合，将此表土妥善运出掩埋。其他传染病所污染的地面土壤，可先将地面翻一下，深度约30厘米，在翻地的同时撒上干漂白粉（用量为0.5千克/米^2），然后以水湿润，压平。如果放牧地区被某种病原体污染，一般利用自然因素（如阳光）来消除病原体；如果污染的面积不大，则应使用化学消毒药消毒。

（三）羊舍消毒

1. 空舍消毒　羊出售或转出后对羊舍进行彻底的清洁消毒，消毒步骤如下：

（1）清扫。首先对空舍的粪尿、污水、残料、垃圾和墙面、顶棚、水管等处的尘埃进行彻底清扫，并整理归纳舍内饲槽、用具，当发生疫情时，必须先消毒后清扫。

（2）浸润。对地面、羊栏、出粪口、食槽、粪尿沟、风扇匣、护仔箱等进行低压喷洒，并确保充分浸润，浸润时间不低于30分钟，但不能时间过长，以免干燥后浪费水且不好洗刷。

(3) 冲刷。使用高压冲洗机，由上至下彻底冲洗屋顶、墙壁、栏架、网床、地面、粪尿沟等。要用刷子刷洗藏污纳垢的缝隙，尤其是食槽、水槽等，冲刷不要留死角。

(4) 消毒。晾干后，选用广谱高效消毒剂，消毒舍内所有表面、设备和用具，用2%~3%的氢氧化钠溶液进行喷雾消毒，30~60 分钟后低压冲洗，晾干后用另一种广谱高效消毒药（0.3%好利安）喷雾消毒。

(5) 复原。恢复原来栏舍内的布置，并检查维修，做好进羊前的充分准备，并进行第二次消毒。

(6) 进羊前 1 天再喷雾消毒。

(7) 熏蒸消毒。对封闭羊舍冲刷干净、晾干后，最好进行熏蒸消毒。用福尔马林、高锰酸钾熏蒸。方法：熏蒸前封闭所有缝隙、孔洞，计算房间容积，称量好药品。按照福尔马林：高锰酸钾：水=2：1：1 的比例配制，福尔马林用量一般为 28~42 毫升/米^3。容器应大于甲醛溶液加水后容积的 3~4 倍。放药时一定要把甲醛溶液倒入盛高锰酸钾的容器内，室温最好不低于 24 ℃，相对湿度在70%~80%。先从羊舍一头逐点倒入，倒入后迅速离开，把门封严，24 小时后打开门窗通风。无刺激味后再用消毒剂喷雾消毒一次。

2. 产房和隔离舍的消毒　在产羔前应进行 1 次，产羔高峰时进行多次，产羔结束后再进行 1 次。在病羊舍、隔离舍的出入口处应放置浸有消毒液的麻袋片或草垫，消毒液可用2%~4%氢氧化钠溶液（对病毒性疾病），或用 10%克辽林溶液（对其他疾病）。

3. 带羊消毒　正常情况下选用过氧乙酸或喷雾灵等消毒剂，0.5%浓度以下对人畜无害。夏季每周消毒 2 次，春、秋季每周消毒 1 次，冬季 2 周消毒 1 次。如果发生传染病，每天或隔天带羊消毒 1 次，带羊消毒前必须彻底清扫，消毒时不仅限于羊的体表，还包括整个羊舍的所有空间。应将喷雾器的喷头高举空中，喷嘴向上，让雾粒从空中缓慢地下降，雾粒直径控制在 80~120 微米，压力为0.019 6~0.029 4 兆帕。注意不宜选用刺激性大的药物。

（四）废弃物消毒

1. 粪便消毒　羊的粪便消毒方法主要采用生物热消毒法，即在距羊场 100~200 米以外的地方设一堆粪场，将羊粪堆积起来，上面覆盖 10 厘米厚的沙土，堆放发酵 30 天左右，即可用作肥料。

2. 污水消毒　最常用的方法是将污水引入污水处理池，加入化学药品（如漂白粉或其他氯制剂）进行消毒，用量视污水量而定，一般 1 升污水用 2~5 克漂白粉。

（五）皮毛消毒

羊患炭疽病、口蹄疫、布氏杆菌病、羊痘、坏死杆菌病等，其羊皮、羊毛均应消毒。应当注意，羊患炭疽病时，严禁从尸体上剥皮；在储存的原料皮中即使只发现1张患炭疽病的羊皮，也应将整堆与它接触过的羊皮进行消毒。皮毛的消毒，目前广泛利用环氧乙烷气体消毒法。消毒时必须在密闭的专用消毒室或密闭良好的容器（常用聚乙烯或聚氯乙烯薄膜制成的篷布）内进行。在室温15℃时，每立方米密闭空间使用环氧乙烷0.4～0.8千克维持12～48小时，相对湿度在30%以上。此法对细菌、病毒、霉菌均有良好的消毒效果，对皮毛中的炭疽芽孢也有较好的消毒作用。但本品对人畜有毒性，且其蒸气遇明火会燃烧以至爆炸，故必须注意安全，具备一定条件时才可使用。

（六）尸体的消毒处理

病羊尸体含有较多的病原微生物，也容易分解腐败，散发恶臭，污染环境。特别是发生传染病的病死畜的尸体，处理不善，其病原微生物会污染大气、水源和土壤，造成疾病的传播与蔓延。因此，必须及时地无害化处理病死羊尸体，坚决不能图一己私利而出售。

（七）兽医诊疗器械及用品的消毒

兽医诊疗器械及用品是直接与羊体接触的物品。用前和用后都必须按要求进行严格的消毒。根据器械及用品的种类和使用范围不同，其消毒方法和要求也不一样。一般对进入羊体内或与黏膜接触的诊疗器械，如手术器械、注射器及针头、胃导管、导尿管等，必须经过严格的消毒灭菌；对不进入动物组织内，也不与黏膜接触的器具，一般要求去除细菌的繁殖体及亲脂类病毒。各种诊疗器械及用品的消毒方法见表12-1。

表12-1　各种诊疗器械及用品的消毒方法

消毒对象	消毒药物及方法
体温计	先用1%过氧乙酸溶液浸泡5分钟，然后放入1%过氧乙酸溶液中浸泡30分钟
注射器	0.2%过氧乙酸溶液浸泡30分钟，清洗，煮沸或高压蒸汽灭菌（注意针头用肥皂水煮沸消毒15分钟后，洗净，消毒后备用；煮沸时间从水沸腾时算起，消毒物应全部浸入水内）
各种塑料接管	将各种塑料接管分类浸入0.2%过氧乙酸溶液中，浸泡30分钟后用清水冲净；接管用肥皂水刷洗，清水冲净，烘干后再分类高压灭菌

续表

消毒对象	消毒药物及方法
药杯、换药碗（搪瓷类）	将药杯用清水冲净残留药液，然后浸泡在1∶1 000新洁尔灭溶液中1小时；将换药碗用肥皂水煮沸消毒15分钟；然后将药杯与换药碗分别用清水刷洗冲净后，煮沸消毒15分钟或高压灭菌（如药杯系玻璃类或塑料类），可用0.2%过氧乙酸浸泡2次，每次30分钟后清洗烘干（注意药杯与换药碗不能放在同一容器内煮沸或浸泡。若用后的药碗染有各种药液颜色，应煮沸消毒后用去污粉擦净、清洗、揩干后再浸泡；冲洗药杯内残留药液下来的水须经处理后再弃去）
托盘、方盘、弯盘（搪瓷类）	将其分别浸泡在1%漂白粉清液中1小时；再用肥皂水刷洗，清水冲净后备用；漂白粉清液每2周更换1次，夏季每周更换1次
污物敷料桶	将桶内污物倒出后，用0.2%过氧乙酸溶液喷雾消毒，放置30分钟；用碱水或肥皂水将桶刷洗干净，用清水洗净后备用（注意：污物敷料桶每周消毒1次；桶内倒出的污物、敷料须消毒处理后回收或焚烧处理）
污染的镊子、止血钳等金属器材	放入1%肥皂水中煮沸消毒15分钟，用清水将其冲净后，再煮沸15分钟或高压灭菌后备用
锋利器械（刀片及剪、针头等）	浸泡在1∶1 000新洁尔灭水溶液中1小时，再用肥皂水刷洗，清水冲净，揩干后浸泡于1∶1 000新洁尔灭溶液的消毒盒中备用（注意：被脓、血污染的镊子、钳子或锐利器械应先用清水刷洗干净，再进行消毒；洗刷下的脓、血水按每1 000毫升加入过氧乙酸原液10毫升计算，即1%浓度，消毒30分钟后才能弃掉；器械使用前，应用0.85%灭菌生理盐水淋洗）
开口器	将开口器浸入1%过氧乙酸溶液中，30分钟后用清水冲洗；再用肥皂水刷洗，清水冲净，揩干后，煮沸15分钟或高压灭菌后使用（注意：应全部浸入消毒液中）
硅胶管	将硅胶管拆去针头，浸泡在0.2%过氧乙酸溶液中，30分钟后用清水冲净；再用肥皂水冲洗管腔后，用清水冲洗，揩干（注意：拆下的针头按注射器针头消毒处理）
手套	将手套浸泡在0.2%过氧乙酸溶液中，30分钟后用清水冲洗；再将手套用肥皂水清洗，清水漂净后晾干（注意：手套应浸没于过氧乙酸溶液中，不能浮于药液表面）
橡皮管、投药瓶	用浸有0.2%过氧乙酸的抹布擦洗物件表面；再用肥皂水将其刷洗，清水冲净后备用

续表

消毒对象	消毒药物及方法
导尿管、肛管、胃导管等	将物件分类浸入1%过氧乙酸溶液中，浸泡30分钟后用清水冲洗；再将上述物品用肥皂水刷洗，清水冲净后，分类煮沸15分钟或高压灭菌后备用（注意：物件上的胶布痕迹可用乙醚或乙醇擦除）
输液、输血皮管	将皮管针头拆去后，用清水冲净皮管内残留液体后，浸泡在清水中；再将皮管用肥皂水反复揉搓，清水冲净，揩干后，高压灭菌备用。拆下的针头按注射针头消毒处理
手术衣、帽、口罩等	将其分别浸泡在0.2%过氧乙酸溶液中30分钟，用清水冲洗；肥皂水搓洗，清水洗净晒干，高压灭菌备用（注意：口罩应与其他物品分开洗涤）
创巾、敷料等	污染血液的，先放在冷水或5%氨水内浸泡数小时，然后在肥皂水中搓洗，最后用清水漂净；污染碘酊的，用2%硫代硫酸钠溶液浸泡1小时，清水漂洗，拧干，浸于0.5%氨水中，再用清水漂净；经清洗后的创巾、敷料分包，高压灭菌备用。被传染性物质污染时，应先消毒后洗涤，再灭菌
运输车辆、其他工具车或小推车	每月定期用去污粉或肥皂粉将推车擦洗干净；污染的工具车类，应及时用浸有0.2%过氧乙酸的抹布擦洗，30分钟后再用清水冲净。推车等工具车应经常保持整洁，清洁与污染的车辆应互相分开

（八）发生疫病期间的消毒

发生传染病后，羊场病原数量大幅增加，疫病传播流行会更加迅速，为了控制疫病传播流行及危害，需要更加严格地消毒。

疫情活动期间消毒是以消灭病羊所散布的病原为目的而进行的消毒。病羊所在的羊舍、隔离场地、排泄物、分泌物及被病原微生物污染和可能被污染的一切场所、用具和物品等都是消毒的重点。在实施消毒过程中，应根据传染病病原体的种类和传播途径的区别，抓住重点，以保证消毒的实际效果。如肠道传染病消毒的重点是羊排出的粪便及被污染的物品、场所等；呼吸道传染病则主要是消毒空气、分泌物及污染的物品等。

1. 一般消毒　养殖场的道路、羊舍周围用5%的氢氧化钠溶液或10%的石灰乳溶液喷洒消毒，每天1次；羊舍地面、隔栏用15%漂白粉溶液、5%氢氧化钠溶液等喷洒，每天1次；带羊消毒，用0.25%益康溶液、0.25%强力消杀灵溶液、0.3%农家福、0.5%~1%的过氧乙酸溶液喷雾，每天1次，连用5~7天；粪便、粪池、垫草及其他污物用化学或生物热消毒；出入人员脚踏消毒液，紫外线等照射消毒。消毒池内放入5%氢氧化钠溶液，每周更换1~2次；其他用具、设备、车辆用15%漂白粉溶液、5%氢氧化钠溶液等喷洒消毒；疫情结束后，进行全面的消毒1~2次。

2. 疫源地污染物的消毒 发生疫情后污染（或可能污染）的场所和污染物要进行严格的消毒，其消毒方法见表12-2。

表12-2 疫源地污染物消毒方法

消毒对象	消毒方法	
	细菌性传染病	病毒性传染病
空气	甲醛熏蒸，福尔马林溶液25毫升，作用12小时（加热法）；2%过氧乙酸熏蒸，用量1克/米^3，20℃作用1小时；0.2%~0.5%过氧乙酸或3%来苏儿喷雾30毫升/米^2，作用30~60分钟；红外线照射0.06瓦/厘米^2	醛熏蒸法（同细菌病）；2%过氧乙酸熏蒸，用量3克/米^3，作用90分钟（20℃）；0.5%过氧乙酸或5%漂白粉澄清液喷雾，作用1~2小时；乳酸熏蒸，用量10毫克/米^{3}加水1~2倍，作用30~90分钟
排泄物（粪、尿、呕吐物等）	成形粪便加2倍量的10%~20%漂白粉乳剂，作用2~4小时；对稀便，直接加粪便量1/5的漂白粉剂，作用2~4小时	成形粪便加2倍量的10%~20%漂白粉乳剂，充分搅拌，作用6小时；稀便，直接加粪便量1/5的漂白粉剂，作用6小时；尿液100毫升加漂白粉3克，充分搅匀，作用2小时
分泌物（鼻涕、唾液、穿刺脓液、乳汁）	加等量10%漂白粉或1/5量干粉，作用1小时；加等量0.5%过氧乙酸，作用30~60分钟；加等量3%~6%来苏儿液，作用1小时	加等量10%~20%漂白粉或1/5量干粉，作用2~4小时；加等量0.5%~1%过氧乙酸，作用30~60分钟
羊舍、运动场及舍内用具	污染草料与粪便集中焚烧；羊舍四壁用2%漂白粉澄清液喷雾（200毫升/米^3），作用1~2小时；羊圈及运动场地面，喷洒漂白粉20~40克/米^2，作用2~4小时，或1%~2%氢氧化钠溶液，5%来苏儿溶液喷洒1 000毫升/米^3，作用6~12小时；甲醛熏蒸，福尔马林溶液12.5~25毫升/米^3，作用12小时（加热法）；0.2%~0.5%过氧乙酸、3%来苏儿喷雾或擦拭，作用1~2小时；2%过氧乙酸熏蒸，用量1克/米^3，作用6小时	与细菌性传染病消毒方法相同，一般消毒剂作用时间和浓度稍大于细菌性传染病

续表

消毒对象	消毒方法	
	细菌性传染病	病毒性传染病
饲槽、水槽、饮水器等	0.5%过氧乙酸浸泡 30~60 分钟；1%~2%漂白粉澄清液浸泡 30~60 分钟；0.5%季铵盐类消毒剂浸泡 30~60 分钟；1%~2%氢氧化钠热溶液浸泡 6~12小时	0.5%过氧乙酸液浸泡 30~60 分钟；3%~5%漂白粉澄清液浸泡 50~60 分钟；2%~4%氢氧化钠热溶液浸泡 6~12 小时
运输工具	0.2%~0.3%过氧乙酸或 1%~2%漂白粉澄清液，喷雾或擦拭，作用 30~60 分钟；3%来苏儿或 0.5%季铵盐喷雾擦拭，作用 30~60 分钟	0.5%~1%过氧乙酸、5%~10%漂白粉澄清液喷雾或擦拭，作用 30~60 分钟；5%来苏儿喷雾或擦拭，作用 1~2小时；2%~4%氢氧化钠热溶液喷洒或擦拭，作用 2~4 小时
工作服、被服、衣物织品等	高压蒸汽灭菌，121 ℃ 15~20 分钟；煮沸 15 分钟（加 0.5%肥皂水）；甲醛 25 毫升/米^3，作用 12 小时；环氧乙烷熏蒸，用量 2.5 克/升，作用 2 小时；过氧乙酸熏蒸，1 克/米^3 在 20 ℃条件下作用 60 分钟；2%漂白粉澄清液或 0.3%过氧乙酸或 3%来苏儿溶液浸泡 30~60 分钟；0.02%碘伏浸泡 10 分钟	高压蒸汽灭菌，121 ℃ 30~60 分钟；煮沸 15~20 分钟（加 0.5%肥皂水）；甲醛 25 毫升/米^3 熏蒸 12 小时；环氧乙烷熏蒸，用量 2.5 克/升，作用 2 小时；过氧乙酸熏蒸，用量 1 克/米^3，作用 90 分钟；2%漂白粉澄清液浸泡 1~2 小时；0.3%过氧乙酸浸泡 30~60 分钟；0.03%碘伏浸泡 15 分钟
接触病羊人员手消毒	0.02%碘伏洗手 2 分钟，清水冲洗；0.2%过氧乙酸浸手 2 分钟；75%乙醇棉球擦手 5 分钟；0.1%新洁尔灭浸手 5 分钟	0.5%过氧乙酸洗手，清水冲净；0.05%碘伏浸手 2 分钟，清水冲净
污染办公品（书、文件）	环氧乙烷熏蒸，2.5 克/升，作用 2 小时；甲醛熏蒸，福尔马林用量 25 毫升/米^3，作用 12 小时	同细菌性传染病
医疗器材、用具等	高压蒸汽灭菌，121 ℃30 分钟；煮沸消毒 15 分钟；0.2%~0.3%过氧乙酸或 1%~2%漂白粉澄清液浸泡 60 分钟；0.01%碘伏浸泡 5 分钟；甲醛熏蒸，50 毫升/米^3 作用 1 小时	高压蒸汽灭菌，121 ℃30 分钟；煮沸 30 分钟；0.5%过氧乙酸或 5%漂白粉澄清液浸泡，作用 60 分钟；5%来苏儿浸泡 1~2 小时；0.05%碘伏浸泡 10 分钟

第四节　合理的免疫接种

一、疫苗种类

疫苗分为活疫苗和灭活苗两类。凡将特定细菌、病毒等微生物毒力致弱制成的疫苗称活疫苗（弱毒苗），具有产生免疫快、免疫效力好、免疫接种方法多和免疫期长等特点，但存在散毒和造成新疫源及毒力返祖的潜在危险等问题；用物理或化学方法将其灭活的疫苗称为灭活苗，具有安全性好、不存在返祖或返强现象、便于运输和保存、对母源抗体的干扰作用不敏感及适用于多毒株多活菌株制成多价苗等特点，但存在成本高、免疫途径单一、生产周期长等不足。羊场常用的疫苗见表 12-3。

表 12-3　羊场常用的疫苗

名称	适应证	使用和保存方法
口蹄疫 O、A 型活疫苗	预防口蹄疫。用于 4 个月以上的羊。疫苗注射后，14 天产生免疫力，免疫持续期为 4~6 个月	肌内或皮下注射。4~12 个月 0.5 毫升，12 个月以上 1 毫升。疫苗在-12 ℃以下保存，不超过 12 个月，2~6 ℃保存，不超过 5 个月，20~22 ℃保存，限 7 天内用完
口蹄疫 A 型活疫苗	用于预防 A 型口蹄疫。疫苗注射后 14 天产生免疫力，免疫持续期为 4~6 个月	肌内或皮下注射。2~6 个月 0.5 毫升，6 个月以上 1 毫升。-18~-12 ℃保存，有效期为 24 个月；2~6 ℃保存，有效期为 3 个月；20~22 ℃保存，有效期为 5 天
口蹄疫 O 型、亚洲I型二价灭活疫苗	预防牛羊 O 型、亚洲 I 型口蹄疫，仅接种健康羊。免疫期为 4~6 个月	肌内注射，每只 1 毫升。2~8 ℃保存，有效期为 12 个月
伪狂犬病活疫苗（伪克灵）	用于预防绵羊的伪狂犬病。注射后 6 天，即可产生坚强免疫力，免疫期为 1 年	用法按瓶签注明的头份加 PBS 或特定稀释液稀释，肌内注射。绵羊 4 月龄以上者 1 头份。-15 ℃以下保存，有效期为 18 个月
牛羊伪狂犬病疫苗	预防牛羊伪狂犬病。免疫期，山羊暂定半年	均为颈部皮下 1 次注射，山羊 5 毫升。于 2~15 ℃阴暗干燥处保存，有效期为 2 年；于 24 ℃下阴暗处保存，有效期暂定为 1 个月

续表

名称	适应证	使用和保存方法
兽用乙型脑炎疫苗	专供防止牲畜乙型脑炎用。注射2次（间隔1年），有效期暂定2年	应在乙型脑炎盛行前1~2个月注射，皮下或肌内注射1毫升。当年的幼羊注射后，第2年必须再注射1次。应保存在2~6℃冷暗处，自疫苗收获之日起可保存2个月
无荚膜炭疽芽孢苗	预防炭疽，可用于除绵羊外的其他动物。接种动物要健康	绵羊注射于颈部或后腿内侧皮下，1岁以下注射0.5毫升。本品应于2~15℃干燥、凉暗处保存，有效期为2年
Ⅱ号炭疽芽孢苗	预防各种动物的炭疽病。注射14日后产生坚强的免疫力，免疫期为1年，唯山羊为半年	各种动物的皮内注射0.2毫升或皮下注射1毫升（使用浓菌苗时，需用204氢氧化铝胶或蒸馏水，按瓶签规定的稀释倍数稀释后使用。与无荚膜炭疽芽孢苗相同
布氏杆菌活疫苗	预防牛、羊布氏杆菌病，免疫持续期3年	皮下注射、滴鼻、气雾法免疫及口服法免疫。山羊和绵羊皮下注射10亿个活菌，滴鼻10亿个活菌，室内气雾10亿个活菌，室外气雾50亿个活菌，口服250亿个活菌。本品冻干苗在0~8℃保存，有效期为1年
布氏杆菌猪型2号活疫苗	预防牛、羊布氏杆菌病，免疫持续期，羊为3年	本疫苗最适于作口服免疫，亦可作肌内注射。口服对怀孕母畜不产生影响，羊群每年服苗一次，持续数年不会造成血清学反应长期不消失的现象；口服免疫，山羊和绵羊不论年龄大小，每只一律口服100亿活菌；注射免疫，皮下或肌内注射均可，山羊每头注射25亿活菌，绵羊50亿活菌，间隔1个月。本品冻干苗在0~8℃保存，有效期为1年
布氏杆菌病活疫苗（M5株）	预防牛、羊布氏杆菌病，免疫期为3年	可采用皮下注射、滴鼻免疫，也可口服免疫。山羊和绵羊皮下注射10亿活菌、滴鼻10亿活菌、口服250亿活菌。在2~8℃保存，有效期1年
气肿疽明矾菌苗	预防牛、羊、鹿等动物的气肿疽，接种的动物要健康。注射14日后产生可靠的免疫力，免疫期约为6个月	不论年龄大小，羊皮下注射1毫升。于0~15℃凉暗干燥处保存，有效期为2年；室温下保存，有效期为14个月

续表

名称	适应证	使用和保存方法
山羊痘活疫苗	预防山羊痘及绵羊痘。接种后 4~5 日产生免疫力，免疫期为 12 个月	尾根内侧或股内侧皮内注射。按瓶签注明头份，用生理盐水（或注射用水）稀释为每头份 0.5 毫升，不论羊只大小，每只 0.5 毫升。2~8 ℃保存，有效期为 18 个月；-15 ℃以下保存，有效期为 24 个月
山羊痘细胞化弱毒冻干疫苗	预防山羊痘。注射 4 天后产生免疫力，免疫期可持续 1 年以上	本疫苗适用于不同品种、年龄的山羊。对怀孕山羊、羊痘流行羊群中的未发痘羊，皆可（紧急）接种。用生理盐水 50 倍稀释（原苗 1 毫升为 100 头份），于尾内侧或股内侧皮内注射。不论羊只大小，一律 0.5 毫升。在-15 ℃以下冷冻保存，有效期为 2 年；0~4 ℃低温保存，有效期为 1 年半；于 8~15 ℃冷暗干燥处保存，有效期为 10 个月；于 16~25 ℃室温保存，有效期为 2 个月
羊败血性链球菌病弱毒苗	预防羊败血性链球菌病。注射后 14~21 日产生可靠的免疫力，免疫期为 1 年	可用注射法或气雾法接种免疫。注射法：按瓶签标示的头份剂量，用生理盐水稀释，使每头份（50 万~100 万个活菌）为 1 毫升。于绵羊尾根皮下注射：成年羊 1 毫升，0.5~2 岁羊剂量减半；气雾法：用蒸馏水稀释后，于室内或室外避风处喷雾；室外喷雾，每只羊暂定 3 亿个活菌；室内喷雾，每只羊3 000万个活菌，每平方米面积用苗 4 头份
羊败血性链球菌病灭活疫苗	预防绵羊和山羊败血性链球菌病，免疫期为 6 个月	皮下注射。不论年龄大小，每只羊均接种 5 毫升。2~8 ℃保存，有效期为 18 个月
羔羊痢疾氢氧化铝菌苗	专给怀孕母羊注射，预防羔羊痢疾。于注射后 10 日产生可靠的免疫力。初生羔羊吸吮免疫母羊的乳汁而获得被动免疫	共注射 2 次。第 1 次在产前 20~30 日，于左股内侧皮下（或肌内）注射 2 毫升；第 2 次在产前 10~20 日，于右股内侧皮下（或肌内）注射 3 毫升。于 2~15 ℃冷暗干燥处保存，有效期为 1 年半
山羊传染性胸膜肺炎灭活疫苗	预防山羊传染性胸膜肺炎	皮下或肌内注射。成年羊每只 5 毫升；6 月龄以下羔羊，每只 3 毫升；免疫期为 12 个月。2~8 ℃保存，有效期为 18 个月

续表

名称	适应证	使用和保存方法
传染性脓疱性皮炎活疫苗（HCE或GO-BT弱毒株）	预防羊传染性脓疱皮炎。注射疫苗后21天产生免疫力。免疫期，HCE苗为3个月，GO-BT苗为5个月	按注明的头份，HCE苗在下唇黏膜划痕免疫，GO-BT苗在口唇黏膜内注射0.2毫升，流行本病羊群股内侧划痕0.2毫升。保存期，-20~-10 ℃下保存，有效期为10个月，0~4 ℃下保存，有效期为5个月，10~25 ℃下保存，有效期为2个月
羊快疫、羊猝疽（或羔羊痢疾）、羊肠毒血症三联灭活疫苗	预防羊快疫、羊猝疽、羊肠毒血症。预防快疫、羔羊痢疾、猝疽免疫期为12个月；预防肠毒血症免疫期为6个月	肌内或皮下注射。不论羊只年龄大小，每只5.0毫升。2~8 ℃保存，有效期为24个月
羊梭菌病多联干粉灭活疫苗	预防绵羊或山羊羔羊痢疾、羊快疫、羊猝疽、羊肠毒血症、羊黑疫、羊肉毒梭菌中毒症和破伤风。免疫期为12个月	肌内或皮下注射。按瓶签注明头份，临用时以20%氢氧化铝胶生理盐水溶液溶解，充分摇匀后，不论羊只年龄大小，每只均接种1毫升。2~8 ℃保存，有效期为60个月
羊厌气菌病五联灭活菌苗	预防羊快疫、羔羊痢疾、羊猝疽、羊肠毒血症和羊黑疫。注射后14日产生可靠的免疫力，免疫期为1年	不论羊只年龄大小，均皮下或肌内注射5毫升。于2~15 ℃冷暗干燥处保存，有效期暂定为1年半
羊流产衣原体灭活疫苗	预防山羊和绵羊由衣原体引起的流产。绵羊免疫期为2年，山羊免疫期暂定为7个月	每只羊皮下注射3毫升。在4~10 ℃冷暗处保存，有效期为1年

二、羊的免疫接种方法

羊的免疫接种方法主要是注射法，见第十三章药物的使用方法。

三、羊的免疫程序

羊的免疫程序参考见表12-4、表12-5、表12-6。

表 12-4　羊的免疫程序（参考）

疫病种类	疫苗名称	免疫时间	免疫剂量	免疫方法
羔羊痢疾	羔羊痢疾氢氧化铝菌苗	怀孕母羊分娩前 20~30 天和 10~20 天各注射 1 次	分别为每只 2 毫升和 3 毫升；羔羊通过吃奶获得被动免疫，免疫期 5 个月	两后腿内侧皮下注射
羊快疫、羊猝疽、羊肠毒血症、羔羊痢疾	羊三联四防灭活苗	每年于 2 月底 3 月初和 9 月下旬分 2 次接种	1 头份	皮下或肌内注射
羊痘	羊痘弱毒疫苗	每年 3~4 月接种	1 头份	皮下注射
布氏杆菌病	羊布病活疫苗（S2 株）	免疫前应向当地兽医主管部门咨询后进行	1 头份	口服
羔羊大肠杆菌病	羔羊大肠杆菌疫苗		3 月龄以下 1 毫升；3 月龄以上 2 毫升	皮下注射
羊口蹄疫	羊口蹄疫苗	每年 3 月和 9 月	4 月龄至 2 岁 1 毫升；2 岁以上 2 毫升	皮下注射
山羊口疮	口疮弱毒细胞冻干苗	每年 3 月和 9 月	0.2 毫升	口腔黏膜内注射
山羊传染性胸膜肺炎	山羊传染性胸膜肺炎氢氧化铝菌苗		6 月龄以下 3 毫升；6 月龄以上 5 毫升	皮下或肌内注射
山羊链球菌病	羊链球菌氢氧化铝菌苗	每年 3 月和 9 月	6 月龄以下 3 毫升；6 月龄以上 5 毫升	羊背部皮下注射

注：①要了解被预防羊群的年龄、妊娠、泌乳及健康状况，体弱或原来就生病的羊预防后可能会引起各种反应，应做说明，或暂时不打预防针；②对怀孕后期的母羊应注意了解，如果怀胎已逾 3 个月，应暂时停止预防注射，以免造成流产；③对半月龄以内的羔羊，除紧急免疫外，一般暂不注射；④预防注射前，对疫苗有效期、批号及厂家应注意记录，以便备查；⑤对预防接种的针头，应做到一只一换。

表 12-5　羔羊免疫程序

接种时间	疫苗	接种方式	免疫期
7 日龄	羊传染性脓疱皮炎灭活苗	口唇黏膜注射	1 年
15 日龄	山羊传染性胸膜肺炎灭活苗	皮下注射	1 年
2 月龄	山羊痘灭活苗	尾根皮内注射	1 年
2.5 月龄	牛 O 型口蹄疫灭活苗	肌内注射	6 个月
3 月龄	羊梭菌病三联四防灭活苗	皮下或肌内注射（第一次）	6 个月
	气肿疽灭活苗	皮下注射（第一次）	7 个月
3.5 月龄	羊梭菌病三联四防灭活苗Ⅱ号炭疽芽孢菌	皮下或肌内注射（第二次）皮下注射	山羊 6 个月、绵羊 12 个月
	气肿疽灭活苗	皮下注射（第二次）	7 个月
产羔前 6~8 周（母羊、未免疫）	羊梭菌病三联四防灭活苗破伤风类毒素	皮下注射（第一次）肌内或皮下注射（第一次）	山羊 6 个月、绵羊 12 个月
产羔前 2~4 周（母羊）	羊梭菌病三联四防灭活苗破伤风类毒素	皮下注射（第二次）皮下注射（第二次）	山羊 6 个月、绵羊 12 个月
4 月龄	羊链球菌病灭活苗	皮下注射	6 个月
5 月龄	布氏杆菌病活苗（猪 2 号）	肌内注射或口服	3 年
7 月龄	牛 O 型口蹄疫灭活苗	肌内注射	6 个月

表 12-6　成年母羊免疫程序

接种时间	疫苗	接种方式	免疫期
配种前 2 周	牛 O 型口蹄疫灭活苗	肌内注射	6 个月
	羊梭菌病三联四防灭活苗	皮下或肌内注射	6 个月
配种前 1 周	羊链球菌灭活苗	皮下注射	6 个月
	Ⅱ号炭疽芽孢苗	皮下注射	山羊 6 个月、绵羊 12 个月
产后 1 个月	牛 O 型口蹄疫灭活苗	肌内注射	6 个月
	羊梭菌病三联四防灭活苗	皮下或肌内注射	6 个月

续表

接种时间	疫苗	接种方式	免疫期
产后 1.5 个月	Ⅱ号炭疽芽孢菌	皮下注射	山羊 6 个月、绵羊 12 个月
	羊链球菌病灭活苗	皮下注射	6 个月
	山羊传染性脑膜肺炎灭活苗	皮下注射	1 年
	布氏杆菌病灭活苗（猪 2 号）	肌内注射或口服	3 年
	山羊痘灭活苗	尾根皮内注射	1 年

注：公羊可参照母羊免疫注射时间进行免疫。

第五节　定期科学驱虫

应建立完善的驱虫制度，坚持定期驱虫。结合本地实际，选择低毒、高效、广谱的药物给羊群进行预防性驱虫。建议进行“虫体成熟期前驱虫”或“秋冬季驱虫”，驱虫前要做小群试验，再进行全群驱虫，驱虫应在专门的有隔离条件的场所进行，驱虫后排出的粪便应统一集中发酵处理；科学选择和轮换使用抗寄生虫药物，减轻药物不良反应，尽量推迟或消除寄生虫抗药性的产生；逐日清扫粪便，打扫羊舍卫生，消灭或控制中间宿主或传播媒介，避免湿地放牧，避免吃露水草；加强饲养管理，减少应激，提高机体抵抗力。

目前常规预防多采用春、秋季两次或每年三次驱虫，也可依据化验结果确定，对外地引进的羊必须驱虫后再合群。放牧羊群消化道寄生虫感染普遍，在秋季或入冬、开春和春季放牧后 4~5 周各驱虫一次，夏季雨水多，气温高，寄生虫在外界发育迅速，羊寄生虫感染率高，可根据情况适当增加驱虫次数，一般 2 个月一次，如牧地过度放牧，超载严重，寄生虫发生（主要是捻转血矛线虫）持续感染，建议 1 个月驱虫一次，或投服抗寄生虫缓释药（丸）进行控制。羔羊在 2 月龄进行首次驱虫，母羊在接近分娩时进行产前驱虫，寄生虫污染严重地区在母羊产后 3~4 周再驱虫一次。

体外寄生虫如疥螨、痒螨、蜱、跳蚤、虱子等，一般每年 2 次驱虫，或当发现羊群有瘙痒脱毛症状时全群进行杀虫，可选用敌百虫、双甲脒、辛硫磷、二嗪农、毒蝇磷、溴氰菊酯等进行喷洒或药浴，如用伊维菌素或阿维菌素皮下注射或内服给药，一般应在 2 周后重复给药一次。杀灭蚊子等吸血昆虫可采用消灭蚊子生存环境、灭蚊灯（器）、墙壁门窗喷洒防蚊虫药剂或在羊舍点燃自制的蚊香等进行。驱除蠕虫，如线虫、吸虫、绦虫等体内寄生虫，可根据情况选用伊维菌素、多拉菌素、左旋咪唑等药物；抗球虫可选用氨丙啉、莫能菌素等。

第六节　及时准确诊断，合理使用抗菌药物

及时准确的诊断是提高治愈率，减少死亡，减少损失的重要手段。发生羊病时，应及早诊断，尽快确诊和制定有效的防治方案。妥善保存防疫档案、检疫证明书、诊断记录、处方签、病历表等基本档案资料。一旦发现疫情，要按有关法律法规的要求，逐级上报，并请当地动物防疫监督机构兽医人员现场诊治。抗菌药物的滥用使细菌的耐药性和兽药残留等问题日益严重，要求兽药使用单位和人员严格遵守国务院兽医行政管理部门制定的兽药安全使用规定，严格执行兽药处方药与非处方药分类管理的规定，保障遵守兽药的休药期，根据适应证合理选择和使用兽药，建立用药记录，还应确保动物及其产品在用药期、休药期内不用于食品消费。

第七节　疫病扑灭措施

一、隔离

当羊群发生传染病时，应尽快做出诊断，明确传染病性质，立即采取隔离措施。一旦病性确定，对假定健康羊可进行紧急预防接种。隔离开的羊群要专人饲养，用具要专用，人员不要互相串门。根据该种传染病潜伏期的长短，经一定时间观察不再发病后，再经过消毒后可解除隔离。

二、封锁

在发生及流行某些危害性大的烈性传染病时，应立即报告当地政府主管部门，划定疫区范围进行封锁。封锁应根据该疫病流行情况和流行规律，按早、快、严、小的原则进行。封锁是针对传染源、传播途径、易感动物群三个环节采取相应措施。

三、紧急预防和治疗

一旦发生传染病，在查清疫病性质之后，除按传染病控制原则进行诸如检疫、隔离、封锁、消毒等处理外，对疑似病羊及假定健康羊可采用紧急预防接种。预防接种可应用疫苗，也可应用抗血清。

四、淘汰病羊

淘汰病羊，也是控制和扑灭疫病的重要措施之一。

第十三章 羊病的诊疗方法

第一节 羊病诊断方法

羊病诊断是疾病防治的前提，只有及时准确地诊断，防治才能有的放矢。羊病诊断方法有临床诊断、病理学诊断、实验室诊断等。

一、临床诊断

临床检查是诊断羊病最常用的方法。临床检查一般是通过基本检查法，如问诊、视诊、触诊、叩诊、听诊和嗅诊等进行。临床检查有利于及时发现病羊，了解病羊的表现，为疾病诊断提供依据和方向。临床检查时应注意疾病的典型症状和早期症状，依靠典型症状有时可以确诊疾病。

（一）问诊

问诊就是以询问的方式，向饲养、管理人员调查了解羊群或病羊有关发病的各种情况。问诊是建立诊断的重要环节之一，一般是在具体检查之前进行。问诊的主要内容有病羊既往患病状况、现病史、日常饲养管理、生产及利用概况、有关流行病学的材料等。

1. 既往史 即病羊或羊群过去的病史。调查了解羊群以前的患病经过，如以前是否发生过与此次相类似的疾病，附近地区有无类似疾病发生，羊的引进或变动情况，羊的发病数量、时间等，借此了解过去患病与现症状有无必然联系，可以作为本次疾病诊疗工作的参考。

2. 现病史 即本次发病的详细情况和经过。主要了解以下内容。

（1）发病的时间与地点。如发病在饲喂前或饲喂后，放牧中或舍饲时，产前或产后等，借此可以了解病因，推断病性及病程。

（2）病羊的主要表现。如有关病羊的精神状态，采食和饮水、排泄、呼吸、咳嗽及其他行为表现等，借以推断疾病的性质和发病部位，为确定器官系统检查的重点提供依据。

（3）疾病经过。与发病初期比较，病势是减轻还是加重，主要症状的变化，已采用过的治疗方法（药物及疗效）等，借以推断病势进展，确定诊断，采取更合理的治疗措施。

（4）病因的初步估计。根据主诉人提供的线索，如饲喂不当、雨淋、受凉、暴晒、损伤等，以进一步判断病因。

3. 饲养管理概况 对病羊与羊群的有关饲养、管理、使役及生产性能进行全面了解，从而分析饲养、管理与发病的关系，为采取合理的诊疗手段提供依据。

（1）饲粮与饲养制度：饲料品质不良和日粮配合不当，常常是消化紊乱、营养不良、代谢疾病的主要原因。而饲料与饲养制度的改变，也往往是引发前胃疾病的重要原因。由于饲料霉变、饲料品质不良，以及饲料加工调制不当而形成有毒物质，可引起羊的饲料中毒性疾病。在放牧条件下，应着重询问牧场与牧草的组成情况等。

（2）羊舍卫生和环境条件：如羊舍的光照、通风、保暖与降温、废物排除等设备，羊床与垫草、栅栏设置，牧场运动场的自然环境特点（地理位置、地形、土壤特性、供水系统、气候条件），附近厂矿的废水、废气及污物的排放处理等。

（3）生产性能与管理制度：管理粗放及制度混乱，如种羊的运动不足、盲目引进种羊、不合理的品种组合及繁育方法等，都可能是致病的重要条件。

4. 流行病学调查 对卫生防疫制度的贯彻实施，如羊舍定期消毒、粪便处理、预防接种、驱虫及病羊的处理方法等，都应进行充分了解。特别是在一个大型养羊场中，如果没有健全的卫生防疫制度，或有制度而不能认真执行，稍有漏洞就可能为传染病的发生与流行提供条件。

总之，问诊的内容相当广泛，应当根据病羊的具体情况适当地加以取舍。同时要灵活掌握问诊的顺序，一般是先问诊再进行检查，也可一边检查一边询问，在遇到危重病例时，经采取有效抢救措施后再补充询问。问诊时，态度要热情诚恳，语言要通俗易懂，提问要明确而重点突出。对问诊取得的材料，应以客观的态度进行评价，排除“诈病”或“匿病”的干扰，做到心中有数。这样，才能获得比较全面详细、真实可靠的预期结果。

（二）视诊

视诊是用肉眼或借助器械观察病羊的整体和局部的异常表现的方法。视诊方法简便可靠，应用范围广，中医学将其列为四诊（望、闻、问、切）之首。视诊是从羊群里及早发现病羊的一种行之有效的方法。视诊时，最好先从离病羊几步远的地方观察羊的肥瘦、姿势、步态等情况，然后靠近病羊详细察看被毛、皮肤、黏膜、结膜、粪尿等情况。

1. 肥瘦 一般急性病，如急性瘤胃臌气、急性炭疽等，病羊身体仍然肥壮；

而一些慢性消耗性疾病，如营养代谢病、寄生虫病等，病羊身体多为瘦弱。

2. 姿势 观察病羊一举一动是否与平素相同，如果不同，就可能是有病的表现。有些疾病表现出特殊的姿势，如破伤风表现为四肢僵直，行动不灵便。

3. 步态 健康的羊步行活泼而稳定，患病时，常表现不喜行走，行动缓慢，甚至卧地不起。当羊的四肢骨骼、肌肉、关节或蹄部发生疾病时，则表现为跛行，甚至跪地、卧地等。

4. 被毛和皮肤 健康的羊被毛整齐而不易脱落，富有光泽。在病理状态下，被毛粗乱蓬松，失去光泽，而且容易脱落。患螨病的羊，患部被毛成片脱落，皮屑增多，皮肤变厚变硬，出现蹭痒和擦伤。在检查皮肤时，除注意皮肤的颜色外，还要注意皮肤弹性，皮肤有无水肿、炎性肿胀、气肿、外伤等。

5. 可视黏膜 一般健康羊的眼结膜、口腔、鼻腔、阴道和肛门的黏膜呈光滑粉红色。眼结膜的颜色决定于黏膜下毛细血管中的血液数量及其血液和淋巴液中胆色素的含量。检查可视黏膜时，除应注意其温度、湿度、有无出血、完整性外，更可仔细观察颜色变化，特别是眼结膜的颜色变化。通过眼结膜的颜色变化，不仅可反映局部病变，还可推断全身的循环状态及血液某些成分的改变，在诊断和预后判断上均有一定的意义。病理情况下可表现如下。

（1）眼睑及分泌物：眼结膜肿胀是由于炎症所引起的浆液性浸润和瘀血性水肿所致，如过敏；如果从结膜囊中流出较多浆液性、黏膜性或脓性分泌物，往往与侵害黏膜组织的热性病和局部炎症有关。如传染性角膜结膜炎、山羊传染性胸膜肺炎、羊痘、眼病。

（2）眼结膜的颜色：

1）潮红。是眼结膜下毛细血管充血的征象。单侧潮红，可能是局部的结膜炎症所致。双侧潮红，见于眼病、全身性疾病、传染性角膜结膜炎、山羊传染性胸膜肺炎、羊痘等。弥漫性潮红时，眼结膜呈均匀鲜红，是血管运动中枢功能紊乱及外周血管扩张的结果，见于热性病、呼吸困难、氢氰酸中毒等。树枝状充血时，小血管高度扩张，血液充盈呈树枝状，见于高度血液循环障碍的心脏病、脑炎等。

2）苍白。眼结膜色淡，甚至呈灰白色，是各型贫血的特征。这是由于全身或头部循环血液量减少，以致局部组织器官的血液供给和含血量不足，或血液中红细胞和血红蛋白含量减少。因程度不同，眼结膜呈淡红色、红白色、灰白色或黄白色等。急性苍白，见于动物的外伤性大出血或脏器破裂而致的内出血，如创伤、撞伤和手术。渐进性苍白，见于各种慢性贫血及慢性消耗性疾病等，如营养不良、寄生虫病。苍白的同时伴有不同程度的黄染，见于溶血性贫血，如梨形虫病、钩端螺旋体病。

3）发绀。由于下列因素可致发绀。动脉血的氧饱和度不足（低氧血症），见于上呼吸道阻塞的疾病，肺呼吸面积明显减少的疾病（如肺炎、肺水肿等），因血液在肺部氧合作用不足，最终导致血液中氧合血红蛋白含量降低。缺血性缺氧、心力衰竭时导致全身性瘀血，血流缓慢，血液流经组织中毛细血管时，脱氧过多；严重休克时，心输出量大大减少，外周循环缺血缺氧，黏膜呈青灰色。血液中出现多量的异常血红蛋白衍生物（如亚硝酸盐中毒导致的高铁血红蛋白血症）。

4）黄染。眼结膜呈不同程度的黄色，在巩膜及瞬膜处易于表现出来，是由于胆色素代谢障碍，使血液中胆红素浓度增高所致。见于肝炎、胆道阻塞、中毒、钩端螺旋体病。

5）出血点和出血斑。见于败血性传染病、出血性素质的疾病。

（3）口腔黏膜：羊的徒手开口法，两手的拇指、中指分别自口的两侧将上下唇自口角压入齿列间，同时上下用力拉开口腔即可。口腔黏膜检查应注意其颜色、温度、湿度及破坏程度（完整性）等。

1）颜色。健康羊口腔黏膜颜色淡红而有光泽。在病理情况下，口腔黏膜的颜色也有潮红、苍白、发绀、黄染及呈现出血斑等变化，与眼结膜颜色变化的临诊意义大致相同。口腔黏膜极度苍白或高度发绀，提示预后不良。

2）温度。手指伸入口腔中感知口腔温度。口腔温度与体温的临诊意义基本一致，如仅口温升高而体温不高，多为口炎的表现。

3）湿度。健康家畜口腔湿度中等。口腔过分湿润，是唾液分泌过多或吞咽障碍的结果，见于口炎、咽炎、唾液腺炎、口蹄疫、狂犬病、破伤风及有机磷农药中毒等。口腔干燥，见于热性病、脱水等。

4）完整性。口黏膜出现红肿、发疹、结节、水疱、脓疱、溃疡、表面坏死、上皮脱落等，除见于一般性口炎外，也见于口蹄疫、羊痘、传染性脓疱等过程中。

6. 采食、饮水

（1）食欲减退：表现为不愿采食或食量减少，是许多疾病的共同表现，由于各种致病因素作用，导致舌苔生成，味觉减退，反射性地抑制胃的饥饿收缩所引起。同时与胃肠张力减弱、消化液分泌减少有关。因消化器官本身引起的疾病，如口炎、牙齿疾病、胃肠病等，还见于热性病、疼痛性疾病、代谢障碍、慢性心衰、脑病等。

（2）食欲废绝：表现为完全拒食饲料，长期拒食饲料表示疾病严重，预后不良。见于各种高热性疾病、剧痛性疾病、中毒性疾病、急性胃肠道疾病，如急性瘤胃臌气、急性肠臌气、肠阻塞、肠变位等。

（3）食欲不定：表现为食欲时好时坏，变化不定，见于创伤性网胃炎等。

（4）食欲亢进：表现食欲旺盛，采食量多。主要是由于机体能量需要增加，代谢加强，或对营养物质的吸收和利用障碍所致。见于重病恢复期、肠道寄生虫病、功能性腹泻等。

（5）异嗜：异嗜是食欲紊乱的另一种异常表现，其特征是病羊喜食正常饲料以外的物质或异物，如灰渣、被毛、污物等。异嗜现象常见于幼羊。异嗜多为营养代谢障碍和矿物质、维生素、微量元素缺乏性疾病的先兆，如骨软病、佝偻病、维生素缺乏症、羔羊白肌病、贫血等，也常见于胃肠道寄生虫病，如羊捻转血矛线虫病等。

（6）饮欲增加：表现为口渴多饮，常见于热性病、重度脱水（如剧烈呕吐、腹泻、多尿、大出汗）、渗出过程（如胸膜炎和腹膜炎）及食盐中毒。

（7）饮欲减少：表现为不喜饮水或饮水量少，见于意识障碍的脑病，腹痛性疾病，如肠变位。

7. 排粪排尿 羊的排粪也要检查，主要检查其形状、硬度、色泽及附着物等。正常时，羊粪呈小球形，表面平滑有光泽，没有难闻臭味。病理状态表现如下：

（1）便秘：表现排粪费力，次数减少或屡呈排粪姿势而排出量少，粪便干燥、粗糙、色深、变硬，有时被覆黏液。见于一切热性病、羊捻转血矛线虫病、前胃弛缓、瘤胃积食、瓣胃阻塞、肠套叠等。

（2）腹泻：表现为频繁排粪，甚至排粪失禁，粪便呈稀粥状，甚至水样。腹泻或下痢是各种类型肠炎的特征，见于饲养管理不当（如青绿饲料饲喂过多、突然换料、营养缺乏）、传染病（如羔羊痢、沙门杆菌病、大肠杆菌病、副结核病、小反刍兽疫）、肠道寄生虫病（如食道口线虫病、仰口线虫病、捻转血矛线虫病、球虫病、鞭虫病、小袋虫病、隐孢子虫病、绦虫病、肝片吸虫病等）及某些中毒病（如食盐中毒、有机磷农药中毒、钼中毒、铜中毒、砷中毒、黄曲霉毒素中毒、棉籽饼中毒、硝酸盐与亚硝酸盐中毒等）。

（3）排粪失禁：即羊不经采取固有的排粪动作而不自主地排出粪便，多是由于肛门括约肌弛缓或麻痹所致，可见于荐部脊髓损伤和炎症或脑的疾病。引起顽固性腹泻的各种疾病，也常伴有排粪失禁现象。

（4）排粪带痛：排粪时羊表现疼痛不安、惊惧、努责、呻吟等，可见于腹膜炎、胃肠炎、创伤性网胃炎、直肠炎及直肠嵌入异物等。

（5）里急后重：表现为屡屡呈排粪动作并强度努责，而仅排出少量粪便或黏液，是直肠发炎的特征。顽固性腹泻时，常有里急后重现象，是炎症波及直肠黏膜的结果。

（6）粪便的颜色：在排除由于饲料成分等因素影响外，粪便暗红色或呈煤焦油样，均匀混于粪便中，见于胃及前部肠管出血，如羔羊痢、肠毒血症、羊快疫等；如血液只附于粪球外部表面，并呈鲜红色时，是后部肠管出血的特征。

（7）粪便的异常混有物：粪便混有黏液，见于肠黏膜的卡他性炎症或肠梗阻；含有完整谷粒，表示消化不良；混有纤维素膜时，表示为纤维素性肠炎；还要认真检查是否含有寄生虫及其节片。

8. 呼吸　正常时，羊每分钟呼吸12~30次。呼吸次数增多，见于热性病、呼吸系统疾病、心力衰竭、中暑、贫血、腹压升高的疾病等；呼吸次数减少，主要见于呼吸中枢高度抑制，如脑部疾病和中毒性疾病的后期，昏迷，以及喉、气管和细支气管狭窄。另外，还要检查呼吸型、呼吸节律，以及是否有呼吸困难等。

（三）触诊

触诊是指用手或手指尖感触被检查的部位，并稍加压力，以便确定被检查的各个器官组织是否正常。触诊常用如下几种方法。

1. 皮肤检查　主要检查皮肤的弹性、温度，有无肿胀和伤口等。皮肤弹性降低见于消瘦、脱水、水肿或皮肤病后期。皮温升高见于热性病。皮肤呈捏面团状，见于水肿，如捻转血矛线虫病、肝片吸虫病等引起的下颌水肿和头部水肿。

2. 体温检查　一般用手触摸羊耳朵或把手插进羊嘴里去握住舌头，可以知道病羊是否发热。但是准确的方法是用体温计测量。羊的体温，一般幼羊比成年羊高一些，热天比冷天高一些，运动后比运动前高一些，这都是正常的生理现象。绵羊和山羊的正常体温是38~40℃。病理性的体温升高称为发热，见于各种病原体的感染性疾病，如急性热性传染病、血液寄生虫病及急性炎症、中暑等。机体散热过多或产热不足，导致体温降至正常体温以下，称为体温低下（或体温过低）。正常时老龄动物、冬季放牧的羊会出现体温低下。病理性低体温见于休克、心力衰竭、中枢神经系统抑制（如脑炎、中毒、全身麻醉）、高度营养不良、衰竭及濒死期。

3. 脉搏检查　检查时，注意脉搏的频率和强弱等。检查羊脉搏的部位，是用手指摸后肢股部内侧的股动脉。健康绵羊和山羊的脉搏频率是每分钟70~80次。羊有病时，脉搏的跳动次数和强弱都和正常羊不同。脉搏频率增加是心脏功能活动加快的结果，主要见于热性病、心脏病、呼吸器官疾病、血管张力减低或血压下降的疾病（如失血、休克、严重贫血、脱水、血管运动中枢麻痹），伴有剧烈疼痛的疾病，如中毒性疾病（如毒芹中毒）或治疗不当引起的药物中毒（洋地黄、阿托品中毒等）。脉搏频率降低是心脏活动减慢的指征，主要见于颅内压增高的疾病（如慢性脑积水、脑肿瘤）、自体中毒（如尿毒症、胆管阻塞造成的胆血症）和心脏传导阻滞等。

4. 体表淋巴结检查　主要检查颌下、肩前、膝上和乳房上淋巴结。当羊发生泰勒虫病、结核病、伪结核病和羊链球菌病时，体表淋巴结往往肿大，其形状、硬度、温度、敏感性及活动性等也会发生变化。

5. 人工诱咳 检查者立在羊的左侧，用右手捏压气管前3个软骨环。如引发连续性咳嗽，即为阳性。羊发生肺炎、胸膜炎、结核病时，多呈弱咳；发生喉炎及气管炎时，则为强咳。

6. 腹部触诊 触诊瘤胃或真胃内容物的性状及腹水的波动时，常以一手放在羊的背腰部作支点，另一只手四指伸直并拢，垂直放在被检部位，指端不离开体表，用力做短而急促的触压。触诊网胃区（剑状软骨后方）或瓣胃区（羊右侧第7~9肋间和肩关节水平线上下）时，如发生前胃疾病，病羊会感觉疼痛，即咩叫、呻吟或表现骚动不安。瘤胃积食或前胃弛缓时，左侧腹壁紧张，内容物较硬；如其中混有气体和液体时，则呈半液状，触之有波动感；如内容物较干固，触压有压痕呈现捏粉状。瘤胃臌气时，则其上部腹壁紧张而有弹性，甚至用力强压亦不能感到胃中坚实的内容物。右侧腹壁正常为软而不实之感，若触之有充实感，严重时呈捏面团状，多为肠便秘；如于右侧肷窝部触之有胀满感，或同时有击水音，叩之呈鼓音，排粪大减或停止，粪便被覆黏液，有腹痛姿势，可疑为小肠或盲肠变位。

（四）叩诊

叩诊是对羊体表的某一部位进行叩击，根据所产生的音响性质，以推断被检查的器官、组织有无病理变化的一种方法。羊体的叩诊音，是由被叩器官的特性决定的。根据组织器官是否含有气体，分为清音和浊音。

1. 清音 广义的清音包括正常肺叩诊音、鼓音和过清音三种，而狭义的清音仅指正常肺叩诊音。

（1）正常肺叩诊音：正常肺组织的肺泡含气量多，弹性好，叩诊时发清音。但肺叩诊音是由许多小肺泡同时振动而形成的，其中伴音较多，振动不规律，发出不和谐的噪声，遂被称为非鼓音或满音。

（2）鼓音：叩击含有多量气体，而组织弹性较松弛的空腔，则发出鼓音。正常羊瘤胃的上1/3部，叩诊时为鼓音，瘤胃臌气时，叩诊瘤胃的其他部位也可以呈鼓音。

（3）过清音：是介于清音与鼓音之间的一种声音。此种叩诊音正常时不易听到，当叩打含气量过多而弹性减弱的组织，如肺气肿的肺组织边缘部位，才能听到。

2. 浊音 广义的浊音包括绝对浊音和相对浊音（半浊音）。

（1）绝对浊音：是一种音调高、音响弱和振动时间短的音响。叩击实质器官（心、肝、脾等）和肌肉，由于组织不含气体，弹性也较差，所以呈现浊音。在病理情况下，如肺组织实变或发生液体浸润时叩诊发生浊音，有胸水时胸部叩诊为水平浊音。

（2）相对浊音（半浊音）：是介于清音和浊音之间的音响。正常情况下，叩击肺组织的边缘部分和心脏的相对浊音区，即发生半浊音。在病理情况下，可见于肺组织含气量减少。

（五）听诊

听诊是借助听诊器或直接用耳听取动物内脏器官在活动过程中所发生的声音，借以判定其异常变化的一种检查方法。听诊的应用范围很广，现代听诊法主要用于听取心音，喉、气管及肺泡呼吸音，胃肠蠕动音。

1. 心脏听诊　心音是随心室的收缩和舒张活动而产生的两个有节律、相互交替发生的声音，声如“咚、嗒”。心肌、瓣膜和血液等的振动是产生心音的基础。第一心音发生于心室收缩期，故称为缩期心音，是在心室收缩时，主要由两个房室瓣（二尖瓣、三尖瓣）突然关闭的振动所形成，其他次要因素有心房收缩的振动、半月瓣开放和心脏射血而冲击大动脉管壁所产生的振动等，为低而浊的长音。第二心音发生于心室舒张期，故称为张期心音，主要是由于心室舒张时，两个半月瓣突然关闭的振动所形成，其他次要因素有心室舒张时的振动、房室瓣开放和血流的振动等，为稍高而短的声音。

第一、第二心音均增强，见于热性病的初期、贫血和使用肾上腺素或阿托品等药物时。第一、第二心音均减弱，一般见于高度心力衰竭、濒死期、渗出性胸膜炎、胸水等。第一心音增强，第二心音减弱，甚至难以听到，是动脉根部血压过低所致（见于大失血、严重脱水、休克、虚脱、贫血、热性病）。第二心音增强，主要是由于动脉压升高，使半月瓣关闭时振动有力而引起的，见于能导致肺动脉高压的因素（如肺瘀血、肺气肿、二尖瓣闭锁不全等），也见于能导致主动脉压力升高的因素（如高血压、左心肥大、肾炎等）。如果在正常心音以外听到其他杂音，多为瓣膜或瓣膜口疾病、严重贫血、创伤性心包炎、胸膜炎等。

2. 肺脏听诊　是听取肺脏在吸入和呼出空气时，由于肺脏振动而产生的声音，一般有下列几种。

（1）肺泡呼吸音：类似于柔和的“夫”音，一般在健康羊的肺区内可以听到。在吸气时较明显，时间也长，吸气之末更清楚；呼气时短而微弱，仅在呼气之初可以听到。

普遍性增强，为呼吸中枢兴奋性增强，呼吸运动和肺换气加强的结果。其特征为两侧和全肺的肺泡音均增强，如重读“夫、夫”音。常见于发热、代谢亢进及其他伴有一般性呼吸困难的疾病，这种普遍性增强的现象，是全身性症状的一部分，并不标志着肺实质的原发性病理变化。

局限性增强，亦称代偿性增强，这是病变侵及一侧肺或肺脏的某些部分，而使其功能减弱或消失，则健侧或无病变的健康肺组织部分承担着患病部的呼吸功能，出现代偿性呼吸功能亢进的结果。它标志着肺实质的病理变化，具有重要的诊断意义。常见于大叶性肺炎、小叶性肺炎和渗出性胸膜炎等，其特点是常伴发一侧或局部肺泡呼吸音减弱或消失，或出现支气管呼吸音。配合胸部叩诊时，常可发现相应的浊音和鼓音等症状。

肺泡呼吸音减弱或消失，表现为肺泡呼吸音极为微弱，听不清楚，吸气时也不明显，甚至听不到肺泡呼吸音。见于肺组织的弹性减弱或消失（如各型肺炎、肺结核、肺气肿），进入肺泡的空气量减少或流速减慢（如上呼吸道狭窄、肺膨胀不全、严重中毒性疾病的后期、脑炎后期、濒死期、呼吸肌麻痹、呼吸运动减弱），胸部有剧烈疼痛性疾病（如胸膜炎、肋骨骨折），膈肌运动障碍（如瘤胃臌气、肠臌气等），呼吸音传导障碍（如胸腔积液、胸壁肿胀），以及空气完全不能进入肺泡内（如支气管阻塞和肺实变）。

（2）支气管呼吸音：它是一种类似于将舌抬高呼出气时而发出的“赫”音，或发出强的“ch”音。支气管呼吸音是空气通过声门裂隙时产生气流漩涡所致。故支气管呼吸音实为喉气管呼吸音的延续。在正常情况下，绵羊和山羊在第3~4肋间，肩关节水平线上下可以听到柔和而轻微的混合性呼吸音。在肺部正常可听范围以外的部位出现支气管呼吸音，认为是病理征象。肺组织实变是发生病理性支气管呼吸音最常见的原因，见于肺炎的肝变期、山羊传染性胸膜肺炎、渗出性胸膜炎和胸水。

（3）啰音：为伴随呼吸而出现的附加音响。按其性质可分为干啰音和湿啰音。

1）干啰音是支气管黏膜上有黏稠分泌物，支气管黏膜发炎、肿胀或支气管痉挛，使其管径变窄，空气通过狭窄的支气管腔或气流冲击附着于支气管内壁的黏稠分泌物时引起振动而产生的声音。干啰音在吸气或呼气时均能听到，一般在吸气的顶点最清楚，干啰音变动性较大，可因咳嗽、深呼吸而有明显的减少或增多，或时而出现，时而消失。如为强大、粗糙、低调的“咕—咕”声或“嗡嗡”音，则表示病变在大支气管，为高调尖锐的哨音、笛音、飞箭音、“咝咝”音等，表明病变在细支气管。广泛性干啰音，见于弥散性支气管炎、支气管肺炎、慢性肺气肿等。局限性干啰音，常见于局限性慢性支气管炎、结核病、肺丝虫病和间质性肺炎等。

2）湿啰音又称水泡音，是支气管内有较稀薄的分泌物，被气流冲击而发出的类似于水泡破裂的声音。湿啰音的性质类似于用一小管吹空气入水中时产生的声音，多半是水泡破裂音、沸腾音、含漱音等。按支气管口径的不同，可将其分为大、中、小三种水泡音。湿啰音于吸气和呼气时都可听到，但以吸气末期更为清楚。一般存在时间较长或较固定，易变性较小，但咳嗽后可增多、减少或消失，经短时间之后又重新出现。湿啰音是支气管疾病和许多肺部疾病的重要症状之一，如支气管炎、各型肺炎、肺结核等。广泛性湿啰音，见于肺水肿。两侧肺下野的湿啰音，见于心力衰竭、肺充血、肺出血、异物性肺炎。沸腾样大水泡音，见于重度心力衰竭、昏迷和濒死期。

（4）捻发音：为一种极细微而均匀的“噼啪”音。该音的性质类似于在耳边用手捻搓一束头发时产生的声音，其特点为声音短、细碎、大小相等而均匀。捻发音是肺泡内含有液体（渗出液、漏出液），并将肺泡黏合起来，但并非完全实变，当吸气时黏着的肺泡突然被气体展开，或毛细支气管黏膜肿胀并被黏稠的分泌物黏着，当吸气时黏着的部分又被分开，而产生特殊爆裂音。一般出现在吸气之末，或在吸气顶点最为清楚。捻发音常发生的部位是肺脏的后下部。捻发音常提示肺实质的病变和肺泡炎症，常见于大叶性肺炎的充血期和消散期、肺结核、毛细支气管炎、肺水肿初期。此外，老龄羊或长期躺卧的病羊，在肺底部偶尔可听到捻发音。

（5）胸膜摩擦音：正常胸膜表面光滑，胸膜腔内有少量液体起润滑作用，胸膜脏层和壁层摩擦时不产生音响。当胸膜发炎时，由于纤维蛋白沉着，使其变为粗糙不平，呼吸运动时，两层粗糙的胸膜面互相摩擦而产生摩擦音。摩擦音的特点是干而粗糙，声音接近体表，且呈断续性，吸气与呼气时均可听到，但一般多在吸气之末与呼气之初较为明显。如紧压听诊器时，则声音增强。摩擦音常发生于肺移动最大的部位，即肘后、肺叩诊区下 1/3、肋骨弓的倾斜部。有明显摩擦音的部位，触诊可感到胸膜摩擦感和有疼痛表现。胸膜摩擦音为纤维素性胸膜炎的特征。

3. 腹部听诊　主要是听取腹部胃肠运动的声音。在羊左侧肷窝可听到瘤胃蠕动音，为由远及近逐渐增强又逐渐减弱的吹风样、沙沙声或远雷声，每分钟可听到 2~4 次，其强度和次数以食后 2 小时为最旺盛，食后 4~6 小时后逐渐减弱，饥饿时收缩次数减少。反刍动物的肠袢，位于腹腔右侧的后半部，紧靠瘤胃壁。健康的羊右腹侧，可听到短而稀少的肠蠕动音，呈流水音或含漱音。

瘤胃蠕动次数稀少，蠕动音减弱，则标志瘤胃功能衰弱，可见于前胃弛缓、瘤胃积食，以及引起瘤胃功能障碍的慢性前胃病、热性病、全身性病与传染病。瘤胃蠕动音完全消失，为运动功能高度紊乱的表现，见于瘤胃臌气和瘤胃积食的末期及其他严重的全身性疾病。长期的、顽固性的瘤胃蠕动功能障碍，常提示创伤性网胃炎。瘤胃功能亢进，表现为蠕动次数频繁、蠕动音增强、持续时间长，见于瘤胃臌气的初期。某些毒物中毒或给予瘤胃兴奋药物时，常伴有频繁的嗳气和轻度不安。肠音亢进，见于各类型肠炎及腹泻。肠音减弱或消失，可见于肠便秘、肠梗阻、热性病、肠管麻痹等。

（六）嗅诊

嗅诊是用嗅觉发现、辨别羊的呼出气、口腔、排泄物及病理性分泌物的气味的一种检查方法。实际上在接近病羊时对气味变化已能有所察觉，一旦发现异常，必须深入检查。嗅诊只对某些疾病具有诊断意义，如粪便稀薄恶臭，见于各种肠炎；呼出气体及鼻液有特殊腐败臭味时，提示呼吸道及肺脏有坏疽性病变的可能；皮肤及汗液发尿臭味时，常有尿毒症的可能。

（七）群体检查

临床诊断时，羊的数量较多，应先做大群检查。运动、休息和采食饮水三种状态的检查，是对大群羊进行临床检查的三大环节；眼看、耳听、手摸、检温是对大群羊进行临床检查的主要方法。运用“看、听、摸、检”的方法通过对“动、静、食”三态的检查，可以把大部分病羊从羊群中检查出来。

1. 运动时检查　首先观察羊的精神外貌和姿态步样。健康羊精神活泼，步态平稳，不离群，不掉队；而病羊多精神不振，沉郁或兴奋不安，步态踉跄，跛行，前肢软弱跪地或后肢麻痹，有时突然倒地发生痉挛等，应将其挑出做个体检查。其次，注意观察羊的天然孔及分泌物。健康羊鼻镜湿润，鼻孔、眼及嘴角干净；病羊则表现鼻镜干燥，鼻孔流出分泌物，有时鼻孔周围污染脏土杂物，眼角附着脓性分泌物，嘴角流出唾液，发现这样的羊，应将其剔出复检。

2. 休息时检查　首先，有顺序地并尽可能逐只地观察羊的站立和躺卧姿态，健康羊吃饱后多合群卧地休息，时而进行反刍，当有人接近时常起身离去。病羊常独自呆立一侧，肌肉震颤及痉挛，或离群单卧，长时间不见其反刍，有人接近也不动。其次，与运动时的检查一样要注意羊的天然孔、分泌物及呼吸状态等。再次，注意被毛状态，如发现被毛有脱落之处，无毛部位有痘疹或痂皮时，以及听到磨牙、咳嗽或喷嚏声时，均应剔出来检查。

3. 采食饮水时检查　是在放牧、喂饲或饮水时对羊的食欲及采食饮水状态进行的观察。健康羊在放牧时多走在前头，边走边吃草，饲喂时也多抢着吃；饮水时，多迅速奔向饮水处，争先喝水。病羊吃草时，多落在后边，时吃时停，或离群停立不吃草；饮水时或不喝或暴饮，甚至出现异嗜，如发现这样的羊应剔出复检。

二、病理学诊断

病理剖检是羊病现场诊断比较重要的一种诊断方法。羊发生了传染病、寄生虫病或中毒性疾病时，器官和组织常呈现出特征性病理变化，通过剖检，就可迅速做出诊断。如羊患肠毒血症时，除肠道黏膜出血或溃疡外，肾脏常软化如泥。山羊患传染性胸膜肺炎时，肺实质发生肝变，切面呈大理石样变化。羊患细颈囊尾蚴病时，网膜、肠系膜和胃肠浆膜等腹腔浆膜上可见到借助粗细不一的蒂悬挂着的成熟的囊尾蚴囊泡。在实践中，有条件的应尽可能剖检病羊尸体，必要时可剖杀典型病羊。除肉眼观察外，必要时采集病料，进一步做病理组织学检查。

（一）尸体剖检的注意事项

剖检前应事先准备好消毒药、乳胶手套及解剖刀、解剖剪、骨剪、镊子等有关器械。如需采集病料，还要准备灭菌的容器；剖检时，最好多剖检几只病死羊，以便寻找出共同的病理变化；剖检时应做好记录，内容一般包括羊的品种、性别、日龄、死亡日期、剖检日期、外观检查内容和病理剖检内容等。剖检时间越早越好，不要超过 12 小时，特别是在夏季，气温较高，尸体易腐败。剖检工作最好在白天进行，以便于观察病变；剖检地点选择在远离居民区、牧场、水源、道路的地方，以防止病原体的传播。剖检时应保持清洁、注意消毒，尽量减少对周围环境和衣物的污染，并做好个人防护；剖检后将尸体和污染物做深埋处理（禁止流入市场）。在尸体上撒上生石灰或洒上 10%石灰乳、4%氢氧化钠液、5%~20%漂白粉溶液等。污染的表层土壤铲除后投入坑内，埋好后对埋尸地面要再次进行消毒。

（二）剖检方法和检查

为了全面而系统地检查尸体内所呈现的病理变化，尸体剖检必须按照一定的方法和程序进行，其方法和程序如下。

1. 外部检查　主要包括羊的一般情况（品种、性别、年龄、毛色、特征、营养状况、皮肤等）、死后变化、天然孔（口、眼、鼻、耳、肛门和外生殖器）与可视黏膜。

2. 剥皮与皮下检查　第一是剥皮方法。尸体仰卧固定，由下颌间隙经过颈、胸、腹下（绕开阴茎或乳房、阴户）至肛门做一纵切口，再由四肢系部经其内侧至上述切线分别做四条横切口，然后剥离全部皮肤。第二是皮下检查。应注意检查皮下脂肪、血管、血液、肌肉、外生殖器、乳房、唾液腺、舌、咽、扁桃体、食管、喉、气管、甲状腺、淋巴结等的变化。

3. 腹腔的剖开与检查　第一，腹腔剖开与腹腔脏器采出。剥皮后，让尸体左侧卧位，从右侧肷窝部沿肋骨弓至剑状软骨切开腹壁，再从髋结节至耻骨联合切开腹壁。将此三角形的腹壁向腹侧翻转，即可暴露腹腔。检查有无肠变位、腹膜炎、腹水或腹腔积血等异常。在横膈膜之后切断食道，用左手插入食道断端握住食道，向后牵拉，右手持刀将胃、肝脏、脾脏背部的韧带和后腔静脉、肠系膜根部切断，腹腔脏器即可取出。第二，胃的检查。在沿皱胃小弯瓣皱胃孔→瓣胃大弯→网瓣胃孔→网胃大弯→皱胃腹囊→瘤胃腹囊→食管→右纵沟切开的同时，注意内容物的性质、数量、质地、颜色、气味、组成及黏膜的变化。特别应注意皱胃的黏膜炎症和寄生虫，瓣胃的阻塞状况，网胃内的异物、刺伤或穿孔，瘤胃的内容物。第三，肠道检查。检查肠系膜后，沿肠系膜附着缘对侧剪开肠管，重点检查内容物和肠系膜，注意内容物的质地、颜色、气味和黏膜的各种炎症变化。第四，肝脏、胰脏、脾脏、肾脏与肾上腺的检查。主要检查这些器官的颜色、大小、质地、形状、表面和切面等有无异常的变化。

4. 骨盆腔器官的检查　除输尿管、膀胱、尿道外，重点是公羊的精索、输精管、腹股沟、精囊腺、前列腺及外生殖器官，母羊的卵巢、输卵管、子宫角、子宫体、子宫颈与阴道。注意观察上述器官的位置和表面、内部的异常变化。

5. 胸腔的剖开与检查　第一，胸腔的剖开。可切割两侧肋骨与肋软骨交接处，除去胸骨；也可在肋骨与肋软骨的连接处，切断肋骨，再在肋骨上端锯断所有肋骨，并切断横膈，就可整片掀除一侧胸壁或用扭脱肋骨小头的办法，一根根地除去肋骨。第二，胸腔器官的检查。割断前腔静脉、后腔静脉、主动脉、纵隔和气管等同心脏、肺脏的联系后，将心脏、肺脏一同取出。心脏检查，应注意观察心包液的数量、颜色，心脏的大小、形状、软硬度，心室和心房充盈度，心内、外膜的变化。

6. 脑的取出与检查　先沿两眼的后缘用锯横行锯断，再沿两角外缘与第一锯相接锯开，并于两角的中间纵锯一正中线，然后两手握住左右角，用力向外分开，使颅顶骨分成左右两半，即可露出脑。应注意检查脑膜、脑脊液、脑回和脑沟的变化。

7. 关节检查　尽量将关节弯曲，在弯曲的背面横切关节囊。注意囊壁的变化，确定关节液的数量、性质及关节面的状态。

三、实验室诊断

实验室诊断是羊病综合诊断的重要诊断方法之一，是疾病确诊的重要手段。经临床检查、病理剖检以后，根据已获得的资料和症状，还不足以做出明确的诊断时，就需要拟定必要的实验室诊断方案，进一步选择并实施某些辅助或特殊的实验室诊断项目和内容。实验室诊断的主要内容包括病料的采集、保存、包装和运送，血、尿、粪的常规检验及生化分析，脑脊液、胸、腹腔液的检验，肝、肾功能试验，X 线检查，超声波检查，心电描记，细菌学检查（如细菌形态学检查、细菌的分离培养与生化鉴定、细菌对药物的敏感试验），病毒学检查（病毒的分离与鉴定、包涵体检查、电镜技术），血清学试验（如凝集试验、直接凝集试验、中和试验、酶联免疫吸附试验、胶体金免疫层析诊断技术），寄生虫学检查（粪便寄生虫检查、血液寄生虫检查、皮肤寄生虫检查、虫卵和卵囊计数法）和毒物检验等内容。

（一）病料的采集、保存、包装和送检

1. 病料采集　采集病料前对所用的刀、剪、镊子、注射器、针头等应预先消毒处理，金属器械使用前要在火焰上烧一下；玻璃器皿用高压灭菌；软木塞、橡皮塞置于 0.5%石炭酸水溶液或 1%碳酸钠水溶液中煮沸消毒 10 分钟左右。每采集一种病料，使用一套器械或容器，互相不能混用。

采集病料时，不同疾病采集的病料不同，如口蹄疫、水疱病等取水疱皮和水疱液，狂犬病、伪狂犬病等取脑部。原则上要求采集病原微生物含量多、病变明

显的部位，同时易于采集、保存和运送。如果临床缺乏资料，剖检时又难以分析判断可能属于哪一种病时，应比较全面地取材，如脑、血液、肝、脾、肺、肾和淋巴结，同时要注意带有病变的部分。如果怀疑炭疽除非必要时不准做尸体剖检，割取一只耳朵就可以了。尽量无菌采集，而且操作必须迅速，特别是在炎热的夏季。

2. 病料保存　病料采集后，如不能立即检验或需送有关单位检验，应当加入适量保存剂，使其尽量保持新鲜状态。细菌检验所采集的脏器、组织一般可用灭菌的30%甘油缓冲液或灭菌的液体石蜡保存，液体病料可装入封闭的毛细玻璃管或试管中；病毒一般保存于灭菌的50%甘油缓冲盐水液检验材料中或灭菌鸡蛋生理盐水内；血清学检验固体病料如小块肠、耳、脾、肝、肾、皮肤材料等，可用硼酸或食盐处理，血清可在每毫升中加5%石炭酸1滴；病理组织学检验将病料立即放入10%福尔马林或95%乙醇中固定，任何一种固定液的用量均须为标本体积的10倍以上，如用10%福尔马林溶液固定，应在24小时后换新鲜溶液1次。脑、脊髓组织须用10%中性福尔马林溶液固定。为了防止严寒季节组织冻结，在送检时可将上述固定好的组织块保存于甘油和10%福尔马林等量混合液中。

3. 病料的包装　病料包装要求安全稳妥，病原学检查的材料应放入加有冰块的保温瓶内送检。包装好的病料应尽快由专人送检。

4. 病料的送检　送检病料必须附有说明，其内容包括：送检单位及地址，病羊品种、性别、年龄、发病日期、死亡时间、取材时间，病料名称及序号，病料中加入何种保存液，主要临床症状，病理剖检变化，曾经进行何种治疗及该疫病的流行情况等，并提出送检的目的和要求，将盛有病料的容器加盖加塞，并用蜡封闭严密。

（二）实验室检验

1. 血液检查　通常是采取瑞氏染色或姬姆萨染色，于显微镜下检查。先用低倍镜检查，再用高倍镜和油镜检查。

2. 病理组织检查　无菌采集病变组织制作成触片，然后染色、镜检，或制成病理组织切片经显微镜检查。

3. 病原微生物检查

（1）细菌学检验。

1）涂片镜检：将病料涂于清洁无油污的载玻片上，干燥后在酒精灯火焰上固定，选用单染色法（如美蓝染色法）、革兰氏染色法、抗酸染色法或其他特殊染色法染色镜检，根据所观察到的细菌形态特征，做出初步判断或确定进一步检验的步骤。

2）分离培养：根据所怀疑传染病病原菌的特点，将病料接种于适宜的细菌培养基上，在一定温度（常为 37 ℃）下进行培养，获得纯培养物后，再用特殊的培养基培养，进行细菌的形态学、培养特征、生化特性、致病力和抗原特性鉴定。

3）动物试验：用灭菌生理盐水将病料做成 1∶10 的悬液，或利用分离培养获得的细菌液感染试验羊。感染方法可用皮下、肌内、腹腔、静脉或脑内注射。感染后按常规隔离饲养管理，注意观察，有时还须对试验羊测量体温，如有死亡，应立即进行剖检及细菌学检查。

（2）病毒学检验。无菌取出病料组织，用磷酸缓冲液反复洗涤。然后将组织剪碎、研细，加磷酸缓冲液制成 1∶10 悬浮液（血液或渗出液可直接制成 1∶10悬浮液），经离心沉淀取出上清液，每毫升加入青霉素和链霉素各 100 单位，置冰箱中备用。把样品接种到鸡胚或细胞培养物上进行培养。对分离到的病毒，用电子显微镜检查，并用血清学试验及动物试验等方法进行物理学和生物学特性的鉴定。或将待检样品经分离培养得到的病毒液接种易感动物。

常用的方法有凝集反应、沉淀反应、补体结合反应、免疫学检验反应、中和试验等血清学检验方法，以及用于某些传染病生前诊断的变态反应等。目前较先进的方法有免疫扩散、荧光抗体技术、酶标记技术、单克隆抗体技术和 PCR 技术等。

第二节　羊病临床治疗方法

治疗是通过使用物理性的、化学性的、手术的方法处置，更好地改善机体的功能，以维持和延长生命，亦即消除疾病。兽医临床治疗技术的应用是兽医临床上最重要的实践性活动。

一、羊的保定方法

在兽医临床中，为了便于诊疗和保证人畜安全，以人力、器械或药物控制羊的方法，称为保定。正确的保定，可以保证临床各科检查能够安全进行，使术者及助手不致遭受危险。同时，保定的好坏能给治疗操作带来很大影响。除了骚动不安及恶癖或狂暴的病羊以外，要尽量通过安抚或抚摸，使其保持自然状态，再进行治疗最为理想。保定的目的就在于防止羊的骚动，便于检查和处置，保障人畜安全。羊的保定方法见表 13-1。

表 13-1　羊的保定方法

方法		操作
站立保定	倒立式保定法	保定者倒骑在羊背上，两手提握两侧后肢皱皮，并提起后躯，两腿紧夹胸腹侧。此法适用于阉割、后躯检查
	夹后肢保定法	在无助手的情况下，术者可面向羊头蹲在羊的一侧，提起羊的一后肢夹压在术者靠近羊侧屈的腿弯内，此法适用于羔羊
	握角骑跨保定法	保定者骑在羊背部，两腿膝部用力夹住羊的两侧胸壁，两手握紧两个羊角，或一手握角（耳），另一手紧托羊的下颌。此法适合于一般检查、注射和灌药
	两手围抱保定法	用两臂在羊的胸前围抱即可固定
倒卧保定		将羊放倒后，保定者两只手分别提握倒卧侧前肢的羊掌部和后肢的跖部，手臂置于羊前肢的肘后和后肢的膝前，两肘下压，即将羊牢牢地保定；或以一手握按头角，另一手提握倒卧侧后肢的跖部，羊因头部被下压，倒卧侧后肢被固定而无法活动。如需保定较长时间，可将三肢或四肢集拢于腹下，用绳索捆绑。有时也可将羊用绳索捆绑后采取俯卧姿势
台架保定		台架用木料制成，前部设有颈夹，上夹可上下活动，下部设有横梁，供吊羊体，结构简单，可任意移动

二、兽医临床治疗的方法和基本原则

（一）治疗的方法

1. 病因疗法　以消除病因为目的的治疗方法，是最根本的治疗方法，如用氟苯尼考治疗羊巴氏杆菌病。

2. 对症疗法　通过消除症状或减轻疾病的某些症状，间接增强病羊恢复功能的治疗方法，是最常用的治疗方法，明确病因的和不明确病因的病羊均可采用对症疗法。如解热、止咳、止血、止泻、强心等。

3. 预防疗法　是对易患某种疾病的病羊或患过某种疾病易复发的病羊进行预防发病或复发的治疗方法。如定期接种疫苗、投服驱虫药等。

4. 化学疗法　是用化学合成药物治疗疾病的方法。其覆盖面最广，是最常用的疗法，包括西药疗法和中药疗法。其主要问题是合理用药。对羊来说抗菌药物内服会影响瘤胃菌群，长期大量注射广谱抗生素，也会影响瘤胃菌群，长期应用某种抗生素或驱虫药，不但会使细菌或寄生虫产生耐药性，影响动物健康，还会产生药物残留，导致食品安全问题。另外，中药也不是无毒副作用，用时要慎重。

5. 物理疗法 应用光、电、X射线、水、冷、热及按摩等物理因子进行治疗疾病的方法，称为物理疗法。以医用物理学、动物生理学的现代理论知识为基础，结合临床治疗的应用，物理治疗学已成为治疗学中的一个重要分支学科。目前物理疗法已较普遍地应用于家畜普通病的治疗工作中，并且显示出重要的实际意义。

6. 输液疗法 多用于调节体液平衡或补充营养，效果最好，但属个体治疗，费工费时。

7. 营养疗法 就是给予病羊必要的营养物质或营养性药剂的治疗方法。营养疗法能改善病羊的营养条件、代谢状况，促进其生理功能的恢复，加快机体的康复过程。营养疗法在综合治疗中占有重要的地位。对于由某些营养物质缺乏或不足而引起的疾病，给予所需要的营养药剂或富含营养物质的饲料、饲料添加剂，更可起到病因治疗的作用。输血疗法、补液疗法、给氧疗法等也可属于广义的营养疗法。

8. 外科手术疗法 即通过对病羊施行外科手术以达到治疗目的的方法。兽医外科及实验外科学的进展，为很多疾病的治疗研究提供了有效的手术方法。化学疗法的应用，已能确切地防止术后感染及某些并发症，为手术疗法的临床应用提供了可靠的保证。手术疗法的应用十分广泛，在治疗学中占有重要地位。某些手术可起到根治作用（如肠套叠手术）。手术疗法一般都应同时配合进行其他的、必要的综合治疗，如药物疗法、营养疗法、物理疗法等。

9. 针灸疗法 针灸疗法是中医学及中兽医学中一种独特的、传统的治疗方法。它简便易行，治疗效果明显。针灸疗法包括针法和灸法。针法是用特制的针具，通过刺扎畜体的特定部位（所谓穴位），给以机械的刺激，从而达到治疗目的的一种疗法；灸法是用特制的灸具，通过灸烤畜体的一定部位，给以温热刺激，从而达到治疗目的的一种疗法。

（二）治疗的基本原则

为了达到有效的治疗效果，必须根据病畜的特点和疾病的具体情况选择适当的治疗方法，并组织实施治疗措施。每种疾病都有不同的具体疗法，但是在治疗时都应遵循一些共同的基本原则。

1. 治病必求其本的治疗原则 任何疾病，都必须明确致病原因，并力求消除病因，尽量采取对因疗法。根据不同的致病原因，采取不同的治疗方法，如羊鞭虫病引起的腹泻，应选择驱虫药进行治疗。

2. 主动积极的治疗原则 主动积极才能及时地发挥治疗作用，防止病情蔓延，阻断病程的发展，迅速而有效地消灭疾病，使病羊恢复健康。主动积极的治疗原则主要体现在积极预防、早期治疗、首选特效药物和坚持疗程。如羊群感染羊痘后，及时淘汰病羊，紧急接种羊痘疫苗，是目前控制羊痘的最实用有效的措施。

3. 综合性的治疗原则　所谓综合疗法，是根据具体病例的实际情况，选取多种治疗手段和方法，予以必要的配合与综合应用。每种治疗方法和手段，都具有各自的特点，而每个具体的病例又都千差万别，针对任何一个病例只采取单一治疗方法，即使是特效疗法，有时也难以收到满意的效果。因此，必须根据疾病的实际情况，采取综合性治疗，发挥各种疗法相互配合的优势，以期相辅相成。如羊捻转血矛线虫病的持续感染问题，但用抗寄生虫药物，效果不好，还极易导致耐药性的产生，应改变不良的饲养管理方式，做好卫生消毒等工作。

4. 个体性的治疗原则　兽医临床人员必须树立治疗的个体性原则，治疗时应考虑病羊的种属特性、品种特点，以及不同年龄和性别条件，掌握个体反应性，进行个体性的治疗，对具体病羊进行具体分析。

5. 局部治疗结合全身治疗的原则　疾病发展过程中，局部与全身是密切相关的。局部病变以全身的生理代谢状态为前提，并会影响到其他局部，以至全身。治疗时应采取局部疗法与全身疗法相结合的原则，依据病情的不同而有所不同。

三、羊的临床治疗方法

（一）投药法

1. 药物内服法

（1）经口投药法：是投服少量片剂、丸剂或舔剂等固体、半固体药物时常用的方法。舔剂一般可用光滑的木片或竹片。丸剂、片剂可徒手投服，亦可用镊子投服，必要时用特制的丸剂投药器（或投药枪）。经口投药法简便快捷，安全有效。

1）投药方法：羊保定，术者或助手打开或撬开羊口腔，另一手夹持或用镊子夹住药片、药丸，舔剂则用竹片刮取，自另一侧口角送入舌根部投药，或反转竹片将药剂抹在舌背面，急速抽出手、镊子或竹片等，使其闭口，并用右手掌托其下颌，使头稍高抬，让其自行咽下，或外部刺激咽部，促进快速吞咽。

2）注意事项：如用丸剂投药器，先将药丸装入投药器内，术者持投药器自动物一侧口角伸入并送向舌根部，迅即将药丸打（推）出后，抽出投药器，待其自行咽下。投药后视其需要可灌少量饮水。有时也可以将药物混入少量精料，放入手中诱食。

（2）经口灌药法：是投服少量药液时常用的方法。灌服药液可用灌角、橡皮瓶、药匙或注射器等进行。经口灌药法简便快捷，安全有效，但操作时容易造成浪费。

1）灌药方法：助手抓住病羊的两耳，把羊头略向上提，使羊的口角与眼角连线近水平，并用两腿夹住羊腰背部。术者用左手拇指和食指压迫颊部（或食指和中指插入口角，拇指顶开上颚，此法应防止其前后移动，咬伤手指），打开口腔，右手用药匙或其他灌药器具，从舌侧面靠颊部倒入药液，待其咽下后，再灌第二匙，直到灌完为止。

2）注意事项：每次灌药，药量不宜太多，速度不可太快，否则容易将药物呛入气管内；灌药过程中，病羊发生强烈咳嗽时应暂停灌服，并使其头部低下，将药物咳出；头部吊起的高度，以口角与眼角连线近水平为宜。若过高，易将药液灌入气管或肺中，轻者引起肺炎，重者可造成死亡；当羊拒绝吞咽时，如有药液流出，应以药盆接住，以减少流失。

（3）经口胃管投药法：经口胃管投药法可用于猪、羊等动物的投药，在药液量较多，或药品有特殊气味，经口不易灌服时采用。胃管投药法剂量准确，效果好，可以大量投药。缺点是费工费时，有一定危险性。

1）胃管投药方法：羊站立保定，佩戴开口器后，再经口投入胃管（胃管应粗细长短合适，并涂凡士林润滑），抵达咽部，轻捣刺激吞咽，随吞咽动作将胃管送入食道，进行充气检查，按照“吹动吸不动，必在食道中；吹动吸也动，则在气管中；吹不动吸也不动，则胃管打折”的原则进行判断（表13-2）。如胃管已经插入食道，再将胃管前端推送到颈部下1/3处或胃内，连接漏斗，进行投药。投药完毕，灌少量清水，或向胃管中打气两次，再将胃管打折后徐徐拔出，胃管洗净消毒后，放回原处备用。

2）注意事项：胃管使用前要仔细洗净、消毒；涂以滑润油或凡士林，使管壁滑润；插入、抽动时不宜粗暴，要小心、徐缓，动作要轻柔，防止食道损伤和破裂；有明显呼吸困难的病羊不宜用胃管，有咽炎的病羊更应禁用；应确实证明插入食道深部或胃内后再灌药，如灌药后引起咳嗽、气喘，应立即停灌，如中途因羊骚动使胃管移动、脱出，亦应停灌，待重新插入，并确定无误后再行灌药；开口器佩戴应牢固，以防羊咬破、咬断胃管。

表13-2 胃管插入食道或气管的鉴别要点

鉴别方法	插入食道内	插入气管内
胃管送入的感觉	插入时稍感前送有阻力	无阻力
观察咽、食道及羊的动作	胃管前端通过咽部时，可引起吞咽动作或伴有咀嚼，动物安静	无吞咽动作，可引起剧烈咳嗽，动物不安
触诊颈沟部	食管内可摸到有一坚硬探管	无

续表

鉴别方法	插入食道内	插入气管内
将胃管外端放耳边听诊	可听到不规则的咕噜声，但无气流冲耳	随呼气动作而有强力气流冲耳
鼻嗅胃管外端	有刺鼻酸臭味	无
排气和呼气动作	不一致	一致
将橡皮球打气或捏扁橡皮球后再接于胃管外端	打入气体时可见颈部食道呈波动状鼓起，接上捏扁的橡皮球后不再鼓起	不见波动状鼓起，橡皮球迅速鼓起

（4）经口群体给药法：经口群体给药法有饮水给药法和拌料给药法。

1）饮水给药法：将药物溶解在水中让羊饮用，以此来预防和治疗疾病，特点是简便、快捷，效果较好。一般易溶于水的药物可采用此法。但某些药在水中时间长易失效，水质对药物会有一定影响。

2）拌料给药法：将药物拌在饲料中让羊采食而预防和治疗疾病。羊有食欲或食欲正常时可应用，也适用于不溶于水的药物。注意为防止药物中毒，应分级混合均匀。

3）注意事项。饮水给药法和拌料给药法，药物用量的计算，可按每千克体重给药，或按饮水或拌料的浓度给药。拌料给药时应混合均匀，防止中毒。饮水给药比拌料给药的效果好，因为病羊食欲减退或废绝时，往往饮欲正常或增加。饮水量和拌料量的计算，应在原来的基础上相应增加。反刍动物经口给予抗菌药物，会使瘤胃菌群失调，应用时应慎重。

2. 药物注射法

（1）皮内注射法：皮内注射是指将药液注入羊表皮和真皮之间的注射方法。多用于诊断和某些疫苗接种。一般仅在皮内注射药液或疫苗0.1~0.5毫升。

1）注射部位：羊的颈侧中部或尾根内侧。

2）注射方法：使用小容量注射器或1~2毫升的注射器与短针头，吸取药液，局部剪毛，用2%~5%碘酊消毒，70%~75%乙醇脱碘，以左手大拇指和食指、中指固定（绷紧）皮肤，右手持注射器，针头斜面向上，与皮肤呈5°角刺入皮内。待针头斜面完全进入皮内后，放松左手，并固定针头与注射器交接处，右手推注药液，并感到推药时有一定的阻力，局部可见一半球形隆起，俗称“皮丘”。注射完毕，迅速拔出针头，术部用乙醇棉球轻轻消毒，避免挤压局部。

3）注意事项：注射部位一定要认真判定准确无误，否则将影响诊断和预防接种的效果。进针不可过深，以免刺入皮下，应将药液注入表皮和真皮之间。拔出针头后注射部位不可用棉球按压揉搓。

（2）皮下注射法：皮下注射是将药液注入皮下结缔组织内的注射方法。皮下注射的药物可由皮下结缔组织内丰富的毛细血管吸收入血，皮下有脂肪层，药物吸收慢，药效维持时间长。药液吸收比口服给药快，剂量准确，比血管内给药安全易操作。皮下注射大量注入药物，易导致注射部位肿胀疼痛。

1）注射部位：多在皮肤较薄、富有皮下组织、活动性较大的部位。羊多在颈侧、背胸侧和股内侧。

2）注射方法：羊保定，局部剪毛消毒。术者左手中指和拇指捏起注射部位的皮肤，同时用食指尖下压使其呈皱褶陷窝，右手持连接针头的注射器，针头斜面向上，从皱褶基部陷窝处与皮肤呈30°～40°角，刺入针头的2/3（根据动物体形适当调整），此时感觉针头无阻力且能自由活动针头时，左手把持针头连接部，右手抽吸无回血，即可推压针筒活塞，注射药液。如需注射大量药液，应分点进行。注射完毕，用左手持酒精棉球压迫针孔部，迅速拔出针头。必要时可对局部轻轻按摩，促进吸收。

3）注意事项：刺激性强的药物不能做皮下注射；药量多时，可分点注射，注射后最好对注射部位轻度按摩或温敷。

（3）肌内注射法：肌内注射法是将药液注入肌肉内的注射方法。药物吸收缓慢，药效维持时间长。肌肉皮肤感觉迟钝不宜注射刺激性药物。因肌肉致密，只能注射少量药液。由于羊的骚动，操作不熟练者易导致针头折断。

1）注射部位：羊多在颈侧及臀部。

2）注射方法：保定羊，局部剪毛消毒处理。术者左手固定于注射局部，右手持连接针头的注射器，使针头与皮肤垂直，迅速刺入肌肉内，一般刺入2～3厘米（羔羊酌减）；而后用左手拇指与食指握住针头结合部分，以食指指节顶在皮肤上，再用右手抽动针管活塞，无回血，即可缓慢注入药液。如有回血，可将针头拔出少许再行试抽，见无回血后方可注入药液。注射完毕，用左手持酒精棉球压迫针孔部，迅速拔出针头。有时也可先以右手持注射针头，直刺入局部，接上注射器，然后以左手把住针头和注射器，右手推动活塞手柄，注入药液。

3）注意事项：为防止针头折断，刺入时应与皮肤呈垂直的角度并且用力的方向与针头方向一致；注意不可将针头的全长完全刺入肌肉中，一般只刺入全长2/3即可，以防折断时难以拔出；对强刺激性药物不宜采用肌内注射；注射针头如接触神经时，羊骚动不安，应变换方向，再注药液。

（4）静脉内注射法：静脉注射是将药液注入静脉内，治疗危重疾病的主要给药方法。药物直接进入静脉内随血液分布全身，药效快，作用强，注射部位疼痛反应较轻，但药物代谢较快，维持时间较短；药物直接进入血液，不会受到消化道和其他脏器的影响而发生变化或失去作用；静脉注射可以耐受刺激性药物

（如钙剂等），可以容纳大量的输液或输血。

1）注射部位：羊多在颈静脉的上 1/3 与中 1/3 的交界处，波尔山羊也可在耳静脉，特殊情况也可以在掌心静脉。

2）注射方法：羊站立或侧卧保定，注射部位剪毛消毒，指压或用细绳结扎血管近心端，使其努张，右手持针头（可接注射器、输液线或什么都不接），使针头斜面向上，针尖与皮肤呈 30°~45°角，沿静脉径路，在压迫点前 2~3 厘米处，迅速准确地刺入静脉内，如有空虚感，检查有回血后，再沿静脉管进针少许，以防骚动时针头滑出血管，用夹子或软胶管等固定针头，将压迫的手指或结扎的细绳松开，即可注入药液，并调整输液速度，注射完毕，以干棉球或酒精棉球按压穿刺点，迅速拔出针头，局部按压片刻，防止出血。

3）注意事项：应严格遵守无菌操作规程，对所有注射用具、注射局部均应严格消毒；要看清注射部位的血管，明确注射部位，防止乱扎，以免局部血肿。羊颈静脉注射一般选用 9 号、12 号或 16 号长针头，穿刺时要注意检查针头是否通顺，当反复穿刺时，针头常被血凝块堵塞，应随时更换；针头刺入静脉后，要再顺入 1~2 厘米，并使之固定；注入药液前应排净注射器或输液胶管中的气泡；要注意检查药品的质量，防止有杂质、沉淀；混合注入多种药液时注意配伍禁忌；油剂不能做静脉注射；静脉注射量大时，速度不宜过快；药液温度要接近于体温，药液的浓度以接近等渗为宜；注意心脏功能，尤其是在注射含钾、钙等药液时更应小心；静脉注射过程中，要注意动物表现，如有骚动不安、出汗、气喘、肌肉战栗等现象时应及时停止；当发现注射局部明显肿胀时，应检查回血，如针头已滑出血管外，则应整顺或重新刺入；若静脉注射时药液外漏，立即用注射器抽出外漏的药液，可根据不同的药液，采取相应的处理措施。如为等渗溶液，不需处理；如为高渗盐溶液，则应向肿胀局部及其周围注入适量的蒸馏水，能稀释之；如为刺激性强或有腐蚀性的药液，则应向其周围组织内注入生理盐水；如为氯化钙溶液可注入 10%硫酸钠溶液或 10%硫代硫酸钠溶液 10~20 毫升，使氯化钙变为无刺激性的硫酸钙和氯化钠；局部可用 5%~10%硫酸镁溶液进行温敷，以缓解疼痛；如为大量药液外漏，应及早切开，并用高渗硫酸镁溶液引流。

（5）腹腔内注射法：腹腔内注射法是利用药物的局部作用和腹膜的吸收作用，将药液注入腹腔内的一种注射方法。药物吸收快，注射方便，可以大量补液，对腹腔脏器疾病有一定的作用。

1）注射部位：成年羊在右肷窝部，羔羊在两侧后腹部。

2）注射方法：成年羊腹腔内注射时，使羊站立保定，术部剪毛消毒，右手持针头从肷窝中央垂直刺入腹腔，回抽判断无血液、尿液、粪液等，即可注入药液，注射完毕，用左手持酒精棉球压迫针孔部，迅速拔出针头。

羔羊腹腔内注射时，可倒立保定，局部剪毛消毒，在耻骨前沿3~5厘米腹中线的两侧，或脐与耻骨连线中点，避开血管，垂直进针或刺入皮肤向下进针1~2厘米再向腹腔进针，之后回抽判断，注射药液。

3）注意事项：腹腔注射宜用无刺激性的药液，如药液量大，则宜用等渗溶液，并将药液加温至近似体温的程度。

（6）动脉内注射法：主要用于肢蹄、乳房及头颈部的急性炎症或化脓性炎症疾病的治疗。一般使用普鲁卡因青霉素或其他抗生素及磺胺类药物注射。动脉内注射抗生素药物，直接作用于局部，发挥药效快，作用强。特别是治疗乳腺炎时，经会阴动脉内注射药液，可直接分布于乳腺的毛细血管内，迅速奏效。动脉内注射药液有局限性，不适合全身性治疗，注射技术要求高，不如静脉内注射易掌握和应用广泛。

1）注射部位：会阴动脉注射的部位，在乳房后正中提韧带附着部的上方2~3指处，可触知会阴体表的会阴静脉，在会阴静脉侧方附近，与会阴静脉平行即为会阴动脉。

颈动脉注射的部位，约在颈部的上1/3部，即颈静脉上缘的假想平行线与第6颈椎横突起的中央，向下引垂线，其交点即为注射部位。

2）注射方法：会阴动脉内注射法，病羊侧位保定，先以左手触摸到会阴静脉，在其附近，右手用针先刺入4~6厘米深，此时稍有弹力性的抵抗感，再刺入即可进入动脉内，并见有搏动样的鲜红色血液涌出，立即连接注射器，徐徐注入药液。

颈动脉内注射法，在病灶的同侧，注射部位消毒后，一手握住注射部位下方，另一手持连接针头的注射器与皮肤呈直角刺入4厘米左右。刺入过程同样有动脉搏动感，流出鲜红色血液即可注入药液。

3）注意事项：保定切实，操作要准确，严防意外。当刺入动脉之后，应迅速连接注射器，防止流血过多，污染术部，影响操作。操作熟练者最好一次注入，以免出血。注射药液时，要握紧针筒活塞，防止由于血压力量大，而顶出针筒活塞。

（7）瓣胃内注射法：将药液直接注入于瓣胃中，使其内容物软化通畅。主要用于治疗瓣胃阻塞。

1）注射方法：站立保定，注射部位在羊右侧第8~9肋间（羊有13对肋骨，由后向前数，第6个肋骨即是第8肋骨，第8肋骨与第9肋骨之间即是第8肋间）与肩关节水平线交界处下方2厘米处。术部剪毛消毒后，用12号7厘米长的注射针头，向对侧肩关节方向刺入4~5厘米深。可先注入生理盐水20~30毫升，随即吸出一部分，如液体中有食物或液体被污染时，证明已刺入瓣胃内。然后注入所需药物（如25%硫酸镁溶液30~40毫升、石蜡100毫升）。注完后，拔出针头，局部消毒。

2）注意事项：操作过程中宜将病羊确实保定，注意安全，以防意外；注射中病羊骚动时，要确实判定针头是否在瓣胃内，而后再行注入药物；在针头刺入瓣胃后，回抽注射器，如有血液或胆汁，是误刺入肝脏或胆囊，表明位置过高或针头偏向上方的结果。这时应拔出针头，另行移向下方刺入；注射一次无效时，于第二日再重复注射一次。必要时皮下注射氨甲酰胆碱注射液，兴奋胃肠运动功能，促进积聚物排出。

（二）穿刺法

穿刺法是使用特制的穿刺器具（如套管针、肝脏穿刺器、骨髓穿刺器等），刺入病羊体腔、脏器或髓腔内，排除内容物或气体，或注入药液以达到治疗目的。也可通过穿刺采取病羊体某一特定器官或组织的病理材料，提供实验室可检病料，有助于确诊。但是，穿刺法在实施中有损伤组织，并有引起局部感染的可能，故应用时必须慎重。

应用穿刺器具均应严密消毒，干燥备用。在操作中要严格遵守无菌操作和安全措施，才能取得良好的结果。手术动物一般行站立保定，必要时，中、小型动物可行侧卧保定。手术部位剪毛、消毒。

1. 胸腹腔穿刺

（1）胸腔穿刺：胸腔穿刺主要用于排出胸腔的积液、血液，或洗涤胸腔及注入药液进行治疗。也可用于检查胸腔有无积液，并采取胸腔积液，从而鉴别其性质，有助于诊断。

1）穿刺部位：在羊右侧第6肋间，左侧第7肋间。具体位置在与肩关节引水平线相交点的下方2~3厘米处，胸外静脉上方约2厘米处。

2）穿刺方法：准备好套管针或10~16号长针头，胸腔洗涤剂，如0.1%利凡诺溶液、0.1%高锰酸钾溶液、生理盐水（加热至体温程度）等。左手将术部皮肤稍向上方移动1~2厘米，右手持套管针用指头控制3~5厘米处，在靠近肋骨前缘垂直刺入。穿刺肋间肌时有阻力感，当阻力消失而有空虚时，表明已刺入胸腔内，左手把持套管，右手拔去内针，即可流出积液或血液，放液时不宜过急，应用拇指不断堵住套管口，间断性地放出积液，预防胸腔减压过急，影响心肺功能。如针孔堵塞不流时，可用内针疏通，直至放完为止。

有时放完积液之后，需要洗涤胸腔，可将消毒药液装入接有橡胶管的输液瓶，连接输液瓶胶管，高举输液瓶，药液即可流入胸腔，然后将其放出。如此反复冲洗2~3次，最后注入治疗性药物。消毒药液量少时也可用注射器进行冲洗。操作完毕，插入内针，拔出套管针（或针头），使局部皮肤复位，术部涂碘酊，以碘仿火棉胶封闭穿刺孔。

3）注意事项：穿刺或排液过程中，应注意防止空气进入胸腔内。排出积液和注入洗涤剂时应缓慢进行，洗涤剂量不能过多，并加温，同时注意观察染病羊有无异常表现。穿刺时须注意防止损伤肋间血管与神经。刺入时，应以手指控制套管针的刺入深度，以防过深刺伤心肺。穿刺过程遇有出血时，应充分止血，改变位置再行穿刺。

（2）腹腔穿刺：腹腔穿刺用于排出腹腔的积液和洗涤腹腔及注入药液进行治疗。或采取腹腔积液，以助于胃肠破裂、肠变位、内脏出血、腹膜炎等疾病的鉴别诊断。

1）穿刺部位：在脐与膝关节连线的中点。

2）穿刺方法：术者蹲下，左手稍移动皮肤，右手控制套管针（或针头）的深度，由下向上垂直刺入 3~4 厘米。其余的操作方法同胸腔穿刺。当洗涤腹腔时，在羊右侧肷窝中央，右手持针头垂直刺入腹腔，连接输液瓶胶管或注射器，注入药液，再由穿刺部排出，如此反复冲洗 2~3 次。

3）注意事项：刺入深度不宜过深，以防刺伤肠管。穿刺位置应准确，保定要安全。其他参照胸腔穿刺的注意事项。

2. 其他穿刺法

（1）瘤胃穿刺法：瘤胃穿刺用于瘤胃急性臌气时的急救排气和向瘤胃内注入药液。

1）穿刺部位：在左侧肷窝部，由髋结节向最后肋骨所引水平线的中点，距腰椎横突 10~12 厘米处。也可选在瘤胃隆起最高点穿刺。

2）穿刺方法：羊可用一般静脉注射针头，或用细套管针。术部剪毛消毒，右手持注射针头或套管针向对侧肘头方向迅速刺入 10~12 厘米，左手按压固定针头或套管，拔出内针，用手指不断堵住管口，间歇放气，使瘤胃内的气体间断排出。若套管堵塞，可插入内针疏通。气体排出后，为防止复发，可经针头或套管向瘤胃内注入制酵剂和消沫剂。注完药液插入内针，同时用力压住皮肤，拔出针头或套管针，局部消毒，必要时以碘仿火棉胶封闭穿刺孔。

在紧急情况下，无套管针或注射针头时，可就地取材如竹管、鹅翎等进行穿刺，以挽救病羊生命，然后再采取抗感染措施。

3）注意事项：放气速度不宜过快，防止发生急性脑贫血，造成虚脱。同时注意观察病羊的表现；根据病情，为了防止臌气继续发展，避免重复穿刺，可将套管针固定，留置一定时间后再拔出；穿刺和放气时，应注意防止针孔局部感染。因放气后期往往伴有泡沫样内容物流出，防止污染套管口周围并流进腹腔而继发腹膜炎；经套管注入药液时，注药前一定要确切判定套管仍在瘤胃内后，方能注入。

（2）膀胱穿刺法：当尿道完全阻塞发生尿闭时，为防止膀胱破裂或尿中毒，进行膀胱穿刺排出膀胱内的尿液，进行急救治疗。

1）穿刺部位：羊在后腹部耻骨前缘，触摸有膨满弹性感，即为术部。

2）穿刺方法：侧卧保定，将左或右后肢向后牵引转位，充分暴露术部，于耻骨前缘触摸膨满波动最明显处，左手压迫，右手持连有长橡胶管的针头向后下方刺入，并固定好针头，待排完尿液，拔出针头，术部消毒，涂火棉胶。

3）注意事项：针刺入膀胱后，应握紧针头，防止滑脱。若进行多次穿刺时，易引起腹膜炎和膀胱炎，宜慎重。

（三）冲洗法

1. 洗眼与点眼法　主要用于各种眼病，特别是结膜与角膜炎症的治疗。

（1）用具：冲洗器，洗眼瓶，胶帽吸管等，也可用20毫升注射器。

（2）药物：0.5%硫酸锌溶液，3.5%盐酸可卡因溶液，0.5%阿托品溶液，0.1%盐酸肾上腺素溶液，2%~4%硼酸溶液，1%~3%蛋白银溶液，0.01%~0.03%高锰酸钾溶液，0.1%利凡诺溶液及生理盐水等，还有抗生素配制的点眼药，抗生素眼膏和其他药物配制的眼膏。

（3）方法：羊站立保定，先固定好头部，用一手拇指与食指翻开上下眼睑。另一手持冲洗器（洗眼瓶、注射器等），使其前端斜向内眼角，徐徐向结膜上灌注药液冲洗眼内分泌物。如冲洗不彻底时，可用硼酸棉球轻拭结膜囊。洗净之后，左手拿点眼药瓶靠在外眼角眶上，斜向内眼角，将药液滴入眼内，闭合眼睑，用手轻轻按摩1~2次以防药液流出，并促进药液在眼内扩散。如用眼膏时，可用玻璃棒一端蘸眼膏，横放在上下眼睑之间，闭合眼睑，抽去玻璃棒，眼膏即可留在眼内，用手轻轻按摩1~2次，以防流出。或直接将眼膏挤入结膜囊内。

（4）注意事项：防止羊骚动，点药瓶或冲洗器不能接触病眼。与眼球不能成垂直方向，以防感染和损伤角膜。点眼药或眼膏应准确点入眼内，防止流出。

2. 口腔冲洗法　主要用于口、舌及牙齿疾病的治疗，有时也用于吸出口腔的不洁物。

（1）用具：大动物用橡皮管连接漏斗或注射器连接橡胶管，中、小动物可用吸管或不带针头的注射器。冲洗剂可用自来水或收敛剂与低浓度防腐消毒药等。

（2）方法：大动物站立保定，使其头部稍低并确实固定。中、小动物侧卧保定，使头部处于低位。术者一手持橡胶管一端（或注射器）从口角伸入口腔，并用手固定在口角上，另一手将装有冲洗药液的漏斗举起（或推注），药液即可流入口腔进行冲洗。

（3）注意事项：冲洗药液根据需要可稍加温防止过凉。插进口腔内的胶管，不宜过深，以防误咽和咬碎。

3. 导胃与洗胃法　用于瘤胃积食或瘤胃酸中毒时排除胃内容物，以及排除胃内毒物；或用于吸取胃液供实验室检查等。

（1）用具与药品：导胃用具同胃管给药，但应用较粗胃管。洗胃应用 36～39 ℃温水。此外，根据需要可用 2%～3%碳酸氢钠溶液，1%～2%食盐水，0.1%高锰酸钾溶液等。还应备吸引器。

（2）方法：基本同胃管投药。羊站立或倒卧保定。先用胃管测量到胃内的长度（羊从唇至倒数第 2 肋骨）并做好标记。装好开口器，固定好头部。从口腔徐徐插入胃管，到胸腔入口及贲门处时阻力较大，应缓慢插入，以免损伤食管黏膜。必要时可灌入少量温水，待贲门弛缓后，再向前推送入胃。胃管前端经贲门到达胃内后，阻力突然消失，此时可有酸臭味气体或食糜排出。如不能顺利排出胃内容物时，装上漏斗，每次灌入温水或其他药液 1 000～2 000 毫升。将头低下，利用虹吸原理，高举漏斗，不待药液流尽，随即放低头部和漏斗，或用抽气筒反复抽吸，以洗出胃内容物。如此反复多次，逐渐排出胃内大部分内容物，直至病情好转为止。冲洗完之后，缓慢抽出胃管，解除保定。

（3）注意事项：操作中要注意安全。使用的胃管要根据动物的大小选定，胃管长度和粗细要适宜。瘤胃积食宜反复灌入大量温水，方能洗出胃内容物。

4. 阴道及子宫冲洗法　用于阴道炎和子宫内膜炎的治疗。主要是为了排出阴道或子宫内的炎性分泌物，促进黏膜修复，尽快恢复生殖功能。

（1）用具与药品：子宫洗涤用的输液瓶（或连接长胶管的盐水瓶，长胶管与漏斗也可）或小动物灌肠器（末端接以带漏斗的长胶管），洗净消毒。冲洗溶液为微温生理盐水，5%～10%葡萄糖溶液，0.1%利凡诺溶液及 0.1% 或 0.5%高锰酸钾溶液等，还可用抗生素及磺胺类制剂。

（2）方法：充分洗净外阴部。术者手及手臂常规消毒。而后术者手握输液瓶或漏斗所连接的长胶管，徐徐插入子宫颈口，再缓慢导入子宫内，提高输液瓶或漏斗，药液可通过导管流入子宫内，待输液瓶或漏斗中的冲洗液快流完时，迅速把输液瓶或漏斗放低，借虹吸作用使子宫内液体自行排出。如此反复冲洗 2～3 次，直至流出的液体与注入的液体颜色基本一致为止。

阴道的冲洗，把导管的一端插入阴道内，提高漏斗，冲洗液即可流入，借病羊努责冲洗液可自行排出，如此反复洗至冲洗液透明为止。

阴道或子宫冲洗后，可放入抗生素或其他抗菌消炎药物。

（3）注意事项：操作认真，防止粗暴，特别是插入导管时更须谨慎，严防子宫壁穿孔；严格遵守消毒规则。子宫积脓或子宫积水的病例，应先将子宫内积液排出之后，再进行冲洗；不得应用强刺激性或腐蚀性的药液冲洗。注入子宫内的冲洗药液，尽量充分排出，必要时可按压腹壁促使排出，以防子宫积液。

5. 尿道及膀胱冲洗法　用于尿道炎及膀胱炎的治疗，或采取尿液供化验诊断。本法母羊较易操作，公羊难度较大。

（1）用具与药品：根据羊种类、性别，备用不同类型的导尿管。用前将导尿管放在0.1%高锰酸钾溶液温水中浸泡5~10分钟，前端蘸石蜡。冲洗药液宜选择刺激或腐蚀性小的消毒剂、收敛剂。常用的有生理盐水，2%硼酸溶液，0.1%~0.5%高锰酸钾溶液，1%~2%石炭酸溶液，0.1%~0.2%利凡诺溶液等。此外，也常用抗生素及磺胺制剂的溶液（冲洗药液的温度要与体温相等）。备好注射器与洗涤器。术者的手、病羊的外阴部及公羊阴茎、尿道口要清洗消毒。

（2）方法：

1）母羊膀胱冲洗：羊侧卧保定，助手将尾巴拉向一侧或吊起。术者将导尿管握于掌心，前端与食指同长，呈圆锥形伸入阴道，先用手指触摸尿道口，轻轻刺激或扩张尿道口，伺机插入导尿管，徐徐推进，当进入膀胱后，则无阻力，尿液自然流出。排完尿后，导尿管另一端连接洗涤器或注射器，注入冲洗药液，反复冲洗，直至排出药液透明为止。最后将膀胱内药液排净。当触摸识别尿道口有困难，可用开膣器开张阴道，即可看到阴道腹侧的尿道口。

2）公羊膀胱冲洗：用速眠新麻醉病羊后，使其仰卧于操作台上保定。挤压病羊包皮，使龟头暴露在外，用消毒纱布包住龟头，用0.1%新洁尔灭液擦洗尿道外口，用医学专用导尿管（直径约为1.5毫米）从尿道口缓缓插入，插入至“S”状弯曲部前缘时常发生困难，可用手指隔着皮肤向深部压迫，迫使导尿管末端进入膀胱，一旦进入膀胱内，尿液即从导尿管流出。冲洗方法与母羊相同。导尿或冲洗完之后，还可注入治疗药液，而后除去导尿管。

（3）注意事项：插入时，导尿管前端宜涂润滑剂，以防损伤尿道黏膜，防止粗暴操作，以免损伤尿道黏膜或造成膀胱壁的穿孔。

（四）灌肠法

灌肠是向直肠内注入大量的药液、营养物或温水，直接作用于肠黏膜，使药液、营养得到吸收或促进宿粪排出，以及除去肠内分解产物与炎性渗出物，达到治疗疾病的目的。

（1）用具与药品：灌肠器，吊桶，1%温盐水，0.1%高锰酸钾液，2%硼酸液和葡糖糖液等。

（2）方法：

1）浅部灌肠法，是将药液灌入直肠内。常在病羊有采食障碍或咽下困难、食欲废绝时，进行人工营养；直肠炎或结肠炎症时，灌入消炎剂；病羊兴奋不安时，灌入镇静剂；排除直肠内积粪时使用。

羊站立保定，助手将尾巴拉向一侧或吊起。术者一手提盛有药液的灌肠用吊桶，另一手将连接吊桶的橡胶管徐徐插入肛门10~20厘米，然后高举吊桶，使药液流入直肠内。灌肠后使羊保持安静，以免引起排粪动作而将药液排除。对以人工营养、消炎和镇静为目的的灌肠，在灌肠前应先把直肠内的蓄粪取出。

2）深部灌肠法，是将大量液体或药液灌到较靠前的肠管内，适用于治疗中、小动物肠套叠、结肠便秘等。

羊站立保定或侧卧保定，并呈前低后高姿势。术者先将灌肠器的胶管一端插入肛门，并向直肠内推进8~10厘米，另一端连接漏斗或吊桶，也可使用100毫升注射器注入溶液。先灌入少量药液软化直肠内积粪，待排净积粪后再大量灌入药液，直至灌完。并随时用手指刺激肛门周围，使肛门紧缩，防止注入的溶液流出。灌完后拉出胶管，放下尾巴。

（3）注意事项：直肠内存有宿粪时，应先取出宿粪，再进行灌肠。防止粗暴操作，以免损伤肠黏膜或造成肠穿孔。溶液注入后由于排泄反射，溶液易被排出，为防止排出，用手压迫尾根，或于注入溶液的同时以手指刺激肛门周围，也可按摩腹部。最好的办法是用塞肠器压定肛门。

（五）药浴法

疥螨、痒螨、蠕形螨、虱子、跳蚤、蜱等外寄生虫对绵羊的产毛量和羊毛品质都有不良影响。体外寄生虫可以消耗营养，甚至传播疾病，造成巨大的经济损失。除对病羊及时隔离并严格进行圈舍消毒、灭虫外，药浴是防止疥螨等外寄生虫病的有效方法。定期药浴是绵羊饲养管理的重要环节。羊只一年可进行两次药浴，一次是预防性药浴，在夏末秋初进行，另一次药浴一般在剪毛后10~15天进行，这时羊皮肤的创口已基本愈合，毛茬较短，药液容易浸透，防治效果更好，通常选晴朗无风之日进行。第一次药浴后8~14天应进行第二次药浴。

（1）药品：0.05%双甲脒溶液，0.05%辛硫磷乳油水溶液，0.05%蝇毒磷乳剂水溶液，0.5%~1%敌百虫液，0.005%溴氰菊酯，0.025%~0.075%螨净等。

（2）方法：主要有池浴和淋浴两种。池浴适合大中型羊场。药浴池用砖、石、水泥建造，长10~15米、深1.1米、上口宽0.6~0.8米、下口宽0.4~0.6米，入口为陡坡，出口为有台阶的缓坡，以利于羊的攀登。入口处设置羊栏，是羊群等候入浴的地方；出口处设滴流台，出浴的羊在此短暂停留，使身上的药液流回池内。羊栏和滴流台都修成水泥地面。池内药液根据羊的种类保持70~100厘米深，以没过羊的躯干为度。药浴时，工作人员手持带钩木棒，在浴池两旁控制羊只徐徐前行，并使其头部抬起不致浸入药液内。但接近出口时，要有意用棒钩将羊头部压入药液内1~2次，以预防头部发生寄生虫病。

淋浴适于各类羊场和养羊户，需要专门的淋浴场和喷淋药械，每只羊喷淋3~5分钟，用药水2.4千克。一般养羊户可采用背负式喷雾器或杆式喷雾器，一只一只进行喷淋。喷淋过的羊应赶入滤液栏，停留10~20分钟，滴干药液后才放出。

（3）注意事项：药浴应选择晴朗无大风天气进行，药浴前8小时停止放牧或喂料，药浴前2~3小时给羊饮足水，以免药浴时羊吞饮药液。药浴时，先洗浴健康羊，后洗浴有皮肤病的羊。羊药浴完毕，在离开滴流台或滤液栏后，应放入晾棚或宽敞的羊舍内，免受日光照射，过 6~8 小时后才可以喂料饮水或放牧。妊娠两个月以上的母羊不能进行药浴，可在产后皮下注射伊维菌素或阿维菌素（注射一次）防治。药浴时，工作人员应戴好口罩和橡皮手套，以防中毒。羊只洗浴完的当天晚上，应派人值班，对出现中毒症状的个别羊只应及时救治。

（六）去势术

去势术是指摘除或破坏雄性动物的睾丸，使其丧失性欲和繁殖能力的技术。公羊一般在 4~6 周龄时去势，也有在 2~3 日龄去势的。去势的经济意义：一是提高动物生产性能，加速育肥，促进增重，节约饲料；二是提高动物产品的质量，使肉羊的肉质细嫩，味道优美，提高羊的皮毛质量；三是使性情恶劣的动物变得温顺而易于管理和使役；四是治疗疾病，如睾丸炎、鞘膜积水、睾丸创伤、睾丸肿瘤等疾病治疗无效时，去势术常成为治疗这些疾病的方法之一。去势术主要有如下两种方法。

1. 无血去势术　采用无血去势钳去势，安全有效。将羊左侧横卧保定，羊背向术者，术者用左脚踩住羊颈部，右脚踩住羊尾根部，用手抓住羊阴囊颈部，将睾丸挤到阴囊底部，将精索推挤到阴囊颈一侧，并用长柄精索固定钳夹在精索内侧皮肤上（也可用手固定），以防精索在皮下滑动。用 2%碘酊消毒精索部皮肤，然后助手将无血去势钳钳嘴张开，夹在精索固定钳固定点上方 3~5 厘米处，助手缓缓合拢钳柄，术者确定精索确实在两钳嘴之间时，助手用力合拢钳柄，即可听到“咔嚓”声，表明精索已被挫灭。钳柄合拢后停留 1~5 分钟，触摸阴囊皮肤发凉时，再松开钳嘴，必要时再于其下方 1.5~2.0 厘米的精索上钳夹第二道。另侧的精索同样处理，钳夹部皮肤用碘酊消毒，术后不需治疗和特殊护理。

2. 开放式露睾去势术　一般不麻醉，左侧横卧保定，羊背向术者，术者用左脚踩住羊颈部，右脚踩住羊尾根，保定一定要确实，必要时用绳捆住四肢，并尽量暴露阴囊。局部剪毛，用 0.1%新洁尔灭液充分清洗消毒。

切口定位在阴囊缝际两侧平行阴囊缝际，术者左手手臂部按压羊右后肢股部后方，使该后肢向上紧贴腹壁以充分显露睾丸。用左手中指、食指和拇指捏住阴囊颈部，把睾丸推挤入阴囊底部，使阴囊皮肤紧张，固定好睾丸。右手持刀，在阴囊缝际两侧 1~1.5 厘米处平行缝际切开阴囊皮肤和总鞘膜，显露出睾丸。术者食指和拇指捏住阴囊韧带与附睾尾连接部，剪开附睾尾韧带，向上撕开睾丸系膜，充分显露精索。对精索用缝线贯穿结扎后去掉睾丸，并观察精索断端是否出血。大公羊可进行双道结扎，以确保术后不出血。然后按同法去掉另一侧睾丸。切口用碘酊严格消毒后，不缝合切口，松解保定。术后注意观察出血和感染情况。

第十四章　羊场常用药物及用法

第一节　药物的概念、剂型与剂量

一、药物的概念

药物是人们用以预防、诊断和治疗疾病的物质。应用于畜、禽等动物的药物，统称为兽药。它还包括能促进动物生长繁殖和提高生产性能的物质。

二、药物的来源

根据药物的来源，可将药物分为天然药物与人工合成和半合成药物，如表14-1所示。

表 14-1　药物的来源

来源		特性
天然药物	植物性药物	是利用植物的根、茎、叶、皮、花、果实和种子等，经过加工而制成的。本类药物是天然药物中应用最广和历史最久的药物。如黄连、甘草、人参等
	动物性药物	是利用动物的整体或部分组织器官或其排泄物，经过加工或提炼而制成的。如鳖甲、胃蛋白酶、牛黄等
	矿物性药物	是直接利用原矿物或经过加工而制成的。如碘、硫酸钠等
	抗生素类	是从生物（如微生物）产生或提制出来的一种化学物质。主要用来对抗致病微生物。如青霉素、链霉素、四环素等
	生物药品	是利用现代微生物学和免疫学技术制造出来的药物。本类药物在预防和治疗传染病方面起着重要作用。如疫苗、血清、抗毒素等
人工合成和半合成药物		人工化学合成的或是在天然化学物质的基础上加入某些化学基团后合成的。如磺胺类药物、敌百虫和半合成的新青霉素等

三、药物的剂型

根据药典、药品规范或处方手册等收载的处方制成具有一定浓度和规格的便于使用的制品，称为制剂。药物制剂的形态、类别称为剂型。兽医药物的剂型，按形态可分为液体剂型、半固体剂型和固体剂型，如表 14-2 所示。

表 14-2　药物的剂型及特性

剂型		特性
液体剂型	溶液剂	是不挥发性药物的澄明液体。药物在溶媒中完全溶解，不含任何沉淀物质。可供内服或外用。如氧氟沙星溶液、氯化钠溶液等
	注射剂（亦称针剂）	是指灌封于特制容器中的专供注射用的无菌溶液、混悬液、乳浊液或粉末（粉针）。如 5% 葡萄糖注射液、青霉素钠粉针等
	合剂	是两种或两种以上药物的澄明溶液或均匀混悬液，多供内服。如胃蛋白酶合剂
	煎剂	是指生药（中草药）加水煮沸所得的水溶液。如槟榔煎剂
	酊剂	指生药或化学药物用不同浓度的乙醇浸出或溶解而制成的液体剂型。如龙胆酊、碘酊
	醑剂	是挥发性药物的乙醇溶液。如樟脑醑
	搽剂	指刺激性药物的油性、皂性或醇性混悬液或乳状液。如松节油搽剂
	流浸膏剂	是将生药的醇或水浸出液经浓缩后的液体剂型。通常每毫升相当于原生药材 1 克
	乳剂	指两种以上不相混合的液体，加入乳化剂后制成的均匀乳状液体。如外用磺胺乳
半固体剂型	软膏剂	是药物和适宜的基质均匀混合制成的具有适当稠度的膏状外用制剂，如鱼石脂软膏。供眼科用的灭菌软膏称眼膏剂，如四环素眼膏
	糊剂	是大量粉末状药物与脂肪性或水溶性基质混合制成的一种外用制剂。如氧化锌糊剂
	舔剂	由药物和赋形剂（如水或面粉等）混合制成的一种黏稠状或面团状制剂
	浸膏剂	是生药的浸出液经浓缩后的膏状或粉状的半固体或固体剂型。通常浸膏剂每克相当于原药材 2~5 克。如甘草浸膏等

续表

剂型		特性
固体剂型	散剂	是一种或一种以上的药物均匀混合而成的干燥粉末状剂型。如健胃散、消炎粉等
	片剂	指一种或一种以上药物与赋形剂混匀后，经压片机压制而成的含有一定药量的扁圆状制剂。如土霉素片
	丸剂	是药物与赋形剂制成的圆球状内服固体制剂。中药丸剂又分蜜丸、水丸等
	胶囊剂	指将药粉或药液装于空胶囊中制成的一种剂型，供内服或腔道塞用。如四氯化碳胶囊、消炎痛胶囊等
	预混剂	指一种或多种药物加适宜的基质均匀混合制成供添加于饲料用的粉末制剂。如氨丙啉预混剂等

四、药物的剂量

药物的剂量，是指药物产生防治疾病作用所需的用量。在一定范围内，剂量愈大，药物在体内的浓度愈高，作用也就愈强。如是剂量很小，达不到防治疾病的效果，称为无效量。药物达到开始出现治疗作用的剂量称为最小有效剂量或阈剂量。比最小有效量大，临床上常用于防治疾病，既可获得明显疗效而又比较安全的剂量，称为治疗量或常用量。治疗量达到最大的治疗作用但尚未引起毒性反应的剂量称为极量。超过极量，引起机体毒性反应的剂量，称为中毒量。引起毒性反应的最小剂量称为最小中毒量。超过中毒量，能引起死亡的剂量称为致死量。

在实验研究中，常测定半数有效量和半数致死量，以此评价药物的治疗作用与毒性反应。半数有效剂量是指在一群动物中引起50%的动物阳性反应或有效的剂量，用ED_{50}表示。半数致死量是指在一群动物中引起50%的动物死亡的剂量，用LD_{50}表示。LD_{50}/ED_{50}的比值称为药物治疗指数。从该指数的大小可以估算一个药物的安全程度。治疗指数越大，表示药物的安全程度越大。中西药物的剂量和浓度的计量单位见表14-3。

表 14-3　药物剂量和浓度的计量单位

类别	单位及表示方法	说明
重量单位	千克（kg）、克（g）、毫克（mg）、微克（μg），为固体、半固体剂型药物的常用剂量单位。其中以“克”作为基本单位或主单位	1 千克 = 1 000 克 1 克 = 1 000 毫克 1 毫克 = 1 000 微克
容量单位	升（L）、毫升（mL），为液体剂型药物的常用剂量单位。其中以“毫升”作为基本单位或主单位	1 升 = 1 000 毫升
浓度单位	百分浓度（%），指 100 份液体或固体物质中所含药物的份数	100 毫升溶液中含有药物若干克（克/100 毫升）
		100 克制剂中含有药物若干克（克/100 克）
		100 毫升溶液中含有药物若干毫升（毫升/100 毫升）
比例浓度	（1∶x）指 1 克固体或 1 mL 液体药物加溶剂配成 x 毫升溶液。如 1∶2 000 的洗必泰溶液	如溶剂的种类未指明时，都是指的蒸馏水
其他	单位（u）、国际单位（IU），是有些抗生素、激素、维生素、抗毒素（抗毒血清）、疫苗等的常用剂量单位	这些药物需经生物检定其作用强弱，同时与标准品比较，以确定检品药物一定量中含多少效价单位。凡是按国际协议的标准检品测得的效价单位，均称为国际单位（IU）

第二节　羊的用药特点

与其他家畜相比较，羊的主要生理特点为反刍、复胃消化和独特的瘤胃微生物群作用等，决定了其药物使用方面的特殊性。

成年反刍家畜以食草为主，其消化需要靠瘤胃内的嫌气性纤毛虫和微生物来完成，并合成蛋白质、糖类和维生素供机体利用。当这些有益微生物受到破坏时，家畜出现消化紊乱。由于抗生素具有抑制和杀灭微生物的作用，内服抗生素会杀灭或抑制消化道内某些有益的敏感细菌，破坏平衡，使一些不敏感或耐药菌过度繁殖而造成二重感染，就会干扰和破坏胃内有益微生物群的正常活动，使一系列复杂的消化过程无法进行，表现出厌食、瘤胃臌气、前胃弛缓、腹泻等消化疾病。因此不宜内服广谱抗生素。对于幼年哺乳期反刍家畜，由于瘤胃尚未发育完全，微生物群也未建立，食物以母乳为主，因此，当出现消化道疾病时，可内服抗生素进行治疗。

瘤胃内食物在微生物发酵过程中，不断地产生大量气体（二氧化碳、甲烷），这些气体少部分被吸收入血液经肺排出或被瘤胃微生物所利用。大部分气体通过瘤胃后背盲囊收缩，由后向前推进，移向瘤胃前庭，驱入食管，引起嗳气排除。由于抗胆碱药（如硫酸阿托品、654-2 等）具有抑制平滑肌收缩的作用，用药后瘤胃及食管的收缩受到抑制，瘤胃内所产生的气体就不能及时排出，易造成臌气。因此临床上对于抗胆碱药，除作为某些农药中毒（有机磷酸酯类、氨基甲酸酯类农药中毒）的生理拮抗药外，应少用为宜。否则，易造成前胃弛缓、瘤胃臌气。

反刍家畜前胃的节律性蠕动和正常的反刍动作及瘤胃内有益微生物群的作用是构成食物消化的重要因素。当某些致病因素使其正常蠕动和反刍减弱或停止时，就易引起消化障碍疾病，此时在临床治疗上，不宜采用助消化药物（如稀盐酸、胃蛋白酶、干酵母、乳酶生等），而应以兴奋瘤胃，促进蠕动和恢复反刍为治疗原则。肌内注射新斯的明、加兰他敏，或静脉注射浓 NaCl 溶液，或内服健胃酊剂（以马钱子酊、姜酊为主药配合其他健胃酊剂，混合后加等量水灌服）。对于瘤胃臌气还应及时排气（采用瘤胃穿刺或胃导管投放排气）或内服消沫药（泡沫性臌气）。

呕吐是一种保护性反应，动物借助于呕吐将进入消化道的有害物质排出。肉食和杂食动物易发生呕吐，而草食和啮齿动物由于呕吐中枢不发达一般不具有呕吐功能。因此，临床上对于反刍动物食物中毒或胃积食病例，需把内容物排出体外时，应采用下泻方法，如内服盐类泻剂 $MgSO_4$、Na_2SO_4，而不宜使用催吐剂，如 $CuSO_4$。

由于反刍家畜对敌百虫较敏感，耐受性差，稍为过量就易发生药物中毒。羊驱虫时宜选用一些较安全的抗寄生虫药和杀虫剂，如左旋咪唑、驱蛔灵、丙硫苯咪唑作为肠道线虫的驱虫药物，而用除虫菊酯类农药作为体外杀虫剂。一般不选用敌百虫作为肠道驱虫药和体外杀虫剂。在非用敌百虫不可时，应注意药物浓度不宜过高（一般以小于 2%为宜），用药面积不宜过大，每次用药一般不宜超过体表 1/4 范围，以免引起中毒。

另外，羔羊可以使用土霉素，但成年羊口服土霉素等抗生素时，常会引起肠炎等中毒反应。

第三节　药物的合理应用

一、抗微生物药物

抗微生物药是指能在体内外选择性地杀灭或抑制病原微生物（细菌、霉形体、真菌等）的药物。由于常用于防治感染性疾病，又称抗感染药。包括抗生素（是从某些放线菌、细菌和真菌等微生物培养液中提取得到、能选择性地抑制或杀灭其他病原微生物的一类化学物质，包括天然抗生素及半合成抗生素）、合成抗菌药、抗病毒药、抗真菌药、抗菌中草药等，它们在控制畜禽感染性疾病、促进动物生长、提高养殖经济效益方面具有极为重要的作用。

（一）抗微生物药物合理使用的要求

药物预防和治疗是预防和控制细菌病的有效措施之一，尤其是对尚无有效的疫苗可用或免疫效果不理想的细菌病，采用药物预防和治疗，可收到显著的效果。在应用抗菌药物治疗羊病时，要综合考虑到病原菌、抗菌药物及机体三者相互间对药物疗效的影响，科学合理地使用抗菌药物。

1. 根据抗菌谱和适应证选择抗菌药物　在病原确定的情况下应尽量使用窄谱抗菌药，如对革兰氏阳性菌应尽可能选用青霉素类、大环内酯类和第一代头孢菌素类；对革兰氏阴性菌应尽可能选用氨基糖苷类、氟喹诺酮类等。如果病原不明、混合感染或合并感染时，则可以选用广谱抗菌药或联合用药，如支原体合并感染大肠杆菌可选用四环素类、氟喹诺酮类或联合使用林可霉素和大观霉素等。用药前最好做药敏试验。通过细菌的药敏试验及联合药敏试验，其结果与临床疗效的吻合度可达70%~80%，而且目前药品种类繁多，同类疾病的可选药物有多种，但对于一个特定的羊群来说效果会不大一样。因此，应做好药敏试验再用药，同时也要掌握羊群的用药史及过去的用药经验。

2. 根据药物动力学特性选择用药　对于肠道感染的疾病，应选择不在胃肠道内破坏、吸收的药物，以使其在肠道内药物浓度最高，如氨基糖苷类、氨苄西林、磺胺脒等。泌尿道感染应选择以原型从泌尿道排出的抗菌药物，如青霉素类、链霉素、土霉素、氟苯尼考等。呼吸道感染应选择易吸收且在呼吸道和肺组织有选择性分布的抗菌药物，如达氟沙星、阿莫西林、氟苯尼考、替米考星等。

3. 剂量和疗程要准确　为了达到抑制或杀灭病原菌，抗菌药物必须在动物体内达到有效血药浓度并维持一段时间。一般要求血药浓度应高于MIC（最低抑菌浓度），但有剂量依赖性的氟喹诺酮类则应高出8~10倍疗效最佳，杀菌药疗程2~3天为佳，抑菌药，尤其是磺胺类疗程则应达到3~5天。每天用药剂量、次数、间隔时间等应按《兽药使用指南》规定，以期达到较好的疗效并避免耐药性的产生。切忌病情稍有好转即停用抗菌药，导致病情复发和耐药性的产生。

4. 正确联合使用抗菌药 在一些严重的混合感染或病原未明的病例中，当使用一种抗菌药物无法控制病情时，可以适当联合用药，以扩大抗菌谱、增强疗效、减少用量、降低或避免毒副作用、减少或延缓耐药菌株的产生。目前，一般将抗菌药分为四大类：第一类为繁殖期或速效杀菌剂，如青霉素、头孢菌素类药物等；第二类为静止期杀菌剂，即慢效杀菌剂，如氨基糖苷类、多黏菌素类药物等；第三类为速效抑菌剂，如四环素类、大环内酯类、酰胺醇类药物等；第四类为慢效抑菌剂，如磺胺类药物等。第一类和第二类合用一般可获得增强作用，如青霉素和链霉素合用，前者破坏细菌细胞壁的完整性，使后者更易进入菌体内发挥作用。第一类与第三类合用则可出现拮抗作用，如青霉素与四环素合用，由于后者使细菌蛋白质合成受到抑制，细菌进入静止状态，因此青霉素便不能发挥抑制细胞壁合成的作用。第一类与第四类合用，可能无明显影响。第二类与第三类合用常表现为相加作用或协同作用。在联合用药时要注意可能出现毒性的协同或相加作用，而且也要注意药物之间理化性质、药物动力学和药效学之间的相互作用与配伍禁忌（表 14-4）。

表 14-4　抗菌药物的联合应用

病原菌	抗菌药物的联合应用
一般革兰氏阳性菌和阴性菌	青霉素+链霉素，红霉素+氟苯尼考，磺胺间甲氧嘧啶（SMZ）、磺胺对二甲氧嘧啶（SDM）、磺胺二甲嘧啶（SM_2）或磺胺嘧啶（SD）+甲氧苄啶（TMP）或二甲氧苄啶（DVD），卡那霉素或庆大霉素+氨苄青霉素
金黄色葡萄球菌	红霉素+氟苯尼考，苯唑青霉素+卡那霉素或庆大霉素，红霉素或氟苯尼考+庆大霉素或卡那霉素，红霉素+利福平或杆菌肽，头孢霉素+庆大霉素或卡那霉素，杆菌肽+头孢霉素或苯唑青霉素
大肠杆菌	链霉素、卡那霉素或庆大霉素+四环素类、氟苯尼考、氨苄青霉素或头孢霉素，多黏菌素+四环素类、氟苯尼考、庆大霉素、卡那霉素、氨苄青霉素或头孢霉素类，磺胺二甲嘧啶（SM_2）+甲氧苄啶（TMP）或二甲氧苄啶（DVD）
变形杆菌	链霉素、卡那霉素或庆大霉素+四环素类、氟苯尼考或氨苄青霉素，磺胺间甲氧嘧啶（SMZ）+甲氧苄啶（TMP）
绿脓杆菌	多黏菌素 B 或多黏菌素 E+四环素类、庆大霉素或氨苄青霉素，庆大霉素+四环素类

5. 避免耐药性的产生 随着抗菌药物的广泛使用，细菌耐药性的问题也日益严重。为防止耐药菌株的产生，临床防治疾病用药时应做到：一要严格掌握用

药指征，不滥用抗菌药物，所用药物用量充足，疗程适当；二要单一抗菌药物有效时就不采用联合用药；三要尽可能避免局部用药和滥作预防用药；四要对病因不明者，切勿轻易使用抗菌药物；五要尽量减少长期用药；六要对确定为耐药菌株感染的，改用对病原菌敏感的药物或采取联合用药。对于抗菌药物添加剂也须强调合理使用，要改善饲养管理条件，控制药物品种和浓度，尽可能不用医用的抗生素作动物药物添加剂；按照使用条件，用于合适的靶动物；严格遵照休药期和应用限制，减少药物毒性作用和残留量。

（二）常用微生物药物

1. 抗生素类

（1）青霉素类。

青霉素 G（苄青霉素、盘尼西林、苄西林）

【性状】白色结晶性粉末，无臭或微有特异性臭味。极易溶解于水。

【适应证】对革兰氏阳性和阴性球菌、革兰氏阳性杆菌、放线菌和螺旋体等高度敏感，常作为首选药。主要用于对青霉素敏感的病原菌所引起的各种感染，如坏死杆菌病、炭疽病、破伤风、恶性水肿、气肿疽、各种呼吸道感染、乳腺炎、子宫炎、放线菌病、钩端螺旋体病等。

【制剂、用法与用量】青霉素 G 钠或钾，粉针剂，每支 20 万、40 万、80 万、160 万单位；肌内注射，一次量，2 万~3 万国际单位/千克体重，2~3 次/天。

【配伍与禁忌】丙磺舒、阿司匹林、保泰松、磺胺类药物对青霉素的排泄有阻滞作用，合用可升高青霉素类的血药浓度而起到增效作用；青霉素与庆大霉素等氨基糖苷类药物联用，疗效增强，但与庆大霉素不宜混合静脉注射，因青霉素可使庆大霉素部分失去活性，从而使庆大霉素的疗效显著降低，如需两药联用，应分别给药。

青霉素与氨苄西林不宜联用，因两者联用时会竞争同一结合位点而产生拮抗，甚至导致耐药菌株的产生；氟苯尼考、红霉素、四环素类等抑菌剂对青霉素的杀菌活性有干扰作用，不宜联用；重金属离子（尤其是铜、锌、汞）、醇类、酸、碘、氧化剂、还原剂、羟基化合物及呈酸性的葡萄糖注射液或四环素注射液都可破坏青霉素的活性；青霉素与氯丙嗪配伍可发生复分解反应，形成沉淀，不可混合应用；氨茶碱可使青霉素灭活失效。

【注意事项】青霉素毒性虽低，但也可发生变态反应，严重者出现过敏性休克。多数细菌对青霉素 G 不易产生耐药性，但金黄色葡萄球菌在与青霉素长期反复接触后，能产生并释放大量的青霉素酶（β-内酰胺酶），使青霉素的 β-内酰胺环裂解而失效。对耐药金黄色葡萄球菌感染的治疗，可采用半合成青霉素类、头孢菌素类、红霉素等；青霉素钾（钠）遇湿易分解失效，其铝盖胶塞瓶装制剂不宜放置冰箱中。

普鲁卡因青霉素

【性状】白色或淡黄色结晶性粉末。微溶于水。

【适应证】用于对青霉素敏感菌引起的慢性感染的治疗，如子宫蓄脓、乳腺炎、复杂骨折等。

【制剂、用法与用量】粉针剂，每支40万单位（含普鲁卡因青霉素30万单位和青霉素钾或青霉素钠10万单位）或80万单位（二者含量加倍）。肌内注射，1次量，1万~2万单位/千克体重，每天1次，连用2~3天。

【配伍与禁忌】同青霉素G。

【注意事项】遇湿易分解失效，其铝盖胶塞瓶装制剂不宜放置冰箱中。常与青霉素合用，治疗青霉素敏感菌引起的慢性感染。

氨苄西林（氨苄青霉素、安比西林）

【性状】白色结晶性粉末，味微苦，易溶于水。

【适应证】广谱青霉素，对绿脓杆菌和耐药金黄色葡萄球菌无效。主要治疗敏感菌（如链球菌、葡萄球菌、炭疽杆菌、布氏杆菌、大肠杆菌、巴氏杆菌、沙门杆菌等）引起的呼吸道感染、消化道感染、尿路感染和败血症。

【制剂、用法与用量】混悬注射液，5克/支（本品5克含氨苄西林钠2克），皮下或肌内注射，2~7毫克/千克体重，1天1次，连用2~3天；注射用氨苄西林钠，皮下或肌内注射，10~20毫克/千克体重，1天2~3次，连用2~3天，内服，5~20毫克/千克体重，1天2~3次；舒巴特-氨苄西林，内服，5~30毫克，每天2~4次。

【配伍与禁忌】氨苄西林与庆大霉素等氨基糖苷类药物联用，疗效增强；与头孢菌素类药物联用于耐药金黄色葡萄球菌引起的感染，可获得较好的协同作用；与苯唑西林钠联合用药可增强对肠球菌的抗菌活性；与氨基糖苷类药物有协同杀菌作用，但不宜混合静脉滴注，如需联用时，应分别给药；丙磺舒、阿司匹林、吲哚美辛可提高氨苄西林的血药浓度并延长其半衰期；与甲硝唑联用治疗厌氧菌感染有协同作用，但不宜直接与氨苄西林钠溶液配伍（可发生混浊、变黄）。

本品溶液与琥珀氯霉素、琥乙红霉素、乳糖酸红霉素、盐酸土霉素、盐酸四环素、盐酸金霉素、硫酸阿米卡星、硫酸卡那霉素、硫酸庆大霉素、硫酸链霉素、盐酸林可霉素、硫酸多黏菌素B、氯化钙、葡萄糖酸钙、B族维生素和维生素C等禁忌配伍。另外，氨苄西林能刺激雌激素的代谢或减少其肝肠循环，从而达到降低雌激素的效果。

【注意事项】本品毒性低，与青霉素G有交叉过敏反应。溶解后应立即使用。其稳定性随浓度和温度而异，即浓度和温度越高，稳定性越差。在5℃条件下，1%氨苄西林钠溶液的效价能保持7天。

阿莫西林（羟氨苄青霉素）

【性状】类白色结晶性粉末，微溶于水。

【适应证】作用、用途、抗菌谱与氨苄西林基本相同，但杀菌作用快而强，内服吸收比较好，对呼吸道、泌尿道及肝、胆系统感染疗效显著。与氨苄西林有完全的交叉耐药性。

【制剂、用法与用量】片剂，0.125 克/片、0.25 克/片。胶囊 0.125 克/粒、0.25 克/粒、0.5 克/粒，内服，15~20 毫克/千克体重，每天 2 次；注射用阿莫西林钠，0.5 克/支。肌内注射，4~7 毫克/千克体重，每天 2 次；阿莫西林克拉维酸钾片，0.125 克（含阿莫西林 0.1 克），一次量，内服，每千克体重 10~15 毫克（以阿莫西林计），每天 2 次。

【配伍与禁忌】与克拉维酸联用可增强其抗菌作用，对产酶耐药金黄色葡萄球菌和阴性杆菌有效；与美西林联用，抗菌范围扩大。

大黄与阿莫西林结合可生成鞣酸盐沉淀物，降低其生物利用度。其他可参见氨苄西林。

【注意事项】遇湿易分解失效，其铝盖胶塞瓶装制剂不宜放置冰箱中；尽量不要口服。

氯唑西林（邻氯青霉素）

【性状】白色粉末或结晶性粉末。极易溶于水。应密封在干燥处保存。

【适应证】属耐酸、耐酶青霉素，可供内服。对金黄色葡萄球菌、链球菌、肺炎球菌（特别是耐药菌株）等，具有杀菌作用。适用于耐药金黄色葡萄球菌等大多数革兰氏阳性菌引起的感染。

【制剂、用法与用量】粉针剂，0.5 克/瓶、1 克/瓶，肌内注射量同内服量。胶囊剂，0.125 克/粒、0.25 克/粒、0.5 克/粒，内服，一次量，4~10 毫克/千克体重，每天 2~4 次。

【配伍与禁忌】不宜与氨基糖苷类抗生素（如庆大霉素）、万古霉素、硫酸多黏菌素 B、盐酸氯丙嗪、琥乙红霉素、碳酸氢钠混合注射，以免产生混浊、絮状物沉淀或降效。维生素 E 也可降低氯唑西林疗效。苯妥英钠与氯唑西林联用，可使苯妥英钠吸收减少。其他可参见青霉素类药物。

【注意事项】遇湿易分解失效，其铝盖胶塞瓶装制剂不宜放置冰箱中。

（2）头孢氨苄类。

头孢噻吩钠（先锋霉素Ⅰ）

【性状】白色结晶性粉末，易溶于水。粉末久置后颜色变黄。溶液变黄后不可使用。

【适应证】对革兰氏阳性菌和革兰氏阴性菌及钩端螺旋体均有较强作用，但对绿脓杆菌、真菌、霉形体、结核杆菌无效。主要用于葡萄球菌、链球菌、肺炎球菌和巴氏杆菌、大肠杆菌、沙门杆菌等引起的呼吸道、泌尿道感染等。

【制剂、用法与用量】注射用头孢噻吩钠，0.5 克/支，肌内注射，10~20 毫克/千克体重，每天 1~2 次。

【配伍与禁忌】不宜与庆大霉素合用。

【注意事项】内服吸收不良，只供注射。对肝、肾功能有影响。应遮光、密封置阴凉干燥处保存。

盐酸头孢噻呋（赛德福）

【性状】类白色至淡黄色粉末，难溶于水。

【适应证】头孢噻呋抗菌谱广，抗菌活性强，对革兰氏阳性菌、革兰氏阴性菌及一些厌氧菌都有很强的抗菌活性。用于防治畜禽细菌性疾病，对化脓棒状杆菌等呼吸道感染也有效。也可治疗坏死杆菌、产黑色拟杆菌引起的腐蹄病。

【制剂、用法与用量】注射用头孢噻呋钠，0.5 克/瓶、4 克/瓶（以头孢噻呋计），肌内注射，一次量，20~40 毫克/千克体重，每天 1 次，连用 2~3 天。

【配伍与禁忌】与氨基糖苷类抗生素联用对某些菌株有协同作用，但肾毒性增加，应分别注射。与喹诺酮类如恩诺沙星、环丙沙星等配伍联用有协同抗菌作用。与丙磺舒联用可延长半衰期，提高疗效，同时应减少头孢菌素类药物的用量，以减轻肾毒性。与 TMP 等抗菌增效剂联用可增强疗效，并延缓细菌抗药性的产生。与氨溴索联用，可增加支气管及肺组织中抗生素浓度，使肺部感染更易于控制。与棒酸、舒巴坦、他唑巴坦联用可增效几倍或几十倍，并可使产酶菌株对药物恢复敏感。与双黄连联用有协同作用。

大环内酯类（如红霉素、乙酰螺旋霉素、替米考星）、四环素类的快速抑菌作用，可使头孢菌素类药物的快速杀菌效能受到明显抑制。与林可霉素有拮抗作用，不宜联用。磺胺类影响头孢菌素类药物排出，增加肾毒性。遇强利尿药如速尿能增加肾毒性，使头孢菌素类药物的半衰期延长和清除率下降，因为两者相加刺激肾素释放，引起急性肾功能衰竭。多肽类，如黏菌素甲磺酸盐、多黏菌素 B 等可使肾毒性增加。头孢菌素类药物可降低维生素 K 的肠道吸收，使抗凝血药物作用增强，引起出血。与酰胺醇类联用有拮抗作用，酰胺醇类能促进细胞壁黏肽对氨基酸的获得而促进细胞壁的合成，而头孢菌素类药物会阻碍细胞壁的合成，防止细胞繁殖，所以，不宜配伍应用，必须将头孢菌素类药物先于酰胺醇类数小时应用。与阿司匹林或其他水杨酸制剂合用时，由于血小板的累加抑制作用，可增加出血的危险性。维生素 B_1、维生素 B_2、维生素 C 有降低头孢菌素类药物效果的作用，不能混合注射。遇碱性药物，如碳酸氢钠、氨茶碱等易发生水解而降低效价。

【注意事项】对肾功能不全的要注意调整剂量，有一定肾毒性；可能引起肠道菌群混乱或二重感染。

头孢噻啶（头孢菌素Ⅱ、先锋霉素Ⅱ）

【性状】白色或无色粉末，在水中溶解。

【适应证】具有广谱抗菌作用。用于敏感菌所致的呼吸道、泌尿道、皮肤和软组织感染。对革兰氏阳性菌抗菌活性较强。

【制剂与规格】注射用头孢噻呋钠冻干粉，0.5 克/瓶、0.1 克/瓶，10 毫升管制瓶装，一次量，10~20 毫克/千克体重，肌内或皮下注射，每天 3~4 次，疗程不超过 7 天。

【配伍与禁忌】与氨基糖苷类药物有协同作用。

【注意事项】肾功能严重损害或合用其他对肾有害的药物时易出现肾毒性。

（3）氨基糖苷类药物。

硫酸链霉素

【性状】白色或类白色的粉末，无臭或几乎无臭，味微苦。在水中易溶。

【适应证】主要用于治疗结核病和呼吸道、消化道、泌尿道的革兰氏阴性菌感染，如肺炎、咽喉炎、支气管炎、细菌性肠炎、膀胱炎、乳腺炎，对放线菌病、钩端螺旋体病也有效。

【制剂、用法与用量】注射用硫酸链霉素，100 万单位/瓶、200 万单位/瓶，肌内注射，10 毫克/千克体重，每天 2 次；内服，羔羊 0.25~0.5 克/次，每天 2 次。

【配伍与禁忌】链霉素与头孢菌素类药物联用对某些病原菌起增效作用，但肾毒性亦增强；与青霉素类联用有协同作用，若混合在一起，可使活性降低，宜分开注射；链霉素与氨茶碱合用可增强抗菌活性，但毒性相应增强，必须联用时，需减少剂量；与利福平、北里霉素联用有协同作用；与喹诺酮类药物有协同抗菌作用（恩诺沙星除外），但毒性增强，需减少剂量或间隔给药；与甲氧苄啶、二甲氧苄啶等磺胺增效剂联用可增强链霉素的抗菌作用。

链霉素与其他氨基糖苷类药物同用，或先后在局部或全身应用，可能增加对耳、肾脏及神经肌肉等的毒性作用，使听力减退、肾功能降低、骨骼肌软弱、呼吸抑制等；钙、镁、钠、铵、钾等阳离子可抑制链霉素的抑菌活性；与多黏菌素类合用，或先后于局部或全身应用，可能增加对肾脏和神经肌肉接头的毒性作用；与酰胺醇类药物联用时有拮抗作用，且对神经系统的毒性也明显增加；与磺胺嘧啶钠水溶液配伍易发生混浊沉淀，应避免混用；葡萄糖酸钙不可与链霉素配伍联用；维生素 B_1、维生素 B_2 对链霉素有灭活作用，均不宜混合注射；维生素 C 可抑制链霉素的抗菌活性；链霉素能增强抗凝血剂的抗凝血作用，使维生素 K_3 的凝血效果降低，故不宜联用。

【注意事项】链霉素对耳、肾脏及神经肌肉接头等有毒性作用，能使听力减退、肾脏功能降低、骨骼肌软弱、呼吸抑制等。链霉素与其他氨基糖苷类药物有交叉过敏现象，对氨基糖苷类药物过敏的动物禁用本品。

硫酸庆大霉素

【性状】白色或类白色结晶性粉末，有引湿性，易溶于水。

【适应证】为广谱杀菌性药物，是抗菌作用较强的氨基糖苷类药物之一。主要用于耐药金黄色葡萄球菌、绿脓杆菌、变形杆菌和大肠杆菌等引起的各种严重感染，如呼吸道、肠道、泌尿道等的感染和败血症。

【制剂、用法与用量】片剂，20 毫克（2 万单位）、40 毫克（4 万单位），内服量，羔羊 10~15 毫克/千克体重，分 2~3 次服；注射液，4 万单位/毫升、8 万单位/2 毫升，肌内注射，羊 1~1.5 毫克/千克体重，每天 2 次。

【配伍与禁忌】庆大霉素与青霉素类药物联用具有协同作用（分别应用）；与喹诺酮类药物联用有协同作用，但毒性增加，需调整剂量；维生素 E 拮抗庆大霉素的肾毒性，联用可减轻对肾脏的损害；甲氧苄啶-磺胺复方制剂与庆大霉素合用有协同作用。

庆大霉素与青霉素类药物混合应用时存在配伍禁忌；与红霉素、四环素不宜联用，可能出现拮抗作用；与两性霉素 B 联用可加重肾毒性；异丙嗪可掩盖庆大霉素所致耳损害的早期症状；与头孢菌素类药物并用时肾毒性增加，不宜联用；其他氨基糖苷类药物均不宜与庆大霉素联用，不但疗效不增，且毒性增强；维生素 C 可抑制庆大霉素的抗菌活性；磺胺嘧啶钠、氢化可的松、肝素（抗凝血药）与庆大霉素混合静脉注射可产生沉淀、混浊或效价降低；甲硝唑不宜直接与庆大霉素注射液配伍。

【注意事项】庆大霉素的不良反应与链霉素相似，主要影响前庭功能，但较链霉素少见，对肾脏的影响较严重。

硫酸卡那霉素

【性状】白色或类白色粉末，无臭。在水中易溶。

【适应证】抗菌机制与链霉素相似，但抗菌活性稍强。主要用于敏感菌（如沙门杆菌、巴氏杆菌、结核杆菌、金黄色葡萄球菌）所引起的败血症、泌尿生殖道感染、呼吸道感染、肠道感染、皮肤感染等。

【制剂、用法与用量】片剂，0.25 克/片；粉针，0.5 克（50 万单位）、1 克（100 万单位）、2 克（200 万单位），内服，1 日量，6~12 毫克/千克体重，分 2 次内服；注射液，每支 2 毫升（100 万单位）、10 毫升（200 万单位），肌内注射，10~15 毫克/千克体重；丁胺卡那霉素注射液，每支 1 毫升 0.1 克（10 万单位）、2 毫升 0.2 克（20 万单位），肌内注射，5~7.5 毫克/千克体重，每天 2 次。

【配伍与禁忌】卡那霉素与利福平联用有协同作用；与喹诺酮类药物联用有协同作用，但毒性增加（恩诺沙星除外）；与四环素联用治疗革兰氏阴性菌感染有协同作用；与北里霉素联用有协同作用。

卡那霉素与同类抗菌药物及其他抗菌药物不宜联用，可使毒性增加；与土霉素有配伍禁忌，不宜联用；碱性药物如碳酸氢钠等可增强卡那霉素在泌尿系统的抗菌活性，但毒性亦增加，忌配伍应用，必须同用时，应减少卡那霉素的剂量；与磺胺嘧啶钠、肝素有配伍禁忌，会产生混浊或沉淀，应避免混合注射；与林可霉素、泰乐菌素、螺旋霉素、金霉素、黄霉素、喹乙醇、恩拉霉素、杆菌肽锌、维吉尼霉素有配伍禁忌，不宜联用；与多肽类药物联用有导致肌无力和呼吸暂停的危险，且肾毒性增加；维生素 B_1、维生素 B_2 对卡那霉素有灭活作用，均不宜混合注射；维生素 C 可抑制卡那霉素的抗菌活性。

【注意事项】本品的毒性与血药浓度密切相关，血药浓度突然升高时有呼吸抑制作用，故规定只作肌内注射，不宜大剂量静脉注射。

硫酸新霉素

【性状】白色或类白色粉末，无臭。在水中极易溶解。

【适应证】对金黄色葡萄球菌和肠杆菌科细菌（大肠杆菌等）有良好抗菌作用。细菌对新霉素可产生耐药性，但较缓慢。口服可用于肠道感染，局部应用对葡萄球菌和革兰氏阴性杆菌引起的感染也有良好疗效。

【制剂、用法与用量】片剂，0.1 克/片、0.25 克/片，内服日量，25~35 毫克/千克体重；注射液，肌内注射，1 日量，4~8 毫克/千克体重，分 2 次注射；眼膏、软膏，含量为 0.5%；滴眼液，含量 0.5%，用于治疗眼、皮肤炎症和创伤感染。滴眼液，适量，用于治疗结膜炎、角膜炎等眼部疾患。

【配伍与禁忌】新霉素与杆菌肽、多黏菌素联用治疗绿脓杆菌、大肠杆菌等引起的感染有协同作用，但不可混合应用；大环内酯类药物可与新霉素联用治疗革兰氏阳性菌所引起的感染。

口服本品可影响维生素 A、B 族维生素、维生素 D、维生素 E 的吸收；新霉素可减少铁剂在胃肠道内的吸收，铁剂亦降低新霉素的活性；大黄与新霉素生成鞣酸盐沉淀物，可降低新霉素的生物利用度。

【注意事项】本品毒性反应比卡那霉素大，注射后可引起明显的肾毒性和耳毒性，已禁止注射给药。

（4）四环素类药物。

盐酸土霉素

【性状】淡黄色至暗黄色结晶或无定形粉末，无臭，在碱性溶液中易破坏失效。宜现用现配。

【适应证】主要用于防治巴氏杆菌病、布鲁杆菌病、大肠杆菌病和沙门杆菌病，对衣原体、支原体、立克次体和螺旋体也有抑制作用。也常作为饲料药物添加剂，改善饲料的利用率和促进增重。

【制剂、用法与用量】片剂，0.05 克/片、0.125 克/片、0.25 克/片，内服，羔羊 10~25 毫克/千克体重，每天 2 次；注射用盐酸土霉素，0.2 克（20 万单位）、1 克（100 万单位），肌内注射或静脉注射日量，羊 5~10 毫克/千克体重，分 1~2 次注射。

【配伍与禁忌】土霉素与泰乐菌素等大环内酯类药物合用呈协同作用；多黏菌素与土霉素合用，由于增强细菌对本类药物的吸收而呈协同作用；土霉素与甲氧苄啶配伍联用有显著增效作用；黄连素与土霉素联用可产生相加性抗菌作用。

土霉素属快效抑菌药，可干扰青霉素类药物对细菌繁殖期的杀菌作用，应避免同用；与喹诺酮类药物不宜配伍联用，以免药效降低，副作用增加；与金霉素、卡那霉素、喹乙醇、恩拉霉素、北里霉素、维吉尼霉素和黄霉素有配伍禁忌；与甲硝唑联用可减弱甲硝唑的作用，影响疗效；与复合维生素 B 配伍应用可使土霉素的作用降低；与杆菌肽有配伍禁忌，不宜合用；与碳酸氢钠同用可能升高胃液 pH 值，而使土霉素的吸收减少、活性降低；与钙盐、铁盐或含金属离子钙、镁、铝、铁等的药物（包括中药）同用时可与土霉素形成不溶性络合物，减少药物的吸收。

【注意事项】土霉素肌内注射对组织刺激性较大，剂量过大或长期应用可诱发耐药细菌和真菌的二重感染，严重者引起败血症。本品应避光密闭，在凉暗的干燥处保存，忌日光照射。忌与含氟量多的自来水和碱性溶液混合。不能用金属容器盛药。

盐酸四环素

【性状】黄色结晶性粉末，遇光色渐变深。易溶于水，其水溶液有较强的刺激性，应现用现配。

【适应证】临床用途等与土霉素相似，但对大肠杆菌和变形杆菌的作用较好，口服吸收优于土霉素。

【制剂、用法与用量】四环素片，0.125 克/片、0.25 克/片。内服、注射剂量同土霉素。

【配伍与禁忌】四环素与链霉素联用对治疗革兰氏阴性菌感染有协同作用；与利福平联用对革兰氏阳性球菌、脑膜炎双球菌、耐药性金黄色葡萄球菌有协同抗菌作用；与氯喹（抗原虫药）联用可增强抗原虫作用；与黄连素联用可产生相加性抗菌作用；氯化铵能酸化尿液，可增强四环素在泌尿系统中的抗菌作用。

四环素与 β-内酰胺类药物联用有拮抗作用；与磺胺嘧啶钠联用可增加肝、肾毒性；氯化钙、葡萄糖酸钙、乳糖酸红霉素、多黏菌素 B、卡那霉素、两性霉素 B、肝素、维生素 C 和氨茶碱等均不宜与四环素配伍，以免产生沉淀或降效；硫酸锌可使四环素的吸收降低 50%；碳酸氢钠会影响四环素的吸收而使其疗效降低；四环素与复合维生素 B 合用，将使四环素的作用降低；四环素会降低维生素

K_3 的凝血效果；含鞣质的中药与四环素合用可产生化学变化，使四环素失去抗菌活性，所以不宜同服；与含碱性成分的中药联用会影响四环素的药效，降低疗效。

【注意事项】盐酸四环素水溶液为强酸性，刺激性大，不宜肌内注射，静脉注射时勿漏出血管外。

盐酸金霉素（氯四环素）

【性状】金黄色或黄色结晶，遇光色渐变深，微溶于水，水溶液不稳定。

【适应证】与土霉素相似。对革兰氏阳性菌、金黄色葡萄球菌感染的疗效较土霉素好。亦可用作饲料添加剂。

【制剂、用法与用量】粉剂，内服，羔羊 10~25 毫克/千克体重，每天 2 次。

【配伍与禁忌】与氨丙啉可联合使用；泰妙菌素与金霉素以 1∶4 比例配伍混饲，可治疗禽细菌性肠炎、细菌性肺炎，对支原体性肺炎、支气管炎、败血波氏杆菌和多杀性巴氏杆菌混合感染所引起的肺炎疗效显著。

金霉素与青霉素类药物、头孢菌素类药物有拮抗作用，不宜配伍；与喹乙醇、土霉素、螺旋霉素、卡那霉素、恩拉霉素、北里霉素、维吉尼霉素、黄霉素和杆菌肽有配伍禁忌，不宜合用；维生素 B_2 可降低金霉素的作用，故不宜混合应用；维生素 C 对金霉素有灭活作用，金霉素又可使维生素 C 在尿中的排泄变快，故不宜配伍；含钙、铁、铝、镁、锌等离子的药物可阻滞金霉素的吸收，使其疗效降低。

【注意事项】同土霉素。

盐酸多西环素（强力霉素、脱氧土霉素）

【性状】淡黄色或黄色结晶性粉末，易溶于水，水溶液较四环素、土霉素稳定。

【适应证】抗菌谱与其他四环素类相似，体内、外抗菌活性较土霉素、四环素强。细菌对本品与土霉素、四环素等存在交叉耐药性。主要用于治疗畜禽的支原体病、大肠杆菌病、沙门杆菌病、巴氏杆菌病等。

【制剂、用法与用量】片剂，0.05 克/片、0.1 克/片，胶囊，0.1 克/粒，内服，羔羊 3~5 毫克/千克体重，1 天 1 次，连用 3~5 天；盐酸多西环素可溶性粉针，0.1 克/支、0.2 克/支，肌内注射或静脉注射，1~2 毫克/千克体重，每天 1 次。

【配伍与禁忌】维生素 C 对盐酸多西环素有灭活作用，同时多西环素又可使维生素 C 在尿液中排泄变快，故不宜配伍；盐酸多西环素与利福平联用时可降低盐酸多西环素的抗菌作用。其他配伍参见土霉素。

【注意事项】同土霉素。

（5）酰胺醇类药物。

甲砜霉素（甲砜氯霉素、硫霉素）

【性状】白色结晶性粉末，无臭。在无水乙醇中略溶，在水中微溶。

【适应证】属广谱抗菌药物。主要用于敏感病原体（如伤寒杆菌、大肠杆菌、沙门杆菌、巴氏杆菌、炭疽杆菌、链球菌、肺炎球菌、葡萄球菌、衣原体、钩端螺旋体、立克次体等）引起的呼吸道感染、尿路感染和肝胆系统感染等。

【制剂、用法与用量】粉剂，0.5 克/10 克、2.5 克/50 克、5 克/100 克，内服，10~20 毫克/千克体重，每天 2 次。

【配伍与禁忌】表面活性剂如吐温-80 可促进甲砜霉素的吸收。

甲砜霉素与 β-内酰胺类药物如青霉素、头孢菌素合用有拮抗作用；与四环素类药物有部分交叉耐药；与大环内酯类药物如红霉素有拮抗作用；与氨基糖苷类药物如链霉素、卡那霉素呈拮抗效应且增加耳、肾毒性；与氟喹诺酮类药物配伍联用，药效降低，甚至可增加副作用；与维生素 K 有配伍禁忌，不宜联用；莫能菌素、盐霉素等聚醚类药物与甲砜霉素有配伍禁忌，不宜联用；与碱性药物不宜同用和配伍注射，以免甲砜霉素失效。

【注意事项】本品有血液系统毒性，主要为可逆性的红细胞生成抑制。本品有较强的免疫抑制作用，对疫苗接种期间的动物或免疫功能严重缺损的动物应禁用。本品长期口服可引起消化功能紊乱，出现维生素缺乏或二重感染症状。休药期为 28 天。

氟苯尼考（氟甲砜霉素）

【性状】白色或类白色结晶性粉末，无臭。极微溶于水，能溶于甲醇、乙醇。

【适应证】本品为动物专用的广谱抗菌药物，具有广谱、高效、低毒的特点，吸收良好、体内分布广泛。常用于治疗巴氏杆菌和嗜血杆菌引起的呼吸道感染、乳腺炎和腐蹄病。

【制剂、用法与用量】注射液，0.6 克/2 毫升、0.25 克/5 毫升、0.5 克/5 毫升、1 克/10 毫升，肌内注射，一次量，20 毫克/千克体重，每天 2 次，连用 3~5 天；粉剂，每袋 50 克（1 克）、50 克（2.5 克）、50 克（5 克）、50 克（10 克），内服，20~30 毫克/千克体重，每天 2 次。

【配伍与禁忌】参见甲砜霉素。

【注意事项】本品忌用于哺乳期和孕期的母羊。

（6）大环内酯类。

红霉素

【性状】白色结晶性粉末，无臭，味苦，难溶于水，乳糖酸盐或硫氰酸盐则易溶于水。本品在碱性溶液中稳定且抗菌作用强，在酸性溶液中易失活。

【适应证】主要用于治疗耐青霉素的金黄色葡萄球菌感染和其他敏感菌（肺

炎球菌、链球菌、炭疽杆菌、丹毒杆菌和梭状芽孢杆菌等）及支原体感染，如葡萄球菌病、链球菌病、丹毒、呼吸道病、传染性滑膜炎、坏死性肠炎等。

【制剂、用法与用量】片剂，每片0.1克（10万单位）、0.125克（12.5万单位）、0.2克（20万单位）、0.25克（25万单位），内服，羔羊每天6.6~8.8毫克/千克体重，均分为3~4次内服；硫氰酸红霉素粉，每瓶100克（含量5克，500万单位）、每袋200克（含量5克，500万单位），肌内注射或静脉注射，羊2~4毫克/千克体重，每天2次。

【配伍与禁忌】碱性药物可减少红霉素在胃酸中的破坏，并增强抗菌效力；糖皮质激素如地塞米松有协同免疫抑制作用，增强消炎效果；红霉素与维生素D有协同作用。

红霉素忌与酸性物质配伍；红霉素的水溶液遇铁、铜、铝、锡等离子可形成络合物而减效；红霉素对酰胺醇类和林可胺类药物的效应有拮抗作用，不宜同用；β-内酰胺类药物与红霉素联用时，可干扰前者的杀菌效能，故两者不宜同用；四环素与红霉素注射液配伍，溶液效价降低，并有混浊沉淀，且可加剧肝毒性；红霉素与恩诺沙星联用时药效降低；阿司匹林可使红霉素的抗菌作用降低，两药不宜同服；红霉素与喹乙醇联用毒性增强；红霉素与莫能菌素、盐霉素等不宜合用，有配伍禁忌；丙磺舒可降低红霉素的血药浓度；泰妙菌素与红霉素配伍联用可因竞争作用部位而减效；红霉素能抑制乳酸杆菌的活性，使乳酶生药效降低，同时也耗损了红霉素的有效浓度，不宜同时应用。

【注意事项】长期内服可能引起消化功能紊乱。

泰乐菌素（泰洛星）

【性状】白色至浅黄色粉末，在水中微溶。其盐类易溶于水。

【适应证】是畜禽专用的抗生素。主要用于防治支原体病及敏感菌引起的肠炎、肺炎、乳腺炎、子宫炎和螺旋体病等。也用于肉羊的抗病促生长的饲料添加剂。

【制剂、用法与用量】注射用酒石酸泰乐菌素，6.25克/支，肌内注射，2~10毫克/千克体重，每天1~2次。

【配伍与禁忌】与土霉素等四环素类药物合用呈协同作用。

泰乐菌素可使β-内酰胺类药物的抗菌作用降低；酰胺醇类药物与泰乐菌素联用会因竞争结合位置而出现拮抗作用，并加重肝脏损害，若必须联用需间隔3~4小时；喹诺酮类药物与泰乐菌素联用，药效降低，副作用增加；泰妙菌素与泰乐菌素配伍联用，会因竞争作用部位而减效；喹乙醇、杆菌肽锌、恩拉霉素、北里霉素、维吉尼霉素、黄霉素、螺旋霉素和卡那霉素等均不宜与泰乐菌素配伍；泰乐菌素可使聚醚类抗球虫药物，如莫能菌素、盐霉素、拉沙洛西、海南霉素和马杜米星铵等的毒性增强。

螺旋霉素

【性状】白色至淡黄色粉末，味苦。微溶于水。乙酰螺旋霉素，性质较稳定，抗菌效能亦明显提高。

【适应证】对肺炎球菌、链球菌及支原体有较强的作用，可用于乳腺炎、胆囊炎和眼科感染等。

【制剂、用法与用量】螺旋霉素片、乙酰螺旋霉素片，每片 0.2 克或 0.25 克，口服，一次量，20~50 毫克/千克体重，每天 1 次；皮下或肌内注射，10~50 毫克/千克体重，每天 1 次。

【配伍与禁忌】螺旋霉素不影响茶碱等药物的体内代谢，但可使茶碱作用增强，联用时应减少茶碱用量；泰乐菌素、卡那霉素、喹乙醇、杆菌肽锌、恩拉霉素、北里霉素、维吉尼霉素和黄霉素均不宜与螺旋霉素配伍。其余配伍与禁忌参见红霉素。

【注意事项】本品能损害肝脏和肾脏，故肝脏、肾脏功能不正常的动物慎用；由于排泄慢，对供人食用的动物，用药后需要较长的休药期方可屠宰上市。

（7）其他抗菌药物。

林可霉素（洁霉素）

【性状】盐酸盐为白色结晶性粉末，有微臭或特殊臭，味苦。易溶于水和甲醇。

【适应证】主要用于治疗革兰氏阳性菌，特别是耐青霉素的革兰氏阳性菌所引起的各种感染，如肺炎、支气管炎、败血症、乳腺炎、骨髓炎和化脓性关节炎。

【制剂、用法与用量】片剂，每片 0.25 克（25 万单位）、0.5 克（50 万单位），内服，1 日量，30~60 毫克/千克体重，分 3~4 次服；注射用盐酸林可霉素，0.6 克（60 万单位），肌内注射或静脉注射，1 日量，10~30 毫克/千克体重，分 2 次注射。

【配伍与禁忌】本品与大观霉素合用，对支原体病和大肠杆菌病呈协同作用；与氟喹诺酮类药物联用能产生协同作用，并可减少耐药菌株的产生，但不可混合应用；庆大霉素与林可霉素联用可增强抗链球菌的作用；林可霉素可增强氨茶碱作用，联用时应减少氨茶碱用量。

本品不宜与红霉素合用，以免相互拮抗；与磺胺嘧啶钠、氨苄西林钠、青霉素钠（钾）配伍产生沉淀，不可联用；卡那霉素、新生霉素与林可霉素混合静脉注射，可发生配伍禁忌；氟苯尼考等酰胺醇类药物可与林可霉素竞争结合位置而产生拮抗作用；复合维生素 B 对林可霉素有灭活作用，故不宜混合注射；大黄可与林可霉素生成鞣酸盐沉淀物，降低林可霉素的生物利用度。

2. 化学合成抗菌药物

（1）氟诺酮类药物。

环丙沙星（环丙氟哌酸）

【性状】白色或微黄色结晶性粉末，几乎无臭，味微苦。在水或乙醇中极微溶解。

【适应证】属于广谱杀菌药。对革兰氏阴性菌的抗菌活性是目前兽医临床应用的氟喹诺酮类最强的一种；对革兰氏阳性菌的作用也较强；对厌氧菌、绿脓杆菌亦有较强的抗菌作用。用于敏感菌引起全身各系统的感染及支原体感染等的治疗。

【制剂、用法与用量】粉剂，每袋 100 克（100 克含 2 克），内服，5～15 毫克/千克体重，每天 2 次；环丙沙星注射液，每瓶 100 克（含乳酸环丙沙星 98 克），一次量，肌内注射，2 毫克/千克体重，每天 2 次，连用 2~3 天。

【配伍与禁忌】与 β-内酰胺类药物（如青霉素、头孢菌素）、氨基糖苷类药物（如卡那霉素等）联用对革兰氏阳性菌、肠杆菌及部分绿脓杆菌有协同作用；与氨基糖苷类药物和头孢菌素类药物联用时，因肾毒性增强，宜调整剂量，分别给药。

酰胺醇类药物、多西环素、大环内酯类药物与环丙沙星联用时可导致环丙沙星的抗菌活性降低，增加造血系统、神经系统的不良反应；环丙沙星可使茶碱清除率下降 20%～30%，使茶碱血药浓度增加 1～2 倍，易出现毒副作用，联用时须调整剂量；环丙沙星与含金属离子的药物联用可显著降低其抗菌活性，尤其是与含镁离子和铝离子的药物联用，几乎完全失去抗菌活性；与地塞米松、呋塞米、肝素、硫酸镁、甲基强的松龙配伍即产生沉淀。

【注意事项】大剂量或长期使用，易致肝脏损害，且较其他氟喹诺酮类药物严重。长期并重复用药，可引起二重感染。用药期间应多饮水，且注意保持尿液的 pH 低于 6.8，以免产生结晶尿。本品遇光易变质分解，应避光保存。

恩诺沙星（乙基环丙沙星）

【性状】微黄色或淡橙黄色结晶性粉末，无臭，味微苦，遇光渐变为橙红色。在水中极微溶解。

【适应证】属于第三代动物专用广谱杀菌药。本品对多种革兰氏阴性菌和球菌有明显的抗菌作用，对支原体属和衣原体也有很好的效果。肌内注射后吸收迅速，可在所有组织和体液中广泛分布。用于畜禽链球菌病、葡萄球菌病、沙门杆菌病、支原体肺炎、胸膜肺炎、乳腺炎、子宫炎等。

【制剂、用法与用量】可溶性粉，100 克含 2.5 克；片剂，2.5 毫克/片、5 毫克/片，内服，一次量，羔羊，2.5～5 毫克/千克体重，1 天 2 次，连用 3～5 天；针剂，10 毫升含 50 毫克、250 毫克，100 毫升含 0.5 克、1 克、2.5 克、5

克，肌内注射，2.5 毫克/千克体重，每天 1~2 次，连用 2~3 天。

【配伍与禁忌】与安普霉素联用，抗菌活性增强，呈协同作用；丙磺舒可降低肾清除率，使恩诺沙星的血药浓度升高；与甲氧苄啶等磺胺增效剂配伍联用可使恩诺沙星抗菌活性增强，且减少耐药性产生。

恩诺沙星有抑制肝药酶作用，与在肝脏中代谢的药物，如红霉素、林可霉素等合用，可使其清除率降低，血药浓度升高；氟苯尼考、甲砜霉素可拮抗恩诺沙星的抗菌活性，使其疗效降低；制酸药降低恩诺沙星在胃肠道中的吸收，不宜同用；与利福平联用可使恩诺沙星作用降低；与含金属阳离子，如铝离子、镁离子的药物合用可形成不溶性难吸收的络合物。

氧氟沙星（氟嗪酸、奥复星）

【性状】白色或微黄色结晶性粉末，无臭，味苦，遇光渐变色。

【适应证】同恩诺沙星。具有广谱、高效、低毒的优点。对使用其他喹诺酮类药物效果欠佳的畜禽细菌病，应用本品效果良好，是目前防治畜禽细菌病，尤其是急、慢性呼吸道病及顽固性腹泻的首选药物。

【制剂、用法与用量】粉剂，每包 50 克（含 1 克）；针剂，每 10 毫升 0.1 克、0.2 克；片剂，每片 0.1 克；溶液，每 100 毫升含 2.5 克、4 克。用法用量同环丙沙星。

【配伍与禁忌】与含金属离子的药物联用可降低氧氟沙星的抗菌作用；避免与制酸剂、碱性药物同时服用。

（2）磺胺类药物。

磺胺嘧啶（大安、SD）

【性状】白色或类白色结晶或粉末，无臭，无味，遇光色渐变深。在水中几乎不溶。

【适应证】常用于脑部细菌性感染、出血性败血症及呼吸道、消化道和泌尿道感染。本品吸收快而排泄较慢，血浆蛋白结合率低，血中浓度高，易扩散进入组织和脑脊液，是本类药物中治疗脑部细菌性感染的首选药物。

【制剂、用法与用量】片剂，每片 0.5 克，内服，首次用量，0.14~0.2 克/千克体重，维持量减半，每天 2 次；注射液，10 毫升（1 克）、50 毫升（5 克）、100 毫升（10 克），肌内或静脉注射，一次量，70~100 毫克/千克体重，每天 1~2 次，连用 2~3 天。

【配伍与禁忌】薄荷醇和冰片具有促进磺胺嘧啶透过血脑屏障的作用，可减少对血脑屏障结构的损伤。其他配伍参见磺胺类药物。

磺胺类药物的合理配伍：与黏菌素配伍，用于耐药性绿脓杆菌感染，有协同作用，但不可置于同一容器内。抗菌增效剂与磺胺类药物配伍联用，可使作用显著增强，甚至从抑菌变为杀菌。与制霉菌素可产生协同作用。喹啉类药物与磺胺类药物联用可提高抗原虫效果。黄连素与磺胺类药物联用可产生相加性抗菌作用。

磺胺嘧啶钠注射液或水溶液呈碱性，因此不可与酸性较强的药物如维生素 C 等合用；不可与阿米卡星、庆大霉素、卡那霉素、林可霉素、链霉素、四环素、碳酸氢钠、氢化可的松、青霉素 G、氯化钾、氯化钙、葡萄糖酸钙、维生素 C、维生素 B_6（吡哆素）、酚磺乙胺、阿托品和红霉素等配伍联用。其他参见磺胺类药物的配伍禁忌。

磺胺类药物的配伍禁忌：遇氨基糖苷类将产生混浊或沉淀，与四环素类配伍联用可增加肝、肾毒性，可使四环素类药物发生解离而造成溶解度下降、吸收减少、药效降低；可降低头孢菌素类药物的抗菌作用并使其肾毒性增强；使青霉素类药物作用减弱，但联用治疗放线菌有协同作用，须间隔给药；与喹诺酮类配伍联用，肾毒性增加；与普鲁卡因、苯佐卡因、丁卡因合用降低磺胺类抗菌效果；抗酸剂、矿物油可阻碍磺胺药的吸收且使其减效；与乳酶生、酵母等活菌制剂合用，将显著减弱磺胺类药物的抗菌作用；磺胺类药物可使苯妥英钠血药浓度增高，而致苯妥英钠中毒；可使硫喷妥钠麻醉及呼吸抑制加强；可使香豆素类血药浓度提高而加强抗凝血作用和出血；与重酒石酸去甲肾上腺素配伍，易析出结晶；也不宜用5%或10%的葡萄糖注射液稀释后滴注；与硫酸镁等各种泻药配伍，可减弱或清除磺胺药的作用；尿酸化剂与酸性药物，如氯化铵、乌洛托品，可使磺胺类药物的尿结晶发生率增多；氨茶碱可与磺胺类药物竞争蛋白结合部位，两药联用时氨茶碱血药浓度增高，应注意调整剂量；核酸、氨基酸、叶酸等均可使对氨苯甲酸含量增加，从而减弱磺胺药的抗菌作用；对氨基水杨酸钠可拮抗磺胺类药物的抗菌活性；维生素 C 可使磺胺类药物总排泄量减少，易造成磺胺类药物在肾脏中形成结晶（小剂量维生素 C 无影响）；与莫能霉素、盐霉素联用可引起中毒。磺胺类药物影响维生素 K 的吸收而出现贫血、出血症等；与两性霉素 B 配伍联用，肾毒性增加；氯化钙使磺胺类药物的作用减弱，毒性增强；硼砂可降低磺胺类药物的吸收，使其降低疗效；神曲可拮抗磺胺类药的抑菌作用；麦芽与磺胺类药物并用可降低后者的抗菌活性；山楂、乌梅、山萸肉、五味子、川芎含有机酸的中药，可使尿酸化，减少了磺胺类药物的排泄，降低了其溶解度，增加了磺胺结晶的形成；含鞣质较多的中药，如白芍、赤芍，可影响磺胺类药物代谢速度，加重肝脏损伤，发生中毒性肝病。

【注意事项】磺胺类药物的注意事项：首次量要加倍；如有中毒应立即停药，并供给充足饮水；防止耐药性的产生。

磺胺甲噁唑（新诺明、SMZ）

【性状】白色结晶性粉末，无臭，味微苦。在水中几乎不溶。

【适应证】抗菌谱与磺胺嘧啶相近，但抗菌作用较强，排泄较慢，作用维持时间长，适用于尿路感染、呼吸道感染、皮肤化脓性感染等。与磺胺增效剂甲氧苄啶合用，其抗菌作用明显增强，疗效与四环素、氨苄西林相近，临床应用范围也相应扩大。

【制剂、用法与用量】片剂，每片 0.5 克；注射液，每支 5 毫升（2 克），内服或肌内注射，羊，首次量 0.1 克/千克体重，维持量 0.07 克/千克体重，每天 2 次；复方新诺明片，内服，羊 20~25 毫克/千克体重，每天 2 次，连用 3 天。

【配伍与禁忌】咪康唑与复方磺胺甲噁唑联用，可增强体外抗白色念珠菌的效力；左旋咪唑与复方磺胺甲噁唑配伍联用治疗弓形虫病，可破坏虫体，减少抗原刺激，改善症状。

对乙酰氨基酚（扑热息痛）可加强或延长复方磺胺甲噁唑的作用，使血药浓度升高，增强药效和不良反应；磺胺甲噁唑可使茶碱血浓度明显增高。

【注意事项】本品肾毒性较大，应用时宜与碳酸氢钠同服，并供给充足饮水。

磺胺二甲嘧啶（SM_2）

【性状】白色或微黄色结晶性粉末，无臭，味苦。在水中几乎不溶，在乙醇中略溶。

【适应证】抗菌力较强，但比磺胺嘧啶稍弱，有抗球虫作用。用于防治巴氏杆菌病、乳腺炎、子宫炎、呼吸道和消化道感染等。

【制剂、用法与用量】片剂，每片 0. 5 克，内服，0.05 克/千克体重，每天 1~2 次，首次用量加倍；注射液，0.4 克/2 毫升、1 克/5 毫升、2 克/10 毫升，静脉注射或肌内注射，1 次量，70 毫克/千克体重，每天 1~2 次，连用 2~3 天。

【配伍与禁忌】参见磺胺类药物。

【注意事项】本品应用可以不加碳酸氢钠。其他参见磺胺类药物。

磺胺对甲氧嘧啶（磺胺-5-甲氧嘧啶、消炎磺、长效磺胺，SMD）

【性状】白色或微黄色结晶性粉末。几乎不溶于水，其钠盐溶于水。

【适应证】对革兰氏阳性菌和革兰氏阴性菌，如化脓性链球菌、沙门杆菌和肺炎杆菌有良好的抗菌作用。对尿路感染疗效显著。对生殖、呼吸系统及皮肤感染也有效。与 TMP 合用可增强疗效。

【制剂、用法与用量】片剂，0.5 克/片，内服，首次量 50~100 毫克/千克体重，每天 1~2 次，连用 3~5 天；复方磺胺对甲氧嘧啶片，0.5 克/片，内服，首次量 25~50 毫克/千克体重，每天 2~3 次，连用 3~5 天；复方注射液，每支 10 毫升（磺胺对甲氧嘧啶 1 克+甲氧苄啶 0.2 克）、10 毫升（磺胺对甲氧嘧啶 2 克+甲氧苄啶 0.4 克），肌内注射（以磺胺对甲氧嘧啶计），15~20 毫克/千克体重，每天 1~2 次，连用 2~3 天。

【配伍与禁忌】与甲氧苄啶按 5：1 比例配合，对金黄色葡萄球菌、大肠杆菌、变形杆菌等的抗菌活性可增强 10~30 倍；与二甲氧苄啶合用后的增效较其他磺胺类药物显著。其他参见磺胺类药物。

【注意事项】参见磺胺类药物。

磺胺间甲氧嘧啶（磺胺-6-甲氧嘧啶、制菌磺、泰灭净，SMM、DS-36）

【性状】白色或微黄色结晶性粉末。几乎不溶于水，其钠盐溶于水。

【适应证】是体内外抗菌作用最强的磺胺药，对球虫和弓形虫也有显著作用。用于防治各种敏感菌所致的畜禽呼吸道、消化道、泌尿道感染等。局部灌注可用于治疗乳腺炎、子宫炎等。与TMP合用可增强疗效。

【制剂、用法与用量】片剂，0.5克/片，内服，0.025克/千克体重，每天1次，首次量加倍；针剂，1克/10毫升，肌内注射，0.05克/千克体重，每天2次。

【配伍与禁忌】【注意事项】参见磺胺类药物。

磺胺脒（SG）

【性状】白色针状结晶性粉末，无臭或几乎无臭，无味，遇光易变色。微溶于水。

【适应证】内服吸收少，在肠内可保持较高浓度。适用于防治肠炎、腹泻等细菌性感染。

【制剂、用法与用量】磺胺脒片，0.5克/片，内服，羔羊，0.12克/千克体重，每天2~3次。

【配伍与禁忌】参见磺胺类药物。

【注意事项】用量过大或肠阻塞、严重脱水等患畜应用易损害肾脏。成年反刍动物少用。

琥珀酰磺胺噻唑（SST）

【性状】白色或微黄色晶粉。不溶于水。

【适应证】内服不易吸收，在肠内经细菌作用后，释出磺胺噻唑而发挥抗菌作用。抗菌作用比磺胺脒强，副作用也较小。用途同磺胺脒。

【制剂、用法与用量】琥珀酰磺胺噻唑片，0.5克/片。用法用量同磺胺脒。

【配伍与禁忌】【注意事项】同磺胺脒。

酞磺胺噻唑（酞磺噻唑PST）

【性状】白色或类白色结晶性粉末，无臭。在乙醇中微溶，在水或三氯甲烷中几乎不溶，在氢氧化钠试液中易溶。

【适应证】内服不易吸收，并在肠道内逐级释放出磺胺噻唑而呈现出抑菌作用。抗菌作用比磺胺脒强，副作用也较小。主要用于幼畜和中小动物肠道细菌感染。

【制剂、用法与用量】酞磺胺噻唑片，0.5克/片，内服，羔羊0.1~0.15克/千克体重，每天2次，连用3~5天。

【配伍与禁忌】【注意事项】同磺胺脒。

磺胺甲氧达嗪

【性状】白色或微黄色结晶性粉末，几乎不溶于水。

【适应证】对链球菌、葡萄球菌、肺炎球菌、大肠杆菌、李氏杆菌等有较强的抗菌作用。

【制剂、用法与用量】片剂，0.5 克/片、1 克/片，内服，首次量，50~100 毫克/千克体重，维持量减半，每天 2 次，连用 3~5 天。

【配伍与禁忌】【注意事项】同磺胺嘧啶。

（3）二氨嘧啶类抗菌增效剂。

甲氧苄啶（甲氧苄氨嘧啶、三甲氧苄氨嘧啶，TMP）

【性状】白色或淡黄色结晶性粉末。味微苦。水中几乎不溶。

【适应证】抗菌谱广，TMP 的抗菌作用与磺胺类相似而效力较强。本品与磺胺药的复方制剂，对畜禽呼吸道、消化道、泌尿道等多种感染和皮肤感染、创伤感染、急性乳腺炎等，均有良好的防治效果。

【制剂、用法与用量】片剂，0.5 克/片，内服或肌内注射，10 毫克/千克体重，每天 2 次。本品与各种磺胺药的复方制剂配比为 1∶5。

【配伍与禁忌】与磺胺类药物配伍联用可增强疗效且不易产生耐药性；与氨基糖苷类药物、利福平、黄连素联用有协同抗菌作用；与大环内酯类药物如红霉素、麦迪霉素等联用，在体外试验发现有增效作用；与青霉素、土霉素联用有显著增效作用；与林可霉素有协同作用，可增强抗菌效力，提高疗效，减少药物不良反应；与多西环素联用对少部分菌株有协同和累加抗菌作用，对大部分菌株无增效作用；与黏菌素类药物联用增效作用达 2~32 倍，且对绿脓杆菌有协同作用；与喹诺酮类药物联用增效作用显著，药物副作用亦低于单独用药。

与四环素联用，体外试验无增效作用；与大剂量对乙酰氨基酚长期联用，可引起贫血、血小板降低或白细胞减少。

【注意事项】细菌对本品易产生耐药性，一般不单独应用，常与磺胺类药物（如磺胺嘧啶、磺胺甲噁唑、磺胺间甲氧嘧啶和磺胺对甲氧嘧啶）等按 1∶5 的比例联用。

二甲氧苄啶（二甲氧苄氨嘧啶，DVD）

【性状】白色或类微黄色结晶性粉末，几乎无臭。在水中微溶。

【适应证】抗菌作用与甲氧苄啶相似，但抗菌效力稍弱。口服后吸收差，血中最高浓度仅为甲氧苄啶的 1/5，在胃肠道内可保持较高浓度。因此，用作肠道磺胺增效剂比甲氧苄啶优越。若与磺胺类药物或某些抗生素合用，增效作用明显。用于防治畜禽球虫病及肠道感染等。

【制剂、用法与用量】本品常与各种磺胺类药物制成复方（增效）制剂，如片剂、预混剂等，可参见各磺胺类药物的介绍。

【配伍与禁忌】参见甲氧苄啶的合理配伍。

3. 抗病毒药物

黄芪多糖注射液

【性状】黄色或黄褐色液体。本品含有黄芪多糖、灵芝多糖、绿原酸、干扰素、大青叶等。

【适应证】羊痘（体温 41~42 ℃，结膜发红、肿胀、脓性渗出）、提高免疫力。

【制剂、用法与用量】注射剂，每支 10 毫升（黄芪多糖 5 克、灵芝多糖 3 克），肌内或静脉注射，一次量，羊每千克体重 0.1~0.2 毫升，每天 2 次，重症加倍。

【配伍与禁忌】与强心苷、利尿剂、干扰素、人参、苦参、金银花、麻黄、防风、党参、益母草、生地、当归、山豆根、柴胡等联用有协同作用；不宜与青霉素、黄连、玄参等配伍。

【注意事项】不宜与其他药物在同一容器内混合使用。药液出现混浊、沉淀、变色等现象时不能使用。

畜禽刀豆素

【性状】白色疏松团块，遇水可迅速溶解。本品为广谱抗病毒和免疫调节药。

【适应证】用于防治各种因感染病毒、细菌及其混合感染引起的高热不退或反复高热，预防产后感染，用于治疗家畜传染性胃肠炎、口蹄疫，圆环病毒病、轮状病毒病、精神沉郁等病毒性疾病。

【制剂、用法与用量】冻干剂，500 万单位/瓶。每支本品用 5 毫升生理盐水或黄芪多糖注射液稀释注射，每千克体重 0.005~0.01 毫升（每支本品可用于羊 500~1 000 千克体重），每天 1 次，连用 2~3 天，重症加倍。混饮，稀释后溶于饮水中，每天 1 次，连用 3~5 天。

【配伍与禁忌】不得与酸碱溶液同时注射。

【注意事项】开启后一次性用完，有污染、混浊或变色勿用；避光 2~8 ℃，有效期 2 年。

二、抗寄生虫药物

抗寄生虫药物是指驱除或杀灭体内外寄生虫的药物。抗寄生虫药的种类繁多，主要有抗原虫药、抗蠕虫药和杀虫药。

（一）抗寄生虫病药物的使用要求

1. 准确选择药物　理想的抗寄生虫药应具备安全、高效、价廉、适口性好、使用方便等特点。根据药品的供应情况、经济条件及发病情况等，选用比较理想的药物来防治寄生虫病。首选对成虫、幼虫、虫卵有抑杀作用且对动物机体毒性小及不良反应轻微的药物。由于动物寄生虫感染多为混合感染，可考虑选择广谱抗寄生虫药物使用。而且在用药过程中，不仅要了解寄生虫的寄生方式、流行病学、季节动态、感染强度和范围等信息，还要充分考虑宿主的功能状态，对药物的反应等。只有正确认识药物、寄生虫和宿主三者之间的关系，熟悉药物的理化性状，采用合理的剂型、剂量和治疗方法，才能达到最好的防治效果。

2. 选择适宜的剂型和给药途径 由于抗虫药的毒性较大，为提高驱虫效果，减轻毒性和便于使用，应根据动物的年龄、身体状况确定适宜的给药剂量，兼顾既能有效驱杀虫体，又不引起宿主动物中毒这两方面。如消化道寄生虫可选用内服剂型，消化道外寄生虫可选择注射剂，体表寄生虫可选外用剂型。

3. 做好相应准备工作 驱虫前做好药物、投药器械（注射器、喷雾器等）及栏舍的清理等准备工作；在对大批畜禽进行驱虫治疗或使用数种药物混合感染之前，应先少数畜禽预试，注意观察反应和药效，确保安全有效后再全面使用。此外，无论是大批投药，还是预试驱虫，均应了解驱虫药物特性，备好相应解毒药品。在使用驱虫药前后，应加强对畜禽的护理观察，一旦发现体弱、患病的畜禽，应立即隔离、暂停驱虫；投药后发现有异常或中毒的畜禽应及时抢救；要加强对畜禽粪便的无害化处理，以防病源扩散；搞好畜禽圈舍清洁、消毒工作，对用具、饲槽、饮水器等设施定期进行清洁和消毒。

4. 适时投药 寄生虫病重在预防，要根据当地寄生虫的流行特点选择适当的时间和药物进行驱虫。羊场一般在春、秋两季选用广谱驱虫药集中两次驱虫，新引进的羊观察1~2周后集中驱虫。羊在育肥前可以选用丙硫咪唑、左旋咪唑、伊维菌素、阿维菌素等驱除线虫、绦虫、吸虫1~2次，提高育肥效果。

羊场每年春、秋两季全群驱虫，对于饲养环境较差的养殖场（户），每年在5~6月增加驱虫一次；羔羊在断奶前后必须进行保护性驱虫，防止断奶后产生的营养应激，诱导寄生虫的侵害；种公羊每年必须保持4次驱虫，以保证健康状况；母羊要在进入围产前进行驱虫，以保证母羊和羔羊免受寄生虫的侵害；育成羊在配种前应当驱虫，以提高受胎率；新进羊进场后必须驱虫并隔离15天后合群。转场或转舍前必须进行驱虫，减少对新舍（场）的污染。

5. 避免抗寄生虫药物产生耐药性 反复或长期使用某些抗寄生虫药物，容易使寄生虫产生不同程度的耐药性。目前，世界各地均有耐药寄生虫株出现，这种耐药株不但使原有的药物抗寄生虫药的合理使用治疗无效，而且还可产生交叉耐药性，降低驱（杀）虫效果。因此，应经常更换使用不同类型的抗寄生虫药物，以减少或避免耐药株的产生。

6. 保证人体健康 为了避免动物源性食品中药物的残留，应严格根据我国《动物性食品中兽药最高残留限量》的规定，认真监控抗寄生虫药物的残留；遵守《中国兽药典——兽药使用指南》（2010年版）关于抗寄生虫药物休药期的规定及其他有关注意事项。

（二）抗寄生虫药物的合理使用

1. 抗蠕虫药

伊维菌素

【性状】白色结晶性粉末，无臭，无味。几乎不溶于水。

【适应证】具有广谱、高效、低毒、用量小等优点。对家畜蛔虫、蛲虫、旋毛虫、钩虫、肾虫、心脏丝虫、肺线虫等均有良好驱虫效果；对牛皮蝇、疥螨、痒螨、蝇蛆等外寄生虫也有良好效果。

【制剂、用法与用量】注射液，1%、1.5%（长效）、3.15%（长效）；浇泼剂，0.5%；口服液，0.2%、0.8%；片剂，5毫克/片。可皮下注射、内服、灌服、混饲或沿背部浇注。羊按0.2毫克/千克体重内服或皮下注射。必要时可以间隔7~10天，再用药1次。

【配伍与禁忌】与阿苯达唑、芬苯达唑等苯并咪唑类配伍，可拓宽抗寄生虫范围，驱除禽体内外寄生虫。禁与乙胺嗪联用。

【注意事项】注射液仅供皮下注射，不宜作肌内注射或静脉注射。本品安全范围较大，很少出现不良反应。超剂量引起中毒无特效解毒药。泌乳动物禁用。

阿维菌素

【性状】白色或淡黄色结晶性粉末，无味。

【适应证】同伊维菌素。

【制剂、用法与用量】注射液，5毫升（0.05克）/支、25毫升（0.25克）/支；片剂，2毫克/片、5毫克/片；浇淋剂。可皮下注射、内服、灌服、混饲或沿背部浇注。羊按0.2毫克/千克体重内服或皮下注射。必要时间隔7~10天，再用药1次。

【注意事项】同伊维菌素。

左咪唑（左旋咪唑）

【性状】白色结晶性粉末。易溶于水。应密封保存。

【适应证】广谱、高效、低毒驱线虫药，临床广泛用于驱除各种畜禽消化道和呼吸道的多种线虫成虫和幼虫及肾虫、心丝虫、脑脊髓丝虫、眼虫等，具有良好效果，并具有明显的免疫增强作用。

【制剂、用法与用量】片剂，25毫克/片、50毫克/片；盐酸左咪唑注射液，每支0.1克/2毫升、0.25克/5毫升、0.5克/10毫升。内服、混饲、饮水、皮下或肌内注射、皮肤涂擦、点眼给药均可，依药物剂型和治疗目的不同选择用法。不同剂型、不同给药途径的驱虫效果相同。内服，7.5~8.0毫克/千克体重。皮下或肌内注射，7.5~8.0毫克/千克体重。

【配伍与禁忌】与环丙沙星合用，可提高后者体内抗菌活性。小剂量口服本品，可提高疫苗的免疫效果。抗真菌药物与本品联用，可增强疗效。本品与含乙醇的药物合用，会导致严重的不良反应。

【注意事项】不良反应少，主要有恶心、呕吐及腹痛等，但症状轻微而短暂，多不需处理。偶有轻度肝功能异常，停药后可恢复。中毒时可用阿托品解毒。羊宰前7天应停药。

甲苯唑（甲苯咪唑）

【性状】白色或微黄色粉末，无臭。不溶于水，易溶于甲酸和乙酸中。

【适应证】广谱驱蠕虫药，对各种消化道线虫、旋毛虫和绦虫均有良好的驱除效果，较大剂量对肝片形吸虫亦有效。

【制剂、用法与用量】片剂（50毫克/片）和复方片剂（每片含甲苯唑100毫克，左咪唑25毫克），10~20毫克/千克体重，驱羊肝片形吸虫按50~100毫克/千克体重，一次内服。

【配伍与禁忌】与左旋咪唑配伍，可驱除肠道线虫；可增加胰岛素分泌，联用有协同作用；脂肪、油性物质可提高本品的吸收率而使本品毒性增强；与辛硫磷联用可增强毒性。

【注意事项】个别病例服药后因蛔虫游走而造成吐虫，同时服用噻嘧啶或改用复方甲苯咪唑可避免。具胚胎毒性，孕畜禁用。休药期为14天。

丙硫咪唑（阿苯达唑，抗蠕敏）

【性状】白色或浅黄色粉末，无臭，无味。不溶于水，易溶于冰醋酸中。

【适应证】广谱、高效、低毒驱蠕虫药，对多种动物的各种线虫和绦虫均有良好效果，对绦虫卵和吸虫亦有较好效果，对棘头虫亦有效。

【制剂、用法与用量】粉剂或片剂，25毫克/片、50毫克/片、100毫克/片，内服或混饲，羊8~10毫克/千克体重（驱线虫、绦虫）或10~20毫克/千克体重（驱吸虫）。治疗羊脑脊髓丝虫病，5毫克/千克体重内服，每天1次，连用2~3天；或10~20毫克/千克体重内服，隔3天再用1次。

【配伍与禁忌】吡喹酮与本品联用，可增加本品在血浆中的浓度。高脂饲料可提高本品的吸收率。与左咪唑配伍，用于驱除寄生蠕虫。

【注意事项】该药对姜片形吸虫和细颈囊尾蚴无效。有胚胎毒和致畸作用，孕畜禁用。

芬苯哒唑（苯硫苯咪唑）

【性状】白色或类白色粉末，无臭，无味。在水中不溶，在冰醋酸中溶解。

【适应证】广谱、高效、低毒驱蠕虫药，对各种动物的各种胃肠道线虫、网尾线虫、冠尾线虫的成虫和幼虫均具有很高的驱除效果，并具有杀灭虫卵作用。驱除莫尼茨绦虫、片形吸虫、矛形双腔吸虫和前后盘吸虫等亦有较好效果。

【制剂、用法与用量】片剂，100 毫克/片，内服，5 毫克/千克体重，羔羊 5~10 毫克/千克体重，连用 3 天。

【配伍与禁忌】配伍参见阿苯达唑。与辛硫磷联用可增强毒性。

【注意事项】常规剂量下，芬苯达唑一般不会产生不良反应。但由于死亡的寄生虫释放抗原，可继发产生变态反应（特别是在高剂量时）。长期连续使用，能使蠕虫产生耐药性。

敌百虫

【性状】白色结晶性粉末，有潮解性、挥发性与腐蚀性，水溶液呈酸性反应。粗制品呈糊状，供外用。

【适应证】具有接触毒、胃毒和吸入毒作用。广谱驱虫杀虫药，不仅广泛用于驱除家畜消化道线虫，对姜片吸虫、血吸虫等亦有一定效果。外用为杀虫药，可用于杀灭蝇蛆、螨、蜱、虱、蚤等。

【制剂、用法与用量】片剂，0.3 克/片、0.5 克/片，驱虫常配成 2%~3%水溶液灌服，剂量为 0.04~0.08 克/千克体重。治疗羊鼻蝇蛆病，按绵羊 0.1 克/千克体重，颈部皮下注射。外用，1%~2%水溶液，局部涂擦或喷洒，可防治蜱、螨、虱等。杀灭蚊、蝇、蠓等外寄生虫，可用 0.1%~0.5%溶液喷洒环境。

【配伍与禁忌】忌与碱性药物、禁与胆碱酯酶抑制药配伍应用，否则毒性大为增强。若发生中毒，可用阿托品解毒。

【注意事项】用本药大规模驱虫前先做安全试验。在水溶液中易水解失效，应现用现配。

哈罗松（海罗松、哈洛克酮）

【性状】白色结晶性粉末，无臭，无味。不溶于水。

【适应证】为毒性很小的有机磷驱虫药。驱除胃内、小肠内和肝内线虫均有良好效果，对大肠内线虫作用较弱，对钩虫和毛首线虫效果不稳定。

【制剂、用法与用量】片剂，内服，羊 35~50 毫克/千克体重。

【配伍与禁忌】【注意事项】参考敌百虫。宰前 7 天应停药。

2. 驱绦虫药

吡喹酮

【性状】白色或类白色结晶性粉末，味苦，微溶于水。应密封保存。

【适应证】广谱、高效、低毒驱蠕虫药。对各种动物的大多数绦虫成虫和未成熟虫体均具有良好的驱杀效果；对各种血吸虫病、矛形双腔吸虫病等也有较好的疗效。

【制剂、用法与用量】粉剂或片剂，每片 0.5 克，内服，驱绦虫，10~20 毫克/千克体重，治疗细颈囊尾蚴病按 75 毫克/千克体重，连用 3 天，治疗血吸虫病，60 毫克/千克体重内服。

【配伍与禁忌】本品与阿苯达唑合用时，可降低吡喹酮的血药浓度。

【注意事项】肝功能严重损害者应减量。个别有过敏反应。毒性很小。在治疗囊虫病时，应注意因囊体破裂所引起的中毒反应。休药期为28天。

氯硝柳胺（灭绦灵）

【性状】淡黄色结晶性粉末，无臭，无味。不溶于水。

【适应证】广谱高效驱虫药，对多种动物的多种绦虫均有良好的驱除效果。对吸虫亦有效，但对犬细粒棘球绦虫和多头绦虫作用较差。

【制剂、用法与用量】氯硝柳胺片，0.5克/片，内服或混饲，亦可配成混悬剂使用，内服，75~100毫克/千克体重。

【注意事项】动物在给药前要禁食一夜。

硫双二氯酚（别丁）

【性状】白色或灰白色结晶性粉末，略有酚味。难溶于水。

【适应证】对畜禽的多种绦虫和吸虫（包括胆道吸虫）均有很好的驱除效果，是一种广泛应用的驱虫药。

【制剂、用法与用量】粉剂或片剂，每片0.25克，内服，80~100毫克/千克体重。

【配伍与禁忌】与哌嗪联用有协同作用。禁止与乙醇或增加溶解度的溶媒、稀碱液联用。吐酒石、吐根碱、六氯乙烷、四氯化碳、盐酸依米丁可使毒性增强。

【注意事项】治疗量可致部分动物暂时性腹泻，但多在2日内自愈。

3. 驱吸虫药

硝氯酚（拜耳9015）

【性状】黄色结晶性粉末。不溶于水，易溶于氢氧化钠碱液、丙酮和冰醋酸中。

【适应证】高效、低毒驱肝片吸虫药，对肝片吸虫成虫有良好的驱除效果，但对未成熟虫体效果较差。对前后盘吸虫移行期幼虫有较好效果。

【制剂、用法与用量】片剂，0.1克/片，内服，4~5毫克/千克体重；注射液，每支0.1克/10毫升，肌内注射，0.75~1.0毫克/千克体重。

【配伍与禁忌】忌用钙制剂。

【注意事项】超量用药引起中毒，可用安钠咖、毒毛旋花子苷K、维生素C等治疗。

三氯苯唑（肝蛭净）

【性状】白色或类白色粉末。不溶于水，可溶于甲醇。

【适应证】新型高效抗片形吸虫药物，对各种日龄的肝片形吸虫均有明显杀灭效果，对大片形吸虫、前后盘吸虫亦有良效。

【制剂、用法与用量】片剂，0.1 克/片，内服，10 毫克/千克体重。

【配伍与禁忌】与伊维菌素配伍，驱除体内外寄生虫。与左旋咪唑配伍，防治蠕虫病。与甲噻嘧啶联用安全有效。

【注意事项】羊宰前 28 天应停药。

硝硫氰胺

【性状】黄色结晶性粉末，无臭，无味。极难溶于水，而脂溶性很高。

【适应证】新型抗血吸虫病药，对日本血吸虫等多种血吸虫均有较强的杀灭作用；对姜片吸虫亦有良好驱除效果；对丝虫、钩虫、蛔虫也有一定的驱除作用。

【制剂、用法与用量】片剂，25 毫克/片，内服，60 毫克/千克体重。

【注意事项】肝功能不全者和妊娠、哺乳母畜禁用。

4. 抗原虫药

三氮脒（贝尼尔）

【性状】黄色或橙色结晶性粉末，无臭，微苦。易溶于水，遇光、热变成橙红色。

【适应证】对家畜的梨形虫和锥虫均有治疗作用，还有一定的预防作用。

【制剂、用法与用量】注射用三氮脒，1 克/支，3~5 毫克/千克体重，配成 5%水溶液分点深部肌内注射，根据病情，间隔 1 天，连用 2~3 次。

【注意事项】肌内注射局部有刺激性，引起肿胀或疙瘩。如反应严重，可肌内注射阿托品。

硫酸喹啉脲（阿卡普林）

【性状】淡黄绿色或黄色粉末。易溶于水，水溶液呈酸性反应，应遮光密闭保存。

【适应证】对羊梨形虫有效。

【制剂、用法与用量】注射液，皮下注射，2 毫克/千克体重，必要时，间隔 1~2 天再用药 1 次。

【注意事项】本品的治疗量与中毒量间的范围很小。为减轻或防止副作用，可同时或在用药前注射阿托品。

三、中毒解救药物

中毒解救药是指临床上用于解救中毒的药物。

（一）中毒解救药科学合理使用的基本要求

1. 解毒的基本原则　中毒羊的治疗，特别是大群中毒，必须及早发现，尽快处理。

2. 排除毒物　根据毒物吸收的途径进行排除。从胃肠道排除毒物的方式有洗胃催吐，泻下，灌肠。如阻止毒物进一步吸收可使用吸附药（如炭末）、黏浆药（如淀粉）及蛋白等物质；也可使用化学解毒剂，如氧化剂、中和剂配合洗胃、灌肠或灌服（在煤油、腐蚀性物质、巴比妥类中毒或动物在抽搐时禁止催吐）。环境污染（如含氨化肥）或施用于体表的杀虫剂往往从皮肤、黏膜吸收毒物，此时应以清水充分冲洗、抹净。对上述或其他途径进入家畜体内并已吸收的毒物，可使用利尿药或放血加速毒物排泄。

3. 合理用药治疗 发生中毒后，可使用药物对症治疗来维持中毒家畜生命功能的正常运转，直至通过上述排毒措施或机体本身的解毒机制使毒物消除，常用于对症治疗的药物包括调节中枢神经系统的兴奋药、镇静药、强心药、利尿药、抗休克药、解痉药，制酵药和补液等。

根据发病原因、症状和毒物的检出等确实的诊断，进行对因治疗。这种对因治疗往往借助药理性的拮抗作用解毒，也就是使用特效解毒剂（对相应类别毒物具有解毒性能的药物）。如有机磷酸酯类中毒可以选用阿托品（轻度中毒时）和解磷定、氯磷定、双复磷等（中度和重度中毒时合用 ch-E 复活剂）；重金属及类金属中毒可选用金属络合剂；亚硝酸盐中毒可选用亚甲蓝和维生素 C 等；氰化物中毒可选用高铁血红蛋白形成剂（亚硝酸钠、大剂量亚甲蓝）和供硫剂（硫代硫酸钠）；有机氟中毒可用乙酰胺等。

（二）常用的中毒解救药

1. 有机磷酸酯类中毒的解毒药

硫酸阿托品

【性状】无色结晶或白色结晶性粉末，无臭。在乙醇和水中易溶，水溶液久置会变质，应遮光密闭保存。

【适应证】具有解除平滑肌痉挛、抑制腺体分泌等作用，可用于胃肠平滑肌痉挛。配合胆碱酯酶复活剂碘解磷定等使用可解除有机磷中毒、毛果芸香碱中毒等。

【制剂、用法与用量】注射液，每毫升 0.5 毫克、1 毫克或 5 毫克，5 毫升 25 毫克、50 毫克；片剂，0.3 毫克/片。肌内或皮下注射，一次量，10～30 毫克。

【配伍与禁忌】胆碱酯酶复活剂与阿托品有互补作用。与氨茶碱联用可改善炎性肾小球血流量和滤过率。与解磷定配伍解毒效果强。

【注意事项】用于治疗消化道疾病时，胃肠蠕动一般都显著减弱，消化液分泌也急剧减少或停止，而括约肌全收缩，易发生肠臌胀、便秘等，尤其是当胃肠过度充盈或饲料强烈发酵时，可能造成全胃肠过度扩张，甚至胃肠破裂。

中毒时愈早用药，效果愈好；急性有机磷农药中毒时用适量硫酸阿托品解救即可，防止过量引起阿托品中毒。中毒时解救，可注射拟胆碱药对抗其周围神经系统作用，注射水合氯醛、安定、短效巴比妥类药物，以对抗中枢神经症状。

碘磷定（解磷定）

【性状】黄色颗粒状结晶或晶粉，无臭，味苦，遇光易变质。在水或热乙醇中溶解，水溶液稳定性不如氯解磷定。

【适应证】为胆碱酯酶复活剂，用于有机磷中毒解救。

【制剂、用法与用量】注射液，0.5 克/2 毫升、2.5 克/10 毫升，静脉注射，一次量，15~30 毫克/千克体重。

【配伍与禁忌】由于碘磷定不能通过血脑屏障，对中枢神经症状几乎无效，故与阿托品联合应用效果更好；忌与碱配伍。

【注意事项】中毒早期疗效较好，作用维持时间短，必要时 2 小时后重复给药。治疗慢性中毒无效。

2. 重金属及类金属中毒解毒药

二巯基丙醇

【性状】无色易流动的澄明液体，极易溶于乙醇，在水中溶解。

【适应证】主要用于解救砷、汞、锑的中毒，也用于解救铋、锌、铜等中毒。

【制剂、用法与用量】注射液，0.1 克/毫升、0.5 克/毫升、1 克/10 毫升，肌内注射，一次量，3.0 毫克/千克体重。用于砷中毒，第 1~2 天每 4 小时 1 次，第 3 天每 8 小时 1 次，以后 10 天内，每天 2 次，直至痊愈。

【配伍与禁忌】能与碱化尿液的药物合用，应避免同时应用硒和铁盐（间隔 24 小时）。

【注意事项】禁用于硒、铁等金属中毒。局部用药具有刺激性，可引起疼痛、肿胀。

依地酸钙钠（乙二胺四乙酸钙钠）

【性状】白色或乳白色结晶或颗粒粉末，无臭无味，空气中易潮解。易溶于水，不溶于醇、醚等溶剂中。

【适应证】主要用于治疗铅中毒，对无机铅中毒有特效。也用于镉、锰、钴、铬和铜中毒的治疗。

【制剂、用法与用量】注射液，1 克/5 毫升、0.2 克/2 毫升，静脉注射，一次量，1~2 克，2 次/天，连用 4 天。用时使用生理盐水稀释成 0.25%~5%的溶液。

【注意事项】对铅脑病的疗效不高，与二巯基丙醇合用可提高疗效和减轻神经症状。如静脉注射过快、血药浓度超过 0.5%时，可引起血栓性静脉炎。

青霉胺

【性状】白色或类白色结晶性粉末。有臭味，性质稳定，极易溶于水（1∶1）。

【适应证】为青霉素的代谢产物，又名二甲基半胱氨酸，系含有巯基的氨基酸，对铜、汞、铅等重金属离子有较强的络合作用。常用于慢性铜、铅、汞中毒的治疗。

【制剂、用法与用量】青霉胺片，0.1 克/片，内服，一次量，5~10 毫克/千克体重，每天 4 次，5~7 天为 1 个疗程；停药后 2 天可继续用下一疗程，一般用 3 个疗程。

【注意事项】可影响胚胎发育。

3. 亚硝酸盐中毒的解毒药

亚甲蓝（美蓝）

【性状】深绿色、有铜样光的柱状结晶或结晶性粉末，无臭。在水或乙醇中易溶。

【适应证】本品既有氧化作用，又有还原作用，其作用与剂量关系密切。静脉注射小剂量解除亚硝酸盐中毒引起的高铁血红蛋白症。大剂量亚甲蓝可用于解氰化物中毒。

【制剂、用法与用量】注射液，20 毫克/2 毫升、50 毫克/5 毫升、100 毫克/10毫升，静脉注射，一次量，解救高铁血红蛋白血症 1~2 毫克/千克体重，解救氰化物中毒 10 毫克（最大剂量 20 毫克）/千克体重。应与硫代硫酸钠交替使用。

【配伍与禁忌】与苛性碱、重铬酸盐碘化物、升汞、还原剂等起化学变化，故不宜与之配伍。

【注意事项】该药不可作皮下、肌内、鞘内注射，会引起坏死和瘫痪。

4. 氰化物中毒解救药

亚硝酸钠

【性状】无色或白色、微黄色晶粉，无臭，味微咸。易溶于水。

【适应证】用于解救氰化物中毒，作用较慢，但维持时间较长，是氰化物中毒的有效解毒药。

【制剂、用法与用量】注射液，0.3 克/10 毫升，静脉注射，一次量，15~25 毫克/千克体重。

【配伍与禁忌】与硫代硫酸钠配伍解救氰化物中毒效果更好，但应单独注射，不能混用。

【注意事项】治疗氰化物中毒时，本品与硫代硫酸钠均可引起血压下降，应注意血压变化。如用量过大，可因高铁血红蛋白生成过多而导致亚硝酸盐中毒，必须严格控制用量。若家畜严重缺氧而致黏膜发绀时，可用亚甲蓝解救。

硫代硫酸钠（大苏打）

【性状】无色透明的结晶或晶粉，无臭，味咸。极易溶于水且显微碱性。

【适应证】作用较慢，常与亚硝酸钠或亚甲蓝配合，解救氰化物中毒。

【制剂、用法与用量】注射液，0.5克/10毫升、1克/20毫升；注射用粉剂，0.32克/支、0. 64克/支。静脉注射或肌内注射，一次量，1~3克。

【配伍与禁忌】与亚硝酸钠（应单独注射，不能混用）、亚甲蓝有协同作用，与甘草酸苷合用治疗湿疹效果好，与党参多糖合用减少对神经干细胞的损伤。

【注意事项】本品解毒作用产生缓慢，应先静脉注射作用产生迅速的亚硝酸钠（或亚甲蓝）后，立即缓慢注射本品，不能将两种药物混合后同时静脉注射。对内服中毒动物，还应使用本品的5%溶液洗胃，并于洗胃后保留适量溶液于胃中。

5. 有机氟中毒解救药

解氟灵（乙酰胺）

【性状】白色结晶性粉末，无臭，可溶于水。

【适应证】为氟乙酰胺（一种有机氟杀虫农药）、氟乙酸钠中毒的解毒剂，具有延长中毒潜伏期、减轻发病症状或制止发病的作用。

【制剂、用法与用量】注射液，2.5克/5毫升，静脉或肌内注射，一次量，50~100毫克/千克体重。

【配伍与禁忌】与解痉药、半胱氨酸合用效果较好；可配合应用普鲁卡因或利多卡因，以减轻疼痛。

【注意事项】该药用药宜早、用量要足。本品酸性强，肌内注射时有局部疼痛。剂量过大可引起血尿。

四、皮质激素类药物和解热镇痛药物

（一）皮质激素类药物

肾上腺皮质激素为肾上腺皮质分泌的一类激素的总称，它们的结构与胆固醇相似，故又称皮质类固醇激素。肾上腺皮质激素按其生理作用，主要分两类：一类是调节体内水和盐代谢的激素，即调节体内水和电解质平衡，称为盐皮质激素；另一类是与糖、脂肪及蛋白质代谢有关的激素，常称为糖皮质激素。糖皮质激素在超生理剂量时有抗炎、抗过敏、抗中毒及抗休克等药理作用，因而在临床中广泛应用。

氢化可的松

【性状】白色或无色结晶性粉末，无臭，初无味。

【适应证】治疗严重的中毒性感染或其他危险性病症。局部应用有较好疗效，故常用于乳腺炎、眼科炎症、皮肤过敏性炎症、关节炎。作用时间不足12小时。

【制剂、用法与用量】注射液，10毫克/2毫升、25毫克/5毫升；醋酸氢化可的松片，每片20毫克。静脉注射，一次量，0.02~0.08克。

【配伍与禁忌】禁与苯巴比妥、苯妥英钠、利福平、水杨酸钠合用；与噻嗪类药和两性霉素 B 合用应注意补钾。

【注意事项】急性危重病例应选用注射剂做静脉注射，一般慢性病例可以口服或用混悬液肌内注射或局部关节腔内注射等。对于后者应用，应注意防止引起感染和机械的损伤；泌乳动物、幼年生长期的动物应用皮质激素，应适当补给钙制剂、维生素 D 及高蛋白饲料，以减轻或消除因骨质疏松、蛋白质异化等副作用引起的疾病；缺乏有效抗菌药物治疗的感染、骨软化症和骨质疏松症、骨折治疗期、妊娠期（因可引起早产或畸胎）、结核菌素或鼻疽菌素诊断和疫苗接种期可以使用。

地塞米松

【性状】磷酸钠盐为白色或微黄色粉末，无臭，味微苦。有引湿性。

【适应证】其药理作用比氢化可的松强 25 倍，抗炎作用强 30 倍，而副作用较弱。给药后，作用在数分钟内出现，维持 48~72 小时。可增加钙从粪中排出，故可引起负钙平衡。应用同其他糖皮质激素。

【制剂、用法与用量】地塞米松磷酸钠注射液，每支 1 毫升 1 毫克、2 毫克、4 毫克、5 毫克，肌内或静脉注射，一次量，4~12 毫克。

【配伍与禁忌】【注意事项】参见氢化可的松。

泼尼松（强的松）

【性状】白色或几乎白色的结晶性粉末，无臭，味苦。不溶于水。

【适应证】进入体内后代谢转化为氢化泼尼松而起作用。

【制剂、用法与用量】醋酸泼尼松片，5 毫克/片，内服，一日量，首次量 20~40 毫克，维持量 5~10 毫克；1%醋酸泼尼松软膏和酸泼尼松眼膏，每支 2 克 10 毫克、10 克 50 毫克，皮肤涂擦或点眼，适量。

【配伍与禁忌】【注意事项】参见氢化可的松。

泼尼松龙

【性状】人工合成品。几乎不溶于水，微溶于乙醇或氯仿。

【适应证】作用与泼尼松基本相似，特点是可静脉注射、肌内注射、乳管内注入和关节腔内注入等。给药后作用时间为 12~36 小时。内服功效不如泼尼松确切。

【制剂、用法与用量】醋酸氢化泼尼松注射液，每支 5 毫升 125 毫克；氢化泼尼松注射液，每支 2 毫升 10 毫克；片剂，每片 5 毫克。静脉注射或滴注、肌内注射，一次量，10~20 毫克。严重病例可酌情增加剂量。

【配伍与禁忌】【注意事项】参见氢化可的松。

（二）解热镇痛抗炎药

解热镇痛抗炎药是一类具有镇痛、解热和抗炎作用的药物。这类药物能抑制体内环加氧酶，从而抑制花生四烯酸转变成前列腺素（PG），减少 PG 的生物合成，因而有广泛的药理作用。本类药物能选择性地降低发热动物的体温，而对正常体温无明显影响；对轻、中度钝痛，如头痛、关节痛、肌肉痛、神经痛及局部炎症所致的疼痛有效，常用于慢性疼痛（对创伤性剧痛与平滑肌绞痛无效），通常不产生依赖性和耐受性。可以抑制 PG 的生物合成，控制炎症的继续发展，减轻局部炎症的症状。

阿司匹林（乙酰水杨酸）

【性状】白色结晶或结晶性粉末，无臭或微带醋酸臭。难溶于水，易溶于醇。

【适应证】具有较强的解热、镇痛、抗炎、抗风湿作用，用于小动物的解热镇痛药。用较大剂量时，还有促尿酸排泄作用，可用于痛风症和治疗感冒、神经痛和风湿病。

【制剂、用法与用量】片剂（每片 0.5 克）或复方阿司匹林片（含阿司匹林 0.2268 克），内服，一次量，1~3 克。

【配伍与禁忌】可与碳酸氢钠同用，以减轻对胃肠道的刺激。与氯丙嗪合用增效。与庆大霉素合用可以降低对神经的损害。不能与糖皮质激素、速尿及噻嗪类利尿药、消炎痛、红霉素、保泰松、异烟肼、肾上腺素配伍。

【注意事项】可抑制抗体产生及抗原抗体反应，使用疫苗、畜禽检疫时禁止使用；对消化道有刺激性，较大量可致食欲不振、恶心、呕吐乃至消化道出血；长期使用易引发胃肠道溃疡、出血、肾炎等。有出血倾向时忌用。

氨基比林

【性状】白色晶状粉末，无臭，味微苦，易溶于水，水溶液显碱性反应。

【适应证】有明显的解热、镇痛与抗炎作用。广泛用于发热性疾病、关节痛、肌肉痛、神经痛和风湿病等。其消炎、抗风湿作用不亚于水杨酸钠，可用于治疗急性风湿性关节炎。

【制剂、用法与用量】片剂，每片 0.3 克、0.5 克，内服，一次量，2~5 克；复方氨基比林注射液（每支 10 毫升、20 毫升）和安痛定注射液（每支 2 毫升、5 毫升和 10 毫升），肌内或皮下注射，一次量，50~200 毫克。

【配伍与禁忌】与巴比妥配成复方制剂能增强其镇痛效果，与青霉素联用有协同作用。禁与大青叶注射液联用。

【注意事项】长期连续用药，可引起颗粒白细胞减少症。

吲哚美辛（消炎痛）

【性状】白色晶粉，几乎无臭，无味。不溶于水，溶于乙醇、氯仿。

【适应证】有显著的抗炎和镇痛作用，其消炎作用强于氢化可的松；其解热作用与阿司匹林相近或略高，临床上主要用于各种动物急性风湿性关节炎、神经痛、腱鞘炎和肌肉损伤。

【制剂、用法与用量】消炎痛片，每片25毫克，内服，一次量，2毫克/千克体重。

【配伍与禁忌】与抗生素合用，治疗乳腺炎、支气管炎、肺炎效果好。可与氨基糖苷类、锌盐、抗组胺药、碱式碳酸铋、复方氨基酸、生石膏、硫酸镁等配伍。与皮质激素合用呈现相加作用，疗效增强。禁与阿司匹林、丙磺舒、氟喹诺酮类、速尿、氨茶碱、碳酸氢钠、扑热息痛及含有乙醇的药物配伍。

【注意事项】长期使用有消化道症状，如恶心、呕吐、腹痛、下痢，甚至消化道溃疡；有时可造成肝功能损害。

安乃近

【性状】白色（注射用）或略带微黄色（口服用）结晶或结晶性粉末，无臭，味微苦，易溶于水。

【适应证】解热、镇痛，用于肌肉痛、风湿痛、发热性疾病及疝痛；具有显著的解热作用、较强镇痛作用和一定的消炎、抗风湿作用，作用迅速。

【制剂、用法与用量】片剂，0.25克/片、0.5克/片，内服，2~5克/次；注射液，1.5克/5毫升、3克/10毫升、6克/20毫升，肌内注射，1~2克/次。

【配伍与禁忌】可与清开灵、庆大霉素、氨苄西林钠、青霉素、链霉素、地塞米松配伍；禁与氯丙嗪、巴比妥类及保泰松、维生素B_1等配伍。

【注意事项】长期应用可引起粒细胞减少；本品可抑制凝血酶原的合成，加重出血倾向。不宜在穴位和关节部位注射，否则易引起肌肉萎缩和关节功能障碍。

对乙酰氨基酚（扑热息痛）

【性状】白色有闪光的鳞片状结晶或白色晶粉，无臭，味微苦。不溶于水，难溶于热水。

【适应证】扑热息痛具有良好的解热作用，镇痛作用次之，无消炎、抗风湿作用，作用出现快，且缓和、持久，副作用小。常用作中、小动物的解热镇痛药。

【制剂、用法与用量】片剂和注射液，内服，一次量，1~4克；肌内注射，一次量，0.5~2克。

【注意事项】剂量过大或长期使用，可致高铁血红蛋白症，引起组织缺氧。禁用于猫。

五、作用于各系统的药物

（一）作用于消化系统的药物

消化系统的疾病较为常见，可以选择作用于消化系统的药物来解除胃肠功能障碍，恢复胃肠功能。作用于消化系统的药物主要有健胃药、助消化药、泻药和止泻药。

1. 健胃药

龙胆

【性状】淡黄棕色粉末，味甚苦。

【适应证】因味苦，故口服后主要发挥苦味健胃作用。用于治疗消化不良、食欲不振、前胃迟缓、瘤胃积食等疾病。

【制剂、用法与用量】龙胆末，内服，一次量，5~10 克。龙胆酊（由 100 克龙胆、40%乙醇 100 毫升浸制而成），一次量，5~15 毫升。复方龙胆酊，一次量，2~20 毫升。

【配伍与禁忌】与碳酸氢钠配伍有协同作用。不能同服甘草等甜味中药。

【注意事项】治疗动物胃肠黏膜表层炎症时，应在使用缓泻剂和防腐剂清理胃肠的基础上内服龙胆酊。

马钱子

【性状】为马钱科植物马钱的成熟种子，味苦，有毒。

【适应证】因味苦，故口服后主要发挥苦味健胃作用。本品的吸收作用，主要对脊髓具有选择性兴奋作用，作为健胃药，用于治疗消化不良、食欲不振、前胃弛缓、瘤胃积食等疾病。

【制剂、用法与用量】马钱子流浸膏（1 000 克马钱子，乙醇适量）和马钱子酊，内服，一次量，0.1~0.25 毫升。

【注意事项】安全范围小，应严格控制剂量，连续用药不能超过 1 周。中毒时，可用巴比妥类药物或水合氯醛解救，并保持环境安静，避免各种刺激。

人工盐

【性状】白色粉末，易溶于水，水溶液呈弱碱性（pH 值 8~8.5）。

【适应证】内服少量，可增加胃肠液分泌，蠕动，促进物质消化吸收。有微弱中和胃酸作用；内服大量，并大量饮水，有缓泻作用。常配合制酵药用于便秘初期。

【制剂、用法与用量】人工盐，500 克/袋，健胃，一次内服量，10~30 克。缓泻：一次内服量，50~100 克。

【配伍与禁忌】禁与酸性物质或酸类健胃药、胃蛋白酶等药物配合应用。

2. 助消化药

稀盐酸

【性状】无色澄明液体，无臭，呈强酸性反应。应置玻璃塞瓶内，密封保存。

【适应证】服后使胃内酸度增加，胃蛋白酶活性增强。可消除胃部不适、腹胀、嗳气等症状。主要用于因胃酸减少造成的消化不良。

【制剂、用法与用量】稀盐酸，含盐酸 0.5%~10%，内服，一次量，2~5 毫升，用前须加水稀释成0.2%溶液。

【配伍与禁忌】忌与碱类、有机酸盐类等配伍。

【注意事项】用量不宜过大。

胃蛋白酶（胃蛋白酵素、胃液素）

【性状】白色或淡黄色粉末（来自牛、猪、羊等胃黏膜而制成的一种含有蛋白分解酶的物质）。

【适应证】内服可使蛋白质初步水解成蛋白胨，有助消化。常与稀盐酸同服用于胃蛋白酶缺乏症。

【制剂、用法与用量】胃蛋白酶，每千克中含蛋白酶活力不得少于3 800单位，内服，一次量，800~1 600单位。

【配伍与禁忌】与稀盐酸同用，效果好；禁与碱性药物、鞣酸、金属盐等配伍。

【注意事项】宜饲前服用；在0.2%~0.4%（pH值1.6~1.8）盐酸的环境中作用最强。

乳酶生（表飞鸣）

【性状】白色粉末，无味无臭，难溶于水（为乳酸杆菌的干燥制剂）。

【适应证】为活性乳酸杆菌制剂，能分解糖类生成的乳酸，使肠内酸度提高，抑制肠内病原菌繁殖。主要用于胃肠异常发酵和腹泻、肠臌气等。

【制剂、用法与用量】乳酶生片，0.5克、1克（乳酸杆菌不少于1 000万个/克），内服，一次量，2~4克。

【配伍与禁忌】应用时不宜与抗菌药物、吸附药、收敛药、酊剂配伍，以免失效。

【注意事项】应闭光密封在凉暗处保存，有效期为2年，受热效力降低。

干酵母

【性状】淡黄白色或淡黄棕色颗粒或粉末，有酵母的特臭，味微苦。

【适应证】干酵母含的多种B族维生素等生物活性物质是机体内某些酶系统的重要组成部分，能参与糖、蛋白质、脂肪的生物转化和转运。用于食欲不振、消化不良和维生素B缺乏的辅助治疗。

【制剂、用法与用量】酵母粉和酵母片，内服，一次量，5~10克。

【配伍与禁忌】可拮抗磺胺类药物的抗菌作用，不宜并用。

【注意事项】用量过大，可导致腹泻。

3. 泻药

硫酸钠（芒硝）

【性状】无色透明的柱形结晶，味咸苦，易溶于水。

【适应证】主要用于排除肠内毒物及某些驱肠虫药服后连虫带药一起排出。

可用于阻塞性黄疸、慢性肿囊。

【制剂、用法与用量】硫酸钠粉。健胃，内服，一次量，3~10 克。导泻，内服，一次量，40~100 克。

【配伍与禁忌】常与大黄配合应用。硫酸钠禁同钙剂合用。

【注意事项】浓度不可过高；超过 8%刺激肠黏膜过度，注意补液；不适用于小肠便秘，继发胃扩张。一般空腹应用，并大量饮水，1~3 小时即发生下泻作用，排出液体性粪便。

硫酸镁

【性状】无色结晶，味咸苦，易溶于水。

【适应证】同硫酸钠。

【制剂、用法与用量】硫酸镁粉，99.5%。导泻，内服，一次量，50~100 克。

【配伍与禁忌】【注意事项】参见硫酸钠。

液体石蜡

【性状】无色透明油状液体，无臭，无味，不溶于水或醇。

【适应证】作用温和，无刺激性。用于小肠阻塞、便秘、瘤胃积食等。患胃肠炎病畜、孕畜亦可应用。成本高，一般只用于小肠便秘，孕畜和肠炎患畜的便秘。

【制剂、用法与用量】液体石蜡油，内服，一次量，100~300 毫升。

【注意事项】中毒时要排出毒物，要用盐类泻药，不要用油类泻药。不宜长期反复应用，有碍维生素 A、维生素 D、维生素 E、维生素 K 和钙、磷的吸收，降低物质消化及减弱胃肠蠕动。

蓖麻油

【性状】无色或淡黄色黏稠液体，微臭，不溶于水。

【适应证】蓖麻油下泻作用点是小肠，主要用于幼畜及小动物小肠便秘。

【制剂、用法与用量】蓖麻油，内服，一次量，20~60 毫升。

【注意事项】不宜作排除毒物及驱虫药；本品不得作为泻剂用于孕畜、肠炎病畜；不能长期反复应用，以免妨碍消化功能。

4. 止泻药

鞣酸

【性状】淡黄色结晶性粉末，味涩，溶于水。

【适应证】为收敛药。内服后鞣酸与胃黏膜蛋白结合生成鞣酸蛋白薄膜，被覆于黏膜表面起保护作用，免受各种因素刺激，使局部达到消炎、止血、镇痛及制止分泌的作用。形成的鞣酸蛋白到小肠后再被分解，释出鞣酸，呈现止泻作用，故内服作收敛止泻药。

【制剂、用法与用量】粉剂，500 克/瓶。内服，一次量，2~5 克；外用于湿疹、褥疮等。

【注意事项】鞣酸对肝有损害作用，不宜久用。鞣酸能与士的宁、奎宁、洋地黄等生物碱和重金属铅、银、铜、锌等发生沉淀，当因上述物质中毒时，可用鞣酸溶液洗胃或灌服解毒，但需及时用盐类泻药排除。

鞣酸蛋白

【性状】为淡黄色粉末，无味无臭，不溶于水及酸。

【适应证】内服无刺激性，其蛋白成分在肠内消化后释出的鞣酸起收敛止泻作用。用于急性肠炎与非细菌性腹泻。

【制剂、用法与用量】片剂，每片 0.3 克、0.5 克，内服，一次量，2~5 克。

【注意事项】遮光、密闭保存。

碱式硝酸铋

【性状】白色结晶性粉末，无臭无味，不溶于水及醇。

【适应证】用于肠炎和腹泻。

【制剂、用法与用量】碱式硝酸铋片，每片 0.3 克、0.5 克，内服，一次量，2~4 克。

【注意事项】次硝酸铋在肠内溶解后，可产生亚硝酸盐，量大时能引起吸收中毒。次硝酸铋在炎性组织中，能缓慢地解离出铋离子，其离子能同组织的蛋白和细菌蛋白质结合，产生收敛与抑菌作用；原菌引起的腹泻，应先用抗微生物药控制其感染后再用本品。

药用炭

【性状】黑褐色粉末，无臭无味，不溶于水。

【适应证】用于生物碱中毒及腹泻、胃肠臌气等。

【制剂、用法与用量】药用炭粉，内服。

【配伍与禁忌】不宜与多种治疗药物一同服用。

【注意事项】能吸附其他药物和影响消化。

5. 瘤胃兴奋药

氨甲酰甲胆碱

【性状】白色结晶或结晶性粉末，稍有氨味。极易溶于水，易溶于乙醇。

【适应证】主要兴奋 M 胆碱受体，呈现 M 样作用。主要用于胃肠弛缓等。

【制剂、用法与用量】注射液，皮下注射，一次量，0.02~0.1 毫克/千克体重。

【注意事项】禁用老龄、瘦弱、妊娠、心肺疾患的动物及顽固性便秘、肠梗阻患畜。不可肌内注射或静脉注射。发生中毒时可用阿托品解救。

浓氯化钠注射液

【性状】无色的澄明液体。

【适应证】用于反刍动物前胃弛缓、瘤胃积食。

【制剂、用法与用量】10%氯化钠注射液，静脉注射，一次量，1 毫升/千克体重。

【注意事项】心力衰竭和肾功能不全的患畜慎用。

6. 制酵药

鱼石脂

【性状】棕黑色浓厚的黏稠性液体，有特臭。易溶于乙醇，在热水中溶解，呈弱酸性反应。

【适应证】具轻度防腐、制酵、祛风作用，促进胃肠蠕动。常用于瘤胃臌胀，前胃弛缓，急性胃扩张。外用具有温和刺激作用，可消肿促使肉芽新生。

【制剂、用法与用量】10%鱼石脂溶液，内服，一次量，1~5 克。10%~30%软膏用于慢性皮炎、蜂窝织炎等。

【配伍与禁忌】禁与酸性药物混合使用。

【注意事项】内服前先用 2 倍量乙醇稀释，再用水稀释成 3%~5%的溶液灌服。

芳香氨醑

【性状】几乎无色的澄明液体，芳香味带氨臭，久置后变黄，并有刺激性。

【适应证】内服制酵，促进胃肠蠕动，有利于气体排出，刺激消化道黏膜，增加分泌，改善消化功能。

【制剂、用法与用量】醑剂，碳酸铵 30 克、浓氨溶液 60 毫升、柠檬油 5 毫升、90%乙醇 750 毫升，水加至 1 000 毫升，内服，一次量，4~12 毫升。

【配伍与禁忌】忌与酸性药物及生物碱合用。

【注意事项】置密封、闭光容器中，在阴凉处保存。

7. 消沫药

二甲硅油

【性状】无色透明油状液体，无臭或几乎无臭，无味。在水或乙醇中不溶。

【适应证】能消除胃肠道内的泡沫，使被泡沫储留的气体得以排出，缓解气胀。用于瘤胃泡沫性臌胀病。本品作用迅速，约在用药后 5 分钟起作用，15~30 分钟时作用最强。

【制剂、用法与用量】片剂，25 毫克/片，内服，一次量，1~2 克。

【配伍与禁忌】忌与酸性药物及生物碱合用。

【注意事项】临用时配成2%~3%乙醇溶液或2%~3%煤油溶液，最好采用胃管投药。灌服前后应灌少量温水，以减轻局部刺激。

（二）作用于呼吸系统的药物

咳、痰、喘为呼吸系统疾病或其他疾病在呼吸系统上的常见症状。镇咳药、祛痰药和平喘药是呼吸系统对症治疗的常用药物。呼吸系统等疾病的病因包括物理化学因素刺激、过敏反应，以及病毒、细菌（支原体、真菌）和蠕虫感染等。对动物来说，更多的是微生物引起的炎症性疾病，所以一般首先应该进行对因治疗。在对因治疗的同时，也应及时使用镇咳药、祛痰药和平喘药，以缓解症状，防止病情发展，促进病畜的康复。

1. 祛痰药

氯化铵

【性状】无色或白色结晶性粉末，味咸而凉，易溶于水，难溶于乙醇。

【适应证】常用于祛痰。适用于急、慢性支气管炎及痰多不易咳出的患畜。

【制剂、用法与用量】片剂，0.3 克/片，内服，一次量，祛痰，2~5 克。酸化剂，1~2 克。

【配伍与禁忌】忌与碱性药物（如碳酸氢钠）、重金属、磺胺类药物并用。氯化铵能增加尿的酸性，使磺胺析出结晶，引起泌尿道损害，如尿闭，血尿等。

【注意事项】服后有酸化体液和尿液作用，可用于纠正碱中毒。对肝肾功能异常的患畜，内服容易引起血氯过高性酸中毒和血氨增高，肝功能不好而至肝昏迷，应慎用或禁用。

乙酰半胱氨酸（痰易净、易咳净）

【性状】白色晶粉，性质不稳定。易溶于水及醇。

【适应证】作为呼吸系统和眼的黏液溶解药。

【制剂、用法与用量】片剂，0.5 克/片、1 克/片。喷雾，10%~20%溶液，一次量，2~5 毫升，每天 2~3 次，连用 2~3 天。

【配伍与禁忌】不宜与铁、铜、橡胶和氧化剂接触。不宜与青霉素、头孢菌素、四环素混合，以免降低抗生素活性。

【注意事项】有特殊臭味，可引起恶心、呕吐。对呼吸道有刺激性，可致支气管痉挛，加用异丙肾上腺素可以避免。滴入气管可产生大量分泌液，故应及时吸引排痰。

2. 平喘药

麻黄碱

【性状】白色微细结晶性粉末，无臭、味苦，遇光易变质，易溶于水。

【适应证】可用于减轻支气管哮喘，应配合祛痰药，治疗急、慢性支气管炎，以减弱支气管的痉挛及咳嗽。

【制剂、用法与用量】片剂，25 毫克/片，内服，0.02~0.05 克/次；注射液，30 毫克/毫升、50 毫克/毫升，皮下注射，20~50 毫克/次。

【配伍与禁忌】与苯海拉明并用、与镇咳药合用有协同作用。与青霉素联用抗菌作用增强。

【注意事项】麻黄碱短期内连续应用，易产生快速耐药性。哺乳期禁用。应置遮光容器内保存。

氨茶碱

【性状】白色或淡黄色粉末，味苦，有氨臭，易溶于水。

【适应证】用于治疗痉挛性支气管炎。临床上主要用于痉挛性支气管炎、支气管哮喘等。

【制剂、用法与用量】注射液，0.5 克/2 毫升、1.25 克/5 毫升，肌内注射或静脉注射，一次量，0.25~0.5 克。

【配伍与禁忌】注射液禁与维生素 C 及盐酸肾上腺素、盐酸四环素等酸性药物配伍，以免发生沉淀。

【注意事项】氨茶碱的局部刺激性较强，应作深部肌内注射。静脉注射时应用葡萄糖注射液稀释成 2.5%以下的浓度，缓慢注入。应避光密闭保存。

3. 镇咳药

喷托维林（咳必清）

【性状】白色结晶性或颗粒性粉末，味苦，无臭，易溶于水。

【适应证】抑制咳嗽中枢。与祛痰药合用治疗急性呼吸道炎症引起的剧烈咳嗽。

【制剂、用法与用量】片剂，内服，一次量，0.05~0.1 克。

【配伍与禁忌】与氯化铵合用效果好。

【注意事项】多痰性咳嗽不宜单独使用本品。心功能不全忌用。

可待因（甲基吗啡）

【性状】白色细微的针状结晶性粉末，味苦，无臭，易溶于水。

【适应证】抑制咳嗽中枢。有镇痛作用。用于无痰干咳及剧烈频繁咳嗽。

【制剂、用法与用量】片剂，每片 5 毫克、10 毫克；注射液，每支 15 毫克、30 毫克。内服或皮下注射，0.1~0.5 克。

【配伍与禁忌】可以与麻黄碱、氯苯那敏等制成复方制剂。禁与抗胆碱药物、吗啡类药物合用。

【注意事项】多用于中、小型动物。多痰患畜禁用。使用时间长可能有轻微的消化道反应。

（三）作用于泌尿系统的药物

利尿药是主要作用于肾脏，能增加电解质及水的排泄，增加尿量，从而减轻或消除水肿的药物。水肿常见于心、肝和肾脏疾病，其病理过程各有不同，但均表现为细胞间液的明显增加，而钠潴留则是细胞间液增加的主要原因。利尿药可促进钠离子从尿中排出，从而减轻和消除水肿。

1. 利尿药

呋塞米（呋喃苯胺酸，速尿）

【性状】白色或微黄色结晶性粉末，无臭，无味。不溶于水。

【适应证】主要用于治疗各种原因引起的水肿，也可用于加速毒物排泄。

【制剂、用法与用量】片剂，20毫克/片，内服，一次量，2毫克/千克体重；注射液，20毫克/2毫升，肌内注射或静脉注射，一次量，0.5~1毫克/千克体重。

【配伍与禁忌】可提高茶碱的药效。可增大氨基糖苷抗生素的耳毒性、肾毒性。本品与皮质激素类，促肾上腺皮质激素或两性霉素B合用，低钾血症发生率提高。

【注意事项】长期重复使用可导致低血氯症、低血钾性碱血症及低血钠症、低血容量等水和电解质紊乱症状。长期使用，应注意补钾。

氢氯噻嗪（双氢克尿塞）

【性状】白色结晶性粉末，无臭，味微苦。微溶于水。

【适应证】主要用于治疗各种原因引起的水肿。

【制剂、用法与用量】片剂，25毫克/片、50毫克/片，内服，一次量，2~3毫克/千克体重。

【配伍与禁忌】忌与洋地黄配合使用。

【注意事项】宜在室温密闭保存。若长期应用，应配用氯化钾，以防低血钾症和低血氯症的出现。

2. 脱水药

甘露醇

【性状】白色结晶性粉末，无臭，味甜。能溶于水。

【适应证】用于预防急性肾功能衰竭、降低眼内压和颅内压，加速某些毒素排泄，治疗脑炎、脑外伤、脑组织缺氧、食盐中毒等所致的脑水肿及肺水肿。

【制剂、用法与用量】注射液，20克/100毫升、50克/250毫升，静脉注射，一次量，150~250毫升，6~12小时用药一次。

【配伍与禁忌】可与两性霉素B、秋水仙碱、强心苷、利尿药物配伍。禁与无机盐类（如氯化钠、氯化钾等）配伍。

【注意事项】大剂量长期使用可以引起水和电解质平衡紊乱；药液外漏可能引起注射部位水肿、皮肤坏死；不能与高渗盐水混合使用；注射速度不宜过快；心功能不全禁用。

山梨醇

【性状】白色结晶性粉末，无臭，味甜。能溶于水。

【适应证】同甘露醇。

【制剂、用法与用量】注射液，25 克/100 毫升、62.5 克/250 毫升、125 克/500 毫升，静脉注射，一次量，150~250 毫升，每天 3~4 次。

【配伍与禁忌】【注意事项】同甘露醇，但局部刺激比甘露醇大。

（四）作用于生殖系统的药物

哺乳动物的生殖系统受神经和体液双重调节。机体内外的刺激，通过感受器产生的神经冲动传到下丘脑，引起促性腺激素释放激素分泌；释放激素经下丘脑的门静脉系统运至垂体前叶，导致促性腺激素释放；促性腺激素经血液循环到达性腺，调节性腺的功能。性腺分泌的激素称为性激素。体液调节存在着相互制约的反馈调节机制。当生殖激素分泌不足或者过多时，使机体的激素系统发生紊乱，引发产科疾病或者繁殖障碍，这时就需要使用药物进行治疗或者调节。对生殖系统用药，在于提高或者抑制繁殖力、调节繁殖进程、增强抗病能力等三个方面。

雌二醇

【性状】白色结晶性粉末，难溶于水，易溶于油。

【适应证】主要用于发情不明显的动物催情，以及胎衣、死胎排出。

【制剂、用法与用量】苯甲酸雌二醇注射液，1 毫克/毫升、2 毫克/毫升、5 毫克/毫升，肌内注射，一次量，1~3 毫克。

【配伍与禁忌】与孕激素联合可对抗单纯性雌激素引起的子宫内膜过度增生而导致的腺癌。巴比妥类、卡马西平甲丙安酯、保泰松、利福平可降低雌激素的活性。

【注意事项】雌二醇禁用于催肥。

缩宫素（催产素）

【性状】白色粉末或者结晶。能溶于水。

【适应证】主要用于产前子宫收缩无力母畜的引产。治疗产后出血、胎盘滞留和子宫复原不全，在分娩后 24 小时内使用。

【制剂、用法与用量】注射液，10 单位/毫升、50 单位/5 毫升。子宫收缩：静脉注射、肌内注射或皮下注射，一次量，10~50 单位。如果需要，可间隔 15 分钟重复使用。

【配伍与禁忌】麦角与缩宫素有协同作用，但不可混合使用；全身麻醉药和升压药可以减弱其作用。

【注意事项】剂量过大，引起子宫强直性收缩，造成胎儿窒息或子宫破裂。催产时，如胎位不正、产道狭窄、子宫颈口未开放时应禁用，无分娩预兆时，使用无效。

垂体后叶素

【性状】白色粉末，能溶于水。

【适应证】催产，产后子宫出血和胎衣不下等。

【制剂、用法与用量】注射液，10 单位/毫升、50 单位/5 毫升，静脉注射、肌内注射和皮下注射，一次量，10~50 单位。静脉注射时用5%葡萄糖稀释。

【注意事项】参见缩宫素（催产素）。

黄体生成素（促黄体激素）

【性状】白色或类白色的冻干块状物或粉末。易溶于水。

【适应证】主要用于促进排卵，治疗卵巢囊肿和黄体发育不全引起早期流产和死胎，也可用于改善雄性动物性欲和精子密度。

【制剂、用法与用量】注射液，25 毫克/支，静脉注射或者皮下注射，一次量，2.5 毫克。可在 1~4 周内重复使用。

【配伍与禁忌】使用本品，禁用抑制和阻止释放和排卵的抗肾上腺素、抗胆碱药、抗惊厥药。

【注意事项】应密封在冷暗处保存。

孕酮（黄体酮）

【性状】白色、微黄色结晶性粉末。不溶于水。

【适应证】主要用于习惯性流产、先兆性流产，母畜同期发情，羊卵巢囊肿引起的慕雄狂，抑制发情。

【制剂、用法与用量】黄体酮注射液，50 毫克/毫升、20 毫克/毫升，肌内注射，一次量，15~25 毫克，间隔 48 小时注射一次。

【配伍与禁忌】与雌激素共同作用，可促进乳腺发育。

【注意事项】孕畜长期使用，可使妊娠期延长。遇冷析出结晶，可置热水中溶解使用。应置遮光容器密封保存。

（五）作用于血液循环系统的药物

作用于血液循环系统的药物主要有止血药（能促进血液凝固，或影响血小管功能，降低毛细血管通透性而使出血停止的药物）、抗贫血药（能增加造血功能，补充营养物质，以治疗贫血的药物）和水盐代谢药物等。

1. 止血药

维生素 K_3

【性状】白色结晶性粉末，易溶于水。

【适应证】出血和各种原因引起的缺乏症。

【制剂、用法与用量】肌内注射或静脉注射，一次量，5~2.5 毫克/千克体重。

【配伍与禁忌】不能和巴比妥药物合用。

【注意事项】临产母畜不能大剂量使用。肝功能不良改用维生素 K_1。剂量较大容易导致仔猪溶血性贫血、高胆红血症和黄疸。

安特诺新（安络血）

【性状】橙红色粉末，易溶于水。

【适应证】主要用于因毛细血管损伤或通透性增加引起的出血，如鼻出血、紫癜、产后出血、术后出血、血尿等。

【制剂、用法与用量】注射液，每支 5 毫升 25 毫克、2 毫升 10 毫克。肌内注射，一次量，2~4 毫升，2~3 次/天。

【配伍与禁忌】注射液禁与脑垂体后叶素、青霉素 G、盐酸氯丙嗪混合；与抗组胺药合用要间隔 48 小时。

【注意事项】本品不影响凝血过程，对大出血、动脉出血疗效差。

氨甲环酸

【性状】白色或黄色结晶性粉末，可溶于水。

【适应证】对创伤性止血效果显著。手术前预防用药可减少手术渗血。

【制剂、用法与用量】注射液，每支 5 毫升（0. 25 克），静脉注射，一次量，0. 25~0. 75 克。

【配伍与禁忌】与青霉素有配伍禁忌。

【注意事项】与 5%葡萄糖溶液或生理盐水稀释 1~2 倍后缓缓注入。

酚磺乙胺（止血敏）

【性状】白色或黄色结晶性粉末，可溶于水。

【适应证】用于各种出血，如手术前后预防出血及止血，鼻出血，肾、肺、胃、肠等出血，子宫出血，紫癜等，也可与其他止血药合用。

【制剂、用法与用量】注射液，0. 25 克/2 毫升、1. 25 克/10 毫升，肌内注射或静脉注射，一次量，0. 25~0. 5 克。

【配伍与禁忌】与维生素 K_2 或氨甲苯酸配合使用效果更好。不能与氨基比林注射液、磺胺嘧啶钠、地塞米松、巴比妥类、氯丙嗪、碳酸氢钠配伍。

【注意事项】预防外科手术出血，应在术前 15~30 分钟用药。

2. 抗贫血药

硫酸亚铁

【性状】透明淡绿色柱状结晶或颗粒，无臭，味咸，易溶于水。

【适应证】主要用于缺铁性贫血的预防和治疗，特别是仔猪缺铁性贫血。

【制剂、用法与用量】片剂，0. 3 克/片，内服，一次量，0. 5~2 克。用时常制成 0. 5%~1%水溶液，于饲后饮用。

【配伍与禁忌】铁盐可与许多化学物质或药物发生反应，故不应与其他药物同时或混合内服给药，如硫酸亚铁与四环素同服可发生螯合作用，使两者吸收均减少。

【注意事项】使用过量铁剂，尤其注射给药，可引起动物中毒。禁用于消化道溃疡、肠炎等病畜。

维生素 B_{12}

【性状】深红色结晶或结晶性粉末，无臭、无味。略溶于水。

【适应证】主要用于治疗维生素 B_{12} 缺乏所致病症。如神经炎、再生障碍性贫血、巨幼红细胞贫血等。

【制剂、用法与用量】注射液，每毫升 0.1 克、0.25 克、0.5 克。肌内注射，一次量，0.3~0.4 毫克，每天或隔天 1 次。

【注意事项】应避光密闭保存。

右旋糖酐铁

【性状】深褐色。

【适应证】同硫酸亚铁。

【制剂、用法与用量】右旋糖酐铁注射液，肌内注射，一次量，250~500 毫克。

【配伍与禁忌】【注意事项】同硫酸亚铁。

3. 水盐代谢调节药

葡萄糖

【性状】无色结晶或白色结晶性或颗粒性粉末，无臭，味甜。

【适应证】等渗注射液用于补充营养和水分，高渗注射液用于提高渗透压和利尿脱水。

【制剂、用法与用量】葡萄糖注射液，每瓶 500 毫升，静脉注射，一次量，10~50 克。葡萄糖氯化钠注射液，每瓶 500 毫升，静脉注射，500~1 000 毫升/次。

【配伍与禁忌】与氯化钠配伍调节渗透压。

【注意事项】低血钾病猪羊慎用。肾病、心功能不全、血小板减少症和出血性疾病慎用。静脉注射高渗糖液速度应缓慢，以免骤增血容量，加重心脏负担。

碳酸氢钠

【性状】白色结晶性粉末，无臭，味咸，不溶于乙醇，可溶于水。

【适应证】用于严重酸中毒（酸血症），内服可治疗胃肠卡他，碱化尿液，防止磺胺类药物对肾脏的损害，以及提高庆大霉素等对泌尿道感染的疗效。

【制剂、用法与用量】碳酸氢钠注射液，静脉注射，40~120 毫升/次；碳酸氢钠片，内服，0.1~0.15 克/次。

【配伍与禁忌】可与磺胺类药物、大黄配伍。禁与糖皮质激素、排钾利尿药合用。

【注意事项】碳酸氢钠溶液呈弱碱性，对局部组织有刺激性，静脉注射时勿漏出血管外。有溃疡出血的患畜及碱中毒病畜禁用。

氯化钠

【性状】无色、透明立方体状结晶或结晶性粉末。

【适应证】主要用于防治各种原因所致的低血钠综合征。

【制剂、用法与用量】氯化钠注射液，静脉注射，250~500 毫升/次。

【配伍与禁忌】与葡萄糖配伍调节渗透压。

【注意事项】脑、肾、心脏功能不全及血浆蛋白过低时慎用，肺气肿病畜禁用。

（六）作用于神经系统的药物

1. 外周神经系统药物

新斯的明

【性状】为人工合成的抗胆碱酯酶药。常用其溴化物和甲基硫酸盐，白色结晶性粉末，无臭，味苦，水中易溶，不溶于乙醇，应密封避光保存。

【适应证】抗胆碱酯酶药，可产生完全拟胆碱效应。临床用于胃肠弛缓、子宫复旧不全、胎盘滞留、尿潴留；竞争型骨骼肌松弛药或阿托品过量中毒等。

【制剂、用法与用量】甲基硫酸新斯的明注射液，0.5 毫克/毫升、1 毫克/毫升、5 毫克/5 毫升、10 毫克/10 毫升，肌内或皮下注射，一次量，2~5 毫克。

【配伍与禁忌】与其他抗胆碱酶药、拟胆碱药呈相加或协同作用。禁与普鲁卡因、全身性麻醉药联用。

【注意事项】治疗剂量副作用较小，过量可引起出汗，心动过速、肌肉震颤或肌麻痹等。禁用于机械性肠或泌尿道梗阻病畜。中毒后可用阿托品解救。

硫酸阿托品

见本章的有机磷酸酯类中毒的解毒药部分。

盐酸肾上腺素

【性状】白色或类白色结晶性粉末，无臭，味苦，遇空气及光易氧化变质。注射液变色后不能使用。

【适应证】拟肾上腺素药。主要用于心跳骤停、过敏性休克抢救；缓解严重过敏性疾患症状；与麻醉药配伍，延长麻醉时间及局部止血等。

【制剂、用法与用量】注射液，0.5 克/0.5 毫升、1 毫克/毫升、5 毫克/5 毫升。皮下注射，一次量，0.2~1 毫升；静脉注射，一次量，0.2~0.6 毫升。

【配伍与禁忌】本品禁与洋地黄、氯化钙配伍。

【注意事项】因为肾上腺能增加心肌兴奋性，与洋地黄、氯化钙配伍可使心肌极度兴奋而转为抑制，甚至发生心跳停止。

盐酸普鲁卡因

【性状】白色晶体或结晶性粉末，无臭，味微苦，继而有麻痹感。易溶于水。

【适应证】主要用于动物的浸润麻醉、传导麻醉、椎管内麻醉。在损伤、炎症及溃疡组织周围注入低浓度溶液，作封闭疗法。

【制剂、用法与用量】注射液，0.15 克/5 毫升、0.3 克/10 毫升、1.25 克/50 毫升，浸润麻醉、封闭疗法，0.25%~0.5%。传导麻醉，2%~5%溶液 2~5 毫升。封闭疗法，用0.5%盐酸普鲁卡因溶液，注射在患部（炎症、创伤、溃疡）组织的周围。

【配伍与禁忌】本品不可与磺胺类药物配伍用，因普鲁卡因在体内分解出对氨基苯甲酸，对抗磺胺的抑菌作用。碱类、氧化剂易使本品分解，故不宜配合使用。

【注意事项】为了延长局部麻醉时间，可在药液中加入少量肾上腺素。本品对皮肤黏膜穿透力弱，不适用于表面麻醉。应避光密封保存。

硝酸毛果芸香碱

【性状】有光泽的无色晶体，极易溶于水，味微苦，遇光易变质。

【适应证】能加强所有受胆碱能神经支配的腺体的功能，对唾液腺、胃肠道消化液的分泌作用强而快，对子宫、肠管、支气管、胆囊和膀胱等平滑肌有明显的兴奋作用。无论点眼或注射，均能使虹膜括约肌收缩而使瞳孔缩小，降低眼内压。主要用于大动物的不全阻塞性肠便秘、前胃弛缓、瘤胃不全麻痹等。

【制剂、用法与用量】注射液，30 毫克/毫升、150 毫克/5 毫升。皮下注射，一次量，10~50 毫克。

【配伍与禁忌】禁与碱性药物、鞣质、碘及阳离子表面活性剂、黄芪联用。

【注意事项】禁用于老年、瘦弱、妊娠、患心肺疾病的畜禽；当便秘后期机体脱水时，在用药前应大量给水，以补充体液；忌用于完全阻塞的便秘，以防因肠管剧烈收缩导致肠破裂；用于肠便秘后期，为安全起见，最好酌情补液及在用药前先注射强心药，以缓解循环障碍；应用本品后，如出现呼吸困难或肺水肿时，应积极采取对症治疗，可注射氨茶碱扩张支气管，注射氯化钙以制止渗出。

2. 中枢神经系统药物

盐酸赛拉嗪（隆朋）

【性状】白色晶体，易溶于水，溶于有机溶剂。

【适应证】具有镇静、镇痛和中枢性肌肉松弛作用，主要用作牛、羊、犬、猫及鹿等野生动物的镇痛与镇静药，也用于复合麻醉及化学保定，以便于长途运输、去角、去势、剖腹术、穿鼻术、子宫复位等。

【制剂、用法与用量】盐酸赛拉嗪注射液，100 毫克/5 毫升、200 毫克/10 毫升。肌内注射，一次量，0.1~0.2 毫克/千克体重。

【注意事项】反刍动物对本品敏感，用药后表现唾液分泌增加，瘤胃弛缓、膨胀、腹泻、心搏缓慢、运动失调等。用本品前应停食数小时，注射阿托品，手术时应采取伏卧姿势，并将头放低，以防异物性肺炎及减轻瘤胃气胀压迫心肺。

赛拉唑（静松灵）

【性状】白色结晶性粉末，味略苦，不溶于水，可与稀盐酸制成溶于水的二甲苯胺噻唑盐酸盐注射液。

【适应证】作用基本同盐酸赛拉嗪，具有镇静、镇痛与中枢性肌肉松弛作用。用于家畜及野生动物的镇痛、镇静、化学保定和复合麻醉等。

【制剂、用法与用量】注射液，0.1 克/5 毫升、0.2 克/10 毫升。肌内注射，一次量，1~3 毫克/千克体重。

【配伍与禁忌】【注意事项】同盐酸赛拉嗪。

盐酸氯丙嗪（冬眠灵）

【性状】白色或乳白色结晶性粉末，微臭，味极苦，有麻感，易溶于水。

【适应证】可抑制中枢神经系统，产生镇静安定、镇吐、降温、增强其他中枢抑制药等作用。主要用于狂躁动物和野生动物的保定；破伤风、脑炎、中枢兴奋药中毒；麻醉前给药；高温季节运输动物；止吐和人工冬眠等。

【制剂、用法与用量】片剂，12.5 毫克/片、25 毫克/片、50 毫克/片；注射液，0.05 克/2 毫升、0.25 克/10 毫升。肌内注射，一次量，1~2 毫克/千克体重。

【配伍与禁忌】忌与碳酸氢钠、巴比妥类钠盐等碱性药物配伍。

【注意事项】粉末或水溶液遇空气、阳光和氧化剂逐渐变成黄色、粉红色至棕紫色，毒性增强；应遮光、密封保存；用量过大引起血压下降时，禁用肾上腺素解救，而应用去甲肾上腺素；静脉注射应稀释，缓慢注入；有黄疸、肝炎及肾炎的病畜应慎用。

咖啡因

【性状】白色有丝光的针状结晶或结晶性粉末，易集结成团，无臭，味苦，微溶于水。

【适应证】对中枢神经系统有广泛兴奋作用，并有强心利尿作用。主要用于精神抑制、心脏衰弱和呼吸困难的疾病，急性心内膜炎、肺炎，以及重劳役所引起的体力衰弱和虚脱等，并可作为全身麻醉中毒的解毒剂。

【制剂、用法与用量】苯甲酸钠咖啡因粉，内服，一次量，0.5~2 克；苯甲酸钠咖啡因注射液，每支 5 毫升（无水咖啡因 0.24 克+苯甲酸钠 0.25 克）、5 毫升（无水咖啡因 0.48 克+苯甲酸钠 0.5 克）、10 毫升（无水咖啡因 0.48 克+苯甲酸钠 0.5 克）。皮下注射、肌内注射或静脉注射，一次量，0.5~2 克。

【配伍与禁忌】与等量苯甲酸钠、水杨酸钠或枸橼酸混合能增加水中溶解度。与鞣酸、苛性碱、碘、银盐接触可产生沉淀，禁配伍。

【注意事项】剂量过大时，会出现呼吸加快、心跳急速、体温升高、惊厥等中毒症状，此时可用溴化物、水合氯醛、巴比妥类药物等进行抢救，但不宜使用麻黄碱或肾上腺素等强心药物，以免增加毒性。

尼可刹米

【性状】无色澄明或淡黄色油状液，置冷处，即成结晶性团状块。略带特臭，味苦，能与水、乙醚、氯仿、丙酮和乙醇混合。

【适应证】能直接兴奋延髓呼吸中枢，使呼吸加深、加快，尤其是中枢处于抑制状态更为明显。大剂量可兴奋大脑和脊髓，也可引起阵发性痉挛。主要用于各种原因引起的呼吸抑制。如中枢抑制药物中毒、因疾病引起的中枢性呼吸抑制、一氧化碳中毒、溺水、新生仔畜窒息等。

【制剂、用法与用量】注射液，0.375 克/1.5 毫升、0.5 克/2 毫升，静脉注射、肌内注射或皮下注射，一次量，0.25~1 克。

【注意事项】兴奋作用之后，常出现中枢神经抑制现象。尼可刹米注射液静脉注射速度不宜过快。因剂量过大，会出现血压升高、出汗、心律失常、震颤及肌肉僵直，也可引起呼吸加快、心跳急速、体温升高、惊厥等中毒症状，此时可用溴化物、水合氯醛、巴比妥类药物等进行抢救，但不宜使用麻黄碱或肾上腺素等强心药物，以免增加毒性。

硝酸士的宁

【性状】无色棱状结晶或白色结晶性粉末，无臭，味极苦，溶于水。

【适应证】能选择性地提高脊髓兴奋性。可增强脊髓反射应激性，缩短脊髓反射时间，神经冲动易传导，骨骼肌张力增加。主要用于治疗脊髓性不全麻痹，如后躯麻痹、膀胱麻痹、阴茎下垂。

【制剂、用法与用量】注射液，2 毫克/毫升、20 毫克/10 毫升。皮下注射，一次量，2~4 毫克。

【注意事项】毒性大，安全范围小，过量易出现肌肉震颤、脊髓兴奋性惊厥、角弓反张等。本品有蓄积性，不宜长期使用，反复给药应酌情减量。中毒时，可用水合氯醛或巴比妥类药物解救，并应保持环境安静，避免光、声音等各种刺激。应遮光密封保存。

六、常用的中兽药方剂

常用的中兽药方剂见表 14-5。

表 14-5 常用的中兽药方剂

	成分	性状	适应证	用法与用量
一、解表剂				
荆防败毒散	荆芥 45 克，防风 30 克，羌活 25 克，独活 25 克，柴胡 30 克，前胡 25 克，枳壳 30 克，茯苓 45 克，桔梗 30 克，川芎 25 克，甘草 15 克，薄荷 15 克	淡灰黄色至淡灰棕色的粗粉，气微辛，味甘、苦	具有辛温解表，疏风祛湿的功能。用于畜禽风寒感冒、流感	内服，40~80 克
银翘散（片）	金银花 60 克，连翘 45 克，薄荷 30 克，荆芥 30 克，淡豆豉 30 克，牛蒡子 45 克，桔梗 25 克，淡竹叶 20 克，甘草 20 克，芦根 30 克	棕褐色的粗粉，气芳香，味微甘、苦、辛	具有辛凉解表，清热解毒的功能。用于动物风热感冒、咽喉肿痛、疮痈初起	内服，50~80 克
桑菊散	桑叶 45 克，菊花 45 克，薄荷 30 克，连翘 45 克，苦杏仁 20 克，桔梗 30 克，甘草 15 克，芦根 30 克	棕褐色的粉末，气微香，味微苦	具有疏风清热，宣肺止咳的功能。用于外感风热、咳嗽	内服，30~60 克
柴葛解肌散	柴胡 30 克，葛根 30 克，甘草 15 克，黄芩 25 克，羌活 30 克，白芷 15 克，白芍 30 克，桔梗 20 克，生石膏 60 克	灰黄色的粗粉，气微香，味辛、甘	具有解肌清热的功能。用于感冒发热	内服，30~60 克
二、清热剂				
清瘟败毒散	生石膏 120 克，生地黄 30 克，水牛角 60 克，黄连 20 克，栀子 30 克，牡丹皮 20 克，黄芩 25 克，赤芍 25 克，玄参 25 克，知母 30 克，连翘 30 克，桔梗 25 克，甘草 15 克，淡竹叶 25 克	灰黄色的粗粉，气微香，味苦、微甜	具有泻火解毒，凉血养阴的功能。用于羊出血性败血症、乳腺炎	内服，50~100 克
苍术香连散	黄连 30 克，木香 20 克，苍术 60 克	棕黄色的粗粉，气香，味苦	具有清热燥湿的功能。用于猪、羊、牛、马的肠黄、卜痢、湿热泄泻	内服，15~30 克

续表

	成分	性状	适应证	用法与用量
白头翁散（片）	白头翁60克，黄连30克，黄柏45克，秦皮60克	浅灰黄色的粗粉，气香，味苦	具有清热解毒，凉血止痢的功能。用于家畜湿热泄泻、下痢脓血、里急后重	30～45克（散剂250克/袋）
胆膏（胆汁浸膏）	新鲜胆汁1 000毫升，乙醇500毫升。胆汁置水浴上蒸发至250毫升，加乙醇500毫升，充分搅拌，放置，等不溶物沉淀，过滤，回收乙醇，置水浴上蒸发至200毫升，呈稠膏状即得	黑色的稠膏状物，气腥，味极苦	具有清热解毒，镇痉止咳，利胆消炎的功能。用于风热目赤、久咳不止、幼畜惊风及各种热性病	内服，1.5~3克
解暑星散	香薷60克，藿香40克，薄荷30克，冰片2克，金银花45克，木通40克，麦冬30克，白扁豆15克等	浅灰黄色粗粉，气香窜，味辛、甘、微苦	具有清热祛暑的功能。用于畜禽中暑	内服，80~120克
清胃散	生石膏60克，大黄45克，知母30克，黄芩30克，陈皮25克，枳壳25克，天花粉30克，甘草30克，玄明粉45克，麦冬30克	浅灰黄色的粗粉，气微香，味苦、涩	具有清热泻火，理气开胃的功能。用于胃热食少、粪干	内服，50~80克
三、泻下剂				
大承气散	大黄60克，厚朴30克，枳实30克，玄明粉180克	棕褐色的粗粉，气微辛香，味咸、微苦、涩	具有峻下热结，破结通肠的功能	内服，60~120克
四、和解剂				
小柴胡散	柴胡45克，黄芩45克，半夏（姜制）30克，党参45克，甘草15克	黄色的粗粉，气微香，味甘、微苦	具有和解少阳、扶正祛邪、解热的功能。用于少阳证，寒热往来，不欲饮食，口津少，反胃呕吐	内服，30~60克

续表

	成分	性状	适应证	用法与用量
五、消导剂				
木香槟榔散	木香15克，槟榔15克，枳壳（炒）15克，陈皮15克，青皮（醋炒）50克，香附（醋制）30克，三棱15克，莪术（醋制）5克，黄连15克，黄柏（酒炒）30克，大黄30克，牵牛子（炒）30克，玄明粉60克	灰棕色的粗粉，气香，味苦、微咸	具有行气导滞，泄热通便的功能。用于痢疾腹痛，胃肠积滞	内服，60~90克
前胃活散	槟榔20克，牵牛15克，木香45克，神曲45克，麦芽60克，黄芩30克，甘草20克	黄棕色粗粉，气清香，味辛、微苦	具有消食导滞，行气宽肠，健脾，益胃，升清降浊的功能。用于羊前胃弛缓	口服，80~100克
健胃散	山楂15克，麦芽15克，神曲15克，槟榔3克	淡棕色的粗粉，气微香，味微苦	能消食下气，开胃宽肠。用于伤食积滞，消化不良	口服，30~60克
大黄末	大黄制成的散剂。取大黄，粉碎成粗粉，过筛即得	黄棕色的粉末，气清香，味苦、微涩	具有健胃消食，泻热通肠，凉血解毒，破积行瘀的功能。用于食欲不振，实热便秘，结症，疮黄疔毒，目赤肿痛，烧伤烫伤，跌打损伤	内服，10~20克。外用适量，调敷患处。孕畜慎用
龙胆末	为龙胆制成的散剂。取龙胆，粉碎成粗粉，过筛即得	淡黄棕色的粉末，气微，味甚苦	具有健胃功能。用于食欲不振	内服，5~10克
复方大黄酊	大黄（最粗粉）100克，橙皮（最粗粉）20克，草豆蔻（最粗粉）20克，60%乙醇适量	黄棕色的液体，气香，味苦、微涩	具有健脾消食，理气开胃的功能。用于慢草不食，消化不良，食滞不化	内服，10~20毫升

续表

	成分	性状	适应证	用法与用量
复方龙胆酊（苦味酊）	龙胆（最粗粉）100克，橙皮（最粗粉）40克，草豆蔻（最粗粉）10克，60%乙醇适量	为黄棕色的液体，气香，味苦	能健脾开胃。用于脾不健运，食欲不振，消化不良	内服，5～20毫升
六、理气剂				
丁香散	丁香25克，木香45克，藿香45克，青皮30克，陈皮45克，槟榔15克，牵牛子（炒）45克	黄褐色粗粉，气芳香清窜，味辛、微苦	具有破气消胀，宽肠通便的功能。用于胃肠臌气	内服，30~60克
厚朴散	厚朴30克，陈皮30克，麦芽30克，五味子30克，肉桂30克，砂仁30克，牵牛子15克，青皮30克	深灰黄色粗粉，气辛香，味微苦	能行气消食，温中散寒。用于脾虚气滞，胃寒少食	内服，30~60克
七、理血剂				
十黑散	知母30克，黄柏25克，栀子25克，地榆25克，槐花20克，蒲黄25克，侧柏叶20克，棕板炭25克，杜仲25克，血余炭15克	深褐色的粗粉，味焦苦	具有凉血，止血的功能。用于膀胱积热，尿血，便血	内服，60~90克
槐花散	槐花（炒）60克，侧柏叶（炒）60克，荆芥（炒炭）60克，枳壳（炒）60克	黑棕色粗粉，气清香，味苦、涩	具有清肠止血，疏风行气的功能。用于肠风下血	内服，30~50克
八、治风剂				
五虎追风散	僵蚕15克，天麻30克，全蝎15克，蝉蜕15克，天南星（炮）30克	浅灰褐色粗粉，味辛、咸、微苦	具有熄风解痉的功能。用于破伤风	内服，30~60克
九、祛寒剂				
健脾散	当归20克，白术30克，青皮20克，陈皮25克，厚朴30克，肉桂30克，干姜30克，茯苓30克，五味子25克，石菖蒲25克，砂仁20克，泽泻30克，甘草20克	浅红棕色粗粉，气香，味辛	具有温中健脾，利水止泻的功能。用于胃寒草少，冷肠泄泻	内服，45~60克

续表

	成分	性状	适应证	用法与用量
理中散	党参60克，干姜30克，甘草30克，白术60克	灰黄色粗粉，气香，味辛、微甜	具有温中散寒，补气健脾的功能。用于脾胃虚寒，食少，泄泻，腹痛	内服，30~60克
复方豆蔻酊	草豆蔻（粗粉）20克，茴香（粗粉）10克，桂皮（粗粉）25克，甘油50毫升，60%乙醇适量	黄棕色或红棕色的液体，气香，味微香	具有温中健脾，行气止呕的功能。用于寒湿困脾，翻胃少食，脾胃虚寒，食积腹胀，伤水冷痛	内服，10~20毫升
十、祛湿剂				
五苓散	茯苓100克，泽泻200克，猪苓100克，肉桂50克，白术（炒）100克	淡黄色粗粉，气微香，味甘、淡	具有温阳化气，利湿行水的功能。用于水湿内停，排尿不利，泄泻，水肿，宿水停脐	内服，30~60克
独活寄生散	独活25克，桑寄生45克，秦艽25克，防风25克，细辛10克，当归25克，白芍15克，川芎15克，熟地黄45克，杜仲30克，牛膝30克，党参30克，茯苓30克，肉桂20克，甘草15克	土黄色粗粉，气辛，味甘、微苦	具有益肝肾，补气血，祛风湿的功能。用于痹症日久，肝肾两亏，气血不足	内服，60~90克
滑石散	滑石60克，泽泻45克，灯芯草15克，茵陈30克，知母（酒制）25克，黄柏（酒制）30克，猪苓25克，瞿麦25克	淡黄色粗粉，气辛香，味淡、微苦	具有清热利湿，通淋的功能。用于膀胱热结，排尿不利	内服，40~60克
五皮散	桑白皮30克，陈皮30克，大腹皮30克，生姜皮15克，茯苓皮30克	褐黄色粗粉，气微香，味辛	具有行气，化湿，利水的功能。用于浮肿	内服，45~60克

续表

	成分	性状	适应证	用法与用量
平胃散	苍术80克，厚朴50克，陈皮50克，甘草15克	棕黄色粗粉，气香，味苦，微甜	具有燥湿健脾，理气开胃的功能。用于脾胃不和，食少，粪稀软	内服，30~60克
十一、祛痰止咳平喘剂				
二母冬花散	知母30克，浙贝母30克，款冬花30克，桔梗25克，苦杏仁20克，马兜铃20克，黄芩25克，桑白皮25克，白药子25克，金银花30克，郁金20克	淡棕黄色粗粉，气香，味微苦	具有清热润肺，止咳化痰的功能。用于肺热咳嗽	内服，45~75克
止咳散	知母25克，枳壳20克，麻黄15克，桔梗30克，苦杏仁25克，葶苈子25克，桑白皮25克，陈皮25克，生石膏30克，前胡25克，射干25克，枇杷叶20克，甘草15克	棕褐色粗粉，气清香，味甘、微苦	具有清肺化痰，止咳平喘的功能。用于肺热咳嗽	内服，45~60克
清肺散	板蓝根90克，葶苈子30克，浙贝母30克，桔梗30克，甘草25克	浅灰黄色粗粉，气清香，味微甘	具有清肺平喘，化痰止咳功能。用于肺热咳喘，咽喉肿痛	内服，30~50克
定喘散	桑白皮25克，苦杏仁（炒）20克，莱菔子30克，葶苈子30克，紫苏子20克，党参30克，白术（炒）20克，木通20克，大黄30克，郁金25克，黄芩25克，栀子25克	黄褐色粗粉，气微香，味甘、苦	具有清肺，止咳，定喘功能。用于肺热咳嗽，气喘	内服，30~50克
十二、补益剂				
六味地黄散	熟地黄70克，山茱萸（制）35克，山药35克，牡丹皮30克，茯苓30克，泽泻30克	灰棕色粗粉，味甜而酸	具有滋阴补肾，清肝利胆，涩精养血的功能。用于肝肾阴虚，腰胯无力，盗汗，滑精，阴虚发热	内服，15~50克

续表

	成分	性状	适应证	用法与用量
四君子散	党参60克，白术（炒）60克，茯苓60克，甘草（炙）30克	灰黄色粗粉，气微香，味甘	具有益气健脾的功能。用于脾胃气虚，食少，体虚	内服，30~45克
补中益气散	黄芪（制）75克，党参60克，白术（炒）60克，甘草（炙）30克，当归30克，陈皮20克，升麻20克，柴胡20克	淡黄棕色粗粉，味辛、甘、微苦	具有补中益气，升阳举陷的功能。用于脾胃气虚，久泻，脱肛，子宫脱垂	内服，45~60克
参苓白术散	党参60克，茯苓30克，白术（炒）60克，山药60克，甘草30克，白扁豆（炒）60克，莲子30克，薏苡仁（炒）30克，砂仁15克，桔梗30克，陈皮30克	浅棕黄色粗粉，气微香，味甘、淡	具有补脾肾，益肺气的功能。用于脾胃虚弱，食少粪稀，肺气不足	内服，45~60克
百合固金散	百合45克，白芍25克，当归25克，甘草20克，玄参30克，川贝30克，生地黄30克，熟地黄30克，桔梗25克，麦冬30克	黑褐色粉末，味微甘	具有养阴清热，润肺化痰的功能。用于肺虚咳嗽，阴虚火旺，咽喉肿痛	内服，45~60克
壮阳散	熟地黄45克，补骨脂40克，阳起石20克，淫羊藿45克，锁阳45克，菟丝子40克，五味子30克，肉苁蓉40克，山药40克，肉桂25克，车前子25克，续断40克，覆盆子40克	淡灰黄色粉末，味辛、甘、咸、微苦	具有温补肾阳功能。用于性欲减退，阳痿，滑精	内服，50~80克
十三、固涩剂				
速效止泻散	地榆炭30克，罂粟壳6克，厚朴6克，诃子6克，车前子6克，乌梅6克，黄连2克	淡褐棕色粉末，具有特有清香气，味苦	具有清热利湿，敛肠止泻的功能。用于羊腹泻	内服，每次10~40克

续表

	成分	性状	适应证	用法与用量
乌梅散	乌梅（去核）15克，柿饼24克，黄连6克，姜黄6克，诃子9克	棕黄色粗粉，气微香，味苦	具有清热解毒，涩肠止泻的功能。用于幼畜奶泻	内服，羔羊9~15克
十四、胎产剂				
康星旺达	淫羊藿5克，阳起石（酒淬）5克，益母草5克，菟丝子4克，当归4克，香附5克等	淡灰色粉末，气香，微苦	具有催情排卵，兴奋繁殖，促进生殖器官创伤愈合的功能。用于羊不发情，受胎率低，屡配不孕，性成熟迟缓等	口服,一次量，30~60克。预防量酌减
白术散	白术30克，当归25克，川芎15克，党参30克，甘草15克，砂仁20克，熟地黄30克，陈皮25克，紫苏梗25克，黄芩25克，白芍20克，阿胶（炒）30克	棕褐色粗粉，气微香，味甘、微苦	具有益气养血，安胎的功能	内服，60~90克
生乳散	黄芪30克，党参30克，当归45克，通草15克，川芎15克，白术30克，续断15克，木通15克，甘草15克，王不留行30克，路路通25克	淡棕褐色粉末，气香，味甘、苦	具有补气养血，通经下乳的功能。用于气血不足的缺乳和乳少症	内服，60~90克
十五、驱虫剂				
复方球虫散(片)	地榆20克，木香20克，甘草5克，山楂15克，大黄5克，黄芩15克，青蒿10克，黄连10克（散剂250克/袋，片剂0.3克/片）	黄棕色粉末，气清香，味苦	具有清热凉血，燥湿杀虫的功能。用于球虫病	内服,每日9克，羔羊减半。分早晚两次用药

续表

	成分	性状	适应证	用法与用量
驱虫散	鹤虱 30 克，使君子 30 克，槟榔 30 克，芜荑 30 克，雷丸 30 克，贯众 60 克，干姜（炒）15 克，附子（制）15 克，乌梅 30 克，诃子 30 克，大黄 30 克，百部 30 克，木香 15 克，榧子 30 克	褐色粗粉，气微腥，味涩苦	具有杀虫功能。用于胃肠道寄生虫	内服，30~60 克
十六、疮黄剂				
公英散	蒲公英 60 克，金银花 60 克，连翘 60 克，丝瓜络 30 克，通草 25 克，木芙蓉 25 克，浙贝母 30 克	黄棕色粗粉，味微甘、苦	具有清热解毒，消肿散痈的功能。用于乳痈初起，红肿热痛	内服，30~60 克
生肌散	血竭 30 克，赤石脂 30 克，乳香（制）30 克，龙骨（煅）30 克，冰片 10 克，没药（制）30 克，儿茶 30 克	淡灰红色粉末，气香，味苦、涩	具有生肌敛疮的功能。用于痈疽疮疡，溃后不敛	外用适量，撒布患处
辛夷散	辛夷 60 克，知母（酒制）30 克，黄柏（酒制）30 克，北沙参 30 克，木香 15 克，郁金 30 克，明矾 20 克	黄色至淡棕黄色粗粉，味微辛、苦、涩	具有滋阴降火，疏风通窍的功能。用于脑颡鼻脓	内服，40~60 克
十七、外用剂				
青黛散	青黛、黄连、黄柏、薄荷、桔梗、儿茶各等份	灰绿色粗粉，气微香，味苦、微涩	能清热解毒，消肿止痛。用于口舌生疮，咽喉肿痛	将药装入纱布袋内，用水浸湿，噙于口中
桃花散	陈石灰 480 克，大黄 90 克。先将大黄置于锅内，加水 300 毫升，煮沸 5~10 分钟，加陈石灰（熟石灰）搅拌，炒干，筛成细粉即得		具有收敛，止血的功能。用于外伤出血	外用适量，撒布创面

续表

	成分	性状	适应证	用法与用量
擦疥散	狼毒120克，猪牙皂（制）120克，巴豆10克，雄黄10克，轻粉5克。将植物油烧热，调成流膏状	棕黄色粉末，气香窜，味苦、辛	具有杀疥螨的功能。用于疥癣。不可内服	外用适量，涂擦患处。如疥癣面积过大，应分区分期涂药，防止患病动物舔食

第十五章　羊场传染病防治

第一节　病毒性传染病

一、羊痘

羊痘是由羊痘病毒引起的羊的一种急性、热性、接触性传染病。其临床特征为发热，在皮肤及黏膜发生丘疹和疱疹。羊痘被世界动物卫生组织（OIE）列为A类重大传染病，我国将其列为一类动物疫病，其中绵羊痘是动物痘病中病情最为严重的一种。

（一）诊断要点

1. 流行特点　病羊是主要传染源。本病多由含有羊痘病毒的皮屑随风和灰尘吸入呼吸道而感染，也可通过损伤的皮肤及消化道传染。被病羊污染的用具、饲料、垫草，病羊的粪便、分泌物、皮毛和体外寄生虫（如羊虱）都可成为传播媒介。该病春、秋两季多发（主要在冬末春初流行），常呈地方性流行或广泛流行，饲草缺乏和饲养管理不良等因素都可促使发病和加重病情。绵羊痘危害较重，不同品种、性别、年龄的绵羊都易感染，以细毛羊最为易感，羔羊比成年羊易感，羔羊致死率高达100%，妊娠母羊极易流产。

2. 临床症状

（1）绵羊痘：自然感染潜伏期一般为6~8天，长的达16天。病羊以体温升高为特征，可达41~42℃，精神沉郁，食欲废绝，鼻黏膜和眼结膜潮红，先后出现浆液性、黏液脓性鼻液，呼吸、脉搏加快，很快消瘦，全身症状严重。典型的1~4天后开始发生痘疹，起初为红斑，1~2天后形成丘疹，突出于皮肤表面，坚实而苍白，随后丘疹逐渐扩大，变成灰白色或淡红色半球状隆起的结节。结节在2~3天内变成水疱，水疱内容物逐渐增多，中央凹陷，呈脐状。在此期间，病羊体温稍下降。不久，水疱变为脓性，不透明，形成脓疱并化脓。如无继续感染，几日内脓疱干瘪为褐色痂块，脱落后遗留下灰褐色瘢痕而痊愈，整个病程14~21天。非典型主要见于体质强壮的成年羊，如种公羊，仅出现体温升高，呼吸道和眼结膜的卡他性炎症，不出现或仅出现少量痘疹，或痘疹呈硬结状，在几天内经干燥后脱落，不形成水疱和脓疱，此为良性经过，称为顿挫型。有的病例可见痘疱内出血，呈出血痘或黑痘。还有的病例痘疱发生化脓和坏疽，形成相当深的溃疡，具有恶臭味，形成所谓的臭痘和坏疽痘。

（2）山羊痘：潜伏期为6~7天，病初发热，体温40~42℃，精神不振，食欲减退。痘疹不仅发生于皮肤无毛部位，如乳房、尾内面、阴唇、会阴、肛门周围、阴囊和四肢内侧，也可发生于头部、背部、腹部有毛丛的皮肤。痘疹大小不一，圆形。初为红斑，随之转为丘疹，以后丘疹发生坏死、结痂，经3~4周痂皮脱落。眼的痘疹见于瞬膜、结膜和巩膜。此外，痘疹偶见于口腔与上呼吸道黏膜、骨骼肌、子宫黏膜和乳腺。

3. 病理变化　在前胃或皱胃的黏膜上有大小不等的白色圆形或半圆形坚实的结节，严重的引起前胃黏膜糜烂或溃疡，肠道黏膜少有痘疹变化。咽和支气管黏膜也常有痘疹，呼吸道黏膜有出血性炎症，气管及支气管内充满混有血液的浓稠黏液。肺脏有出血性肺炎变化，发生瘀血、水肿，表面有大小不等的灰白色或暗红色球形痘疹，切开可见不透明的白色胶冻样物。有继发病症时，肺有肝变区。

4. 实验室检查　可利用血清学试验确诊。

5. 鉴别诊断　注意与丘疹性湿疹和羊口疮的区别。

（二）防治

1. 预防

（1）加强饲养管理。圈舍要经常打扫，保持清洁，抓好秋膘，冬、春季节要适当补饲，提高机体抵抗力。

（2）严格隔离卫生和消毒。病、死羊严格消毒并深埋，如需剥皮利用，注意消毒防疫措施，防止病毒扩散；定期对环境和用具进行清洁和消毒，消毒剂可采用2%氢氧化钠液、2%福尔马林、30%草木灰水、10%~20%石灰乳剂或含2%有效氯的漂白粉液等。

（3）免疫接种。羊痘常发地区，每年应定期进行预防接种。如羊痘鸡胚化弱毒羊体反应冻干疫苗，绵羊不论大小一律在尾内侧或股内侧皮内注射0.5毫升，3月龄的哺乳羔羊，断奶后应加强免疫1次。山羊无论大小，均皮下注射5毫升。4~6天产生可靠免疫力，免疫期，绵羊为1年，山羊暂定为6个月。

2. 治疗　发生羊痘时，病羊立即隔离，环境、用具应消毒，同群的假定健康羊应圈养或在特定范围内放牧，密切观察，并做好隔离和消毒工作。必要时进行封锁，封锁期为两个月。

【处方1】　紧急接种同群的健康羊和受威胁羊，羊痘鸡胚化弱毒羊体反应冻干疫苗，绵羊0.5毫升，皮内注射，山羊5毫升，皮下注射。或山羊痘细胞化弱毒冻干疫苗0.5毫升，皮内注射。

【处方 2】 羊痘康复血清或高免血清，预防量，小羊 2.5~5 毫升，成年羊 5~10 毫升，治疗量加倍，皮下注射。

10%病毒唑注射液（食品动物禁用）1~2.5 毫升，肌内注射，每天 1 次，连用 3 天。

30%安乃近注射液 3~10 毫升，肌内注射，或复方氨基比林注射液 5~10 毫升，皮下注射或肌内注射。

0.1%高锰酸钾溶液 500 毫升，患部清洗，或碘甘油 100 毫升，患部涂抹。

2.5%恩诺沙星注射液 5 毫升，或 5%氟苯尼考注射液 5~20 毫克/千克体重，或 20%长效土霉素注射液 0.05~0.1 毫升/千克体重，肌内注射，每天 1 次，连用 3 天。

10%葡萄糖注射液 100~500 毫升，静脉注射，每天 1 次，连用 3 天。

【处方 3】 葛根汤：葛根、紫草、苍术各 15 克，黄连 10 克（或黄柏 15 克），白糖、绿豆各 30 克，水煎灌服，每天 1 剂，连服 3 剂。

二、传染性脓疱

传染性脓疱或传染性脓疱性皮炎、羊口疮、传染性唇皮炎等，是由传染性脓疱病毒引起的以羊为主的一种急性、高度接触性、嗜上皮性的人兽共患传染病。其临床特征是在口、唇、舌、鼻、乳房等部位的皮肤和黏膜形成红斑、丘疹、水疱、脓疱、溃疡和菜花状厚痂。该病传染性强，发病率高，常呈群发性流行。

（一）诊断要点

1. 流行特点 病羊和带毒动物是本病的主要传染源。病毒经脓疱和水疱的内容物，以及干燥的痂块排出，污染饲料、厩草、栅栏、产房、车辆等，播散本病。患病母羊及其吮乳羔羊能相互传染。主要通过皮肤和黏膜擦伤感染，饲草粗硬或有芒刺能促使发病。本病发生于各品种和年龄的绵羊，3~4 月龄的绵羊羔发病率可达 90%，纯种羊也易感，成年绵羊的发病率较低。本病常呈群发性流行，无季节性，以春、夏季发病为多。

2. 临床症状 该病的潜伏期为 4~8 天，长的 16 天。全身症状较轻，一般无发热，体躯皮肤无病变。

（1）唇型。最为常见，病初羊精神不振，食欲减退，口腔发热，齿龈红肿；而后开始在口角、上唇或鼻镜出现散在的小红斑，逐渐变为丘疹、小结节、水疱和脓疱；之后结成黄色或棕色的疣状硬痂。若为良性，1~2 周后痂皮干燥、脱落，羊逐渐康复。病情严重的羊，在齿龈、舌、颊、软腭及硬腭上出现被红晕包围的水疱，水疱迅速变成脓疱，脓疱破裂形成烂斑，口中流出发臭、混浊的唾液。结痂后痂垢不断增厚，痂垢下伴有肉芽组织增生，整个嘴唇肿大外翻呈桑葚状隆起，严重影响采食。病羊日趋消瘦，最后衰竭而死，病程一般为 2~3 周。

(2) 蹄型。几乎仅侵害绵羊，多单独发生，偶有混合型。病羊多见一肢患病。通常于蹄叉、蹄冠或系部皮肤上形成水疱、脓疱、溃疡。如继发感染，则发生化脓、坏死。病羊跛行，长期卧地，病期缠绵。严重者因极度衰竭或败血症死亡。

(3) 生殖器型。少数病羊还在乳房、阴唇、包皮、阴囊及四肢内侧发生同样的病理变化，阴唇肿胀，阴道内流出黏性或脓性分泌物。哺乳病羔的母羊常发生红斑、水疱、脓疱、结痂，痂多为淡黄色，较薄，易剥脱，病程长者可发生溃疡。公羊还表现为阴囊肿胀。单纯的生殖器型很少死亡。

3. 病理变化 上述病变只在唇周、蹄、乳房、阴唇、包皮等处发生，但绝不波及体躯部皮肤，各内脏器官也无明显病变。组织病理学变化有皮肤表皮棘细胞层增厚，毛细血管扩张、充血；棘细胞发生严重的水疱变性、网状变性，甚至发生气球样变；一些棘细胞发生坏死，胞核浓缩、崩解；此外，一些变性、坏死的棘细胞胞浆内可见粉红色、大小不一、圆形或椭圆形的嗜酸性包涵体。

4. 实验室检查 可用补体结合试验、琼脂扩散试验、反向间接血凝试验、酶联免疫吸附试验（ELISA）、免疫荧光技术、聚合酶链式反应（PCR）等方法进行确诊。

5. 鉴别诊断 注意与羊痘和坏死杆菌病的区别。

(二) 防治

1. 预防

(1) 严格隔离消毒。不从疫区引进羊或购入饲料、畜产品。引进羊须隔离观察2~3周，严格检疫，证明无病后方可混入大群饲养。选用3%福尔马林、2%氢氧化钠溶液、10%石灰乳剂、20%热草木灰水等对环境和用具进行消毒。

(2) 加强饲养管理。饲喂柔软多汁的草料，补充配合饲料或放置舔砖，减少羊啃土啃墙发生损伤。捡出饲料和垫草中的芒刺，保护羊的皮肤、黏膜不受损伤。

(3) 免疫接种。本病常发地区每年春季用传染性脓疱皮炎细胞弱毒苗免疫接种，方法见第十二章表12-4~表12-6。

2. 治疗 发生传染性脓疱时，病羊立即隔离饲养，对环境、用具进行消毒，防止病毒扩散。

【处方1】 隔离病羊，同群的健康羊和受威胁羊，用传染性脓疱皮炎细胞弱毒苗0.2毫升，下唇黏膜划痕，紧急接种。

【处方2】 水杨酸软膏患部涂抹，软化厚痂，0.1%~0.2%高锰酸钾溶液500毫升，冲洗创面，5%碘甘油100毫升，患部涂抹，每天1~2次。

5%~10%福尔马林500~1 000毫升，浸泡患蹄，每次1分钟，连用3次，或5%硫酸铜溶液500~1 000毫升，浸泡蹄部，每天2次，连用1周。

丙二醇或甘油 20~30 毫升，维 D_2 磷酸氢钙片 30~60 片，干酵母片 30~60 克，加水灌服，每天 2 次，连用 3~5 天。

10%病毒唑注射液（食品动物禁用）1~2.5 毫升，肌内注射。

2.5%恩诺沙星注射液 5 毫升，或 5%氟苯尼考注射液 5~20 毫克/千克体重，20%长效土霉素注射液 0.05~0.1 毫升/千克体重，肌内注射，每天 1 次，连用 3 天。

【处方 3】 冰硼散：冰片 50 克，朱砂 30 克，硼砂 500 克，元明粉 500 克，共为细末。去掉结痂后，将冰硼散兑水调成糊状涂抹患部，隔日换药 1 次，连用 2~3 次。一般 7~10 天，患部痂皮或结痂开始脱落而痊愈。

三、口蹄疫

口蹄疫俗称“口疮”，是由口蹄疫病毒引起的主要侵害偶蹄动物的急性、热性、高度接触性人畜共患传染病。其特征是在口腔黏膜、蹄部和乳房等处皮肤出现水疱和烂斑。该病传播快，发病率高，传播途径广，病原复杂多变，被 OIE 列为 A 类动物传染病之首。

（一）诊断要点

1. 流行特点　在牧区，本病常从秋末流行，冬季加剧，春季减弱，夏季基本平息。本病多呈良性经过，病程一般为 2~3 周。成年羊的发病率可达 80%或更高，但死亡率低。羔羊的发病率可达 90%，死亡率约 40%。病羊及带毒羊是本病最主要的传染源，病初的羊是本病最危险的传染源。病羊的水疱皮、水疱液、唾液、粪、奶和呼出的空气，都含有大量的致病力很强的病毒，当食入或吸入这些病毒时，便可引起感染。环境的污染也可造成该病的传播，如污染的水源、棚圈、工具和接触过病羊人员的衣物、鞋帽等。

2. 临床症状　病羊体温升高，精神不振，食欲减退，反刍减少或停止。水疱破溃后，体温降至正常，全身症状好转。口腔损害常在唇内面、齿龈、舌面及颊部黏膜发生水疱和糜烂，病羊疼痛，流涎，涎水呈泡沫状。蹄部损害常在趾间及蹄冠皮肤，表现红、肿、热、痛，继而发生水疱、烂斑，病羊蹄部疼痛，发生跛行（呈现支跛），常降低重心小步急进，甚至跪地或卧地不起。

如单纯口腔发病，一般 1~2 周可望痊愈，当累及蹄部或乳房时，则 2~3 周方能痊愈。一般呈良性经过，死亡率不超过 1%~2%。羔羊发病则常表现为恶性口蹄疫，发生心肌炎，有时呈出血性胃肠炎而死亡，死亡率可达 20%~50%。孕羊常流产。

3. 病理变化　除口腔、蹄部皮肤等处出现水疱和溃烂外，还可见咽喉、气管、支气管和前胃黏膜有烂斑和溃疡，皱胃和大、小肠黏膜可见有出血性炎症。心包膜有出血斑点，心脏有心肌炎病变，心肌松软，心肌切面有灰白色或淡黄色斑点或条纹，称为虎斑心，心脏似煮熟样。

4. 实验室检查 采取病羊水疱皮或水疱液，康复时采取血清，送口蹄疫实验室检查。

5. 鉴别诊断 注意与传染性脓疱和蓝舌病的区别。

（二）防治

1. 预防

（1）无病地区严禁从有病国家和地区引进羊及羊产品、饲料、生物制品等。引进羊及其产品，应严格执行检疫、隔离、消毒。发生口蹄疫时应早报告、早诊断，严格采取扑灭措施，对疫区和受威胁区未发病的易感羊进行紧急免疫接种。

（2）口蹄疫流行地区，应坚持免疫接种，应选用与当地流行毒株同型的疫苗进行，目前可用口蹄疫O型亚洲I型二价灭活疫苗，每只1毫升，肌内注射，15~21天后加强1次，免疫持续期为4个月。

2. 治疗 口蹄疫发生后，病羊及同群羊全部扑杀销毁，不允许治疗。

【处方】 哺乳母羊或哺乳羔羊患病时，立即断奶，羔羊人工哺乳或饲喂代乳料。

同型号的口蹄疫高免血清1毫升/千克体重，肌内注射，每天1次，连用2天。

安乃近注射液3~10毫升，肌内注射，每天1次，连用3天。

0.1%高锰酸钾液或食醋、0.2%福尔马林冲洗创面，之后涂碘甘油或1%~2%明矾液，或撒布冰硼散。

乳房可用肥皂水或2%~3%硼酸水清洗，然后涂以青霉素软膏或其他刺激性小的防腐软膏。

四、蓝舌病

蓝舌病是由蓝舌病病毒引起的，以库蠓为传播媒介的反刍动物的一种非接触性传染病。主要发生于绵羊，其临床特征为发热、消瘦，白细胞减少，口、鼻和胃黏膜有溃疡性炎症变化。并可发生肌炎和蹄冠炎，且口腔黏膜及舌发绀。我国农业部已将该病定为一类动物疫病。

（一）诊断要点

1. 流行特点 本病呈地方性流行。一般发生于5~10月，多发生于湿热的夏季和秋季，特别是池塘、河流较多的低洼地区。其发生和分布与库蠓的分布、习性和生活史密切相关。病羊和带毒的动物是本病主要的传染源，在疫区临床健康的羊也可能携带病毒成为传染源。本病主要通过库蠓传递。当库蠓吸吮带毒动物的血液后，病毒就在虫体内繁殖，当再次叮咬绵羊和牛时，即可发生传染。

2. 临床症状 潜伏期为3~8天。病羊体温升高到40~42 ℃，稽留2~6天，同时白细胞也明显降低。高温稽留后体温降至正常，白细胞也逐渐回升至正常生理范围。病羊精神委顿，厌食，流涎，嘴唇水肿，并蔓延至面部、眼睑、耳、颈部和腋下。口腔黏膜和舌头充血、糜烂，严重病例舌头发绀，呈现出蓝舌病特征症状。有的蹄冠和蹄叶发炎，呈现跛行，在蹄、腕、跗趾间的皮肤上有发红区，靠近蹄部较严重。病羊消瘦，衰弱，有的发生便秘或腹泻，甚至便中带血。孕羊可发生流产、胎儿脑积水或先天畸形。病程为 6~14 天，发病率 30%~40%，病死率 2%~30%。多因并发肺炎和胃肠炎引起死亡。

3. 病理变化　病羊以舌发绀，舌及口腔充血、瘀血，鼻腔、胃肠道黏膜发生水肿及溃疡为特征。可见整个口腔黏膜出现糜烂，皮肤及黏膜有小出血点，尤其在毛囊的周围出血和充血，皮下组织充血及胶样浸润，肌纤维变性，肌间有浆液和胶样浸润。心包积液，心肌、心内膜、呼吸道、泌尿道黏膜都有针尖大小的出血点。

4. 实验室检查　通过动物试验、病毒分离和血清学试验进行确诊。

（二）防治

1. 预防　羊群若放牧要选择高地，减少感染机会，防止在潮湿地带露宿；定期进行消毒、驱虫（伊维菌素注射液定期皮下注射），消灭库蠓（羊舍装窗纱、灭蚊灯，圈舍墙壁和纱窗喷洒卫害净悬浮剂或其他杀虫剂，也可在蚊虫滋生季节用敌敌畏等农药加入锯末中熏烟杀虫）；做好圈舍和牧地的排水工作；免疫接种。日本采用鸡胚化弱毒冻干疫苗，每年接种 1 次，可有效预防本病，孕羊禁用。

2. 治疗　发现本病要及时扑杀，并做好隔离消毒等工作。本病无特效药物，病羊精心护理，隔离饲养，饲喂柔软易消化的饲草，进行对症治疗。

【处方】 0.1%高锰酸钾液 500 毫升，冲洗口腔。碘甘油或冰硼散适量，涂抹或撒布溃烂面。

3%来苏儿液 500 毫升，蹄部冲洗。碘甘油或土霉素软膏，蹄部涂抹，绷带包扎。

丙二醇或甘油 30 毫升，维 D_2 磷酸氢钙片 30~60 片，干酵母片 30~60 克，加水胃管投服或瘤胃注入，每天 1~2 次，连用 3~5 天。

5%葡萄糖氯化钠注射液 500 毫升，氨苄青霉素 50~100 毫克/千克体重，10%安钠咖注射液 5~20 毫升，10%葡萄糖注射液 500 毫升，维生素 C 注射液 0.5~1.5 克，静脉注射，每天 1 次，连用 3 天。

五、山羊病毒性关节炎-脑炎

山羊病毒性关节炎-脑炎是由山羊关节炎-脑炎病毒引起山羊的一种进行性、慢性消耗性传染病。其临床特征为羔羊脑炎，成年羊关节炎、间质性肺炎和硬结性乳腺炎。目前，许多国家都有本病的报道。1982 年我国从英国进口山羊时，将本病带入。

（一）诊断要点

1. 流行特点 仅在山羊间相互感染，无年龄、性别、品系间差异。一年四季均可发病，呈地方流行性。病山羊和隐性感染的山羊是主要传染源。本病可由直接接触感染，或经乳、唾液、粪尿及呼吸道分泌物传播。感染途径以消化道为主，也可能通过生殖道和呼吸道感染。

2. 临床症状

（1）脑脊髓炎型：主要发生于2~4 月龄山羊羔，育成羊和成年羊也有发病。有明显的季节性，多发生于 3~8 月间，与晚冬和春季产羔有关。病初，羊精神沉郁，跛行，共济失调，一侧后肢不敢负重，反射亢进。之后，后肢甚至四肢轻瘫，转圈，头部抽搐和震颤，角弓反张，斜颈，有的还出现四肢划动。羔羊一般无体温变化。有时面神经麻痹，吞咽困难或双目失明。病程半月至 1 年。个别耐过病例留有后遗症。少数病例兼有肺炎或关节炎症状。

（2）关节炎型：主要发生于 1 岁以上的成年山羊，病程 1~3 年。典型症状是腕关节肿大和跛行，即所谓的“大膝病”。膝关节和跗关节也可患病。病情逐渐加重或突然发生。病初，关节周围软组织水肿、湿热、波动、疼痛，有轻重不一的跛行，进而关节肿大如拳，活动不便，常见前膝跪地爬行。有时病羊肩前淋巴结肿大。穿刺检查关节液呈黄色或粉红色。

（3）间质性肺炎型：较少见。无年龄限制，主要见于成年山羊，病程 3~6 个月。病羊进行性消瘦，咳嗽，呼吸困难，胸部叩诊有浊音，听诊有湿性啰音。如无细菌继发感染，则无体温反应。

（4）硬结性乳腺炎型：主要见于哺乳母羊。多发生于分娩后的 1~3 天，乳房坚实或坚硬，肿胀，少乳或无乳，无全身反应。采集乳腺炎病例的乳汁经菌检无细菌感染。个别羊的产奶量可恢复到正常。

3. 病理变化 主要病理变化见于中枢神经系统、四肢关节及肺脏，其次是乳腺。

（1）脑和脊髓病理变化：主要发生于小脑和脊髓的白质，在前庭核部位将小脑与延脑横断，可见一侧脑白质中有 5 毫米大小的棕红色病灶。

（2）关节病理变化：患病关节周围软组织肿胀，有波动，皮下浆液渗出，关节囊肥厚，滑膜常与关节软骨粘连。关节腔扩张，充满黄色或粉红色液体，其中悬浮纤维蛋白条索或血凝块。滑膜表面光滑，或有结节状增生物。慢性病例，透过滑膜常可见到软组织中有钙化斑。

（3）肺脏病理变化：轻度肿大，质地坚实，表面散在灰白色小点，切面有大叶性或斑块状实变区。支气管淋巴结和纵隔淋巴结肿大，支气管空虚或充满浆液及黏液。

（4）乳腺病理变化：在感染初期，血管、乳导管周围及腺叶间有大量淋巴细胞、单核细胞和巨噬细胞浸润，随后出现大量浆细胞，间质常发生局灶性坏死。

（5）肾脏病理变化：少数病例，肾脏表面有直径1~2毫米的灰白色小点，镜检可见广泛性的肾小球性肾炎。

4. 实验室检查　确诊需进行病原分离鉴定和血清学试验。

（二）防治

本病目前尚无疫苗和有效治疗方法。加强进口检疫，禁止从疫区（疫场）引进种羊。引进种羊前，应先做血清学检查，运回后隔离观察1年，其间再做两次血清学检查（间隔半年），均为阴性才可混群。对感染羊群应采取检疫、扑杀、隔离、消毒和培育健康羔羊群的方法进行净化。

六、小反刍兽疫

小反刍兽疫，又名小反刍兽伪牛瘟，是由小反刍兽疫病毒引起的一种急性病毒性传染病。主要感染小反刍动物，以发热、口炎、腹泻、肺炎为特征。OIE将其列为A类疫病。2014年，新疆等省区发生的小反刍兽疫基本上都是羊，而且以山羊为主。

（一）诊断要点

1. 流行特点　主要感染山羊、绵羊、羚羊、美国白尾鹿等小反刍动物，山羊发病比较严重。牛、猪等可以感染，但通常为亚临床经过。目前，主要流行于非洲西部、中部和亚洲的部分地区。本病主要通过直接和间接接触传染或呼吸道飞沫传染。本病的传染源主要为患病动物和隐性感染动物，处于亚临床型的病羊尤为危险。病羊的分泌物和排泄物均含有病毒。

2. 临床症状　小反刍兽疫潜伏期为4~5天，最长21天，《陆生动物卫生法典》规定为21天。

山羊发病严重，绵羊也偶有严重病例发生。一些康复山羊的唇部形成口疮样病变。感染动物临诊症状与牛瘟病牛相似。急性型，体温可上升至41℃，并持续3~5天。感染动物烦躁不安，背毛无光，口鼻干燥，食欲减退，流黏液脓性鼻液，呼出恶臭气体。在发热的前4天，口腔黏膜充血，颊黏膜进行性广泛性损害导致多涎，随后出现坏死性病灶，开始口腔黏膜出现小的粗糙的红色浅表坏死病灶，以后变成粉红色，感染部位包括下唇、下齿龈等处。严重病例可见坏死病灶波及齿垫、腭、颊部及其乳头、舌头等处。后期出现带血水样腹泻，严重脱水，消瘦，随之体温下降，并出现咳嗽、呼吸异常。临床症状可以用四个字概括：痛哭流涕。在严重暴发时，死亡率为100%；在轻度发生时，死亡率不超过50%。

幼羊发病严重时，发病率和死亡率都很高。

3. 病理变化 尸体剖检，病变与牛瘟病牛相似。病羊可见结膜炎、坏死性口炎等病变，严重病例可蔓延到硬腭及咽喉部。皱胃常出现病变，而瘤胃、网胃、瓣胃很少出现病变。病变部常出现有规则、有轮廓的糜烂，创面红色、出血。肠可见糜烂或出血，尤其在结肠直肠结合处呈特征性线状出血或斑马样条纹。淋巴结肿大，脾有坏死性病变。在鼻甲、喉、气管等处有出血斑。

4. 实验室诊断 通过病原检查、血清学检查（病毒中和试验、竞争酶联免疫吸附试验）可以确诊。

（二）防治

1. 预防 严禁从存在本病的国家或地区引进羊。在发生本病的地区，可根据小反刍兽疫病毒与牛瘟病毒抗原相关原理，用牛瘟组织培养苗进行免疫接种。

2. 治疗 一旦发生本病，应按《中华人民共和国动物防疫法》规定，采取紧急、强制性的控制和扑灭措施，扑杀患病羊和同群羊。疫区及受威胁区的羊进行紧急预防接种。

第二节 细菌性传染病

一、炭疽

炭疽是由炭疽杆菌（革兰氏染色阳性）引起人兽共患的一种急性、热性、败血性传染病。其临诊特征为突然发病，高热稽留，脾脏显著肿大，皮下及浆膜下结缔组织出血浸润，血液凝固不良，呈煤焦油样。

（一）诊断要点

1. 流行特点 本病常呈地方性流行。本病的发生有一定的季节性，多发生于6~8月，也可常年发病。特别是在干旱或多雨、洪水泛滥和吸血昆虫滋生等环境下都可促进本病暴发。病畜是主要的传染源，主要由消化道、呼吸道及皮肤伤口感染，也可由吸血昆虫的叮咬传染。

2. 临床症状 本病的潜伏期一般为3~6天，有的可达14天，绵羊可以短至12~24小时。羊多为急性发作，表现为突然倒地，全身痉挛，磨牙，站立时摇摆不稳，体温升高到42℃，呼吸困难，黏膜发绀，天然孔流出带有气泡的黑红色液体，于几分钟内死亡。病程发展稍慢者，常出现兴奋不安，呼吸急促，黏膜发绀，精神沉郁，卧地不起，天然孔流出血水等症状，在数小时内死亡。有的羊出现体温升高和腹痛等症状。

3. 病理变化 患炭疽病的病死羊禁止解剖，只有在具备严格的防护、隔离、消毒条件下，方可剖检。最急性死亡的病例腹部膨胀，尸僵不全，口、鼻、肛门流血样泡沫或不凝固的血液。头、颈、腹下皮肤发生胶样浸润，并可扩散到肌肉深层。血凝不良，暗红色，煤焦油状。脾脏肿大，比正常的肿大3~5倍，质地脆，暗红色，切面充满煤焦油样的脾髓和血液。淋巴结肿大，出血，切面为深红色至暗红色。肺脏充血、水肿。胃肠道有出血性、坏死性炎症变化，有时可在肠黏膜上出现炭疽痈。心包及心内外膜出血，气管及支气管充有大量血样泡沫。胸腹腔有血样渗出物。尸体极易腐败。

4. 实验室检查

（1）涂片镜检：取末梢血液或其他材料制成涂片后，染色镜检，可发现有带有荚膜的革兰氏阳性的粗大杆菌，菌体多为单在、成对或2~4个菌体相连的短链排列或呈竹节状。

（2）细菌分离：采取病羊的血液、渗出液或组织进行培养，在低倍镜下观察，炭疽芽孢杆菌的菌落具有边缘呈卷发状的粗糙（R）型菌落的特征，是确诊本病的重要依据之一。

另外，可以利用荧光抗体染色技术和炭疽沉淀试验确诊。

（二）防治

1. 预防　在疫区或常发地区，每年对易感动物进行预防注射（羊1岁以内不注射），常用的疫苗有无毒炭疽芽孢苗（绵羊0.5毫升，皮下注射）和Ⅱ号炭疽芽孢苗（山羊和绵羊1毫升，皮下注射），接种14天后产生免疫力，免疫期为1年。

2. 治疗　发现病羊，立即将病羊和可疑羊进行隔离，迅速上报有关部门，尸体禁止剖检和食用，应就地深埋；病死羊躺过的地面应除去表土15~20厘米，并与20%漂白粉混合深埋，环境严格消毒，污物用火焚烧，相关人员加强个人防护。已确诊的病羊，一般不予治疗，而应严格销毁。如必须治疗时，应在严格隔离和防护条件下进行。

【处方1】　抗炭疽高免血清，预防剂量16~20毫升，治疗剂量50~120毫升，皮下或静脉注射，每天1次，连用2次。

青霉素5万~10万单位/千克体重，链霉素10~15毫克/千克体重，注射用水10~20毫升，肌内注射，每天1~2次，连用3~5天。

【处方2】　青霉素500万~1 000万单位，生理盐水500毫升，静脉注射，每天2次，连用3~5天。

庆大霉素注射液8万~12万单位，肌内注射，每天2次，连用3~5天。

【处方3】　10%葡萄糖注射液500毫升，磺胺嘧啶钠注射液70~100毫克/千克体重，每天2次，连用3~5天。

二、布鲁杆菌病

布鲁杆菌病简称“布病”，是由布鲁杆菌（为革兰氏阴性小球杆菌）引起人畜共患的一种慢性传染病。其临床病理特征为生殖器官和胎膜发炎，引起流产、不育和一些器官的局部增生性病变。

（一）诊断要点

1. 流行特点 山羊最易感，母羊比公羊易感，成年羊比幼龄羊易感。传染源为病羊和带菌羊。尤其是患本病的妊娠母羊，在流产时随胎儿、胎衣、羊水和阴道分泌物等排出大量病原菌。在病羊流产的前后随乳汁排菌。病公羊的精液中也含有大量的病原菌，随配种而传播。布鲁杆菌可经消化道、破损皮肤和黏膜侵入机体，也可通过交配经生殖道传染。

2. 临床症状 除流产外常不表现临床症状。母羊流产多发生在妊娠后第3或第4个月。流产前食欲减退，口渴，精神委顿，阴道流出黄色黏液等，流产胎儿多为弱胎或死胎。流产后阴道持续排出黏液性或脓性分泌物，易发生慢性子宫内膜炎，发情后屡配不孕。有的山羊流产2~3次，有的则不发生。其他临诊症状可能还有乳腺炎、支气管炎，以及关节炎、滑液囊炎引起的跛行。公羊睾丸炎（睾丸肿大）、乳山羊乳腺炎（乳中有乳凝块，乳量减少，乳腺硬肿）常较早出现。绵羊布鲁杆菌可引起绵羊附睾炎。有的病例出现体温升高和后肢瘫痪。

3. 病理变化 尸体剖检可见胎膜呈淡黄色胶冻样浸润，充血或出血，有的发生水肿和糜烂，其上覆盖纤维素性渗出物。胎衣不下者，通常产道流血。流产胎儿呈败血症变化，浆膜和黏膜发生瘀点和瘀斑，皮下组织出血和水肿，也可发生木乃伊化，全身淋巴结发生急性炎症变化，实质器官变性，肝脏有多发性小坏死灶，胎儿的胃特别是皱胃中有淡黄色或灰白色黏性絮状物，胃肠和膀胱的浆膜下可见点状出血或线状出血。发生关节炎时，腕、跗关节肿大，出现滑液囊炎病变。公绵羊发生附睾炎，阴囊皮肤水肿，鞘膜腔积液，使阴囊下垂呈桶状，慢性期附睾尾肿大，表面呈结节状，质地较硬，并与睾丸粘连，切面呈黄白色斑纹状结构，并可见黄白色干酪样物，睾丸缩小，质地较硬。肝、脾、肾出现坏死灶。有时可见到睾丸炎、纤维素性胸膜炎、腹膜炎及局部淋巴结肿大。

4. 实验室检查 采集流产材料进行细菌分离鉴定或进行血清学试验诊断。

（二）防治

1. 预防

（1）创建无病羊群。坚持自繁自养。必须引种时，严格检疫后，隔离饲养2个月，确认没有疫病，才可混群。羊群每年检疫1~2次，发现带菌羊，及时淘汰（或隔离饲养），培养健康羊群（可从羔羊断奶后开始检疫和淘汰来建立）。并做好平时的隔离和消毒工作。

（2）免疫接种。猪布鲁杆菌 2 号弱毒活苗（简称 S_2 苗），用于预防山羊、绵羊、猪和牛的布鲁杆菌病。山羊每只 25 亿活菌，绵羊 50 亿活菌，皮下或肌内注射，也可口服免疫。山羊和绵羊不论年龄大小，每只一律口服 100 亿活菌，免疫持续期为 3 年。羊布鲁杆菌 5 号弱毒活苗（马尔他布鲁杆菌 5 号弱毒活苗，简称 M_5 苗），用于预防牛、羊布鲁杆菌病。羊 10 亿活菌，皮下注射，配种前 1~2 个月进行。孕羊禁用。免疫持续期 1.5 年。

（3）防止职业人群感染。凡是动物养殖场（特别是接产人员）、屠宰场、动物产品加工厂的工作者，以及兽医、实验室工作人员，必须严格遵守防护制度，防止人感染本病（症状有持续低热、关节炎、生殖器官感染等），必要时可用疫苗皮上划痕接种。

2. 治疗　发现疑似病羊，立即向有关部门报告。病羊污染的圈舍等严格消毒，尸体焚烧处理。

【处方 1】　20%长效土霉素注射液 0.05~0.1 毫升/千克体重，肌内注射，每天或隔天 1 次，连用 7 次。

链霉素 10~15 毫克/千克体重，注射用水 5~10 毫升，肌内注射，每天 2 次，连用 7 天。

【处方 2】　5%氟苯尼考注射液 5~20 毫克/千克体重，每天或隔天 1 次，连用 7 次。

【处方 3】　复方新诺明片 20~25 毫克/千克体重，碳酸氢钠片 2 克，加水灌服，每天 2 次，连用 3~7 天。

庆大霉素注射液 8 万~12 万单位，肌内注射，每天 2 次，连用 7 天。

三、破伤风

破伤风又被称为强直症，俗称锁口风，是由破伤风梭菌（一种大型厌气性革兰氏阳性杆菌）经伤口深部感染引起的一种急性中毒性人畜共患病。其临诊特征为运动神经中枢兴奋性增高和持续的肌肉痉挛。本病分布广泛，多呈散发。

（一）诊断要点

1. 流行特点　本病无季节性，通常为零星散发。多见于羔羊和产后母羊。破伤风梭菌广泛存在于自然界中，人和动物的粪便都可带有，特别是施肥的土壤、腐臭淤泥中。病原必须经伤口传播。羊常因断脐、断尾、断角、去势、手术、产后产道损伤和其他创伤或擦伤感染，特别是狭小而深的创伤（如钉伤、刺伤），伤口内发生坏死，或伤口被泥土、粪、痂皮封盖造成厌氧环境，最适合病原生长繁殖，产生大量毒素，侵害中枢神经系统。在临床上有时常找不到伤口，这可能是因为在潜伏期中创伤表面已愈合或经过损伤的子宫、胃肠黏膜感染。

2. 临床症状　潜伏期为 1~2 周。该病症状表现为不能自由卧下或立起，四肢逐渐强直，运步困难，角弓反张，牙关紧闭，不能采食，口流白色泡沫，耳朵直硬，尾直，呈“木马样”。常发生轻度肠臌胀。病羊易惊，突然的声响可使骨骼肌发生痉挛，致使病羊倒地。母羊的强直症多发生于产死胎或胎衣停滞之后，羔羊多因脐带感染，病死率很高。体温一般正常，死前可升高至 42 ℃。继发症有脱水、心力衰竭、腹泻等。

3. 病理变化 无特征性病理变化。

（二）防治

1. 预防

（1）严格处理伤口，防止感染。加强饲养管理，防止发生外伤，如发生外伤，尽快用 0.1%新洁尔灭溶液等清洗，然后涂抹 2%~5%碘酊，羔羊断脐或进行各种手术时，注意消毒，并涂抹 2%~5%碘酊或撒布青霉素粉。母羊产后可用青霉素、链霉素进行子宫灌注和肌内注射，防止产道感染。

（2）免疫预防。本病常发的羊场，可注射破伤风类毒素，山羊、绵羊皮下注射 0.5 毫升，平时注射 1 次即可，受伤时再注射 1 次。

2. 治疗 治疗原则为加强护理（提供舒适环境，给予优质饲料和充足饮水），清创，抗菌，解毒，解痉和对症治疗。

【处方】 处理病灶。伤口及时扩创，彻底清除伤口内的坏死组织，用 0.1%新洁尔灭溶液冲洗干净，注入 3%双氧水，再用 0.1%新洁尔灭溶液冲洗，然后灌注 5%~10%碘酊或 10%~20%青霉素液。也可用 0.1%高锰酸钾液处理伤口。伤口处理后不包扎。

青霉素 5 万~10 万单位/千克体重，注射用水 5~10 毫升，肌内注射，或将青霉素加入 5%葡萄糖氯化钠注射液 100~500 毫升，静脉注射，每天 1~2 次，连用 3~5 天。

破伤风抗毒素（血清），预防量 1 200~3 000 单位，治疗量 5 000~20 000 单位，皮下或肌内注射，也可以配合 5%葡萄糖氯化钠注射液 100~500 毫升，静脉注射，每天 1 次，连用 2~4 天。

25%硫酸镁注射液 5~20 毫升，肌肉痉挛时皮下或肌内注射，每天 1~2 次，连用 2~4 天。

丙二醇或甘油 20~30 毫升，维 D_2 磷酸氢钙片 30~60 片，干酵母片 30~60 克，成羊加水灌服，每天 2 次，连用 3~5 天。羔羊可饮用口服补液盐水。

四、沙门杆菌病

羊沙门杆菌病是由羊流产沙门杆菌和都柏林沙门杆菌引起的传染病。其临床特征为妊娠母羊流产（由羊流产沙门杆菌感染），羔羊发生急性败血症和下痢（由都柏林沙门杆菌和鼠伤寒沙门杆菌感染）。主要引发绵羊流产和羔羊副伤寒两种病，有地方流行性。

（一）诊断要点

1. 流行特点　无季节性。孕羊流产多发生于晚秋和早春，幼羊比成羊易感。病羊和带菌羊为主要传染源。可通过消化道、呼吸道和生殖道感染。

2. 临床症状

（1）下痢型（羔羊副伤寒）：多见于7~15日龄的羔羊，也见于2~3日龄的羔羊。病羔体温升高到40~41℃，食欲减退，严重腹泻，排黏性带血稀粪，有恶臭，精神委顿，虚弱，低头，拱背，继而倒地。病羔往往死于败血症或严重脱水。有的出现肺炎和关节炎症状。病羔耐过后，生长发育缓慢，甚至变为侏儒羊。发病率约30%，死亡率约25%。

（2）流产型：病羊阴唇肿胀，流产前1~2天常流出带血黏液，体温升至40~41℃，厌食，精神委顿，步态僵硬。母羊多在妊娠最后的4~6周发生流产。如果不发生产后感染，则母羊不表现明显的症状。部分羊有腹泻症状，羊群流产一般在两周以内结束，流产率达60%左右。母羊流产以后身体消瘦，阴道常排出有黏性带血丝或血块的分泌物。有的病羊可产下活羔，但羔羊多衰弱，精神委顿，卧地，并可有腹泻，粪便气味恶臭，多数羔羊表现拒食，往往于1~7天死亡。病母羊也可在流产后或无流产的情况下死亡。

3. 病理变化　下痢型病羔，尸体消瘦，皱胃与小肠黏膜充血、出血，肠道内容物稀薄如水，肠系膜淋巴结肿大，脾脏充血，心外膜与肾皮质有小出血点。流产胎儿和胎盘一般比较新鲜，胎儿皮下水肿，肝、脾肿胀，有灰色病灶，胸腔和腹腔积有大量液体，内脏浆膜有纤维素性渗出，心外膜和肺脏出血。母羊发生急性子宫炎，子宫肿胀，常含有坏死组织、浆液渗出物和滞留的胎盘。

4. 实验室检查　确诊要进行细菌分离鉴定。

（二）防治

1. 预防　定期进行检疫，发现病羊应及时淘汰，注意圈舍、饲料和饮水的卫生消毒工作。羔羊生后及早吃初乳，并注意保暖。发病羊群也可在隔离条件下，全群肌内注射氟苯尼考注射液进行预防。有条件时可注射疫苗。

2. 治疗　治疗原则为抗菌及对症治疗。

【处方1】　5%氟苯尼考注射液5~20毫克/千克体重，肌内注射，每天或隔天1次，连用3~5次。

【处方2】　20%长效土霉素注射液0.05~0.1毫升/千克体重，肌内注射，每天或隔天1次，连用3~5次。

【处方3】　复方新诺明片20~25毫克/千克体重，碳酸氢钠片0.5~2克，硅炭银片2~10片，次硝酸铋片2~10片，颠茄片2~10毫克，加水内服，每天2次，连用3~5天。

羔羊配合口服补液盐饮水。

【处方 4】 氧氟沙星注射液 2.5~5 毫克/千克体重，5%葡萄糖氯化钠注射液 100~500 毫升，静脉注射，每天 1~2 次，连用 5 天。

甲硝唑注射液 10 毫克/千克体重，母羊产后静脉注射，每天 1 次，连用 3 天。

青霉素 160 万单位，链霉素 100 万单位，蒸馏水 20 毫升，母羊产后子宫灌注，每天 2 次，连用 3 天。

五、巴氏杆菌病

巴氏杆菌病又称出血性败血症，是一种主要由多杀性巴氏杆菌引起各种畜禽共患的传染病的总称。羊巴氏杆菌病多见于羔羊，绵羊发病较重。其临诊特征为急性病例发热、流鼻液、咳嗽、呼吸困难、败血症、肺炎、炎性出血和皮下水肿。

（一）诊断要点

1. 流行特点 本病无明显季节性，多散发，也可呈地方性流行。多发生于羔羊和绵羊，各种年龄的绵羊均易感，山羊也易发生，多呈慢性经过。本病主要经消化道、呼吸道传染，也可通过吸血昆虫叮咬或经皮肤、黏膜的创伤感染。羊群过大、大小混养、饲养不良、饥饿、气候剧变、寒冷、闷热、挨淋、潮湿、通风不良、拥挤、运输、寄生虫病侵袭等因素作用时，机体抵抗力降低，均可诱发本病。

2. 临床症状

（1）绵羊症状。最急性型多见于哺乳羔羊，1 日龄羔羊即可发病，发病突然，表现为寒战、虚弱、呼吸困难，往往呈一过性发作，在数分钟或数小时内死亡。急性型精神极度沉郁，食欲废绝，体温升高至 41~42 ℃。呼吸短促，咳嗽，鼻孔常有出血，并流出黏性分泌物。眼结膜潮红，有黏性分泌物，有时在颈部、胸下部发生水肿。初期便秘，后期腹泻，有时粪便呈血水样。病羊常在严重腹泻后虚脱而死，病程 2~5 天。慢性型病羊食欲减退，消瘦，咳嗽，流出黏脓性鼻液，呼吸困难。伴发角膜炎。有时在颈部、胸下部发生水肿。病羊腹泻，粪便恶臭。临死前极度衰弱，四肢厥冷，体温下降，病程可达 21 天。

（2）山羊症状。体温轻度升高，食欲不振，流出黏液性鼻液，长期咳嗽，营养不良，如不及时治疗，常发生大叶性肺炎，病程 10 天左右。

3. 病理变化 最急性型和急性型剖检病羊可见颈部、胸部皮下胶样水肿和出血，全身淋巴结水肿、出血。气管和支气管黏膜充血、出血，含多量粉红色泡沫状液体，肺脏明显瘀血、出血和水肿，有时可见多发性的暗红色坏死灶，病灶中心呈灰白色或黄色，胸腔内有淡黄色渗出物。个别羔羊肾脏严重出血，发黑红色。肝脏也常散在黄色病灶，周围有红晕。皱胃和盲肠黏膜水肿、出血和溃疡。慢性型颈部、胸部皮下胶样水肿，病变主要在胸腔，呈现纤维素性肺炎变化，常有胸膜炎和心包炎，肺炎区主要发生于一侧或两侧尖叶、心叶和膈叶前缘，炎症区域大小不一，呈灰红色或灰白色，其中散布一些边缘不整齐的坏死灶或化脓灶。

4. 实验室检查　急性病羊可无菌采取血液及黏液，尸体可取心血和肺脏、肝、肾、脾或体腔的渗出物等涂片，染色镜检，可见大量的革兰氏阴性两极着色的小杆菌，可初步确诊。

（二）防治

1. 预防　加强饲养管理，给予全价配合饲料和优质草料，合理分群，不过度放牧，避免各种应激因素的作用，保持圈舍卫生，定期严格消毒，发现病羊立即隔离治疗。引种前后各肌内注射氟苯尼考注射液1~2次，可预防发病。有条件时可注射疫苗。

2. 治疗　治疗原则为加强护理，早期诊断和抗菌消炎。

【处方1、2】　同沙门杆菌病。

【处方3】　酒石酸泰乐菌素注射液2~10毫克/千克体重，皮下或肌内注射，每天2次，连用3天。

【处方4】　青霉素5万~10万单位/千克体重，链霉素10~15毫克/千克体重，注射用水10毫升，肌内注射，每天1~2次，连用3天。

【处方5】　环丙沙星注射液2.5~5毫克/千克体重，肌内注射，每天1~2次，连用3天。

【处方6】　磺胺间甲氧嘧啶注射液50毫克/千克体重，肌内注射，每天2次，连用3天。

六、链球菌病

羊链球菌病，即羊败血性链球菌病，是由C群马链球菌兽疫亚种（呈球形，多排成链状或成双）引起的一种急性、热性、败血性传染病。其临诊特征为全身性出血性败血症，浆液性肺炎与纤维素性胸膜肺炎。主要发生于绵羊，其次为山羊。

（一）诊断要点

1. 流行特点　本病有明显季节性，多在冬、春季节，气候寒冷和营养不良时发生。新发病区常呈地方性流行，老疫区则多为散发。病羊及带菌羊为主要传染源，主要经呼吸道传播，其次是消化道和损伤的皮肤、黏膜，羊虱等吸血昆虫也可传播。

2. 临床症状　最急性型病羊的初发症状不易被发现，常于24小时内死亡。

急性型病羊体温升高到41 ℃以上，精神沉郁，呆立，拱背，不愿走动。食欲减退或废绝，反刍停止。眼结膜充血，流泪，随后有浆液性分泌物，鼻腔流浆液性脓性鼻液，咽喉肿胀，咽背和下颌淋巴结肿大，呼吸困难，咳嗽，流涎，粪便稀软，常带有黏液或血液，妊娠母羊阴门红肿，多发生流产。病羊最后衰竭倒地，磨牙，呻吟，抽搐，多窒息死亡，病程2~3天。亚急性型体温升高，食欲减退，喜卧，不愿走动，步态不稳，咳嗽，流黏性透明鼻液，咳嗽，呼吸困难，粪便稀软，带有黏液或血液。病程1~2周。慢性型一般轻微发热，病羊食欲不振，消瘦，腹围缩小，步态僵硬。有的病羊咳嗽，或发生关节炎。病程约1个月。

3. 病理变化 以败血症变化为主，各脏器广泛出血，网膜、系膜、胸腹膜、心冠状沟及心、内外膜有出血点。淋巴结肿大、出血，甚至坏死。鼻、咽喉、气管黏膜充血、出血。肺水肿或气肿、出血，出现肝变区，呈大叶性肺炎变化，有时肺脏尖叶有坏死灶，肺脏常与胸壁粘连，心包、胸腔和腹腔积液，肝脏肿大，呈泥土色，其浆膜下有出血点，胆囊扩张，胆汁外渗，肾脏肿胀、质脆、变软，出血梗死，被膜不易剥离。各脏器浆膜面常覆有黏稠的纤维素样物质。

4. 实验室检查 采取心血或肝脏、脾脏等涂片、染色镜检，发现带有荚膜，呈双球状，偶见3~5个菌体相连成短链的革兰氏阳性球菌，即可做出诊断。

（二）防治

1. 预防

（1）加强饲养管理，坚持自繁自养，饲喂全价日粮，供给优质干草，保持圈舍卫生，做好防寒保暖工作，定期消毒，不从疫区购进羊及其产品。发现本病立即隔离，在兽医指导下处理病死羊，环境彻底消毒，同群羊进行紧急免疫接种。

（2）定期免疫。羊链球菌氢氧化铝菌苗，绵羊及山羊不论大小，一律皮下注射5毫升，2~3周后重复接种1次，免疫期可维持半年以上。本病流行严重地区，绵羊可用羊链球菌弱毒菌苗免疫，成年羊用1毫升（含活菌50万~100万），0.5~2岁羊用0.5毫升，尾根皮下注射，免疫期为1年。

2. 治疗 治疗原则为早期诊断和抗菌消炎。

【处方1】 青霉素5万~10万单位/千克体重（或氧氟沙星注射液2.5~5毫克/千克体重），5%葡萄糖氯化钠注射液100~500毫升，地塞米松注射液4~12毫克，静脉注射，每天1~2次，连用3~5天。也可肌内注射。

30%安乃近注射液3~10毫升，肌内注射，或复方氨基比林注射液5~10毫升，皮下或肌内注射，每天1次，连用3天。

【处方2】 5%氟苯尼考注射液5~20毫克/千克体重，肌内注射，每天或隔天1次，连用3次。发病严重时可全群用药。

【处方3】 注射用头孢噻呋钠2.2毫克/千克体重，注射用水5毫升，肌内注射，每天1次，连用3天。

【处方4】 磺胺间甲氧嘧啶注射液50毫克/千克体重，肌内注射，每天2次，连用3天。

【处方5】 10%葡萄糖注射液500毫升，10%磺胺嘧啶钠注射液70~100毫克/千克体重，40%乌洛托品注射液2~8克，静脉注射，每天1~2次，连用3~4天。

七、结核病

结核病是由分枝杆菌（直或弯的细长杆菌，呈单独或平行相聚排列，多为棍棒状，间或有分支状）引起人和动物共患的一种慢性传染病。其主要特征是在组织器官中形成结核结节（结核性肉芽肿）。所有家畜均能感染，牛最容易发生，羊、猪和禽类较少。

（一）诊断要点

1. 流行特点　呈散发或地方流行，环境卫生差，通风不良，会促进本病的发生和传播。病羊是主要的传染源，常通过呼吸道和消化道感染本病，也可通过生殖道感染。乳腺结核可垂直传染给幼羊。此外，人结核病也可传染给羊。

2. 临床症状　绵羊及山羊的结核病极为少见。羊结核病一般呈慢性经过，病初无明显症状。后期病羊消瘦，被毛粗乱，呼吸困难，容易疲倦，有时流出鼻液。

3. 病理变化　羊结核病的病理变化多见于在肺和胸部的淋巴结或其他器官形成增生性、渗出性、变质性结核结节，其中增生性结核结节比较多见。增生性结核结节多大小不等，从粟粒大到榛子大，质地硬实，呈灰白色或灰黄色，切面中心部可见干酪样坏死或钙化。

4. 实验室检查　筛查病羊可进行结核菌素皮内试验法，即用牛分支杆菌、禽分支杆菌提纯菌素或老结核菌素，以1∶4稀释后，分别在绵羊的耳根外侧，或山羊的肩胛部，皮内注射0.1毫升，观察反应，测量皮肤肿块的大小和厚度，判断结果。开放性结核时可取病羊的病灶、痰、尿、粪、乳及其他分泌物，做抹片检查、分离培养和羊接种试验，或采用免疫荧光抗体技术检查病料。如用脓疱中心豆腐渣样物涂片，用抗酸染色，在显微镜下，看到成堆的红色分支杆菌。

（二）防治

1. 预防　主要采取综合性防疫措施，防止疾病传入，净化污染群，培育健康群，发病后一般不予治疗，而是采取加强检疫、隔离、淘汰等措施，并对场地、用具进行消毒。贵重动物也可隔离治疗。

2. 治疗

【处方1】 链霉素10~15毫克/千克体重，注射用水5~10毫升，肌内注射，每天 2 次，连用数天。

【处方 2】 注射用异烟肼 5 毫克/千克体重（每日用量），注射用水 5~10 毫升，肌内注射，连用数天。

八、羔羊大肠杆菌病

羔羊大肠杆菌病是由致病性大肠杆菌（为革兰氏阴性、两端钝圆的中等大小的杆菌）引起的羔羊的一种急性传染病，其特征是出现剧烈腹泻或败血症。因病羔羊常排出白色稀粪，又名羔羊白痢。多见于冬、春舍饲季节。

（一）诊断要点

1. 流行特点 本病多发于数日龄至 6 周龄内的羔羊，偶有 3~8 月龄的羊发病。本病多发生于冬、春舍饲期间，放牧季节很少发生。气候多变、初乳不足、圈舍潮湿等可促进本病发生，常呈地方性流行。病羊和带菌羊是本病的传染源，主要通过消化道感染。

2. 临床症状

（1）败血型：主要发生于 2~6 周龄的羔羊。病初体温升高至 41.5~42 ℃，病羊精神委顿，四肢僵硬，运步失调，头常弯向一侧，视力障碍，之后卧地，磨牙，头向后仰，一肢或数肢做划水动作，口吐泡沫，鼻流黏液，呼吸加快，很少或无腹泻，最后昏迷，多于发病后 4~12 小时死亡。有的病羊关节肿胀、疼痛。

（2）肠型：多见于 7 日龄以内的羔羊。病初表现体温升高，随之出现下痢，体温降至正常，病羔腹痛，拱背，精神委顿，粪便先呈黄色粥状，后呈淡灰白色，含有乳凝块，严重时呈水样，含有气泡，有时混有黏液和血液，排粪痛苦，甚至里急后重，病羔衰弱，食欲废绝，卧地不起，脱水死亡，病死率 15%~75%。偶见关节肿胀。

3. 病理变化

（1）败血型：胸腔、腹腔和心包大量积液，混有纤维素。肘关节、腕关节等发生肿大，滑液增多而混浊，含有纤维素性脓性渗出物。脑膜充血、小点状出血，大脑沟常有脓性渗出物。

（2）肠型：尸体严重脱水，肛门附近及后肢内侧被粪便污染。肠浆膜瘀血，暗红色。胃肠发生卡他性或出血性炎症，皱胃、小肠和大肠黏膜充血、出血、水肿，皱胃、小肠和大肠内容物呈灰黄色半液状。肠系膜淋巴结肿大，发红。有时见纤维素性化脓性关节炎。肺瘀血或有轻度炎症。

4. 实验室检查 确诊需采集血液、内脏、肠黏膜等进行细菌学检查。

（二）防治

1. 预防 加强饲养管理，改善羊舍环境条件，定期消毒，保持母羊乳头清洁，羔羊及时吮吸初乳等。有条件的可对妊娠母羊接种大肠杆菌疫苗，可使羔羊获得被动免疫。

2. 治疗　治疗原则为加强护理，抗菌消炎和对症治疗。

【处方1、2】　同沙门杆菌病。

【处方3】　磺胺脒片0.1~0.2克/千克体重（有败血症倾向时改为复方新诺明片20~25毫克/千克体重），碳酸氢钠片0.5~1克，硅炭银片2~5片，次硝酸铋片2~5片，颠茄片2~4毫克，加水内服，每天2次，连用3~5天。

口服补液盐饮水。

九、弯曲菌病

羊弯曲菌病（弧菌病）是由胎儿弯曲菌胎儿亚种引起的妊娠母羊流产的传染病。其临床特征为暂时性不育，发情期延长，胎儿死亡或早产。

（一）诊断要点

1. 流行特点　本菌对人和动物均有易感性，可引起绵羊地方流行性流产，牛散发性流产和人的发热。成年母绵羊最易感，未成年羊稍有抵抗力，公羊也可感染，山羊很少发病。该病多呈地方性流行，在传染过程中，常具有在一个地区流行1~2年或更长一段时间后，暂时停止，1~2年后又重新发病的规律。母羊感染、流产后可迅速康复而不带菌。病羊和带菌羊为主要传染源，可通过污染的食物、饲料、饮水等经消化道感染，不发生交叉传染。

2. 临床症状　怀孕母羊多于预产期前4~6周发生流产，有时流产也可从妊娠早期开始。分娩出死羔或弱羔，胎儿通常都是新鲜而没有变化的，有时候也可能发生分解，流产率在20%~25%，严重者达70%。多数母羊流产无先兆性症状，有的羊流产前后精神沉郁，阴户肿胀，并流出带血的分泌物。大多数病羊可迅速恢复，以后继续繁殖时不再发生流产。但有的病羊因死亡的胎儿在子宫内滞留，或继发子宫内膜炎和腹膜炎而死亡，病死率约为5%。

3. 病理变化　流产的胎儿皮下水肿，呈败血症变化，胎儿皮肤呈暗红色，浆膜上有小出血点，浆膜腔含有大量血样液体，肝脏有很多灰色坏死灶，此病灶容易破裂，使血液流入腹腔。母羊常见有子宫炎、腹膜炎和子宫积脓。

4. 实验室检查　可采集胎膜、胎儿等进行细菌分离鉴定，或采用试管凝集试验和荧光抗体技术进行诊断。

（二）防治

1. 预防　加强饲养管理，严防引入病羊，产羔季节提高警惕，严格执行检疫、隔离和消毒制度。发现病羊迅速隔离，对排出的胎儿、胎衣和污物等进行深埋或焚烧，彻底消毒被污染的场所，防止本病扩大传染。病羊进行隔离治疗。受本病传染的羊群不应再作为育种繁殖群。

2. 治疗　治疗原则为早期诊断，抗菌消炎和对症治疗。

【处方1】 庆大霉素注射液 0.5 万单位/千克体重（或链霉素 10~15 毫克/千克体重，注射用水 5~10 毫升），肌内注射，每天 1 次，连用 5 天。严重时可全群注射。

【处方2】 氨苄青霉素 50~100 毫克/千克体重（或氧氟沙星注射液 2.5~5 毫克/千克体重），5%葡萄糖氯化钠注射液 500 毫升，静脉注射，每天 1~2 次，连用 3~5 天。

甲硝唑注射液 10 毫克/千克体重，静脉注射，每天 1 次，连用 3 天。

缩宫素注射液 5~10 单位，发生流产后皮下或肌内注射。

青霉素 160 万单位，链霉素 100 万单位，蒸馏水 20 毫升，发生流产后子宫灌注，每天 1 次，连用 3 天。

【处方3】 5%氟苯尼考注射液 5~20 毫克/千克体重，肌内注射，每天或隔天 1 次，连用 3~5 次。

【处方4】 20%长效土霉素注射液 0.05~0.1 毫升/千克体重，肌内注射，每天或隔天 1 次，连用 3~5 次。

十、羊快疫

羊快疫是由腐败梭菌（革兰氏阳性的厌氧大杆菌，菌体正直，两端钝圆）引起的一种急性传染病。其临诊特征为突然发病，病程极短，皱胃黏膜发生出血性炎症。主要见于绵羊。

（一）诊断要点

1. 流行特点 常发生于秋、冬和早春季节，当气候骤变，阴雨连绵时易发。呈地方性流行，发病率为 10%~20%，病死率为 90%。绵羊最易感，山羊次之，以 6~18 月龄多发，病羊的营养状况多在中等以上。病羊和带菌羊为本病的主要传染源，主要经消化道感染。腐败梭菌通常以芽孢的形式散布于自然界，潮湿低洼的环境可促使羊发病，寒冷、饥饿和抵抗力降低时也容易诱发本病。本菌如经伤口感染，则可引起羊的恶性水肿。

2. 临床症状 羊突然发病，往往未表现症状即倒地死亡。有的病羊离群独居，卧地，不愿走动，强迫行走时，则表现虚弱或运动失调。腹部臌胀，有疝痛表现。有的体温升高到 41.5 ℃，有的则体温正常。病羊最后极度衰竭、昏迷，多在发病后数小时至 1 天内死亡，痊愈者极少。羊尸迅速腐败，天然孔流出血样液体。可视黏膜充血，呈蓝紫色。

3. 病理变化 皮下呈出血性胶样浸润，心包腔、胸腔、腹腔积有大量液体，心内、外膜有多数出血点。肝脏肿大，呈熟土色，其浆膜下可见到黑红色界限明显的斑点，切面有淡黄色的病灶，胆囊多肿胀。前胃黏膜自行脱落，并附着在胃内容物上，瓣胃内溶物干涸，形如薄石片，挤压不易破碎，皱胃呈出血性炎症变化，黏膜充血、肿胀，黏膜下层水肿，在胃底部及幽门附近，可见大小不等的出血斑点，有时见溃疡和坏死。肠道充满气体，黏膜充血、出血，严重者出现坏死和溃疡。肾脏软化。

4. 实验室检查　用病羊血液或死羊肝脏的被膜抹片、染色镜检，可见到无关节的长丝状菌体。

（二）防治

1. 预防

（1）加强饲养管理。防止羊受寒冷刺激，严禁吃霜冻草料，避免在清晨或污染地区和沼泽区域放牧，保持羊舍卫生，定期消毒（可用3%氢氧化钠液、20%漂白粉乳剂、1%复合酚液或0.1%二氯异氰尿酸钠液）。

（2）免疫接种。每年定期注射1~2次疫苗，如羊快疫、羊猝疽二联疫苗，羊快疫、羊肠毒血症三联苗（羊不论大小，一律皮下或肌内注射5毫升，保护期达半年以上），或羊快疫、羊猝疽、羔羊痢疾、羊肠毒血症、羊黑疫、肉毒中毒和破伤风七联疫苗（即厌氧菌七联干粉疫苗，稀释后，无论大小羊，均皮下或肌内注射1毫升，保护期达半年以上）等，可根据当地情况选用，初次免疫后，应间隔2~3周加强1次。

2. 治疗　病死羊及时焚烧，并深埋，防止病原扩散；隔离病羊，抓紧治疗，环境彻底消毒（20%漂白粉乳剂、3%氢氧化钠液）；羊群紧急接种疫苗，并迅速转移到干燥牧地放牧，减少青饲料，增加粗饲料，注意饮水卫生。治疗原则为早期诊断，早期抗菌治疗。

【处方1】　青霉素5万~10万单位/千克体重，注射用水5~10毫升，每天1~2次，连用3~5天。严重时全群注射。

【处方2】　20%长效土霉素注射液0.1毫升/千克体重，肌内注射，每天或隔天1次，连用3次。严重时全群注射。

【处方3】　青霉素5万~10万单位/千克体重，生理盐水100~500毫升，10%安钠咖注射液5~10毫升，地塞米松注射液4~12毫克；10%葡萄糖注射液250~500毫升，维生素C注射液0.5~1.5克，依次静脉注射，每天1~2次，连用3~5天。

甲硝唑注射液10毫克/千克体重，静脉注射，每天1次，连用3天。

【处方4】　10%磺胺嘧啶注射液70~100毫克/千克体重，10%葡萄糖注射液250~500毫升，静脉注射，每天2次，连用3天。

十一、羊猝疽

羊猝疽（C型肠毒血症）是由C型产气荚膜梭菌的毒素引起的一种毒血症。其临诊特征为突然发病，急性死亡，溃疡性肠炎和腹膜炎。主要发生于成年绵羊。

（一）诊断要点

1. 流行特点 本病多发于冬、春季节，呈地方性流行。常见于低洼、沼泽地区。食入带雪水的牧草或寄生虫感染等可诱发本病，常与羊快疫合并发生。主要发生于成年绵羊，以 1~2 岁的绵羊最易感。病羊和带菌羊为本病的主要传染源，主要是食入被本菌污染的饲草、饲料及饮水等，经消化道感染。

2. 临床症状 病程短促，常未见到症状即突然死亡。有时发现病羊掉队，卧地，体温升高，腹痛不安，衰弱，倒地咬牙，眼球突出，剧烈痉挛，在数小时内死亡。

3. 病理变化 主要病变是出血性肠炎，小肠一段或全部呈出血性肠炎变化，有的病例可见糜烂、溃疡。肠系膜淋巴结有出血性炎症。胸腔、腹腔和心包腔有大量渗出液，浆膜有出血点。肾脏肿大，但不软。死后 8 小时，病菌在肌肉或其他器官继续繁殖，并引起气肿疽的病变，骨骼肌间积聚血样液体，肌内出血，有气性裂孔，似海绵状。

4. 实验室检查 从体腔渗出液、脾脏取材，做 C 型产气荚膜梭菌的分离和鉴定，也可用小肠内容物的离心上清液静脉接种小鼠，检测有无 β 毒素。

（二）防治

同羊快疫。

十二、羊肠毒血症

羊肠毒血症（“软肾病”或“类快疫”）是由 D 型产气荚膜梭菌在羊肠道内大量繁殖产生的毒素引起的一种急性毒血症。其临诊特征为急性死亡，肾脏软化，甚至如泥状。

（一）诊断要点

1. 流行特点 本病的发生有明显的季节性和条件性，常在春末夏初或秋末冬初饲料改变时被诱发，多呈散发，在发病羊群内可流行 1~2 个月。在雨季、气候骤变、低洼地区放牧或缺乏运动等，均可促使本病发生。本病开始来势凶猛，以后逐渐缓和或平息。绵羊和羔羊发生较多，山羊较少，常以 2~12 月龄、膘情较好的羊多发。病羊和带菌羊为本病的主要传染源。本菌为土壤常在菌，也存在于污水中。羊采食被芽孢污染的饲草或饮水，经消化道感染。

2. 临床症状 本病发生突然，很快死亡。病羊死前步态不稳，呼吸急促，心跳加快，全身肌肉震颤，磨牙，甩头，倒地抽搐，头颈后仰，左右翻滚，口鼻出现白色泡沫，可视黏膜苍白，四肢和耳尖发凉，哀鸣，昏迷死亡。体温一般不高，但有血糖、尿糖升高现象。

3. 病理变化 肾脏软化如泥样，一般认为是一种死后的变化。体腔积液，心脏扩张，心内、外膜有出血点。皱胃内有未消化的饲料，肠道特别是小肠充血、出血，严重者整个肠段肠壁呈血红色或有溃疡。肺脏出血、水肿，胸腺出血，脑膜血管努张。

4. 实验室检查 确诊的依据有在肾脏和其他实质脏器内发现D型产气荚膜梭菌，在肠道内发现大量本菌，并在小肠内检出ε毒素，尿中发现葡萄糖。

（二）防治

1. 预防

（1）加强饲养管理。夏季避免羊过食青绿多汁饲料，秋季避免采食过量结籽牧草，注意精、粗、青料的搭配，避免突然更换饲料或饲养方式，搞好圈舍卫生，提供良好环境条件，多运动。

（2）免疫接种。每年定期接种羊快疫、羊肠毒血症、羊猝疽三联疫苗，羊快疫、羊肠毒血症、羊猝疽、羔羊痢疾、羊黑疫五联疫苗（羊厌气菌五联菌疫苗，无论大小羊，均皮下或肌内注射5毫升，保护期半年以上），或羊厌氧菌七联干粉疫苗（稀释后，无论大小羊，均皮下或肌内注射1毫升，保护期半年以上）。初次免疫后，需间隔2~3周再加强1次。

2. 治疗 病死羊及时焚烧或深埋，防止病原扩散；隔离病羊，抓紧治疗，环境彻底消毒；羊群紧急接种疫苗，并迅速转移到高燥牧地放牧，减少青饲料，增加粗饲料，注意饮水卫生。治疗原则为早期诊断，早期抗菌治疗。

【处方1~处方4】 参考羊快疫。

【处方5】 苍术10克，大黄10克，贯众5克，龙胆草5克，玉片3克，甘草10克，雄黄（另包）1.5克，将前六味水煎取汁，混入雄黄，一次灌服，灌药后再加服一些食用植物油。

十三、羊黑疫

羊黑疫（传染性坏死性肝炎）是由B型诺维梭菌引起的绵羊和山羊的一种急性高度致死性毒血症。其临诊特征为突然发病，病程短促，皮肤发黑，肝实质发生坏死病灶。

（一）诊断要点

1. 流行特点 本病主要在春、夏发生于肝片吸虫流行的低洼潮湿地区，冬季很少发生，与肝片吸虫的感染有密切关系。发病羊多为营养良好的羊，能使1岁以上的绵羊感染，其中2~4岁的绵羊发生最多，山羊也感染。病羊为主要传染源，多通过食入本菌的芽孢污染的牧草、饲料或饮水等，经消化道感染。

2. 临床症状 病羊多突然死亡，因此常常只能发现尸体。如果能看到病羊，其表现为精神不振，掉队，喜卧，1小时内死亡，死前不挣扎。部分病例可拖延1~2天，病羊食欲废绝，精神沉郁，呼吸困难，体温41.5℃，常昏睡俯卧，并保持这种状态而毫无痛苦地死去。病羊一般都营养较好。

3. 病理变化 病羊尸体的皮下静脉显著瘀血，使羊皮呈暗黑色外观（故称羊黑疫）。胸部皮下常发水肿，浆膜腔积液，左心室心内膜下常出血，皱胃幽门部和小肠黏膜充血、出血。肝脏充血、肿胀，肝的表面或内面有一个或数个略带圆形的坏死区，界限清楚，颜色黄白，直径为2~3厘米，周围显著充血。

4. 实验室检查 可进行细菌分离鉴定，以及卵磷脂酶试验检查毒素，或用荧光抗体技术检查诺维梭菌。

（二）防治

1. 预防 流行本病的地区应做好控制肝片吸虫的感染工作（杀虫灭螺）；在发病地区，定期接种羊厌气菌五联菌苗或羊厌氧菌七联干粉苗，或用羊黑疫、羊快疫二联苗，初次免疫后，需间隔2~3周再加强1次。

2. 治疗 发现病死羊及时焚烧并深埋，防止病原扩散；隔离病羊，环境彻底消毒。羊群紧急接种疫苗，并迅速转移到干燥地区放牧，注意饲料和饮水卫生。治疗原则为早期诊断，抗菌消炎。

【处方1~处方4】 参考羊快疫。

【处方5】 抗诺维梭菌血清50~80毫升，发病早期，静脉或肌内注射，每天1次，连用2次。

十四、羔羊痢疾

羔羊痢疾是由B型产气荚膜梭菌引起的初生羔羊的一种急性毒血症。其临诊特征为剧烈腹泻，小肠发生溃疡和羔羊大批死亡。主要危害7日龄以内的羔羊，以2~3日龄羔羊发病最多。

（一）诊断要点

1. 流行特点 主要为7日龄以内的羔羊发病，以2~3日龄的羔羊发病最多，7日龄以上的很少发病。纯种细毛羊和改良羊的适应性比本地土种羊差，其羔羊的发病率和死亡率都较高。母羊营养不良，产羔季节过于寒冷或炎热等，均有利于本病的发生。病羊及带菌羊是本病的主要传染源。可通过羔羊吮乳，或食入被本菌的芽孢污染的牧草、饲料或饮水等，经消化道感染，也可通过脐带或创伤感染。

2. 临床症状 自然病例潜伏期为1~2天，病初羔羊精神沉郁，低头拱背，不想吃奶，随后发生持续性腹泻，粪便呈黄色或带血，恶臭，甚至排粪失禁，变为血便，病羔逐渐脱水，虚弱，卧地不起，若不及时治疗，常在1~2天内死亡。有的羔羊腹胀而不腹泻，或只排少量稀粪（也可能带血），四肢瘫软，卧地不起，呼吸急促，口吐白沫，头向后仰，体温降至正常体温以下，最后昏迷死亡。

3. 病理变化 病羔脱水严重，皱胃内存在未消化的凝乳块，小肠（特别是回肠）发生出血性肠炎，肠黏膜充血、发红，病程稍长可见小肠或结肠黏膜出现直径在1~2毫米的溃疡，溃疡周围有一出血带环绕，有的肠内容物呈血色。肠系膜淋巴结肿胀、充血、出血。心包积液，心内膜有出血点。肺有充血区或瘀血斑。

4. 实验室检查 可进行细菌分离鉴定和毒素中和试验。

（二）防治

1. 预防 加强母羊饲养管理，供给配合饲料和优质饲草，保证羊舍舒适卫生，冬季保暖，夏季防暑，产羔前对产房进行彻底消毒（可用1%~2%的热氢氧化钠液或20%~30%的石灰水），注意接产卫生，脐带严格消毒，辅助羔羊吃奶；每年秋季对母羊注射羔羊痢疾疫苗或羊厌氧七联干粉苗，产前2~3周再加强1次。

2. 治疗 治疗原则为早期诊断、抗菌消炎和对症治疗。

【处方1】 5%氟苯尼考注射液20毫克/千克体重，肌内注射，每天1次，连用3次。严重时易感羔羊全部注射。

【处方2】 20%长效土霉素注射液0.1毫升/千克体重，肌内注射，每天1次，连用3次。严重时易感羔羊全部注射。

【处方3】 磺胺脒片0.1~0.2克/千克体重（或复方新诺明片20~25毫克/千克体重），碳酸氢钠片0.5~1克，硅炭银片2~4片，次硝酸铋片2~4片，颠茄片2~3毫克，加水内服，每天2次，连用3~5天。

口服补液盐饮水。

【处方4】 氧氟沙星注射液2.5~5毫克/千克体重，5%葡萄糖氯化钠注射液20~40毫升/千克体重，地塞米松注射液2~5毫克，盐酸山莨菪碱注射液（654-2注射液）3毫克，静脉注射，每天1~2次，连用3天。

甲硝唑注射液10~15毫克/千克体重，静脉注射，每天1次，连用3天。

第三节 其他传染病

一、羊支原体性肺炎

羊支原体性肺炎（羊传染性胸膜肺炎）是由许多支原体所引起的一种高度接触性传染病。其临床特征为高热、咳嗽，肺和胸膜发生浆液性或纤维素性炎症，呈急性或慢性经过，病死率很高。

（一）诊断要点

1. 流行特点 本病常呈地方性流行，一年四季均可发生，在冬、春枯草季节，以及遭受寒冷、阴雨、拥挤等不良环境因素作用时发病率较高。病羊是主要的传染源，耐过病羊也有传染的危险性，主要通过空气或飞沫经呼吸道传播。

2. 临床症状 潜伏期平均为 18~20 天。最急性者和急性者体温升高到 41 ℃，精神不振，拒食呆立，发抖，咳嗽，呼吸困难，鼻液为黏液性或脓性并呈铁锈色，粘于鼻孔及上唇。按压胸部敏感疼痛，听诊有水泡音和摩擦音，叩诊肺部有浊音。最急性者 4~5 天病情恶化，拱背伸颈，衰弱倒地而亡，死亡前体温降至正常或正常以下。急性者病程多为 7~15 天，有的转为慢性病例。慢性者多见于夏季，病情逐渐好转，全身症状轻微，食欲和精神恢复正常，间有咳嗽、流涕、腹泻、消瘦等症状，如遇饲养管理不善或天气突变，病情可能急剧恶化导致死亡，病程长达数月。

3. 病理变化 病变多局限于胸部。胸腔积液呈淡黄色，最多可达 500~2 000 毫升，暴露于空气中迅速凝固。病肺膨隆，出现不同时期的肝变，质硬，切面平整，结构致密，呈大理石样；胸膜变厚，表面粗糙，被覆纤维素薄膜，肺胸膜常与肋膜或心包膜粘连；肺淋巴结肿大，切面多汁，有出血点。

4. 实验室检查 采集肺组织或胸水涂片，进行染色镜检，革兰氏染色阴性，瑞氏染色可见球状、短杆状、丝状等极细小紫色点。在含 10%血清琼脂培养基上 37 ℃培养 5~6 天，出现细小草帽状湿润透明菌落。取菌溶涂片检查，见有革兰氏染色阴性，瑞氏染色呈紫色的丝状、球状支原体。

（二）防治

1. 预防

（1）加强饲养管理。提供良好的营养和环境条件，做好卫生消毒工作，新引进的羊必须隔离检疫。隔离 1 个月以上，确认健康无病后方可混入大群。

（2）免疫接种。本病流行地区应根据当地病原体的分离结果，选择使用疫苗。如山羊传染性胸膜肺炎氢氧化铝疫苗注射预防，半岁以下山羊皮下或肌内注射 3 毫升，半岁以上山羊注射 5 毫升，免疫期为 1 年。或用绵羊肺炎支原体灭活苗免疫。

2. 治疗 发生本病时，应对疫点及时封锁，对全群逐头检查，对病羊、可疑羊、假定健康羊分群隔离和治疗，对可疑羊和假定健康羊紧急免疫接种，对被污染的羊舍、场地、饲管用具、粪便、尸体等，进行彻底消毒和无害化处理。治疗原则是早期杀菌消炎和对症治疗。

【处方 1、2】 同沙门杆菌病。

【处方 3】 酒石酸泰乐菌素注射液 2~10 毫克/千克体重，皮下或肌内注射，每天 2 次，连用 3 天。

【处方 4】 左氧氟沙星注射液 2.5~5 毫克/千克体重，5%~10%葡萄糖注射液 500 毫升，地塞米松注射液 4~12 毫克，盐酸山莨菪碱注射液（654-2 注射液）5~10 毫克，静脉注射，每天 1~2 次，连用 3 天。

复方氨基比林注射液 5~10 毫升，皮下或肌内注射，每天 1 次，连用 2~3 天。

二、钩端螺旋体病

钩端螺旋体病又称黄疸血红蛋白尿，简称钩体病，是由钩端螺旋体（简称钩体）引起的一种重要而复杂的人兽共患病和自然疫源性疾病。其临床特征为发热，黄疸，血红蛋白尿，流产，皮肤和黏膜出血与坏死。全年均可发病，以夏、秋放牧期间更为多见。

（一）诊断要点

1. 流行特点 本病在夏、秋季多见（每年 7~9 月为流行的高峰期），一般呈散发。各种家畜均可发病，幼畜发病较多，绵羊和山羊均易感。传染源主要是病畜和鼠类。病畜和鼠类从尿中排菌，污染饲料和水源，可以通过皮肤、黏膜和消化道传给健康羊。有时也可通过交配和菌血症期间吸血昆虫叮咬等传播。

2. 临床症状 潜伏期为 4~5 天，通常表现为隐性感染，有些羊仅出现短暂的体温升高。少数病例表现为体温升高，呼吸和心跳加速，食欲减退，反刍停止，可视黏膜黄染，口、鼻黏膜坏死，消瘦，血红蛋白尿，腹泻，粪便带血，衰竭死亡。孕羊多发生流产。

3. 病理变化 尸体消瘦，口腔黏膜有溃疡，黏膜及皮下组织黄染，有时可见浮肿，浆膜和肠黏膜有大量出血，淋巴结肿大，胸、腹腔内有黄色液体。肺脏、心脏、肾脏、脾脏等实质器官有出血斑点。肝脏肿大，质地松软，发黄，肾脏稍肿大，皮质部散在有灰白色病灶。膀胱黏膜出血，内有红色或黄褐色尿液。

4. 实验室检查 在病羊发热初期，采取血液，在无热期采取尿液，死后立即取肾脏和肝脏，直接离心或制成匀浆后离心，取沉渣，在暗视野显微镜下检查，或进行镀银染色和姬姆萨染色，查找钩端螺旋体。

（二）防治

1. 预防

（1）严格检疫隔离，严禁从疫区引进羊。必要时引进的羊应隔离观察 1 个月确认无病后才能混群。避免去低湿草地、死水塘、水田、淤泥沼泽等有水（如呈中性或微碱性则危险性大）的地方和被带菌的鼠类、家畜的尿污染的草地放牧。发现病羊立即隔离，严防其尿液污染周围环境，并用 2%氢氧化钠液，10%~20%生石灰水，1%石炭酸，0.5%甲醛液等消毒。

（2）定期灭鼠。从事动物饲养、动物产品加工和兽医工作等的人员做好卫生防护工作，必要时接种人用钩端螺旋体多价疫苗。

（3）有条件的可接种钩端螺旋体菌苗或多价苗。

2. 治疗 治疗原则为早期诊断、抗菌消炎和对症治疗。

【处方1】 青霉素5万~10万单位/千克体重，链霉素15~25毫克/千克体重，注射用水5~10毫升，每天2次，连用3~5天。严重时全群注射。

【处方2】 20%长效土霉素注射液0.05~0.1毫升/千克体重，肌内注射，每天或隔天1次，连用3~5次。严重时全群注射。

【处方3】 庆大霉素注射液0.5万单位/千克体重（或氨苄青霉素50~100毫克/千克体重），5%葡萄糖氯化钠注射液500毫升，10%安钠咖注射液5~20毫升；10%葡萄糖注射液500毫升，维生素C注射液0.5~1.5克，依次静脉注射，每天1次，连用3~5天。

30%安乃近注射液3~10毫升，肌内注射，或复方氨基比林注射液5~10毫升，皮下或肌内注射。

三、衣原体病

衣原体病是一种由衣原体引起的传染病，可使多种动物发病，人也有易感性。羊衣原体病的临床症状可表现为发热、流产、结膜炎和多发性关节炎等。

（一）诊断要点

1. 流行特点 羊衣原体性流产多呈地方性流行。密集饲养、营养缺乏、长途运输、寄生虫侵袭等可促进本病的发生和流行。病羊和带菌羊是本病的主要传染源。羊感染后可通过粪便、尿液、乳汁、泪液、鼻分泌物及流产的胎儿、胎衣、羊水排出病原体，污染水源及环境，经消化道、呼吸道及眼结膜感染，也可通过生殖道感染，有人认为厩蝇、蜱等也可传播本病。

2. 临床症状

（1）流产型（地方流行性流产）。主要发生于牛、羊、猪。感染羊时，潜伏期为50~90天，流产通常发生于妊娠的最后1个月，一般观察不到征兆，临诊表现主要为流产、死产或产弱羔。流产后往往胎衣滞留，流产羊阴道排出分泌物可达数日。有些病羊可因继发感染细菌性子宫内膜炎而死亡。羊群首次发生流产，流产率可达20%~30%，以后流产率下降。流产过的母羊，一般不再发生流产。在本病流行的羊群中，可见公羊患有睾丸炎、附睾炎等疾病。

（2）结膜炎型（滤泡性结膜炎）。主要发生于绵羊，特别是肥育羔和哺乳羔。病羊一眼或双眼均可患病，眼结膜充血、水肿，大量流泪。病后2~3天，角膜发生不同程度的混浊，出现血管翳、糜烂、溃疡或穿孔。混浊和血管翳形成最先从角膜上缘开始，其后在其下缘也有发生，最后可扩展到角膜中心。数天后，在瞬膜、眼结膜上形成直径1~10毫米的淋巴样滤泡（滤泡性结膜炎）。病程6~10天，角膜溃疡者，病期可达数周。某些病羊可伴发关节炎，发生跛行。发病率高，一般不引起死亡。

(3) 关节炎型（多发性关节炎）。主要发生于羔羊。羔羊病初体温高达41~42 ℃，食欲废绝，掉群离群，肌肉僵硬，肢关节（尤其腕关节、跗关节）肿胀、疼痛，一肢或四肢跛行，之后病羔拱背站立，或长期卧地，体重减轻，生长发育受阻。绝大多数羔羊同时发生滤泡性结膜炎。发病率高，病死率低，病程2~4 周。

3. 病理变化

(1) 流产型。流产母羊胎膜水肿、增厚，子叶呈黑红色或土黄色，胎膜周围的渗出物呈棕色。流产胎儿水肿，腹腔积液，血管充血，皮肤、皮下组织、胸腺及淋巴结等处有点状出血，肝脏充血、肿胀，表面可能有针尖大小的灰白色病灶。

(2) 结膜炎型。结膜充血、水肿。角膜发生水肿、糜烂和溃疡。瞬膜、眼结膜上可见大小不等的淋巴样滤泡。

(3) 关节炎型。关节囊扩张，发生纤维素性滑膜炎。关节囊内积聚有炎性渗出物，滑膜附有疏松的纤维素性絮片，从纤维层到邻近的肌肉发生水肿、充血和小点状出血，关节软骨一般正常。患病数周的羊关节滑膜层由于绒毛样增生而变粗糙。两眼呈滤泡性结膜炎。肺脏有粉红色萎陷区和轻度的实变区。

4. 实验室检查　采集血液、脾脏、肺脏、关节液、流产胎儿及流产分泌物等作病料，涂片染色镜检，查找病原，也可接种于 5~7 天的鸡胚卵黄囊或无特定病原的小鼠等，进行衣原体的分离鉴定。

（二）防治

1. 预防　禁止羊群与其他易感动物接触，严格检疫、隔离和消毒，消除各种诱发因素，防止寄生虫侵袭，增强羊群体质；流行本病的地区，每年定期用羊流产衣原体灭活疫苗对母羊和种公羊进行免疫接种，皮下注射 3 毫升，保护期在半年以上。

2. 治疗　发生本病时，流产母羊及其所产弱羔应及时隔离，排出的胎衣、死羔和污物等应予销毁。污染的环境用 2%氢氧化钠液、2%来苏儿溶液等进行彻底消毒。治疗原则为早期诊断、抗菌消炎和对症治疗。

【处方 1】　硫氰酸红霉素注射液 2 毫克/千克体重，肌内注射，每天 2 次，连用 3 天。

【处方 2】　盐酸多西环素注射液 1~3 毫克/千克体重，每天或隔天 1 次，连用 3 次。

【处方 3】　20%长效土霉素注射液 0. 05~0. 1 毫升/千克体重，肌内注射，每天或隔天 1 次，连用 3~5 次。严重时全群注射。

【处方 4】　5%氟本尼考注射液 5~20 毫克/千克体重，肌内注射，每天或隔天 1 次，连用 3 次。

【处方5】 可配合处方1~处方4使用。红霉素眼膏涂于眼睑，每天2~3次。

【处方6】 流产型缩宫素注射液5~10单位，流产后皮下或肌内注射。

土霉素0.5~1.0克，生理盐水5~10毫升，子宫灌注，每天1次，连用3天。

氧氟沙星注射液2.5~5毫克/千克体重，5%葡萄糖氯化钠注射液500毫升，静脉注射，每天1~2次，连用3天。

甲硝唑注射液10~15毫克/千克体重，静脉注射，每天1次，连用3天。

四、传染性角膜结膜炎

传染性角膜结膜炎（红眼病）是由多种微生物引起的危害牛、羊的一种急性传染病。其临床特征为病羊眼结膜和角膜发生明显的炎症变化，眼睛流出大量的分泌物，其后角膜混浊或呈乳白色、溃疡，甚至失明。

（一）诊断要点

1. 流行特点 多发生在蚊蝇较多的炎热季节，一般是在夏、秋季5~10月，以放牧期发病率最高，进入舍饲期也有少数发病的，多为地方性流行。主要侵害反刍动物，特别是山羊。病羊和隐性感染羊是主要传染源。病羊的分泌物，如鼻涕、泪、奶及尿的污染物，均能散播本病，羊通过直接接触或者间接接触而感染。蝇类或某种飞蛾可机械性传播本病。

2. 临床症状 潜伏期一般为3~7天，主要表现为结膜炎和角膜炎。多数病羊先一眼患病，然后波及另一眼，有时一侧发病较重，另一侧较轻。发病初期呈结膜炎症状，流泪，羞明，眼睑半闭，眼内角流出浆液或黏液性分泌物，不久则变成脓性，使睫毛粘连，眼睑闭合。上、下眼睑肿胀、疼痛，结膜潮红，并有树枝状充血，个别病例的结膜上发生出血斑，其后发生角膜炎，结膜上的血管伸向角膜，在角膜边缘形成红色充血带，或在角膜上发生白色或灰色小点。由于炎症的蔓延，可继发虹膜炎。1~2天后，角膜出现混浊，甚至发生溃疡，形成角膜瘢痕。有时可波及全眼球组织，导致眼前房积脓或角膜破裂，晶状体可能脱落，造成永久性失明。病羊食欲减退，生长发育受阻，母羊拒绝哺乳。由衣原体致病的羊，还可见到角膜和结膜上的淋巴样滤泡、关节炎等。

（二）防治

1. 预防 加强饲养管理，供给充足的营养。圈养时创造良好的环境条件，减少饲养密度。夏季注意灭虫和遮阳，施行严格的检疫、隔离和消毒制度。有条件的种羊场，应建立健康群。引入的羊，至少隔离60天，方可与健康者合群。发现病羊立即隔离，环境彻底消毒，防止疫情扩大。一般病羊若无全身症状，在半个月内可以自愈。

2. 治疗 治疗原则为早发现、早隔离、早抗菌消炎。

【处方 1】 1%~2%硼酸液洗眼，拭干后再用3%~5%弱蛋白银溶液滴入结膜囊中，每天 2~3 次。

【处方 2】 在地塞米松眼药水中加入青霉素（0.5 万单位/毫升），点眼，每天 2~3 次。

【处方 3】 1%~2%黄降汞软膏，角膜混浊或角膜翳时眼内涂抹，每天 1~2 次。

【处方 4】 红霉素眼膏涂于眼睑，每天 2~3 次。

第十六章 羊场寄生虫病防治

第一节 线虫病

一、捻转血矛线虫病

捻转血矛线虫病又称捻转胃虫病，是由毛圆科血矛线虫属的捻转血矛线虫寄生于反刍动物皱胃和小肠引起的疾病。其临床特征为放牧掉队，食欲减退，异嗜，贫血，衰弱，消瘦，下颌或颜面水肿，便秘或腹泻，肥壮羔羊常因极度贫血而突然死亡。本病常导致羊群发生持续感染，给养羊业带来致命打击。

（一）诊断要点

1. 流行特点 多发生于炎热多雨季节，超载牧地，未驱虫或驱虫程序不科学的放牧羊群。

2. 临床症状 急性是以肥壮羔羊短时间内发生高度贫血，突然大批死亡为特征；亚急性多发生于羔羊、妊娠和哺乳母羊，病羊放牧掉队，食欲减退或废绝，异嗜，皮肤、黏膜和结膜苍白，衰弱，逐渐消瘦，绵羊尾巴缩小，被毛粗乱无光，下颌或颜面水肿，甚至卧地不起，先便秘，粪便粗糙，硬度增加，有时被覆黏液或带有血丝，之后发生腹泻，脱水，甚至死亡；慢性型病羊症状不明显，主要表现为精神不振，食欲下降，异嗜，消瘦，贫血，被毛粗乱，体温一般正常，便秘和腹泻交替发生。

3. 病理变化 剖检病羊尸体营养良好（急性型）或消瘦（亚急性或慢性），皮肤、皮下组织及肌肉苍白，血液稀薄，颜色为淡红色，不易凝固。心包积水，腹腔内有腹水，胃肠道内容物很少。皱胃内有大量淡红色或红白相间的毛发状线虫，长度为 15~30 毫米，吸着在胃黏膜上或游离于胃内容物中，还会慢慢蠕动。皱胃黏膜水肿，有严重的大面积出血症状（多为出血点）。

4. 虫卵检查 用粪便直接涂片法或饱和食盐水漂浮法检查粪便中的虫卵。如发现多量灰白色、椭圆形、卵壳壁薄而光滑、内含 16~32 个胚细胞的虫卵，即可做出初步诊断。

（1）粪便直接涂片法。在载玻片上滴少量蒸馏水或 50% 甘油水，用镊子取少量粪便搅碎与其混合，并除去粪渣，薄薄摊匀，加上盖玻片在显微镜下检查虫卵。每个粪样抹 3~5 个载玻片观察。此法操作简便，但检出率较低，用于临床诊断。

（2）饱和食盐水漂浮法。取 5 克左右粪便置于 100 毫升烧杯中，加入少量饱和盐水搅拌混匀后，继续加入 10 倍的饱和盐水，用玻棒搅拌均匀后，用粪网筛过滤，除去粪渣，将滤出的粪液倒入青霉素瓶中，并使液面稍突出瓶口，用载玻片盖在瓶口上，并与液面接触，静置 30 分钟，迅速取下载玻片，加上盖玻片，镜检观察。该法检出率高，可用来计算寄生虫的感染率。

（二）防治

1. 预防

（1）坚持定期驱虫。选择低毒、高效、广谱的药物给羊群进行预防性驱虫。建议进行“虫体成熟期前驱虫”或“秋冬季驱虫”。驱虫前要做小群试验，再进行全群驱虫。科学选择和轮换使用抗寄生虫药物，尽量推迟或消除寄生虫抗药性的产生。

目前多采用春、秋两次或每年三次驱虫，也可依据化验结果确定。对外地引进的羊必须驱虫后再合群。放牧羊群在秋季或入冬、开春和春季放牧后 4~5 周各驱虫一次，炎热多雨季节，可适当增加驱虫次数，一般 2 个月一次，如牧地过度放牧，超载严重，捻转血矛线虫发生持续感染，建议 1 个月驱虫一次，或投服抗寄生虫缓释药弹（丸）进行控制。羔羊在 2 月龄进行首次驱虫，母羊在接近分娩时进行产前驱虫，寄生虫污染严重地区在母羊产后 3~4 周再驱虫一次。

（2）加强饲养管理。备足全年草料，合理补充精料，实行圈养，增强抗病力，注意放牧和饮水卫生，应尽量不在潮湿低凹地点放牧，也不要在清晨、傍晚或雨后放牧，避免吃露水草，尽量避开幼虫活动的时间，减少感染机会。

（3）加强粪便管理。驱虫应在有隔离条件的场所进行，驱虫后排出的粪便应统一集中，用生物热发酵法进行无害化处理。日常的粪便也应进行生物热处理，消灭虫卵和幼虫。

2. 治疗　治疗原则为积极驱虫，对症治疗。

【处方 1】　盐酸左旋咪唑注射液 5~6 毫克/千克体重，全群皮下注射，或盐酸左旋咪唑片 8 毫克/千克体重，双羟萘酸噻吩嘧啶片 25~40 毫克/千克体重，全群内服。

【处方 2】　伊维菌素注射液 0.2 毫克/千克体重，全群皮下注射，或伊维菌素预混剂 0.2 毫克/千克体重，全群内服。泌乳母羊慎用。

【处方 3】　丙硫苯咪唑片（即阿苯达唑、抗蠕敏）5~15 毫克/千克体重，全群内服，母羊妊娠前期禁用，或丙氧苯咪唑片 10 毫克/千克体重，芬苯达唑片（苯硫苯咪唑）20 毫克/千克体重，全群内服。

10%葡萄糖注射液100~500毫升，维生素C注射液0.5~1.5克，10%安钠咖注射液10毫升，静脉注射，每天1~2次，连用3~5天。

丙二醇或甘油20~30毫升，维D_2磷酸氢钙片30~60片，干酵母片30~60克，西咪替丁片5~10毫克/千克体重，加水灌服，每天2次，连用3~5天。

维生素B_{12}注射液0.3~0.4毫克，肌内注射，每天1次，连用3~5天（实践检验效果良好）。

【处方4】 驱虫散：鹤虱30克，使君子30克，槟榔30克，芜荑30克，雷丸30克，绵马贯众60克，干姜（炒）15克，附子（制）15克，乌梅30克，诃子30克，大黄30克，百部30克，木香15克，榧子30克，研末，每次30~60克，开水冲候温灌服。

二、食道口线虫病

食道口线虫病是由毛线科食道口属的多种线虫的幼虫和成虫寄生于肠壁和肠腔引起的疾病。有些食道口线虫的幼虫阶段可使肠壁发生结节，故又称结节虫病。其临床特征为持续性腹泻，粪便呈暗绿色，含有黏液或血液，不同程度的消瘦和下颌水肿。此病在我国各地的羊、牛中普遍存在，常引起并发症。

（一）诊断要点

1. 流行特点 主要侵害羔羊，多发于春、秋季节（气温低于9℃时虫卵不发育，35℃以上时所有幼虫迅速死亡）和没有进行驱虫的放牧羊群。

2. 临床症状 轻度感染不显症状；重度感染，特别是羔羊，可引起典型的顽固性下痢（在感染后第6天开始腹泻），粪便呈暗绿色，含有许多黏液，有时带血，病羊拱腰，后肢僵直有腹痛感，严重时可因机体脱水、消瘦、衰竭死亡；慢性病例是便秘与腹泻交替发生，进行性消瘦，下颌水肿，最后虚脱死亡。

3. 病理变化 主要表现为结肠的结节性病变和炎症。幼虫阶段在肠壁上形成结节（微管食道口线虫的幼虫不在肠壁上产生结节），结节在浆膜面破溃时引起腹膜炎，结节在黏膜面破溃时引起溃疡性和化脓性结肠炎，某些结节可发生钙化变硬。成虫吸附在黏膜上虽不吸血，但分泌有毒物质加剧结节性肠炎的发生，毒素还可以引起造血组织某种程度的萎缩，因而导致红细胞减少、血红蛋白下降和贫血。

4. 实验室检验 通过虫卵检查法，如粪便直接涂片法、饱和食盐水漂浮法和改良斯陶尔虫卵计数法，可以初步了解消化道线虫感染的情况，但不能确诊。

（二）防治

1. 预防

（1）定期驱虫。春、秋两季各进行1次，采用广谱、高效、低毒的驱虫药，如丙硫苯咪唑、阿维菌素等，可取得良好效果。

（2）加强饲养管理。合理补充精料，实行圈养，保持饮水清洁，增强抗病力，尽量不在潮湿低凹地点放牧，也不要在清晨、傍晚或雨后放牧，尽量避开幼虫活动的时间，减少感染机会。

（3）加强粪便管理。将粪便集中堆放进行生物热处理，消灭虫卵和幼虫。

2. 治疗　治疗原则为积极驱虫，抗菌消炎，对症治疗。

【处方1、2】　同捻转血矛线虫病。

【处方3】　丙硫苯咪唑片（即阿苯达唑、抗蠕敏）5~15毫克/千克体重，全群内服，母羊妊娠前期禁用，或丙氧苯咪唑片10毫克/千克体重，芬苯达唑片（苯硫苯咪唑）20毫克/千克体重，全群内服。

生理盐水500~1 000毫升，氨苄青霉素50~100毫克/千克体重，10%安钠咖注射液10毫升；10%葡萄糖注射液500毫升，10%葡萄糖酸钙注射液10~50毫升，维生素C注射液0.5~1.5克。静脉注射，每天1~2次，连用2~3天。

甲硝唑注射液每千克体重10毫克，静脉注射，每天1次，连用2~3天。

12.5%止血敏注射液0.25~0.5克，肌内或静脉注射，每天2~3次，连用1~3天。

1%福尔马林液1 000~1 500毫升，深部灌肠。

三、仰口线虫病

仰口线虫病又称钩虫病，羊仰口线虫病是由钩口科仰口属的羊仰口线虫寄生于羊的小肠引起的以贫血为主要症状的寄生虫病。

（一）诊断要点

1. 流行特点　多发于炎热的夏、秋季节，未驱虫或驱虫程序不科学的放牧羊群。

2. 症状　病羊精神沉郁，进行性贫血，消化紊乱，顽固性腹泻，粪便带黑色，严重消瘦，有时下颌及颈下水肿。羔羊发育不良，生长缓慢，还有神经症状，如后躯软弱无力和进行性麻痹等，死亡率很高。死亡时红细胞数下降，血红蛋白降至30%~40%。放牧后，轻症症状逐渐减轻，甚至消失。

3. 病理变化　尸体消瘦、贫血、水肿，皮下有胶冻样浸润，浆膜腔积液。血液色淡，清水样，凝固不全。肺脏有瘀血性出血和小点出血。心肌松软，冠状沟有水肿。十二指肠和空肠有大量乳白色或淡红色虫体，虫体游离于肠内容物中或附着在黏膜上，肠黏膜发炎，有出血点和小齿痕，肠内容物呈褐色或血红色。

4. 实验室检查　用粪便直接涂片法或饱和食盐水漂浮法检查粪便中的虫卵，虫卵大小为（79~97）微米×（47~50）微米，无色，壳厚，两端钝圆，内含8~16个卵细胞。或剖检发现虫体时，即可确诊。

（二）防治

1. 预防 定期驱虫，保持圈舍干燥清洁，饲料和饮水应不受粪便污染，改善牧场环境，注意排水，不在湿地放牧。

2. 治疗 治疗原则是积极驱虫，抗菌消炎，对症治疗。

【处方1、2】 同捻转血矛线虫病。

【处方3】 丙硫苯咪唑片（即阿苯达唑、抗蠕敏）5~15毫克/千克体重，全群内服，母羊妊娠前期禁用，或丙氧苯咪唑片10毫克/千克体重，芬苯达唑片（苯硫苯咪唑）20毫克/千克体重，全群内服。

生理盐水500~1 000毫升，氨苄青霉素50~100毫克/千克体重，10%安钠咖注射液10毫升；10%葡萄糖注射液500毫升，10%葡萄糖酸钙注射液10~50毫升，维生素C注射液0.5~1.5克。静脉注射，每天1~2次，连用2~3天。

甲硝唑注射液每千克体重10~20毫克，静脉注射，每天1次，连用2~3天。

12.5%止血敏注射液0.25~0.5克，肌内或静脉注射，每天2~3次，连用1~3天。

维生素B_{12}注射液0.3~0.4毫克，肌内注射，每天1次，连用3~5天。

磺胺脒0.1~0.2克/千克体重，小苏打片5~10克，安络血片5~10毫克，次硝酸铋片2~4克，丙二醇或甘油20~30毫升，维D_2磷酸氢钙片30~60片，加水灌服，每天2次，连用3~5天（实践检验效果良好）。

四、夏伯特线虫病

夏伯特线虫病是由圆线科夏伯特属线虫寄生于羊、牛、骆驼、鹿及其他反刍动物的大肠内引起的寄生虫病。其临床特征为冬、春季节发病率升高，病羊消瘦，贫血，粪便中带有黏液和血液，有时下痢，羔羊生长发育迟缓，下颌水肿。本病遍及我国各地，有些地区羊的感染率高达90%以上。

（一）诊断要点

1. 流行特点 冬、春季节发病率升高（虫卵和幼虫在-12~-3 ℃的低温下能长期生存）。1岁以内羔羊最易感，发病较重，成年羊抵抗力强，发病较轻。

2. 临床症状 病羊体温升高，可视黏膜苍白，严重腹泻，粪便呈淡绿色至黑褐色，稀软或呈稀糊状，肛门周围和尾根部粘有稀粪，食欲减退，饮欲增加，被毛粗乱，下颌水肿，严重时四肢无力，卧地不起。羔羊生长发育迟缓，消瘦，发病和死亡严重。最急性者多为突然发病，无明显症状即死亡。

3. 病理变化 尸体贫血，消瘦，在大肠中有大量虫体，距肛门30厘米左右即可发现，甚至成团存在，肠黏膜水肿、溃疡，血管破裂出血。

4. 实验室检查 用粪便直接涂片法或饱和食盐水漂浮法检查粪便中的虫卵；用1%福尔马林液灌肠或剖解病羊，在粪便或肠内容物中查找成虫进行鉴定；采集粪便，收集虫卵，培养后根据其第三期幼虫的形态特征进行虫种鉴定。

（二）防治

1. 预防

（1）引种混群。对刚引进的羊须隔离饲养观察 1~2 周，并对羊进行预防性驱虫，确认健康无虫后，方可与原饲养的羊合群。

（2）科学放牧。严禁超载放牧，每隔 5 天分区轮牧一次。夏、秋季避免吃露水草，避免在低洼、潮湿牧地放牧，同时于春、秋季各进行一次全面驱虫。

（3）加强饲养管理。充分利用秸秆实行圈养，做好栏舍卫生消毒工作，经常清扫羊圈，保持圈舍清洁、干燥，将粪便堆积发酵，杀死虫卵，以减少感染传播的机会。

2. 治疗　治疗原则是积极驱虫，抗菌消炎，对症治疗。

【处方 1、2】　同捻转血矛线虫病。

【处方 3】　丙硫苯咪唑片（即阿苯达唑、抗蠕敏）5~15 毫克/千克体重，全群内服，母羊妊娠前期禁用，或丙氧苯咪唑片 10 毫克/千克体重，芬苯达唑片（苯硫苯咪唑）20 毫克/千克体重，全群内服。

1%福尔马林 1 000~1 500 毫升，深部灌肠。

维生素 B_{12} 注射液 0.3~0.4 毫克，肌内注射，每天 1 次，连用 3~5 天。

磺胺脒 0.1~0.2 克/千克体重，小苏打片 5~10 克，安络血片 5~10 毫克，次硝酸铋片 2~4 克，丙二醇或甘油 20~30 毫升，维 D_2 磷酸氢钙片 30~60 片，加水灌服，每天 2 次，连用 3~5 天。

【处方 4】　配合处方 1、处方 2 或处方 3。

生理盐水 500~1 000 毫升，氨苄青霉素钠 50~100 毫克/千克体重（或硫酸庆大霉素注射液 20 万单位，或氧氟沙星 2.5~5 毫克/千克体重），10%安钠咖注射液 10 毫升；10%葡萄糖注射液 500 毫升，10%葡萄糖酸钙注射液 10~50 毫升，维生素 C 注射液 0.5~1.5 克，10%氯化钾注射液 10 毫升。静脉注射，每天 1~2 次，连用 2~3 天。

甲硝唑注射液，每千克体重 10 毫克，静脉注射，每天 1 次，连用 2~3 天。

5%碳酸氢钠注射液 50~100 毫升，静脉注射，每天 1 次，连用 3~5 天。

呋塞米注射液（速尿针）0.5~1 毫克/千克体重，水肿时肌内注射，每天 1~2 次，连用 3 天。

五、肺线虫病

肺线虫病又叫网尾线虫病，羊网尾线虫病是由网尾属丝状网尾线虫寄生于绵羊和山羊的气管和支气管内引起的寄生虫病，所以也叫羊肺丝虫病。多见于潮湿地区，常呈地方性流行，主要危害羔羊。

（一）诊断要点

1. 流行特点 本病多发于冬季和潮湿牧地，成年羊和没有进行驱虫的放牧羊群感染率高。

2. 临床症状 病羊的典型症状是咳嗽，一般发生在感染后的16~32天，咳嗽先在个别羊身上发生，相继整群发作。中度感染时，咳嗽剧烈而粗厉。严重感染时，呼吸浅表、迫促、痛苦，伸颈摆头，尤其在驱赶或夜间休息时，咳嗽最为明显，常在距离羊群近处可以听到明显的咳嗽声和拉风箱似的呼吸声，病羊鼻孔常流出黏液性或黏脓性分泌物，分泌物干后在鼻孔周围形成痂皮。随病程的发展羊逐渐消瘦，被毛枯干，贫血，头部、胸部和四肢水肿，体温无变化，呼吸加快和困难。

当病羊打喷嚏或阵发性咳嗽时，常咳出黏液团块，显微镜涂片检查可见有虫卵和幼虫。感染轻微的羊常为慢性经过，临床症状不明显。

3. 病理变化 尸体消瘦，贫血。支气管中有黏液性、黏液脓性、混有血丝的分泌物团块，团块中有成虫、虫卵和幼虫。支气管黏膜肿胀、充血，并有小出血点，支气管周围发炎。有不同程度的肺脏膨胀不全和肺气肿。有虫体寄生的部位，肺脏表面稍隆起，呈灰白色，触诊时有坚硬感，切开时常可见到虫体。

4. 实验室检查 漏斗幼虫检查法。取新鲜羊粪15~20克，置于直径10~15厘米的衬有金属筛的漏斗上，漏斗下端套以10~15厘米的橡皮管，末端接1根小试管，然后固定于漏斗架上，装置完毕后沿漏斗壁徐徐加入40℃温水，直至淹没粪球为止，静置1~3小时，幼虫即由粪中游出，沉入到小试管底部，然后吸取底部沉淀物镜检。如看到大量体长550~585微米，运动极为活跃，头端较圆，头部有一扣状结节的幼虫，即为丝状网尾线虫的第一期幼虫。欲详细观察，可滴加1滴碘液，待幼虫死后进行。

（二）防治

1. 预防 在放牧前后各进行一两次驱虫，放牧季节根据情况再适当进行普遍驱虫，驱虫治疗后，应将粪便堆积，进行生物发酵处理；成年羊与羔羊分群放牧，有条件的地方可实行轮牧，避免在低湿的沼泽地放牧。保持圈舍和饮水卫生，喂足草料，增强体质。有条件的可用虫苗预防。

2. 治疗 治疗原则是正确诊断，积极驱虫，抗菌消炎。

【处方1、2】 同捻转血矛线虫病。

【处方3】 丙硫苯咪唑片（即阿苯达唑、抗蠕敏）5~15毫克/千克体重，全群内服，母羊妊娠前期禁用，或丙氧苯咪唑片10毫克/千克体重，芬苯达唑片（苯硫苯咪唑）20毫克/千克体重，全群内服。

青霉素5万单位/千克体重，地塞米松注射液4~12毫克，注射用水5毫升，或5%氟苯尼考注射液5~20毫克/千克体重，肌内注射，每天1次，连用3天。

六、脑脊髓丝虫病

脑脊髓丝虫病又称为腰痿病，是由丝状科丝状属的指形丝状线虫和唇乳突丝状线虫的晚期幼虫迷路侵入马、羊的脑或脊髓的硬膜下或实质中而引起的疾病。此病以脑脊髓炎和脑脊髓实质破坏为病理特征。羊患病后往往后躯歪斜，行走困难，甚至卧地不起，最后因褥疮、食欲下降、消瘦和贫血死亡。在我国长江流域和华东沿海地区发生较多，东北、华北等地区也有发生。

（一）诊断要点

1. 流行特点　本病多发生于夏末秋初季节，特别是蚊子大量滋生时，容易感染。

2. 临床症状

（1）急性。病羊突然卧倒，不能起立。眼球上旋，颈部肌肉强直或痉挛，或歪斜。呈现兴奋、骚乱及鸣叫等神经症状。倒地抽搐，致使眼球受到摩擦而充血，眼眶周围的皮肤被磨破，呈现显著的结膜炎，甚至发生外伤性角膜炎。急性兴奋过后，如果将羊扶起，可见羊四肢僵直，向两侧叉开，步态不稳，如醉酒状。当颈部痉挛严重时，病羊向一侧转圈。

（2）慢性。此型多见，病初羊腰部无力、步态踉跄，多发生于一侧后肢，也有的两后肢同时发生，此时病羊体温、呼吸和脉搏均无变化，但多遗留臀部歪斜及斜尾等症状。容易跌倒，但可自行起立，故病羊仍可随群放牧。母羊产奶量仍不降低。病情严重时两后肢完全麻痹，呈犬坐姿势，或横卧地上不能起立，但食欲及精神正常。时间长久，发生褥疮，食欲下降，逐渐消瘦，衰竭死亡。

3. 病理变化　脑脊髓的硬膜、蛛网膜有浆液性、纤维素性炎症和胶样浸润灶，以及大小不等的红褐色、暗红色出血灶，在其附近可发现虫体。脑脊髓实质病变明显，形成大小不等的斑点状、条纹状的褐色坏死性病灶，以及形成大小不同的空洞和液化灶。

4. 实验室诊断　国内用牛腹腔丝虫提纯抗原进行皮内注射，成功用于马脑脊髓丝虫病的早期诊断，可以试用。

（二）防治

1. 预防

（1）控制传染源。羊舍要设置在干燥、通风、远离牛舍1~1.5千米处，在蚊虫出现的季节尽量避免与牛接触。普查病羊并治疗，海群生注射液10毫克/千克体重，皮下注射，每天3次，连用2天。

（2）切断传播途径。搞好羊舍及周围环境卫生，铲除蚊虫滋生地，用药物或灭蚊灯驱蚊、灭蚊、杀虫，防止蚊虫叮咬。

（3）药物预防。在本病流行季节对羊群定期驱虫，每月1次，连用4次。

2. 治疗 治疗原则是早诊断，早治疗。

【处方】 海群生片（乙胺嗪）100毫克/千克体重，内服，连用2~5天，对轻症病羊有良好效果。必要时配合乙酰水杨酸片和抗过敏药物，以减轻虫体死亡带来的不良反应。

盐酸左旋咪唑注射液10毫克/千克体重，肌内注射，每天1次，连用7天。

丙硫苯咪唑片20~30毫克/千克体重，内服，每天1次，连用3~5天，对轻症病羊有良好效果。

第二节 吸虫病

一、片形吸虫病

片形吸虫病又称肝蛭病，是由片形科片形属的肝片吸虫和大片吸虫寄生于反刍动物的肝脏和胆管中所引起的一种寄生虫病。其临床特征为急性死亡，以及贫血、消瘦和水肿。本病呈世界性分布，是羊最主要的寄生虫病之一。本病主要危害绵羊，特别是羔羊，山羊也时有发生。

（一）诊断要点

1. 流行特点 本病呈地方性流行，多发生于温暖多雨的夏、秋季，特别是在低洼潮湿和椎实螺滋生的牧地多发。

2. 临床症状

（1）急性型。多在秋季发病，病羊精神沉郁，体温升高，食欲减退或废绝，腹胀，虚弱，容易疲倦，有时出现腹泻，迅速贫血，黏膜苍白，触诊肝区有压痛，数天死亡。

（2）慢性型。较常见，病羊食欲减退后废绝，逐渐消瘦，渐进性贫血，黏膜苍白，被毛粗乱，便秘与腹泻交替发生，在下颌、眼睑和胸腹下发生水肿。母羊乳汁稀薄，孕羊发生流产，一般经1~2月后发生恶病质死亡。

3. 病理变化 肝脏肿大和出血，胆管像绳索样凸出于肝脏表面，胆管内壁有盐类沉积，胆管内膜粗糙，刀切时有沙沙声。在胆管中可发现虫体，常引发慢性胆管炎、慢性肝炎、贫血和黄疸。肺脏有时出现局限性的硬固结节。

4. 实验室检查 用反复水洗沉淀法或尼龙筛淘洗法检查虫卵，如发现大量虫卵，结合症状，即可做出诊断。急性病例通常查不到虫卵，可进行剖检，在肝脏或其他器官内找到幼虫进行诊断。

（二）防治

1. 预防

（1）加强饲养管理。注意饮水和饲草卫生，增强羊的抗病能力，搞好环境卫生，消灭中间宿主椎实螺（1∶50 000 硫酸铜溶液喷洒灭螺），放牧应选坡地，避免在低湿牧地放牧，防止羊群被感染。

（2）定期驱虫。一般每年要进行三次驱虫。在春季椎实螺活动以前，用杀成虫的药物进行第一次驱虫，驱虫后粪便要进行生物热发酵处理；在 7~9 月用杀幼虫的药物进行第二次驱虫，以杀死侵入体内的多数幼虫，减少或阻止其发育为成虫；在 11~12 月，用对杀成虫和幼虫都有效的药物进行第三次驱虫，以保护羊群安全过冬。

2. 治疗　治疗原则为正确诊断，积极驱虫，对症治疗。

【处方 1】　三氯苯唑（肝蛭净）片 5~10 毫克/千克体重，内服，对成虫和童虫有效，急性病例 5 周后应重复给药一次，泌乳羊禁用。

【处方 2】　丙硫苯咪唑片（即阿苯达唑、抗蠕敏）5~15 毫克/千克体重，内服。母羊妊娠期禁用。

【处方 3】　氯氰碘柳胺片，10 毫克/千克体重，内服，或氯氰碘柳胺注射液 5~10 毫克/千克体重，深部肌内注射。

【处方 4】　溴酚磷（蛭得净）片，12~16 毫克/千克体重，内服，对成虫和童虫有效。

【处方 5】　硝碘酚腈（虫克清）片，30 毫克/千克体重，内服，或硝碘酚腈注射液 10~15 毫克/千克体重，皮下注射，对幼虫作用不佳，内服不如注射有效。

【处方 6】　必要时用，并配合处方 1~处方 5。

甘油 20~30 毫升，维 D_2 磷酸氢钙片 30~60 片，干酵母片 30~60 克，安络血片 5~10 毫克，健胃散 30~60 克，加水灌服，每天 2 次，连用 3~5 天。

生理盐水 500 毫升，氨苄青霉素 10~20 毫克/千克体重；10%葡萄糖注射液 100~500 毫升，10%葡萄糖酸钙注射液 10~50 毫升，维生素 C 注射液 0. 5~1. 5 克，10%安钠咖注射液 10 毫升。静脉注射，每天 1~2 次，连用 3~5 天。

维生素 B_{12}注射液 0. 3~0. 4 毫克，肌内注射，每天 1 次，连用 3~5 天。

呋塞米注射液（速尿针）0. 5~1 毫克/千克体重，水肿时肌内注射，每天1~2 次，连用 3 天。

二、双腔吸虫病

双腔吸虫病又称复腔吸虫病，是由双腔属的矛形双腔吸虫寄生于动物（牛、羊、猪、骆驼、马属动物和兔）的胆管和胆囊中引起的寄生虫病。主要危害反刍动物，严重感染时会造成牛、羊死亡。

(一) 诊断要点

1. 流行特点 多见于未驱虫的放牧羊群和有在低洼潮湿牧地放牧病史的羊。

2. 临床症状 轻度感染时，通常无明显症状。严重感染的羊可见到黏膜黄染，逐渐消瘦，下颌水肿，消化紊乱，腹泻与便秘交替出现，最后因极度衰竭引起死亡。

3. 病理变化 虫体寄生在胆管，引起胆管炎和管壁增厚，肝脏肿大，肝被膜肥厚。

4. 实验室检查 采集粪便，用反复水洗沉淀法进行粪便检查，发现虫卵。或剖检病羊，用手将肝脏撕成小块，置入水中搅拌，沉淀，倾去上清液，反复数次，直至上清液清澈为止，然后在沉淀物中找出双腔吸虫虫体。

(二) 防治

1. 预防 每年秋末和冬季进行全群驱虫。本区羊群如果能坚持数年，可达到净化草场的目的；采取措施，改良牧地，除去杂草、灌木丛等，以消灭其中间宿主陆地蜗牛，也可人工捕捉或在草地养鸡进行控制。

2. 治疗 治疗原则为正确诊断，积极驱虫，对症治疗。

【处方 1】 硝氯酚片 5 毫克/千克体重，内服。

【处方 2】 丙硫苯咪唑片（即阿苯达唑、抗蠕敏）5~15 毫克/千克体重，内服。母羊妊娠期禁用。

【处方 3】 吡喹酮片 60~70 毫克/千克体重，全群一次内服。

【处方 4】 应配合处方 1~处方 3 使用。

甘油 20~30 毫升，维 D_2 磷酸氢钙片 30~60 片，干酵母片 30~60 克，健胃散 30~60 克，加水灌服，每天 2 次，连用 3~5 天。

10%葡萄糖注射液 100~500 毫升，10%葡萄糖酸钙注射液 10~50 毫升，维生素 C 注射液 0.5~1.5 克，10%安钠咖注射液 10 毫升，静脉注射，每天 1~2 次，连用 3~5 天。

维生素 B_{12}注射液 0.3~0.4 毫克，肌内注射，每天 1 次，连用 3~5 天。

呋塞米注射液（速尿针）0.5~1 毫克/千克体重，水肿时肌内注射，每天1~2 次，连用 3 天。

三、日本血吸虫病

日本血吸虫病又叫日本分体吸虫病，是有分体科分体属的日本血吸虫寄生于人和牛、羊、猪、犬等几乎所有哺乳动物的门静脉和肠系膜静脉内所致的一种严重地方性寄生虫病。其临床特征为急性或慢性肠炎、肝硬化、严重腹泻、贫血、消瘦。主要在我国长江流域及长江以南广为流行，严重危害人畜健康。

（一）诊断要点

1. 流行特点　主要发生在钉螺滋生和钉螺阳性率高的地区，多在夏、秋季节，通过接触含尾蚴的疫水感染。

2. 临床症状

（1）急性型。病羊体温升高至 40 ℃以上，间歇热，食欲减退，精神沉郁。急性感染 20 天后发生腹泻，粪便中含有黏液和血液，消瘦，贫血，衰弱无力。严重者站立困难，全身虚脱，最终死亡。

（2）慢性型。病羊食欲时好时差，精神较差，有的病羊腹泻，粪便带血，极度消瘦，贫血。感染的母羊不孕或流产，羔羊生长发育受阻。轻度感染时无明显症状。

3. 病理变化　基本病变为虫卵沉积在组织中所引起的虫卵结节。虫卵结节常发生于肝脏和直肠。在肝脏表面可见粟粒大到高粱米大灰白色或灰黄色的结节，肝脏初期可能肿大，后期发生萎缩、硬化。严重感染时，肠道各段均可找到虫卵的沉积，特别是直肠病变更为严重，常出现小溃疡、瘢痕及肠黏膜肥厚，在肠系膜、大网膜、胃、心脏、肾脏、胰脏等处也可找到虫卵结节。

4. 实验室检查

（1）虫卵检查。清晨从直肠采取粪便，经直接涂片法、集卵法和孵化法检出虫卵即可确诊。粪便沉淀孵化法最利于诊断，取粪 30 克，沉淀后将粪渣置于 500 毫升三角瓶内，加清水至瓶口，置室温孵化，在 4 小时、12 小时和 24 小时后用放大镜或肉眼观察，见有尾蚴即可确诊。

（2）虫体鉴定。剖检病羊，从肠系膜静脉收集虫体进行鉴定，可以确诊，日本分体吸虫雌雄异体，在肠系膜小血管中寄生时呈雌雄合抱状态。

另外，也可以利用间接血凝试验和变态反应确诊。

（二）防治

1. 预防　消灭中间宿主钉螺。养食螺鸭子，改造低洼地，化学灭螺等；粪便堆积发酵，不使用新鲜粪便作肥料；管好水源，严防人、畜粪便污染水源；搞好饮水卫生，专塘用水或用井水；避免家畜接触尾蚴，在没有钉螺的地方放牧。

2. 治疗

【处方】　吡喹酮片 20 毫克/千克体重，一次内服，可达 99.3%~100%的治疗效果。

生理盐水 500 毫升，氨苄青霉素 10~20 毫克/千克体重；10%葡萄糖注射液 100~500 毫升，维生素 C 注射液 0.5~1.5 克，10%安钠咖注射液 10 毫升。静脉注射，每天 1~2 次，连用 3~5 天。

甘油 20~30 毫升，维生素 D_2 磷酸氢钙片 30~60 片，干酵母片 30~60 克，健胃散 30~60 克，加水灌服，每天 2 次，连用 3~5 天。

第三节 绦虫病

一、反刍动物绦虫病

反刍动物绦虫病是由裸头科莫尼茨属、曲子宫属和无卵黄腺属的各种绦虫寄生于绵羊、山羊的小肠中引起的寄生虫病。常危害 1.5~7 个月大的羔羊，使其生长发育受阻，甚至大批死亡。

（一）诊断要点

1. 流行特点 本病多见于1.5~7月龄的羔羊，感染高峰在5~8月多雨的季节，并有不科学驱虫和放牧的病史。

2. 临床症状 食欲减退，饮欲增加，精神沉郁，营养不良，发育受阻，消瘦，贫血，颌下、胸前水肿，腹泻，或便秘与腹泻交替发生，有时随粪便排出孕节片或链体。重者，虫体寄生过多或成团，可导致肠狭窄、阻塞，腹围增大，腹痛，甚至发生肠破裂或恶病质死亡。虫体分泌、代谢产物致神经中毒，后期有神经症状。

3. 病理变化 可在小肠中发现虫体，数量不等，其寄生处有卡他性炎症。有时可见肠壁扩张、肠套叠乃至肠破裂，肠管、淋巴结、肠系膜和肾脏发生增生和变性，体腔积液。

4. 实验室检查

（1）虫卵检查。绦虫并不由节片排卵，除非含卵体节在肠中破裂，才能排出虫卵。因此一般不容易从粪便检查出来。扩展莫尼茨绦虫的虫卵近乎三角形，贝氏莫尼茨绦虫的虫卵近乎正方形。卵内都含有一个梨形构造的六钩蚴。

（2）体节检查。成熟的含卵体节经常会脱离下来，随着粪便排出体外。清晨在羊圈里新排出的羊粪中看到的混有黄白色扁圆柱状的东西，即为绦虫节片，长约1厘米，两端弯曲，很像蛆，开始还会蠕动。有时可排出长短不等、呈链条状的数个节片。压破孕卵节片镜检可发现大量虫卵。

（二）防治

1. 预防 定期驱虫，管好粪便。成年羊定期驱虫；羔羊在开始放牧的第30~35天之间进行绦虫成熟期前驱虫，10~15天后，再驱虫一次，第二次驱虫后1个月再进行第三次驱虫。粪便集中进行生物热发酵处理；杀灭土壤螨；勤耕翻牧地，改良牧草；科学放牧，不在清晨、傍晚或雨天放牧，避免在低湿地放牧，牧地严重污染时应转移牧地。

2. 治疗

【处方 1】 吡喹酮片 10~20 毫克/千克体重，内服。

【处方 2】 硫双二氯酚（别丁）片 80~100 毫克/千克体重，内服。

【处方 3】 氯硝柳胺（灭绦灵）片 60~70 毫克/千克体重，内服。

【处方 4】 丙硫苯咪唑片（即阿苯达唑、抗蠕敏）5~15 毫克/千克体重，内服。

【处方 5】 驱虫散：鹤虱 30 克，使君子 30 克，槟榔 30 克，芜荑 30 克，雷丸 30 克，绵马贯众 60 克，干姜（炒）15 克，附子（制）15 克，乌梅 30 克，诃子 30 克，大黄 30 克，百部 30 克，木香 15 克，榧子 30 克，共研为末，每次 30~60 克，开水冲候温灌服。

二、细颈囊尾蚴病

细颈囊尾蚴病是由带科带属的泡状带绦虫的中绦期幼虫——细颈囊尾蚴寄生于多种家畜和野生动物的肝脏浆膜、网膜及肠系膜等处所引起的一种绦虫蚴病。成虫泡状带绦虫寄生于犬、狐、狼等肉食动物（终末宿主）的小肠，幼虫寄生在猪、黄牛、绵羊、山羊等动物（中间宿主）体内。

（一）诊断要点

1. 流行特点　该病的流行与养犬有关，且犬有采食生肉和未进行驱虫的病史。

2. 临床症状　成年羊除个别感染严重者会有临床症状外，一般无示病症状。羔羊常有明显的症状，多数表现精神沉郁，食欲减退，衰弱，逐渐消瘦，黄疸，引发腹膜炎时，病羊体温升高，腹水增多，按压腹壁有疼痛感，一些病例腹腔内出血，腹部容积增大，也有的出现咳嗽等呼吸道症状，9~10 天后，可转为慢性。

3. 病理变化　急性病程时，可见到肝肿大，肝脏表面有很多小结节和出血点，肝实质中能找到虫体移行的虫道，初期虫道内充满血液，继后逐渐变为黄灰色。有时腹腔内有大量带血色的渗出液和幼虫。慢性病例，在网膜、肠系膜和肝脏表面发现有黄豆大到鸡蛋大的细颈囊尾蚴，肝脏局部组织色泽变淡，呈萎缩现象，肝浆膜层发生纤维素性炎症。也有引起支气管炎、肺炎和胸膜炎的报道。

（二）防治

1. 预防　加强饲养管理，保持牧场清洁干燥，注意饮水卫生。

2. 治疗

【处方 1】吡喹酮片 70 毫克/千克体重，内服。

【处方 2】丙硫苯咪唑 20 毫克/千克体重，内服，隔天 1 次，连用 3 次。

三、脑多头蚴病

脑多头蚴病又叫脑包虫病，是由带科多头属的多头绦虫的中绦期幼虫——脑多头蚴，寄生于绵羊、山羊的脑部和脊髓所引起的一种绦虫蚴病。主要危害两岁以下的绵羊，人偶尔也可感染。

（一）诊断要点

1. 流行特点 该病的流行与养犬有关，且犬有采食生肉和未进行驱虫的病史。

2. 临床症状 脑多头蚴寄生于羊脑及脊髓部，可引起脑膜炎，羊表现出采食减少，流涎，磨牙，垂头呆立，运动失调及做特异转圈运动。

急性型表现体温升高，脉搏加快，呼吸急促，出现回旋、前冲、退后运动等，似有兴奋表现；慢性型多发生在发病后期，在2~6个月时，多头蚴发育至一定大小，病羊呈慢性经过。典型症状为随虫体寄生部位的不同，病羊转圈的方向和姿势不同。虫体大多寄生在大脑半球表面，病羊做转圈运动时，多向寄生部一侧转动，而对侧视力发生障碍以致失明，病部头骨叩诊呈浊音，局部皮肤隆起、压痛、软化，对声音刺激反应很弱。若寄生于大脑正前部，病羊头下垂，向前做直线运动，碰到障碍物头抵住呆立。若寄生在大脑后部，病羊仰头或做后退状，直到跌倒卧地不起。若寄生于小脑，病羊易惊，运动失衡，易摔倒。若寄生于脊髓部，步态不稳，转弯时最明显，后肢麻痹，小便失禁。

3. 病理变化 急性死亡的羊见有脑膜炎和脑炎病变，还可见到六钩蚴在脑膜中移行时留下的弯曲伤痕。慢性期的病例则可在脑、脊髓的不同部位发现1个或数个大小不等的囊状脑多头蚴，在病变或虫体相接的颅骨处，骨质松软、变薄，甚至穿孔，致使皮肤向表面隆起，病灶周围脑组织或较远的部位发炎，有时可见萎缩变性和钙化的脑多头蚴。

4. 实验室诊断 可用变态反应诊断法，即用脑多头蚴的囊壁和原头蚴制成乳剂变应原，注入羊的眼睑内，如果是病羊，于注射1小时左右，皮肤出现直径1.75~4.2厘米的肥厚肿大，并保持6小时左右。

（二）防治

1. 预防 对病羊的头、脑和脊髓应焚毁，禁止给犬吃。对牧区所养的犬进行定期驱虫（吡喹酮片5毫克/千克体重，一次内服），阻断成虫感染。对牧地附近的野犬、豺、狼、狐狸等终末宿主应予捕杀。

2. 治疗 治疗原则为诊断准确，早期驱虫。

【处方1】 吡喹酮片50毫克/千克体重，内服，每天1次，连用5天，或70毫克/千克体重，内服，每天1次，连用3天。

【处方2】 手术疗法。

多用于价值较高的慢性型病羊，但囊泡处在脑部较深处时，手术效果不良。

以病羊的特异运动姿势，确定虫体大致的寄生部位，用镊子或手术刀柄压迫头部脑区，寻找压痛点，再用手指压迫，感觉到局部骨质松软处，多为寄生部位，再施叩诊术，病变部多为浊音。或用X线或B超检查确定手术部位。

在病部区剪毛消毒，用手术刀切开拇指大小、半月形的皮瓣（或作十字形切口），分离皮下组织，将头骨膜分离至一侧，用圆锯或小外科刀除去露出的颅骨一块，用剪刀剪开脑硬膜，看到脑多头蚴后，用镊子慢慢牵引出来。或用注射针头刺入囊腔内，徐徐抽出囊液，如看不到脑包虫，可以插入细胶皮管，沿脑回向周围探索，用注射器多次抽吸，常可将虫囊吸在胶皮管口上，然后抽回胶皮管，即可拉出脑包虫。再给囊腔部注入含有青霉素的生理盐水3~5毫升，盖上脑硬膜及骨膜，撒布少量青霉素粉，缝合皮肤。并以火棉胶或绷带保护术区。手术中要严防局部血管破裂。术后注意抗菌消炎，加强护理。

四、棘球蚴病

棘球蚴病又叫包虫病，是由带科棘球属的细粒棘球绦虫的中绦期幼虫——棘球蚴寄生在哺乳动物肝脏、肺脏及其他器官内所引起的一种严重的人畜共患的寄生虫病。

（一）诊断要点

1. 流行特点　该病的流行与养犬有关，且犬有采食生肉和未进行驱虫的病史。

2. 临床症状　若轻度感染，则病初不显症状。如果棘球蚴侵占肺部，会引起呼吸困难和微弱咳嗽。听诊肺部病区，病灶下无呼吸音或呼吸音减弱，叩诊为半浊音、浊音。棘球蚴破裂则全身症状加重，病情恶化，甚至引起窒息而死亡。肝脏感染严重时，叩诊肝浊音区扩大，触诊浊音区病羊表现疼痛。当肝脏容积极度增加时，可见右侧腹部稍有膨大。绵羊严重感染时，营养失调，反刍无力，瘤胃臌气，消瘦，乃至衰竭，被毛逆立，容易脱落，有特殊的咳嗽，当咳嗽发作时，病羊常躺在地上，死亡率高。

3. 病理变化　肝脏和肺脏表面凹凸不平，重量增大，表面有数量不等，粟粒大到足球大、甚至更大的棘球蚴寄生，有时棘球蚴发生钙化和化脓，有时在脾脏、肾脏、脑、脊椎管、肌肉和皮下组织发现棘球蚴。

4. 实验室检查　生前诊断有一定困难，可用X线或B超检查进行诊断。有条件的可做皮内变态反应进行诊断。

（二）防治

1. 预防　消灭野犬，对牧区所养的犬进行定期驱虫（吡喹酮片5毫克/千克体重，一次内服），驱虫后的犬粪，要进行无害化处理，并做到不用生肉喂犬，长有棘球蚴的家畜内脏焚烧或深埋，防止被犬、狼等采食。做好饲草和饮水卫生，不要被粪便污染。人与犬等动物接触或加工狼、狐狸等皮毛时，应注意对个人卫生的防护，严防感染。

2. 治疗 治疗原则为诊断准确，早期驱虫。

【处方1】 吡喹酮片25~30毫克/千克体重，内服，每天1次，连用5天。

【处方2】 丙硫苯咪唑片90毫克/千克体重，内服，每天1次，连用2天。

【处方3】 手术摘除棘球蚴，手术时应防止棘球蚴破裂。

第四节 原虫病

一、巴贝斯虫病

羊巴贝斯虫病又称蜱热、红尿病，旧称焦虫病，是巴贝斯科巴贝斯属的莫氏巴贝斯虫、绵羊巴贝斯虫等寄生于羊血液红细胞而引起的疾病。其临床特征为发热、贫血、血红蛋白尿和黄疸，是由蜱传播的一种血孢子虫病。

（一）诊断要点

1. 流行特点 6~12月龄的羊发病率高，以夏、秋季多发，从无蜱区引入有蜱区的羊易感，在羊体、圈舍及牧草上有蜱存在。

2. 临床症状 一部分羊染虫而不显症状。病羊精神沉郁，食欲减退或废绝，反刍减少或停止，体温升高至41~42℃，呈稽留热型，可视黏膜苍白，偶尔可见黄染现象，常排出黑褐色带黏液的粪便。尿液由清转黄，甚至呈棕红色或酱油色。呼吸加快，脉搏细数，迅速消瘦，若治疗不及时，多因全身衰竭而死亡。有的病例出现精神兴奋，无目的奔跑，突然倒地死亡。

3. 病理变化 尸体消瘦，血液稀薄如水，血凝不全，皮下组织苍白、黄染；心肌柔软，黄红色，心内膜有出血点；肝脏、脾脏肿大且表面有出血点；胆囊肿大2~4倍，充满浓稠胆汁；瓣胃塞满干硬的胃内容物；肾脏肿大，呈淡红黄色，有点状出血；膀胱膨大，内有多量红色尿液。

4. 实验室检查 从高热期典型病羊的耳静脉采血，涂片，瑞氏染色或姬姆萨染色，镜检，在红细胞内发现有一定数量的虫体即可确诊。血液检查可发现红细胞大小不均，红细胞数减少（少至2×10^{12}~4×10^{12}个/升），血红蛋白减少，血清黄疸指数升高，间接胆红素含量升高等。

（二）防治

（1）做好灭蜱工作。可用伊维菌素注射液0.2毫克/千克体重，全群皮下注射，或全群进行药浴，对圈舍进行彻底清扫、消毒，做好环境灭蜱工作。

(2) 药物预防。对场内未见症状羊，普遍使用5%三氮脒5毫克/千克体重，分点深部肌内注射1次，或用咪唑苯脲进行预防注射。

(3) 加强管理。在有蜱季节不引进羊，不从有蜱区引进羊。

2. 治疗　治疗原则为及早确诊、杀虫和对症治疗。

【处方1】 伊维菌素注射液0.2毫克/千克体重，全群皮下注射，10~15天后再注射1次。

注射用三氮脒（贝尼尔、血虫净）3~5毫克/千克体重，配成5%水溶液，分点深部肌内注射，隔天1次，连用2~3次。或硫酸喹啉脲（阿卡普林）注射液2毫克/千克体重，配成0.5%水溶液，皮下注射，隔天1次，连用2~3次。

复方氨基比林注射液5~10毫升，皮下或肌内注射，每天1次，连用3天。

【处方2】 伊维菌素注射液0.2毫克/千克体重，全群皮下注射，10~15天后再注射1次。

注射用咪唑苯脲1~3毫克/千克体重，配成10%水溶液，肌内注射，隔天1次，连用2~3次。

30%安乃近注射液3~10毫升，皮下或肌内注射，每天1次，连用3天。

【处方3】 严重时，配合处方1、处方2。

10%葡萄糖注射液100~500毫升，维生素C注射液0.5~1.5克，10%安钠咖注射液10毫升，静脉注射，每天1~2次，连用3~5天。

甘油20~30毫升，维D_2磷酸氢钙片30~60片，干酵母片30~60克，健胃散30~60克，加水灌服，每天2次，连用3~5天。

二、泰勒焦虫病

泰勒焦虫病是由泰勒科泰勒属的羊泰勒焦虫寄生于羊红细胞、巨噬细胞和淋巴细胞内所引起的寄生虫病。其临床特征是发热，体表淋巴结肿大、疼痛，贫血，黄疸和血红蛋白尿。

（一）诊断要点

1. 流行特点　本病发生于4~6月，1~6月龄羔羊发病率高，从无蜱区引入有蜱区的羊易感，在羊体、圈舍及牧草上有蜱存在。

2. 临床症状　潜伏期4~12天，病羊病初精神沉郁，食欲减退，体温升高到40~42℃，稽留4~7天，呼吸急促，心跳加快，心音亢进，多卧少动，反刍及胃肠蠕动减弱或停止，便秘或腹泻，粪便中带有黏液或血液，个别羊尿液混浊或呈淡红色或棕红色，可视黏膜充血，继而苍白，轻度黄染，体表淋巴结肿大，有痛感。耳静脉采血，血液稀薄。有的羔羊四肢发软，卧地不起。病程6~12天。

3. 病理变化　尸体消瘦，血液稀薄，皮下脂肪呈胶冻样，有点状出血。全身淋巴结有不同程度的肿大，尤以肩前、肠系膜、肺脏、肝脏等处淋巴结更为显著，淋巴结切面多汁、充血，有一些淋巴结呈灰白色，有时表面有颗粒状突起。肝脏和脾脏肿大。肾脏呈黄褐色，表面有结节和小出血点。皱胃黏膜出现溃疡斑，肠黏膜上有少量出血点。

4. 实验室检查 早期进行淋巴结穿刺检查或剖检后取淋巴结、脾脏、肝脏等涂片，染色镜检，发现石榴体，即可确诊。后期可采集外周血作涂片，染色镜检，查找红细胞内的典型虫体。采集时最好用处在高热期且未用药治疗的典型病羊。

（二）防治

同巴贝斯虫病防治措施。

三、球虫病

球虫病是由艾美科艾美耳属的球虫寄生于羊肠道所引起的一种原虫病。其临床特征为下痢、消瘦、贫血、发育不良，严重者导致死亡。主要危害羔羊和山羊，成年羊多为带虫者。

（一）诊断要点

1. 流行特点 多发于春、夏、秋三季，温暖潮湿的环境易造成本病流行。冬季气温低时，不利于球虫卵囊的发育，发病率较低。1 岁以内的羔羊症状较为明显。

2. 临床症状 急性经过为 2~7 天，慢性者可延至数周。病羊精神不振，食欲减少或废绝，饮水量增加，被毛粗乱，可视黏膜苍白，腹泻，粪便中常混有血液、黏膜和脱落的上皮，粪恶臭，并含大量的卵囊。有时可见病羊肚胀，被毛脱落，眼和鼻的黏膜有卡他性炎症。病羊多因迅速消瘦而死亡，死亡率通常在 10%~25%，有时高达 80%。

3. 病理变化 小肠黏膜上有淡白色或黄色圆形或卵圆形结节，从粟粒至豌豆大，常成簇分布，从浆膜面也能看到。十二指肠和回肠有卡他性炎症，有点状或带状出血。

4. 卵囊检查 用粪便直接涂片法或饱和食盐水漂浮法检查粪便中的卵囊。因为带虫现象在羊群中极为普遍，所以，单凭粪检发现球虫卵囊而进行诊断确诊不可靠。应在粪检的同时根据动物的年龄、发病季节、饲养管理条件、发病症状、剖检变化等因素进行综合判定。

（二）防治

1. 预防 加强饲养管理，做好圈舍、饲草饲料、饮水的卫生工作，羔羊及时断奶和分群，防止羔羊摄入大量卵囊而发病，感染严重时，可全群内服抗球虫药物进行预防；羊受过感染可产生免疫力，让羔羊在放牧过程中逐渐与球虫接触，获得抗球虫能力，也是一种办法。

2. 治疗

【处方 1】 氨丙啉可溶性粉 5 毫克/千克体重，混饲或混饮，每天 2 次，连用 3 天。

【处方 2】 莫能菌素预混剂 2~3 克，拌料 100 千克。

【处方 3】 磺胺喹噁啉预混剂 12.5 克，拌料 100 千克，连用 3 天。

【处方 4】 磺胺脒片 0.1~0.2 克/千克体重，次硝酸铋片 2~6 克，矽碳银片 5~10 克，碳酸氢钠片 5~10 克，维 D_2 磷酸氢钙片 30~60 片，干酵母片 30~60 克，丙二醇 20~30 毫升，加水内服，每天 2 次，连用 3~5 天。

四、弓形虫病

弓形虫病是由真球虫目肉孢子虫科弓形虫属的刚第弓形虫寄生于人和多种动物引起的一种人兽共患寄生虫病。羊弓形虫病的临床特征为发热，呼吸困难，中枢神经功能障碍，以及流产、死胎或产出弱羔。

（一）诊断要点

1. 流行特点 本病的感染与季节有关，7~9 月检出的阳性率较 3~6 月为高。多通过消化道食入孢子化卵囊（被猫粪污染的饲料饲草、饮水等）而感染，也可通过胎盘感染。另外，还可以经过有损伤的皮肤和黏膜发生感染。职业人群在进行屠宰、手术、接产和剖检等工作时，要佩戴手套，注意卫生防护。

2. 临床症状 急性病羊表现为精神沉郁，体温升高到 41~42 ℃，呈稽留热，食欲减退或废绝，眼结膜潮红，有多量脓性分泌物，不愿走动，叫声嘶哑，呼吸急速，常张口呼吸，咳嗽，流出脓性鼻液，有的听诊肺部有湿性啰音，发生腹泻，有的运动失调，走路不稳，转圈，昏迷等。

成年绵羊多呈隐性感染，仅有少数有呼吸系统症状和中枢神经症状，有的母羊没有明显症状而发生流产，流产常出现于正常分娩前的 4~6 周，或产出死胎和弱羔。

3. 病理变化 剖检可见脑脊髓炎和轻微的脑膜炎，颈部和胸部的脊髓严重受损。淋巴结肿大，边缘有小结节，肺表面有散在的小出血点，胸、腹腔有积液。绵羊胎盘病变明显，绒毛叶呈暗红色，胎盘子叶肿胀，在绒毛间有直径为 1~2 毫米的白色坏死灶，其中含有大量滋养体，产出的死羔皮下水肿，体腔积液，小脑前部有广泛性小坏死灶。

4. 实验室检查 可采集肺脏、肝脏、淋巴结、血液、淋巴结穿刺液等，涂片或触片，瑞氏或姬姆萨染色后镜检，如发现滋养体或包囊即可确诊。为提高检出率，可取肺脏或肺门淋巴结研碎后加入 10 倍的生理盐水过滤，滤液 500 转离心 3 分钟，取上清液再 1 500 转离心 10 分钟，取沉渣涂片、染色、镜检。也可将新鲜的脊髓液离心沉淀后进行涂片、染色、镜检。

（二）防治

1. 预防 加强饲养管理，清洁羊舍，改善卫生条件，定期消毒，防止饲草饲料和饮水被猫粪污染；对流产的胎儿及其他排泄物要进行无害化处理，流产的场地亦应严格消毒，死羊要严格处理，以防污染环境或被猫及其他动物吞食；羊场禁止养猫，捕杀野猫，或对猫定期口服磺胺嘧啶片（0.1 克/千克体重，每天 2 次，连用 3 天），进行杀虫。

2. 治疗 治疗原则为正确诊断，对因治疗。

【处方 1】 磺胺间甲氧嘧啶钠注射液 25~50 毫克/千克体重，肌内注射，每天 1 次，首次加倍，连用 3~5 天。

【处方 2】 10%葡萄糖注射液 500 毫升，10%磺胺嘧啶钠注射液 70~100 毫克/千克体重，40%乌洛托品注射液 2~8 克，静脉注射，每天 1~2 次，连用 3~4 天。

5%碳酸氢钠注射液 50~100 毫升，静脉注射，每天 1 次，连用 3~4 天。

30%安乃近注射液 3~10 毫升，皮下或肌内注射，每天 1 次，连用 3 天。

第五节 其他寄生虫病

一、疥螨病

疥螨病又叫疥癣、疥疮、癞等，是由疥螨科疥螨属的疥螨寄生于羊体表和皮内而引起的慢性寄生虫病。其特征是皮肤发生炎症、脱毛、奇痒，具有高度传染性。本病常发生于冬、春舍饲季节，夏季放牧时症状不明显。羔羊症状最为严重，尤其是绵羔羊，往往可导致死亡。

（一）诊断要点

1. 流行特点 多发于秋末、冬季、初春。日光照射不足，羊被毛增厚，绒毛增多，皮肤温度增高，尤其是羊舍潮湿、阴暗、拥挤及卫生条件差的情况下极易造成疥螨病流行。传染途径为直接接触传播。

2. 临床症状

（1）山羊症状。一般始发于被毛短且皮肤柔软的部位，如嘴唇、嘴角、鼻面、眼圈、耳根等处的皮肤。羊表现奇痒，不断地在围墙、栏杆等处摩擦，皮肤发红增厚，随着病情的加重，病羊的痒感表现更为剧烈，继而皮肤出现丘疹、结节、水疱，甚至脓疮，以后形成痂皮，龟裂多出现于嘴唇、口角、耳根和四肢弯曲部。严重时消瘦，放牧时落后于羊群，虫体迅速蔓延至全身，食欲废绝，最终因衰竭而死亡。

（2）绵羊症状。患疥螨病时，开始通常发生于嘴唇上、口角附近、鼻边缘及耳根部，严重时蔓延至整个头、颈部，病变呈现干涸的石灰样，故有“石灰头”之称（有人称为干瘙）。初期有痒感，继而发生丘疹、水疱和脓疱，以后形成坚硬的灰白色橡皮样痂皮，嘴唇、口角附近或耳根部往往发生龟裂，可达皮下，裂隙常被污染而化脓。病灶扩散到眼睑时，发生肿胀，羞明，流泪，甚至失明。

3. 病理变化　皮肤出现丘疹、结节、水疱，甚至脓疮，以后形成痂皮，龟裂多出现于嘴唇、口角、耳根和四肢弯曲部。

4. 实验室检查　疥螨大多寄生于羊的体表或皮内，应刮取皮屑，置于显微镜下，寻找虫体或虫卵。选择患病皮肤与健康皮肤交界处的皮屑，这里螨较多。刮取时先剪毛，取小刀，在酒精灯上消毒，然后使刀刃与皮肤表面垂直，刮取皮屑，直到皮肤轻微出血。将刮下的皮屑放于载玻片上，滴加煤油，覆以另一张载玻片。搓压载玻片使病料散开，分开载玻片，将其置于显微镜下检查，煤油有透明皮屑的作用，使其中虫体易被发现，但虫体在煤油中容易死亡，如欲观察活螨，可用10%氢氧化钠溶液、液体石蜡或甘油水溶液滴于病料上，在这些溶液中，虫体短期内不会死亡，可观察到其活动。

（二）防治

1. 预防

（1）加强管理。圈舍保持干燥，光线充足，通风良好，密度不宜过大。引进羊时，应进行严格检查，严禁病羊或带螨羊进场（必要时先进行药浴，并间隔7~10天连续皮下注射2次伊维菌素注射液），在羊群中发现疑似病羊时，应及早确诊，将病羊和可疑病羊隔离治疗，被污染的羊舍用具要杀螨处理（1%~2%敌百虫溶液喷洒）。

（2）药物预防。坚持预防为主的方针，有计划地进行药浴，保证每年2次以上，或皮下注射伊维菌素。

2. 治疗　治疗原则为正确诊断，杀除螨虫，斩草除根（关键是种羊除螨）。

【处方1】　伊维菌素注射液0.2毫克/千克体重，皮下注射，8~14天后再注射1次。

【处方2】　0.5%~1%敌百虫液，或0.05%双甲脒溶液，0.05%辛硫磷乳油水溶液，0.05%蝇毒磷乳剂水溶液，0.005%溴氰菊酯，0.025%~0.075%螨净，全群药浴或喷洒，第1次药浴后8~14天应进行第2次药浴。

1%~2%敌百虫液，环境喷洒。

二、痒螨病

羊痒螨病是由痒螨科痒螨属的痒螨寄生于羊体表而引起的慢性外寄生虫病。

其临床特征为皮肤发生炎症、脱毛、奇痒。秋、冬季多发，以绵羊受害最为严重。

（一）诊断要点

1. 流行特点 多发于秋末、冬季、初春。日光照射不足，羊被毛增厚，绒毛增多，皮肤温度增高，尤其是羊舍潮湿、阴暗、拥挤及卫生条件差的情况下极易造成痒螨病流行。

2. 临床症状

（1）绵羊症状：病变先发生于长毛的部位，然后很快蔓延至体侧，病羊表现奇痒，常在槽柱、墙角蹭痒。皮肤先有针尖大小的结节，继而形成水疱和脓疱，患部渗出液增加，皮肤表面湿润（有人称之为水瘙）。其后有黄色结痂，皮肤变得厚硬，形成龟裂。毛大批脱落，甚至全身脱光。病羊贫血，高度营养不良，在寒冬可大批死亡。

（2）山羊症状：多发于耳壳内面，患部形成硬而坚实且紧贴皮肤的黄白色痂皮块，炎症常蔓延到外耳道，病羊摇动耳朵，并经常摩擦，食欲减退，缺乏治疗时甚至可引起死亡。

3. 实验室检查 确诊需要从健康皮肤与患病皮肤交界处刮取病料，查找虫体。

（二）防治

1. 预防 同羊的疥螨病。

2. 治疗 治疗原则为正确诊断，杀除螨虫，斩草除根（关键是种羊除螨）。

【处方1】 伊维菌素注射液0.2毫克/千克体重，皮下注射，8~14天后再注射1次。

1%~2%敌百虫液少许，治山羊痒螨病时，除去耳中痂皮，滴入。

【处方2】 0.5%~1%敌百虫液或0.05%双甲脒溶液，0.05%辛硫磷乳油水溶液，0.05%蝇毒磷乳剂水溶液，0.005%溴氰菊酯，0.025%~0.075%螨净，全群药浴或喷洒，第1次药浴后8~14天应进行第2次药浴。

1%~2%敌百虫液，环境喷洒。

三、羊鼻蝇蛆病

羊鼻蝇蛆病又称羊狂蝇蛆病，是由狂蝇科狂蝇属羊狂蝇的幼虫寄生在绵羊、山羊的鼻腔及其附近的腔窦内引起的疾病。临床主要呈慢性鼻炎症状。主要寄生于绵羊，也可寄生于山羊，人也有被寄生的报道。流行严重地区感染率可高达80%。

（一）诊断要点

1. 流行特点 发生于每年的5~9月，尤其7~9月较多。

2. 临床症状　成虫产幼虫时，侵袭羊群，羊表现不安，骚动，互相拥挤，摇头，喷鼻，或低头或鼻端接着地面行走。有时羊听到蝇声，则将头藏入其他羊的腹下，影响羊的采食和休息。最严重的危害是幼虫在鼻腔内移行会损伤鼻黏膜，使其肿胀、出血、发炎，鼻腔流出浆液性、黏液性或脓性鼻液，有时带血，鼻液在鼻孔周围干涸，形成鼻痂，堵塞鼻腔，造成呼吸困难，病羊打喷嚏，在地上磨鼻尖，摇头，逐渐消瘦。仔细观察，可以看到病羊喷出幼虫。个别幼虫可进入颅腔，损伤脑膜，或因鼻窦发炎而危及脑膜，引起神经症状，即“假旋回症”，病羊表现出运动失调，转圈，头弯向一侧，甚至导致死亡。

3. 病理变化　早期诊断时，可将药液喷入鼻腔，收集用药后的鼻腔喷出物，发现死亡幼虫，即可确诊。剖检时，可见鼻黏膜发生炎症和肿胀，严重时发生脑膜炎，在鼻腔、额窦或鼻窦等处发现幼虫。

（二）防治

1. 预防　尽量避免在夏季中午放牧。夏季羊舍墙壁常有大批成虫，在初飞出时，翅膀软弱，可进行捕捉，消灭成虫。冬、春季注意杀死从羊鼻内喷出的幼虫。羊舍场地硬化，经常打扫、消毒羊舍和杀虫。羊粪等污物集中进行生物热发酵。在成蝇活动季节，定期检查羊的鼻腔，用药物杀死幼虫（皮下注射伊维菌素等）。

2. 治疗

【处方1】　伊维菌素0.2毫克/千克体重，皮下注射。

【处方2】　氯氰柳胺片5毫克/千克体重，内服，或氯氰柳胺注射液2.5毫克/千克体重，皮下注射，可杀死各期幼虫。

【处方3】　敌百虫粉75毫克/千克体重，加水内服，或以2%溶液喷入鼻腔。

第十七章　羊场营养代谢病防治

第一节　维生素缺乏症

一、维生素 A 缺乏症

维生素 A 缺乏症是由于体内维生素 A 或胡萝卜素缺乏所引起的一种营养代谢性疾病。其临床特征为生长缓慢，上皮角化障碍，视觉异常，骨形成缺陷和繁殖功能障碍。多发生于羔羊、舍饲羊和妊娠绵羊。

（一）病因

1. 饲料中缺乏或不足　长期饲喂胡萝卜素含量较低的草料，如劣质干草、棉籽饼、甜菜渣、谷物及其加工副产品（麸皮、米糠等）。

2. 破坏过多　如某些豆科牧草和大豆中含脂氧化酶可以破坏胡萝卜素，饲草中的硝酸盐能抑制胡萝卜素转变成维生素 A，收割的青草经日光长时间照射或存放过久，陈旧变质，或饲料受高温、高湿、高压作用，以及与矿物质混合等均可导致维生素 A 或胡萝卜素活性下降。

3. 相对性缺乏　羊处在特殊的生理时期，如妊娠、泌乳、快速生长发育期，或饲养管理条件不良，过度拥挤，缺乏运动和光照，遭受风寒暑湿等不良因素的作用，可使机体对维生素 A 或胡萝卜素的需要量升高，饲喂不足就会导致缺乏。

4. 哺乳或饲喂不足　如母乳中维生素 A 含量不足，或羔羊断奶过早、吃奶不足，可导致本病。另外，育肥羊配合饲料中的维生素 A 分解，造成维生素 A 缺乏，在 4~6 周就会出现症状。

5. 其他因素　如饲料中维生素 D 等脂溶性维生素过多，患肝脏或胃肠道疾病，中性脂肪、蛋白质、无机磷、钴、锰等缺乏或不足，都能影响胡萝卜素向维生素 A 的转化，以及维生素 A 的吸收和储存。

（二）诊断要点

1. 病史　有饲养管理不当，导致维生素 A 或胡萝卜素缺乏的病史。

2. 临床症状　本病常引起视觉、消化、呼吸、繁殖力、生长发育的紊乱。羔羊易感性高，初期发生夜盲症。病羊表现为视觉异常，在黎明、傍晚或阴天撞东西，眼睛对光线过敏，角膜干燥，流泪，角膜逐渐增生发生混浊。青年羊还会由于细菌继发感染而失明。易患肺炎、腹泻、皮肤病和尿石症，发育迟缓，被毛粗乱，骨组织发育异常，包裹软组织的头盖骨和脊髓腔特别明显，由于颅内压增高或变形骨的压迫而出现瞳孔扩大、失明、运动失调、惊厥发作和步态蹒跚等症状。育肥羊除出现上述症状外，还会出现全身性浮肿，特别是前躯和前腿，也可见到跛行和肌肉变性症状。妊娠母羊常发生流产、死产，产出体弱或先天性失明的羔羊，母羊受胎率下降。

3. 实验室检查　脑脊液压力升高，结膜涂片检查发现角化上皮细胞数目增多，肝脏和血清中维生素 A 和胡萝卜素含量下降。

4. 治疗性诊断　补充维生素 A 或胡萝卜素后症状好转。

（三）防治

1. 预防　查明病因，治疗原发病，加强饲养管理，减少应激因素，给予含维生素 A 和胡萝卜素较多的饲料（青绿饲料、青干草、青贮料和胡萝卜等），正确加工调制和保存饲料，防止维生素 A 和胡萝卜素破坏过多，在特殊的生理时期适当提高营养水平。每日供应胡萝卜素 0.1~0.4 毫克/千克体重。

2. 治疗　治疗原则是早期诊断，改善饲养，调制日粮，适当补充维生素 A 或胡萝卜素。

【处方 1】　维生素 A 胶囊 2.5 万~5 万单位，内服，每天 1 次，连用 3~5 天；或鱼肝油 10~30 毫升，内服，每天 1 次，连用 3~5 天。

【处方 2】　维生素 AD 滴剂，羔羊 0.5~1 毫升，成年羊 2~4 毫升，内服，每天 1 次，连用 3~5 天；或维生素 AD 注射液，羔羊 0.5~1 毫升，成年羊 2~4 毫升，肌内注射，每天 1 次，连用 3~5 天。

二、维生素 B_1 缺乏症

维生素 B_1 缺乏症是指体内硫胺素（即维生素 B_1）缺乏或不足，所引起的以神经功能障碍为主症的一种营养代谢病。多发生于羔羊。

（一）病因

1. 饲料中硫胺素缺乏　日粮组成中缺乏硫胺素含量高的饲料，如青绿饲料、禾本科谷物、发酵饲料；或蛋白性饲料缺乏，糖类过剩；或单一饲喂谷物类精料；长期食欲废绝；长期使用广谱抗生素，使瘤胃微生物紊乱，造成硫胺素合成障碍。

2. 硫胺素受到破坏或拮抗　羊大量食入绿豆、米糠、油菜籽、棉籽和亚麻籽等含有硫胺素拮抗因子的饲料。长期大量服用抗球虫药氨丙啉可以拮抗硫胺素。产芽孢杆菌和芽孢杆菌属的细菌产生的硫胺素酶能分解、破坏硫胺素。

3. 机体需要量增加　羊处在特殊的生理时期，如妊娠、泌乳、快速生长发育，或患有胃肠道疾病，长期腹泻，高热，寄生虫病等，以及饲养管理条件不良，过度拥挤，缺乏运动和光照，遭受风寒暑湿等不良因素的作用，可使机体对硫胺素的需要量或消耗量升高，吸收减少或饲喂不足就会导致缺乏。

（二）诊断要点

1. 病史 有饲养管理不当，导致硫胺素缺乏的病史。

2. 临床症状 成年羊无明显症状。羔羊表现为食欲减退，共济失调，站立不稳，严重腹泻和脱水。因脑灰质软化而出现神经症状，如兴奋不安，无目的地乱撞，转圈，痉挛，四肢抽搐，惊厥，倒地后牙关紧咬，眼球震颤，角弓反张，严重者呈强直性痉挛，甚至昏迷、死亡。

3. 血液检查 血清丙酮酸浓度升高（由正常的20~30微克/升，上升到60~80微克/升），血清硫胺素含量下降（由正常的80~100微克/升，下降到25~30微克/升），脑脊液中细胞数量增加（由正常的0~3个/毫升，上升到10~25个/毫升）。

4. 治疗性诊断 补充硫胺素后病情迅速好转。

（三）防治

1. 预防 改善饲养管理，调整日粮组成，增加富含维生素 B_1 的饲料（如优质青草、麸皮、米糠、饲料酵母、发芽谷物等）；也可在日粮中添加维生素 B_1，5~10毫克/千克饲料，或30~60微克/千克体重；也可用复合维生素B进行预防。合理使用抗生素、硫胺素等药物。

2. 治疗 治疗原则是早期诊断，调整日粮，及时补充维生素 B_1。

【处方1】 维生素 B_1 注射液0.25~0.5毫克/千克体重，皮下或肌内注射，每天1~2次，连用3~5天。

【处方2】 复合维生素B注射液2~4毫升，皮下或肌内注射，每天1~2次，连用3~5天。或复合维生素B粉、多种维生素粉等，按说明书添加。

三、硒和维生素E缺乏症

硒和维生素E缺乏症是由于硒和维生素E缺乏，导致羊骨骼肌、心肌及肝脏等组织发生以变性、坏死为特征的一种营养代谢病。羔羊易发生白肌病，种羊易发生繁殖障碍。在缺硒地区，冬末春初季节多发。

（一）病因

1. 饲料中维生素E缺乏 主要是由于维生素E含量不足和维生素E破坏较多。前者主要是由于长期大量饲喂劣质干草、块根块茎类饲料引起的，后者是因为饲料遭受雨淋、暴晒、过久储存等原因造成的。

2. 饲料缺硒 其主要原因有饲料含硒量低于硒的低限营养需要量（0.1毫克/千克饲料），土壤缺硒（小于0.5毫克/千克），以及条件性缺硒因素，如多雨、灌溉使硒流失。土壤呈酸性或中性时，硒不易被溶解吸收。土壤中硒拮抗元素硫、汞、镉、铅等过多影响硒的吸收。植物种类如三叶草等含硒量低，长期大量饲喂易导致硒缺乏。

3. 拮抗因素 饲料中亚油酸、花生四烯酸等不饱和脂肪酸过多，使维生素E的需要量升高。

4. 机体需要量增加 羊处在快速生长发育期、妊娠期、哺乳期等特殊的生理时期，对硒和维生素E的需要量升高，未及时补充，导致缺乏。

5. 其他因素 如含硫氨基酸缺乏，胃肠道疾病和肝胆疾病，饲料中维生素A含量等因素，使硒和维生素E的吸收减少。

（二）诊断要点

1. 病史 主要发生于缺硒地区、牧草干枯季节和幼龄羊，有营养缺乏的病史。

2. 临床症状 羔羊主要发生白肌病，急性病例常因心肌变性坏死而突然死亡，慢性病例表现为食欲减退，发育受阻，步态强拘，喜卧，站立困难，臀背部肌肉僵硬，消化紊乱，常伴有顽固性腹泻，心率加快，节律不齐。成年羊主要表现为繁殖障碍，生产能力下降（妊娠率降低或不孕）。

3. 病理变化 主要表现为不同程度的白肌病，常见于运动剧烈的肌肉群，如背部、臀部和四肢的肌肉，呈白色煮肉状，有点状或条状的坏死灶，通常两侧对称发生。心肌上有针尖大小的白色坏死灶。

4. 实验室检查 饲料中缺乏硒（低于0.02毫克/千克）和维生素E，或不饱和脂肪酸过多。全血含硒的谷胱甘肽过氧化物酶活性降低，血液硒（低于0.05毫克/升）、肝脏硒（低于2毫克/千克）、被毛硒（低于0.25毫克/千克）含量降低。

5. 治疗性诊断 用硒制剂治疗有效。

（三）防治

1. 预防 加强饲养管理，合理加工、储存饲料，饲喂全价配合日粮、青草和优质干草。在缺硒地区，饲料中添加硒和维生素E，亚硒酸钠0.22~0.44毫克/千克（即含硒0.1~0.2毫克/千克饲料），维生素E 10~20毫克/千克饲料或0.5%的植物油。有条件的可投放缓释硒丸，改良土壤，施用硒肥或喷洒硒肥。

2. 治疗 治疗原则为早期诊断，调整日粮，及时补充硒和维生素E。

【处方1】 0.1%亚硒酸钠注射液，羔羊2~3毫升，成年羊5毫升，肌内注射，间隔1~3天注射1次，连用2~4次。

醋酸生育酚注射液（醋酸维生素E注射液），羔羊0.1~0.5克，成年羊5~20毫克/千克，肌内注射，间隔1~3天注射1次，连用2~4次。

【处方2】 亚硒酸钠维生素E注射液，羔羊1~2毫升，肌内注射，或亚硒酸钠维生素 E 预混剂（亚硒酸钠 0.4 克，维生素 E 5 克，碳酸钙加至 1 000 克）500~1 000 克，加 1 000 千克饲料混饲。

第二节　常量元素和微量元素缺乏症

一、骨营养不良

骨营养不良是由于饲料中钙、磷、维生素 D 缺乏或钙、磷比例失调，造成钙、磷代谢障碍，而使幼龄羊骨骼钙化不全或使成年羊发生进行性脱钙的一种慢性骨病。骨营养不良是佝偻病、骨软病和纤维性骨营养不良三种慢性骨病的统称。其临床特征为消化紊乱，异嗜，跛行，骨质疏松，骨骼变形。

佝偻病是快速生长发育的羊的骨营养不良，主要是由于缺乏维生素 D，也可以由钙、磷缺乏和钙、磷比例失调导致。其病理特征为生长骨的钙化作用不足（钙化不全），并伴有持久性软骨肥大和骨骺增大。临床特征为消化紊乱，异嗜，跛行，骨骼变形（关节肿胀，长骨弯曲，呈现“X”形或“O”形腿）。

骨软病主要发生于骨化作用完成后的绵羊，主要是由于缺磷而导致的钙、磷代谢障碍。病理特征为骨质发生进行性脱钙，造成过剩未钙化的骨基质，使骨质软化和疏松。临床特征为消化紊乱，异嗜，跛行，骨质软化和疏松，易发骨折。

纤维性骨营养不良主要发生于山羊，主要是由于缺钙而引发的钙、磷代谢障碍。病理特征为骨质发生进行性脱钙，并且骨基质被纤维结缔组织增生取代，使骨骼体积增大。临床特征为消化紊乱，异嗜，跛行，骨质软化和疏松，骨骼变形（拱背，凹背，面骨和四肢关节增大）。

（一）病因

1. 维生素 D 缺乏或不足　如在冬、春季节，高纬度地区，长期圈养，光照不足等导致维生素 D 生成不足。羊快速生长发育和饲料中钙、磷比例失调时，机体对维生素 D 的需要量升高。饲料中维生素 A 过多和羊患有消化道疾病，影响维生素 D 的吸收。慢性肝病和肾功能衰竭时，使维生素 D 活化受阻。

2. 磷缺乏或不足　多见于土壤缺磷，干旱，水灾，过量补钙，长期饲喂含钙多的饲料（秸秆、干草），而含磷多的饲料饲喂较少。

3. 钙缺乏或不足　多见于干旱，水灾，长期饲喂高磷低钙饲料（麸皮、米糠、高粱），饲料中钙拮抗因子（如草酸、植酸、氟、脂肪）过多。

4. 其他因素　见于长期饲喂低磷、低钙的饲料，饲料中维生素 A 和维生素 C 缺乏，微量元素锌、铜、锰缺乏等。

（二）诊断要点

1. 病史　多发生于生长发育快的羔羊、妊娠和泌乳母羊，多有光照不足和营养缺乏的病史。

2. 临床症状

（1）佝偻病。羔羊多见，早期出现食欲减退，消化不良，异嗜，喜卧，不愿站立和运动。发育停滞，消瘦，下颌骨增厚和变软，出牙期延长，齿形不规则，齿质钙化不足，出现沟状不平，有色素，常排列不整齐，齿面易磨损。严重的羔羊，口腔不能闭合，舌突出，流涎，吃食困难，最后面骨和躯干、四肢骨骼发生变形，如胸廓狭窄，肋骨与肋软骨交界处有串珠状突起，脊柱变形，关节肿胀，长骨弯曲，呈现“X”形或“O”形腿，或伴有咳嗽，腹泻，呼吸困难和贫血。

（2）骨软病。见于绵羊，出现食欲减退，前胃弛缓，异嗜（如吃食被粪尿污染的垫草，舔墙壁，啃骨头，吃胎衣等），负重力差，跛行渐重，走路不稳，后躯摇摆，拱背或凹背，极易发生骨折。

（3）纤维性骨营养不良。见于山羊，表现为食欲减退，反刍减少，异嗜，跛行，头骨变形，上颌骨肿胀，硬腭突出，致使口腔闭合困难，影响采食和咀嚼，甚至鼻道狭窄，引发吸气性呼吸困难，易突发骨折。

3. 实验室检查

（1）饲料分析。饲料中缺乏钙、磷、维生素 D 或钙、磷比例失调。

（2）骨骼检查。X 线检查骨密度下降，其中佝偻病时骨干末端膨大，呈现“羊毛状”或“蚕食状”外观；骨软病时骨皮质变薄，髓腔增宽，骨小梁结构紊乱，最后 1~2 尾椎骨愈着或椎体消失；纤维性骨营养不良时，尾椎骨的皮质变薄，皮质与髓质界限模糊，颅骨表面不光滑，骨质密度不均匀。

（3）血液检查。血液中的钙、磷水平变化不大，一般处于正常水平的低限。但血液中碱性磷酸酶活性升高，游离羟脯氨酸含量升高，可作为早期诊断的指标。

（三）防治

1. 预防　科学调配日粮，保证全价饲养的同时，还要注意饲料中钙、磷的比例要适当。多晒太阳。定期检测，对重点羊每年定期做骨营养不良的检查，要早发现早治疗。注意补充添加微量元素营养，饲料中注意对微量元素锌、铜、锰，以及维生素 A 和维生素 C 的补充。

2. 治疗　治疗原则为改善饲养管理，在供给全价日粮的基础上，补充钙、磷和维生素 D。

【处方 1】　维丁胶性钙注射液 1 毫升，皮下或肌内注射，每天 1 次，连用3~5 次；或维生素 D_3 注射液 0. 15 万~0. 3 万单位/千克体重，肌内注射，每天 1 次，连用 3~5 次。

丙二醇 10 毫升或甘油 10 毫升，维生素 AD 丸 1 粒，维 D_2 磷酸氢钙片 1 片，干酵母片10片，加水内服，每天1次，连用3~5天。

腿部变形严重的可用小夹板固定法纠正（用于佝偻病）。

【处方2】 20%磷酸二氢钠注射液40~50毫升，5%葡萄糖氯化钠注射液500毫升，静脉注射，每天1次，连用3~5次（用于骨软病）。

10%葡萄糖酸钙注射液50~150毫升或5%氯化钙注射液20~100毫升，5%葡萄糖氯化钠注射液500毫升，静脉注射，每天1~2次，连用3~5天（用于纤维性骨营养不良）。

维丁胶性钙注射液2~3毫升，皮下或肌内注射，每天1次，连用3~5次。

丙二醇20~30毫升（或丙酸钙15~25克，或甘油20~30毫升），维D_2磷酸氢钙片30~60片，干酵母片30~60克，健胃散30~60克，加水内服，每天2次，连用3~5天。

二、低镁血症

低镁血症又称青草抽搐、牧草搐搦、麦草中毒，是羊在采食了生长繁盛的幼嫩青草或谷苗后，突然发生的一种由镁缺乏引起镁、钙、磷比例失调而导致的营养代谢病。其临床特征为全身肌肉强直性或阵发性痉挛和抽搐。常出现在早春放牧的第1~2周和晚秋季节，施用了氮肥和钾肥的牧草危险性最高，其发病率虽低，但死亡率可超过70%。

（一）病因

1. 饲养不当 大量采食缺乏镁的幼嫩青草或谷物幼苗（含镁、钙和糖少，而含钾、磷多），或镁吸收不足（大量采食青草可使瘤胃pH值升高和肠道的矿物质形成不溶性化合物），导致血镁降低。

2. 牧草缺镁 见于土壤缺镁或土壤高钾和偏酸，降低牧草对镁的吸收。

3. 相对缺镁 在泌乳高峰期的羊对镁的需要量升高，如摄入不足，可导致缺乏。

4. 消化道疾病 胃肠疾病，胆道疾病，或食入钙、蛋白质过多时，影响镁的吸收。

5. 诱发因素 气候变化，特别是当气温急剧下降或进入多雨季节时，也可诱发本病。

（二）诊断要点

1. 病史 在牧草繁盛的季节，泌乳母羊最先发病，有大量采食谷苗或幼嫩青草的病史。

2. 早期症状 羊采食青草过程中，出现精神不振、食欲减退、步行不稳或轻瘫。

（1）急性型。出现口唇、四肢震颤，摇摆，磨牙，口流泡沫，伸颈仰头，呈角弓反张，眼球震颤，瞬膜突出，心音亢进，体温不高，四肢冰冷，频频排尿，感觉过敏，极易兴奋，常出现阵发性或强直性痉挛、抽搐和共济失调，最终病羊倒卧在地，呼吸衰竭死亡。

（2）慢性型。初无异常，多在数周或数月之后逐渐出现运动障碍，神经兴奋性增高，食欲及泌乳量减少，最后惊厥死亡。

3. 实验室检查　血钙、血镁和血磷降低。如绵羊的血钙下降到1~1.7毫摩/升，血镁下降到0.19~0.29毫摩/升，血磷下降到0.3~0.4毫摩/升。

4. 治疗性诊断　用镁制剂治疗有效。

（三）防治

1. 预防　早春出牧前给予一定量的干草，在青草茂盛时节，不宜过度放牧或让羊吃得过饱。在本病的危险期，饮水中加入氧化镁，每只每天7克。在缺镁地区，放牧前或收割青贮牧草时，牧场喷洒硫酸镁，可预防本病的发生。

2. 治疗　治疗原则为正确诊断，对因治疗。

【处方1】　20%硫酸镁注射液40~60毫升，皮下注射。

【处方2】　硼葡萄糖酸钙注射液0.21~0.43毫升/千克体重，10%葡萄糖注射液500毫升，20%硫酸镁注射液12毫升，缓慢静脉注射。

氯化镁3克，维D_2磷酸氢钙片30~60片，丙二醇20~30毫升，干酵母片30~60克，加水内服，每天2次，连用7天。

三、锌缺乏症

锌缺乏症是由于饲料中锌含量绝对或相对不足所引起的一种营养缺乏症。其临床特征为生长发育受阻、皮肤角化不全、骨骼发育异常和繁殖功能障碍。本病有地区性，我国北京、河北、湖南、江西、江苏、新疆、四川等地有30%~50%的土壤缺锌。

（一）病因

1. 原发性缺乏　主要是由于饲喂锌含量低的饲料（块根块茎类饲料、高粱、玉米）引起，或含锌多的饲料（酵母、糠麸、油饼及动物性饲料）饲喂过少。牧草及植物的含锌量与土壤含锌量有关，我国南方土壤的含锌量高于北方，特别是在土壤pH值大于6.5的石灰性土壤、黄土、黄河冲积物所形成的各种土壤、紫色土，以及过度施用磷肥或石灰等的草场含锌量极度减少。

2. 继发性缺乏　主要是由于饲料中存在干扰锌吸收利用的因素，如含有过多的钙、镉、铜、铁、铬、锰、钼、磷、碘等元素均可干扰饲料中锌的吸收。饲料中过多的植酸和维生素也能干扰锌的吸收。

（二）诊断要点

1. 病史　发生在缺锌地区，有饲喂低锌或高钙日粮的病史。

2. 临床症状

（1）绵羊症状。羊毛变直、变细，容易脱落，皮肤增厚、皲裂（角化不全）。羔羊生长缓慢，发育不良，流涎，跗关节肿胀，四肢僵硬，乏力，步态强拘，眼、蹄冠皮肤肿胀、皲裂（角化不全）。公羔睾丸萎缩，公羊精液量减少，精子生成完全停止，性功能减弱，如饲料中锌含量达到32.4毫克/千克时，可恢复精子生成功能。母羊缺锌时，繁殖功能发生紊乱，如发情延迟、不发情或屡配不孕。

（2）山羊症状。生长缓慢，食欲减退，睾丸萎缩，被毛粗乱、脱落，在后躯、阴囊、头、颈部等出现皮肤角质化增生，四肢下部出现裂隙和渗出。

3. 实验室检查 饲料中锌含量下降（羊对锌的需要量为40毫克/千克饲料）或钙含量过高，血清碱性磷酸酶活性下降至正常时的一半。血清锌含量下降（绵羊由正常的12~18微摩/升，下降到2.8微摩/升），血液中白蛋白含量下降，球蛋白含量增加。

4. 治疗性诊断 补锌后症状好转。

（三）防治

1. 预防 根本措施是加强饲养管理，饲喂全价配合饲料。也可在饲喂新鲜的青绿牧草时，适量添加一些含不饱和脂肪酸的油类，如大豆油。必要时用碳酸锌或硫酸锌每吨添加180克，并保持适当的钙锌比例［（100~150）：1］。低锌地区可施用锌肥，或放置舔砖，投喂缓释锌丸（有效期可达6~47周）。

2. 治疗 治疗原则为早期诊断，改善饲养，调制日粮，及时补锌。

【处方】 硫酸锌1克，或羔羊0.1克/千克体重，内服，每周1次，连用3~4周。

第三节 糖、脂肪和蛋白质代谢紊乱性疾病

一、绵羊妊娠毒血症

绵羊妊娠毒血症又名双羔病，是怀孕后期母羊由于糖类和挥发性脂肪酸代谢障碍而发生的亚急性代谢病。以低血糖、高血脂、酮血、酮尿、虚弱和失明为主要特征，临床表现为精神沉郁、食欲减退或废绝、黏膜黄染、运动失调、呆滞凝视、卧地不起，甚至昏迷死亡。本病主要见于冬、春季节，怀羔过多、体质瘦弱或怀孕早期过肥的母羊，以及杂交母羊和第二胎次及以后。本病的死亡率可达70%~100%，山羊也可发生。

（一）病因

1. 内因 主要见于母羊怀孕后期，特别是怀羔过多（如怀双羔、三羔，甚

至三羔以上），胎儿过大，体质瘦弱或怀孕早期过肥的母羊。主要发生于妊娠最后一个月，多在分娩前 10~20 天，胎儿需要大量营养物质，母羊不能满足营养需要而发病。

2. 饲养管理不当　如过度放牧，草场退化，冬草储备不足，草料单一、质地不良，缺乏谷物类精料、优质干草、维生素和矿物质饲料，或喂给精料过多，特别是在缺乏粗饲料的情况下而喂给含蛋白质和脂肪过多的精料，以及天气恶劣，气温过低，大群圈养，缺乏运动。

3. 继发因素　孕羊患病使食欲下降、营养消耗过多或肝脏功能降低，如前胃弛缓、瘤胃积食、消化道寄生虫病、肝炎。

（二）诊断要点

1. 病史　主要见于冬、春季节，怀孕后期，或怀羔过多（进行腹部触诊或 B 超检查确定）、体质瘦弱或怀孕早期过肥的母羊，有营养缺乏的病史。

2. 临床症状　发病早期，怀孕后期的母羊出现精神沉郁，食欲差，不喜走动，离群呆立，瞳孔散大，视力减退，角膜反射消失，出现意识紊乱。病羊精神极度沉郁，食欲减退或废绝，反刍停止，黏膜黄染，体温正常或下降，脉搏快而弱，呼吸浅而快，呼出气体有烂苹果味，粪便小而硬，被覆黏液，甚至带血，小便频繁；之后出现神经症状，如运动失调，以头抵物，转圈运动，不断磨牙，视力降低或消失，肌纤维震颤或痉挛，头向后仰或弯向侧方，卧地不起，常在 1~3 日内死亡，死前昏迷，全身痉挛，四肢泳动。

3. 病理变化　黏膜黄染，肝脏肿大变脆，色泽微黄，肝细胞发生明显的脂肪变性，有些区域呈颗粒变性及坏死，肾脏亦有类似病变，肾上腺肿大，皮质变脆，呈土黄色。

4. 实验室诊断　出现低血糖（血糖可由正常的 3.33~4.99 毫摩/升，下降到 1.4 毫摩/升），高血酮（血清酮体由正常的 5.85 毫摩/升，升高到 547 毫摩/升或以上，β-羟丁酸由正常的 0.06 毫摩/升，升高到 8.5 毫摩/升），尿酮呈强阳性反应，血浆游离脂肪酸增多，血液总蛋白减少，淋巴细胞及嗜酸性白细胞减少。后期血清非蛋白氮升高，有时可发展为高血糖。

（三）防治

1. 预防

（1）加强饲养管理。保证母羊必需的糖类、蛋白质、矿物质、维生素和微量元素，在母羊怀孕的最后 1~2 个月，特别是多羔妊娠的母羊，应饲喂优质干草（如豆科干草），加喂精料。精料喂量根据体况而定，从产前 2 个月开始，每天喂给 100~150 克，以后逐渐增加，到临分娩前达到 500~1 000 克/天，肥羊应该减少喂料量。有条件的羊场可以饲喂全价配合饲料。加强羊舍建设，保障良好的环境条件。

（2）防止母羊妊娠早期过肥。刚配种以后，饲养条件不必太好，在怀孕的前2~3个月内，不要让其体重增加太多，2~3个月以后，可逐渐增加营养。每天应进行放牧或运动2小时左右，至少应强迫行走250米左右。

（3）药物预防。对多羔妊娠的易感母羊，从分娩前10~20天开始饲喂丙二醇，用量为每天20~30毫升。

2. 治疗 治疗原则为补糖抗酮保肝，纠正酸中毒，对症治疗，必要时引产。

【处方1】 10%葡萄糖注射液100~500毫升，维生素C注射液0.5~1.5克，10%安钠咖注射液5~20毫升，10%葡萄糖酸钙注射液50~150毫升，静脉注射，每天1~2次，连用3~5天。

胰岛素注射液10~50单位，静脉补糖后皮下或肌内注射。

【处方2】 丙二醇20~30毫升（或丙酸钠15~25克，或丙酸钙15~25克，或甘油20~30毫升），维D_2磷酸氢钙片30~60片，干酵母片30~60克，健胃散30~60克，加水灌服，每天2次，连用3~5天。

【处方3】 5%碳酸氢钠注射液50~100毫升，静脉注射，每天1次，连用3~5次。

【处方4】 必要时进行人工引产（用开膣器打开阴道，在子宫颈口或阴道前部放置纱布块，也可用地塞米松注射液10毫克，或氯前列烯醇0.2毫克，肌内注射）或实施剖腹产手术，娩出胎儿，可减轻症状。

二、羔羊低血糖症

羔羊低血糖症，又叫初生羔羊体温过低或新生羔羊发抖，是新生羔羊由于血糖浓度降低而引起的以中枢神经系统功能障碍为特征的营养代谢病。其临床特征为低血糖，体温下降，软弱无力，全身发抖，精神过度兴奋或严重抑制。该病常见于冬、春季节，绵羊多发。

（一）病因

1. 母羊缺乳或拒绝喂乳 主要是由于哺乳母羊的营养状况较差，泌乳量不足，乳汁营养成分不全，母羊母性差，拒绝羔羊吃奶，或产羔过多，初生羔羊吃奶过迟，天气寒冷，使羔羊缺乳，过度饥饿，能量消耗过多。

2. 羔羊吃不到乳或患病 如羔羊发育不良，体质虚弱，吮乳困难，或患有羔羊痢疾、消化不良、肝脏疾病（影响糖异生）等。

（二）诊断要点

1. 病史 多发于出生后5日龄以内的羔羊，有缺乳或受寒的病史。

2. 临床症状 羔羊精神沉郁，不活泼，体温下降，皮温降低，黏膜苍白，呼吸微弱，但呼吸次数增加，肌肉紧张性降低，行走无力，侧卧着地，脱水，消瘦。严重时空口咀嚼，口流清涎，角弓反张，眼球震颤，四肢挛缩，嗜睡，甚至昏迷死亡。

3. 实验室检查　血糖水平下降，血糖水平由正常的2.8~3.9毫摩/升，下降到1.7毫摩/升以下。血中非蛋白氮通常升高。

4. 治疗性诊断　病羊对葡萄糖反应良好。

（三）防治

1. 预防　加强饲养管理，在母羊妊娠后期和哺乳时，供给全价配合饲料，补充优质干草，产房注意保暖，防止羔羊受冻，吃足初乳，提前补饲精料，防止羔羊发生消化不良、肺炎、肝病、脐带炎和羔羊痢疾等疾病。

2. 治疗　治疗原则为补糖，保暖，加强营养。

【处方1】　辅助羔羊吃奶，早期补料，必要时进行寄养或人工哺乳。

【处方2】　10%~20%葡萄糖注射液20毫升，静脉注射、腹腔注射或口服，每天2次。

第十八章　羊场中毒病防治

第一节　饲料中毒

一、硝酸盐和亚硝酸盐中毒

硝酸盐和亚硝酸盐中毒是由于动物采食了富含硝酸盐或亚硝酸盐的饲料或饮水，引起的高铁血红蛋白血症，而导致血液输氧功能障碍和组织缺氧的一种急性、亚急性中毒病。其临床特征为黏膜发绀，血液褐变，呼吸困难和胃肠道炎症。

（一）病因

1. 摄入富含硝酸盐的饲料　植物中硝酸盐的含量与植物的种类（青菜类、青绿饲料和干草中含量较高）、部位（硝酸盐含量，根、茎>叶>花、种子）和耕作环境有关（干旱、旱后降雨、重施氮肥、喷洒除草剂可使硝酸盐含量升高）。

2. 硝酸盐还原酶活力增强　植物和硝酸盐还原菌体内含有硝酸盐还原酶，在一定条件下（20~40 ℃，一定的湿度，pH 值 6.3~7.0），硝酸盐还原酶活力增强，可以将硝酸盐转化成亚硝酸盐。饲料遭受雨淋、堆放、文火焖煮等可使硝酸盐还原酶活力增强。羊瘤胃内含有大量的硝酸盐还原菌，并有适宜的温度和湿度，可以把硝酸盐还原为亚硝酸盐，其转化的量决定于瘤胃的 pH 值，饲料中含糖（糖类）量少时，瘤胃 pH 值升高至 7. 0 以上，可使亚硝酸盐产生增多，如饲料中含糖量多，则瘤胃 pH 值下降，可使硝酸盐产生氨。

3. 饮用高硝酸盐的水　如田水、深井水和污水等。

4. 注射或摄入亚硝酸盐　注射或摄入大量亚硝酸盐的危险性比硝酸盐更大。

（二）诊断要点

1. 病史　病羊有采食含有硝酸盐或亚硝酸盐过多的饲料或饮水的病史。

2. 临床症状

（1）急性中毒。有些病羊没有任何症状，突然死亡。大部分病羊精神沉郁，流涎，腹痛，腹泻，粪便中偶有带血，黏膜发绀，眼球下陷，呼吸极度困难，心跳加快，肌肉震颤，步态蹒跚，很快卧地，四肢泳动，全身痉挛，挣扎死亡。

（2）慢性中毒。病羊增重缓慢，泌乳减少，发生前胃弛缓，腹泻，跛行，体质下降，甲状腺肿胀，母羊流产、不孕。

3. 病理变化　可视黏膜、肌肉呈蓝紫色或紫褐色，血液凝固不良，呈酱油色，在空气中长期暴露也不变红，并伴有肺充血、出血、水肿，胃肠黏膜充血、出血，易脱落，胃内容物有硝酸盐气味。

4. 实验室检验　采集可疑的饲料、饮水和胃肠内容物，进行亚硝酸盐的定性或定量分析。采集血液进行变性血红蛋白试验。

5. 治疗性诊断　中毒早期用小剂量美蓝治疗有良好效果。

（三）防治

1. 预防　科学存放和调制饲料，防止亚硝酸盐产生。青绿饲料在近收获期禁施氮肥。实施检测，对可疑饲料和饮水进行亚硝酸盐的检验。

2. 治疗　治疗原则为排除毒物，解毒和对症治疗。

【处方1】　温水洗胃，尽早进行。

液体石蜡300~500毫升，内服。

10%葡萄糖注射液500毫升，1%美蓝注射液8毫克/千克体重，静脉注射，2小时不见好转再用1次，好转后4小时再用1次。

樟脑磺酸钠注射液0.25~1克，呼吸困难时皮下或肌内注射，必要时间隔2小时重复1次。

【处方2】　洗胃、泻下后给予以下药物治疗。

10%葡萄糖注射液500毫升，维生素C注射液0.5~1.5克，静脉注射，每天2次，连用3天。或5%甲苯胺蓝注射液5毫克/千克体重，肌内注射，也可配合葡萄糖注射液，静脉注射。

尼可刹米注射液0.25~1克，呼吸困难时皮下或肌内注射，必要时间隔2小时重复1次。

有条件的可进行吸氧，或用新鲜抗凝血200~400毫升，静脉注射。

二、氢氰酸中毒

氢氰酸中毒是由于动物采食了富含氰苷的植物或被氰化物污染的饲料、饮水后，在体内产生氢氰酸，导致组织呼吸窒息的一种急剧性中毒病。其临床特征为发病急促，黏膜潮红，呼吸困难，肌肉震颤和惊厥。

（一）病因

1. 采食了富含氰苷的植物　如高粱和玉米的幼苗，尤其是再生幼苗，亚麻（主要是亚麻叶、亚麻籽和亚麻饼），木薯的嫩叶和根皮，蒙古扁桃的幼苗，桃、李、杏、梅、枇杷、樱桃的叶和核仁（入药时用量过大），各种豆类如蚕豆、豌豆和海南刀豆，牧草如苏丹草、甜苇草、约翰逊草和三叶草等。

2. 采食被氰化物污染的饲料或饮水 如被氰化钾、钙氰酰胺，或冶金厂、电镀厂、化工厂等排出的工业三废污染的饲料或饮水。

（二）诊断要点

1. 病史 该病发病迅速，有采食含氰苷或氰化物的饲料、饮水的病史。

2. 临床症状 采食含有氰苷的饲料后15~20分钟，表现腹痛不安，呼吸加快，可视黏膜鲜红，呼吸极度困难，甚至张口喘气，口、鼻中流出白色泡沫，肌肉痉挛，角弓反张或后弓反张，很快死亡。有的先兴奋，然后很快转入沉郁状态，随之出现极度衰弱，步态不稳或倒地，体温下降，后肢麻痹，肌肉痉挛，瞳孔散大，全身反射减弱或消失，心动徐缓，脉搏细弱，呼吸浅表，直至昏迷死亡。病程一般不超过1~2小时，严重者数分钟即可致死。

3. 病理变化 尸体营养良好，黏膜鲜红，血液鲜红色，凝固不良，尸僵缓慢，体腔有浆液性渗出液，胃肠道黏膜和浆膜出血，实质器官变性，肺水肿，气管和支气管内有大量泡沫液体，或呈粉红色，胃内容物充满，有苦杏仁味。

4. 实验室检查 必要时在死后4小时内采取剩余饲料、饮水、胃内容物、肝脏、肌肉等进行氢氰酸的定性或定量检验。

（三）防治

1. 预防 禁止在生长有氰苷作物的地方放牧；用含有氰苷的饲料喂羊时，宜先加工调制，如流水浸渍24小时。

2. 治疗 治疗原则为立即解毒，排除毒物和对症治疗。

【处方】 温水洗胃。

硫代硫酸钠3克，加水内服或瘤胃注射，1小时后重复1次。

芒硝或硫酸镁1克/千克体重，配成5%溶液内服。

5%~10%葡萄糖注射液500毫升，3%亚硝酸钠注射液0.1~0.2克，注射用硫代硫酸钠1~3克，静脉注射。或10%对二甲氨基苯酚注射液10毫克/千克体重，静脉注射。

三、食盐中毒

食盐中毒是羊对食盐或含钠物质摄入过多，特别是在限制饮水时，所引起的以消化功能紊乱和神经症状为特征的中毒性疾病。其病理特征为脑组织水肿、变性、坏死和消化道炎症。有人用碳酸氢钠、乳酸钠等也复制出所谓的食盐中毒。故食盐中毒的实质是钠离子中毒。

（一）病因

食盐摄入过多是引起本病的主要原因。如饲料中食盐添加过多或搅拌不匀，饲喂含食盐较高的泔水、酱渣、咸菜及腌咸菜水，用10%氯化钠注射液治疗前胃弛缓或用食盐作泻剂时，用量过大，有的地区用含食盐多的咸水作饮水等，均可导致中毒；饮水不足是引起本病的决定性因素。

（二）诊断要点

1. 病史　有食盐过多和限制饮水的病史。

2. 临床症状　主要表现为口渴贪饮，同时多伴有腹泻和神经症状。急性中毒时，病羊出现食欲减退或停止，饮欲增加，反刍减少或停止，瘤胃蠕动消失，常伴有瘤胃臌气，口腔流出大量泡沫，结膜发绀，瞳孔散大或失明，腹痛，腹泻，甚至便中含血，严重时兴奋不安，磨牙，肌肉震颤，盲目行走，转圈；之后后肢拖地，行走困难，倒地，痉挛，头向后仰，四肢泳动，发作后转为沉郁，甚至发生昏迷，窒息死亡。慢性中毒多由饮用咸水导致，表现为食欲减退，体重减轻，体温下降，衰弱，腹泻，多因衰竭死亡。

3. 病理变化　胃肠黏膜充血、出血、脱落，心内外膜及心肌有出血点，肝脏肿大、质脆，胆囊扩张，肺水肿，肾脏肿大，皮质和髓质界限不清楚，有时也可见到嗜酸细胞性脑膜脑炎。

4. 实验室检验　血清中钠离子含量升高，胃肠内容物和肝脏中钠离子含量升高。

（三）防治

1. 预防　加强饲养管理，正确调配饲料，应用含食盐多的饲料时应提高警惕，防止食盐摄入过多，应用含有氯化钠的药物时，应防止过量或超量应用，不饮用咸水，并提供充足优质的饮水。

2. 治疗　治疗原则是停喂多盐饲料，严格控制饮水，促进食盐排出，恢复阳离子平衡，对症治疗。

【处方】 发病早期，立即提供充足的饮水，以降低消化道内食盐的浓度。但出现症状时应少量多次地提供饮水，防止食盐吸收过多。

液体石蜡 100~300 毫升，灌服。

5%葡萄糖注射液 500~1 000 毫升，10%葡萄糖酸钙注射液 10~50 毫升，25%硫酸镁注射液 10~20 毫升，10%葡萄糖注射液 500 毫升，静脉注射，每天1~2 次，连用 2~3 天。

呋塞米注射液（速尿针）0.5~1 毫克/千克体重，肌内注射，每天 1 次，连用 3 天。

25%甘露醇注射液 100~250 毫升，极度兴奋时，静脉注射。

5%葡萄糖氯化钠注射液 500 毫升，10%氯化钾注射液 10 毫升，10%安钠咖注射液 5~10 毫升，在治疗的后期，静脉注射。

四、棉籽饼粕中毒

棉籽饼粕中毒是由于长期连续或超量饲喂棉籽饼粕，致使羊摄入过量的棉酚而引起的中毒性疾病。主要见于膘情较好的妊娠母羊和羔羊。成年羊和采食高蛋白日粮的羊有抵抗力。

（一）病因

主要是因为动物过量采食棉酚含量较高的棉籽饼粕，而棉酚在动物体内稳定，不易破坏，同时排除缓慢，有蓄积作用，因此长期连续饲喂会发生中毒。棉籽饼是一种高磷低钙、缺乏维生素 A 和赖氨酸的饲料，长期饲喂容易导致代谢病。

（二）诊断要点

1. 病史 有长期连续饲喂或超量饲喂棉籽饼粕或棉叶的病史。

2. 临床症状

（1）急性型。病羊偶见气喘，常在进圈或产羔时突然死亡，妊娠母羊常发生流产或死胎。

（2）慢性型。羔羊食欲下降，腹泻，发生佝偻病症状，甚至引发黄疸、夜盲症和尿石症。成年羊消化紊乱，饮欲增加，眼结膜充血，视力减退，羞明。公羊发生尿道结石，精子生成减少。之后精神沉郁，呆立不动，伸腰拱背，心搏动前期亢进，后期衰弱，心跳加快，心律不齐，流鼻液，咳嗽，呼吸急促，腹式呼吸，每分钟 25~55 次，肺部听诊有湿性啰音，腹痛，粪便被覆黏液或血液，排尿困难，排血尿或血红蛋白尿，最后四肢肌肉痉挛，行走无力，后躯摇摆，常在放牧或饮水时突然死亡。

3. 病理变化 肝脏肿大，质脆，呈灰黄色或土黄色，有带状出血，肺脏充血，水肿，胃肠黏膜出血，心肌松软，心内外膜有出血点，肾盂和肾实质水肿，肾乳头出血，膀胱壁水肿，黏膜出血。

4. 实验室检查 可测定棉籽饼粕及血清中游离棉酚的含量。

（三）防治

1. 预防

（1）去毒后饲喂。方法有用 0.1%~0.2%硫酸亚铁液浸泡 24 小时后，用水冲洗；在棉籽饼粕中加入 0.3%~0.4%硫酸亚铁；将棉籽饼粕蒸煮（100~110 ℃，30 分钟）或炒熟；2%碳酸氢钠液浸泡 24 小时，用水冲洗；微生物发酵法等，可根据具体情况选用。

（2）限时限量饲喂。日粮中棉籽饼粕含量应小于 8%，连续饲喂半个月，应停喂半个月，种羊和羔羊最好不用。

（3）注意日粮搭配。增加日粮中蛋白质（可加入等量的豆粕）、维生素、矿物质和青绿饲料的含量，可预防本病的发生。

（4）选用低棉酚或无棉酚的棉籽饼粕。

2. 治疗 本病尚无特效解毒药，重在预防。发现中毒，立即停止饲喂棉籽饼粕，给予青绿多汁饲料，并供给充足的饮水。

【处方】 0.02%双氧水、0.03%高锰酸钾液或3%碳酸氢钠液，适量，急性中毒时进行洗胃（采食后4小时内）或灌肠（采食较久，毒物已进入肠道）。

芒硝或硫酸镁1克/千克体重，配成5%溶液，急性中毒时内服。

10%~25%葡萄糖注射液100~500毫升，10%安钠咖注射液5~10毫升，10%葡萄糖酸钙注射液10~50毫升，静脉注射，每天1~2次，连用2~3天。

多种维生素拌料或饮水。

五、黑斑病甘薯毒素中毒

黑斑病甘薯毒素中毒，也称黑斑病甘薯中毒或霉烂甘薯中毒，是由于羊采食了大量患黑斑病的甘薯而引起的一种中毒性疾病。羊黑斑病甘薯毒素中毒的临床特征为急性肺水肿、间质性肺泡气肿和气喘。常见于春末夏初和晚冬时节。

（一）病因

食入大量患黑斑病的甘薯导致中毒。有时则因饲喂甘薯的副产品，如甘薯粉渣、甘薯酒糟时发病。甘薯储藏时由于温度和湿度比较适宜，某些霉菌（已知的霉菌有三种，即甘薯黑斑病真菌、茄病镰刀菌和爪哇镰刀菌）就会大量增殖，产生甘薯毒素（已知的毒素有四种，即甘薯酮、甘薯醇、甘薯二醇和甘薯宁），这些毒素经煮、蒸、烤等高温处理，毒性不会被破坏。当羊进食了大量的黑斑病甘薯后，其毒素对中枢神经系统、心血管系统，以及胃肠道、肝、肺、胰脏等器官会产生刺激和损伤，导致呼吸系统和代谢功能紊乱，引发本病。

（二）诊断要点

1. 病史 有采食大量黑斑病甘薯的病史。

2. 临床症状 精神沉郁，结膜充血或发绀，食欲减退或废绝，反刍减少，瘤胃蠕动减弱或消失，脉搏增数达90~150次/分，心脏功能衰弱，心音增强或减弱，脉率不齐，呼吸困难，发生呼吸性呼吸困难（有时呼气时间为吸气时间的4~5倍），呼出的气体带有臭味，肺部听诊支气管呼吸音粗厉，有湿性啰音。粪便变软，含有黏液或血丝，最终衰竭、窒息死亡。

3. 病理变化 心腔积血，心室出血。肺脏体积增大，高度充血、瘀血及出血，发生肺水肿和间质性肺气肿，切开肺脏和气管有白色泡沫状液体，胸前积有大量黄色液体。肝脏肿大，严重出血，胆囊呈金黄色，充满黄绿色胆汁。脾脏轻度肿大，边缘有出血点。肾脏出血。胃内有黑斑病甘薯残渣，皱胃和小肠黏膜充血、出血，结肠黏膜有条纹状出血，肠系膜淋巴结肿大。

4. 动物实验 必要时可应用黑斑病甘薯或其乙醇、乙醚的浸出液进行人工复制发病试验。

（三）防治

1. 预防

（1）加强饲养管理。严禁将霉烂的甘薯喂羊，或彻底切去烂斑以后再喂。在饲喂甘薯粉渣、甘薯酒糟时，应慎重，可先进行小群试验，确认无毒后，再全群饲喂。

（2）防止甘薯发霉。用甲基托布津溶液浸泡种薯和幼苗，储存甘薯前，要将甘薯表皮晒干，并防止薯皮破损，用70%甲基托布津800倍稀释液或50%多菌灵胶悬剂500～800倍液喷洒消毒薯块和储藏窖，并做好对储藏窖温度（11～15℃）和湿度的控制。

2. 治疗 治疗原则为排除毒物，解毒和对症治疗。

【处方】 1%～2%双氧水洗胃。

1%高锰酸钾液100～200毫升，内服。

芒硝或硫酸镁50克，氧化镁10～15克，加水1 000毫升，灌服。

吸氧。

10%葡萄糖注射液250～500毫升，注射用硫代硫酸钠1～3克，维生素C注射液0.5～1.5克，盐酸山莨菪碱注射液（654-2注射液）5～10毫克，地塞米松注射液4～12毫克，静脉注射，每天1～2次，连用2～3天。

5%碳酸氢钠注射液100毫升，静脉注射，每天1次，连用3天。

六、瘤胃酸中毒

瘤胃酸中毒，又称瘤胃乳酸中毒、中毒性消化不良、反刍动物急性糖类过食症等，是由于反刍动物采食大量谷类或其他富含糖类的饲料后，导致瘤胃内产生大量乳酸而引起的一种急性代谢性酸中毒。其临床特征为消化障碍，瘤胃运动停滞，严重脱水，毒血症，运动失调，衰弱，神志昏迷和高死亡率。

（一）病因

1. 过量食入富含糖类的饲料 多在母羊产后补料时任其自由采食，或羊偷食导致。常见的饲料有玉米、大麦、高粱、马铃薯、甘薯及其加工副产品，以及酸度过高的青贮料、糖渣等，特别是加工成粉状的饲料危险性较高。

2. 应激因素 饲料突然改变，由以饲喂牧草为主，突然改喂含糖类较多的饲料，另外在气候突变，羊处于应激状态，消化功能紊乱时，草料任其采食也可以导致中毒。

（二）诊断要点

1. 病史 有采食过量富含糖类饲料的病史。

2. 临床症状 一般在采食谷物类精料后24小时内发病，病情急剧。病羊精神沉郁，食欲废绝，反刍停止，瘤胃蠕动停止，体温正常或偏低，少数羊体温升高，心跳加快，黏膜发绀，眼球下陷，目光呆滞，粪便稀软，酸臭，排尿减少，腹部触诊瘤胃充满，黏硬或稀软，冲击式触诊，有时有振水音。严重的病羊极度痛苦，呻吟，卧地不起，昏迷死亡。有的出现蹄叶炎，发生跛行，采食较少的可以耐过，采食较多的常于4~6小时内死亡。

3. 病理变化　尸体脱水，血液黏稠，颜色发暗，甚至呈黑红色，瘤胃内容物充满，有时稀薄呈粥状，有明显酸臭味，瘤胃和网胃黏膜脱落、出血，甚至呈黑色，皱胃和小肠黏膜出血，心肌扩张柔软。肝脏瘀血，质脆，有时有坏死灶。

4. 实验室检查　红细胞数升高，红细胞压积容量升高，血液pH下降，尿液pH下降，血液中乳酸含量增加，血浆二氧化碳结合力下降，瘤胃pH下降，瘤胃液检查无纤毛虫，正常瘤胃中的革兰氏阴性细菌丛（细菌构成的群落）被革兰氏阳性细菌丛所替代。

（三）防治

1. 预防　加强饲养管理，补充精料时，应给予全价配合饲料，饲喂时由少到多，逐渐过渡，禁止随意给予精料，加强管理，防止羊偷食精料。病羊食欲减退，不吃粗料，只吃精料时，应及时请兽医诊治。

2. 治疗　治疗原则是彻底清除有毒的瘤胃内容物，及时纠正脱水和酸中毒，逐步恢复胃肠功能，加强护理和对症治疗。

【处方1】　护理。防止病羊群再次接近谷物。初期禁止饮水，可给予少量青草，勤检查，多运动，一般每小时1次，治疗后如果羊能吃干草，瘤胃稍动，则病情好转，如精神明显沉郁，无力躺卧，瘤胃内充满液体，预示病情恶化。

洗胃。用于急救，常立竿见影。用1%碳酸氢钠液或1∶5石灰水上清液进行，将粗胃管经口投入，先导出瘤胃液，再灌入配好的液体，直至左侧肷窝部变大（灌到八成饱），利用虹吸法导出液体，不让瘤胃内的液体流完，再次灌入和导出，反复多次，直到瘤胃液变清，呈碱性，无酸臭味为止。

液体石蜡100~300毫升，鱼石脂4克，乙醇20毫升，1∶5石灰水上清液500~1 000毫升，灌服。1∶5石灰水上清液也可以用氧化镁，或氢氧化镁、碳酸氢钠50克，常水500~1 000毫升代替。

5%葡萄糖氯化钠注射液500~1 000毫升，10%安钠咖注射液5~10毫升；5%碳酸氢钠注射液250~500毫升。静脉注射，每天1~2次，连用3天。

健胃散50克，在恢复期加水内服。

【处方2】　瘤胃切开术，主要用于严重病例，早期进行效果较好，瘤胃切开后，把内容物全部清除，用1%碳酸氢钠液或1∶5石灰水上清液冲洗，放入铡碎的干草或健康羊的瘤胃内容物。术后注意补液补碱（参考处方1），抗菌消炎（用庆大霉素或氨苄青霉素）和对症治疗。

七、疯草中毒

疯草中毒是动物长期采食棘豆属和黄芪属中的有毒植物（统称疯草）所引起的以神经功能紊乱为主的慢性中毒疾病。其临床特征为头部震颤，后肢麻痹。主要发生于冬、春季节，山羊、绵羊和马多发。

（一）病因

1. 饲养管理不当 疯草在我国主要分布于西北、华北、东北及西南的高山地带，其毒性成分主要是苦马豆素和氧化氮苦马豆素等。疯草在结籽期相对适口性较好，如果羊大量采食疯草，如黄花棘豆、甘肃棘豆、小花棘豆、冰川棘豆、急弯棘豆、茎直黄芪和变异黄芪等可造成慢性中毒。

2. 牧草缺乏 疯草抗逆性、抗干旱、耐寒等特性强，适于生长在植被破坏的地方。在牧草充足时，牲畜并不采食，但当可食牧草耗尽时羊也会采食。因此，常在每年春、冬发生中毒，干旱年份有暴发的倾向。

（二）诊断要点

1. 病史 有长期采食疯草的病史。

2. 临床症状

（1）山羊症状。病初食欲减退，精神沉郁，目光呆滞，反应迟钝，呆立不动。中期，头呈水平震颤或摇动，呆立时仰头缩颈，步态蹒跚，后躯摇摆，被毛逆立，没有光泽，放牧掉队，追赶时极易摔倒。后期出现腹泻，脱水，被毛粗乱，腹下被毛极易脱落，后躯麻痹，起立困难，多伴有心律不齐和心杂音，最后衰竭死亡。

（2）绵羊症状。症状与山羊相似，但出现较晚，中毒羊在安静状态下可能看不出症状，但在应激时，如用手提耳便立即出现摇头，转圈，突然倒地等典型中毒症状。妊娠母羊易流产，产下畸形羔羊，或羔羊弱小。公羊性欲降低或无交配能力。

3. 病理变化 羊尸体极度消瘦，血液稀薄，腹腔内有大量清亮液体，口腔及咽部有溃疡灶，皮下及小肠黏膜有出血点，胃及脾与横膈膜粘连，肾脏呈土黄、灰白相间，有些病例心脏扩张，心肌柔软。病理组织变化为神经及内脏组织细胞泡沫样空泡变性。

4. 实验室检查 红细胞数减少，呈现大红细胞性贫血，血清谷-草转氨酶和碱性磷酸酶活性明显升高，血清α-甘露糖苷酶活性降低，尿液低聚糖含量增加，尿低聚糖中的甘露糖含量也明显升高。

（三）防治

1. 预防

（1）合理轮牧。即在有疯草的草场上放牧 10 天，或在观察到第一只羊轻度中毒时，立即转移到无疯草的草场放牧10～12天或更长一段时间，以利毒素排泄和羊体恢复。或在棘豆生长茂密的牧地，限制放牧易感的山羊、绵羊和马，而改为放牧或饲养对棘豆反应迟钝的动物，如牛和家兔。

（2）日粮控制。疯草中毒主要发生在冬季枯草季节，所以冬季应备足草料，加强补饲，可以减少本病的发生，或在冬季采用饲草加40%疯草饲喂，疯草每喂15天，再停15天。

（3）化学防除。对疯草污染严重的草场，在保证不使生态退化的前提下，可用2，4-D丁酯、G-520等除草剂选择性地杀除棘豆。

（4）药物预防。有人用0.29%工业盐酸对小花棘豆进行集中脱毒后搭配饲喂，有人研究出提高α-甘露糖苷酶活性及可破坏苦马豆素结构的药物"棘防E号"，均对本病的预防取得了较好效果。

2. 治疗　目前，本病尚无有效治疗方法。对轻度中毒羊，及时转移到无疯草的草场放牧，调配日粮，加强补饲，一般可不治而愈。

【处方】　5%～10%葡萄糖注射液500毫升，注射用硫代硫酸钠0.1克/千克体重，静脉注射。

第二节　农药及化学物质中毒

一、有机磷农药中毒

有机磷农药中毒是由于接触、吸入或误食某种有机磷农药，引起体内胆碱酯酶活性受到抑制和乙酰胆碱蓄积，导致以胆碱能神经效应增强为特征的中毒病。

（一）病因

羊采食喷洒过有机磷农药的植物，且在残效期内，或误食了拌过有机磷农药的种子，饮用了被有机磷农药污染的水，或用有机磷制剂内服或药浴治疗体表寄生虫病时，剂量过大、疗程过长或浓度过高，导致中毒。

（二）诊断要点

1. 病史　羊在48小时内有接触、摄入过量有机磷农药的病史。

2. 临床症状

（1）轻度中毒。主要以毒蕈碱样症状（M样症状）为主。主要使分布于内脏平滑肌、腺体、虹膜括约肌和一部分汗腺的胆碱能神经纤维发生兴奋，引起胃肠道、支气管、胆道、泌尿道的平滑肌收缩，唾液腺、支气管腺、汗腺分泌增多，故病羊临床表现为流涎（或口角流出白色泡沫），出汗，排尿失禁，肠音增强，腹痛，腹泻，瞳孔缩小如线状，黏膜苍白，心跳迟缓，呼吸困难，严重时可引发肺水肿（呼吸困难，鼻孔流出粉红色泡沫状鼻液，肺部听诊有湿性啰音），导致死亡。

（2）中度中毒。除有毒蕈碱样症状外，还会出现烟碱样症状（N 样症状）。此时主要使分布于横纹肌的胆碱能神经纤维发生兴奋，兴奋过度，转为麻痹。病羊表现为肌纤维痉挛和颤动，轻者震颤，重者发生抽搐，严重时发生呼吸肌麻痹，窒息死亡。

（3）重度中毒。往往以中枢神经中毒症状为主。主要表现为兴奋不安，盲目奔跑，抽搐，全身震颤，精神高度沉郁，甚至倒地昏睡，严重时发热，大小便失禁，心跳加快，最后因呼吸中枢麻痹和循环衰竭而死亡。

（4）迟发性神经中毒综合征。有些有机磷农药如马拉硫磷，在急性中毒 8~15 天后，可以再出现中毒症状，主要表现为后肢软弱无力，共济失调，最后发展为后肢麻痹。其病理变化为神经脱髓鞘。此病变与胆碱酯酶活性无关，用阿托品治疗无效，在诊疗中应引起足够的重视。

3. 实验室检查 血液、组织中胆碱酯酶活性降低，指标是其活性小于 50%（此法对诊断所有的有机磷农药中毒都适用）。也可采取胃内容物，可疑的饲料、饮水等，做有机磷农药的检验（一定要结合病史调查等内容进行，多用于事后检验）。

4. 治疗性诊断 用有机磷农药中毒的特效解毒剂进行治疗，有效时可以做出诊断，但无效时，不一定能排除本病。

（三）防治

1. 预防 防止羊误食各种有机磷农药；用有机磷制剂治疗疾病时，注意用量、浓度等，防止中毒。

2. 治疗 急救原则为立即注射特效解毒剂，尽快除去未吸收的毒物和对症治疗。

【处方】 肥皂水适量，经皮肤中毒时，清洗皮肤。

温水适量，洗胃，经消化道食入时，要尽早进行，并且一定要彻底。

芒硝或硫酸镁 1 克/千克体重，配成 5%溶液内服。

阿托品注射液 5~10 毫克/次，皮下或肌内注射，也可以稀释后静脉注射，经 1~2 小时未见好转，可减量重用，直到出现“阿托品化”，并一直维持“阿托品化”。

解磷定注射液 15~30 毫克/千克体重，或氯磷定注射液 5~10 毫克/千克体重，5%~10%葡萄糖注射液 500 毫升，静脉注射，3~4 小时 1 次，中毒过久无效。或双复磷注射液 0.4~0.8 克，5%~10%葡萄糖注射液 500 毫升，静脉注射（对中枢神经中毒症状有效，5%双复磷注射液也可肌内注射），以后每 2 小时重复用药 1 次，剂量减半。

阿托品化：用阿托品在治疗急性有机磷农药中毒的过程中，大剂量应用阿托品，但又不至于导致阿托品中毒，其指标为大（瞳孔散大到边缘不再缩小）、红（颜面或黏膜潮红）、快（心率加快）、干（口干，皮肤干燥）、净（肺部湿啰音减少或消失）。

二、慢性无机氟化物中毒

慢性无机氟化物中毒又称氟病，是指动物长期连续摄入超过安全限量的无机氟化合物所引起的一种以骨骼、牙齿病变（氟骨症和氟斑牙）为特征的中毒病。多呈地方性群发。

（一）病因

1. 工业氟污染　主要见于大量应用含氟矿石作原料或催化剂的工厂（如磷肥厂、钢铁厂、陶瓷厂、玻璃厂和氟化物厂等）周围，未采取防氟措施，随工业“三废”排出的氟化物（氢氟酸和四氟化硅），污染空气、水域、土壤等。工业氟污染区的高氟牧草（氟含量大于30~40毫克/千克，枯草期氟含量高）是羊氟病的主要毒源。

2. 地方性高氟　主要分布在我国的西北、东北和华北，特别是在干旱、半干旱地区及荒漠、盆地、萤石矿区、火山、温泉附近，水、土、植物的含氟量较高，动物长期采食高氟区的牧草和饮水（水中氟含量大于3~5毫克/升）是地方性氟病的主要毒源。

3. 饲养管理不当　长期饲喂未脱氟的矿物质添加剂，如骨粉、磷酸氢钙、过磷酸钙、天然磷灰石、石粉（一般不进行脱氟，只用低氟石粉）。

（二）诊断要点

1. 病史　呈地方性群发，病区有氟污染源，有长期采食高氟的牧草、饮水和矿物质添加剂的病史。

2. 临床症状　哺乳羔羊一般不发病，断奶羔羊在乳齿脱落时，表现为生长发育不良，下颌骨增厚肥大。成年羊出现氟斑牙和氟骨症，表现为门齿蛀烂，甚至完全磨灭，门齿和臼齿外观无光泽，呈黄色或白色，珐琅质蚀脱，甚至出现黄褐色或黑褐色的斑点或斑纹，臼齿磨灭不整齐，下颌骨增大，牙齿容易断裂和脱落，牙齿和骨骼的变化有对称性。在下颌骨外侧、四肢长骨和肋骨与肋软骨的连接处常有骨瘤（骨赘）形成。病羊表现为咀嚼困难，不愿吃食，常吐草团，被毛粗乱，消瘦，出现无外科原因的跛行。

3. 病理变化　尸体消瘦，贫血，有氟斑牙和氟骨症，骨骼表面粗糙，呈白垩状，骨质疏松，容易折断，断面骨密质变薄，下颌骨粗糙、肿大，在下颌骨外侧、四肢长骨和肋骨与肋软骨的连接处出现骨赘。

4. 实验室检查　病羊的血液、尿液（尿氟正常时为8毫克/升，10毫克/升为可疑，高于15毫克/升即可能发生中毒）、骨（正常时低于500毫克/千克，超过1 000毫克/千克时即为异常，达到3 000毫克/千克以上即可出现中毒症状）中的含氟量升高。血清钙水平降低，血清及骨骼中碱性磷酸酶活性明显升高。

（三）防治

1. 预防

（1）加强饲养管理。饲喂低氟的矿物质添加剂。饲料中补充充足的蛋白质、钙、磷、硒和维生素等。避免在高氟区放牧，或在低氟牧场和高氟牧场轮换放牧。

（2）在工业氟污染区，最根本的措施是治理污染源，也可以从安全区（牧草氟含量小于30毫克/千克）引入2.5岁以上的母羊进行繁殖，所产的羔羊在第1~2个枯草期转移到安全区放牧，或采用低氟牧草饲喂。

（3）在地方性高氟区，主要是引入低氟水，打深井，或化学除氟（用熟石灰、明矾、活性氧化铝等）。

（4）采用肌内注射亚硒酸钠注射液和投服长效硒缓释丸，预防山羊氟中毒取得了满意的效果。

2. 治疗 慢性氟中毒至今尚无较好的治疗方法。发生中毒后应停止摄入含高氟的牧草或饮水，转移到安全地区进行放牧，补充蛋白质、钙、磷、硒和维生素等营养物质，严重的予以淘汰处理。

第十九章 羊的普通病防治

第一节 普通内科病

一、口炎

口炎又称口膜炎、口疮、烂嘴等，是口腔黏膜炎症的总称。口炎按病变部位可分为舌炎、腭炎、唇炎和齿龈炎，按炎症性质可分为卡他性、水疱性、溃疡性、脓疱性、蜂窝织炎性和丘疹性口炎。其临床特征为流涎，采食、咀嚼障碍，口臭，口腔黏膜红、肿、热、痛，甚至出血、糜烂、溃疡和坏死。

（一）病因

1. 理化性损伤 如尖锐牙齿，口腔检查粗暴，佩戴劣质开口器，采食粗硬饲料、异物、热水与熟食及稀酸、稀碱和高浓度的盐类等均可损伤口腔黏膜。

2. 继发因素 继发于舌体损伤、咽炎、维生素 A 缺乏症、维生素 B_2 缺乏症、维生素 B_5 缺乏症、维生素 C 缺乏症、锌缺乏症、汞中毒、铅中毒，或采食锈病菌、黑穗病菌等污染的霉败饲料等，也常继发于某些传染病，如口蹄疫、传染性脓疱、羊痘、坏死杆菌病、蓝舌病等。

（二）诊断要点

1. 临床症状 口炎的共同症状为流涎（口腔周围有白色泡沫，严重时口中流出牵丝状液体），采食、咀嚼障碍，口臭，有舌苔，吐草团，体温、脉搏和呼吸等全身症状一般不明显。口腔检查，口腔黏膜出现炎症变化，如口腔黏膜潮红、肿胀，有的出现水疱或溃疡，口中不洁，口温高。

（1）卡他性口炎。最初症状为口干，口腔黏膜感觉敏感，采食、咀嚼缓慢。轻症病羊，口腔干燥，发热敏感，口腔黏膜充血，有灰白舌苔，吐草团。重症病羊，唇、齿龈、腭部黏膜充血、肿胀，甚至糜烂、流涎。

（2）水疱性口炎。特征是黏膜下层有透明的浆液潴留而形成水疱。口腔黏膜发生散在或密集的水疱，一般 3~4 天水疱破溃，露出鲜红色糜烂面，病羊食欲减退，体温升高，5~6 天痊愈。

（3）溃疡性口炎。是口腔黏膜发生以坏死和溃疡为特征的炎症。主要表现为齿龈肿胀、出血、坏死、溃疡，口腔恶臭，并流出恶臭唾液，严重时牙齿松动或脱落，常发生败血症，病羊脱水，腹泻，甚至衰竭死亡。

2. 鉴别诊断 区别传染病，如口蹄疫、传染性脓疱、羊痘、坏死杆菌病、蓝舌病等引起的口炎。

（三）防治

1. 预防 加强饲养管理，供给青绿多汁饲料，防止营养缺乏，防止理化因素或有毒物质的刺激，口腔检查时禁止粗暴操作，正确预防和治疗传染病引起的口炎。

2. 治疗 治疗原则为消除病因，加强护理，净化口腔，收敛和消炎。

【处方1】 0.1%高锰酸钾液（或1%食盐水、1%明矾液、2%~3%硼酸、0.5%双氧水）50~100毫升，冲洗口腔，每天1~2次，连用3~5天。

【处方2】 碘甘油（或2%碘酊、碘蜂蜜、紫药水、1%磺胺甘油混悬液）10~20毫升，涂抹口腔患处，每天1~2次，连用3~5天。

碘甘油：碘片5克，碘化钾10克，甘油200毫升，蒸馏水加至1 000毫升。

【处方3】 5%葡萄糖氯化钠注射液500毫升，氨苄青霉素50~100毫克/千克体重，地塞米松注射液4~12毫克，静脉注射，每天1~2次，连用2~3天。

10%葡萄糖注射液500毫升，1%三磷酸腺苷二钠注射液（ATP注射液）2~6毫升，注射用辅酶A 50~100单位，维生素C注射液0.5~1.5克，10%安钠咖注射液10毫升，静脉注射，每天1~2次，连用2~3天。

甲硝唑注射液每千克体重10~20毫克，静脉注射，每天1次，连用2~3天。

【处方4】 青黛散：青黛15克，黄连10克，黄柏10克，薄荷5克，桔梗10克，儿茶10克。共研为细末，装入布袋，热水湿润，口内衔之，每天1次，连用3~5天。

【处方5】 冰硼散：冰片50克，朱砂60克，硼砂500克，元明粉500克，共研为细末，在患处撒布，每次适量，每天1~2次，连用3~5天。

二、前胃弛缓

前胃弛缓是由各种病因导致前胃神经兴奋性降低，肌肉收缩力减弱，前胃内容物停滞，引起消化功能障碍，甚至全身功能紊乱的一种疾病。其临床表现为食欲下降，瘤胃蠕动减弱或停止，缺乏反刍和嗳气。前胃弛缓并非是一个独立的疾病，而是一组综合症状。多见于冬末春初和舍饲羊群，山羊比绵羊多发。

（一）病因

1. 饲养不当 如草料单一，缺乏营养，突然换料，精料过多，饲料过粗、过细、冰冻、发霉，饮用污水等。

2. 管理不善 见于过度拥挤，长途运输，遭受风寒暑湿侵袭，吞食异物

(如塑料袋）等。

3. 用药不当　多见于长期大量服用广谱抗菌药物，造成瘤胃菌群紊乱。资料报道链霉素、磺胺类药物对瘤胃菌群影响小。

4. 继发性因素　继发于消化器官疾病（如瘤胃积食、创伤性网胃腹膜炎、瓣胃阻塞、皱胃阻塞、肠便秘、肠炎）、营养代谢病（如骨软病、妊娠毒血症、生产瘫痪）、传染病（如羊痘、口蹄疫、巴氏杆菌病）、寄生虫病（梨形虫病、捻转血矛线虫病、肝片吸虫病、球虫病），以及感冒、热性病等全身性疾病。

（二）诊断要点

1. 病史　多发生于饲养管理粗放或用药不当的羊，或继发于伴有前胃功能障碍的疾病。

2. 临床症状　病羊食欲下降，瘤胃蠕动减弱或停止，缺乏反刍和嗳气，瘤胃内容物黏硬，间歇性臌气，便秘或腹泻，粪便内含有未消化的饲料。由于缺乏典型的临床症状，应排除瘤胃积食、瘤胃臌气、瓣胃阻塞、创伤性网胃腹膜炎等前胃病之后才可确诊。

（1）急性前胃弛缓。病羊多呈急性消化不良，精神沉郁，食欲减少或废绝，反刍减少或停止，时而嗳气，但气味酸臭，瘤胃收缩力减弱，瘤胃蠕动音低沉，蠕动次数减少，瘤胃内容物充满、黏硬或呈粥状，粪球粗糙，附有黏液，全身症状一般较轻。由变质饲料引起者，还可发生瘤胃臌气和腹泻。

（2）继发症状。如果引发前胃炎、肠炎或自体中毒时，症状较重，精神高度沉郁，体温下降，食欲废绝，反刍停止，排出大量褐色糊状粪便，有时为水样，气味恶臭，眼球下陷，黏膜发绀，不久死亡。

（3）慢性前胃弛缓。病羊多呈现食欲减退，异嗜（异嗜的原因为长期营养缺乏，或由营养代谢病、寄生虫病导致），反刍、嗳气减少，瘤胃触诊时内容物黏硬，但不过度充满，瘤胃蠕动音减弱，发生间歇性臌气。病情时好时坏，体质衰弱，日渐消瘦，常因严重贫血和衰竭而死亡。

3. 瘤胃液检查　瘤胃液 pH 值下降，瘤胃纤毛虫数量减少，活力减弱，糖发酵能力降低。

（三）防治

1. 预防　加强饲养管理，提供充足的蛋白质、糖类、矿物质、维生素和微量元素，备足全年草料，合理调配饲料，不喂给过粗、过细、冰冻或发霉的饲料，提供良好的环境条件，加强运动，积极治疗原发病。

2. 治疗　治疗原则是除去病因，防腐制酵，兴奋瘤胃蠕动，调整前胃功能。

【处方 1】　病初禁食 1~2 天，按摩瘤胃。

氯化氨甲酰胆碱注射液（比赛可灵）0.05~0.08 毫克/千克体重，或甲基硫酸新斯的明注射液 2~5 毫克/次，或毛果芸香碱注射液 5~10 毫克，皮下注射，每天1~3次，连用2~3天，病羊心力衰竭和妊娠时不用。

【处方2】 液体石蜡50~100毫升，或芒硝（也可用硫酸镁或人工盐，反刍动物泻下一般不用盐类泻剂）1克/千克体重，加水配成5%溶液，灌服。

10%氯化钠液注射液30毫升，5%氯化钙注射液20毫升，10%安钠咖注射液10毫升，静脉注射。

【处方3】 适用于吃精料过多的病羊。

温水5~10升，洗胃。

鱼石脂乙醇溶液（鱼石脂1~5克，75%乙醇2~10毫升，温水加至500~1 000毫升）500~1 000毫升，灌服。

氧化镁2~5克，或小苏打5~15克，加水500~1 000毫升，灌服。

健康羊瘤胃液400~800毫升，灌服。

盐酸胃复安注射液0.1~0.3毫克/千克体重，皮下或肌内注射，每天1~2次，连用3天。

【处方4】 适用于慢性病羊。

生理盐水1 500~1 900毫升，灌服。

甘油20~30毫升，维D_2磷酸氢钙片30~60片，干酵母片30~60克，健胃散30~60克，加水灌服，每天2次，连用3~5天。

10%葡萄糖注射液500毫升，10%安钠咖注射液10毫升，5%维生素B_1注射液2~5毫升，静脉注射，每天1~2次，连用3天。

【处方5】 四君子汤加减：党参100克，白术75克，茯苓75克，甘草（炙）25克，陈皮40克，黄芪50克，当归50克，大枣200克，每次60~90克，共研为细末开水冲服，每天1次，连用2~3剂。

【处方6】 健脾理气散加减：白术、茯苓、甘草各45~60克，木香、槟榔各30~45克，山楂、生麦芽、生六曲各60~90克。研末后分成5~10份，开水冲服，每次1份，每天1~2次，连用3~5天。

三、瘤胃臌气

瘤胃臌气，又称瘤胃臌胀、瘤胃气胀，是由于前胃神经反应性降低，肌肉收缩力减弱，采食了大量易发酵的饲料，在瘤胃内微生物的作用下异常发酵，产生大量气体，引起瘤胃和网胃急剧膨胀，导致呼吸与循环障碍，发生窒息现象的一种疾病。临床上以呼吸极度困难，反刍、嗳气障碍，腹围急剧增大，腹痛等症状为特征。多发生于牧草生长旺盛的季节，或采食较多谷物类饲料的羊群。

（一）病因

1. 泡沫性瘤胃臌气 羊采食了大量幼嫩多汁的豆科植物，如苜蓿、三叶草、紫云英、花生蔓叶，或采食较多的谷物类饲料，如玉米粉、小麦粉等。

2. 非泡沫性瘤胃臌气　羊采食了幼嫩多汁的青草、堆积发热的青草，或采食了被雨淋、水泡、冰冻，以及发霉的饲料。

3. 继发性瘤胃臌气　见于食道阻塞、食道狭窄、前胃弛缓、创伤性网胃腹膜炎、瓣胃阻塞、迷走神经性消化不良、某些中毒等病程中，因瘤胃气体排出障碍引发。

（二）诊断要点

1. 病史　有大量采食幼嫩多汁的青绿植物，冰冻、发霉的饲料，以及谷物类精料的病史，或继发于瘤胃气体排出障碍的疾病。

2. 临床症状

（1）急性瘤胃臌气。羊发病快而急，在采食易发酵饲料过程中或采食后不久发生。病羊不安，回头顾腹，发吭声。腹围明显增大，左肷部凸出，严重时右肷部也凸出，甚至高过背中线，腹部触诊瘤胃壁扩张，腹壁紧张有弹性，偶有肩背部皮下气肿，按压有捻发音，瘤胃内容物不黏硬，腹部叩诊呈鼓音，腹痛明显，病羊频繁起卧，甚至打滚，吼叫，最后倒地呻吟。后期精神极度沉郁，不断排尿，运动失调，倒地，呻吟，全身痉挛，甚至死亡。饮食欲废绝，反刍、嗳气、瘤胃蠕动次数病初暂时性增加，之后减少或停止。口中喷出粥状瘤胃内容物；呼吸极度困难，张口呼吸，伸舌流涎，头颈伸展，前肢开张，眼球震颤或突出，结膜充血，而后发绀，心率亢进，脉搏增数，静脉努张、瘀滞。

（2）慢性瘤胃臌气。一般发生缓慢，发作时食欲减退，腹部膨大，左肷部凸出，但程度较轻，有时出现周期性瘤胃臌气（多在采食后发作，然后缓解），反刍、嗳气减少、正常或停止，瘤胃蠕动一般减弱，便秘或腹泻，逐渐消瘦，衰弱。

3. 病理学检查　瘤胃壁过度紧张，充满大量气体，有时含有泡沫状内容物（如剖检时间过晚，泡沫将消失），肺脏充血，肝脏和脾脏由于受压而呈贫血状态。有时可见瘤胃和膈肌破裂，瘤胃黏膜瘀血。

（三）防治

1. 预防

（1）限制饲喂易发酵牧草。在牧草丰盛的夏季，可在放牧前先喂给适量青干草或稻草，以免放牧时过食青料，特别是大量易发酵的青绿饲料而发病。

（2）积极治疗食道阻塞等原发病。

（3）药物抗泡。可用油和聚氧化乙烯或聚氧化内烯（为非离子性的表面活性剂），在放牧前内服或混饮，预防泡沫性瘤胃臌气。

2. 治疗　治疗原则是排气减压，止酵消沫，健胃消导，对症治疗。

【处方1】适用于早期轻度、非泡沫性瘤胃臌气。

液体石蜡 100~200 毫升（或植物油 50~100 毫升），胃复安片 0.1~0.3 毫克/千克体重，来苏儿2~5毫升，加水200~400毫升，灌服。

瘤胃按摩：在瘤胃部反复进行徐缓而深入的按压，使气泡融合而排出。

诱发嗳气：口衔椿棍，上坡运动。

【处方2】 胃管疗法：羊站立保定，保持前高后低姿势，佩戴开口器，经口插入胃管，放出气体，若放不出气体，可调整胃管深浅。主要用于非泡沫性的瘤胃臌气。

消胀片20~30片，鱼石脂乙醇溶液（鱼石脂1~5克，75%乙醇2~10毫升，温水加至200~400毫升）200~400毫升，胃管灌服。

氯化氨甲酰胆碱注射液（比赛可灵）0.05~0.08毫克/千克体重，或甲基硫酸新斯的明注射液2~5毫克/次，或毛果芸香碱注射液5~10毫克，皮下注射，每天1~3次。

【处方3】 瘤胃穿刺放气：病羊站立或右侧横卧保定，在左侧肷窝中央，或髋结节到最后肋骨连线中点进行穿刺和间歇性放气。由于本法对腹壁及瘤胃壁有极大损伤，应在情况危急时采用。

二甲硅油1~2毫升（或松节油3~10毫升），氧化镁或氢氧化镁5~10克，福尔马林1~5毫升，常水100~150毫升，瘤胃注入。

【处方4】 手术疗法：上述方法无效时，可进行瘤胃切开术，彻底清除瘤胃内容物，并接种健康羊的瘤胃内容物（切忌不可使腹压下降过快）。

【处方5】 顺气散：莱菔子（炒）90克，枳壳30克，大黄60克，芒硝120克，香附24克，川朴24克，青皮30克，木通18克，滑石45克，共研为细末，分成6份，每次1份，加水灌服，每天1~2次，连用3~6天。

【处方6】 香砂六君子汤加减：党参、白术、茯苓、青皮、陈皮、木香、砂仁、莱菔子、甘草各30~45克，共研为细末，分成6份，每次1份，加水灌服，每天1~2次，连用3~6天。

四、瘤胃积食

羊瘤胃积食又称急性瘤胃扩张，是反刍动物贪食大量粗纤维饲料或容易臌胀的饲料引起瘤胃扩张，瘤胃容积增大，内容物停滞和阻塞，以及整个前胃功能障碍，形成脱水和毒血症的一种严重疾病。临床特征为瘤胃体积增大，触诊坚硬，发生腹痛，反刍和嗳气停止，瘤胃蠕动减弱或停止。多见于舍饲和体质瘦弱的老龄母羊。在兽医临床上，通常把过量采食粗饲料引起的称为瘤胃积食，把过量采食糖类精料引起的称为瘤胃酸中毒。

（一）病因

长期饲喂过量干硬粗饲料、蔓藤类青饲料，以及食入塑料袋等异物，或过度饥饿，一次采食过多，饮水不足或饮用冷水，饱食后立即运动，运输，长期舍饲，羊过肥，妊娠后期等，均可引发本病；可继发于前胃弛缓、瓣胃阻塞、创伤性网胃炎、皱胃阻塞等疾病。

（二）诊断要点

1. 病史　有采食大量不消化饲料或贪食大量蔓藤类青饲料的病史。

2. 临床症状　病羊精神沉郁，食欲减退或废绝，反刍迟缓或停止，眼结膜充血、发绀，背腰拱起，顾腹、踢腹，摇尾呻吟，下腹部轻度膨大，触诊瘤胃内容物充满而黏硬，按压呈捏粉状，抗拒检查，叩诊呈浊音，呼吸迫促，排粪迟滞，干燥色暗，有时排少量恶臭的粪便，偶尔可见继发肠膨胀。严重的病羊脱水明显，红细胞压积增高，步态不稳，四肢颤抖，心律不齐，全身衰竭，卧地不起。

3. 病理变化　瘤胃过度扩张，内含有气体和大量腐败内容物，胃黏膜潮红，有散在出血斑点，瓣胃叶片坏死，实质脏器瘀血。

（三）防治

1. 预防　加强饲养管理，防止饥饿过食，避免突然更换饲料，粗饲料和蔓藤类青饲料应加工后再喂，注意饮水和适当运动。

2. 治疗

【处方 1】　禁食 1~2 天，瘤胃按摩。

液体石蜡 300~500 毫升，鱼石脂 4 克，乙醇 20 毫升，苦味酊 60 毫升，温水 500 毫升，1 次灌服，每天 1 次，连用 2~3 天。

氯化氨甲酰胆碱注射液（比赛可灵）0.05~0.08 毫克/千克体重，或甲基硫酸新斯的明注射液 2~5 毫克/次，或毛果芸香碱注射液 5~10 毫克，皮下注射，每天 1~3 次，连用 2~3 天，病羊心力衰竭和妊娠时不用。

【处方 2】　瘤胃内容物腐败发酵，可插入粗胃管，用 0.1%高锰酸钾液或 1%碳酸氢钠液洗胃，异物冲出后，投服健康羊的新鲜瘤胃液或反刍食团。排出瘤胃内容物，可用按摩、口内横衔木棒、内服泻剂等方法，促进反刍、嗳气和瘤胃蠕动。

【处方 3】　10%葡萄糖注射液 500 毫升，10%葡萄糖酸钙注射液 10~50 毫升，10%安钠咖注射液 10 毫升；5%葡萄糖生理盐水 500~1 000 毫升，维生素 B_1 注射液 5~10 毫克/千克体重；5%碳酸氢钠 100~200 毫升。每天 1 次，连用 2~3 天。

重症而顽固的病例，经上述措施无效时，可实行瘤胃切开术，取出瘤胃积滞的内容物，术后注意加强护理，抗菌消炎等。

【处方 4】　健胃散加减：陈皮 9 克，枳实 9 克，枳壳 6 克，神曲 9 克，厚朴 6 克，山楂 9 克，槟榔 3 克，莱菔子 9 克，水煎去渣，候温灌服，每天 2 次，连用 3 天。

【处方5】 大承气汤加减：大黄9克，枳实6克，厚朴6克，芒硝12克，神曲9克，山楂9克，麦芽6克，陈皮9克，草果6克，槟榔3克，水煎去渣，候温灌服，每天2次，连用3天。

五、创伤性网胃腹膜炎

创伤性网胃腹膜炎又称金属器具病或创伤性消化不良，是由于金属异物混杂在饲料内，被误食后，导致网胃和腹膜发生损伤及炎症的一种疾病。临床特征是顽固性前胃弛缓和网胃区敏感疼痛。多见于奶山羊，也可发生于绵羊。

（一）病因

1. 饲养管理因素 如饲料混入金属异物、饲料过于坚硬（如豆秸）等。另外，采食粗糙、采食快速、抢食等也可导致钉、针、铁丝等尖锐异物被羊食入胃中。

2. 生理因素 网胃位置低，体积小，收缩力强，黏膜成蜂窝状结构，金属或异物的相对密度比一般较大，容易沉积到网胃，并使其受伤。

（二）诊断要点

1. 病史 有饲养管理粗放，导致羊采食时吞下钉、针、铁丝等尖锐金属异物的病史。

2. 临床症状 病羊精神沉郁，食欲、反刍突然减少或消失，胃肠蠕动显著减弱或消失，发生间歇性瘤胃臌气，应用瘤胃兴奋药病情加重，应用普鲁卡因注射液腹腔注射，症状减轻。网胃区疼痛造成运动异常，如行动谨慎小心，不愿急转弯，不喜欢走下坡路，姿势异常，如头颈伸直，拱背，肌肉震颤。轻度症状时无变化或仅有轻微的全身症状，严重时体温升高，心跳加快，呼吸迫促，白细胞显著增多等。强力触诊网胃区（剑状软骨部）病羊发生躲闪、疼痛和呻吟。

3. 实验室检查 必要时进行金属探测仪和X线检查。

（三）防治

1. 预防 精心调制饲料，挑去金属等异物，使用磁铁筛、磁铁拌料棍等避免羊吃入金属异物；定期用金属探测仪对羊进行检查。

2. 治疗 治疗原则是瘤胃取铁，抗菌消炎。

【处方1】 用羊瘤胃取铁器取出瘤胃中的金属异物（刺入胃壁内的金属异物难以取出）。

青霉素320万单位，注射用水10毫升，肌内注射，每天2次，连用3~5天。

生理盐水500毫升，青霉素320万单位，链霉素100万单位，2%普鲁卡因注射液10毫升，右侧肷窝部腹腔注射，每天2次，连用7天，一般3天即见效。

【处方2】 手术疗法：实施瘤胃切开术，摘除金属异物，并注意加强术后护理，抗菌消炎。

六、肠便秘

肠便秘又称肠阻塞、肠梗阻，是由于肠管运动功能和分泌机理紊乱，粪便停滞，水分被吸收而干燥，某段肠管发生完全或不完全阻塞的一种急性腹痛病。羊肠便秘的临床症状为突然发病，不同程度的腹痛，饮欲、食欲减退或废绝，肠音减弱或消失，排粪停止，腹部检查感到有粪便秘结。

（一）病因

1. 饲养管理不当　由于饲料粗糙干硬，不易消化，如豆秸、玉米秆、稻草、小麦秆、花生藤等，或饲料过细，精料过多。饲喂不定时，饲料或饲养方法突变，饥饿抢食，咀嚼不充分，喂盐不足，饮水减少，运动不足，天气骤变等因素引发该病。

2. 继发因素　可继发于慢性胃肠病、急性热性传染病、寄生虫病、异食癖等疾病，以及因用药不当、肠道狭窄、妊娠后期或分娩后不久、直肠管麻痹等引发肠便秘。

（二）诊断要点

1. 病史　有饲喂过多粗硬饲料或饲养方式突变的病史。

2. 临床症状　早期病羊精神、食欲正常，但放牧或饲喂前病羊肷窝不见塌陷。之后腹围逐渐增大，回头顾腹，不时做伸腰动作，腹痛严重时不断起卧。食欲减退，反刍次数减少或消失，眼窝深陷，眼结膜发绀，口腔干燥，舌呈灰色或淡黄色，排粪减少或停止，粪便被覆黏液，听诊时瘤胃蠕动音减弱或停止，肠音不整、减弱或消失，用手感触腹部可触摸到肠内充满大量粪便，按压呈捏粉状。初生羔羊发病时，时常伏卧，后腿伸直，哀叫，甚至不安起卧，显示疯狂状态。

（三）防治

1. 预防　加强饲养管理，按时定量饲喂，防止过饥或过饱，合理搭配饲料，防止饲料单一，禁止喂粗硬、不易消化的饲料，提供充足的饮水，注意运动。及时治疗原发病。如发病较多，可在饲料中加入健胃散预防。

2. 治疗　治疗原则为静（镇静、止痛），通（疏通），减（减压），补（补液、强心、解毒），护（护理）。

【处方1】　初期。

温肥皂水5 000毫升，深部灌肠。

液体石蜡300~500毫升，或芒硝50~100克，常水1 000~2 000毫升，一次灌服。

氯化氨甲酰胆碱注射液（比赛可灵）0.05~0.08毫克/千克体重，或甲基硫酸新斯的明注射液2~5毫克/次，或毛果芸香碱注射液5~10毫克，皮下注射，每天1~3次，连用2~3天，病羊心力衰竭和妊娠时不用。

【处方2】 25%硫酸镁溶液30~40毫升，液体石蜡100毫升，瓣胃注射，第2天再重复注射1次。

30%安乃近注射液3~10毫升，腹痛时肌内注射。

温生理盐水5 000毫升，瘤胃内充满大量液体时洗胃。

5%葡萄糖氯化钠注射液1 000毫升，庆大霉素注射液20万单位，10%葡萄糖酸钙注射液10~50毫升，维生素C注射液0.5~1.5克；10%葡萄糖注射液500毫升，10%氯化钾注射液10毫升，10%安钠咖注射液10毫升，静脉注射，每天1~2次，连用3天。

【处方3】 手术疗法：病羊侧卧保定，局部剃毛消毒，0.25%~0.5%盐酸普鲁卡因注射液浸润麻醉，右侧肷部打开腹腔，找到秘结的肠管，实施隔肠按压或侧切取粪，肠管坏死应将其切除，然后施行断端吻合术。术后加强护理，润肠通便，抗菌消炎，补液解毒。手术应及早进行，如发病时间过长，阻塞肠管过多，不一定能取得满意效果。

七、肠套叠

肠套叠是一段肠管及其肠系膜套入相连的另一段肠腔之中形成双层肠壁重叠的现象，是肠变位的一种类型。羊肠套叠多见于小肠。本病发病率低，但死亡率高。

（一）病因

羊的剧烈运动，猛烈跳跃，极度努责，饥饿抢食，饮入过量冷水，饲料冰冻、发霉、刺激性过强等，或因长途运输、天气剧烈变化等应激因素作用，使肠管运动功能紊乱，以致发生肠套叠；可继发于肠痉挛、肠炎、肠麻痹、肠便秘、肠道寄生虫感染（如食道口线虫）等。

（二）诊断要点

1. 病史 有饲养管理不当或患其他消化道疾病的病史。

2. 临床症状 病羊突然发病，饮欲、食欲废绝，呈现伸腰、顾腹、背部下沉等持续腹痛动作，应用止痛剂无效。结膜充血，呼吸加快，脉搏快而弱。病初频频排粪，后期排粪停止，甚至排出带血的胶冻样粪便，腹围常常增大，肠音微弱，以后完全消失，有时腹部冲击式触诊，可以听到振水音。病的后期肠管麻痹，全身症状迅速恶化。

3. 剖腹探查 必要时进行剖腹探查，找到套叠肠管。套叠多发生于小肠，肠管增粗，变硬，呈香肠状，肠壁出血、肿胀，甚至坏死。

（三）防治

1. 预防 加强饲养管理防止各种应激因素作用，积极治疗原发病。

2. 治疗 羊的肠套叠是反刍动物的急腹症，临床上有腹痛表现，发病急，病程短促，必须早发现、早确诊，及早实施手术治疗。

【处方】 肠套叠手术：右肷部切口，按手术常规剃毛、消毒、局部浸润麻醉或全身麻醉，切开皮肤，分离肌肉，切开腹膜，打开腹腔，探查到套叠肠管，如套叠较轻，可以轻轻拉开，套叠较重，发生严重出血，有坏死倾向时，切除病变的套叠肠段，做肠管段端吻合术，用0.1%新洁尔灭溶液清洗肠管后，涂布青霉素粉，还纳肠管，连续缝合腹膜及腹横肌，纽扣状缝合腹外斜肌和腹内斜肌，撒布青霉素，结节缝合皮肤，对齐创缘，涂5%碘酊，装置结系绷带。术后护理主要是补液，消炎，抗休克和预防内毒素中毒及纠正酸中毒。

八、胃肠炎

胃肠炎是胃肠表层黏膜及其深层组织的重剧炎症过程。其临床特征为严重消化功能障碍，全身症状明显，重剧自体中毒。

（一）病因

本病多是由于长期饲喂粗硬、冰冻、发霉饲料，饮用不干净水所致；或羊处在过冷、过热，圈舍卫生不良的环境，长途运输等，使机体抵抗力下降发病；继发于胃肠卡他、肠便秘、肠变位、中毒病、大肠杆菌病、羔羊痢疾、球虫病、鞭虫病、食道口线虫病等；长期应用广谱抗菌药物导致胃肠菌群失调。

（二）诊断要点

1. 严重消化功能障碍　食欲减退或废绝，饮欲增加或减少，反刍减少或停止，时而有嗳气，带有臭味，口腔干红恶臭，舌苔黄而厚，肠音增强、减弱或消失，腹痛不安。初期可能发生便秘，表现为粪便干硬，表面粗糙，甚至变形，颜色较深，常被覆黏液，之后发生腹泻，不断努责，里急后重，粪便稀薄或呈水样，含有黏液、血液、脓汁和坏死组织片等病理性产物，气味恶臭或腥臭。

2. 重剧全身症状和自体中毒　精神沉郁，体温升高，脉搏起初洪大有力，继而快而弱，呼吸增加而微弱。消瘦，脱水，眼球下陷，皮肤干燥，皮肤弹性降低，尿量减少，尿色变浓，血液浓缩，红细胞数增多，红细胞压积（比容值）增高，中心静脉压降低。严重时，病羊衰竭，卧地不起，体温下降，皮温不整，四肢末梢发凉，甚至出现肌肉震颤、痉挛或昏迷等自体中毒症状。

（三）防治

1. 预防　加强饲养管理，供给优质草料，洁净饮水，防止各种应激因素的作用，慎重应用各种抗菌药物（长期注射给药也可引起菌群紊乱），积极治疗原发病。

2. 治疗　治疗原则为查清病因，杀菌消炎，补液解毒，清理胃肠，对症治疗。

【处方1】 2%氟哌酸注射液5毫克/千克体重，肌内注射，每天2次，连用

3天。

液体石蜡50~100毫升，便秘时灌服。

【处方2】 磺胺脒片0.1~0.2克/千克体重，次硝酸铋片2~6克，碳酸氢钠片5~10克，维D_2磷酸氢钙片30~60片，干酵母片30~60克，丙二醇20~30毫升，加水内服，每天2次，连用3~5天。

【处方3】 生理盐水500毫升，氨苄青霉素钠50~100毫克/千克体重（或硫酸庆大霉素注射液20万单位，或氧氟沙星2.5~5毫克/千克体重）；10%葡萄糖注射液500毫升，维生素C注射液0.5~1.5克，10%安钠咖注射液5~20毫升，10%葡萄糖酸钙注射液10~50毫升，10%氯化钾注射液10毫升。静脉注射，每天1~2次，连用3~5天。

甲硝唑注射液10毫克/千克体重，静脉注射，每天1次，连用3天。

5%碳酸氢钠注射液50~100毫升，静脉注射，每天1次，连用3~5天。

0.1%高锰酸钾液1 000毫升，灌肠。

【处方4】 白头翁汤加减：白头翁100克，黄连50克，黄柏50克，秦皮50克，苦参50克，猪苓25克，泽泻25克，分3~6份，每次1份，水煎去渣灌服，每天2次，连用3天。

九、支气管炎

支气管炎是由各种原因引起的动物支气管黏膜表层或深层组织的炎症。其临床特征为咳嗽，流鼻液，呼吸啰音和不定型热。多发生于早春、晚秋等气候变换季节。

（一）病因

主要是由于受寒感冒、应激，以及吸入刺激性气体、尘埃、花粉等，使条件致病菌大量繁殖引起；继发于喉炎、肺炎、胸膜炎、羊痘、传染性胸膜肺炎、肺线虫病等。

（二）诊断要点

1. 临床症状

（1）急性支气管炎。主要症状是咳嗽。病初呈短、干、痛的咳嗽，从两侧鼻孔流出浆液性、黏液性或黏脓性鼻液。肺部听诊肺泡呼吸音增强，有干性或湿性啰音，人工诱咳阳性，叩诊时无明显变化，体温升高或正常，呼吸加快，或出现吸气性呼吸困难。

（2）慢性支气管炎。以长期顽固性咳嗽为特征。全身症状轻微，肺部听诊有啰音，肺泡呼吸音强盛，叩诊时无异常，发生肺气肿时叩诊有过清音，肺叩诊界后移，听诊肺泡呼吸音减弱或消失，严重时呼吸困难，逐渐消瘦。

2. X线检查 发生慢性支气管炎时，发现支气管纹理增厚而延长。

（三）防治

1. 预防　加强饲养管理，供给优质草料，提供温暖舒适、通风透光的环境，多晒太阳，多运动。积极治疗原发病。

2. 治疗　治疗原则为除去病因，消除炎症，祛痰止咳。

【处方1】　长效土霉素注射液10~20毫克/千克体重，或5%氟苯尼考注射液5~20毫克/千克体重，肌内注射，每天1次，连用3天。

氯化铵片2~5克，甘草片3~4片，咳必清片50~100毫克，每天2~3次，连用3~5天。

【处方2】　5%葡萄糖注射液250~500毫升，50%葡萄糖注射液20毫升，氧氟沙星注射液2.5~5毫克/千克体重，盐酸山莨菪碱注射液（654-2注射液）5~10毫克，地塞米松注射液4~12毫克，静脉注射，每天1~2次，连用3天。

复方咳必清止咳糖浆（100毫升含咳必清0.2克，氯化铵3克，薄荷油0.008毫升）20~30毫升，每天2~3次，连用3~5天。

【处方3】　款冬花散加减：款冬花50克，知母50克，贝母30克，斗铃30克，桔梗35克，杏仁30克，双花50克，桑皮35克，黄药子35克，郁金30克，共研为细末，分成5~6份，每次1份，开水冲候温灌服，每天2次，连用3天（病重时用）。

【处方4】　百合固金散加减：百合50克，生地40克，熟地35克，元参40克，麦冬50克，贝母30克，白芍30克，当归50克，甘草25克，桔梗30克，杏仁35克，瓜蒌50克，共研为细末，分成5~6份，每次1份，开水冲候温灌服，每天2次，连用3天（慢性支气管炎）。

十、贫血

贫血指单位容积血液中红细胞数、红细胞压积容量和血红蛋白含量低于正常值下限的综合征的统称。其临床表现为皮肤和可视黏膜苍白，以及各组织器官由于缺氧而产生的一系列症状，如心率加快、脉搏增强、呼吸困难、肌肉无力等。该病可分为出血性贫血、溶血性贫血、营养性贫血和再生障碍性贫血。

（一）病因

1. 出血性贫血　急性出血性贫血见于外伤，手术，肝、脾破裂等；慢性出血性贫血主要由寄生虫病（如捻转血矛线虫病、仰口线虫病、肝片吸虫病）、肿瘤病和某些中毒病等引发。

2. 溶血性贫血　见于巴贝斯虫病、钩端螺旋体病、附红细胞体病、铅中毒、汞中毒、砷中毒等。

3. 营养性贫血　是由于造血物质缺乏导致，如蛋白质、铁、铜、钴、叶酸等的缺乏。

4. 再生障碍性贫血 主要是由放射病、骨髓肿瘤、中毒病、传染病，以及由某些药物作用引起。

（二）诊断要点

1. 临床症状 共同症状是精神沉郁，食欲减退，皮肤与可视黏膜苍白，心跳加快，心音增强，甚至出现贫血性心内杂音，心肌无力，呼吸困难等。

（1）急性出血性贫血。多有受伤史，可视黏膜突然急剧苍白，脉搏微弱，体温下降，出现低血容量休克死亡等。

（2）慢性出血性贫血。可视黏膜徐发苍白，机体进行性消瘦，血液中出现大量幼稚型红细胞。

（3）溶血性贫血。可视黏膜苍白、黄染，体温升高或正常，严重时出现血红蛋白尿，肾脏肿大，黑便，黄疸指数升高，血液中胆红素含量升高，幼稚型红细胞增多等。

（4）营养性贫血。有营养缺乏病史，精神沉郁，食欲减退，异嗜，消瘦，虚弱，发育迟缓，严重时引发水肿等。

（5）再生障碍性贫血。可视黏膜苍白，且逐渐加重，皮肤与可视黏膜有出血性斑点，全身症状越来越重，全血细胞（红细胞、白细胞和血小板）减少，无幼稚型红细胞，一旦发生感染，难以控制。

2. 实验室检查 红细胞数减少，血红蛋白含量减少，血液中出现多量的幼稚型红细胞（再生障碍性贫血时减少），红细胞比容下降，血沉加快。

（三）防治

治疗原则是除去病因，迅速止血，恢复血容量，补充造血物质，刺激骨髓造血功能。

【处方 1】 适用于急性出血性贫血。

采用压迫、钳夹、结扎（如动脉性出血）或深层缝合（如发生少量持续性出血，又找不到血管，可在创伤处理后进行深层缝合）等方法进行止血。

安络血注射液 10~20 毫克或止血敏注射液 0.25~0.5 克，肌内注射，每天 1~2 次，连用 1~3 天。

5%葡萄糖注射液 500 毫升，10%葡萄糖酸钙注射液 10~50 毫升，10%安钠咖注射液 10 毫升，静脉注射，每天 1~2 次，连用 1~3 天。

6%中分子右旋糖酐注射液 250~500 毫升，静脉注射。

【处方 2】 适用于慢性出血性贫血。

查找病因，积极治疗原发病。如捻转血矛线虫病时，用盐酸左旋咪唑注射液 5~6 毫克/千克体重，皮下注射。

安络血注射液 10~20 毫克或止血敏注射液 0.25~0.5 克，肌内注射，每天 1~2 次，连用 1~3 天。

维生素 B_{12}注射液 0.3~0.4 毫克，肌内注射，每天 1 次，连用 3~5 天。

丙二醇或甘油 20~30 毫升，维 D_2 磷酸氢钙片 30~60 片，干酵母片 30~60 克，加水灌服，每天 2 次，连用 3~5 天。

【处方 3】 适用于营养性贫血。

查找病因，饲喂全价配合饲料。

丙二醇或甘油 20~30 毫升，维 D_2 磷酸氢钙片 30~60 片，干酵母片 30~60 克，加水灌服，每天 2 次，连用 3~5 天。

右旋糖酐铁注射液 1~2 毫升，肌内注射。

维生素 B_{12}注射液 0.3~0.4 毫克，肌内注射，每天 1 次，连用 3~5 天。

【处方 4】 八珍汤：当归 75 克，川芎 25 克，炒白芍 40 克，熟地 50 克，党参 50 克，白术 50 克，炙黄芪 50 克，炙甘草 50 克，研成末，分成 6 份，每日 1 份，开水冲服（适用于出血性贫血）。

【处方 5】 归脾汤：黄芪 100 克，党参 100 克，白术 50 克，当归 50 克，阿胶 50 克，熟地 60 克，甘草 25 克，研成末，分成 6 份，每天 1 份，开水冲服（适用于再生障碍性贫血）。

十一、尿石症

尿路中析出矿物质盐类结晶，并凝结成大小不均、数量不等的矿物质凝结物，称为尿石。尿石症是由于尿石对尿路黏膜的刺激，从而引发出血和炎症，甚至造成尿路阻塞的一种泌尿器官疾病。其临床特征为排尿障碍、腹痛和血尿。

（一）病因

1. 饲料与饮水因素　如给羊饲喂高钙、高磷、高硅的饲料，缺乏维生素 A 或胡萝卜素的饲料，以及精料过多，应用雌激素育肥，饮水不足等都可引发尿石症。

2. 继发因素　如肾及尿路损伤、发炎时，尿中含有上皮细胞、管型、脓汁、纤维蛋白等时，均可作为尿石的核心物质，诱发矿物质盐类沉着，形成尿石。甲状旁腺功能亢进时，骨盐大量溶解，血钙含量增高，尿液中钙盐、磷酸盐含量增多产生尿石，另外尿液偏碱或偏酸时都易形成尿石。

3. 其他因素　如过量服用维生素 D 和应用某些磺胺类药物可促进尿石的形成。

（二）诊断要点

1. 临床症状

（1）排尿障碍。排尿障碍，尿量减少，频频做排尿动作，但尿液呈细流状或点滴状排出，有时混有血液或沙粒样物质。

（2）腹痛。精神沉郁，姿势异常，站立时弓背缩腹，呻吟，磨牙，踢腹起卧，运步高抬腿，轻落蹄，小心谨慎。

（3）继发症状。尿闭后，腹围增大，腹痛明显，外部触诊有时可以摸到膨大的膀胱。膀胱破裂后，动物安静，排尿动作停止，腹部向下向外侧膨大（抬起前躯依然如此），冲击式触诊有振水音，腹腔穿刺时有大量淡黄或黄红色液体流出，有尿臭味，或有沙粒样物质。有些病例还在后躯皮下发生尿液性水肿。发病较久，不得救治，常发生尿毒症，呼出气体有尿臭味，肌肉震颤，精神沉郁，甚至发生嗜睡和昏迷。

2. 辅助检查 通过 X 线或 B 超检查有时可在尿路中发现尿石。采集尿液，进行尿沉渣检查，确定尿石的种类。

3. 病理变化 在肾盂、输尿管、膀胱或尿道内发现尿石，大小不一，数量不等，有时固定在黏膜上，有时游离在尿道中，阻塞部位黏膜发生损伤、炎症、出血、溃疡等。

4. 鉴别诊断 注意与肾结石、输尿管结石、膀胱结石的区别。

（三）防治

1. 预防 查清病因，如果是地方性尿石高发区，应查明尿石形成的原因；科学调配饲料，钙磷比例保持在（1.5~2）∶1，供给足够的维生素 A，不饮用过硬的水；早期治疗泌尿器官疾病，减少尿石症的发生；酸化尿液。可以内服氯化铵，每天 10~15 克，连用 7 天。

2. 治疗 治疗原则是排石消炎和对症治疗。

【处方 1】 金沙散：海金沙 30 克，金钱草 120 克，金花菜（南苜蓿）30 克，萹蓄 30 克，瞿麦 24 克，滑石 30 克，当归 30 克，柴胡 21 克，黄芩 120 克，酒知母 21 克，茯苓 24 克，泽泻 24 克，木通 21 克，共研末，分成 6 份，每天 1 份，开水冲服。

【处方 2】 八正散：关木通 30 克，瞿麦 30 克，萹蓄 30 克，车前子 30 克，滑石 60 克，甘草 25 克，栀子（炒）30 克，大黄（酒制）15 克，灯芯草 15 克，共研末，每次 30~60 克，开水冲服，每天 1 次，连用 3~5 天。

【处方 3】 青霉素 2 万 ~3 万单位/千克体重，地塞米松注射液 4~12 毫克，注射用水 5 毫升，肌内注射，每天 2 次，连用 3 天。

呋塞米注射液（速尿针）0.5~1 毫克/千克体重，肌内注射，每天 1~2 次，连用 3 天。

盐酸氯丙嗪注射液 1~3 毫克/千克体重，肌内注射。

【处方 4】 手术疗法：首先判定尿石的部位，进行手术，如膀胱尿石可选用膀胱切开术，尿道结石可选尿道切开术、尿道造口术或膀胱造瘘术。

十二、脑膜脑炎

脑膜脑炎是脑膜和脑实质炎症的统称，脑膜炎与脑炎可先后或同时发生，临床上以一般脑症状、灶性症状和脑膜刺激症状为特征。

（一）病因

1. 感染性因素　继发于李氏杆菌病、脑多头蚴病、脑脊髓丝虫病、化脓性眼球炎、中耳炎、鼻炎等感染性疾病的病程中。

2. 中毒性因素　如有机氟中毒、食盐中毒、黄曲霉毒素中毒、铅中毒、汞中毒等。

3. 诱发性因素　如受寒、感冒、日光暴晒、长途运输、脑部外伤等。

（二）诊断要点

1. 临床症状　脑膜脑炎早期，如果轻微刺激颈部及背部皮肤时，即可引起该部肌肉发生强直性收缩，出现头向后仰、不断后退的症状；脑膜和脑实质发生病理变化时，主要表现为兴奋和抑制，如意识障碍，垂头闭目，呆立不动，运步不稳，共济失调，或兴奋不安，不顾障碍向前冲，转圈运动，四肢泳动，临床上兴奋和沉郁常交替出现；脑的特定部位受损害引起的各种特异性病症（灶性症状），因侵害部位不同，临床症状也不一样，基本表现为某些器官和肌肉的痉挛或麻痹，如牙关紧闭，眼球震颤，瞳孔大小不等，舌体垂脱，口唇歪斜，吞咽障碍，视力丧失，甚至发生单瘫和偏瘫。脑膜脑炎后期常继发脑室积水，病羊出现采食、饮水姿势异常，结膜充血，头部静脉努张等。

2. 鉴别诊断

（1）食盐中毒。有采食食盐过多或限制饮水的病史，一般体温反应（有时升高），口渴贪饮，黏膜潮红，有突出的神经症状，腹泻，少尿和脱水。

（2）中暑。中暑是由于纯物理原因引起的体温调节功能障碍的一种急性病。临床特征为体温显著升高，循环障碍和一定的神经症状等。

（3）狂犬病。狂犬病多由携带狂犬病病毒的犬、狼、猫、鼠等动物咬伤或抓伤而感染。临床表现为特有的狂躁、恐惧不安、怕风恐水、流涎和咽肌痉挛，终致发生瘫痪而危及生命等。

（4）李氏杆菌病。李氏杆菌病是由李斯特杆菌引起的一种散发性人畜共患传染病。家畜和人以脑膜脑炎、败血症、流产为特征。

（三）防治

治疗原则是除去病因，降低颅内压，抗菌消炎和对症治疗。

【处方 1】　10%～25%葡萄糖注射液 200～500 毫升，10%磺胺嘧啶注射液 70～100 毫克/千克体重，40%乌洛托品注射液 10～20 毫升，静脉注射，每天 2 次，连用 3 天。

【处方2】 5%葡萄糖注射液500毫升，青霉素钠800万~1 200万单位（或氨苄青霉素钠6~8克），静脉注射，每天2次，连用5~7天。或配合甲硝唑注射液10毫克/千克体重，静脉注射，每天1次，连用3~5天。

20%甘露醇注射液100~200毫升，静脉注射，每天1次，连用3~5天。

呋塞米注射液（速尿针）0.5~1毫克/千克体重，肌内注射，每天1~2次，连用3~5天。

水合氯醛2~4克，配成1%~5%浓度加黏浆剂，兴奋不安时内服或灌肠。

【处方3】 5%葡萄糖注射液500毫升，庆大霉素注射液5 000单位/千克体重，1%三磷酸腺苷二钠注射液（ATP注射液）2~6毫升，注射用辅酶A 50~100单位，10%安钠咖注射液5~20毫升，静脉注射，每天1次，连用3~5天。

丙二醇或甘油20~30毫升，维D_2磷酸氢钙片30~60片，干酵母片30~60克，健胃散30~60克，加水灌服，每天2次，连用3~5天。

【处方4】 呆痴型用朱砂散加减：朱砂8克，胆南星、天麻、钩藤、全蝎各18克，石决明、石菖蒲、旋覆花、菊花各30克，细辛、白芷、蒿本各15克，分成8份，每天1份，水煎服。

【处方5】 惊狂型用天竺黄散加减：天竺黄60克，生石膏90~120克（先入），生地30克，黄连18克，郁金、栀子、远志、茯神、桔梗、防风各24克，朱砂12克，甘草9克，分成8份，水煎，加蜂蜜15克，鸡蛋清半个，调和投服，每天1份。抽搐者加琥珀、丹皮、石决明、钩藤；粪便干燥，尿黄赤者，加大黄、芒硝、木通。

十三、日射病及热射病

日射病及热射病又称中暑，是一种由于纯物理原因引起的体温调节功能障碍的急性病。其临床特征为体温显著升高，循环障碍和一定的神经症状。主要发生于炎热季节。

（一）病因

1. 日射病 在炎热季节，因日光直射动物头部，再加上动物肥胖，体质虚弱，致使脑及脑膜充血、出血，引起中枢神经功能严重障碍。

2. 热射病 由于动物长期处于高温、高湿、无风的环境，或过度肥胖，体质虚弱，被毛较厚，过度拥挤，缺乏饮水时，吸热增多，散热减少，以及在剧烈运动和长途运输时产热增多，体内积热，导致中枢神经功能严重紊乱。

（二）诊断要点

1. 临床症状

（1）日射病。发病突然，病初精神沉郁，四肢变软，步态不稳，共济失调，突然倒地，四肢泳动，眼球突出，之后出现心力衰竭，呼吸急促，体温升高，发汗减少，皮肤干燥，常在剧烈抽搐或痉挛中死亡。

（2）热射病。发病突然，病初沉郁，大汗喘气，体温过高，可达 42~43 ℃，之后可引发短时的兴奋乱冲，但马上转为抑制，此时无汗，呼吸高度困难，脉搏疾速，后期出现昏睡、昏迷，卧地不起，呼吸浅表疾速，节律不齐，血压下降，结膜发绀，口吐白沫，体温下降，常在痉挛发作期死亡。

2. 病理变化　脑膜及脑部血管高度瘀血，有出血点，脑组织水肿，脑脊液增多，肺充血，肺水肿，气管内有泡沫状液体，心包积液，心腔积血。

根据天气炎热，日光直射，过度拥挤，长途运输等病史资料，以及体温过高，心肺功能障碍等可做出诊断。

（三）防治

治疗原则为加强护理，促进降温，维持心肺功能，补液解毒。

【处方 1】　物理降温。把羊群赶到阴凉通风处，或给予遮阳，提供充足的饮水或口服补液盐水，病羊全身用冷水浇、乙醇擦、冰袋镇或冷水灌肠等。

5%葡萄糖氯化钠注射液 500 毫升，10%安钠咖注射液 10~20 毫升，地塞米松注射液 4~12 毫克，盐酸山莨菪碱注射液（654-2 注射液）5~10 毫克；10%葡萄糖注射液 500 毫升，1%三磷酸腺苷二钠注射液（ATP 注射液）2~6 毫升，注射用辅酶 A 50~100 单位，葡萄糖酸钙注射液 10~20 毫升，10%氯化钾注射液 10 毫升，依次静脉注射。

30%安乃近注射液 3~10 毫升或氯丙嗪注射液 1~3 毫克/千克体重，肌内注射。

5%碳酸氢钠注射液 50~100 毫升，酸中毒时静脉注射。

呼吸加快困难时，有条件的可以吸氧。

【处方 2】　止渴人参散加减：党参、芦根、葛根各 30 克，生石膏 60 克，茯苓、黄连、知母、玄参各 25 克，甘草 18 克，共研末，分成 6 份，每次 1 份，开水冲服。无汗加香薷，神昏加石菖蒲、远志，狂躁不安加茯神、朱砂，热急生风、四肢抽搐加钩藤、菊花。热痉挛和热衰竭要结合补液和补充电解质。

第二节　普通外科疾病

一、创伤

创伤是因锐性外力或强烈的钝性外力作用于机体组织或器官，使受伤部皮肤或黏膜出现伤口及深在组织与外界相通的机械性损伤。创伤一般由创缘（为皮肤或黏膜及其下的疏松结缔组织）、创口（创缘之间的间隙）、创壁（由受伤的肌肉、筋膜及位于其间的疏松结缔组织构成）、创底（是创伤的最深部分，根据创伤的深浅和局部解剖特点，创底可由各种组织构成）、创腔（为创壁之间的间隙，管状创腔称为创道）、创围（是创口周围的皮肤或黏膜）等部分组成。

创伤按经过的时间分为新鲜创、陈旧创；按有无感染分为无菌创、污染创、感染创和肉芽创。

（一）病因

羊分群不合理而互相打架抵伤；在公路沿线放牧，被车撞伤；偷食庄稼，被人打伤；山地或陡坡放牧被摔伤；被犬、狼、蛇等动物咬伤；去角、断尾、去势等手术导致的创伤。

（二）诊断要点

1. 一般检查 通过问诊，了解创伤发生的时间，致伤物的性状，发病当时的情况和病羊的表现等。然后检查病羊的精神状态、体温、呼吸、脉搏，观察可视黏膜颜色，检查受伤部位和救治情况，以及四肢的功能障碍等。

2. 创伤的检查 其目的在于了解创伤的性质，决定治疗措施和观察愈合情况。

（1）创伤外部检查。按由外向内的顺序，仔细对受伤部位进行检查。先观察创伤的部位、大小、形状、方向、性质，创口裂开的程度，有无出血，创围组织状态和被毛情况，有无创伤感染现象。之后观察创缘及创壁是否整齐、平滑，有无肿胀及血液浸润情况，有无挫灭组织及异物。然后对创伤周围进行柔和而细致的触诊，以确定局部温度的高低、组织硬度、皮肤弹性及移动性等。

（2）创伤内部检查。应胆大心细，并遵守无菌规则。首先创围剪毛、消毒。检查创壁时，应注意组织的受伤、肿胀、出血及污染情况。检查创底时，应注意深部组织受伤状态，有无异物、血凝块及创囊的存在。必要时可用消毒的探针、硬质胶管等，或用带消毒乳胶手套的手指进行创底检查，摸清创伤深部的具体情况。但胸壁透创严禁深探，以防人工造成气胸。有分泌物的创伤，应注意分泌物的颜色、气味、黏稠度、数量和排出情况等。对于出现肉芽组织的创伤，应注意肉芽组织的数量、颜色和生长情况等。创面可作按压标本的细胞学检查，有助于了解机体的防卫功能状态，客观地验证治疗方法的正确性。

3. 创伤的症状

（1）出血。如内出血和外出血，动脉性出血和静脉性出血，毛细血管性出血和实质性出血等，最危险的是动脉血性出血和内出血。

（2）创口裂开。取决于受伤的部位，创口的方向、长度和深度，以及组织的弹性等。

（3）疼痛和功能障碍。根据创伤的种类、程度、部位、大小的不同，其功能障碍也不同，主要是出现损伤的局部运动功能障碍，如运动失调、跛行、呼吸困难、局部知觉丧失和肌肉麻痹等。

（4）感染。意外发生的任何开放伤都会受感染，感染的伤口有红肿、疼痛、脓性分泌物等，体温增高和中性粒细胞增多，初期可为局部感染，严重者可迅速扩散，发生全身感染。

（5）休克。如由于大出血导致的失血性休克，后期感染引起的感染性休克。

（6）凝血功能障碍。由于出血导致凝血物质的消耗，抗凝系统活跃，可造成出血倾向。

（7）器官功能紊乱。创伤可造成大量的坏死组织，引起机体严重而持久的炎症反应，加之应激、休克、免疫功能紊乱、毒性产物、炎性介质和细胞因子等的作用，可发生肾功能、肝功能损害。

4. 实验室检查　根据损伤的情况可进行血常规、尿常规、电解质分析、肾功能和肝功能检查等，以判断机体失血、脱水情况，以及其他内脏器官的损伤情况。

5. 影像学检查　必要时可进行X线检查和B超检查，以确定硬组织、胸腹部脏器等的损伤和出血等。

（三）防治

1. 预防　加强饲养管理，合理分群，避免在公路、陡坡等处放牧，防止羊被撞伤、打伤、抵伤、咬伤、摔伤等，发生意外及时救治。

2. 治疗　治疗原则为及时制止出血，防止休克和感染，纠正水与电解质失衡，促进创伤愈合。

【处方1】　采用压迫、钳夹、结扎（如动脉性出血）或深层缝合（如发生少量持续性出血，又找不到血管，可在创伤处理后进行深层缝合）等方法进行止血。

用灭菌纱布将创口盖住，剪除周围被毛，用0.1%新洁尔灭溶液或生理盐水洗净创围，然后用5%碘酒进行创围消毒。用镊子仔细除去创内异物，反复用生理盐水洗涤或冲洗创内，然后用灭菌纱布轻轻地吸蘸创内残存的药物和污物。创腔撒布青霉素或链霉素、氨苯磺胺粉（外用消炎粉）、1∶9碘仿磺胺粉、1∶9碘仿硼酸粉等，如创腔狭窄可改为10%~20%青霉素液灌注。对创面整齐，清创彻底的创伤可以进行密闭缝合，如有感染危险时，可进行部分缝合，创口下角留排液口，有厌氧性感染或组织缺损严重时，不缝合，进行开放疗法。缝合之后用绷带包扎（分三层，由内到外分别为灭菌纱布、灭菌脱脂棉和卷轴绷带）。

安络血注射液10~20毫克或止血敏注射液0.25~0.5克，维生素K_3注射液30~50毫克，肌内注射，每天1~2次，连用1~3天。

5%葡萄糖氯化钠注射液500毫升，氨苄青霉素50~100毫克/千克体重，地塞米松注射液4~12毫克（孕羊禁用）；10%葡萄糖注射液500毫升，5%氯化钙注射液50～150毫升，10%安钠咖注射液10毫升，依次静脉注射，每天1～2次，连用1～3天（适用于新鲜创和污染创）。

【处方2】 剪除被毛，清除创伤及创口周边污血、异物等，对创口周边进行整复，用0.1%新洁尔灭溶液，或3%双氧水、0.1%高锰酸钾液、0.05%洗必泰液、0.1%利凡诺液、2%～4%硼酸（绿脓杆菌感染）等清洗或冲洗创围及创腔，除净脓液及坏死组织，创口小可扩创，或作低位的反对口引流。之后再用生理盐水反复冲洗，创腔撒布青霉素、链霉素，或用碘仿磺胺甘油（5∶7∶100）、20%硫酸镁液、10%氯化钠液、5∶95高锰酸钾磺胺、碘仿蓖麻油（碘仿1份，蓖麻油100份，并加入碘酊成浓茶色）、5%～10%敌百虫甘油、白糖粉、魏氏流膏（松榴油5份，碘仿3份，蓖麻油100份）等进行灌注或用纱布条引流，促进创腔净化，必要时进行包扎，其间定期换药。用药物治疗3～5天，如无创伤感染，可施行缝合（延期缝合）。

青霉素80万～160万单位，0.25%～0.5%盐酸普鲁卡因注射液20毫升，创腔周围封闭。

5%葡萄糖氯化钠注射液500毫升，氨苄青霉素50～100毫克/千克体重，地塞米松注射液4～12毫克（孕羊禁用）；10%葡萄糖注射液500毫升，5%氯化钙注射液50～150毫升，维生素C注射液0.5～1.5克，10%安钠咖注射液10毫升，依次静脉注射，每天1～2次，连用3天（适用于感染创或化脓创）。

【处方3】 用0.1%新洁尔灭溶液，或3%双氧水、0.1%高锰酸钾液、0.05%洗必泰液、0.1%利凡诺液冲洗后，可以涂抹或灌注下列药物之一，即青霉素、魏氏流膏、10∶90氨苯磺胺甘油、1∶9碘仿鱼肝油、5∶95磺胺凡士林、1∶1鱼肝油凡士林、水杨酸磺胺软膏（水杨酸4份，10%磺胺软膏96份），以保护肉芽组织和促进上皮生长，如肉芽面积过大，肉芽组织生长良好，可修整创面，撒布青霉素粉，进行缝合或部分缝合，以缩小瘢痕，或进行小块植皮（适用于肉芽创）。

【处方4】 脱腐生肌散：雄黄50克，冰片50克，轻粉75克，朱砂5克，枯矾50克，石膏（煅）50克，陈石灰100克，血竭100克，共研细末，装瓶保存，外用（适用于新鲜创、污染创和感染创）。

【处方5】 生肌玉红膏：当归60克，白芷15克，甘草36克，紫草6克，生地60克，白蜡60克，血竭12克，轻粉12克，麻油500克，将上药前4味放入麻油内浸泡3天后，煎枯去渣，再将药油煎至滴水成珠，加入血竭末，再加入白蜡，白蜡融化后加入轻粉末搅匀即成。装瓶，外用涂布（适用于肉芽创）。

二、休克

休克不是一种独立的疾病，而是神经、内分泌、循环、代谢等发生严重的障碍时表现出的症候群，以循环血液量锐减，微循环障碍，组织灌流不良，组织缺氧和器官损害为特征。临床上按病因将休克分为低血容量性休克、创伤性休克、中毒性休克、心源性休克及过敏性休克。

（一）病因

病因主要有失血与失液（失血见于外伤、消化道溃疡、内脏器官破裂引起的大出血，失血性休克的发生取决于失血量和出血的速度；失液见于剧烈腹泻、肠梗阻等引起的严重脱水，属于低血容量性休克，临床上以低渗性脱水多见）、创伤（主要是由于出血和剧烈的疼痛引起）、烧伤（早期发生的休克与创面大量渗出液导致血容量减少和疼痛有关，晚期因继发感染引起的）、感染（主要由细菌感染引起，其中内毒素起重要作用，如大肠杆菌、金黄色葡萄球菌、绿脓杆菌等）、心泵功能障碍（常见于大面积急性心梗、急性心肌炎、严重心律失常）、过敏（如接种疫苗，注射免疫血清、青霉素等）、强烈的神经刺激损伤。

（二）诊断要点

1. 病史　有失血，脱水，过敏反应或剧痛手术，创伤，感染等。

2. 临床症状

（1）休克早期（休克代偿期）。病羊精神正常或稍有不安，脉搏快而充实，血压无变化或稍高，呼吸加快，皮温降低，黏膜苍白，排尿减少。由于此期短暂（短者几秒，长者不超过 1 小时），症状不典型，临床上极易被忽视。此时如处理及时、得当，休克可较快得到纠正。否则，病情将继续发展，进入休克期。

（2）休克期（休克抑制期）。由于代偿反应消失，机体出现典型的综合征。临床表现为血压下降，皮温降低，四肢末端厥冷，肌肉软弱无力，齿龈及可视黏膜发绀。由于回心血量减少，静脉塌陷，心排血量减少，第一心音增强而第二心音微弱，甚至消失，脉搏细而快，脉率失常，尿量进一步减少，甚至无尿。此期脑干也发生缺血、缺氧，表现精神沉郁，两眼凝视，瞳孔放大，反应迟钝，多卧地不起，人为驱赶时步态踉跄，严重者发生昏迷，脉搏细弱，甚至不感于手，器官功能障碍加重，可出现严重的出血倾向，如皮肤、黏膜呈现出血斑或广泛性出血，尤以消化道最为严重。

3. 休克的诊断指标　见表 19-1。

表 19-1　休克的诊断指标

指标	测定方法
血液循环状况	观察结膜和舌的颜色（苍白或发绀），用手指压迫齿龈和舌边缘，血液充满时间延长（正常为 1~1.5 秒，发病时大于 3 秒）
测定血压	休克时血压降低，严重时测不出，一般应 10~30 分钟检测一次

续表

指标	测定方法
测定体温、呼吸次数和心率	休克时体温下降，呼吸次数和心率增加
观察尿量	休克时肾脏灌流量减少，尿量下降，当大量投给液体时，尿量能达到正常的2倍
心电图检查	心电图可诊断心律不齐，电解质失衡。如酸中毒和休克结合能出现大的T波，高血钾症时T波突然向上、基底变狭、P波低平或消失，ST段下降，QRS波幅宽增加，PQ延长
实验室检查	如血清钠降低，血清钾升高，血清乳酸升高，二氧化碳结合力下降和非蛋白氮含量升高等

（三）防治

1. 预防 加强饲养管理，防止失血、脱水、创伤、过敏和感染等的发生，及时止血，发现有休克倾向积极治疗。

2. 治疗 治疗原则为消除病因，加强护理，补充血容量，改善循环功能，调节代谢障碍，抗感染，治疗DIC（即弥散性血管内凝血，在休克后期发生不可逆转性休克，微循环内黏稠的血液在酸性环境中发生凝集，并在血管内形成血栓）。

【处方1】 适用于过敏性休克。

0.1%盐酸肾上腺素注射液0.2~1毫升，皮下或肌内注射，如症状不缓解，半小时后重复注射，直至脱离危险。

氢化可的松注射液20~80毫克或地塞米松注射液4~12毫克，生理盐水20~50毫升，静脉推注。

去甲肾上腺素注射液2~4毫克，5%葡萄糖注射液500毫升，静脉注射。

多巴胺注射液20~40毫克，生理盐水500毫升，静脉注射。

生理盐水2~6毫升，0.1%盐酸肾上腺素注射液0.2~0.6毫升，心内注射，用于心脏骤停，可结合胸外心脏按压。

尼可刹米注射液0.25~1克，皮下或肌内注射，用于呼吸困难时，可进行氧气吸入，密切观察，对症处理，直至脱离危险。

【处方2】 生理盐水2 000毫升，盐酸山莨菪碱注射液（654-2注射液）10~20毫克，氨苄青霉素钠10~20毫克/千克体重（有感染时加入），地塞米松注射液4~12毫克，乳酸林格液500毫升，6%中分子右旋糖酐注射液250~500毫升，静脉注射。补足的标准为病情开始好转，末梢皮温由冷变温，齿龈由紫变红，口腔湿润有光泽，血压恢复正常，心率减慢，排尿量逐渐增多等，此时说明体内电解质失衡得到改善。

5%葡萄糖注射液500毫升，多巴胺注射液20~40毫克，静脉注射。

5%葡萄糖注射液500毫升，西地兰注射液0.2~0.4毫克，必要时缓慢静脉注射。

5%碳酸氢钠注射液50~100毫升，静脉注射。

10%葡萄糖注射液500毫升，10%氯化钾注射液10毫升，10%葡萄糖酸钙注射液10~20毫升，一般在羊排尿后静脉注射。

20%甘露醇注射液100~250毫升，静脉注射，用于补足液体，心功能好转，但尿量较少时。

肝素注射液100~150单位/千克体重，5%葡萄糖注射液500毫升，每分钟30滴，静脉注射，用于弥散性血管内凝血（DIC），但有伤口者慎用。

三、脓肿

脓肿是在任何组织和器官内形成的外有脓肿膜包裹，内有脓汁潴留的局限性脓腔，是致病菌感染后所引起的局限性炎症。如果在解剖腔内有脓汁潴留称为蓄脓，如关节蓄脓、上颌窦蓄脓、胸膜腔蓄脓等。

（一）病因

1. 皮肤感染　常见于继发急性化脓性感染的后期，主要致病菌是葡萄球菌，其次是化脓性链球菌、大肠杆菌、绿脓杆菌等。主要通过皮肤伤口感染，以及因注射给药时不消毒或消毒不彻底而引起。

2. 强烈刺激　静脉注射刺激性强的药物（如水合氯醛、氯化钙），药液漏于静脉外，或将其进行皮下注射和肌内注射。

3. 转移　血液、淋巴循环将原发化脓灶转移到新的组织或器官，形成转移性脓肿，主要见于机体抵抗力差或病原微生物毒力较强时。

（二）诊断要点

1. 急性浅在性脓肿　常发生于皮下结缔组织、筋膜下及表层肌肉组织内。表现为局部发红，出现弥漫性肿胀，界限不清，触诊肿胀增温、坚实、敏感疼痛，以后逐渐界限清晰，中间软化出现波动。之后脓肿可自行破溃，排脓，但常因皮肤溃口过小，脓汁不易排尽。

2. 慢性浅在性脓肿　一般发生缓慢，有明显的波动感，局部无热、无痛或疼痛非常轻微，穿刺时有脓汁流出。

3. 深在性脓肿　常发生于深层肌肉、肌间、骨膜下、腹膜下及内脏器官。由于被覆较厚的组织，初期症状不明显。局部皮肤仅出现炎性水肿，触之敏感且有压痕，穿刺排出脓汁。有的脓肿可以逐渐缩小，甚至钙化，个别较大的脓肿，未能及时切开，脓肿膜坏死，脓汁自皮肤破溃排出或向深部周围组织蔓延，导致感染扩散，病羊渐进性消瘦，甚至引起败血症。

（三）防治

治疗原则为初期消炎止痛，促进炎性产物吸收，后期促进脓肿成熟，切开排脓。

【处方 1】 适用于脓肿初期。

樟脑软膏，或鱼石脂乙醇、复方醋酸铅散（醋酸铅 100 克，明矾 50 克，樟脑 20 克，薄荷 10 克，白陶土 820 克，醋调备用）等适量，冷敷。

青霉素 5 万~10 万单位/千克体重，链霉素 10~15 毫克/千克体重，注射用水 10 毫升，肌内注射，每天 1~2 次，连用 3 天。

【处方 2】 适用于脓肿中、后期。

采取温热疗法，或超短波疗法、短波透热疗法，促进炎性产物消散。

10%鱼石脂软膏，或鱼石脂樟脑软膏适量，外敷。

【处方 3】 脓汁抽出法：适用于关节部等脓肿膜形成良好的小脓肿。其方法是利用连接粗针头的注射器将脓肿腔内的脓汁抽出，然后用生理盐水反复冲洗脓腔，抽净腔中的液体，最后灌注 10%~20%青霉素液。

【处方 4】 脓肿切开法：脓肿成熟出现波动后立即切开。切口应选择波动最明显，易排脓的部位。局部剪毛，常规消毒，浸润麻醉或全身麻醉，切开前先用粗针头将脓汁排出一部分，切开时一定要防止外科刀损伤对侧的脓肿膜。切口要有一定的长度并作纵向切口，以保证在治疗过程中脓汁能顺利地排出，深在性脓肿切开时，除进行确实麻醉外，最好进行分层切开，并对出血的血管进行仔细的结扎或钳压止血，以防引起转移性脓肿。脓肿切开后，脓汁要尽力排尽，但切忌用力挤压脓肿壁，或用棉纱等用力擦拭脓肿膜里面的肉芽组织，这样有可能损伤脓肿腔内的肉芽防卫面而使感染扩散。如果一个切口不能彻底排出脓汁时，亦可根据情况做必要的辅助切口。对浅在性脓肿，可用防腐液或生理盐水反复清洗脓腔。最后用脱脂纱布轻轻吸出残留在腔内的液体，然后撒布青霉素粉或灌注 5%碘酊，切开一般不缝合，必要时进行包扎。

【处方 5】 脓肿摘除法：常用以治疗脓肿膜完整的浅在性小脓肿。局部剪毛，常规消毒，浸润麻醉，切开皮肤，摘除脓肿，撒布青霉素粉，结节缝合皮肤。注意勿刺破脓肿膜，防止新鲜手术创被脓汁污染。

四、蜂窝织炎

蜂窝织炎是指在疏松结缔组织内发生的急性弥漫性化脓性炎症。它常发生在皮下、筋膜下及肌肉间的蜂窝内，以在其中形成浆液性、化脓性和腐败性渗出液并伴有明显的全身症状为特征。临床上的分类方法见表 19-2。

表 19-2　蜂窝织炎的分类及特点

类型	特点
按部位的深浅	分为浅在性蜂窝织炎（如皮下、黏膜下蜂窝织炎）和深在性蜂窝织炎（如筋膜下、肌间、软骨周围和腹膜下蜂窝织炎）
按渗出液的性状和组织的病理学变化	分为浆液性、化脓性、厌气性和腐败性蜂窝织炎，如化脓性蜂窝织炎伴发皮肤、筋膜和腱的坏死时，则称为化脓坏死性蜂窝织炎，在临床上也常见到化脓菌和腐败菌混合感染而引起的化脓腐败性蜂窝织炎
按发生的部位	分为关节周围、食管周围、淋巴结周围、股部和直肠周围蜂窝织炎等

（一）病因

1. 外伤感染　多经皮肤微细创口感染引起。主要的致病菌是溶血性链球菌、金黄色葡萄球菌、大肠杆菌和厌氧菌等。

2. 强烈刺激　刺激性强的药物误注或漏入皮下疏松结缔组织。

3. 扩散和转移　邻近组织或器官化脓感染的直接扩散，或通过血液循环和淋巴道的转移。

（二）诊断要点

1. 共同症状　蜂窝织炎病情发展迅速，局部症状表现为大面积肿胀，局部增温，疼痛剧烈和功能障碍。全身症状表现为病羊精神沉郁，体温升高，食欲不振，并出现各系统（循环、呼吸及消化系统等）的功能紊乱。

2. 特有症状

（1）皮下蜂窝织炎。常发生于四肢，主要由外伤感染引起。病初局部出现弥漫性渐进性肿胀，触诊热痛明显，呈捏粉状，之后呈稍坚实感，局部皮肤紧张，无可动性。随着炎症的发展，局部由浆液性浸润转变为化脓性浸润，患部肿胀、热痛明显而剧烈，病羊体温显著升高。如局部坏死组织化脓溶解，可出现化脓灶，触诊柔软有波动。经过良好者，化脓过程局限化或形成蜂窝织炎性脓肿，脓汁排出后，病羊局部和全身症状减轻，病情恶化时，化脓灶继续向周围和深部蔓延，使病情加重。

（2）筋膜下蜂窝织炎。常发生于前肢的前臂筋膜下、背腰部的深筋膜下，以及后肢的小腿筋膜下和股阔筋膜下的疏松结缔组织中。其临床特征是患部热痛反应剧烈，功能障碍明显，患部组织呈坚实性炎性浸润。当向周围蔓延时，全身症状恶化，甚至发生全身性化脓感染，导致动物死亡。

（3）肌间蜂窝织炎。常继发于开放性骨折、化脓性骨髓炎、关节炎及腱鞘炎之后，有些是由于皮下或筋膜下蜂窝织炎蔓延的结果。感染可沿肌间和肌群间大动脉及大神经干的径路蔓延。首先是肌外膜，然后是肌间组织，最后是肌纤维，先后发生炎性水肿、化脓性浸润和化脓性溶解。患部肌肉肿大、肥厚、坚实、界限不清，功能障碍明显，触诊和踏步运动时疼痛剧烈。表层筋膜因组织内压增高而高度紧张，皮肤可动性受到限制。发生肌间蜂窝织炎时全身症状明显，体温升高，精神沉郁，食欲不振。局部已形成脓肿时，切开后可流出灰色、常带血样的脓汁。有时由化脓性溶解可引起关节周围炎、血栓性血管炎和神经炎。

3. 实验室检查 白细胞数升高，脓液可分离培养出致病菌。

（三）防治

1. 预防 加强饲养管理，多给些富含维生素的饲料，增加运动，增强机体抵抗力，注射有刺激性的药物时，严格按照操作规程进行，如出现各种外伤，及时处理，防止感染蔓延。

2. 治疗 治疗原则为减少炎性渗出，抑制感染扩散，减轻组织内压，改善全身状况，增强机体抗病力。

【处方 1】 10%鱼石脂乙醇（或 90%乙醇、醋酸铅明矾液、栀子浸液，涂以醋调制的醋酸铅散），适量，于病初 1~2 天冷敷。

病后 3~4 天，炎性渗出已基本平息，为促进炎症产物的消散吸收，可用上述溶液温敷。

【处方 2】 雄黄散：雄黄 200 克，白及 200 克，白蔹 200 克，龙骨（煅）200 克，大黄 200 克，研碎成细粉，过筛混匀，用热醋或热水调成糊状，待温外敷。

【处方 3】 0.5%盐酸普鲁卡因注射液 10~40 毫升，青霉素溶液 160 万单位，四肢环状封闭或病灶周围封闭。

【处方 4】 手术切开法：蜂窝织炎一旦炎性渗出不能停止，应不待形成化脓性坏死，早期做广泛切开，并尽快引流。局部剪毛，常规消毒，浸润麻醉或全身麻醉，切口部位选在炎症最明显处，切口数量依据肿胀范围大小而定，可多处切开，切口的长度应利于引流又利于愈合（多采用纵切或斜切，并有一定深度，必要时应造反对口），创内用 10%~20%硫酸镁液冲洗，也可配合用 2%双氧水冲洗和湿敷，用硫酸镁新洁尔灭液（硫酸镁 100~200 克，新洁尔灭液 1 毫升，蒸馏水加至 1 000 毫升）或魏氏流膏纱布引流。当炎症渗出停止时，按化脓创治疗用药。

【处方 5】 青霉素钠 5 万~10 万单位/千克体重（或氧氟沙星注射液 2.5~5 毫克/千克体重），生理盐水 500 毫升，地塞米松注射液 4~12 毫克，静脉注射，每天 1~2 次，连用 3 天。

甲硝唑注射液 10 毫克/千克体重，静脉注射，每天 1 次，连用 3 天。

5%碳酸氢钠注射液 50~100 毫升，静脉注射，每天 1 次，连用 3 天。

五、风湿病

风湿病是一种以全身结缔组织内胶原纤维发生纤维样变性为特征的常反复发作的急性或慢性非化脓性炎症。风湿病的常见发病部位是骨骼肌、心肌、关节囊和蹄部，其中骨骼肌和关节囊发病时常有对称性和游走性，且疼痛和功能障碍随运动量增大而逐渐减轻。根据发病的组织和器官不同，风湿病分为肌肉风湿病、关节风湿病和心脏风湿病，根据病程经过可分为急性风湿病和慢性风湿病。本病多见于我国北方和寒冷的冬、春季节。

（一）病因

风湿病的病因和发病机制迄今尚未完全明了。该病是一种变态反应性疾病，一般认为与溶血性链球菌的感染和自身免疫调节紊乱有关。遭受感染，久卧湿地，遭风侵袭，汗后受风，暴饮冷水，夜受风寒，突遭雨淋，过度疲劳等因素，均可诱发本病。

（二）诊断要点

1. 病史　有遭受感染、风寒、潮湿、阴冷、过度劳累等病史。

2. 临床症状

（1）急性风湿病。病羊往往突然发病，体温升高，食欲减退，患部肌肉或关节似有痛感，背腰强拘，跛行，并随适当运动而暂时减轻，病羊喜卧，不愿走动。一般经过数日（10 日左右）即可好转或痊愈，但容易复发。

（2）慢性风湿病。病程拖延较长，可达数周或数月。患病的组织或器官缺乏急性经过的典型症状，热痛不明显或根本见不到。但病羊运动强拘不灵活，容易疲劳，重者肌肉萎缩，感觉迟钝。

（3）肌肉风湿病（风湿性肌炎）。发病部位主要是一些活动性较大的肌群。风湿性肌炎的特征是症状随运动量的增加和时间的延长而有减轻或消失的趋势，并且常有游走性，时而一个肌群好转而另一个肌群又发病。急性肌肉风湿病发生时，患病部位发生浆液性或纤维素性渗出，并积聚于肌肉结缔组织中。病羊表现为精神沉郁，食欲减退，体温升高 1~1.5 ℃，结膜和口腔黏膜潮红，脉搏和呼吸加快，重者出现心内膜炎症状，可听到心内杂音。病程一般较短，多在数日或 1~2周好转或痊愈，但易复发。病羊血沉加快，白细胞增多。慢性肌肉风湿病时，全身症状不明显，但肌肉和腱的弹性降低，肌肉中常有硬结节，表面凹凸不平，重者肌肉僵硬、萎缩，易疲劳，运步强拘。

（4）关节风湿病（风湿性关节炎）。最常发生于活动性较大的关节，如肩关节、肘关节、髋关节和膝关节等。常对称关节同时发病，有游走性。本病的特征是急性期呈现风湿性关节滑膜炎的症状。关节囊及周围组织水肿，滑液中有的混有纤维蛋白及颗粒细胞。患病关节外形粗大，触诊温热、疼痛、肿胀。运动时出现跛行，跛行可随运动量的增加而减轻或消失。病羊精神沉郁，食欲减退，体温升高，脉搏和呼吸加快，有的可听到明显的心内杂音。慢性时呈慢性关节炎的症状。关节滑膜及周围组织增生、肥厚，因而关节肿大且轮廓不清，活动范围变小，运动时关节强拘，能听到噼啪音。

（5）心脏风湿病（风湿性心肌炎）。主要表现为心内膜的症状。听诊时第一心音和第二心音增强，有时出现期外收缩性杂音。

3. 实验室检查 血常规（如血沉加快、白细胞增多）和 X 线检查（观察关节结构异常和损伤情况）有助于本病的诊断。另外，有条件的地方可以测定溶血性链球菌的抗体和与风湿病相关的自身抗体等辅助诊断。

（三）防治

1. 预防 加强饲养管理，备足草料，饲料中要含有足够的蛋白质、矿物质、微量元素和维生素，改善养羊的环境条件。在早春、晚秋或冬天等气温变化较大的季节，注意防寒、防淋、防潮湿、防贼风。对溶血性链球菌感染引起的上呼吸道疾病，如急性咽喉炎、扁桃体炎、鼻卡他等疾病，早期应用大剂量青霉素等抗生素彻底治疗，可对风湿病的发生和复发起到一定的预防作用。

2. 治疗 治疗原则为消除病因，加强护理，祛风除湿，解热镇痛，消除炎症。

【处方 1】 适用于急性肌肉风湿病。

水杨酸钠片 2~5 克，内服，或 10%水杨酸钠注射液 20~50 毫升，静脉注射，每天 1 次，连用 5~7 天。

【处方 2】 适用于急性肌肉风湿病。

10%水杨酸钠注射液 20~50 毫升，复方氨基比林注射液 10 毫升，40%乌洛托品注射液 10 毫升，10%安钠咖注射液 10 毫升，5%葡萄糖酸钙注射液 50~100 毫升，静脉注射，每天 1 次，连用 5~7 天。

【处方 3】 青霉素 2 万~3 万单位/千克体重，注射用水 5 毫升，肌内注射，每天 2~3 次，连用 10~14 天。

青霉素配伍地塞米松注射液 4~12 毫克，30%安乃近注射液 1~3 克，肌内注射，可以明显改善症状，但剂量不宜过大，疗程不宜过长。

【处方 4】 保泰松片 33 毫克/千克体重，内服，每天 2 次，3 天后用量减半，连用 7 天。

水杨酸甲酯软膏（水杨酸甲酯 15 克、松节油 5 毫升、薄荷脑 7 克、白色凡士林 15 克），或水杨酸甲酯莨菪油擦剂（水杨酸甲酯 25 克、樟脑油 25 毫升、莨菪油 25 毫升），樟脑乙醇，氨擦剂（含浓氨溶液 25%、豆油或其他植物油 75%，用时振摇），适量，局部涂抹，每天 3~4 次。

【处方 5】 适用于慢性风湿病。

40 ℃热乙醇，或麸皮、醋以 4 : 3 混合炒，装袋热敷，或红外线照射 20~30 分/次，1~2 次/日，直至明显好转为止。

【处方6】 独活寄生散：独活25克，桑寄生45克，秦艽25克，防风25克，细辛10克，当归25克，白芍15克，川芎15克，熟地黄45克，杜仲30克，牛膝30克，党参30克，茯苓30克，肉桂20克，甘草20克，共研为细末，每次60~90克，开水冲调，待温，加黄酒60毫升为引，灌服，每天1次，连用3天。

六、结膜炎

结膜炎是指眼结膜受外界刺激和感染所引起以结膜表面或实质发生炎性浸润为特征的一种急、慢性炎症。这是最常见的一种眼病。按炎症性质可分为卡他性、化脓性、蜂窝织炎性、伪膜性和滤泡性结膜炎等。

（一）病因

病因有机械性（主要见于各种异物对眼结膜的刺激，如眼睑或结膜外伤，结膜囊内异物，眼睑内翻、外翻或睫毛倒长等）、化学性（如硫酸、盐酸、刺激性化学试剂和农药误入眼内）、物理性（如热水、火焰灼烧、X 线、紫外线的刺激）、感染性（见于衣原体病、传染性角膜结膜炎、吸吮线虫病等）及免疫介导性（受过敏源，如花粉、粉尘等的刺激）等因素。

（二）诊断要点

1. 病史　病羊眼结膜有遭受各种外界因素刺激和病原感染的病史。

2. 临床症状　结膜炎病羊都有羞明流泪，结膜充血、肿胀、疼痛和炎性渗出的症状。不同类型的结膜炎有不同表现。

（1）卡他性结膜炎。是临床上最常见的病型，发生在急性炎症的早期。可分为急性型和慢性型。

1）急性型：轻时结膜及穹隆部稍肿胀，呈鲜红色，分泌物较少，初似水，继则变为黏液性。重度时，眼睑肿胀、热痛、羞明、充血明显，甚至有出血斑。炎症可波及球结膜，有时角膜面也见轻微的混浊。若炎症侵及结膜下时，则结膜高度肿胀，疼痛剧烈。

2）慢性型：常由急性转来，症状往往不明显，羞明很轻或见不到。结膜充血、肿胀，分泌物少。经久病例，结膜变厚呈丝绒状。

（2）化脓性结膜炎。因感染化脓菌或在某种传染病经过中发生，一般症状都较重，常由眼内流出多量纯脓性分泌物，上、下眼睑常被粘在一起。化脓性结膜炎常波及角膜而形成溃疡，且常带有传染性。

（3）蜂窝织炎性结膜炎。是侵害结膜实质和结膜下结缔组织的严重炎症过程，病因与化脓性结膜炎相同。临床特征是结膜下蜂窝组织高度肿胀，眼结膜超出角膜缘而隆起。结膜初期呈鲜红色，后变成暗红色。突出的结膜表面有光泽，干燥，易出血，并有擦伤和大量的脓性分泌物。眼睑全层灼热、疼痛、肿胀和体温升高。

（4）伪膜性结膜炎。结膜肿胀、充血和肥厚，结膜表面被覆一层淡红黄色或淡灰黄色薄膜。

（5）滤泡性结膜炎。主要发生于绵羊，特别是育肥羔和哺乳羔。结膜因衣原体感染或长期受到刺激，结膜下淋巴组织增生，常在瞬膜和眼睑结膜上形成鲜红色或暗红色粟状物，多为双侧性。

3. 实验室检查 必要时进行结膜上皮刮片及分泌物涂片检查，或培养检查细菌、真菌和分离病毒等，并做药敏试验。

（三）防治

1. 预防 改善卫生条件，保持羊舍和运动场的清洁，注意通风换气与光线，防止风尘侵袭，严禁在羊舍内调制饲料，及时隔离有结膜炎症状的病羊，并遮蔽阳光，积极治疗原发病，加强防疫消毒，控制传染性结膜炎的发生。

2. 治疗 治疗原则是消除病因，减少刺激，抗菌消炎，促使炎症消散。

【处方1】 适用于急性型。

冷敷患眼，病羊避光饲喂，必要时装眼绷带。

生理盐水或2%~3%硼酸、2%明矾液，适量，洗眼。

地塞米松眼药水或醋酸可的松眼药水、氧氟沙星眼药水，0.5%金霉素眼膏，0.5%土霉素眼膏，0.5%~2%硫酸锌液（分泌物减少时用），滴眼或涂于结膜囊内，每天3~4次。

硫酸锌0.05~0.1克，普鲁卡因0.05克，硼酸0.3克，0.1%肾上腺2滴，蒸馏水10毫升，混合滴眼，可止痛。

【处方2】 适用于急性型。

0.5%普鲁卡因注射液3毫升，氢化可的松注射液10毫克，青霉素40万单位，取1毫升，球结膜注射，隔天1次。

【处方3】 适用于慢性型。

冷敷患眼。

0.5%~1%硝酸银溶液，滴眼，每天1~2次，用药后10分钟，要用生理盐水冲洗。

0.5%~2%硫酸锌液或2%黄降汞眼膏，2%~5%蛋白银溶液，滴眼或涂于结膜囊内，每天2~3次。

结膜有增生时，先反复清洗外翻结膜上的污物，用外科方法除去坏死和增生组织，再滴注0.5%金霉素眼膏或5%磺胺软膏。

结膜严重水肿时，可用消毒过的注射针头，于肿胀的结膜处乱刺，再涂布抗菌药物。

【处方4】 1%敌百虫溶液或盐酸左旋咪唑注射液，滴眼，用于吸吮线虫导致的结膜炎。

七、角膜炎

角膜炎是指角膜因受微生物和理化因素的影响而发生的炎症，可分为外伤性、表层性、深层性、化脓性角膜炎等。本病山羊、绵羊均可发生，但比结膜炎少见。

（一）病因

1. 外伤　见于鞭打，树枝擦伤，异物入眼等。

2. 诱发因素　如角膜暴露、微生物感染、营养缺乏（如维生素A），或角膜受刺激性物质，如石灰粉、碘酊、强酸等的作用。

3. 继发因素　继发于结膜炎、虹膜睫状体炎、传染性角膜结膜炎和吸吮线虫病等。

（二）诊断要点

1. 病史　病羊有角膜受到损伤、感染和刺激，以及继发于其他眼部疾病的病史。

2. 临床症状　患角膜炎的羊都有羞明、流泪、疼痛、眼睑闭合、角膜混浊、角膜缺损或溃疡，角膜周围形成新生血管和睫状体充血等症状。不同类型的角膜炎有不同表现。

（1）外伤性角膜炎。常可找到伤痕，表面变为淡蓝色或蓝褐色。由于致伤物体的种类和力量不同，外伤性角膜炎可出现角膜浅创、深创或贯通创。角膜内如有铁片存留时，于其周围可见带铁锈色的晕环。由于化学物质引起的角膜炎，轻的仅见角膜上皮被破坏，形成银灰色混浊。深层受伤时则出现溃疡，重剧时发生坏疽，呈明显的灰白色。

（2）表层性角膜炎。可见到角膜表面粗糙不平，角膜面上形成不透明的白色瘢痕时叫角膜混浊或角膜翳。角膜混浊是角膜水肿和细胞浸润的结果，致使角膜表层或深层变暗而混浊，混浊可呈局限性或弥漫性，也可呈点状或线状，角膜混浊一般呈乳白色或橙黄色。新的角膜混浊有炎症症状，境界不明显，表面粗糙稍隆起。陈旧的角膜混浊没有炎症症状，境界明显。表层性角膜炎的血管来自结膜，呈树枝状分布于角膜面上，可看到其来源。

（3）深层性角膜炎。角膜混浊呈白色不透明，新生血管来自角膜缘的毛细血管网，呈刷状，自角膜缘伸入角膜内，看不到其来源。

（4）化脓性角膜炎。触诊眼球疼痛剧烈，混浊呈黄色或灰黄色，眼内排出脓性分泌物，脓肿破溃后即形成溃疡，可导致角膜穿孔，眼房液流出，角膜塌陷，由于眼前房压力降低，虹膜前移，常常与角膜粘连，或后移与晶状体粘连。

角膜穿孔愈合后，常留下白色的瘢痕（角膜白斑）。化脓性角膜炎常继发于化脓性全眼球炎。

（三）防治

1. 预防 防止眼部外伤，积极治疗原发病；加强管理，给予维生素A丰富的饲料，减少角膜炎发生。

2. 治疗 治疗原则为除去病因，消炎，镇痛，促进渗出物吸收，预防和控制感染。

【处方1】 冷敷患眼，病羊避光饲喂，必要时装眼绷带。

生理盐水，或2%~3%硼酸、2%明矾液，适量，洗眼。

地塞米松眼药水或醋酸可的松眼药水、氧氟沙星眼药水，0.5%金霉素眼膏，0.5%土霉素眼膏，0.5%~2%硫酸锌液（分泌物减少时用），滴眼或涂于结膜囊内，每天3~4次。

【处方2】 甘汞和乳糖（或白糖）各等份，研匀取少许，角膜混浊时，吹入眼内。或用40%葡萄糖溶液、自家血、1%~2%黄降汞眼膏，点眼或涂于眼内。

2%可卡因溶液或2%~5%狄奥宁滴眼液（即乙基吗啡滴眼剂），剧痛时滴眼。

0.5%~1%阿托品液，滴眼散瞳，防止虹膜粘连。

【处方3】 角膜手术：角膜穿孔时，应严密消毒防止感染，对于直径小于2~3毫米的角膜破裂，可用眼科无损伤缝针和可吸收缝线进行缝合。对新发的虹膜突出病例，可将虹膜还纳展平，脱出久的病例，可用灭菌的虹膜剪剪去脱出部，再用第三眼睑覆盖固定予以保护，溃疡较深或后弹力膜膨出时，可用附近的球结膜做成结膜瓣，覆盖固定在溃疡处，这时移植物即可起生物绷带的作用，又有完整的血液供应。虹膜一旦脱出，即使治愈，也严重影响视力。

【处方4】 1%三七液煮沸灭菌，冷却后滴眼，可促进角膜损伤的愈合，使角膜混浊减退。

5%氯化钠溶液，滴眼，每天3~5次，有利于结膜和角膜水肿的消退。

八、脐疝

疝又称赫尔尼亚，是腹部的内脏从自然孔道或病理性破裂孔脱至皮下或其他解剖腔的一种常见病，也称腹疝。它由疝孔（即疝环、疝轮）、疝囊和疝内容物组成。脐疝是指腹腔脏器从脐孔脱出至皮下的疾病。

（一）病因

1. 先天性原因 脐疝一般以先天性原因为主，即脐疝与遗传有关。胎儿的脐静脉、脐动脉和脐尿管通过脐带与胎膜相连，胎儿出生后，脐带被切断，脐血管和脐尿管被结扎，脐孔周围结缔组织增生，在短时间内使脐孔闭锁。遗传因素导致脐孔发育不全没有闭锁或腹壁发育缺陷等，在腹内压增加的情况下如强烈努责、用力跳跃等，腹腔内的脏器从脐孔脱出至皮下形成脐疝。

2. 后天性原因　断脐不正确，如脐带留得太短或脐带感染，导致脐孔闭合不全。

（二）诊断要点

1. 共同症状　脐部出现局限性球形肿胀，质地柔软，无红、热、痛等炎症反应，肿胀的大小随羊的大小及脏器脱出程度不同而差别较大。

2. 脐疝的检查　在病初挤压疝囊或改变体位时肿胀物能还纳腹腔，即具有可复性（可复性脐疝），并可摸到疝孔，此时病羊无全身症状，精神、食欲和排便均正常。当疝内容物与疝孔或疝囊粘连时，则不能还纳腹腔，也摸不清疝孔，即为箝闭性脐疝，可导致严重的全身症状。疝内容物如果是肠管，进行听诊时还可听到肠蠕动音。

（三）防治

小羔羊有相当数量不需要治疗，即可自愈。

【处方 1】　保守疗法（非手术治疗）：适用于羔羊的小脐疝，由于疝孔较小，用非手术疗法使疝孔随着幼羊的生长发育而闭合。用一块大于脐环的木片，外包纱布，抵住脐环，然后用疝带（皮带或复绷带）加以固定，防止移动。如果用95%乙醇或 10%氯化钠注射液，在疝孔四周分点注射，每点 3～5 毫升，效果更佳。

【处方 2】　手术治疗（根治疗法）：较大的脐疝因不能自愈，而且随着病程的延长，疝内容物往往发生粘连，因此必须尽早手术治疗。

（1）术前准备。术前一般禁食 1～2 天，但不禁水。仰卧位或半仰卧位保定。用 0. 25%～0. 5%的普鲁卡因注射液局部浸润麻醉，或用速眠新Ⅱ注射液，每千克体重 0. 1～0. 15 毫升，肌内注射全麻，局部剃毛，用 0. 1%新洁尔灭溶液消毒术部、器械、敷料、手及手臂。

（2）手术方法。切开的原则是在疝囊内容物不粘连处作切口，不粘连的病例在疝囊颈部，平行于腹白线作切口，发生粘连的病例在疝囊体部或底部不粘连处作切口。切开疝囊后，认真检查疝内容物有无粘连和坏死，如果无粘连和坏死，可将疝内容物直接还纳腹腔，然后缝合疝孔；如果有粘连，则需仔细剥离粘连处，再还纳腹腔；如果有肠管坏死，需行肠部分切除吻合术，然后缝合疝孔。闭合疝孔时，应将疝孔切削成新鲜创面，如果疝孔较大或腹压较高，可用 10 号双股丝线或 18 号丝线进行水平纽扣状缝合（注意应缝在疝孔的肌肉上，否则容易复发），也可进行结节缝合，分离疝囊壁形成左右两个纤维组织瓣，术部撒布青霉素后，将一侧纤维组织瓣缝在对侧疝孔外缘上，然后将另一侧的纤维组织瓣缝在对侧纤维组织瓣的表面上，即重叠缝合（或双衣襟缝合法）。最后将两侧皮肤囊拎起，切除多余部分，修整皮肤创缘、结节，缝合皮肤。

（3）术后护理。术部包扎绷带7~10天，可减少复发，术后不宜喂得过饱，限制剧烈活动，防止腹压增高，行肠管吻合术者禁食2天，补液，连续用抗生素（如肌内注射青霉素5万~10万单位/千克体重）5~7天。

【处方3】 对于可复性疝，也可不切开疝囊（腹膜），切开皮肤后将内容物还纳，用止血钳靠近疝孔钳夹、结扎疝囊，切除多余疝囊，然后缝合疝孔和皮肤。钳夹疝囊时注意不要夹疝内容物。

九、腹股沟阴囊疝

腹腔脏器经腹股沟管脱出至腹股沟鞘膜管内，称为腹股沟疝，多见于母羊。腹腔脏器经腹股沟管脱出至阴囊鞘膜腔内，称为腹股沟阴囊疝，多见于公羊。疝内容物多为肠管、网膜或膀胱。

（一）病因

1. 生理原因 腹股沟管位于腹壁内靠近耻骨部，是由腹内斜肌和腹外斜肌构成的漏斗状裂隙，腹股沟管朝向腹腔面有一椭圆形腹股沟内环，而朝向阴囊面有一裂隙状的腹股沟外环。当腹股沟管内环过大时，肠管可通过大的内环进入腹股沟管至阴囊而发生腹股沟阴囊疝。

2. 先天性疝 多与遗传有关，即因腹股沟内环先天性扩大所致。

3. 后天性疝 多因妊娠、肥胖、瘤胃臌气或剧烈运动等使腹内压增高及腹股沟内环扩大，以致腹腔脏器下降。

（二）诊断要点

1. 主要症状 发生腹股沟疝时，腹股沟处出现卵圆形隆肿物。发生腹股沟阴囊疝时，一侧或两侧阴囊显著增大。

2. 疝部检查 两者早期大多可恢复，触之柔软有弹性，无热无痛，倒提动物并压挤隆肿物和阴囊不能缩小，则因疝内容物与鞘膜发生粘连。疝内若为肠管有时可以听到肠蠕动音。

3. 继发症状 如果发生肠管箝闭，局部显著肿胀，疼痛剧烈，排粪停止，迅即出现体温升高等一系列全身反应，很快发生中毒性休克而死亡。

4. 穿刺 囊不随腹压增大而增大，鞘膜腔穿刺检查有血液或脓汁流出。阴囊积水多为两侧性，阴囊无热、无痛、无炎症反应，触诊有波动感，局部穿刺有大量浆液流出。

（三）防治

1. 预防 做好选种选配工作。患有腹股沟阴囊疝的羔羊，不能留作种用。此羔羊的母羊发情配种时，最好更换原配公羊。如某种公羊子代羔羊的腹股沟阴囊疝发病率高，应及早淘汰此种公羊，因其可能带有隐性遗传基因。减少腹压增高的因素。加强饲养管理，适当运动，避免惊吓、捕捉、追赶、角斗等应激因素。

2. 治疗　采用手术治疗。

【处方】　手术疗法：术前一般禁食1~2天，但不禁水，仰卧位或半仰卧位保定，用0.25%~0.5%的普鲁卡因注射液局部浸润麻醉（羔羊用局麻即可），或用速眠新Ⅱ注射液，每千克体重0.1~0.15毫升，肌内注射全麻，局部剃毛，0.1%新洁尔灭溶液消毒。于腹股沟内环处切开，向下分离至显露疝囊及腹股沟内环。抬高后躯，用手将疝内容物完全还纳入骨盆腔，若有粘连现象，宜小心剥离，以防剥破肠管，剥离后将其还纳。对母羊直接闭合腹股沟内环（结节缝合或扭孔状缝合，一定要缝到周围的肌肉上，但避免向外缝合过多而刺破股动脉），对不作种用的公羊，结扎精索并切除，取出睾丸，然后闭合腹股沟内环。对欲作种用的公羊，还纳疝内容物后注意保护精索，采用结节或扭孔状缝合适当缩小腹股沟环即可。局部撒布青霉素粉，常规闭合皮肤切口。术后注射抗生素，并加强护理，不宜喂得过饱，应限制剧烈活动，防止感染和腹压过高。

十、子宫疝

子宫疝是因腹肌破裂而妊娠子宫直接位于皮下，致使腹壁突出的疾病，常见于山羊，绵羊较少。

（一）病因

1. 腹壁外伤　是子宫疝发生的主要原因，可由打击、跌倒、跳跃、车撞等引起。

2. 腹压过大　孕羊缺乏运动而全身肌肉衰弱，同时腹壁又受到剧烈伸张，如喂给体积大的饲料、胎水过多或多胎等。

3. 腹直肌腱断裂　大部分疝气都是由于一侧或两侧腹直肌腱在骨盆骨附近发生断裂，而引起的下腹壁疝气；侧腹壁疝气则很少发生。

（二）诊断要点

1. 病史　孕羊有腹壁外伤或腹压过大的病史。

2. 主要症状　开始时腹壁的某一部分形成一个小而软的肿胀，以后随着胎儿的生长，肿胀逐渐变大，触诊时可以摸到胎儿的某一部分，有时甚至可以看到胎动，有时损伤剧烈，可突然发生大面积肿胀，当腹直肌在耻骨联合附近发生破裂时，常常可以见到乳房前移，而且下腹壁有可能达到地面。

3. 继发症状　子宫疝可以导致分娩迟缓和困难，胎儿可能发生窒息死亡。

（三）防治

1. 预防　加强对孕羊的管理和护理，保证足够的运动，避免腹壁受到损伤。

2. 治疗　当前没有良好的治疗方法，因为施行手术在经济上不太合算。治疗原则主要是设法产出有生活能力的胎儿。为了防止疝气囊继续增大，应该加上结实的绷带。饲料应当体积小而富于营养，每次要少量饲喂。分娩时让羊仰卧，使胎儿由子宫排出时的方向变为正常。为了加强阵缩，可以用手挤压疝气的内容物。必要时可以进行剖腹产。

十一、直肠脱

直肠末端的黏膜层脱出肛门的称为脱肛或肛门脱垂。直肠的一部分甚至大部分向外翻转脱出肛门，称直肠脱。严重病例在发生直肠脱的同时并发肠套叠或直肠疝。

（一）病因

1. 直肠韧带松弛 直肠黏膜下层组织和肛门括约肌松弛或功能不全是导致直肠脱的主要原因。

2. 直肠全层肠壁垂脱 见于直肠发育不全、萎缩或神经营养不良而松弛无力，不能保持直肠正常位置。

3. 诱发因素 见于长时间腹泻、便秘，病后瘦弱、病理性分娩（如难产）、腹压增高、刺激性药物灌肠等引起的强烈努责。

（二）诊断要点

1. 临床症状

（1）主要症状：在病羊卧地或排粪后，肛门处见到圆球形或圆筒状肿胀物，颜色淡红或暗红，不能自行缩回。全身症状重剧，病羊精神沉郁，体温升高，食欲减退，频频努责，做排粪姿势。

（2）继发症状：随病程延长，脱出物发生水肿、糜烂、出血、坏死等，表面污秽不洁，沾有泥土、草屑等，甚至并发肠套叠、直肠疝。

3. 鉴别诊断 单纯性直肠脱，圆筒状肿胀脱出向下弯曲下垂，手指不能沿着脱出的直肠和肛门之间向骨盆腔的方向插入；伴有肠套叠的脱出时，脱出的肠管由于后肠系膜的牵引，而使脱出的圆筒状肿胀向上弯曲，坚硬而厚实，手指可沿直肠和肛门之间向骨盆腔方向插入，不遇障碍。

（三）防治

1. 预防 加强营养，适当运动，提高机体健康水平，积极治疗腹泻、便秘、难产和腹压增高的疾病。

2. 治疗

【处方1】 整复：0.1%温的高锰酸钾溶液，或1%明矾溶液清洗。病羊站立保定，体躯保持前低后高，0.25%~5%盐酸普鲁卡因注射液后海穴封闭和局部浸润麻醉（进行荷包缝合时应用）。将脱出的直肠在羊不努责时用手指翻入、推送、展平，切忌粗暴操作。整复后可进行腹部触诊，不应触到粗硬的香肠状肠管。

固定：距肛门孔1~3厘米处作荷包缝合，保留1~2指大小的排粪口，打成活结。或采用药物固定，药物可使直肠周围结缔组织增生，借以固定直肠，距肛门孔2~3厘米处，肛门上方和左、右两侧直肠旁组织内分点注射70%乙醇3~5毫升或10%明矾液5~10毫升（在其中加2%普鲁卡因溶液3~5毫升），刺入深度为3~10厘米。术后喂柔软多汁饲料，多饮温水，并注意抗菌消炎、镇静等。

【处方2】　直肠部分截除术。

如直肠脱出过多，整复有困难，脱出的直肠发生坏死、穿孔或有套叠而不能复位时，可采用手术切除。进行局部浸润麻醉或荐尾间隙硬膜外腔麻醉。

（1）直肠部分切除术。在充分清洗消毒脱出肠管的基础上，取两根灭菌的兽用麻醉针头或细编织针，紧贴肛门十字交叉刺穿脱出的肠管将其固定。在固定针后方约2厘米处，将直肠环形横切，充分止血（必要时结扎止血）后，撒布青霉素粉，用细丝线和圆针把肠管两层断段的浆膜和肌层分别作结节缝合，然后用单纯连续缝合法缝合内外两层黏膜层。缝合结束后再涂以青霉素粉。

（2）黏膜下层切除术。适用于单纯性直肠脱。在距肛门周缘约1厘米处，环形切开黏膜下层，向下剥离，并翻转黏膜层，将其剪除，最后顶端黏膜边缘与肛门周缘黏膜边缘用肠线作结节缝合。整复脱出部，肛门口作荷包缝合。

并发套叠性直肠脱时，采用温水灌肠，力求以手将套叠肠管挤回盆腔，若不成功，侧切开脱出直肠外壁，用手指将套叠的肠管推回肛门内，或开腹进行手术整复。为防止复发，应将肛门固定。术后注意抗菌消炎，喂给柔软多汁饲料，多饮温水。

十二、骨折

骨折是指骨或软骨的连续性发生完全或部分中断所引起的疾病。骨折常伴有周围组织不同程度的损伤，是一种较严重的外科病。临床常见四肢骨折。

（一）病因

1. 外伤性骨折　多由于管理不善，直接和间接暴力所致。直接暴力，如外力直接打击、车辆冲撞、重物压轧、两羊角斗；间接暴力，如跨越沟渠，在行走中滑倒，蹄部卡于洞穴、木栅缝隙之中等都可造成骨折。

2. 病理性骨折　多是由于代谢性疾病，如佝偻病、骨软病、纤维性骨营养不良、骨髓炎、氟中毒等可使骨骼坚韧性发生变化，在受到外力作用时便可发生骨折。

（二）诊断要点

1. 病史　病羊有受到外力作用的病史，或患骨骼坚韧性发生变化的疾病。

2. 临床症状　由于骨折的性质、部位、程度不同，所以临床症状也不相同。

但共同临床症状为变形（上下骨折端因受肌肉的牵拉和肢体重力的影响而表现肢体缩短、侧方移位、纵轴移位、旋转等）、异常活动（四肢下端的长骨完全骨折后，随着运动，其远端可出现晃动等异常活动）、肿胀与出血（骨折引起的肿胀，一般都是由于骨折时血管损伤，导致出血和组织炎症所致）、疼痛（骨折后病羊即有疼痛感，主要是由于神经、骨膜受到损伤而致）、骨摩擦音（骨折的两断端相碰时发出尖锐的撕裂声，也有因局部肿胀或两端有软组织嵌入而不发音的）及功能障碍（病羊常在骨折后立即出现功能障碍，四肢的完全骨折最为明显，站立时不愿负重，运步时二路跳，由于剧烈疼痛致使病羊不愿运动。脊椎骨骨折伤及骨髓时可导致相应区后部的躯体瘫痪等。但发生不全骨折、棘突骨折、肋骨骨折时，功能障碍可能不显著）等。

3. 继发症状 如发生开放性骨折，除上述症状外，可以见到皮肤及软组织的创伤。有的形成创囊，骨折断端暴露于外，创内变化复杂，常含有血凝块、碎骨片或异物等。严重骨折可引起内脏出血，休克，细菌感染，体温升高，食欲减退等症状。

4. X 线检查 通过 X 线检查，可以清楚地了解到骨折的形状、移位情况、骨折后的愈合情况等，以及关节附近的骨折和关节脱位的鉴别。

（三）防治

1. 预防 骨折主要是由意外事故造成，所以，平时必须加强饲养管理。搞好高产母羊的妊娠后期及泌乳高峰期的管理，合理搭配饲料，减少羊产后疾病，尽量杜绝骨折的发生。

2. 治疗

（1）闭合性骨折。按早期整复、合理固定的原则进行。

【处方 1】 整复的时间越早越好，整复是使两断端处在接触部位，回复到原来的位置。为了防止整复时的疼痛，可用 2%普鲁卡因注射液 10~30 毫升注入血肿内或用传导麻醉，再行整复。固定分为内固定与外固定。内固定一般需使用髓内钉、贯穿钉、接骨板与骨螺丝，必须通过无菌手术将皮肤与肌肉切开，直接在断裂的骨折处安装好。外固定是用石膏绷带或石膏夹板绷带固定病部，目前临床上多采用小夹板固定法，此法价格低廉又适用，其方法是骨折部位包裹脱脂棉，并将木条、竹片、树皮或厚纸壳做成夹板，按骨折部位选择长度，厚 0.5 厘米左右，宽 0.5~2 厘米，配成对，对称地夹上去，然后缚以绷带。一般在临床治疗 3~4 周后，要做适当活动，并逐渐增加活动量，以避免肌肉萎缩。

（2）开放性骨折。应根据病情发展，正确处理外伤治疗与局部固定的关系。

【处方 2】 在病初应以处理外伤为主，即对局部外伤作彻底消毒处理，清除坏死组织和游离的碎骨片，创口撒布青霉素粉，并加以包扎，夹板固定要稍偏松，以利于伤口的愈合。一般每隔 1~2 天处理 1 次。以后随着外伤的逐渐愈合，转为固定为主。并逐渐延长外伤处理的间隔时间，加紧外固定。

十三、关节扭伤

关节扭伤是指关节在突然受到间接的机械外力作用下，超越了生理活动范围，瞬时间的过度伸展、屈曲或扭转而发生的关节损伤。羊常发生于膝关节、肩关节和髋关节。

（一）病因

关节扭伤多为间接外力的作用，如急转、急停、跳跃障碍、跌倒、失足蹬空、不合理的保定、一肢钳夹于洞穴而急速拔出，使关节的伸、屈或扭转超越其生理活动范围，引起关节韧带和关节囊的纤维发生剧伸、断裂，以及软骨和骨骺的损伤。

（二）诊断要点

1. 病史　病羊关节有受间接外力作用的病史。

2. 临床症状　发病突然，病羊出现疼痛，关节发生肿胀、温热、跛行和骨质增生。一般而言，动物发病后立即有疼痛症状，表现为触诊敏感，特别是当触诊损伤的关节侧韧带时，有明显压痛点，甚至拒绝检查。肿胀是因为病初关节滑膜出血、渗出而表现为炎性肿胀，转成慢性时，形成骨赘，表现为关节硬固肿胀，但四肢上部关节扭伤，常因肌肉丰满而肿胀不明显。一般伤后经过 12～24 小时，温热和炎性肿胀、疼痛、跛行并存，但在慢性过程中，在关节周围纤维性增殖和骨性增殖阶段仅有肿胀、跛行而无温热。羊在扭伤后立即出现跛行，上部关节扭伤时为悬跛，下部关节扭伤时为支跛，如骨组织受伤时，则表现为重度跛行，呈三肢跳跃前进或拖拉前进。当病程转为慢性经过时，可继发骨化性骨膜炎，常在韧带、关节囊与骨的结合部位形成骨赘，并长期跛行。患病关节由于损伤组织程度及病理发展阶段不同，症状表现也不同。

（三）防治

1. 预防　加强饲养管理，避免羊受各种间接外力作用。

2. 治疗　治疗原则为制止溢血和炎性渗出，促进吸收，镇痛消炎，防止组织增生，恢复关节功能。

【处方 1】　适用于扭伤初期（12 小时以内）。

用冷敷、冷水浴等冷却疗法或压迫绷带制止渗出。

安络血注射液 10～20 毫克或止血敏注射液 0.25～0.5 克，肌内注射，每天 1～2 次，连用 3 天。

青霉素 2 万～3 万单位/千克体重，安乃近注射液 0.3～1 克，注射用水 5 毫升，肌内注射，每天 2 次，连用 3 天。

生理盐水 500 毫升 5%氯化钙注射液 50～150 毫升，维生素 C 注射液 0.5～

1.5克，静脉注射，每天1~2次，连用3天。

【处方2】 雄黄31克，白及62克，明矾31克，乳香62克，红花31克，栀子31克，共研为细末，醋500毫升调敷患部（适用于肿痛明显者）。

【处方3】 适用于扭伤中期。

急性炎性渗出减轻后，用温水浴、温敷等温热疗法或局部涂抹鱼石脂来促进吸收。

青霉素80万~160万单位，0.25%盐酸普鲁卡因注射液10~15毫升，关节疼痛较重时，关节腔注入。

当韧带、关节囊损伤严重或怀疑有软骨、骨损伤时，应根据情况装固定绷带。

【处方4】 适用于骨质增生慢性经过。

碘樟脑醚合剂（碘片20克，95%乙醇100毫升，乙醚60毫升，精制樟脑20克，薄荷脑3克，蓖麻油25毫升），患部涂擦5~10分钟，每天2次，涂药同时进行按摩，连用5~7天。

十四、腐蹄病

腐蹄病是趾（指）间隙皮肤及皮下组织的急性或亚急性炎症，是反刍动物常发的蹄病，也称趾间腐烂。本病以蹄角质腐败、趾间皮肤和组织腐败、化脓为特征，病原菌为结节状梭菌和坏死厌氧丝杆菌等。本病多见于低湿地带和湿热多雨季节。

（一）病因

饲养管理差，在炎热雨季，圈舍潮湿泥泞，蹄部受粪尿浸渍，护蹄不当，草料中钙、磷比例不平衡，致使蹄角质疏松，弹性降低，引起皲裂、发炎。或先天性蹄角质软弱，蹄部被石子、铁器、玻璃等刺伤，感染病菌发病。

（二）诊断要点

1. 临床症状 病羊跛行，喜卧怕立，行走困难。病初精神沉郁，体温升高，食欲减退或废绝，轻度跛行，多为一蹄患病。随着病程的发展，跛行加重。若两前肢患病，病羊常跪地或爬行，后肢患病时，常见病肢伸到腹下，蹄壳腐烂变形时，卧地不起，久卧不起易发生褥疮。多数病羊跛行达数十天，甚至几个月，逐渐消瘦，不及时治疗可引起败血症。

2. 蹄部检查 蹄部发热、肿大、敏感疼痛，趾（指）间隙皮肤充血、肿胀及溃烂，并有恶臭分泌物排出，可以蔓延至蹄冠、蹄后部和系部，亦可侵害腱、韧带、关节，使其发生化脓性炎症。有时蹄底溃烂，形成小孔或大洞，内充满污灰色或黑褐色的坏死组织及恶臭的脓汁，导致蹄壳脱落，最后可引起蹄畸形和继发脓毒败血症。

（三）防治措施

1. 预防

（1）加强饲养管理，备足草料，改善营养，硬化圈舍地面，保持干燥卫生，定期消毒，尽量减少和避免在低湿地带放牧。

（2）加强蹄部护理。经常检查和修理羊蹄，及时处理蹄部外伤。

（3）药物预防。在多雨潮湿季节或发病时，全群定期用10%硫酸铜溶液或10%福尔马林进行浴蹄。

2. 治疗　治疗原则是修蹄排污，杀菌消炎。

【处方1】　适用于轻症。

3%双氧水或0.2%高锰酸钾溶液500毫升，冲洗患蹄。

10%硫酸铜溶液，或10%硫酸锌溶液、10%福尔马林500毫升，浴蹄，之后包扎。

【处方2】　适用于重症。

蹄叉腐烂、蹄底出现小洞，并有脓汁和坏死组织渗出时，先用消毒剂将蹄洗净擦干，5%碘酊消毒后，用小刀或锐匙，由外向内将坏死组织和脓汁彻底清除，再灌注5%碘酊消毒，撒入土霉素粉或碘仿磺胺粉、四环素粉，外用福尔马林松馏油（1∶4）棉塞填塞，包扎蹄绷带。最后用棕片或帆布片包住整个蹄，在系部用细绳捆紧，一般2~3天换药1次。

青霉素5万~10万单位/千克体重，链霉素10~15毫克/千克体重，30%安乃近注射液3~10毫升，注射用水10毫升，肌内注射，每天1次，连用2~3天。

10%甲硝唑注射液10毫克/千克体重，静脉注射，每天1次，连用3天。

十五、绵羊蹄间腺炎

绵羊蹄间腺炎是绵羊蹄间腺由于外伤或堵塞而引起的一种炎症。多发生于秋冬季节，个别羊群发病率达10%~15%，多侵害一肢。该病一般病程较长，影响绵羊采食和生长发育。

（一）病因

蹄间腺被草茬、种子或植物毛刺刺伤或泥土嵌入堵塞蹄间腺排泄孔发病。

（二）诊断要点

1. 主要症状　患肢蹄间裂张开、张大，出现跛行，主要引起支跛。

2. 蹄部检查　通常可见到植物毛刺侵入蹄间组织，蹄间组织有外伤、蹄间腺的排泄孔口有凸起、炎性反应、脓肿及分泌物溢出等症状，触之有痛感。病程较长时，在患处形成瘘管或发生蹄冠蜂窝织炎、化脓性蹄真皮炎、蹄壁部分剥离等病变。

（三）防治

1. 预防 加强管理，避免在含多刺的刈割植物干茬地带放牧羊群，避免造成损伤；建立检查制度，经常检查羊蹄部卫生情况，发现有异物要及时清理，做到早发现、早治疗。

2. 治疗

【处方 1】 局部处理：轻度炎症反应，清洗蹄部，排除异物，在患处涂上碘酊或涂抹防腐软膏。

【处方 2】 手术治疗：手术切开，摘除蹄间腺体，用松馏油与凡士林以 1∶1 比例混合油膏涂抹患部，绷带包扎。术后放在清洁、干燥舍内，单栏饲养 3 天。

青霉素 2 万~3 万单位/千克体重，注射用水 5 毫升，肌内注射，每天 1~2 次，连用 3 天。

第二十章　羊产科疾病的防治

第一节　妊娠期疾病和分娩期疾病

一、流产

流产是指在妊娠期间，因胎儿与母体的正常关系受到破坏而使妊娠中断的病理现象。流产可发生在妊娠的各个阶段，但以妊娠早期较多见。山羊发生流产较多，绵羊少见。

（一）病因

1. 侵袭性流产　多见于布鲁杆菌病、沙门杆菌病、支原体病、衣原体病、弯曲菌病、毛滴虫病、弓形虫病，以及某些病毒性传染病等，通常表现为群发性流产。

2. 普通流产

（1）生殖器官疾病。如先天性生殖器官畸形，子宫内膜炎在妊娠期间复发，迁徙性子宫炎症，卵巢及黄体的病变，子宫黏连，阴道脱出，阴道炎，胎膜炎，胎水过多。

（2）饲养管理不当。如牧草和精料严重不足，饲料发霉、腐败、酸败、冰冻、有毒，环境温度过高、湿度过大，剧烈运动，打斗，滑倒，惊吓，长途运输，过度拥挤，注射应激等。

（3）继发因素。见于内科病，如急性瘤胃臌气、顽固性前胃弛缓、皱胃阻塞、肺炎、肾炎、日射病及热射病、重度贫血；营养代谢病，如维生素 A 或维生素 E 缺乏症、矿物质缺乏症、微量元素不足或过剩等；中毒病，如农药中毒、棉籽饼粕中毒、有毒植物中毒、食盐中毒等；外科病，如外伤、蜂窝织炎、败血症。

（4）诊疗错误及用药不当。大量放血、采血，对孕羊催情、交配（或授精）、粗暴的保定和临床检查，应用地塞米松、氯前列烯醇、缩宫素、麦角制剂、比赛可灵、毛果芸香碱、全身性麻醉药，以及妊娠忌服的中草药，如乌头、附子、桃仁、红花、冰片等，注射某些疫苗。

（二）诊断要点

突发流产者，产前一般无特征表现。发病缓慢者，表现精神不振，食欲废绝，腹痛起卧，努责咩叫，阴户流出羊水，待胎儿排出后转为安静。由传染病、寄生虫病、营养代谢病和中毒病等引起者，常陆续出现流产。由外科病引起者，由于受外伤程度的不同，受伤的胎儿常因胎膜出血、剥离，于数小时或数天排出体外。临床上常见的流产有以下几种。

1. 隐性流产 因为发生在妊娠的早期，主要在妊娠第一个月内，胚胎还没形成胎儿，故临床上难以看到母羊有什么症状表现。临床表现为配种后发情，发情周期延长，习惯性久配不孕。

2. 早产 排出不足月的活胎儿，这类流产的预兆和过程与正常分娩相似，胎儿是活的，因未足月即产出，故又称为早产。

3. 小产 排出死亡而未变化的胎儿，这是流产中最常见的一种，故通常称为小产。病羊表现精神不振，食欲减退或废绝，腹痛，起卧不安，努责咩叫，阴门流出羊水，胎儿排出后逐渐变安静。

4. 延期流产（死胎停滞） 指胎儿在母体内死亡后，由于子宫收缩无力，子宫颈不开张或开张不全，死亡的胎儿可长期留在子宫内，称为延期流产。根据子宫颈口是否开放，分为胎儿干尸化和胎儿浸溶。

（1）胎儿干尸化是指胎儿死亡后，未被排出，其组织中的水分及胎水被吸收，变为棕色，好像干尸一样。多是由于胎儿死亡后黄体不萎缩，子宫颈口不开放所致。

（2）胎儿浸溶是指妊娠中断后，死亡胎儿的软组织被分解，变为液体流出，骨骼部分仍旧留在子宫内。其原因为胎儿死亡后，黄体萎缩，子宫颈口部分开放，腐败菌等微生物从阴道进入子宫及胎儿，胎儿的软组织分解液化排出，骨骼则因子宫颈口开放不全而滞留于子宫。此时，病羊经常发生努责，并由阴道内排出红褐色或棕褐色有异味的黏稠液体，有时混有小的骨片，后期排出脓汁。严重时可诱发子宫内膜炎、腹膜炎、败血症等。

5. 习惯性流产 自然流产连续发生三次以上者称为习惯性流产。其特征往往是每次流产发生在同一阶段，也可能下次流产比上次流产稍长些。这类流产是普通流产中较典型的表现形式，其原因多见于幼稚病（身体发育不良）、子宫的瘢痕（多有难产或剖腹产病史）、变性，以及黄体发育不良、孕酮不足。

6. 先兆性流产 孕羊因某些原因出现流产的先兆，如采取有效的保胎措施，能够防止。先兆性流产是普通流产的一种表现形式，其原因多见于外科手术、意外损伤事故、较重的其他疾病、特殊的环境应激等。表现为孕畜出现腹痛，阵缩，兴奋不安，呼吸、脉搏加快等现象，但阴道检查时，可见子宫颈口还是闭锁的，子宫颈黏液塞尚未溶解，有时可感触明显的胎动和子宫阵缩现象，B超检查胎儿尚存活。

根据病史和临床症状即可做出初步诊断，必要时需结合病原学检查等进行确诊。

（三）防治

1. 预防　对妊娠母羊，应给予充足的优质饲料，严禁饲喂冰冻、霉败变质或有毒饲料，防止饥饿、过渴、过食、暴饮；妊娠母羊要适当运动，防止挤压碰撞、跌摔、踢跳、鞭打惊吓或追赶猛跑，做好防寒、防暑工作；合理选配，以防偷配、乱配，母羊的配种、预产都要记录；妊娠诊断和阴道检查时，要严格遵守操作规程，禁止粗暴操作；对羊群要定期检疫、预防接种、驱虫和消毒，及时诊治疾病，谨慎用药；当羊群发生流产时，首先进行隔离消毒，边查原因，边进行处理，以防侵袭性流产的发生。

2. 治疗

【处方 1】　0.1%高锰酸钾液 20~100 毫升，冲洗子宫，并排尽冲洗液。

促孕灌注液 10~15 毫升，隔天 1 次，3 次为 1 个疗程，连用 1~2 个疗程。

黄体酮注射液 15~25 毫克，配种后第 3 天起，每天 1 次，肌内注射，连用 5~7 天。受胎率可提高 30%左右。

适用于隐性流产。对多次配种不孕或有子宫疾病的母羊实行子宫灌注药物，子宫冲洗，必要时配合黄体酮。

【处方 2】　黄体酮注射液 15~25 毫克，肌内注射，每天或隔天 1 次，连用 2~3 次；或绒毛膜促性腺激素 400~800 单位，每天 1 次，连用 2~3 次。

维生素 E 注射液 0.1~0.5 克，皮下或肌内注射。

维生素 K_1 注射液 0.5~2.5 毫克/千克体重，止血敏注射液 0.25~0.5 克或安络血注射液 10~20 毫克，肌内注射。

1%硫酸阿托品注射液 0.5~1.5 毫克，皮下或肌内注射；或水合氯醛 2~4 克，配成 1%~5%浓度，内服或灌肠；或安乃近注射液 1~3 克，肌内注射（适用于先兆性流产和习惯性流产）。

【处方 3】　白术安胎散：白术（炒）25 克，当归 30 克，川芎 20 克，白芍 30 克，熟地 30 克，阿胶（炮）20 克，党参 30 克，苏梗 25 克，黄芩 20 克，艾叶 20 克，甘草 20 克，共研为粗粉，混匀。每次 60~90 克，水煎，候温灌服，隔天 1 次，连服 3 次（适用于先兆性流产和习惯性流产）。

【处方 4】　泰山盘石散：党参 30 克，黄芪 30 克，当归 30 克，续断 30 克，黄芩 30 克，川芎 15 克，白芍 30 克，熟地 45 克，白术 30 克，砂仁 15 克，甘草（炙）12 克，共研为粗粉，混匀。每次 60~90 克，水煎，候温灌服，每天 1 次，连服 7 次为 1 个疗程，必要时再间断服用 3 个疗程（适用于先兆性流产和习惯性流产）。

上述处理仍难保胎，胎膜破，胎水流者，保胎无效，应及时引产，必要时进行助产。对于排出的不足月胎儿或死亡胎儿，不需要进行特殊处理，仅对母羊进行护理（适用于小产和早产）。

【处方5】 青霉素2万~3万单位/千克体重，地塞米松注射液4~12毫克，注射用水5~10毫升，肌内注射。

缩宫素注射液30~50单位，子宫颈口开张后，皮下注射、肌内注射或静脉注射（适用于小产和早产）。

【处方6】 氯前列烯醇注射液0.2毫克，肌内注射。

【处方7】 苯甲酸雌二醇注射液1~3毫克，肌内注射，隔天再注射1次。

缩宫素注射液30~50单位，子宫颈口开张后，皮下注射、肌内注射或静脉注射。

【处方8】 0.1%利凡诺液20~100毫升，冲洗子宫，并排尽冲洗液。

1%~1.5%露它净（宫炎清）100毫升，子宫灌注。

【处方9】 益母生化散：益母草120克，当归75克，川芎30克，桃仁30克，干姜（炮）15克，甘草（炙）15克。共研为粗粉，混匀。每次30~60克，或每千克体重1克，水煎，候温灌服，每天1次，连用3~6次。

【处方10】 青霉素5万~10万单位/千克体重，链霉素10~15毫克/千克体重，地塞米松注射液10毫克，注射用水5~10毫升，肌内注射，每天1~2次，连用3天。

甲硝唑注射液10毫克/千克体重，静脉注射，每天1次，连用3次。

注：处方5~处方10适用于延期流产。对延期流产者应尽早引产。死胎滞留时，应采用引产或助产措施。先肌内注射雌激素，使子宫颈开张，然后灌入少量液体石蜡，从产道拉出胎儿。必要时进行子宫灌注和子宫冲洗，并配合抗菌消炎。若上述方法不能取出干尸或胎骨，宜行截胎术或剖腹产术，没有价值的要及时淘汰。

对于侵袭性流产，应先查清病因，再选择高敏药物（如磺胺间甲氧嘧啶、甲硝唑）、疫苗（如布氏杆菌羊型5号冻干苗、羊流产衣原体灭活疫苗）等进行防治。

二、阴道脱出

阴道脱出是阴道壁的部分或全部外翻脱出于阴门之外。此时，阴道黏膜暴露在外面，因外界的刺激可引起黏膜充血、发炎，甚至形成糜烂或坏死。本病常发生于妊娠后期和产后。

（一）病因

1. 体内雌激素过多 妊娠后期胎盘分泌雌激素增多，卵泡囊肿，使用雌激素时间过长或剂量过大等，均可导致体内雌激素过多，使骨盆内固定阴道的组织、阴道及外阴松弛，发生本病。

2. 腹压过大 妊娠后期母羊腹压增大，若遇到腹压增高的疾病，如瘤胃臌气、长期便秘、顽固下痢、胎儿过大、胎水过多，分娩或胎衣不下时努责过强等极易发生阴道脱出；或者患产前孕畜截瘫、严重骨软症的母羊，因长期卧地不起，使腹压增高，压迫阴道壁，使之脱出发病。

3. 饲养管理不良 多见于老龄妊娠母羊、营养不良、运动不足、产后过度疲劳、体质虚弱等，导致阴道周围的组织和韧带弛缓。另外，粗暴助产、强行拉出胎儿、阴道黏膜水肿也可引发本病。

4. 遗传因素 阴道脱出有时与遗传有关。

（二）诊断要点

1. 病史 多发生于妊娠后期或产后，年老体弱的母羊，以及有引起腹压增高的疾病。

2. 典型症状 阴门处隆起如鹅卵大，甚至拳头大的红色或暗红色的半球状的阴道壁。鹅卵大的为部分脱出，卧出立入，能自行缩回，反复脱出时，则难以自行缩回；拳头大的为全部脱出，子宫颈口仍闭锁，阴道不能回缩。

3. 继发症状 脱出的阴道初呈粉红色，后因空气刺激和摩擦而发生瘀血、水肿，逐渐变为紫红色，表面常有污染的粪尿、泥土或草棍，严重者可使黏膜与肌层分离，阴道壁水肿、破裂、糜烂及坏死。个别羊可伴发膀胱脱出。

4. 全身症状 一般较轻，多见病羊不安，回顾腹部，拱背努责，做排尿姿势。

（三）防治

1. 阴道部分脱出 增加运动，减少卧地时间，卧地时最好呈前低后高姿势，给予营养丰富易消化的草料，如青草、白菜、麸皮等，喂六成饱，防止发生便秘和腹压增高。一般在分娩后即可恢复。

【处方1】 黄体酮注射液15~25毫克，肌内注射，每天或隔天1次，直到分娩前10天停药。

2. 阴道全部脱出或部分脱出不能回缩者 应及早整复固定，防止再脱。若脱出严重，病羊卧地不起，同时努责强烈，妊娠难以继续维持下去，应考虑及早进行人工引产或剖腹产，尤其是接近预产期时，以保证母仔安全。

【处方2】 整复：盐酸普鲁卡因注射液2毫克/千克体重，配成0.25%~0.5%溶液，努责严重时后海穴封闭。

0.1%高锰酸钾液或0.01%~0.05%新洁尔灭溶液300~500毫升，清洗消毒。

2%明矾水50~100毫升，纱布浸透后压迫水肿的阴道黏膜15~30分钟，或针刺水肿黏膜，挤压排液，或0.3%~1%双氧水冲洗，可使水肿减轻，黏膜

压。防止引起胎儿死亡的传染病和寄生虫病的发生。

2. 治疗 为防止胎儿死亡，必要时进行引产。对可救活的胎儿进行抢救。

五、孕羊截瘫

孕羊截瘫是妊娠后期孕羊既无导致瘫痪的局部因素（如腰、臀、后肢损伤），又无明显的全身症状，但后肢不能站立的一种疾病。该病有地区性，多见于冬、春季节，以及体弱和衰老的孕羊。通常发生于分娩前一个月之内。

（一）病因

1. 饲养管理不当 草料单一，质地不良，缺乏营养可能是发病的主要原因。如饲料中严重缺乏糖、脂肪、蛋白质、矿物质（主要是钙、磷或钙、磷比例失调）、维生素（维生素D、维生素A）、微量元素（铜、钴、铁）等。

2. 继发因素 孕羊截瘫可能是怀孕后期许多疾病的一种症状，可以继发于胎水过多、妊娠毒血症、酮病、捻转血矛线虫病、严重子宫捻转、风湿病等。

（二）诊断要点

1. 病史 多发于冬、春季节，分娩前一个月之内的体弱老龄母羊，有营养缺乏的病史。

2. 临床表现 病初病羊后躯摇摆，步态不稳，起立困难，最后，后肢不能站立，卧地不起。个别母羊突然倒地，后肢不能直立。后躯局部及后肢无明显病理变化，无疼痛现象，但痛感反应正常，也无明显全身症状，食欲正常。病程较长可引发阴道脱出或褥疮，甚至败血症。如果本病发生后不久即分娩，则产后大多能很快自愈。

3. 鉴别诊断 注意对胎水过多、妊娠毒血症、酮病、捻转血矛线虫病、严重子宫捻转、风湿病、骨盆骨折、后肢韧带及肌腱断裂等进行鉴别。

（三）防治

1. 预防 母羊怀孕后期，应加强饲养管理，保证机体对糖、蛋白质、矿物质、维生素及微量元素的需要，补充精料，供给优质干草和青绿饲料，有条件的可以饲喂全价配合饲料，多晒太阳，加强运动。

2. 治疗 治疗原则为除去病因，加强护理（勤换垫草，定期翻身，排除粪便，防止褥疮发生），尽早治疗，重点补充钙、磷和维生素D。

【处方1】 10%葡萄糖酸钙注射液50~150毫升或5%氯化钙注射液20~100毫升，10%葡萄糖注射液100~500毫升，10%安钠咖注射液5~20毫升，静脉注射，每天1~2次，连用3~5天。

维丁胶性钙注射液2~3毫升，皮下或肌内注射，每天1次，连用3~5天，或维生素D_3注射液0.15万~0.3万单位/千克体重，肌内注射，每天1次，连用3~5天。

【处方2】 20%磷酸二氢钠注射液40~50毫升，5%葡萄糖氯化钠注射液500毫升，10%氯化钾注射液5~10毫升，静脉注射，每天1次，连用3~5天。

5%碳酸氢钠注射液50~100毫升，静脉注射，每天1次，连用3~5天。

【处方3】 维生素B_1注射液25~50毫克，硝酸士的宁注射液2~4毫克，臀部皮下或肌内注射，每天1次，连用5~7天。

【处方4】 当归散加减：当归50克，白芍35克，熟地50克，续断35克，补骨脂35克，川芎30克，杜仲30克，枳实20克，青皮20克，红花15克，共研为粗粉，混匀。每次40~60克，水煎，候温灌服，每天1次，连用3天。

六、难产

难产即分娩受阻，是指母羊在分娩过程中，超过正常分娩的时间，不能将胎儿顺利产出，需要人工辅助或全靠人工将胎儿取出者。难产是产科疾病的常见病、多发病，它严重威胁着动物母仔的生命安全，如处理得当，母仔存活，处理失误，母仔双亡。正常分娩所需要的时间绵羊为1.5小时，山羊为3小时，难产的发病率绵羊为5%，山羊为3%。

（一）病因

难产的病因相当复杂，但归纳起来不外于产力、产道和胎儿三大要素。

1. 产力不足（或产力性难产）　妊娠期间饲养管理不当，缺乏运动，母羊过肥、过瘦，患腹壁疝或子宫疝（因腹肌破裂而妊娠子宫直接位于皮下，致使腹壁突出的疾病）等，使子宫阵缩无力，腹肌收缩乏力，影响胎儿娩出。

2. 产道异常（或产道性难产）　见于产道狭窄（如早孕、盆腔狭窄和骨盆骨骨折等导致的硬产道狭窄，以及发育不良、配种过早、子宫颈狭窄、阴门及阴道狭窄、软产道水肿等引起的软产道狭窄），产道变形（如子宫捻转、阴道黏膜水肿），影响胎儿产出。

3. 胎儿异常（或胎儿性难产）　胎儿正确的产出姿势为胎儿身体与母体平行，背部朝向母体背腰，分娩时两前肢抱着头部伸直先进入产道，称为“纵向上位正生”，或胎儿身体与母体平行，背部朝向母体背腰，两后肢先进入产道，称为“纵向上位倒生”。胎儿异常导致的难产最常见，如胎儿过大或畸形（如全身气肿、腹腔积水、裂腹畸形、先天性假佝偻、先天性歪颈），双胎难产，以及胎势、胎位和胎向异常。

（1）胎势异常。胎势是指胎儿本身各部分之间的相互关系。胎势异常有头颈侧弯、头颈下弯、头颈后仰、头颈捻转、腕部前置（或腕关节屈曲）、肩部前置（或肩关节屈曲）、肘关节屈曲、跗部前置（或跗关节屈曲）和坐骨前置（或髋关节屈曲）。

（2）胎位异常。胎位是指胎儿在子宫里的姿势和位置，是指胎儿背部与母体背腹部的相对位置关系。胎位异常如正生侧位、正生下位、倒生侧位、倒生下位。

（3）胎向异常。胎向是指胎儿纵轴与母体纵轴的关系。胎向异常有横向，如背横向、腹横向；竖向，如背竖向、腹竖向。

（二）诊断要点

1. 病史调查 主动询问畜主，了解孕羊的饲养管理情况，年龄及胎次，初产或经产，早产或超日，努责开始时间及其特点，胎囊外露及破水情况，胎儿肢体外露情况，胎儿产出情况，有无难产病史和剖腹产史，用药及助产情况等，可以帮助了解病情，建立诊断。

2. 临床检查 难产多发于超过预产期，妊娠母羊表现不安，不时徘徊，阵缩或努责，阴唇松弛湿润，阴道流出胎水、污血或黏液，时而回顾腹部和阴部，但经 1~2 天不见产羔。有的外阴部夹着胎儿的头或腿，长时间不能产出。随着难产时间延长，妊娠母羊精神变差，痛苦加重，表现精神沉郁、呻吟、卧地、心率增加、呼吸加快、阵缩减弱。病至后期阵缩消失，卧地不起，甚至昏迷。检查时要注意努责和宫缩情况，有无腹壁疝和子宫疝，了解机体的功能状态和产力，初步诊断是否发生难产，判断预后，为拟定正确的治疗方案打下基础。

3. 产道检查 胎儿未进入阴道或未露出阴门外，进行产道检查，判断产道是否狭窄和变形。如外阴有无异常，阴道的情况（松软程度、湿润度、是否狭窄、有无损伤和瘢痕、有无螺旋状皱襞），子宫颈的情况（子宫颈开张还是闭锁，子宫颈黏液塞情况，子宫颈阴道部方向，子宫颈开张度大小，胎囊凸出及破水情况，是否可以触摸到胎儿），硬产道检查（骨盆是否狭窄、变形、发育异常，有无骨瘤和肿瘤）。进行检查时应对术者手和手臂、器械及母羊阴门进行充分消毒。

4. 胎儿检查 胎囊（胞）或胎儿的某部位已进入产道，应进行胎儿检查。如胎囊凸出及破水情况，头和四肢的认识（鉴别前、后肢及蹄底朝向），胎势、胎位、胎向是否异常，胎儿是否存活（拉舌头、掐肢体、按眼球、感吸吮、拔被毛、摸心跳、摸脉搏、触肛门，如胎儿有反应证明为活胎，没有反应或被毛脱落、皮下气肿则为死胎），有无胎儿过大和畸形，以判定胎儿死活和是否发生胎儿性难产，从而确定助产方法。

5. B 超检查 B 超检查可以进行妊娠诊断、产道检查、胎儿检查等，给妊娠检查、难产诊断和助产等提供精确的依据，有条件的羊场可以应用。

（三）防治

1. 预防 预防难产的关键是加强对母羊的饲养管理。满足青年母羊的营养需要，促进其生长发育，加强运动，防止过肥。种公、母羊分群饲养，防止早配和偷配，青年母羊配种不应早于 1~1.5 岁，也不易与体型差别过大的种公羊配种，防止骨盆狭窄和胎儿过大造成难产。妊娠母羊注意补充干草和精料，并少量多次饲喂，适当运动。妊娠母羊临近预产期，应在产前1周至半月送入产房，并提供良好的环境条件。对有乳房胀大者，可挤出乳汁，有阴门肿大，流稠黏液，肷窝下陷，臀部肌肉塌陷，孤独站立或起卧不安，排尿次数增多，不断回顾腹部，不时鸣叫等临产表现的母羊，要专人护理和接产，留心观察分娩中的异常表现，及时进行临产检查。

2. 治疗　治疗措施主要是助产。助产原则是诊断准确，处置果断，首选药物助产、牵引助产和矫正后助产，无效时选用截胎术或剖腹产术。做好助产准备，消毒（术者手和手臂、器械及动物阴门，要用0.1%新洁尔灭清洗消毒），保定母羊（侧卧或站立保定，取前低后高姿势），润滑产道（产道灌注灭菌液体石蜡或植物油，必要时灌服1%温盐水）等工作，助产方法如下。

（1）药物助产。分娩时子宫阵缩和腹肌收缩乏力，不能将胎儿排出，阴道检查子宫颈口已经充分开张，产道无异常，胎势、胎位和胎向正常时采用。

【处方1】　缩宫素注射液或垂体后叶素注射液10~20单位，皮下或肌内注射，半小时1次（如分娩开始后1~2天，可先皮下或肌内注射苯甲酸雌二醇注射液1~3毫克）。

10%葡萄糖注射液100~500毫升，10%葡萄糖酸钙注射液50~100毫升，静脉注射。

（2）扩张产道。子宫颈扩张不全，如果努责不强，胎囊未破，胎儿还活，宜稍等待，同时注射药物扩张宫颈。也可采用子宫颈切开术，但会导致子宫颈更狭窄，甚至完全封闭。

【处方2】　苯甲酸雌二醇注射液1~3毫克，皮下或肌内注射。

地塞米松注射液4~12毫克，青霉素2万~3万单位/千克体重，注射用水5~10毫升，肌内注射。

缩宫素注射液30~50单位，子宫颈口开张后，皮下或肌内注射。

（3）矫正胎儿。胎儿的胎势、胎位和胎向发生异常，将母羊采取前低后高姿势，把胎儿暴露的部分送回，将手伸入产道进行纠正，必要时，可以反复拉出和送回。

（4）矫正子宫。如病羊努责、呻吟，产道检查见阴道壁紧张，子宫颈管完全闭合，并呈螺旋皱襞，不能直接触到胎儿，可能是发生子宫捻转导致的难产。采用翻转母体法纠正，捻转缓解后，如能拽出胎儿的前肢或后肢，可转动胎儿辅助纠正捻转，无效时进行剖腹产术。

（5）牵引助产。对于胎儿过大，子宫阵缩及努责微弱，轻度的产道狭窄，胎势、胎位轻度异常的，可实施牵引助产。将母羊前高后低站立保定，进行消毒和润滑后，用右手握住胎儿的两前肢或两后肢，左手向前推送母羊外阴，防止撕裂，随着母羊的努责，慢慢向下方拉出胎儿，助手如能向上托起或压迫母羊腹部，更有利于胎儿产出。

(6) 截胎术。胎儿过大，已经死亡，牵引助产无效，可施行截胎术，术中要防止损伤子宫和阴道。

(7) 剖腹产术。当胎儿过大或畸形严重，胎势、胎位、胎向异常，难以矫正，严重的硬或软产道狭窄，不能矫正的子宫捻转、子宫破裂等，可进行剖腹产术。羊横卧保定，左侧（或右侧）肷部中下切口，进行全麻（速眠新Ⅱ注射液，每千克体重0.1~0.15毫升，肌内注射，或40%乙醇，每千克体重3.5~4毫升，口服），或局麻（0.5%普鲁卡因注射液），局部剃毛，用0.1%新洁尔灭溶液消毒术部、器械、敷料、手及手臂，依次切开皮肤、肌肉和腹膜，找到子宫，在靠近子宫体沿孕角大弯处，避开子宫阜切开子宫（摸着切），子宫上的大血管最好避开或先行结扎，子宫壁周围垫纱布，防止胎水流入腹腔，缓慢拉出胎儿，擦干净胎儿口鼻黏液，将子宫切口边缘的胎衣剥离，子宫内放置青霉素、链霉素，第1层用肠线或丝线进行全层连续缝合，第2层用丝线进行连续内翻缝合，局部涂布青霉素，逐层闭合腹壁及皮肤，并用碘酊消毒，加强术后护理。

第二节　产后期疾病

一、胎衣不下

胎衣不下又称胎膜滞留，是指母畜在分娩后，胎衣在正常时限内不排出体外。产后胎衣正常排出的时间山羊为2.5小时，绵羊为4小时，奶山羊为6小时。

（一）病因

1. 产后子宫收缩无力 草料单一，营养不良，缺乏钙、磷、硒及维生素A和维生素E，母羊消瘦、过肥、老龄、体弱、运动不足，胎儿过大等都能使羊发生子宫弛缓，胎儿过多或过大、胎水过多，难产时间过长，流产，早产，生产瘫痪，子宫捻转，难产后子宫肌疲劳，产后未能及时给羔羊哺乳等，致使催产素释放不足，都能影响子宫肌的收缩。

2. 胎盘未成熟或老化 未成熟的胎盘，母体子叶胶原纤维呈波浪形，轮廓清晰，不能完成分离过程。因此，早产时间越早，胎衣不下的发生率越高。胎盘老化时，母体胎盘结缔组织增生，母体子叶表层组织增厚，使绒毛钳闭在腺窝中，不易分离，胎盘老化后，内分泌功能减弱，使胎盘分离过程复杂化。

3. 胎盘充血或水肿 在分娩过程中，子宫异常强烈收缩或脐带血管关闭太快会引起胎盘充血，使绒毛钳闭在腺窝中。同时还会使腺窝和绒毛发生水肿，不利于绒毛中的血液排出。水肿可延伸到绒毛末端，致腺窝内压力不能降低，胎盘组织之间持续紧密连接，不易分离。

4. 胎盘炎症　妊娠期间子宫受到感染（如李氏杆菌、胎儿弧菌、沙门杆菌、支原体、霉菌、毛滴虫、弓形虫等），发生子宫内膜炎及胎盘炎，使结缔组织增生，胎儿胎盘与母体胎盘发生粘连。

5. 胎盘组织构造　羊胎盘属于上皮绒毛膜与结缔组织绒毛膜混合型胎盘，胎儿胎盘与母体胎盘联系紧密，是羊发生胎衣不下的主要原因。

（二）诊断要点

1. 病史　羊产后3~4小时仍不排出胎衣，即可诊断为胎衣不下。

2. 临床症状　病羊背部拱起，时常努责，有时努责强烈，引起子宫脱出。胎衣不下超过1天，胎衣腐败，腐败产物可被吸收，使病羊全身症状加重，如精神沉郁，体温升高，呼吸加快，食欲减退或废绝，产乳量减少或泌乳停止，从阴道中排出恶臭的分泌物。一般5~10天胎衣发生腐烂脱落。此病往往并发或继发败血症、破伤风、气肿疽、子宫和阴道的慢性炎症，甚至导致病羊死亡。山羊对胎衣不下的敏感性比绵羊高。

（1）全部胎衣不下。分娩后未见胎衣排出，胎衣全部滞留在子宫内，少量胎衣呈带状悬垂于阴门之外，呈土红色，表面有大小不等的子叶，之后胎衣腐败，恶露较多，有时继发败血症。

（2）部分胎衣不下。排出的胎衣不完整，大部分垂于阴门外（可达跗关节处）或胎衣排出时发生断离，从外部不易发现，恶露排出量较少，但排出的时间延长，有臭味，其中含有腐烂的胎衣碎片。

（三）防治

1. 预防　饲喂含钙及维生素丰富的饲料，加强运动，尽可能让母羊自己舔干仔羊身上的黏液，必要时应用药物，促进子宫复旧和排出胎衣，预防子宫内膜炎。

2. 治疗　治疗原则为控制子宫感染，促进子宫收缩和胎盘分离，手术剥离，以及全身治疗。

【处方1】　益母草10~30克，水煎服，每天1~2次，连用3天。

缩宫素注射液5~10单位，皮下或肌内注射。

【处方2】　促进子宫收缩。

苯甲酸雌二醇注射液1~3毫克，皮下或肌内注射。

缩宫素注射液30~50单位，用雌二醇1小时后，皮下或肌内注射，2小时后重复注射1次。

【处方3】　促进子宫收缩。

垂体后叶素注射液10~50单位，皮下或肌内注射。或马来酸麦角注射液0.5~1毫克，肌内或静脉注射。

【处方4】 促进母仔胎盘分离。

5%~10%食盐水500~1 000毫升，子宫灌入，注入后使其完全排出。或3%双氧水10~20毫升，子宫灌注。

【处方5】 控制子宫感染。

1%~1.5%露它净（宫炎清）100毫升，子宫灌注。

或0.5%碘液（碘片0.5克，碘化钾1克，蒸馏水加至100毫升）100毫升，灌注到子宫与胎膜间隙之中，必要时隔天再灌1次。

或青霉素160万单位，链霉素100万单位，蒸馏水20毫升，子宫灌注，每天2次，连用3天。

【处方6】 控制子宫感染。

0.1%利凡诺液（或0.1%高锰酸钾液、0.5%来苏儿液、0.02%新洁尔灭溶液）20~100毫升，子宫冲洗，并排尽冲洗液。

【处方7】 手术剥离法：用药物治疗已达48小时仍不奏效，应立即进行手术疗法。病羊站立保定，按常规准备及消毒后，进行人工剥离，努责严重的进行后海穴麻醉。术者应佩戴手套，一手握住阴门外的胎衣并稍拉，另一只手沿胎衣表面伸入子宫黏膜和胎衣之间，用食指和中指夹住胎盘周围绒毛呈一束，以拇指剥离开（推开）母仔胎盘相结合的周围边缘，剥离半周后，手向手背侧翻转以扭转绒毛膜，使其从小窦中拔出，与母体胎盘分离。剥后冲洗，并灌注抗生素或防腐消毒药液。

也可采用自然剥离方法，即不借助手术剥离，而辅以防腐消毒药或抗生素，让胎衣自溶排出，从而达到自行剥离的目的。在子宫内投放土霉素0.5克，效果较好。

【处方8】 全身治疗：5%葡萄糖氯化钠注射液500毫升，庆大霉素20万单位，地塞米松注射液4~12毫克，10%安钠咖注射液10毫升；10%葡萄糖注射液500毫升，10%葡萄糖酸钙注射液50~150毫升，维生素C注射液0.5~1.5克，依次静脉注射，每天1~2次，连用2~3天。

5%碳酸氢钠注射液100毫升，静脉注射，每天1次，连用2~3天。

【处方9】 益母生化散：益母草120克，当归75克，川芎30克，桃仁30克，干姜（炮）15克，甘草（炙）15克，共研为粗粉，混匀。每次30~60克，或每千克体重1克，水煎，候温灌服，每天1次，连用3~6天。

二、子宫内翻及脱出

子宫角前端翻入子宫腔或阴道内，称为子宫内翻；子宫全部翻出于阴门之外，称为子宫脱出。二者为程度不同的同一个病理过程。子宫脱出多在产后数小时内发生，产后超过 1 天发病的羊极为少见。

（一）病因

营养不良，体质虚弱，运动不足，老龄妊娠，胎水过多，胎儿过大或多次妊娠，导致子宫肌收缩力减退，子宫及子宫韧带过度扩张、弛缓，是子宫内翻及脱出的主要原因；难产时，产道干燥，子宫黏膜紧裹胎儿，强拉胎儿造成宫内负压，产后腹压增高，如分娩和胎衣不下的强烈努责，床栏坡度过大时母羊长期前高后低姿势，以及长期便秘、顽固腹泻和疝痛等也可引起。

（二）诊断要点

1. 病史　多发生于产后体质虚弱的母羊，有粗暴助产、子宫弛缓、努责频繁（特别是母羊产后仍有明显努责）、腹压增高的病史。

2. 临床症状

（1）子宫内翻。即子宫部分脱出。轻度内翻，常无明显症状，多能在子宫复旧中自愈。子宫角尖端通过子宫颈进入阴道内时，病羊不安、努责、举尾。阴道检查，则见翻入阴道的子宫角尖端呈柔软圆形。母羊卧地后可看到阴道内翻的子宫角，持续努责时可发展成子宫脱出。

（2）子宫脱出。有长圆形物体突出阴门之外，有时可达跗关节，脱出的子宫黏膜表面常附着有未脱落的胎膜，剥去胎膜或自行脱落呈粉红色或红色，子宫黏膜光滑，表面有大量圆形隆起的暗红色子叶（母体胎盘），若两个子宫角都脱出，可见大小不同的两个脱出物，其末端均有一凹陷。之后子宫黏膜可发生瘀血（呈紫红色或深灰色）、水肿、出血、结痂、干裂、糜烂和坏死，甚至被粪土污染或冻伤。有的伴有阴道脱出。

（3）继发症状。轻度子宫内翻及脱出，一般无明显全身症状。严重者可继发子宫黏膜出血、坏死，甚至感染，而引起腹膜炎、败血症；肠管进入脱出的子宫腔内，出现疝痛症状，外部触诊可摸到宫腔内的肠管；扯破肠管系膜、卵巢系膜及子宫阔韧带，扯断血管，引起大出血，很快出现结膜苍白、战栗、脉搏变快而弱，刺破子宫末端有血液流出。

（三）防治

1. 预防　加强妊娠母羊的饲养管理，补充精料、优质干草、钙、磷和维生素，适当运动，增强体质，积极治疗使母羊腹压升高的疾病，禁止粗暴助产及强拉胎衣。对体质虚弱、老龄、多胎、子宫弛缓的母羊在产后细心观察，促进子宫复旧。

【处方 1】　益母草 10~30 克，水煎服，每天 1~2 次，连用 3 天。

缩宫素注射液 5~10 单位，皮下或肌内注射。

2. 治疗　治疗原则是及早整复固定，加强冲洗消毒和术后护理，子宫严重损伤、穿孔及坏死，不宜整复时，实施子宫切除术。

（1）整复。病羊站立或侧卧保定，取前低后高姿势。努责严重时进行后海穴封闭（0.25%~0.5%盐酸普鲁卡因注射液2毫克/千克体重），用生理盐水或0.01%~0.05%新洁尔灭溶液冲洗子宫黏膜，将脱出的子宫由助手托起，术者一手用拳头顶住子宫角尖端的凹陷外，小心而缓慢地将子宫角推入阴道，另一手和助手从两侧辅助配合，防止送入的部分再度脱出，同法处理另一子宫角，逐渐将脱出的子宫全部送回骨盆腔内，并使子宫展平。也可以从子宫基部两侧压挤并推送靠近阴门的子宫部分，一部分一部分地推送，直至脱出的子宫全部被送回骨盆腔内。待子宫被全部还纳后，将手臂尽量伸入其中，以便使子宫恢复正常位置并防止再脱出。整复后，为防止感染，子宫内可注入防腐消毒药或抗生素类药物。

（2）固定。子宫整复后，可用粗缝线在阴门上作纽扣状缝合、圆枕缝合或内翻缝合。

（3）子宫切除术。若子宫脱出后无法进行整复者，必须进行子宫切除术。子宫切除术的适应证为无法还纳者，子宫有严重的损伤与坏死，还纳后有可能引起全身感染者都应进行子宫切除术。病羊站立或侧卧保定，保持前低后高姿势。用0.1%新洁尔灭溶液冲洗消毒，速眠新Ⅱ注射液，每千克体重0.1~0.15毫升，肌内注射，进行全身浅麻醉，0.25%~0.5%盐酸普鲁卡因注射液进行后海穴封闭和子宫切除线上局部浸润麻醉。在子宫角基部作一纵行切口，检查其中有无肠管及膀胱，有则先将它们推回。仔细触诊，找到两侧子宫阔韧带上的动脉，在其前部进行结扎，粗大的动脉须结扎两道。在纵向切口的近子宫角基部横向切透子宫壁，断端如有出血应结扎止血，做全层连续缝合，再进行内翻缝合，撒布青霉素粉或溶液，最后将缝好的断端送回阴道内。

【处方2】 5%葡萄糖氯化钠注射液500毫升，氨苄青霉素50~100毫克/千克体重，地塞米松注射液4~12毫克，10%葡萄糖注射液500毫升，10%葡萄糖酸钙注射液50~150毫升，静脉注射，每天1~2次，连用2~3天。

甲硝唑注射液10~20毫克/千克体重，静脉注射，每天1次，连用2~3天。

12.5%止血敏注射液0.25~0.5克，肌内或静脉注射，每天2~3次，连用1~3天。

【处方3】 青霉素160万单位，链霉素100万单位，蒸馏水20毫升，子宫灌注，每天1次，连用3天。

【处方4】 补中益气汤：黄芪（炙）75克，党参60克，白术（炒）60克，甘草（炙）30克，当归30克，陈皮20克，升麻20克，柴胡20克，共研为粗粉，混匀。每次45~60克，水煎，候温灌服，每天1次，连用3天。

三、子宫内膜炎

子宫内膜炎是子宫内膜的炎症，是常见的生殖器官疾病，常于分娩后发生，一般为急性子宫内膜炎，如治疗不当，炎症扩散，可引起子宫肌炎、子宫浆膜炎、子宫周围炎，常转为慢性炎症，是导致母羊不孕的主要原因之一。

（一）病因

主要由于分娩、助产、子宫脱出、阴道脱出、胎衣不下、腹膜炎、子宫复旧不全、流产、死胎滞留在子宫内，或由于配种、人工授精和接产过程中消毒不严，或造成子宫和软产道的损伤等因素，导致细菌感染而引起的子宫黏膜炎症；继发于传染病或寄生虫病，如布鲁杆菌病、沙门杆菌病、弓形虫病等。

（二）诊断要点

1. 病史　通常发生于产后，有生殖器官遭受损伤和感染的病史。

2. 临床症状　病羊有时拱背、努责，从阴门内排出黏性或黏液脓性分泌物，严重时分泌物呈污红色或棕色，且有臭味，卧下时排出较多，在尾根和阴门常附着炎性分泌物。严重时，精神沉郁，体温升高，食欲减退或废绝，反刍减弱或停止，轻度臌气。若治疗不当，可转变为慢性。常继发子宫积脓、积液、子宫与周围组织粘连、输卵管炎等，表现为发情期紊乱，屡配不孕，或受孕后又流产。

3. 阴道检查　子宫颈充血、肿胀、稍开张，有时可见到其中有分泌物流出。

（三）防治

1. 预防

（1）加强饲养管理，保持圈舍和产房的清洁卫生，临产前后对母羊阴门及周围部位进行消毒，在配种、人工授精和助产时，应注意器械、术者手臂和母羊外生殖器的消毒。

（2）治疗流产、难产、胎衣不下、子宫内翻及脱出、阴道炎等生殖器官疾病，以防造成子宫损伤和感染。积极防治布鲁杆菌病、沙门杆菌病、弓形虫病等侵袭性疾病。

（3）产后药物预防。

【处方 1】　缩宫素注射液 5~10 单位，皮下或肌内注射。

促孕灌注液 10~15 毫升，隔天 1 次，连用 2~3 次。

青霉素 2 万~3 万单位/千克体重，链霉素 10~15 毫克/千克体重，注射用水 5~10 毫升，肌内注射，每天 2 次，连用 3 天。

2. 治疗　治疗原则为抗菌消炎，防止感染扩散，促进分泌物排出。

【处方 1】　苯甲酸雌二醇注射液 1~3 毫克，肌内注射。

0.1%利凡诺液（或 0.1%高锰酸钾液）100~300 毫升，子宫冲洗，并用虹吸方法排尽冲洗液。

1%~1.5%露它净（宫炎清）100毫升，子宫灌注，每天1次，连用3次。

缩宫素注射液30~50单位，皮下注射、肌内注射或静脉注射。

【处方2】 氧氟沙星注射液2.5~5毫克/千克体重，肌内注射，每天2次，连用2~3天。

【处方3】 5%葡萄糖氯化钠注射液500毫升，氨苄青霉素钠10~20毫克/千克体重，地塞米松注射液4~12毫克，10%安钠咖注射液10毫升；10%葡萄糖注射液500毫升，10%葡萄糖酸钙注射液50~150毫升，维生素C注射液0.2~0.5克，依次静脉注射，每天1~2次，连用2~3天。

甲硝唑注射液10~20毫克/千克体重，静脉注射，每天1次，连用2~3天。

【处方4】 益母生化散：益母草120克，当归75克，川芎30克，桃仁30克，干姜（炮）15克，甘草（炙）15克，共研为粗粉，混匀。每次30~60克，或每千克体重1克，水煎，候温灌服，每天1次，连用3~6次。

四、生产瘫痪

生产瘫痪又叫乳热症，中兽医称为产后风，是母畜分娩前24小时至产后72小时内突然发生以轻瘫、昏迷和低钙血症为主要特征的一种代谢性疾病。主要发生于第2~5胎的高产奶山羊，特别是产后1~3天，成年绵羊也可发病。

（一）病因

确切原因还不清楚，一般认为与以下因素有关。

1. 病羊的血钙、血磷、血糖浓度显著降低 主要原因是母羊分娩之后，将大量的血液物质作为原料合成初乳，其中钙、磷、糖是合成初乳的主要物质，从而导致血钙、血磷、血糖的下降。其中，血钙降低是各种反刍动物生产瘫痪的共同特征。如营养良好的舍饲母羊产乳量过高，钙、磷不平衡等都可以诱发本病。

2. 肾上腺皮质激素含量下降和大脑皮层抑制 在血钙、血磷、血糖下降的同时，常常伴随肾上腺皮质激素的下降。分娩过程中，大脑皮层常常处于高度兴奋紧张状态，产后由高度兴奋转为深度抑制，同时由于分娩后腹内压突然下降，血液重新分布（即腹腔器官发生被动性充血和大量血液进入乳房），造成大脑皮层缺氧，引起暂时性的脑贫血，加深大脑皮层的抑制程度，从而产生昏睡。

（二）诊断要点

1. 病史 主要发生于高产奶山羊，特别在分娩前1天至产后1~3天，以及第2~5胎次。

2. 临床症状 分娩前后数日内母羊突然出现精神沉郁，食欲减退，反刍停止，后肢发软，行走不稳，喜卧恶立。病羊倒地后起立困难，个别不能站立，头颈伸直，不排粪便和尿液，皮肤对针刺的反应很弱，体温一般正常。严重时，四肢伸直，头弯于胸部，体温逐渐下降，有时降至36℃，心跳微弱，呼吸深而慢，皮肤、耳朵和角根冰冷，少数病羊完全丧失知觉，最后昏迷死亡。

3. 实验室诊断　血钙（正常血钙含量为2.48毫摩/升，发病时血钙含量为0.94毫摩/升）、血磷、血糖浓度显著降低。

4. 治疗性诊断　用钙剂治疗疗效迅速而确实。

5. 鉴别诊断　本病应与孕畜截瘫、产后截瘫（产后截瘫神志清醒，病变一般在腰部，多由外伤引起）和产褥热（产褥热多由产后感染引起，常有体温升高等全身症状，甚至出现败血症）进行区别。

（三）防治

1. 预防　妊娠母羊加强饲养管理，科学补充各种矿物质，如添加磷酸氢钙、骨粉等，保持钙、磷比例在（1.5~1）:1，注意运动，多晒太阳。高产奶羊产后不立即哺乳或挤奶，或产后3天内不挤净初乳。

2. 治疗　治疗原则为补充血钙、血磷、血糖，也可采用乳房送风疗法。

【处方1】　10%~25%葡萄糖注射液200~500毫升，10%葡萄糖酸钙注射液50~150毫升（或10%硼葡萄糖酸钙注射液0.21~0.43毫升/千克体重，或5%氯化钙注射液1~5克），地塞米松注射液4~12毫克，10%安钠咖注射液10毫升，静脉注射，每天1~2次，连用2~3天。

【处方2】　5%葡萄糖氯化钠注射液500毫升，20%磷酸二氢钠注射液40~50毫升，10%氯化钾注射液5~10毫升，静脉注射，每天1次，连用3~5天。

维丁胶性钙注射液2~3毫升，皮下或肌内注射，每天1次，连用3~5天。

【处方3】　乳房送风疗法：乳房消毒后，用通乳针依次向每个乳头管内注入青霉素40万单位、链霉素50万单位（用生理盐水溶解）。然后再用乳房送风器或100毫升注射器依次向每个乳头管注入空气，注入空气的适宜量以乳房皮肤紧张，乳腺基部的边缘清楚并且变厚，轻叩呈现鼓音为标准。送完气后，用纱布将乳头轻轻束住，防止空气逸出。待病羊站起后，经过1小时将纱布解除。

五、乳腺炎

乳腺炎是由各种病因引起的乳房的炎症，其主要特点是乳汁发生理化性质及细菌学变化，乳腺组织发生病理学变化。多见于泌乳期的山羊、绵羊。

（一）病因

1. 病原微生物感染　多由非特异性微生物从乳头管侵入乳腺组织而引起。绵羊乳腺炎常见的病原有金黄色葡萄球菌、溶血性巴氏杆菌、大肠杆菌、乳房链球菌、无乳链球菌等；山羊乳腺炎的病原菌主要有金黄色葡萄球菌、无乳链球菌、停乳链球菌、化脓链球菌和伪结核菌等。

2. 饲养管理不当　如营养不足，圈舍卫生不良，挤奶消毒不严，乳头咬伤、擦伤，停乳不当，乳头管给药时操作不当或污染。

3. 继发性因素 继发于胃肠炎，腹膜炎，产褥热，子宫内膜炎，产后脓毒血症，胎衣不下，结核病等。

（二）诊断要点

根据临床症状初步诊断。乳腺炎的主要症状为乳汁异常（色泽、凝块、絮片和染血），乳房的大小、质地、温度异常及全身反应。急性乳腺炎临床炎症明显，局部红、肿、热、痛，局部坚实，产奶量减少，乳汁呈淡棕色或黄褐色，含有血液或凝乳块，全身症状明显，精神沉郁，食欲减退，反刍停止，体温高达41~42℃，呼吸和心跳加快，眼结膜潮红等。乳汁镜检内有多量细菌和白细胞。慢性乳腺炎病程较长，临床症状不太明显，乳房无热无痛，但泌乳减少，乳房内有大小不等的结节或硬肿，严重的出现化脓。

（三）防治

1. 预防

（1）加强饲养管理。枯草季节要适当补喂草料，避免严寒和烈日暴晒，杀灭蚊虫，乳用羊要定时挤奶，一般每天挤奶3次为宜，产奶特别多而羔羊吃不完时，可人工将剩奶挤出和减少精料，分娩前如乳房过度肿胀，应减少精料及多汁饲料。

（2）搞好卫生。定期清扫、消毒羊圈，保持圈舍干燥卫生，挤奶时用温水洗净乳房及乳头，再用干毛巾擦干，挤完奶后，用0.05%新洁尔灭液浸泡或擦拭乳头，对病羊要隔离饲养，单独挤奶，防止病原扩散。

（3）保护乳房。放牧时防止母羊乳房受伤，做好分群和断奶工作，怀孕后期停奶要逐渐进行，停奶后将抗生素注入每个乳头管内。

（4）定期化验乳汁，检出病羊，积极治疗。

2. 治疗 治疗原则为抗菌消炎，增免消肿。局部形成脓肿时，按照化脓创处理。

【处方1】 公英散：蒲公英60克，金银花60克，连翘60克，丝瓜络30克，通草25克，芙蓉叶25克，浙贝母30克，共研为粗粉，混匀。每次30~60克，水煎，候温灌服，每天1次，连用3天。

【处方2】 庆大霉素8万单位（或青霉素40万单位，链霉素50万单位），蒸馏水20毫升，乙醇棉球消毒乳头，挤净病侧乳汁，用通乳针通过乳头管注入，注后按摩乳房，每天2次，连用3~5天。或林可霉素-新霉素乳房注入剂7克，乳头管注入，注后按摩乳房，每天1次，连用3天。

【处方3】 青霉素80万单位，0.5%盐酸普鲁卡因注射液40毫升，在乳房基底部或腹壁之间，用封闭针头进针4~5厘米，分3~4次注入，每2天封闭1次。

【处方4】 20%硫酸镁500毫升，乳腺炎初期可用冷敷，中后期用热敷（40~50℃），每次10~20分钟，每天2次。

10%鱼石酯乙醇或10%鱼石脂软膏100克，外敷。

【处方5】 碘樟脑酒（2%碘酊加入10%樟脑）100毫升，慢性乳腺炎时涂擦乳房皮肤，必要时隔1~2天再用1次。

【处方6】 盐酸左旋咪唑片5毫克/千克体重，内服，每天1次，连用5~7天。

【处方7】 5%葡萄糖氯化钠注射液500毫升，氨苄青霉素钠10~20毫克/千克体重（或硫酸庆大霉素注射液20万单位，或氧氟沙星2.5~5毫克/千克体重）；10%葡萄糖注射液500毫升，维生素C注射液0.5~1.5克，依次静脉注射，每天1~2次，连用3天。

5%碳酸氢钠注射液50~100毫升，静脉注射，每天1次，连用3~5天。

六、泌乳不足及无乳

母畜产后及泌乳期乳腺功能异常，乳汁量显著减少，甚至完全无乳，乳房局部及全身没有临床症状，称为泌乳不足及无乳。临床特征为泌乳量减少或无乳。

（一）病因

1. 饲养管理不当 母羊怀孕期过瘦或过肥，草料单一，质地不良，甚至霉变，饲料营养不全，突然换料；母羊配种过早，乳腺发育不全，或年龄过大，导致泌乳功能衰退，挤奶不净或不及时哺乳，抑制乳腺分泌，奶山羊停乳过迟；哺乳母羊遭受应激因素，如气候突变，圈舍阴冷潮湿，环境过热，长途运输，受惊，突然更换饲养人员，突然改变挤奶时间、地点及挤奶员等。

2. 用药不当 泌乳母羊使用碘酊、泻剂和雌激素，均可影响泌乳，降低泌乳量。

3. 继发因素 可继发于前胃疾病，妊娠毒血症，热性传染病，寄生虫病，难产，乳腺炎，胎衣不下，以及产后感染，如产后阴道炎、子宫内膜炎、败血症、脓毒血症。

（二）诊断要点

1. 临床症状 乳房及乳头缩小，乳房皮肤松弛，乳腺松软，母羊拒绝哺乳，常腹卧或站立，甚至攻击羔羊，泌乳量减少，挤出的乳汁正常，羔羊经常用头碰撞母羊乳房，吮乳次数增加，或跟在母羊后鸣叫待哺，常因饥饿很快消瘦，甚至死亡。

2. 临床检查 母羊乳房常无炎症反应，不红、不肿、不痛，羔羊消瘦，死亡剖检胃内无乳汁或乳凝块。

（三）防治

1. 预防 加强饲养管理，给予母羊优质干草，适当补充蛋白质、谷物和青绿多汁饲料，有条件的羊场可饲喂全价配合饲料，加强羊舍建设，创造良好环境条件，定时挤奶，挤奶前对乳房进行热敷和仔细充分按摩。积极防治原发病。

2. 治疗 治疗原则为加强饲养管理，促进泌乳。

【处方1】 垂体后叶素注射液或缩宫素注射液10~20单位，皮下或肌内注射，每天1次，连用3~4天。

【处方2】 催乳片（复方王不留行片）5~10片，维D_2磷酸氢钙片5~10片，干酵母片30~60克，胃复安片5~10毫克，甘油20~30毫升，炒黄豆50克，内服，每天2次，连用3~5天。

【处方3】 通乳散：当归30克，王不留行30克，黄芪60克，路路通30克，红花25克，通草20克，漏芦20克，瓜蒌25克，泽兰20克，丹参20克，共研为粗粉，混匀。每次60~90克，水煎，候温灌服，每天1次，连用3~5天。

【处方4】 催奶灵散：王不留行20克，黄芪10克，皂角刺10克，当归20克，党参10克，川芎20克，漏芦5克，路路通5克，共研为粗粉，混匀。每次40~60克，水煎，候温灌服，每天1次，连用3~5天。

第三节 不育症

一、母羊的不育症

母羊不育症通常称为不孕症，是指已达到配种年龄的母羊暂时性或永久性的不能繁殖。临床特征为发情异常，受精障碍和胎儿生前死亡。母羊屡配不孕或超过始配年龄或产后经过3个发情周期的配种仍不能受孕，就可视为该母羊患有不育症。

临床上导致母羊不育的生殖器官疾病主要有卵巢功能减退、不全或萎缩。卵巢功能减退是指卵巢功能暂时受到扰乱，处于静止状态，不出现周期性活动；卵巢功能不全有发情的外表症状，但不排卵或排卵延迟，或者是有排卵，但无发情的外表症状（即安静发情）；卵巢萎缩是指卵巢变小，质地稍硬，没有卵泡发育。卵巢功能减退、不全或萎缩在各类不孕症中所占比例最高。卵巢囊肿是指卵巢中形成了顽固的球形腔体，外面盖着上皮包膜，内容为水状或黏液状液体，同时卵巢上无正常黄体结构的一种病理状态。主要见于高产奶山羊。

（一）病因

1. 先天性不育 主要见于生殖器官发育异常，如幼稚病、生殖器官畸形、两性畸形、异性孪生不孕母羊、近亲繁殖等，这种器质性不育的羊要及时淘汰。

2. 饲养不当 饲料长期不足、单一，饲料中缺乏蛋白质、糖类、矿物质（如钙、磷）、维生素（如维生素A、维生素B、维生素D、维生素E）和微量元素（如硒、锰、钴、碘）。饲料品质不良，饲料腐败变质、发霉，及长期饲喂未脱毒的有毒饲料，如棉籽饼、菜籽饼、酒糟、淀粉渣等。营养过剩，母羊过肥。

3. 管理不良　母羊泌乳过多，断奶过迟，长期处在寒冷潮湿的圈舍，缺乏运动，外界气温突变，光照不足，突然改变母羊生活环境条件。

4. 配种技术差　如母羊漏配，配种时间不当，精液品质不良，人工授精技术不当，精子受损，输精不当，妊娠检查不准。

5. 卵巢功能减退、不全或萎缩　是由于长期饲喂不足或饲料质量不好，哺乳过多及长期患病（如子宫疾病或严重的全身性疾病），使母羊营养过度消耗，身体瘦弱导致。卵巢炎可引起卵巢萎缩及硬化。天气过冷、过热或变化无常，也可引起卵巢功能暂时减退。羊安静发情常见于初情期及发情季节的第一次发情，也发生于营养缺乏时。

6. 卵巢囊肿　饲料缺乏维生素 A、磷或含有较多的植物雌激素（主要见于三叶草、苜蓿草、青贮料、大豆、豌豆等草料中），饲喂精料过多而又缺乏运动，内分泌功能紊乱，如促黄体素分泌不足或促肾上腺皮质激素分泌过多，或雌激素用量过多。由于子宫内膜炎、胎衣不下及其他卵巢疾病而引起卵巢炎可导致排卵受阻。此外，也与气候突变、遗传有关。

7. 继发因素　继发于其他生殖器官疾病（如流产、早期胚胎死亡、围产期胎儿死亡、难产、胎衣不下、子宫脱出、慢性子宫内膜炎、子宫积水、阴道炎、慢性子宫颈炎等）、内科病、传染病（布鲁杆菌病、沙门杆菌病、衣原体病）和寄生虫病等。

（二）诊断要点

1. 病史　母羊饲养不当，营养缺乏或过多，生殖器官有发育异常、受损或患病的病史。

2. 临床症状　母羊表现为长期繁殖障碍，如长期不发情（或乏情），发情不明显，发情周期延长，发情但屡配不孕，频繁发情，怀孕后发生流产和胎儿死亡等。

卵巢功能减退和不全的特征是发情周期延长或长期不发情，发情的外表症状不明显，或出现发情症状，但不排卵。卵巢萎缩时母羊不发情。母羊安静发情，可以利用公羊检查。

卵泡囊肿的临床特征是无规律的频繁发情和持续乏情，甚至出现羡慕雄性（慕雄狂）。黄体囊肿的特征为长期不发情（或乏情）。

3. 阴道检查　可以发现子宫颈外口闭锁、畸形、不正、肿瘤，或充血、水肿、附有黏液或脓液。

4. B 超检查　对生殖器官的发育异常和形态学变化（如子宫积水、卵巢囊肿），延期流产等引起的不育有重要的诊断价值。

（三）防治

1. 预防

（1）改善饲养管理。饲料要多样化，补喂富含蛋白质、矿物质、维生素和微量元素的饲料，满足种羊的营养需要。注意防止母羊过肥。过肥母羊要减少精料喂量，增加青绿多汁饲料喂量。加强草场养护，提高牧草质量，严禁牧地超载，增加母羊放牧和日照时间，冬天注意防寒保暖，夏季注意防暑降温。

（2）做好母羊配种和分娩工作。做好发情鉴定，提高本交和人工授精技术，防止漏配和配种不适时，减少配种过程中的污染，进行妊娠检查，及时发现未孕母羊。必要时用输精管结扎的公羊，混于母羊群中催情。公、母羊分群饲养，防止偷配、乱配和近亲交配。接产时注意卫生消毒，助产动作轻柔，促进子宫复旧，做好产后保健，防止生殖器官疾病的发生。

（3）积极淘汰和治疗原发病。及早淘汰或治疗有生殖器官发育异常和有生殖器官疾病（如子宫内膜炎等）的母羊，对羊群定期进行预防接种和驱虫。

2. 治疗

（1）处方1~处方4用于治疗卵巢功能减退和不全。

【处方1】 促卵泡素（FSH）2.5~5毫克，皮下注射、肌内注射或静脉注射，每天1次，连续2~3天。

促黄体激素（LH）2.5毫克，发情后皮下或静脉注射，可在1~4周内重复注射。

【处方2】 马促性腺激素（孕马血清，PMS）200~1 000单位，皮下或静脉注射，1天或隔天1次。

绒毛膜促性腺激素（HCG）400~800单位，肌内注射，可在发情后或与马促性腺激素同时注射。

【处方3】 维生素AD注射液0.5~1毫升，肌内注射，每10天1次，连用3次。

【处方4】 氯前列烯醇注射液0.2毫克，肌内注射。或黄体酮注射液15~25毫克，肌内注射。或苯甲酸雌二醇注射液1~3毫克，肌内注射，隔天再注射1次。注意本品只能引起发情，不能引起卵泡发育及排卵，故第一次发情，不必配种。配种前最好配合促排卵药物。

【处方5】 催情散：淫羊藿6克，阳起石（酒淬）6克，当归4克，香附5克，益母草6克，菟丝子5克。每次50克，拌料或水煎候温灌服，每天1次，连用5天。配种前最好配合促排卵药物。

（2）处方6~处方9用于治疗卵巢囊肿。

【处方6】 促黄体激素（LH）2.5毫克，皮下或静脉注射。或绒毛膜促性腺激素（HCG）400~800单位，肌内注射。

【处方7】 促排卵3号（促黄体素释放激素 A_3，LRH ~ A_3）5~10微克，肌内注射。

【处方8】 黄体酮注射液5~10毫克，肌内注射，每天或隔天1次，连用2~7次。

【处方9】 氯前列烯醇注射液0.2毫克，肌内注射，用于黄体囊肿。

二、精液品质不良

精液品质不良是指公羊的精子达不到使母羊受精所需要的标准，主要表现是无精子、少精子、死精子、精子畸形、精子活力不强，或含有红细胞、白细胞，是公羊不育最常见的原因。

（一）病因

饲料的喂量不足或质量低劣，营养成分不全，运动不足，配种过度，长期不配种，人工授精时精液处理不当等；隐睾、睾丸发育不全、睾丸炎及附睾炎、精索静脉曲张等；继发于高热性疾病、传染病（布鲁杆菌病、衣原体病）。

（三）诊断要点

1. 病史 公羊有饲养管理不当，性欲减退，以及所配母羊发生返情或不孕的病史。

2. 肉眼观察 精液带血时呈粉红色至深红色，带尿液时呈黄色，常有尿臭味。

3. 显微镜检查 精液可能是无精子、少精子、精子的活力降低或死亡，或者出现各种不同的畸形。如畸形精子数不超过10%~20%，公畜基本具有正常生育力，畸形精子数达到30%~50%时，明显影响生育力。生殖器官疾病时，可发现大量白细胞和红细胞。

（三）防治

1. 预防 加强饲养管理，如改善饲料品质（补充蛋白质、糖类、维生素和矿物质），增加饲料的数量，加强运动，暂停配种。积极治疗引起精液品质不良的原发病。对先天性不育的公羊，不能留作种用。

2. 治疗

【处方1】 马促性腺激素（孕马血清，PMS）200~1 000单位，皮下或静脉注射，1天或隔天1次。或绒毛膜促性腺激素（HCG）400~800单位，肌内注射，间隔1~2天1次，连用2~3次。或促黄体激素（LH）2.5毫克，皮下或静脉注射，可在1~4周内重复注射。

【处方2】 丙酸睾丸酮注射液30~60毫克，皮下或肌内注射，隔天1次，连用2~3次。

第四节　新生羔羊疾病

一、新生羔羊窒息

新生羔羊窒息又称为假死，是指胎儿在刚出生时无呼吸动作而仅有微弱的心跳。如抢救不及时，可致死亡。

（一）病因

主要是胎盘血液循环障碍，胎儿体内二氧化碳含量过高所致。可见于分娩时间过长（如老龄、体弱母羊，产力不足，产道干燥、狭窄），胎儿排出受阻（如胎儿过大，难产），胎盘分离过早，胎囊破裂过晚，脐带受到挤压，脐带缠绕，催产素使用过量，子宫痉挛收缩，胎盘血液循环障碍，母羊严重贫血或伴有热性病，血液循环不良，血液质量差，胎儿过早发生呼吸反射，使羊水吸入胎儿的呼吸道等，均可导致新生羔羊窒息。

（二）诊断要点

新生羔羊出现全身松软，黏膜发绀或苍白，呼吸微弱或停止，反射减弱或消失，心跳加快或微弱，舌伸于口外，口鼻充满黏液，肺部听诊有湿性啰音。

（三）防治

1. 预防　临产母羊要有专人看护，正确助产，合理用药，治疗原发病。

2. 治疗　治疗原则为及时清理呼吸道，兴奋呼吸。用布擦净羔羊口鼻羊水，倒提羔羊，不断抖动、拍打颈部及臀部，让鼻腔和气管内的羊水流出，进行人工呼吸（如有规律的按压胸部或腹部，拉动四肢，一般每分钟60次），用氨水等刺激鼻黏膜，诱导呼吸，或氧气吸入。

【处方1】　25%尼可刹米注射液0.5毫升，皮下注射、肌内注射或静脉注射，也可选脐血管注射。或山梗菜碱注射液1~3毫克，皮下或静脉注射。

【处方2】　氨苄青霉素10~20毫克/千克体重，地塞米松注射液1~2毫克，盐酸山莨菪碱注射液（654-2注射液）1~2毫克，注射用水2毫升，肌内注射，每天2次，连用2~3天。

二、新生羔羊孱弱

新生羔羊孱弱是指羔羊生理功能不全，衰弱无力，生命力不强的一种先天性发育不良综合征。表现为出生后如果不及时处理可能在数小时或几天内死亡，或因生活能力低下而长久卧地不起。多见于冬季和早春季节，母羊舍饲，以及多胎羔羊。

（一）病因

1. 母羊妊娠期间饲料营养不良 如饲料不足，或缺乏蛋白质、糖类、维生素、矿物质。

2. 母羊患病 如妊娠毒血症、产前截瘫、生产瘫痪、产后感染、布鲁杆菌病。

3. 羔羊生活力降低 如母羊老龄体弱，早产，近交，护理不当，羔羊受冻，过度饥饿。

（二）诊断要点

1. 病史 有妊娠母羊饲养管理不当，羔羊早产或护理不当的病史。

2. 临床诊断 临床特征为新生羔羊全身生理功能低下，活力降低。表现为羔羊出生后体质衰弱，肌肉松弛，站立困难或卧地不起，心跳快而弱，呼吸浅表而不规则，体温降低，末端发凉，不会吮吸，闭眼，皮肤震颤，对外界反应迟钝。

（三）防治

1. 预防 加强妊娠母羊的饲养管理，提供营养丰富的饲料，产房注意保暖，寒冷季节，给予母羊产后取暖。辅助羔羊吃足初乳，必要时进行寄养或人工哺乳。积极治疗母羊疾病。

2. 治疗 治疗原则为强心补液，补充营养。

【处方】 10%葡萄糖注射液 20~30 毫升，10%葡萄糖酸钙注射液 1~2 毫升，1%三磷酸腺苷二钠注射液（ATP 注射液）0.5~1 毫升，注射用辅酶 A 10~20 单位，维生素 C 注射液 0.1~0.2 克，10%安钠咖注射液 1~2 毫升，静脉注射，每天 1~2 次，连用 3 天。

三、胎粪停滞

胎粪停滞又称新生羔羊便秘，是指由胎儿胃肠道黏液、脱落上皮、胆汁及吞咽的羊水等消化残物所形成的胎粪，在羔羊出生后久不排出，一般是在产后 1 天不排胎粪，并伴有腹痛现象。多发生于体弱的绵羊羔，胎粪常密结于直肠或小肠等部位。

（一）病因

怀孕后期，饲养管理不当，母羊缺乳或无乳，初乳品质不良，缺乏镁离子等轻泻元素，羔羊孱弱，未及时哺喂初乳，引起肠道弛缓，胎粪滞留。

（二）诊断要点

羔羊出生后 1~2 天未见胎粪排出，病初不安，吮乳次数减少，肠音减弱或消失，常作排粪姿势，如拱背、努责、收腹，但无胎粪排出，之后出现腹痛表现，如回头顾腹，后肢踢腹，频频起卧，甚至打滚咩叫。手指伸入直肠检查，可发现肛门端积有浓稠或硬性黄褐色胎粪。常继发肠臌气。

（三）防治

1. 预防 加强母羊怀孕后期的饲养管理，供给全价日粮，羔羊出生后，及时哺喂初乳。

2. 治疗

【处方1】 戴上医用手套，液体石蜡润滑，用手指取出直肠内结粪。或配合腹部按摩。

【处方2】 温肥皂水200毫升，或5%芒硝液（5%硫酸镁液）20~40毫升，灌肠。

【处方3】 液体石蜡5~15毫升，一次灌服。

四、新生羔羊先天性肛门及直肠闭锁

新生羔羊先天性肛门及直肠闭锁是肛门被皮肤封闭而无肛门孔（即肛门闭锁或锁肛），或直肠末端为一盲囊，并且直肠盲端与肛门之间有一段距离（即直肠闭锁），或是指直肠末端开口于阴道前庭或阴道的上壁（即膣肛，或直肠阴道瘘）的先天性畸形。此病发生于各种羔羊。

（一）病因

属于先天性畸形，为隐性遗传病，多为近亲繁殖的结果。

（二）诊断要点

1. 肛门闭锁和直肠闭锁 新生羔羊排不出胎粪，表现不安，咩叫，时常努责，1~2天后，精神沉郁，食欲减退，腹围逐渐增大，常表现起卧打滚，以后逐渐出现自体中毒症状，很快死亡。临床检查发现羔羊没有肛门口，会阴部往往发育不良，呈平坦状，肛区为完整皮肤覆盖，努责时肛门处皮肤明显突出，隔着皮肤用手指可摸到胎粪。

2. 膣肛 母羔排粪不畅，轻微腹胀，疼痛不安，不停咩叫，努责时从阴道口排出少量粪便。临床检查发现羔羊有阴门而无肛门，直肠末端开口于阴道前庭或阴道上壁，但开口通常较小，用导管或体温计进行探诊时病羔极度痛苦。膣肛羔羊症状常比较缓和，往往发现较晚，存活时间较长。

（三）防治

1. 预防 加强妊娠母羊的饲养管理，公、母羊分群饲养，防止近亲繁殖，淘汰隐性基因，病羊不作种用。

2. 治疗 治疗原则为及早手术，恢复肛门和肠道畅通，加强术后护理。

【处方1】 肛门成形术。

用于肛门闭锁和直肠闭锁的治疗。羔羊侧卧或倒立保定，肛门周围用0.01%~0.05%新洁尔灭溶液清洗，2%碘酊消毒，70%~75%乙醇脱碘，0.25%~

0.5 %盐酸普鲁卡因注射液局部浸润麻醉，助手轻压腹部，在肛门部最突出处，用手术刀做“X”形切口，长0.8~1.2厘米，切开皮肤，翻开4个皮瓣，其下方可见环形外括约肌纤维，经括约肌中间向深层钝性分离软组织，寻找直肠盲端，在盲端肌层穿2根丝线做牵引，直肠盲端做“十”字形切口切开，用吸引器吸尽胎粪，或让其自然流出拭净，之后在直肠中放置棉球，避免创面污染。将直肠盲端与周围软组织固定数针，用细丝线或肠线结节缝合肠壁与肛周皮肤，注意肠壁与皮肤瓣应交叉对合，使愈合后瘢痕不在一个平面上。术部撒布青霉素粉。术后10天左右开始扩肛，防止肛门狭窄。

【处方2】 锁肛造孔术。

（1）用于治疗肛门闭锁和直肠闭锁。羔羊侧卧或倒立保定，术部常规消毒，局部浸润麻醉。在肛门突出部或相当于正常肛门的位置，按正常羔羊肛门的大小切出一圆形皮瓣，分离暴露直肠盲段。充分剥离直肠壁与周围结缔组织，尽可能向外牵引直肠盲段，用灭菌纱布严密隔离盲段周围，环形切开盲段，排出肠内聚集的粪便，用消毒液清理直肠及其切口周围，将其末端肠壁于对应的肛门部皮肤结节缝合一周，也可以先将直肠与皮肤缝合固定，再切断直肠盲端。

（2）用于治疗锁肛并发直肠阴道瘘。羔羊站立或倒立保定，术部及阴道常规消毒，局部浸润麻醉。在会阴正中线切开皮肤，将瘘管与周围组织分离，然后牵引直肠到肛门部，并将直肠断端与肛门部皮肤创缘对接缝合，最后闭合会阴切口。

【处方3】 直肠移动瓣修补术。

用于治疗锁肛并发直肠阴道瘘，并且瘘口较大。羔羊站立保定，后躯抬高，肛门周围及阴道常规消毒，局部浸润麻醉。瘘道内插入探针或体温计，探清内外口，并辅助寻找直肠，直肠黏膜瓣采用“U”形切口，瓣长宽比不能大于2：1，并保证足够的血液供应。黏膜下注射1：20 000肾上腺素以减少出血。分离内括约肌，并在中线缝合。瘘口周边切除宽约0.3厘米黏膜组织形成创面，然后将移动瓣下拉覆盖瘘管内口创面，用肠线或细丝线间断缝合，恢复黏膜与皮肤连接的正常解剖学关系，阴道伤口不缝合，作引流用。

【处方4】 轻症病例术后给药。

20%长效土霉素注射液10~20毫克/千克体重，肌内注射，每天1次，连用3天。

【处方5】 重症病例术后给药。

5%葡萄糖氯化钠注射液60~100毫升，氨苄青霉素50~100毫克/千克体重，地塞米松注射液2毫克，10%安钠咖注射液1~2毫升，维生素C注射液0.1~0.2克（液体剩1/3时加入），静脉注射，每天1~2次，连用3天。

甲硝唑注射液10毫克/千克体重，静脉注射，每天1次，连用3天。

附　录

附录一　中国饲料成分及营养价值表

（2012 年第 23 版）

附表 1　饲料描述及干物质含量

中国饲料号 CFN	饲料名称	饲料描述	干物质/%	消化能/（兆焦/千克）	粗蛋白质/%	钙/%	有效磷/%
4-07-0278	玉米	成熟，高蛋白质，优质	86.0	14.23	9.4	0.09	0.09
4-07-0288	玉米	成熟，高赖氨酸，优质	86.0	14.27	8.5	0.16	0.09
4-07-0279	玉米	成熟，GB/T 17890—1990，1 级	86.0	14.27	8.7	0.02	0.11
4-07-0280	玉米	成熟，GB/T 17890—1990，2 级	86.0	14.14	7.8	0.02	0.11
4-07-0272	高粱	成熟，NY/T，1 级	86.0	13.05	9.0	0.13	0.12
4-07-0270	小麦	混合小麦，成熟GB 1351—2008，2 级	88.0	14.23	13.4	0.17	0.13
4-07-0274	大麦（裸）	裸大麦，成熟 GB/T 11760—2008，2 级	87.0	13.43	13.0	0.04	0.13
4-07-0277	大麦（皮）	皮大麦，成熟 GB 10367—89，1 级	87.0	13.22	11.0	0.09	0.12
4-07-0281	黑麦	籽粒，进口	88.0	14.18	9.5	0.05	0.11
4-07-0273	稻谷	成熟，晒干 NY/T，2 级	86.0	12.64	7.8	0.03	0.15
4-07-0276	糙米	除去外壳的大米，GB/T 18810—2002，1 级	87.0	14.27	8.8	0.03	0.13
4-07-0275	碎米	加工精米后的副产品，GB/T 5503—2009，1 级	88.0	14.35	10.4	0.06	0.12

续表

中国饲料号 CFN	饲料名称	饲料描述	干物质/%	消化能/(兆焦/千克)	粗蛋白质/%	钙/%	有效磷/%
4-07-0479	粟（谷子）	合格，带壳，成熟	86.5	12.55	9.7	0.12	0.09
4-04-0067	木薯干	木薯干片，晒干 GB 10369—89，合格	87.0	12.51	2.5	0.27	—
4-04-0068	甘薯干	甘薯干片，晒干 NY/T 121—1989，合格	87.0	13.68	4.0	0.19	—
4-08-0104	次粉	黑面，黄粉，下面 NY/T 211—92，1 级	88.0	13.89	15.4	0.08	0.15
4-08-0105	次粉	黑面，黄粉，下面 NY/T 211—92，2 级	87.0	13.60	13.6	0.08	0.15
4-08-0069	小麦麸	传统制粉工艺 GB 10368—89，1 级	87.0	12.18	15.7	0.11	0.28
4-08-0070	小麦麸	传统制粉工艺 GB 10368—89，2 级	87.0	12.10	14.3	0.10	0.28
4-08-0041	米糠	新鲜，不脱脂 NY/T，2 级	87.0	13.77	12.8	0.07	0.20
4-10-0025	米糠饼	未脱脂，机榨 NY/T，1 级	88.0	11.92	14.7	0.14	0.24
4-10-0018	米糠粕	浸提或预压浸提，NY/T，1 级	87.0	10.00	15.1	0.15	0.25
5-09-0127	大豆	黄大豆，成熟 GB 1352—86，2 级	87.0	16.36	35.5	0.27	0.14
5-09-0128	全脂大豆	湿法膨化，GB 1352—86，2 级	88.0	16.99	35.5	0.32	0.14
5-10-0241	大豆饼	机榨 GB 10379—89，2 级	89.0	14.10	41.8	0.31	0.17
5-10-0103	大豆粕	去皮，浸提或预压浸提 NY/T，1 级	89.0	14.31	47.9	0.34	0.22
5-10-0102	大豆粕	浸提或预压浸提 NY/T，2 级	89.0	14.27	44.2	0.33	0.21
5-10-0118	棉籽饼	机榨 NY/T 129—1989，2 级	88.0	13.22	36.3	0.21	0.28
5-10-0119	棉籽粕	浸提 GB 21264—2007，1 级	90.0	13.05	47.0	0.25	0.38
5-10-0117	棉籽粕	浸提 GB 21264—2007，2 级	90.0	12.47	43.5	0.28	0.36

续表

中国饲料号 CFN	饲料名称	饲料描述	干物质/%	消化能/(兆焦/千克)	粗蛋白质/%	钙/%	有效磷/%
5-10-0220	棉籽蛋白	脱酚，低温一次浸出，分步萃取	92.0	13.22	51.1	0.29	0.29
5-10-0183	菜籽饼	机榨 NY/T 1799—2009,2 级	88.0	13.14	35.7	0.59	0.33
5-10-0121	菜籽粕	浸提 GB/T 23736—2009，2 级	88.0	12.05	38.6	0.65	0.35
5-10-0116	花生仁饼	机榨 NY/T，2 级	88.0	14.39	44.7	0.25	0.16
5-10-0115	花生仁粕	浸提 NY/T 133—1989，2 级	88.0	13.56	47.8	0.27	0.17
1-10-0031	向日葵仁饼	壳仁比 35：65NY/T，3 级	88.0	8.79	29.0	0.24	0.22
5-10-0242	向日葵仁粕	壳仁比 16：84NY/T，2 级	88.0	10.63	36.5	0.27	0.29
5-10-0243	向日葵仁粕	壳仁比 24：76 NY/T，2 级	88.0	8.54	33.6	0.26	0.26
5-10-0119	亚麻仁饼	机榨 NY/T，2 级	88.0	13.39	32.2	0.39	—
5-10-0120	亚麻仁粕	浸提或预压浸提 NY/T，2 级	88.0	12.51	34.8	0.42	—
5-10-0246	芝麻饼	机榨，CP40%	92.0	14.69	39.2	2.24	0.22
5-11-0001	玉米蛋白	玉米去胚芽、淀粉后面的面筋部分 CP60%	90.1	18.37	63.5	0.07	0.16
5-11-0002	玉米蛋白粉	同上，中等蛋白质产品，CP50%	91.2	14.90	51.3	0.06	0.15
5-11-0008	玉米蛋白粉	同上，中等蛋白质产品，CP40%	89.9	13.73	44.3	0.12	0.31
5-11-0003	玉米蛋白饲料	玉米去胚芽、淀粉后的含皮残渣	88.0	13.39	19.3	0.15	0.17
4-10-0026	玉米胚芽	玉米湿磨后的胚芽，机榨	90.0	13.71	16.7	0.04	0.15
4-10-0244	玉米胚芽粕	玉米湿磨后的胚芽，浸提	90.0	12.60	20.8	0.06	0.15
5-11-0007	DDGS	玉米乙醇糟及可溶物，脱水	89.2	14.46	27.5	0.05	0.48
5-11-0009	蚕豆粉浆蛋白粉	蚕豆去皮制粉丝后的浆液，脱水	88.0	15.11	66.3	0.00	0.18
5-11-0004	麦芽根	大麦芽副产品干燥	89.7	11.42	28.3	0.22	—

续表

中国饲料号 CFN	饲料名称	饲料描述	干物质/%	消化能/(兆焦/千克)	粗蛋白质/%	钙/%	有效磷/%
5-13-0044	鱼粉（CP 67%）	进口 GB/T 19164—2003，特级	92.4	12.93	67.0	4.56	2.88
5-13-0046	鱼粉（CP 60.2%）	沿海产的海鱼粉，脱脂，12 样平均值	90.0	12.85	60.2	4.04	2.90
5-13-0077	鱼粉（CP 53.5%）	沿海产的海鱼粉，脱脂，11 样平均值	90.0	13.14	53.5	5.88	3.20
5-13-0036	血粉	鲜猪血，喷雾干燥	88.0	10.04	82.8	0.29	0.31
5-13-0037	羽毛粉	纯净羽毛，水解	88.0	10.63	77.9	0.20	0.68
5-13-0038	皮革粉	废牛皮，水解	88.0	11.05	74.7	4.40	0.15
5-13-0047	肉骨粉	屠宰下脚料，带骨干燥粉碎	93.0	11.59	50.0	9.20	4.70
5-13-0048	肉粉	脱脂	94.0	10.55	54.0	7.69	3.88
1-05-0074	苜蓿草粉（CP19%）	一茬盛花期烘干 NY/T，1 级	87.0	9.87	19.1	1.40	0.51
1-05-0075	苜蓿草粉（CP17%）	一茬盛花期烘干 NY/T，2 级	87.0	9.58	17.2	1.52	0.22
1-05-0076	苜蓿草粉(CP 14%~15%)	NY/T，3 级	87.0	7.83	14.3	1.34	0.19
5-11-0005	啤酒糟	大麦酿造副产品	88.0	10.80	24.3	0.32	0.14
7-15-0001	啤酒酵母	啤酒酵母菌粉，QB/T 1940—94	91.7	13.43	52.4	0.16	0.46
4-13-0075	乳清粉	乳清，脱水低乳糖含量	94.0	13.35	12.0	0.87	0.79
5-01-0162	酪蛋白	脱水	91.0	17.90	84.4	0.36	0.32
5-14-0503	明胶	食用	90.0	14.06	88.6	0.49	0.00
4-06-0076	牛奶乳糖	进口，含乳糖 80%以上	96.0	14.56	3.5	0.52	0.62
4-06-0077	乳糖	食用	96.0	16.41	0.3	0.00	0.00
4-06-0078	葡萄糖	食用	90.0	13.73	0.3	0.00	0.00
4-06-0079	蔗糖	食用	99.0	16.82	0.0	0.04	0.01
4-02-0889	玉米淀粉	食用	99.0	14.65	0.3	0.00	0.01

续表

中国饲料号 CFN	饲料名称	饲料描述	干物质/%	消化能/(兆焦/千克)	粗蛋白质/%	钙/%	有效磷/%
4-17-0001	牛脂		99.0	31.86	0.0	0.00	0.00
4-17-0002	猪油		99.0	35.60	0.0	0.00	0.00
4-17-0003	家禽脂肪		99.0	36.30	0.0	0.00	0.00
4-17-0004	鱼油		99.0	34.95	0.0	0.00	0.00
4-17-0005	菜籽油		99.0	37.42	0.0	0.00	0.00
4-17-0006	椰子油		99.0	39.42	0.0	0.00	0.00
4-17-0007	玉米油		99.0	36.11	0.0	0.00	0.00
4-17-0008	棉籽油		99.0	37.25	0.0	0.00	0.00
4-17-0009	棕榈油		99.0	24.10	0.0	0.00	0.00
4-17-0010	花生油		99.0	38.33	0.0	0.00	0.00
4-17-0011	芝麻油		99.0	34.91	0.0	0.00	0.00
4-17-0012	大豆油	粗制	99.0	34.69	0.0	0.00	0.00
4-17-0013	葵花油		99.0	39.63	0.0	0.00	0.00

附录二　无公害食品　畜禽饲养兽药使用准则

(NY 5030—2006)

本标准规定了在生产无公害食品的肉羊饲养过程中允许使用的兽药种类及其使用准则。适用于无公害食品的肉羊饲养过程的生产、管理和认证。

(1) 严格按照《中华人民共和国动物防疫法》的规定进行免疫，预防疾病。

(2) 进行预防、治疗和诊断疾病所用的兽药必须符合《中华人民共和国兽药典》《中华人民共和国兽药规范》《兽药管理条例》《兽药质量标准》《进口兽药质量标准》等相关规定。

(3) 使用附表 2 中的抗菌药和抗寄生虫药时应严格遵守规定的作用与用途、用法与用量及其他注意事项，严格遵守休药期规定。

(4) 所用兽药必须来自具有“兽药生产许可证”和产品批准文号的生产企业，或者具有“进口兽药许可证”的供应商。

（5）禁止使用未经国家畜牧兽医行政管理部门批准的兽药和已经淘汰的兽药，禁止使用《食品动物禁用的兽药及其他化合物清单》中的药物及选择人用药物。

附表 2　无公害食品肉羊饲养允许使用的抗寄生虫药、抗菌药及使用规定

类别	名称	制剂	用法与用量（用量以有效成分计）	休药期（天）
抗寄生虫药	阿苯达唑	片剂	内服，一次量，每千克体重 10~15 毫克	7
	双甲脒	溶液	药浴、喷洒、涂擦，配成 0.025%~0.05%的乳液	21
	溴酚磷	片剂、粉剂	内服，一次量，每千克体重 12~16 毫克	21
	溴氰碘柳胺钠	片剂	内服，一次量，每千克体重 10 毫克	21
		注射液	皮下注射，一次量，每千克体重 5 毫克	28
		混悬液	内服，一次量，每千克体重 10 毫克	28
	溴氰菊酯	溶液剂	药浴，每升水加药 5~15 毫克	7
	三氮脒	注射用粉针	肌内注射，一次量，每千克体重 3~5 毫克，临用前配成 5%~7%溶液	28
	二嗪农	溶液	药浴，初液，每升水加药 250 毫克；补充液，每升水加 750 毫克（均按二嗪农计）	28
	非班太尔	片剂、颗粒剂	内服，一次量，每千克体重 5 毫克	14
	芬苯达唑	片剂、粉剂	内服，一次量，每千克体重 5~7.5 毫克	6
	伊维菌素	注射剂	皮下注射，一次量，每千克体重 0.2 毫克（相当于 200 单位）	21
	盐酸左旋咪唑	片剂	内服，一次量，每千克体重 7.5 毫克	3
		注射剂	皮下，肌内注射，每千克体重 7.5 毫克	28
	硝碘酚腈	注射液	皮下注射，一次量，每千克体重 10 毫克，急性感染，每千克体重 13 毫克	30
	吡喹酮	片剂	内服，一次量，每千克体重 10~35 毫克	1
	碘醚柳胺	混悬液	内服，一次量，每千克体重 7~12 毫克	60
	噻苯咪唑	粉剂	内服，一次量，每千克体重 50~100 毫克	30
	三氯苯唑	混悬液	内服，一次量，每千克体重 5~10 毫克	28

续表

类别	名称	制剂	用法与用量（用量以有效成分计）	休药期（天）
抗菌药	氨苄西林钠	注射用粉针	肌内、静脉注射，一次量，每千克体重 10~20 毫克	12
	苄星青霉素	注射用粉针	肌内注射，一次量，每千克体重 3 万~4 万单位	14
	青霉素钾	注射用粉针	肌内注射，一次量，每千克体重 2 万~3 万单位，每天 2~3 次，连用 2~3 天	9
	青霉素钠	注射用粉针	肌内注射，一次量，每千克体重 2 万~3 万单位，每天 2~3 次，连用 2~3 天	9
	硫酸小檗碱	粉剂	内服，一次量，0.5~1 克	0
		注射液	肌内注射，一次量，0.05~0.1 克	0
	恩诺沙星	注射液	肌内注射，一次量，每千克体重 2.5 毫克，每天 1~2 次，连用 2~3 天	14
	土霉素	片剂	内服，一次量，羔羊，每千克体重 10~25 毫克，成年反刍动物不宜内服	5
	普鲁卡因青霉素	注射用粉针	肌内注射，一次量，每千克体重 2 万~3 万单位，每天 1 次，连用 2~3 天	9
		混悬液	肌内注射，一次量，每千克体重 2 万~3 万单位，每天 1 次，连用 2~3 天	9
	硫酸链霉素	注射用粉针	肌内注射，一次量，每千克体重 10~15 毫克，每天 2 次，连用 2~3 天	14

附录三　允许作治疗使用，但不得在动物性食品中检出残留的兽药

药物及其他化合物名称	标志残留物	动物种类	靶组织
氯丙嗪	氯丙嗪	所有食品动物	所有可食组织
地西泮（安定）	地西泮	所有食品动物	所有可食组织
地美硝唑	地美硝唑	所有食品动物	所有可食组织
苯甲酸雌二醇	雌二醇	所有食品动物	所有可食组织
雌二醇	雌二醇	猪/鸡	可食组织（鸡蛋）
甲硝唑	甲硝唑	所有食品动物	所有可食组织
苯丙酸诺龙	诺龙	所有食品动物	所有可食组织
丙酸睾酮	丙酸睾酮	所有食品动物	所有可食组织
塞拉嗪	塞拉嗪	产奶动物	奶

附录四　禁止使用，并在动物性食品中不得检出残留的兽药

药物及其他化合物名称	禁用动物	靶组织
氯霉素及其盐、酯及制剂	所有食品动物	所有可食组织
兴奋剂类：克伦特罗、沙丁胺醇、西马特罗及其盐、酯	所有食品动物	所有可食组织
性激素类：己烯雌酚及其盐、酯及制剂	所有食品动物	所有可食组织
氨苯砜	所有食品动物	所有可食组织
硝基呋喃类：呋喃唑酮、呋喃它酮、呋喃苯烯酸钠及制剂	所有食品动物	所有可食组织
催眠镇静类：安眠酮及制剂	所有食品动物	所有可食组织
具有雌激素样作用的物质：玉米赤霉醇、去甲雄三烯醇酮、醋酸甲孕酮及制剂	所有食品动物	所有可食组织

续表

药物及其他化合物名称	禁用动物	靶组织
硝基化合物：硝基酚钠、硝呋烯腙	所有食品动物	所有可食组织
林丹	水生食品动物	所有可食组织
毒杀芬（氯化烯）	所有食品动物	所有可食组织
呋喃丹（克百威）	所有食品动物	所有可食组织
杀虫脒（克死螨）	所有食品动物	所有可食组织
双甲脒	所有食品动物	所有可食组织
酒石酸锑钾	所有食品动物	所有可食组织
孔雀石绿	所有食品动物	所有可食组织
锥虫砷胺	所有食品动物	所有可食组织
五氯酚酸钠	所有食品动物	所有可食组织
各种汞制剂：氯化亚汞（甘汞）、硝酸亚汞、醋酸汞、吡啶基醋酸汞	所有食品动物	所有可食组织
雌激素类：甲基睾丸酮、苯甲酸雌二醇及其盐、酯及制剂	所有食品动物	所有可食组织
洛硝达唑	所有食品动物	所有可食组织
群勃龙	所有食品动物	所有可食组织

注：食品动物是指各种供人食用或其产品供人食用的动物。

参考文献

[1] 高俊杰. 羊饲养管理新技术. 北京：中国社会出版社，2006.

[2] 朱奇. 高效健康养羊关键技术. 北京：化学工业出版社，2010.

[3] 吴登俊. 规模化养羊新技术. 成都：四川科学技术出版社，2003.

[4] 张居农，剡根强. 高效养羊综合配套新技术. 北京：中国农业出版社，2003.

[5] 刘俊伟，魏刚才. 羊病诊疗与处方手册. 北京：化学工业出版社，2011.

[6] 魏刚才，胡建和. 养殖场消毒指南. 北京：化学工业出版社，2011.

[7] 王建辰，曹光荣. 羊病学. 北京：中国农业出版社，2002.

[8] 王小龙. 兽医内科学. 北京：中国农业大学出版社，2004.

[9] 薛占永，王健诚，呼秀智，等. 羊病诊治关键技术一点通. 石家庄：河北科学技术出版社，2004.

[10] 陈怀涛. 牛羊病诊治彩色图谱. 北京：中国农业出版社，2004.

[11] 王建华，家畜内科学. 3 版. 北京：中国农业出版社，2002.

[12] 唐兆新. 兽医临床治疗学. 北京：中国农业出版社，2002.

[13] 陈溥言. 兽医传染病学. 5 版. 北京：中国农业出版社，2011.

[14] 胡元亮. 兽医处方手册. 2 版. 北京：中国农业出版社，2005.

[15] 卫广森. 羊病. 北京：中国农业出版社，2009.

[16] 何生虎. 羊病学. 银川：宁夏人民出版社，2006.

[17] 贺普霄. 家畜营养代谢病. 北京：中国农业出版社，1994.

[18] 石冬梅，李峰，龚晓勇，等. 羊病门诊实用技术. 郑州：河南科学技术出版社，2005.

[19] 宁长申. 畜禽寄生虫病学. 北京：北京农业大学出版社，1995.

[20] 丁伯良. 动物中毒病理学. 北京：中国农业出版社，1996.

[21] 胡功政，李荣誉. 新全实用兽药手册. 郑州：河南科学技术出版社，2006.

[22] 甘肃农业大学. 兽医产科学. 2 版. 北京：中国农业出版社，1996.

[23] 丁明星. 兽医外科学. 北京：科学出版社，2009.

[24] 王贵，裴桂有. 畜禽普通病学. 北京：中国农业科技出版社，1997.

［25］岳文斌，任有蛇，赵祥，等. 生态养羊技术大全. 北京：中国农业出版社，2006.